计算机系列教材

Java 编程基础
（微课版）

覃遵跃 张杰 颜一鸣 戴志强 刘春 主编

清华大学出版社
北京

内 容 简 介

Java 是互联网时代最重要的编程语言之一。

本书从初学者的角度出发,通过典型的案例、简单清晰的图示、通俗易懂的语言,深入浅出地介绍了 Java 应用开发中使用的重点技术。

全书共 20 章,第 1~5 章讲解 Java 特点和开发环境搭建、Java 语言基础、程序流程控制、数组和方法,这些内容是 Java 的基础知识;第 6~8 章讲解 Java 面向对象编程知识,包括类与对象、构造方法、封装性、this、static 和 super 等关键字、继承、抽象类、接口、多态性、类之间的关系、单例模式和简单工厂模式等,这些内容是 Java 的核心内容;第 9~15 章讲解包及访问控制权限、异常处理、泛型、常用类、I/O 系统、集合、JDBC 编程等,这些内容是 Java 的重点难点;第 16~20 章讲解注解、图形用户界面、反射、多线程和网络编程,这些内容是 Java 应用开发基础。

本书列举了 300 多个程序案例,绘制了 300 多个图示,布置了 100 多道习题,方便读者快速理解相关知识点并掌握应用技巧。本书还提供了丰富的配套教学资源,包括教学大纲、教学视频 2100 余分钟、题库 2200 多道、精美 PPT 课件 1800 余页、所有源程序代码和习题参考答案。本书所有资源部署在学银在线慕课平台,所有程序在 JDK 17 上运行通过,扫描随书提供的二维码可观看相应内容的讲解视频。

本书可作为高等院校相关专业的"Java 程序设计"课程教材,也可作为 Java 语言的自学者入门用书。

本书封面贴有清华大学出版社防伪标签,无标签者不得销售。
版权所有,侵权必究。举报: 010-62782989, beiqinquan@tup.tsinghua.edu.cn。

图书在版编目(CIP)数据

Java 编程基础: 微课版/覃遵跃等主编. —北京: 清华大学出版社, 2023.3(2024.7 重印)
计算机系列教材
ISBN 978-7-302-63072-2

Ⅰ. ①J… Ⅱ. ①覃… Ⅲ. ①JAVA 语言—程序设计—教材 Ⅳ. ①TP312.8

中国国家版本馆 CIP 数据核字(2023)第 045029 号

责任编辑: 白立军　杨　帆
封面设计: 刘艳芝
责任校对: 申晓焕
责任印制: 沈　露

出版发行: 清华大学出版社
　　网　　址: https://www.tup.com.cn, https://www.wqxuetang.com
　　地　　址: 北京清华大学学研大厦 A 座　　　　　　　　邮　　编: 100084
　　社 总 机: 010-83470000　　　　　　　　　　　　　　　邮　　购: 010-62786544
　　投稿与读者服务: 010-62776969, c-service@tup.tsinghua.edu.cn
　　质量反馈: 010-62772015, zhiliang@tup.tsinghua.edu.cn
　　课件下载: https://www.tup.com.cn, 010-83470236
印 装 者: 三河市龙大印装有限公司
经　　销: 全国新华书店
开　　本: 185mm×260mm　　　　　　印　　张: 34.5　　　　　字　　数: 840 千字
版　　次: 2023 年 5 月第 1 版　　　　　　　　　　　　　　印　　次: 2024 年 7 月第 2 次印刷
定　　价: 99.00 元

产品编号: 097139-01

FOREWORD
前言

> 从事有趣的、富有挑战性的设计，本身就是一种愉快的享受。
>
> ——王选
>
> 只要你有一件合理的事去做，你的生活就会显得特别美好。
>
> ——阿尔伯特·爱因斯坦

2006年，作者第一次讲授"Java程序设计"课程就被Java高超的设计思想深深吸引。此后作者一直有幸讲授该课程，见证了Java语言的繁荣与发展，至今仍生机勃勃。作者从事"Java程序设计"课程教学17年来，使用过多种不同类型的教材，也接触了一批优秀教材。多年的教学实践让作者体会到一些教材存在不足，例如理论讲解多、针对性案例少，阐述晦涩、理解困难，案例过于简单、启发性不强，重传授科学知识、轻育人内容等。

作为一名合格的高校教师，不仅传道授业解惑，还应注重通过教材传播更多正能量，学生在掌握专业知识的同时，在潜移默化中锻造积极向上、奋勇拼搏、健康乐观的人生态度和高尚品格。

作者平时在教学实践、科学研究和带领学生团队过程中注意收集素材、积累资料、参与各种培训和学校组织的理论学习，不断有新感觉、新体会。

2019年，教育部印发《关于一流本科课程建设的实施意见》，明确了一流本科课程建设标准，课程建设（包括录制视频、建设题库、开发项目、线上线下混合教学、研讨式翻转课堂教学等）骤然有了无限生机。作者的"Java程序设计"课程线上访问量近1000万次，学银在线慕课平台示范教学包被引用800余次，惠及2万余名学生。2020年主持的"Java程序设计Ⅰ"被认定为首批国家级线上线下混合式一流本科课程，2021年主持的"设计模式"被认定为湖南省线上一流本科课程。

2020年，教育部印发《高等学校课程思政建设指导纲要》，落实立德树人根本任务，围绕政治认同、家国情怀、文化素养、宪法法治意识、道德修养等重点优化课程思政内容供给，系统进行中国特色社会主义和中国梦教育、社会主义核心价值观教育、法治教育、劳动教育、心理健康教育、中华优秀传统文化教育，坚定学生理想信念，切实提升立德树人的成效。

作者已从事20多年的高等教育，积累了丰富的教学经验，作为学校教学督导团专家以及国家级一流本科课程评审专家，一直在思考，教材作为传播知识的载体,如何在教材中落实教书育人任务?本书大胆改革课程内容,基于CDIO理念和案例驱动,提高读者编程能力和应用基础Java API解决实际问题的能力,更新课程内容,紧跟Java语言发展,贯彻落实立德树人,传播社会主义核心价值观、优秀传统文化和正能量。

想法很多,付诸行动需要勇气和毅力。

总想闲时付诸行动,却终是找不到闲暇。某天与友人茶余饭后,幡然醒悟,当下即是开始。随即打开10年前的联想R400,没有仪式,没有思考,一切静悄悄,就像和多年熟识的老朋友相见那么自然。

本书特色如下。

(1) 通俗易懂,快速入门。在内容结构上各知识点循序渐进,阐述简练准确。以问题为出发点,激发读者学习兴趣,探索求知精神。大量图示帮助读者理解编程要点;每个程序都有详细注释,帮助读者快速吸收编程难点;典型案例浅显易懂,帮助读者更透彻地分析;书后习题帮助读者理解关键知识点。理论与实践结合,实践验证理论,理论指导实践。读者在愉快的学习过程中理解理论,提升实践能力,提高学习获得感和成就感。

(2) 资源丰富,难度降低。本书配2100余分钟带字幕的教学视频,其中PPT理论授课视频600余分钟,编程演示视频1400余分钟;提供了300余个程序案例。所有资源部署在学银在线慕课平台。

(3) 扫码学习,随心所欲。书中大部分内容配备了授课视频二维码,读者通过手机扫码随时随地学,突破时空限制,满足按需学习。

(4) 能量满满,匠心情怀。本书着眼立德树人,部分案例充满爱国情怀,锻造工匠精神,通篇注重环保意识,培育社会主义核心价值观、正确人生观,潜移默化培养担当、责任、上进意识。

(5) 分类清晰,教学容易。课程资源包括三纲、理论授课视频、编程演示视频、按章节分类题库,授课教师能根据教学进度和需要,任意组织教学内容。通过课程平台,授课教师能轻松获取所有教学资源。

本书是作者从教20多年的感悟,书中内容字斟句酌、反复推敲、不断总结、推陈出新,毕竟知识和水平有限,书中难免存在纰漏,恳请读者提出宝贵意见和建议。

感谢同事们一起研究教材结构、提供众多资源素材和视频制作,使本书内容更加充实丰满,富有情怀。

感谢亲人和朋友们多年来的大力支持,使作者能全力以赴完成本书,为广大读者学习了解Java提供较好的平台和选择。

感谢启航学习团队和吉首大学计算机科学与工程学院的同学们,使作者体会到工作的乐趣。

若本书对读者有所启发和帮助,作者将欢欣鼓舞。祝读者学习快乐!

作　者

2023年3月

目录

第1章　Java 概述 ····································· 1

  1.1　初识 Java ·· 1

    1.1.1　Java 的发展 ······························ 1

    1.1.2　Java 的特点 ······························ 2

  1.2　Java 开发环境 ································· 3

    1.2.1　Java 运行机制 ··························· 3

    1.2.2　搭建开发环境 ····························· 4

    1.2.3　第一个 Java 程序 ······················ 6

  1.3　Eclipse 集成开发环境 ······················· 8

    1.3.1　Eclipse 简介 ································ 8

    1.3.2　安装 Eclipse ································ 9

    1.3.3　建立 Java 项目 ·························· 10

  1.4　Java 命名规范 ································· 13

  1.5　小结 ··· 13

  1.6　习题 ··· 13

第2章　Java 语言基础 ··························· 15

  2.1　Java 程序结构 ································· 15

  2.2　注释及编程风格 ······························· 17

    2.2.1　注释 ·· 17

    2.2.2　Java 编程风格 ··························· 17

  2.3　Java 符号集 ···································· 18

    2.3.1　Java 符号系统 ··························· 18

    2.3.2　标识符 ·· 19

    2.3.3　关键字 ·· 20

  2.4　数据类型 ··· 21

    2.4.1　数据类型概念 ···························· 21

    2.4.2　常量 ·· 22

    2.4.3　变量 ·· 25

            2.4.4　整数类型 26
            2.4.5　浮点数类型 26
            2.4.6　字符类型 27
            2.4.7　布尔类型 28
        2.5　数据类型转换 29
            2.5.1　自动转换 29
            2.5.2　强制转换 30
            2.5.3　字符串的转换 30
        2.6　表达式与语句 31
            2.6.1　算术表达式 31
            2.6.2　赋值表达式 32
            2.6.3　关系表达式 33
            2.6.4　逻辑表达式 34
            2.6.5　表达式语句 35
            2.6.6　运算符的优先级 35
        2.7　小结 36
        2.8　习题 36

第3章　程序流程控制 39
    3.1　选择结构 39
        3.1.1　if语句 39
        3.1.2　switch语句 42
        3.1.3　条件运算符 45
    3.2　循环结构 46
        3.2.1　while语句 46
        3.2.2　do…while语句 47
        3.2.3　for语句 50
        3.2.4　嵌套循环 51
    3.3　跳转语句 53
        3.3.1　break语句 53
        3.3.2　continue语句 54
        3.3.3　return语句 55
    3.4　小结 56
    3.5　习题 56

第4章　数组 58
    4.1　一维数组 58
        4.1.1　声明一维数组 58
        4.1.2　初始化一维数组 59

    4.1.3 使用一维数组 ··· 60
  4.2 二维数组 ··· 62
    4.2.1 声明与初始化二维数组 ··· 62
    4.2.2 使用二维数组 ··· 63
  4.3 foreach 语句 ··· 65
  4.4 不规则数组 ··· 66
  4.5 小结 ··· 67
  4.6 习题 ··· 68

第 5 章 方法 ··· 70

  5.1 传统方法 ··· 70
    5.1.1 方法的概念 ··· 70
    5.1.2 定义及调用传统方法 ··· 70
    5.1.3 参数传递方式 ··· 72
  5.2 形参长度可变方法 ·· 73
    5.2.1 形参长度可变方法的概念 ·· 73
    5.2.2 定义形参长度可变方法 ·· 73
    5.2.3 调用形参长度可变方法 ·· 74
  5.3 方法重载 ··· 75
  5.4 递归方法 ··· 77
  5.5 小结 ··· 78
  5.6 习题 ··· 78

第 6 章 面向对象编程（上） ·· 80

  6.1 软件开发方法 ··· 80
    6.1.1 结构化开发方法 ··· 81
    6.1.2 面向对象开发方法 ·· 81
  6.2 类与对象 ··· 84
    6.2.1 定义类 ·· 84
    6.2.2 创建使用对象 ··· 86
    6.2.3 成员方法与数据成员 ·· 90
  6.3 构造方法 ··· 92
    6.3.1 构造方法的概念 ··· 92
    6.3.2 使用构造方法 ··· 93
    6.3.3 默认构造方法 ··· 95
  6.4 匿名对象 ··· 95
  6.5 封装性 ·· 96
    6.5.1 封装的概念 ·· 96
    6.5.2 private 关键字 ·· 97

6.5.3　setter 和 getter 方法 ………………………………………………………………… 99
　6.6　this 关键字 ……………………………………………………………………………………… 101
　　　6.6.1　this 作用 ………………………………………………………………………………… 101
　　　6.6.2　引用数据成员 …………………………………………………………………………… 102
　　　6.6.3　引用成员方法 …………………………………………………………………………… 103
　　　6.6.4　调用构造方法 …………………………………………………………………………… 104
　　　6.6.5　this 本质 ………………………………………………………………………………… 105
　　　6.6.6　对象比较 ………………………………………………………………………………… 106
　6.7　综合案例 ………………………………………………………………………………………… 108
　　　6.7.1　分析数据成员 …………………………………………………………………………… 108
　　　6.7.2　分析构造方法和成员方法 ……………………………………………………………… 109
　　　6.7.3　画类图 …………………………………………………………………………………… 109
　　　6.7.4　编码测试 ………………………………………………………………………………… 110
　6.8　static 关键字 …………………………………………………………………………………… 111
　　　6.8.1　static 作用 ……………………………………………………………………………… 111
　　　6.8.2　修饰数据成员 …………………………………………………………………………… 112
　　　6.8.3　修饰成员方法 …………………………………………………………………………… 114
　　　6.8.4　修饰代码块 ……………………………………………………………………………… 117
　　　6.8.5　main 方法 ………………………………………………………………………………… 119
　　　6.8.6　static 综合应用 ………………………………………………………………………… 120
　6.9　对象数组 ………………………………………………………………………………………… 122
　6.10　内部类 ………………………………………………………………………………………… 125
　　　6.10.1　内部类概念 …………………………………………………………………………… 125
　　　6.10.2　成员内部类 …………………………………………………………………………… 125
　　　6.10.3　静态内部类 …………………………………………………………………………… 127
　　　6.10.4　局部内部类 …………………………………………………………………………… 128
　6.11　小结 …………………………………………………………………………………………… 128
　6.12　习题 …………………………………………………………………………………………… 129

第7章　面向对象编程（中） ……………………………………………………………………… 131

　7.1　继承 ……………………………………………………………………………………………… 131
　　　7.1.1　继承的概念 ……………………………………………………………………………… 131
　　　7.1.2　创建子类 ………………………………………………………………………………… 134
　　　7.1.3　方法覆写与属性覆盖 …………………………………………………………………… 137
　7.2　super 关键字 …………………………………………………………………………………… 140
　7.3　final 关键字 …………………………………………………………………………………… 144
　　　7.3.1　修饰类 …………………………………………………………………………………… 144
　　　7.3.2　修饰成员方法 …………………………………………………………………………… 144
　　　7.3.3　修饰数据成员 …………………………………………………………………………… 145

7.4 instanceof 运算符 ··· 146
7.5 抽象类 ··· 147
7.5.1 抽象类的概念 ··· 147
7.5.2 定义抽象类 ··· 148
7.5.3 抽象类的应用 ··· 150
7.6 接口 ··· 152
7.6.1 接口的概念 ··· 152
7.6.2 定义接口 ··· 152
7.6.3 应用接口 ··· 156
7.7 对象多态性 ··· 160
7.7.1 多态的概念 ··· 160
7.7.2 实现多态 ··· 161
7.7.3 对象转型 ··· 163
7.7.4 方法重载和对象多态的区别 ··· 164
7.8 对象多态案例 ··· 166
7.9 匿名内部类 ··· 169
7.10 小结 ··· 171
7.11 习题 ··· 171

第8章 面向对象编程（下） ··· 173

8.1 类之间的6种关系 ··· 173
8.1.1 继承关系 ··· 174
8.1.2 实现关系 ··· 174
8.1.3 依赖关系 ··· 175
8.1.4 关联关系 ··· 176
8.1.5 聚合关系 ··· 178
8.1.6 组合关系 ··· 181
8.2 单例模式 ··· 183
8.2.1 单例模式的概念 ··· 183
8.2.2 两种单例模式 ··· 184
8.2.3 单例模式案例 ··· 185
8.3 简单工厂模式 ··· 186
8.3.1 简单工厂模式概念 ··· 186
8.3.2 简单工厂模式类图 ··· 186
8.3.3 简单工厂模式案例 ··· 187
8.4 小结 ··· 189
8.5 习题 ··· 189

第9章 包及访问控制权限 ········ 192

9.1 包 ········ 192
9.1.1 包的概念 ········ 192
9.1.2 定义包 ········ 192
9.1.3 使用包 ········ 194
9.1.4 常见包 ········ 197
9.2 访问控制权限 ········ 197
9.3 小结 ········ 199
9.4 习题 ········ 199

第10章 异常处理 ········ 200

10.1 基本概念 ········ 200
10.2 异常处理机制 ········ 202
10.2.1 异常处理方式 ········ 202
10.2.2 异常类结构 ········ 203
10.3 try…catch…finally 语句 ········ 205
10.4 throws 关键字 ········ 209
10.5 throw 语句及自定义异常 ········ 211
10.5.1 throw 语句 ········ 211
10.5.2 自定义异常 ········ 211
10.6 异常综合案例 ········ 212
10.7 小结 ········ 213
10.8 习题 ········ 214

第11章 泛型 ········ 216

11.1 基本概念 ········ 216
11.2 泛型类 ········ 218
11.2.1 定义泛型类 ········ 218
11.2.2 指定多个类型参数 ········ 219
11.2.3 泛型继承 ········ 220
11.3 通配符 ········ 221
11.4 泛型接口 ········ 223
11.4.1 定义泛型接口 ········ 223
11.4.2 实现泛型接口 ········ 223
11.5 泛型方法 ········ 225
11.6 受限泛型 ········ 227
11.6.1 泛型上限 ········ 227
11.6.2 泛型下限 ········ 228

| 11.7 | 小结 | 229 |
| 11.8 | 习题 | 229 |

第12章 常用类 … 231

- 12.1 包装类 … 231
  - 12.1.1 包装类的概念 … 231
  - 12.1.2 装箱与拆箱 … 232
  - 12.1.3 包装类的应用 … 233
- 12.2 字符串类 … 233
  - 12.2.1 String 类 … 233
  - 12.2.2 StringBuffer 类 … 235
  - 12.2.3 StringBuilder 类 … 237
- 12.3 Object 类 … 237
  - 12.3.1 Object 类简介 … 237
  - 12.3.2 常用方法 … 238
  - 12.3.3 接收任意对象 … 241
- 12.4 Runtime 类 … 243
- 12.5 System 类 … 244
  - 12.5.1 System 类简介 … 244
  - 12.5.2 System 类应用 … 244
  - 12.5.3 垃圾回收对象 … 246
- 12.6 日期类 … 247
  - 12.6.1 Date 类 … 247
  - 12.6.2 Calendar 类 … 247
  - 12.6.3 DateFormat 类 … 248
  - 12.6.4 SimpleDateFormat 类 … 250
- 12.7 Math 类 … 252
- 12.8 Random 类 … 252
- 12.9 数值格式化类 … 253
  - 12.9.1 NumberFormat 类 … 253
  - 12.9.2 DecimalFormat 类 … 254
- 12.10 处理大数 … 256
  - 12.10.1 BigInteger 类 … 256
  - 12.10.2 BigDecimal 类 … 257
- 12.11 克隆接口 Cloneable … 258
- 12.12 Arrays 类 … 262
- 12.13 比较接口 … 263
  - 12.13.1 Comparable 接口 … 264
  - 12.13.2 Comparator 接口 … 265

12.14 正则表达式 ································ 267
12.14.1 正则表达式简介 ·························· 267
12.14.2 Pattern 类和 Matcher 类 ··············· 267
12.14.3 String 类对正则表达式的支持 ········· 270
12.15 小结 ··· 271
12.16 习题 ··· 272

第 13 章 I/O 系统 ·· 274
13.1 概述 ··· 274
13.1.1 I/O 模型 ······································· 274
13.1.2 I/O 类结构 ··································· 276
13.2 File 类 ·· 278
13.2.1 File 类简介 ··································· 278
13.2.2 File 类的应用 ································ 278
13.3 字节流 ··· 281
13.3.1 字节流类 ······································· 281
13.3.2 FileInputStream 类和 FileOutputStream 类 ········ 282
13.3.3 ByteArrayInputStream 类和 ByteArrayOutputStream 类 ········ 287
13.3.4 PrintStream 类 ································ 288
13.4 字符流 ··· 289
13.4.1 字符流类 ······································· 289
13.4.2 FileReader 类和 FileWriter 类 ········· 290
13.4.3 CharArrayReader 类和 CharArrayWriter 类 ········ 293
13.4.4 PrintWriter 类 ································ 293
13.5 缓冲流 ··· 295
13.5.1 字符缓冲流 ··································· 295
13.5.2 字节缓冲流 ··································· 298
13.6 字节流与字符流转换 ·························· 302
13.6.1 转换机制 ······································· 302
13.6.2 InputStreamReader 类和 OutputStreamWriter 类 ········ 302
13.7 随机存取类 RandomAccessFile ········· 305
13.7.1 RandomAccessFile 类简介 ·············· 305
13.7.2 RandomAccessFile 类读取数据 ······· 306
13.7.3 RandomAccessFile 类输出数据 ······· 307
13.8 Scanner 类 ··· 309
13.8.1 Scanner 类简介 ······························ 309
13.8.2 Scanner 类应用 ······························ 309
13.9 System 类对 I/O 的支持 ······················ 311
13.9.1 System.out ······································ 312

  13.9.2 System.in ·············· 312
  13.9.3 System.err ············· 313
  13.9.4 重定向 I/O ············· 313
13.10 数据流 ····················· 314
  13.10.1 DataOutputStream 类 ····· 314
  13.10.2 DataInputStream 类 ······ 316
13.11 对象序列化 ················· 318
  13.11.1 序列化简介 ············ 318
  13.11.2 ObjectOutputStream 类 ···· 320
  13.11.3 ObjectInputStream 类 ····· 321
  13.11.4 Externalizable 接口 ······ 323
  13.11.5 transient 关键字 ········ 325
  13.11.6 序列化数组 ············ 326
13.12 新 I/O ···················· 327
  13.12.1 NIO 简介 ············· 328
  13.12.2 Buffer ··············· 328
  13.12.3 Channel ·············· 331
13.13 小结 ······················ 333
13.14 习题 ······················ 333

第 14 章 集合 ···················· 336

14.1 概述 ······················· 336
  14.1.1 集合的概念 ············· 336
  14.1.2 集合框架 ··············· 337
  14.1.3 Collection 接口 ········· 338
  14.1.4 Iterator 接口 ··········· 339
14.2 Set 接口 ··················· 339
  14.2.1 HashSet 类 ············· 339
  14.2.2 TreeSet 类 ············· 343
14.3 List 接口 ·················· 346
  14.3.1 ArrayList 类 ··········· 347
  14.3.2 ListIterator 接口 ······· 349
  14.3.3 LinkedList 类 ··········· 351
  14.3.4 Queue 接口 ············· 352
  14.3.5 Stack 类 ··············· 353
14.4 Map 接口 ··················· 354
  14.4.1 Map 简介 ··············· 354
  14.4.2 Map.Entry 接口 ·········· 356
  14.4.3 HashMap 类 ············· 356

    14.4.4 TreeMap 类 ································· 359
    14.4.5 输出 Map 接口 ·························· 362
  14.5 属性类 Properties ······································ 363
    14.5.1 Properties 类简介 ······················ 363
    14.5.2 Properties 类应用 ······················ 364
  14.6 集合工具类 Collections ···························· 366
  14.7 小结 ·· 368
  14.8 习题 ·· 369

第 15 章　JDBC 编程 ·· 372

  15.1 JDBC 简介 ··· 372
    15.1.1 JDBC 概述 ································· 372
    15.1.2 JDBC 编程步骤 ························· 374
    15.1.3 JDBC 主要类和接口 ················· 374
  15.2 连接数据库 ··· 375
    15.2.1 MySQL 简介 ······························ 375
    15.2.2 连接 MySQL 服务器 ················· 376
  15.3 查询数据库 ··· 379
    15.3.1 数据库操作环境 ························· 379
    15.3.2 ResultSet 接口 ···························· 380
    15.3.3 查询案例 ···································· 380
  15.4 操纵数据库 ··· 383
    15.4.1 插入记录 ···································· 383
    15.4.2 修改记录 ···································· 385
    15.4.3 删除记录 ···································· 386
  15.5 PreparedStatement 接口 ··························· 387
    15.5.1 PreparedStatement 接口的优点 ··· 387
    15.5.2 PreparedStatement 接口的应用案例 ··· 388
  15.6 小结 ·· 392
  15.7 习题 ·· 393

第 16 章　注解 ·· 395

  16.1 注解简介 ··· 395
  16.2 3 种标准注解 ·· 395
    16.2.1 @Override ································· 396
    16.2.2 @SuppressWarnings ··················· 396
    16.2.3 @Deprecated ····························· 397
  16.3 自定义注解 ··· 398
  16.4 4 种元注解 ·· 400

		16.4.1 @Target ………………………………………………… 400
		16.4.2 @Retention ……………………………………………… 402
		16.4.3 @Documented …………………………………………… 403
		16.4.4 @Inherited …………………………………………………… 403
	16.5	小结 ……………………………………………………………………… 404
	16.6	习题 ……………………………………………………………………… 404

第 17 章 图形用户界面 …………………………………………………………… 406

- 17.1 概述 ……………………………………………………………………… 406
  - 17.1.1 图形用户界面简介 …………………………………………… 406
  - 17.1.2 AWT ………………………………………………………… 407
  - 17.1.3 Swing ………………………………………………………… 409
- 17.2 JFrame 容器 ……………………………………………………………… 411
- 17.3 基本组件 ………………………………………………………………… 413
  - 17.3.1 JLabel ………………………………………………………… 413
  - 17.3.2 JButton ……………………………………………………… 414
  - 17.3.3 JTextField …………………………………………………… 416
- 17.4 布局管理器 ……………………………………………………………… 418
  - 17.4.1 FlowLayout ………………………………………………… 418
  - 17.4.2 BorderLayout ……………………………………………… 419
  - 17.4.3 GridLayout ………………………………………………… 421
  - 17.4.4 绝对定位 ……………………………………………………… 422
- 17.5 其他容器 ………………………………………………………………… 424
  - 17.5.1 JPanel ………………………………………………………… 424
  - 17.5.2 JSplitPane …………………………………………………… 427
  - 17.5.3 JTabbedPane ………………………………………………… 429
- 17.6 事件处理 ………………………………………………………………… 431
  - 17.6.1 基本概念 ……………………………………………………… 431
  - 17.6.2 事件处理机制 ………………………………………………… 434
  - 17.6.3 窗体事件 ……………………………………………………… 435
  - 17.6.4 动作事件 ……………………………………………………… 437
  - 17.6.5 键盘事件 ……………………………………………………… 440
  - 17.6.6 鼠标事件 ……………………………………………………… 442
  - 17.6.7 适配器 ………………………………………………………… 445
- 17.7 其他常用组件 …………………………………………………………… 448
  - 17.7.1 JRadioButton ……………………………………………… 448
  - 17.7.2 JCheckBox ………………………………………………… 450
  - 17.7.3 JComboBox ………………………………………………… 452
  - 17.7.4 JList ………………………………………………………… 454

17.7.5 菜单 456
17.7.6 JTable 460
17.7.7 JFileChooser 464
17.7.8 树 467
17.8 小结 470
17.9 习题 471

第18章 反射 473

18.1 概述 473
18.2 Class 类 474
18.3 获取类结构 475
    18.3.1 获取父类 477
    18.3.2 获取接口 478
    18.3.3 获取构造方法 479
    18.3.4 获取成员方法 480
    18.3.5 获取数据成员 481
18.4 调用方法 483
    18.4.1 调用构造方法 483
    18.4.2 调用成员方法 484
    18.4.3 调用 setter 和 getter 方法 485
18.5 访问数据成员 487
18.6 小结 488
18.7 习题 488

第19章 多线程 490

19.1 概述 490
    19.1.1 进程与线程 490
    19.1.2 线程生命周期 492
19.2 多线程实现方式 493
    19.2.1 继承 Thread 类 493
    19.2.2 实现 Runnable 接口 495
19.3 线程常用方法 497
    19.3.1 基本方法 497
    19.3.2 强制执行 498
    19.3.3 线程礼让 500
19.4 线程同步 501
    19.4.1 同步概念 501
    19.4.2 同步代码块 502
    19.4.3 同步方法 503

		19.4.4 同步锁 ······ 505
19.5	死锁 ······ 507	
19.6	生产者与消费者问题 ······ 509	
19.7	小结 ······ 512	
19.8	习题 ······ 512	

第 20 章 网络编程 ······ 515

20.1	网络编程基础 ······ 515
	20.1.1　InetAddress 类 ······ 515
	20.1.2　URL 类 ······ 517
	20.1.3　URLConnection 类 ······ 519
20.2	TCP 编程 ······ 521
	20.2.1　Socket 通信机制 ······ 521
	20.2.2　ServerSocket 类与 Socket 类 ······ 522
	20.2.3　TCP 编程案例 ······ 522
20.3	UDP 编程 ······ 526
	20.3.1　UDP 通信机制 ······ 526
	20.3.2　DatagramPacket 类与 DatagramSocket 类 ······ 526
	20.3.3　UDP 编程案例 ······ 527
20.4	小结 ······ 531
20.5	习题 ······ 531

第 1 章 Java 概述

Java 是什么？为什么在众多语言中选择学习这门语言？Java 应用程序是怎样运行的？本章将为读者一一解答这些问题。

本章内容
(1) Java 的发展及特点。
(2) Java 开发环境的安装和配置。
(3) Java 应用程序的开发过程。
(4) Java 应用程序的运行机制。
(5) Java 基本命名规范。

◆ 1.1 初识 Java

Java 的发展

1.1.1 Java 的发展

1991 年，Sun 公司的 James Gosling 负责开发一个面向家用电器市场的软件产品项目，该项目的目标是研究一个利用软件实现对家用电器进行控制的智能装置，并要求该软件能在不同的计算平台上运行，同时还要求有较好的简洁性和安全性。因为 C/C++ 等语言比较复杂并且安全性差，所以项目组开发了一种全新的语言 Oak。Oak 保留了 C++ 的语法结构，但去掉了 C++ 指针等一些潜在危险性因素，并且该语言具有平台无关性，使用 Oak 语言编写的程序能在智能电冰箱、智能高压锅和智能微波炉等智能家电上运行。

20 世纪 90 年代初是 Internet 高速发展的时期，1993 年 7 月，伊利诺伊大学的美国国家超级计算应用中心（National Center Supercomputer Applications，NCSA）推出了一个在 Internet 上盛为流行的 Web 浏览器 Mosaic 1.0 版，这时的 Web 页面实现了声、图、文并茂，但却是静态的，迫切需要通过一种机制使 Web 页面具有动态性，一种好的解决方案是在浏览器中嵌入一种既安全可靠又简练的语言，Oak 语言正好满足要求。

1994 年，Sun 公司完成了用 Oak 编写的 Web 浏览器 HotJava，因为 HotJava 表现的 Web 具有形式丰富、动态特性和安全可靠等优良特性，使 Oak 随着 Internet 的蓬勃发展而迅速被世界所接受。

由于 Oak 与其他产品名称类同，因此开发小组后来为这个新语言取了一个新名称——Java(爪哇)。据说这个名称的灵感来自研发小组成员经常在公司附近的一家咖啡厅喝咖啡,而咖啡的原产地是Java。

Java是一种分布式、安全性高、内部包含编译器又非常小的适合网络开发环境的语言。1995年初,Java与HotJava免费发布,立即得到包括Netscape在内的各WWW厂商的广泛支持。业界一致认为Java是20世纪80年代以来计算机界的一件大事,Microsoft公司总裁Bill Gates认为Java是长期以来最卓越的程序设计语言之一。而今,Java已成为最流行的网络编程语言,并且在移动计算和智能制造等领域得到了广泛应用。

1.1.2 Java的特点

Java的特点

Java有如下10个特点。

1. 面向对象

Java是纯面向对象编程语言。"面向对象"是软件工程学的一次革命,它极大地提升了软件开发能力和效率。面向对象技术把现实世界中的任何实体都看成对象,现实世界中对象的属性和行为映射为计算机程序的数据和方法。面向对象程序设计技术较传统的面向过程的程序设计技术更能真实地模拟现实世界。

2. 简洁性

Java的语法与C++很接近,使得大多数程序员很容易学习和使用Java。另外,Java省略了C++中很难理解的(如操作符重载、多继承、自动强制类型转换等)特性。特别地,Java丢弃了C++的指针,从而彻底消除了安全隐患,同时Java提供了自动垃圾收集功能,程序员不必担忧内存管理。

3. 可移植性

可移植性也称平台无关性。程序的可移植性指程序不经修改就能在不同的硬件或软件平台上运行的特性,即"一次编写、处处运行"。只需对Java程序做少量修改或不修改,它就能在Windows、macOS、UNIX、Linux和Android等软件平台上运行。

4. 解释型

Java源程序被编译为字节码格式,Java解释器解释执行字节码,执行过程中需要的类在链接阶段被载入运行环境。虽然Java的解释型特征降低了程序执行效率,但达到了平台无关性目标,并且随着计算设备运行速度的不断提高,用户在使用过程中一般不会感觉速度太慢。

5. 分布式计算

Java支持Internet应用开发,它的网络应用编程接口(java.net)提供了丰富的类库支持TCP和UDP编程,Java应用程序可以像访问本地文件系统那样访问远程对象。此外还可以使用Java的Java服务器页面(Java Server Page)、Servlet等手段构建更丰富的Web页面。Java的远程方法调用(Remote Method Invocation,RMI)机制也是开发分布式应用的重要手段。

6. 较好的性能

Java与C/C++等编译型语言相比性能相对较低,但与JavaScript、VBScript、Perl、Python、Ruby、MATLAB等解释型语言相比,Java具有较高性能。Java采用两种手段提高程序执行效率。

（1）用 Java 伪编译器将 Java 源程序转换为中间代码（字节码），然后解释执行。

（2）当对性能有更高要求时，利用 JIT（Just-In-Time）编译器技术将字节码转换成机器码，需要时可直接执行。随着 JIT 编译器技术的发展，Java 的运行速度越来越接近 C++。

7. 较高的安全性

Java 应用程序通常部署在网络环境，为了在复杂网络环境下保证应用程序的安全，Java 提供了安全防范机制，对网络下载的类进行控制，如为网络下载的类分配不同的名字空间以防替代本地的同名类、检查下载的字节码，提供安全管理机制，设置安全哨兵确保应用程序的安全。

8. 健壮性

Java 采用强类型机制、异常处理、自动收集垃圾、丢弃指针、安全检查机制等措施保障 Java 程序的健壮性。

9. 多线程

线程是一种轻量级进程，是现代程序设计非常重要的一种特性。Java 实现多线程处理非常简单，它提供多线程同步机制确保同步线程的安全性。

10. 动态语言

Java 程序需要的类（API）能动态载入运行环境，也可以通过网络载入需要的类，该特性使 Java 程序能适应环境变化，也便于软件升级。另外，通过反射还能在程序运行过程中修改状态。

1.2　Java 开发环境

Java 开发环境是指 Java 开发工具和相应的软硬件环境，本书使用 Java 开发工具包（Java Development Kit，JDK）。"工欲善其事，必先利其器"。使用集成开发环境（Integrated Development Environment，IDE）能提高开发 Java 程序的效率，目前主流 IDE 如 IntelliJ IDEA、Eclipse、MyEclipse 等，使用这些集成开发工具能帮助程序员敏捷快速地开发应用系统。

1.2.1　Java 运行机制

Java 应用程序运行在 Java 虚拟机（Java Virtual Machine，JVM）上。JVM 是一台虚拟计算机，它可以解释与平台无关的字节码（*.class）文件，只要满足 JVM 要求，将 Java 解释器移植到特定的运行平台，该平台就能运行编译过的字节码文件。例如，不管微波炉、电饭煲或者高压锅采用哪种类型的处理器，只要安装相应的 JVM，利用 Java 编写的时间控制器就可以在这 3 种机器上运行。Java 程序运行机制如图 1-1 所示。

Java 运行机制

图 1-1 显示，Java 源程序首先编译成字节码文件，然后在不同的操作系统上安装相应的 JVM，字节码文件就可以运行在不同平台。例如，Windows 平台安装符合 Windows 类型的 JVM，字节码文件 Hello.class 能在 Windows 平台上运行；UNIX 平台安装符合 UNIX 类型的 JVM，字节码文件 Hello.class 能在 UNIX 平台上运行。字节码的平台无关性实现了 Java 程序的一次编写、处处运行的目标。

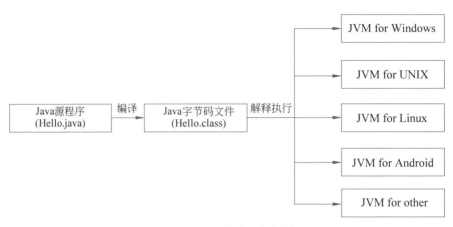

图 1-1　Java 程序运行机制

1.2.2　搭建开发环境

搭建开发环境

JDK 是 Oracle 公司（2009 年 Oracle 公司收购 Sun 公司）提供的 Java 开发工具包，Oracle 公司为 Windows、Solaris 和 Linux 等操作系统提供了不同版本的 JDK。

1995 年，Sun 公司推出 JDK 1.0 版本以来，随着 Internet 和移动计算的迅猛发展，JDK 已成为使用最广泛的 Java SDK，目前已经升级到 JDK 17。JDK 包括 Java 运行环境、Java 工具和 Java 基础类库。如果没有 JDK，无法编译 Java 程序，但如果仅仅解释执行 Java 程序（字节码文件），只要确保已安装相应的 Java 运行环境（Java Runtime Environment，JRE）和提供相应的类库即可。

Java 有以下 3 个发展方向。

（1）J2SE：Java 2 Standard Edition（标准版）。包含 Java 核心类库，如数据库编程、网络编程、输入输出、集合、多线程等，它是常用版本，适合初学者使用。

（2）J2EE：Java 2 Enterprise Edition（企业版）。包含 J2SE 的所有类，也包含用于开发企业级应用程序的类，如 JSP、EJB、Servlet、XML 和事务控制等。

（3）J2ME：Java 2 Platform Micro Edition（微型版）。包含 J2SE 的部分类，主要用于消费类电子产品的软件开发，如智能手机、PDA、智能家电、机顶盒等嵌入式设备。

本书基于 Microsoft Windows 的 J2SE，分 5 步介绍安装 JDK 17 的过程。

（1）下载 JDK。

在 Oracle 公司官网下载 JDK（见图 1-2）。

Linux　macOS　Windows

Product/file description	File size	Download
x64 Compressed Archive	171.34 MB	https://download.oracle.com/java/17/latest/jdk-17_windows-x64_bin.zip (sha256)
x64 Installer	152.43 MB	https://download.oracle.com/java/17/latest/jdk-17_windows-x64_bin.exe (sha256)
x64 MSI Installer	151.32 MB	https://download.oracle.com/java/17/latest/jdk-17_windows-x64_bin.msi (sha256)

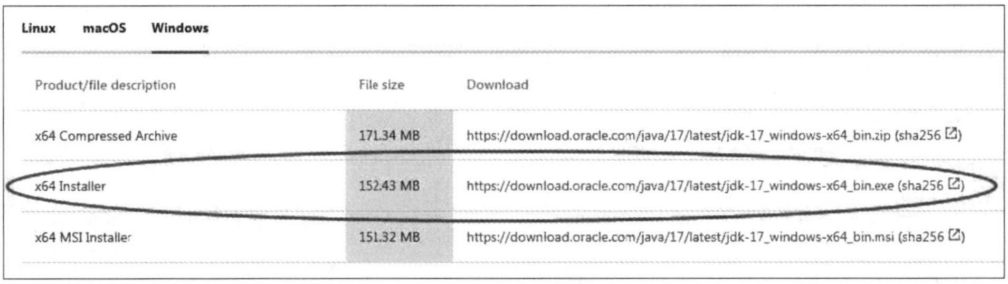

图 1-2　下载 JDK

(2) 安装 JDK。

运行第(1)步下载的 jdk-17_windows-x64_bin.exe,安装时要指定安装目录,安装完成后的环境配置与该目录有关。本书将 JDK 安装在 C:\Program Files\Java\jdk-17.0.2 目录(见图 1-3)。

图 1-3　JDK 安装目录

(3) 新建 JAVA_HOME 系统变量。

JAVA_HOME 系统变量指向 JDK 安装目录,IntelliJ IDEA 和 Eclipse 等集成开发环境通过 JAVA_HOME 变量找到并使用 JDK。

① 右击"计算机",在弹出的快捷菜单中选择"属性"命令,选择"高级系统设置"→"高级"选项卡,单击"环境变量"按钮,出现"环境变量"对话框(见图 1-4)。

图 1-4　"环境变量"对话框

② 单击"系统变量"选项组下的"新建"按钮,弹出"新建系统变量"对话框(见图1-5)。在变量名文本框输入 JAVA_HOME,在变量值文本框输入 C:\Program Files\Java\jdk-17.0.2(JDK 17 的安装目录)。

(4) 设置系统变量 Path。

设置 Windows 7 的系统变量 Path。JDK 安装目录的子文件夹(见图1-3)bin 包含各种 Java 命令(*.exe 文件),如启动 JVM 的 java.exe 命令、将 Java 源程序编译成字节码文件的 javac.exe(Java Complies)命令等。这些命令不在 Windows 环境中,所以如果需要使用这些命令,则必须通过设置 Path 系统变量在 Windows 中注册这些命令。

设置 Path 分 3 步。

① 右击"计算机",在弹出的快捷菜单中选择"属性"命令,选择"高级系统设置"→"高级"选项卡,单击"环境变量"按钮,出现"环境变量"对话框(见图1-4)。

② 在"系统变量"选项组中找到 Path 变量,单击"编辑"按钮,弹出"编辑系统变量"对话框(见图1-6)。

图1-5 "新建系统变量"对话框

图1-6 "编辑系统变量"对话框

③ 在变量值文本框最后增加";%JAVA_HOME%\bin",";%JAVA_HOME%\bin"前的分号";"不能少。如果 JDK 安装目录不是 C:\Program Files\Java\jdk-17.0.2,请按安装目录设置该项。

(5) 测试 JDK 环境。

前 4 步设置好了 JDK 运行环境,操作系统能找到并运行 Java 的编译器(javac.exe)和 Java 虚拟机(java.exe)。进入 Windows 7 命令模式输入 java,如果有图1-7所示的显示,表明已成功配置 JDK 运行环境。

1.2.3 第一个 Java 程序

第一个 Java 程序

Java 程序包括 Applet 和 Application,本书主要介绍 Application 程序,Applet 主要应用于网页编程,现在已基本不再使用,所以本书不做介绍。建立和运行 Java Application 程序分 3 步。

(1) 文本编辑器建立 Java 源程序文件(*.java)。

(2) Java 编译器(javac.exe 命令)编译源程序,产生字节码文件(*.class)。

(3) java.exe 命令启动 Java 虚拟机,执行字节码文件。

下面以输出几行信息为例说明 Java 程序的建立和运行过程。

(1) 建立 Java 源程序文件。

使用 Windows 7 的记事本编辑文本文件,内容如图1-8所示,文件名为 Demo0101.java。

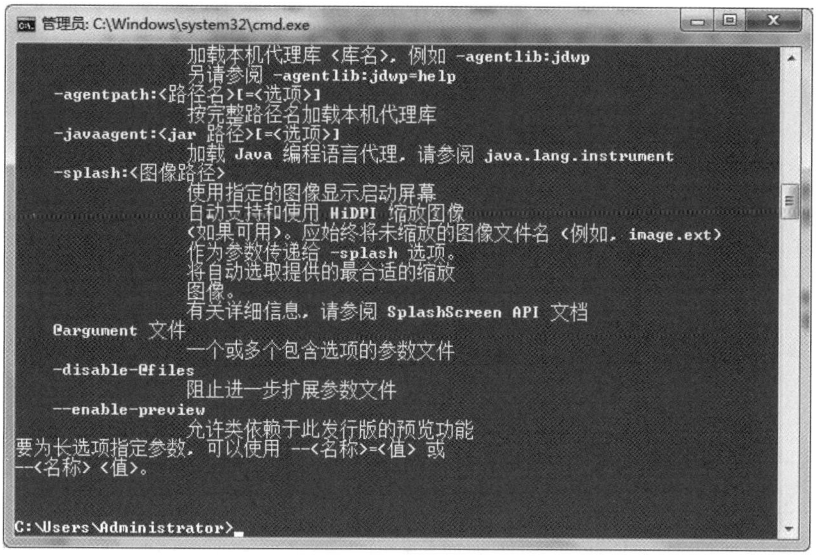

图 1-7 运行 java.exe 命令界面

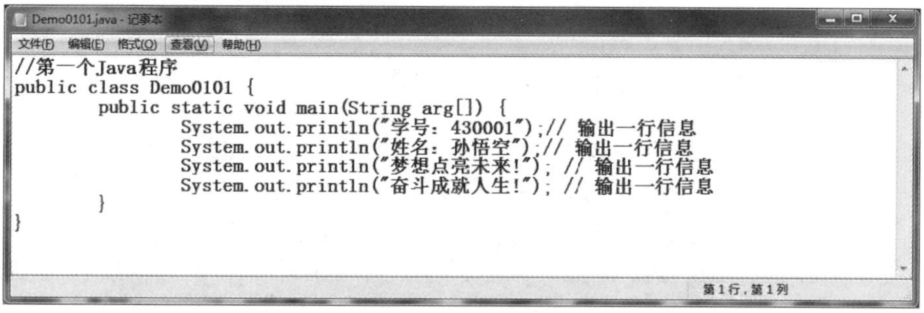

图 1-8 第一个 Java 程序

程序第 2 行定义 public 类,类名 Demo0101,同时确保该源代码的文件名是 Demo0101.java;第 3 行表示 Java 的 Application 程序从 public static void main(String args[])开始运行,类似于 C 程序的 main()方法;第 4~7 行是输出语句,向标准输出设备(显示器)输出一行字符。

读者如果不明白部分代码的含义也没关系,只要将程序输入计算机,然后按照步骤编译、执行即可,后续逐步解释它们的含义。

(2) 编译源程序。

编写源程序后,本书把 Demo0101.java 源程序保存在"D:\qzy"文件夹。打开命令窗口并进入该目录,编译该源程序:①输入 javac Demo0101.java 命令;②输入 dir *.class 命令可以看见该目录下有一个 Demo0101.class 字节码文件(见图 1-9)。

(3) 执行字节码文件。

在命令窗口输入 java Demo0101 命令,程序运行的结果如图 1-10 所示。

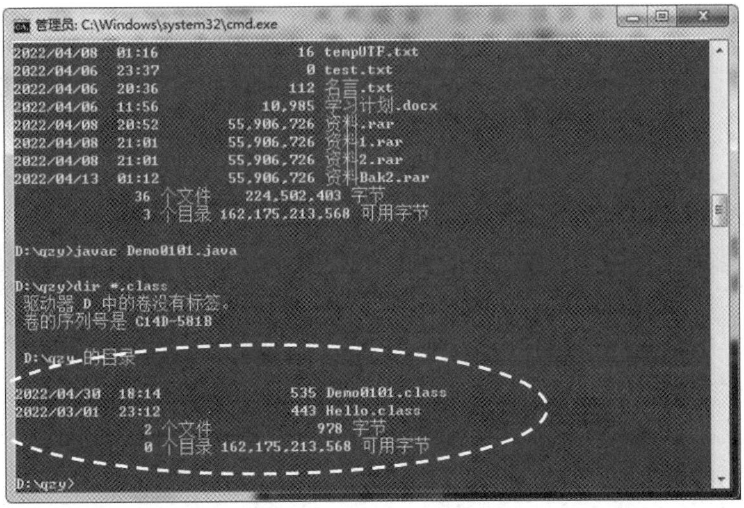

图 1-9　编译后的文件目录信息

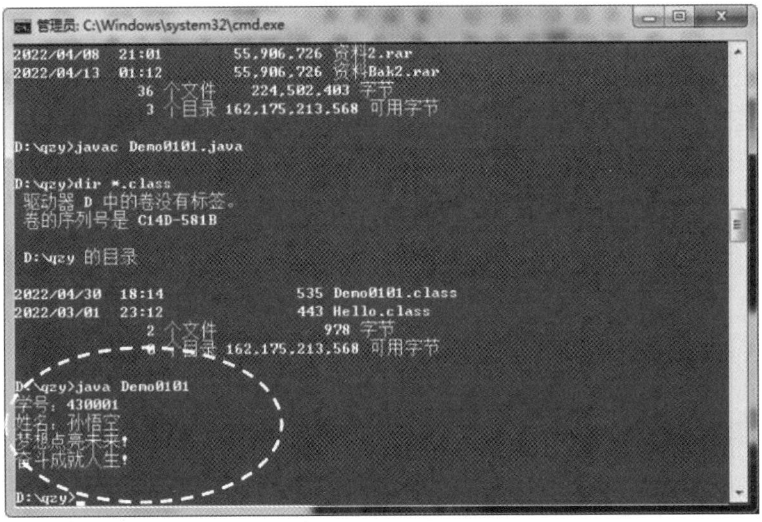

图 1-10　程序运行的结果

◇ 1.3　Eclipse 集成开发环境

Eclipse 基础

1.3.1　Eclipse 简介

Eclipse 是目前比较流行的开放源码、跨平台自由集成开发环境。它由 IBM 公司开发，2001 年贡献给开源社区，现在由非营利软件供应商联盟 Eclipse 基金会管理。Eclipse 只是一个框架平台，用户通过插件构建开发环境。许多软件开发商以 Eclipse 为框架开发自己的 IDE。Eclipse 基本内核包括 Java 开发环境插件 JDT。如果开发者需要完成其他任务，可以下载安装相应插件。例如，EGit 插件让开发者能从 GitHub 下载代码，并为 Eclipse 提供

Git 集成;M2E 插件为 Eclipse 提供全面的 Maven 集成;开发 Python 项目需要安装 Python 插件。Eclipse 的目标是成为可进行任何语言开发的 IDE 集成者,使用者只需下载语言插件即可。

1.3.2　安装 Eclipse

Eclipse 作为免费的集成开发环境,用户可在其官网下载。

(1) 进入 Eclipse 官网(见图 1-11)。

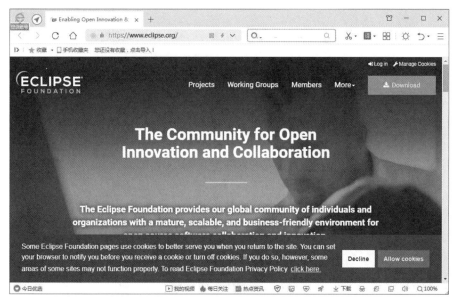

图 1-11　Eclipse 官网首页

(2) 单击右上角 Download 按钮,进入下载页面(见图 1-12)。选择合适的 Eclipse IDE 下载。

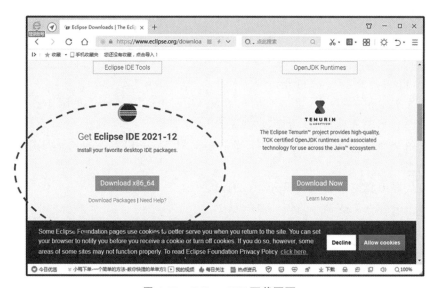

图 1-12　Eclipse IDE 下载页面

（3）下载后启动 Eclipse 安装程序，选择 Eclipse IDE for Java Developers（见图 1-13）。

图 1-13　Eclipse 安装界面

Eclipse 编程

1.3.3　建立 Java 项目

以程序案例 1-1 为例，简要介绍使用 Eclipse 建立 Java 项目的基本方法。

【**程序案例 1-1**】　输出两行信息。

```
1   public class Hello {
2       public static void main(String[] args) {
3           System.out.println("自强不息!");
4           System.out.println("厚德载物!");
5       }
6   }
```

使用 Eclipse 建立 Java 项目分 4 步。

（1）进入 Eclipse 主界面，选择 File→New→Java Project 命令（见图 1-14），打开 New Java Project 窗口，输入项目名（项目名为 first）。

（2）右击文件夹 src，在弹出的快捷菜单中选择 New→Class 命令（见图 1-15），新建 Hello 类（见图 1-16）。

（3）在代码编辑窗口输入代码（见图 1-17）。

（4）单击 Run→Run 命令，运行程序（见图 1-18）。

第 1 章 Java 概述

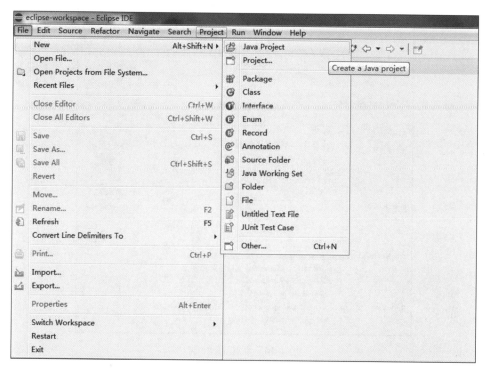

图 1-14 建立 Java 项目

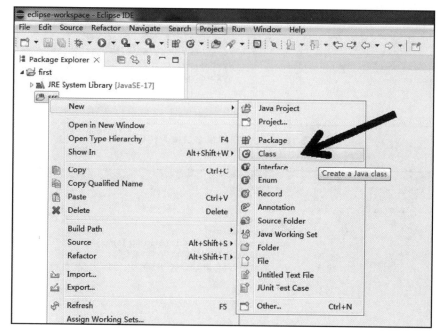

图 1-15 打开新建类窗口

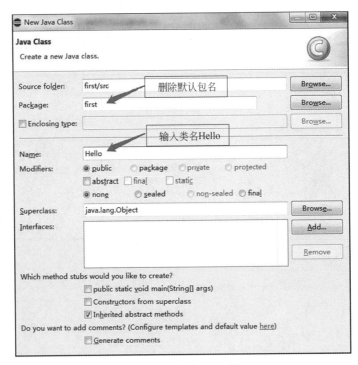

图 1-16 新建 Hello 类

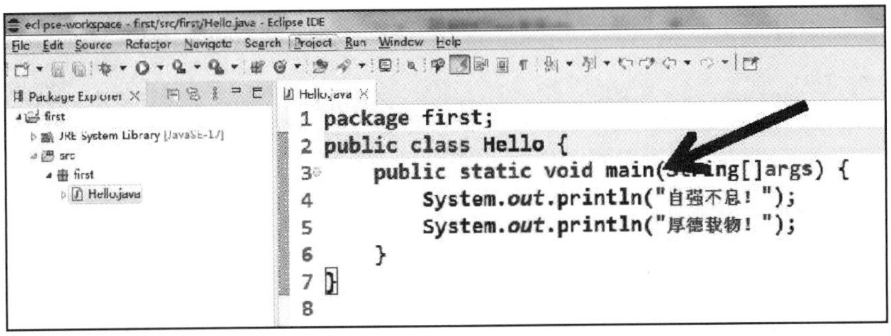

图 1-17 在代码编辑窗口输入代码

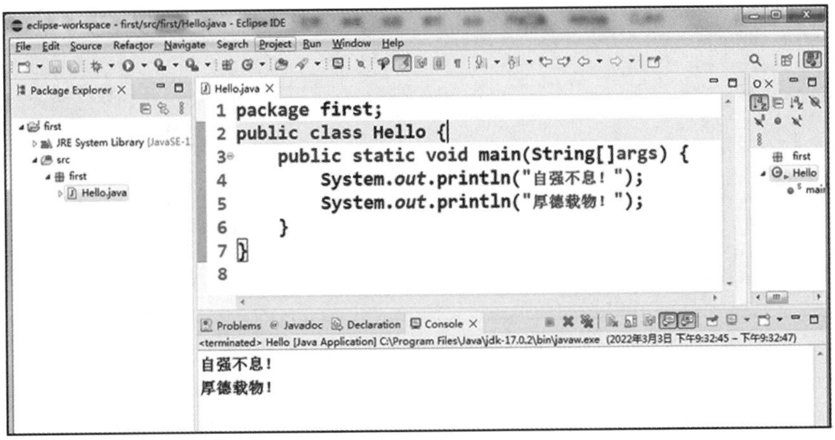

图 1-18 运行程序

1.4 Java 命名规范

"不以规矩,不能成方圆"。Java 程序要素非常多,包括类、接口、方法、属性、常量和变量等,使阅读者通过名字就能知道软件要素类型是优秀程序员的基本素质。良好的命名规范在项目开发和产品维护阶段都具有重要作用。命名规范是一种约定,也是程序员之间良好沟通的桥梁。定义程序中的标识符时,除了见名知意外,还需要确定命名规则,命名规则是一种惯例,并无绝对与强制,目的是增加程序的识别和可读性。Java 程序一般采用驼峰命名法。

(1) 类名。类名尽量用名词,若由几个单词组成,则每个单词的首字母大写,如 Demo0101、ArrayList、ServerSocket、DataOutputStream 等;若类名中包含单词缩写,则缩写词的每个字母均大写,如 XMLDemotional。

(2) 接口名。接口名与类名的命名规则类似,但一般采用形容词,如 Runnable、Comparable 等。

(3) 方法名和变量名。方法名和变量名的第一个单词全部小写,其他单词的首字母大写,如 getProperties()、setColor()、compareToIgnoreCase() 等。

(4) 包名。包名全部由小写字母组成,一般采用域名的反写。例如,cn.edu.jsu.www、com.kingsoft.www、com.huawei.www、java.awt.event 等。

(5) 常量名。常量名的所有字母均采用大写,如果由多个单词构成,单词之间使用下画线"_"连接。例如,MAX_VALUE、PI 等。

(6) 源代码采用层次缩进的格式进行编排,且语句块的左花括号"{"写在行尾,右花括号"}"单独一行。

1.5 小 结

本章主要知识点如下。

(1) Java 是纯面向对象编程语言,支持多线程、网络编程和数据库编程,是目前主流的网络应用开发语言。

(2) Java 通过 JVM 实现平台无关性。

(3) 运行 Java 应用程序要配置 Path 系统变量。

(4) 开发 Java 应用程序经过建立源程序、编译和执行三步。

(5) Java 程序采用驼峰命名法。

1.6 习 题

1.6.1 填空题

1. 编写如下 Java 程序,该源程序文件名是(　　　　)。

```
public class Hello{
    public static void main(String args[]){
```

```
        System.out.println("Hello,Java!");
    }
}
```

2. Java 使用（　　）技术将字节码转换成机器码,提高程序运行性能。

3. Java 的（　　）特性实现了软件开发人员一次编写、处处运行的梦想。

1.6.2　选择题

1. Java 编译器的命令是（　　）。
   A. word.exe　　　B. notepad.exe　　　C. javac.exe　　　D. windows

2. 编译 Java 源程序文件将产生相应的字节码文件,字节码文件的扩展名为（　　）。
   A. java　　　B. class　　　C. html　　　D. exe

3. Java 程序在执行过程中使用 JDK,其中 java.exe 指（　　）。
   A. Java 文档生成器　　　　　　B. Java 解释器
   C. Java 编译器　　　　　　　　D. Java 类分解器

4. 以下（　　）标识符最恰当表示学生成绩变量。
   A. xueshengchengji　　　　　　B. studentScore
   C. StudentScore　　　　　　　　D. xyz

5. 以下（　　）标识符最恰当表示计算机系统最多可以访问的内存容量（一个常量）。
   A. MAXMEMORY　　　　　　B. maxMemory
   C. MaxMemory　　　　　　　D. MAX_MEMORY

6. 关于 CLASSPATH 环境变量的作用,正确的描述是（　　）。
   A. Windows 在该环境变量设置的目录下寻找可执行文件
   B. JVM 在该环境变量设置的目录下寻找需要执行的命令
   C. Windows 在该环境变量设置的目录下寻找需要加载的类
   D. JVM 在该环境变量设置的目录下寻找需要加载的类

1.6.3　简答题

1. 简述 Java 应用程序运行机制。

2. 列举 3 种面向对象编程语言和 3 种非面向对象编程语言。

3. Java 虚拟机的作用。

1.6.4　程序设计题

1. 编写 Java 程序,输出自己的身份证号、姓名和年龄。

2. 编写 Java 程序,输出如下图案。

```
****************
*****中国梦*****
```

第 2 章 Java 语言基础

高级程序设计语言如 C/C++、Python 等都包含数据类型、注释、常量、变量、关键字和表达式等程序设计语言基本特征，Java 与它们比较有相同部分，但某些特征存在不同。本章将一一介绍 Java 语言基础知识。

本章内容
(1) Java 程序的构成。
(2) 注释。
(3) Java 编程风格。
(4) Java 能使用的符号。
(5) 基本数据类型。
(6) 变量和常量。
(7) 运算符和表达式。

2.1 Java 程序结构

Java 程序结构

通过简单程序说明 Java 应用程序的主要结构。

【程序案例 2-1】 简单 Java 应用程序。

```
1   package chapter02;
2   public class Hello {
3       public static void main(String[]args) {
4           System.out.println("路漫漫其修远兮!");
5           System.out.println("吾将上下而求索!");
6       }
7   }
```

程序运行结果如图 2-1 所示。

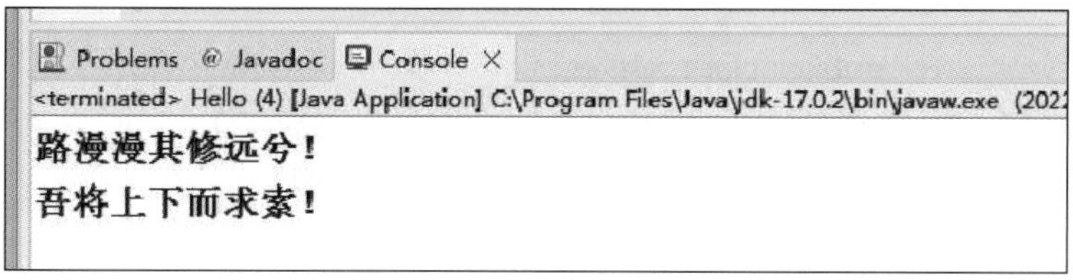

图 2-1　程序案例 2-1 运行结果

程序说明:

（1）Java 标识符区分大小写。字母大小写不同表示不同的标识符，如把第 3 行的 main 拼写成 Main 则程序无法运行。

（2）关键字 public 为访问权限控制符，决定程序中的其他部分是否能访问本段代码。

（3）关键字 class 修饰类，Java 程序的任何部分都必须包含在类中。

（4）一个 Java 源程序文件可以定义多个 class 类，但只能有唯一的 public class。Java 源程序文件名必须与 public class 类名一样。本例中，第 2 行 public class 后面的类名 Hello，因此使用 Hello.java 作为源程序文件名，否则在使用 javac.exe 编译器编译该源代码时，将出现错误信息 public class Hello must be defined in a file called 'Hello.Java'。

图 2-2 中，源程序文件名 Hello.java，程序第 1 行 public class HelloX，公共类 HelloX 与源程序文件名 Hello.java 不一致，出现语法错误提示。

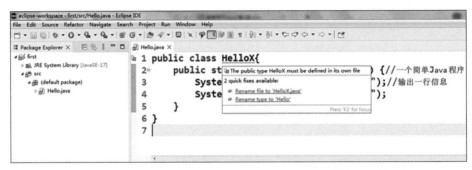

图 2-2 公共类 HelloX 与源程序文件名 Hello.java 不一致的语法错误提示

（5）Java 解释器(java.exe)从类的 main 方法开始执行(第 3 行)。源程序必须有一个与第 3 行声明相同的 main 方法。

（6）System.out.println()直接输出"()"中的内容，如果有多个值，利用"＋"连接(第 4、5 行)。println 是 print line 的简写，表示输出一行信息。

（7）Java 使用花括号"{}"表示程序块。Java 程序的方法以左花括号"{"开始，以右花括号"}"结束。

Java 程序基本结构如图 2-3 所示。

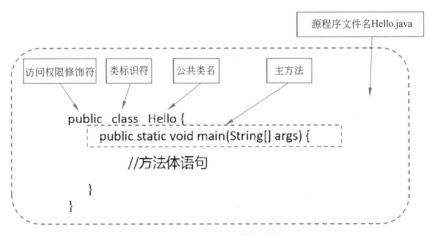

图 2-3 Java 程序基本结构

2.2 注释及编程风格

2.2.1 注释

注释是程序中的说明性文字,主要作用是使程序容易阅读和理解,提高程序的可读性,对程序中关键代码进行注释对于软件维护也具有重要作用。此外,调试程序过程中,通过注释屏蔽掉一些暂时不用的语句,需要时可取消此语句的注释。注释既不会被编译器编译,也不会被执行,所以注释的多少对程序性能没有任何负面影响。根据功能不同,Java 注释分单行注释、多行注释、文档注释 3 种。

(1)单行注释。在注释内容前加"//",单行注释可以在语句后面进行注释,也可对某行进行注释,但不能在行中间注释。

(2)多行注释。在注释内容前以"/*"开头,注释内容尾以"*/"结束。当注释内容超过一行时使用该方法,该注释不能嵌套使用。

(3)文档注释。在注释内容前以"/**"开头,注释内容尾以"*/"结束。Java 文档生成工具 javadoc 能提取用这种方法注释的内容,并建立 Web 页面,具体方法可参照有关 javadoc 文献。

程序案例 2-2 演示了 3 种注释的使用方法。第 2～7 行、第 9～12 行使用文档注释,第 14～16 行使用多行注释,第 17 行语句尾、第 18 行使用单行注释。

【程序案例 2-2】 注释案例。

```
1   package chapter02;
2   /**
3    * 测试类 Demo0202 演示 Java 的 3 种注释
4    * @author qzy
5    * @version 1.0
6    *
7    */
8   public class Demo0202 {
9       /**
10       * 主方法,Java 应用程序运行的起点
11       * @param args 字符串数组
12       */
13      public static void main(String[] agrs) {
14          /*
15           * 利用输出语句输出学号、姓名和专业信息
16           */
17          System.out.println("学号:a201742068");    //输出学号
18          //System.out.println("姓名:软件人才");
19          System.out.println("专业:软件工程");
20      }
21  }
```

2.2.2 Java 编程风格

团结就是力量。一个 Java 项目常常由很多开发人员合作完成,如果每个开发者都用自

已喜欢的方式书写代码,项目中的代码杂乱无章,阅读困难。编程风格规定代码的格式规范,好的编程风格使程序容易阅读,并且为后期维护带来诸多便利。开发软件项目前需确定编程风格,Java 程序主要采用 Allmans 或者 Kernighan 风格。

1. Allmans 风格

Allmans 风格又称独行风格,特点是左、右花括号各自独占一行,如下代码段。当代码量较小时适合采用该风格,布局清晰,可读性强。

```
public class Allmans {
    public static void main(String args[])
    {
        int sum=0;
        for(int i=1;i<=100; i++)
        {
            sum=sum+i;
        }
        System.out.println("sum="+sum);
    }
}
```

2. Kernighan 风格

Kernighan 风格又称行尾风格,特点是左花括号在上一行的行尾,右花括号独占一行,如下代码段。当代码量较大时适合采用该风格,层次更加简洁清晰。

```
public class Kernighan {
    public static void main(String args[]) {
        int sum=0;
        for(int i=1;i<=100;i++) {
            sum=sum+i;
        }
        System.out.println("sum="+sum);
    }
}
```

2.3　Java 符号集

Java 符号集

2.3.1　Java 符号系统

符号是程序设计语言的基本单位,一些高级语言如 C/C++ 采用 ASCII 字符集,而 Java 采用国际化的 Unicode 字符集,因此 Java 具有国际通用性。

Unicode 是国际组织制定的能容纳世界上所有文字和符号的字符编码方案。Unicode 用数字 0~0x10FFFF 映射这些字符,最多可容纳 1 114 112 个字符,其中前 256 个字符表示 ASCII,使 Java 对 ASCII 具有兼容性;UTF-8、UTF-16、UTF-32 都是将数字转换到程序数据的编码方案。

Unicode 只能在 Java 平台内部使用,当涉及打印、屏幕显示、键盘输入等外部操作时,仍由计算机操作系统决定其表示方法。例如,英文 Windows 操作系统仍采用 8 位二进制表示的 ASCII,Java 编译器收到源程序后,将它们转换成各种基本符号元素完成正常输入输出。

Java 符号按语法分如下 5 类。

（1）标识符（Identifiers）。唯一地标识程序中存在的任何一个成分的名称。通常所说的标识符是指用户自定义标识符，即用户根据需要在程序中为各种成分定义的名称。

（2）关键字（Keyword）。关键字也称保留字，是 Java 本身已经使用且被赋予特定含义的一些标识符。

（3）运算符（Operators）。运算符是表示各种运算的符号，它与操作数一起组成运算表达式以完成计算任务。如表示算术运算的＋（加）、－（减）、＊（乘）、/（除）等算术运算符，表示关系运算的＞（大于）、＞＝（大于或等于）、＜（小于）、＜＝（小于或等于）等关系运算符。

（4）分隔符（Separator）。分隔符是在程序中起分隔作用的符号，如分号、逗号和空格等。

（5）常量（Literals）。为了使用方便和统一，Java 对一些常用的量赋予了特定名称，这种常量称为标识符常量。例如，用 Integer.MAX_VALUE 代表最大整数 2 147 483 647、Math.PI 表示圆周率。用户也可以在自己的程序中定义某些常用的量为标识符常量。

2.3.2　标识符

如每个中国人都有唯一的身份证号一样，Java 程序中的类、接口、包、常量、变量、方法和参数等成分都需要一个名字以标识它的存在和唯一性，这个名字就是标识符。程序员必须为程序中的每个成分取一个唯一的名字（标识符）。

Java 的标识符可由字母、数字、下画线（_）和美元符号（$）组成，但必须以字母、下画线或美元符号开头；Java 对标识符的长度没有限制，但区分字母大小写，标识符也不能是关键字。

程序案例 2-3 演示了标识符的定义。第 4、5 行定义的 dictum 和 $china 都是合法标识符；第 6、7 行定义的 goodluck 和 GoodLuck 都是合法的标识符（大小写不同）；第 8 行定义的标识符 class 是关键字，该标识符非法；第 9 行标识符 123public 以数字开始，该标识符也非法；第 10 行 world cup 的标识符中间有空格，该标识符也非法；第 11 行希腊字母 π 是合法的自定义标识符；第 12 行汉字"国庆"也是合法的自定义标识符。

Java 使用 Unicode 字符集，希腊字母、汉字、日语片假名等都能作为合法的自定义标识符，优秀的程序员一般不会这么做。

【程序案例 2-3】　定义标识符。

```
1   package chapter02;
2   public class Demo0203 {                              //类名 Demo0203 是合法标识符
3       public static void main(String args[]){         //主方法
4           String dictum="海纳百川,有容乃大";              //变量 dictum 是合法标识符
5           double $china=1949;                          //变量$china 利用美元符号作为标识符
6           String goodluck="小写的 goodluck";             //利用小写字母作为标识符
7           String GoodLuck="大写的 GoodLuck";             //利用大写字符作为标识符
8           String class="class";                        //class 为关键字,不能作为标识符
9           String 123public= "public";                  //标识符的前面不能是数字,非法标识符
10          String world cup="world cup";                //标识符中间有空格,非法标识符
11          double π=3.14;                               //希腊字母能作为合法的自定义标识符
12          int    国庆=19491001;                         //汉字能作为合法的自定义标识符
13      }
14  }
```

2.3.3 关键字

关键字也称保留字,是 Java 语言中被赋予特定含义的一些标识符,它们在程序中有预定作用,这些标识符不能当作自定义标识符使用。主要包括类型标识符(如 int、float、char 等)、控制语句关键字(如 if、else、while、for 等)、访问权限控制符(public、private、protected 等)以及其他如 class、catch 和 instanceof 等。表 2-1 列出了 Java 语言的关键字及含义。

表 2-1 Java 语言关键字

序号	关键字	含义	序号	关键字	含义
1	abstract	抽象	30	break	中断
2	boolean	布尔型	31	byte	字节型
3	byvalue*	预留使用	32	char	字符型
4	cast	转换	33	class	类
5	catch	捕获异常	34	continue	继续
6	const*	预留使用	35	case	情况分支
7	default	默认	36	double	双精度
8	do	循环开始	37	else	否则
9	extends	继承	38	final	终结器
10	float	浮点型	39	finally	最终
11	false	假值	40	for	for 循环
12	future	将来	41	goto*	预留使用
13	generic	通用类	42	implements	实现
14	int	整型	43	import	引入
15	if	选择语句	44	interface	接口
16	instanceof	类型识别	45	inner	内部
17	long	长整型	46	new	新建
18	native	本地	47	null	空引用
19	outer	外部	48	operator	操作符
20	private	私有	49	public	公共
21	protected	保护	50	package	包
22	return	返回	51	synchronized	同步
23	short	短整型	52	static	静态
24	super	上级	53	switch	开关语句
25	try	尝试	54	throw	抛出
26	throws	抛出	55	this	当前
27	transient	临时	56	true	真值
28	volatile	线程异步修改	57	void	空值
29	var	变量	58	while	当循环

读者无须强记这些关键字,程序开发中如果使用这些关键字作为自定义标识符,IDE 会自动提示错误。通过不断地学习熟悉更多关键字,例如,前面程序案例已经出现 double、public、class、static 等关键字。

2.4 数据类型

数据类型

2.4.1 数据类型概念

计算机处理的数据(如 100、99)以某种特定格式存放在计算机存储器,不同数据(如字符'A'和浮点数 3.14)占用不同的存储单元个数,而且不同数据的操作方式也不尽相同。程序设计语言将数据占用存储单元的多少和对数据的操作方式这两方面的性质抽象为数据类型。因此,数据类型在程序中具有两方面的作用:一是确定了该类型数据的取值范围;二是确定了允许对这些数据所进行的操作。例如,整数类型和浮点类型的数据都能进行加、减、乘、除四则运算,而字符型和布尔型就不能进行这类运算;整数类型的数据能进行求余运算,而浮点类型的数据就不能进行该运算。

Java 的数据类型分基本数据类型和引用数据类型,基本数据类型也称原始数据类型,包括 char、byte、short、int、long、float、double、boolean 共 8 种;引用数据类型是一种以特殊的方式指向变量的实体,类似于 C/C++ 的指针,主要包括类、接口、数组、枚举、注解等类型。图 2-4 显示了 Java 数据类型体系,表 2-2 显示了 Java 基本数据类型。

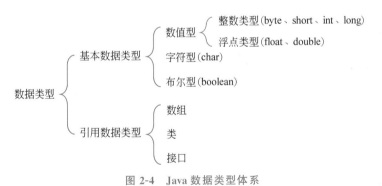

图 2-4 Java 数据类型体系

表 2-2 Java 基本数据类型

序号	数据类型	大小/位	表示的数据范围
1	char(字符)	16	0~255
2	byte(位)	8	−128~127
3	short(短整型)	16	−32 768~32 767
4	int(整型)	32	−2 147 483 648~2 147 483 647
5	long(长整型)	64	−9 223 372 036 854 775 808~9 223 372 036 854 775 807
6	float(单精度)	32	−3.402 823 5E+38~3.402 823 5E+38(7 位有效数字)
7	double(双精度)	64	−1.797 693 134 862 315 7E+308~−1.797 693 134 862 315 7E+308(15 位有效数字)
8	boolean(布尔)	—	true 或 false

【程序案例 2-4】 Java 基本数据类型的范围。

```
1   package chapter02;
2   public class Demo0204{                              //基本数据类型的范围
3       public static void main(String args[]){
4           System.out.println("char 的最大值:"+Character.MAX_VALUE);
5           System.out.println("char 的存储空间(位):"+Character.SIZE);
6           System.out.println("int 的最小值:"+Integer.MIN_VALUE);
7           System.out.println("int 的存储空间(位):"+Integer.SIZE);
8           System.out.println("double 的最大值:"+Double.MAX_VALUE);
9           System.out.println("double 的存储空间(位):"+Double.SIZE);
10      }
11  }
```

程序运行结果如图 2-5 所示。

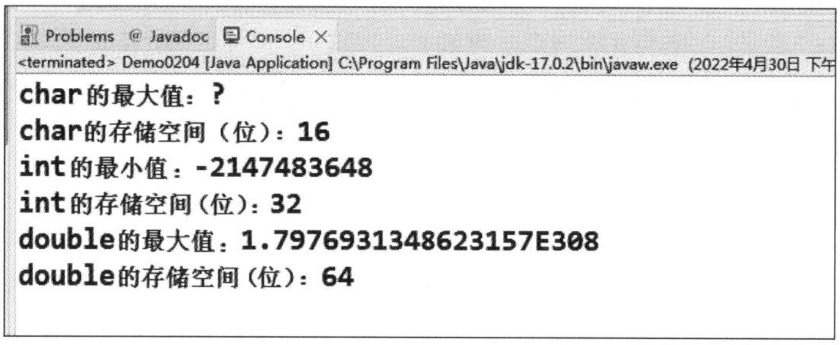

图 2-5　程序案例 2-4 运行结果

程序说明：

（1）第 4 行输出值"?"，因为 Character.MAX_VALUE 表示字符类型的最大值，该值是不可见字符。

（2）第 6 行取得 int 类型的最小值（根据 Java 命名规范，Integer.MIN_VALUE 是 Integer 类型的标识符常量），同理，第 7 行取得 int 类型的存储空间大小。读者不需要强记每种基本类型的范围与存储空间的大小，利用常量即可存取。

（3）对于 int、char 等类型，它们对应的类为 Integer 和 Character，可使用常量读取范围和存储空间，其他基本类型都有直接对应的类，这些类后面将会详细介绍。

Java 数据类型具有平台无关性。Java 所有数值类型的大小与具体的运行平台无关，如 int 类型不论在 macOS 还是在 Windows 系统都是 32 位，数据类型平台无关性也是 Java 程序能跨平台的重要因素。

2.4.2　常量

常量指在程序运行过程中其值始终保持不变的量。Java 语言的常量有两种形式：一种以字面形式直接给出值的常量称为字面常量；另一种用关键字 final 定义的常量称为标识符常量。这里先讨论字面常量。

1. 整数常量

Java 语言的整数常量有 4 种形式：①十进制整数，如 2021、122、119 等；②八进制整数，以零开头的整数是八进制整数，如 0611、0312、065；③十六进制整数，以 0x 开头的整数是十六进制整数,如 0x4e2d、0x56fd;④二进制整数,以 0B 开头的整数是二进制整数,如 0B1000111。Java 语言默认的字面整数常量为 int 类型,采用 4 字节存储,如果要使用长整型,需要在整数末尾增加 L 或 l(即长整型 long)。

2. 浮点型常量

Java 语言的浮点型常量表示有小数部分的十进制数,有两种形式:①小数点形式,如 13.14、3.1415、0.25;②指数形式,如 6.3023096912e10 表示 $6.3023096912 \times 10^{10}$,1.55e-2 表示 1.55×10^{-2}。Java 语言的浮点型字面常量默认为 double 类型,如果要表示 float 类型,要在常量后面增加 F 或者 f(即 float 类型),如 3.14F 表示该字面常量在计算机内用 4 字节存储,而 3.14(3.14D)表示该字面常量在计算机内用 8 字节存储。

Java 7 之后,Java 支持以下画线作为分隔符连接数值的表示方式,利用下画线对数值进行分隔增强了可读性,但数值前面、尾部和邻近小数点前后等位置不能使用下画线,如 0B000_000_000_000_001、144_349_737_8L 是合法的数值常量,但是_3.14(前面)、3.14_(尾部)、3._141(邻近小数点)等都是非法的。

3. 字符型常量

Java 语言的字符型常量有 4 种形式。

(1) 单引号括起的单个字符。Java 采用 Unicode 编码系统,每个字符占 2 字节,单引号表示,如'H'、'学'。

(2) 单引号括起的转义字符。ASCII 字符集的前 32 个字符是控制字符,如换行、回车、退格等,它们是不可见字符,不能采用普通字符常量的表示方式,Java 使用转义字符表示这些不可见字符,表 2-3 列出了常用的转义字符。

表 2-3 常用的转义字符

序号	转 义 字 符	说　　明	序号	转 义 字 符	说　　明
1	\f	换页	5	\r	回车
2	\\	反斜线	6	\"	双引号
3	\b	退格	7	\t	制表符 Tab
4	\'	单引号	8	\n	换行

(3) 单引号括起的八进制转义字符。表示形式为"\ddd",d 表示八进制数中的数字符号 0~7。

(4) 单引号括起的 Unicode 转义字符。表示形式为"\uxxxx",xxxx 表示十六进制数中的数字符号 0~F。

4. 字符串常量

字符串常量是用双引号括起的 0 个或多个字符序列。字符串可以包括转义字符,如"good luck"、"Day Day Up"、"保护环境\n人人有责"和"\u601d\u8003"等都是字符串常量。

Java 要求一个字符串在一行内写完,若需要多于一行的字符串,可以使用字符串连接操作符"+"把两个或更多的字符串常量接在一起,组成一个长串。例如,"追求绿色时尚"+"拥抱绿色生活"、"Do one thing at a time"+"and do well"。

5. 布尔型常量

Java 语言的布尔型常量包括 true 和 false 两个值，true 表示逻辑真，false 表示逻辑假。

程序案例 2-5 演示了常量的使用方法。第 6 行，整数字面常量默认为 int 类型，3214567890 超过了 int 范围，所以编译器提示出现编译错误；第 5 行采用 3214567890L 表示为 long 类型，没有超出范围；第 7 行与第 8 行输出结果显示，第 8 行的精度没有第 7 行的高，因为第 7 行采用 double 类型；第 10 行使用 Unicode 转义字符。

【程序案例 2-5】 Java 常量。

```
1   package chapter02;
2   public class Demo0205 {
3       public static void main(String args[]) {
4           System.out.println("整数常量:" + 321456789);        //默认 int 类型
5           System.out.println("长整型常量:" + 3214567890L);//long 整型常量
6           //System.out.println("整数常量:"+3214567890);  //超出了 int 类型的范
                                                            //围，出现错误
7           System.out.println("double 类型常量:" + 6.3023096912e10);
                                                            //默认为 double 类型
8           System.out.println("float 类型常量:" + 6.3023096912e10f);
                                                            //与上一条语句比较结果
9           System.out.println("字符型常量 1:" + '中' + '\t' + '国');
                                                            //Unicode 字符
10          System.out.println("字符型常量 2:" + '\u4e2d' + '\t' + '\u56fd');
                                                            //十六进制转义字符
11          System.out.println ("字符串常量 3:" + " \n 积极探索\n 永不放弃\n" +
                                "\u601d \u8003");
12          System.out.println ("字符串常量 4:" + "Do one thing at a time" + ", and
                                 do well");
13          System.out.println("布尔型常量:" + true + ", " + false);
14       }
15   }
```

程序运行结果如图 2-6 所示。

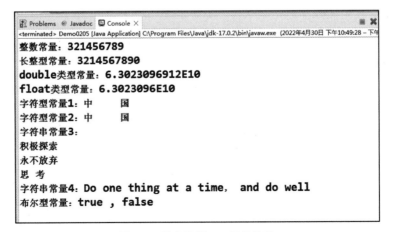

图 2-6　程序案例 2-5 运行结果

2.4.3 变量

程序执行过程中除需要常量外,还需要变量。程序运行过程中其值能被改变的量称变量,变量包括变量名和变量值两个属性。变量名是用户自己定义的标识符,该标识符代表计算机中的一个内存块,变量名定义后不能改变。变量值是这个变量在某一时刻的取值,它是变量名所表示的存储单元中存放的数据,该值随着程序的运行而不断变化。变量名与变量值的关系,类似宾馆的房间号与房间中住的客人之间的关系(见图 2-7)。房间号类似变量名,房间中住的客人类似变量名所代表内存块存储的数据,房间号不变而客人随时可能发生改变。

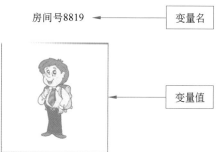

图 2-7 变量名与变量值的关系

Java 语言的变量与 C/C++ 语言的变量使用规则一样,必须遵照先声明后使用的原则。声明变量的第一个目的是确定该变量的名称(即自定义一个标识符),以便计算机为它指定存储地址并识别它,其次是为该变量指定数据类型,以便计算机为它分配足够的存储单元。因此,声明变量包括给出变量名和指明变量的数据类型,必要时还可以指定变量的初始值。类似客人住宾馆首先在前台办理手续并确定一个房间号。

【语法格式 2-1】 声明变量格式。

> 数据类型 变量名1[,变量名 2];

或者

> 数据类型 变量名=初始值;

声明变量后才能给变量赋值,赋值语法格式如下。

【语法格式 2-2】 变量赋值格式。

> 变量名=值;

或者

> 变量名=表达式;

例如:

```
int x,y;                //声明两个整型变量
x=10;                   //通过字面常量给变量赋值
y=10 * 20;              //通过表达式给变量赋值
```

【程序案例 2-6】 声明变量与变量赋值。

```
1    package chapter02;
2    public class Demo0206 {
3        public static void main(String[] args) {
4            long y=123456789876543210L;
5            double fy=3.1415D;
```

```
6        int a=65;                                    //65 为十进制整数常量
7        int b=0101;                                  //0101 为八进制整数常量
8        int c=0x41;                                  //0x41 为十六进制整数常量
9        int d=0B10001;                               //0B1001 为二进制整数常量
10       String str1="社会主义核心价值观"+"爱国 敬业";   //加号连接字符串
11       String str2="华为\n"+"HUAWEI HarmonyOS";
12       double pi=3.141_592_653;                     //下画线分隔数值
13       long number=144_349_737_8L;                  //下画线分隔数值
14       System.out.println(pi);
15       System.out.println(number);
16   }
17 }
```

2.4.4 整数类型

Java 语言提供了 byte、short、int 和 long 等 4 种整数类型，它们的存储空间和范围如表 2-4 所示。

表 2-4　整数类型的存储空间和范围

序号	类型名称	存储空间/B	范围（包含）
1	byte	1	−128～127
2	short	2	−32 768～32 767
3	int	4	−2 147 483 648～2 147 483 647
4	long	8	−9 223 372 036 854 775 808L～9 223 372 036 854 775 807L

4 种整数类型占用的存储空间和表示的范围不同，为了节约存储空间，应该根据实际情况决定使用何种整数类型。例如，表示一个人的年龄使用 byte 可以满足要求；表示地球上居住者的数量，int 类型不能满足要求，需要使用 long 类型；表示地球上国家数量，short 类型即可满足要求。

```
byte   age=21;                          //人的年龄,byte 类型
long   population=7_269_910_000L;       //地球总人数,long 类型
short  country=225;                     //国家数量,short 类型
```

2.4.5 浮点数类型

整数类型只能表示整数，表示小数需要使用浮点数类型。Java 的浮点数类型分单精度浮点数和双精度浮点数，它们的类型名称、存储空间和范围如表 2-5 所示。

表 2-5　浮点数类型的存储空间和范围

序号	类型名称	存储空间/B	范围（包含）
1	float（单精度）	4	−3.402 823 5E+38～3.402 823 5E+38（有效小数位数为 7）
2	double（双精度）	8	−1.797 693 134 862 315 7E+308～1.797 693 134 862 315 7E+308（有效小数位数为 15）

double 类型的精度是 float 类型的两倍(所以称为双精度浮点数)。很多情况下,float 类型的精度是不够的,所以大部分应用程序使用 double 类型。例如,如果用 float 表示中国人口数则会损失精度。

浮点型字面常量的默认类型是 double,在数值后面增加 F 或 f 表示 float 字面常量。因为浮点数据类型表示实数,理论上实数没有最大值和最小值。Java 用 3 种特殊的双精度浮点常量表示它们,分别是正无穷大(Double.POSITIVE_INFINITY)、负无穷大(Double.NEGATIVE_INFINITY)、非数字 NaN(Double.NaN)。对于 float,Java 提供了两个常量 Float.MAX_VALUE、Float.MIN_VALUE 获得它的最大值和最小值。

【程序案例 2-7】 浮点数的应用。

```
1   package chapter02;
2   public class Demo0207 {
3       public static void main(String[] args) {
4           float x = 13.7_053_682_758F;
5           double y = 13.7_053_682_758;
6           System.out.println("x=" + x);
7           System.out.println("y=" + y);
8           System.out.println("Double.MAX_VALUE=" + Double.MAX_VALUE);
9           System.out.println("Double.MIN_VALUE=" + Double.MIN_VALUE);
10          System.out.println("Float.MAX_VALUE=" + Float.MAX_VALUE);
11          System.out.println("Float.MIN_VALUE=" + Float.MIN_VALUE);
12      }
13  }
```

程序运行结果如图 2-8 所示。

```
x=13.705368
y=13.7053682758
Double.MAX_VALUE=1.7976931348623157E308
Double.MIN_VALUE=4.9E-324
Float.MAX_VALUE=3.4028235E38
Float.MIN_VALUE=1.4E-45
```

图 2-8 程序案例 2-7 运行结果

程序说明:第 4 行定义 x 是 float 类型,精确到小数点后 6 位,第 6 行输出结果(13.705368)与第 4 行 x 的值(13.7053682758)存在误差,丢失了精度;第 5 行定义 y 是 double 类型,精确到小数点后 12 位,第 7 行输出结果(13.7053682758)与第 5 行 y 的值(13.7053682758)一样,没有丢失精度。

2.4.6 字符类型

目前常用的字符编码系统如 ASCII 占 1 字节,可以表示 128 个字符,ASCII 无法表示希腊字母、拉丁字符和汉字。Java 语言采用 Unicode 编码,每个字符占 2 字节,能表示 65 536 个字符,它能处理世界上所有书面语言中的字符,包括希腊字母和汉字。采用

Unicode编码避免数据跨平台时发生错误,用Java语言编写的程序在任何语言和平台中都可安全使用。用单引号表示字符,表2-6显示了字符类型的类型名称、存储空间和范围。

表2-6 字符类型的存储空间和范围

类型名称	存储空间/B	范围(包含)
char	2B	所有的字符,包括英文字母、数字、汉字、希腊字母等

【程序案例2-8】 字符类型的应用。

```
1   package chapter02;
2   public class Demo0208 {
3       public static void main(String args[]) {
4           char firstChar = '环';                    //定义字符变量并赋值
5           char secondChar = '保';                   //定义字符变量并赋值
6           //分析 Java 字符占用多少位
7           System.out.println("字符类型长度:" + Character.SIZE + "位");
8           //输出转义字符
9           System.out.println("\"" + firstChar + "\t境\t" + secondChar + "\t护\"");
10          System.out.println("\u8282\t" + "\u7ea6\t" + "\u7528\t" + "\u6c34");
11      }
12  }
```

程序运行结果如图2-9所示。

图2-9 程序案例2-8运行结果

程序说明:

(1)第4、5行定义字符变量并存储汉字(一个汉字占2字节)。

(2)第7行输出字符类型长度,第10行用Unicode编码输出对应的汉字。

2.4.7 布尔类型

有些高级语言如C/C++用0表示逻辑假,非0表示逻辑真,Java语言提供布尔类型表示逻辑值(见表2-7)。

表2-7 布尔类型名称和范围

类型名称	范围(包含)
boolean	逻辑真值 true,逻辑假值 false

下面代码段演示了获得布尔值的3种方式。第1行使用布尔常量赋值,第2行调用boolean 的 valueOf("true")方法把字符串转换成布尔值,第4~6行使用键盘作为输入设备输入一个布尔值。

```
1    boolean flag1=false;                              //布尔常量
2    boolean flag2=Boolean.valueOf("true");            //把字符串转换为boolean类型
3    boolean flag3;
4    Scanner scan2 = new Scanner(System.in);           //键盘作为输入设备
5    System.out.println("请输入一个boolean值:");
6    flag3 = scan.nextBoolean();                       //键盘输入一个boolean值
```

2.5 数据类型转换

数据类型转换

Java程序为了完成不同功能,经常需要转换数据类型,如数值类型之间转换、数值与字符串之间转换,以及引用类型之间转换。某些转换只能在有限条件下进行。这里讨论数值类型之间、数值与字符串之间的转换。Java语言的数据类型转换有自动转换和强制转换两种方式。

2.5.1 自动转换

下列条件成立时,Java自动进行数值类型之间的转换:①转换前的数值类型与转换后的类型兼容;②转换后数值类型的范围大于转换前数值类型的范围。图2-10显示数值类型之间的自动转换规则。

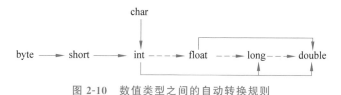

图2-10 数值类型之间的自动转换规则

图2-10中的6个实线箭头表示无信息损失的转换,3个虚线箭头表示转换时可能丢失精确度。例如,整数123456789比float类型能表示更多位数,把它转换成float类型(1.23456792E8),结果会保留正确的量级,但会损失精度;因为short类型的范围比int类型小,所以一个255的short类型能自动转换成int类型,且没有损失精度。

使用算术运算符计算两个值(如s+i,其中s是short,i是int),运算前,两个操作数按照不损失精度的原则自动转换。例如,计算shortX+intY,Java把short类型的变量shortX转换为int类型,因为intY的精度高于shortX的精度。

【程序案例2-9】 数值类型自动转换。

```
1    package chapter02;
2    public class Demo0209 {
3        public static void main(String[] args) {
4            int aInt = 123456789;
5            long aLong = aInt;                        //自动类型转换,没有损失精度
6            float aFloat = aInt;                      //自动类型转换,损失精度
7            System.out.println("aInt:" + aInt);
8            System.out.println("aLong:" + aLong);
```

```
9        System.out.println("aFloat:" + aFloat);
10    }
11 }
```

程序运行结果如图 2-11。

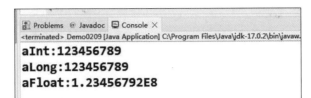

图 2-11 程序案例 2-9 运行结果

2.5.2 强制转换

数值类型兼容时数值之间能进行自动转换，另一方面，有时需要把 double 类型作为整型使用。Java 提供了这种转换，但可能丢失信息。在可能丢失信息的情况下进行的转换是通过强制类型转换实现的。

【语法格式 2-3】 强制类型转换。

(转换的数据类型)(表达式)

下面代码段，第 2 行把 double 类型的 gdp1 强制转换成 int 类型的 gdp2，输出结果如图 2-12 所示。强制转换后丢失了信息。

```
1    double gdp1=114.3670;
2    int gdp2=(int)gdp1;                         //强制转换,损失精度
3    System.out.println("2021年,中国内地GDP:"+gdp1+"万亿");
4    System.out.println("2021年,中国内地GDP:约"+gdp2+"万亿");
```

图 2-12 强制类型转换

2.5.3 字符串的转换

2.5.1 节和 2.5.2 节介绍了数值类型之间的转换。实际软件开发中，经常需要把字符串转换成数值或布尔类型，或者把数值和布尔类型转换成字符串。Integer 类的 parseInt (String str)方法把数字字符串转换成 int 类型，同理 Double 类的 parseDouble(String str)方法把数字字符串转换成 double 类型，其他类如 Short、Long 都提供了类似方法；String 类的 valueOf()方法把数值类型或布尔类型转换成字符串。

程序案例 2-10 说明了字符串与数值类型之间的转换，后面逐步学习有关类及方法的知

识。第 6、8 行把输入的数字字符串转换成 double 类型,第 12 行调用 String 的 valueOf( )方法把 double 类型转换成字符串,第 13 行通过""+x"空字符串与数字连接的方式把数值类型转换成字符串。第 5、7 行通过对话框输入数字字符串。

【程序案例 2-10】 字符串与数值类型之间的转换。

```
1   package chapter02;
2   import javax.swing.JOptionPane;
3   public class Demo0210 {
4       public static void main(String[] args) {
5           String str1 = JOptionPane.showInputDialog("请输入数字字符串1:");
6           double num1 = Double.parseDouble(str1);     //字符串转换成double类型
7           String str2 = JOptionPane.showInputDialog("请输入数字字符串2:");
8           double num2 = Double.parseDouble(str2);     //字符串转换成double类型
9           System.out.println(str1+"+"+str2+"="+(num1+num2));
10          //把数值转换成字符串
11          double x=2.12345678;
12          String double_str1=String.valueOf(x);       //数值类型转换成字符串
13          String double_str2=""+x;                     //数值类型转换成字符串
14          System.out.println(double_str1);
15          System.out.println(double_str2);
16      }
17  }
```

◆ 2.6 表达式与语句

表达式

表达式是用运算符把操作数(常量、变量及方法等)连接起来表达某种运算或含义的式子,其根据运算符规则计算后返回一个值,该值的类型称为表达式类型。Java 运算符种类繁多,根据表达式使用的运算符和运算结果,将表达式分为算术表达式、赋值表达式、关系表达式、逻辑表达式和条件表达式等。

2.6.1 算术表达式

算术表达式是由算术运算符或位运算符与操作数连接组成的表达式。算术运算符有双目运算符和单目运算符,双目运算符指运算符有两个操作数,如 a+b,加法"+"左右两边共有两个操作数,所以它是双目运算符;然而++a,自增"++"只有一个运算符,所以它是单目运算符。表 2-8 列出了算术运算符及含义。

表 2-8 算术运算符

序号	运算符		说 明	等 效 运 算
1	双目运算符	+	加法运算	
		-	减法运算	
		*	乘法运算	
		/	除法运算	
		%	取余数运算	

续表

序号	运 算 符		说 明	等 效 运 算
2	单目运算符	++	自增1运算	a=a+1
		——	自减1运算	a=a−1
		—	取反运算	a=−a

除法"a/b",如果 a 和 b 都是整数,计算结果是整数,如果要得到小数,分子或分母其中一个是小数。char 类型与整型的计算结果精度为 int。char ch='A',char ch2=ch+3 是错误的,必须改写为 char ch2=(char)(ch+3)进行数据类型的强制转换。

程序案例 2-11 演示了算术表达式的部分运算规则。第 4 行返回整数 5;第 5 行的分母是小数,返回小数 5.5;第 8 行字符与整数相加,字符的 Unicode 编码与整数相加;第 9 行把整数强制转换成字符。程序运行结果如图 2-13 所示。

【程序案例 2-11】 算术表达式。

```
1   package chapter02;
2   public class Demo0211 {
3       public static void main(String[] args) {
4           System.out.println("22/4="+22 / 4);           //返回 5
5           System.out.println("22/4.0="+22 / 4.0);       //返回 5.5
6           System.out.println("22%4="+22 % 4);           //整除,返回 2
7           char ch1='A',ch2;
8           int x=ch1+5;                    //字符(Unicode 编码)与整数相加,结果为整数
9           ch2= (char)(ch1+5);             //把整数强制转换成字符
10          System.out.println("x="+x);
11          System.out.println("ch2="+ch2);
12      }
13  }
```

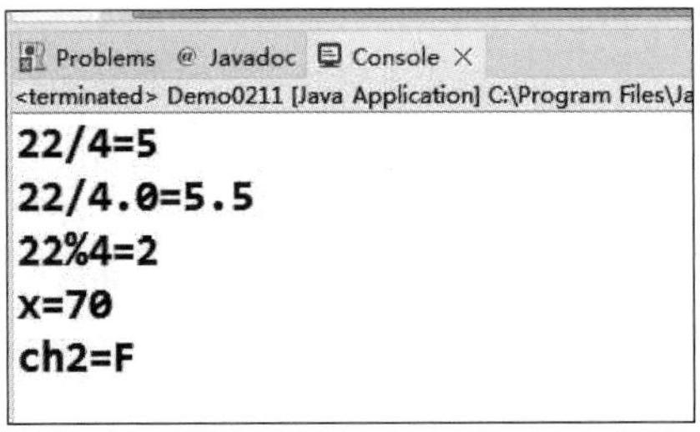

```
Problems  @ Javadoc  Console ×
<terminated> Demo0211 [Java Application] C:\Program Files\Ja
22/4=5
22/4.0=5.5
22%4=2
x=70
ch2=F
```

图 2-13　程序案例 2-11 运行结果

2.6.2　赋值表达式

Java 语言的赋值运算符与 C/C++ 语言一样也是"=",赋值表达式由赋值运算符和操作数组成。

【语法格式 2-4】 赋值表达式。

变量名=表达式

赋值表达式的作用是把赋值符号右边表达式的计算结果赋值给变量。

在赋值表达式中,如果赋值运算符两侧的数据类型不一致,需要进行类型转换,转换规则是如果左边变量的类型范围大于右边表达式的类型范围,系统自动进行隐式类型转换;如果左边变量的类型范围小于右边表达式的类型范围,需要进行显示类型转换。例如:

```
double x=10+10;         //不需要类型转换
//需要类型转换,右边的 3.14 是 double 类型,它的范围大于左边变量 x 的 int 类型
int x=(int)3.14;
```

与 C/C++ 语言一样,在赋值运算符"="前面加上其他运算符构成复合赋值运算符,如表 2-9 所示。

表 2-9 复合赋值运算符

序号	复合赋值运算符	举 例	等价运算
1	+=	x+=y	x=x+y
2	-=	x-=y	x=x-y
3	*=	x*=y	x=x*y
4	/=	x/=y	x=x/y
5	%=	x%=y	x=x%y
6	&=	x&=y	x=x&y
7	^=	x^=y	x=x^y
8	|=	x|=y	x=x|y

2.6.3 关系表达式

关系运算符是双目运算符,用来比较两个值的关系,比较对象可以是数值、字符、字符串。利用关系运算符连接的式子称为关系表达式。关系表达式的运算结果是 boolean 值,Java 有 6 种关系运算符,它们的意义如表 2-10 所示。

表 2-10 关系运算符

序号	运算符	含义	示例(设 x=8,y=16)	
			运算	结果
1	==	等于	x==y	false
2	!=	不等于	x!=y	true
3	>	大于	x>y	false
4	<	小于	x<y	true
5	>=	大于或等于	x>=y	false
6	<=	小于或等于	x<=y	true

关系运算符计算 float 类型和 double 类型数据时要考虑精度。下面代码段中,f1 和 f2

是 float 类型,精确到小数点后 6 位,f1 的实际存储值与 f2 一样,第 5 行返回 true,第 6 行返回 false;d1 和 d2 是 double 类型,精确到小数点后 16 位,能进行更精确的比较,第 7 行返回 false,第 8 行返回 true。

```
1    float f1=2.100_000_99F;                           //精确到小数点后 6 位
2    float f2=2.100_001F;
3    double d1=2.100_000_99;                           //精确到小数点后 16 位
4    double d2=2.100_001;
5    System.out.println("f1==f2:"+(f1==f2));           //返回 true
6    System.out.println("f1<f2:"+(f1<f2));             //返回 false
7    System.out.println("d1==d2:"+(d1==d2));           //返回 false
8    System.out.println("d1<d2:"+(d1<d2));             //返回 true
```

2.6.4 逻辑表达式

利用逻辑运算符将逻辑值连接的式子称为逻辑表达式,逻辑表达式的运算结果是 boolean 值。Java 提供了 6 种逻辑运算符,它们的含义如表 2-11 所示。

【语法格式 2-5】 逻辑表达式。

逻辑值 逻辑运算符 逻辑值

表 2-11 逻辑运算符

序号	运算符	说明	举例	运算规则	
				真(true)	假(false)
1	&	与运算	x&y	x 和 y 都为 true	x 和 y 有一个为 false
2	&&	条件与(短路运算)运算	x&&y		
3	|	或	x|y	x 和 y 其中有一个为 true	x 和 y 都为 false
4	||	条件或(短路运算)运算	x||y		
5	!	非运算	!x	x 为 false	x 为 true
6	^	异或运算	x^y	x 和 y 的布尔值不一样	x 和 y 的布尔值一样

下面代码段演示了逻辑与、逻辑或、逻辑非运算。

```
1    int x=10,y=20;
2    boolean b1=(x>y)&(x>=y);                          //逻辑与运算,返回 false
3    boolean b2=(x>y)|(x<y);                           //逻辑或运算,返回 true
4    boolean b3=!(x>y)||(x<y);                         //逻辑非运算,返回 true
```

短路与操作符(&&)和非短路与操作符(&)、短路或操作符(||)和非短路或操作符(|)的运算规则一样,但它们的运行过程存在区别。对于短路与(&&),由逻辑表达式从左向右判断,只要有计算结果为 false,则停止后面的计算;对于短路或(||),由逻辑表达式从左向右判断,只要有计算结果为 true,则停止后面的计算。

程序案例 2-12 演示短路运算。第 5 行使用非短路与运算符"&",将执行 **119/0==0**,由于除数为 0,程序运行出现错误;第 8 行执行 119!=119 为 false,整个逻辑表达式为假,停止计算右边的 119/0==0,程序正常执行。同理,第 11 行是非短路或,程序执行出现错误;第 13 行是短路或,程序正常执行。

【程序案例 2-12】 短路运算。

```java
1    package chapter02;
2    public class Demo0212 {
3        public static void main(String[] args) {
4            /*
5             * if(119!=119&(119/0==0)){ }    //非短路与,执行 119/0,程序出现错误
6             *     System.out.println("非短路与!");
7             */
8            if (119 != 119 && (119 / 0 == 0))    //短路与,不执行 119/0,程序正常执行
9                System.out.println("短路与!");
10           /*
11            * if(119==119|(119/0==0)) { }    //非短路或,执行 119/0,程序出现错误
12            */
13           if (119 == 119 || (119 / 0 == 0))    //短路或,不执行 119/0,程序正常执行
14               System.out.println("短路或!");
15       }
16   }
```

2.6.5 表达式语句

计算机程序由若干语句构成,表达式语句是最基本的语句。在表达式的末尾加分号";"就构成了表达式语句。

【语法格式 2-6】 表达式语句。

表达式;

例如,"x=3+2"是赋值表达式,而"x=3+2;"是一条赋值语句;"System.out.println ("表达式")"是输出方法表达式,而"System.out.println("表达式");"是一条输出语句。

2.6.6 运算符的优先级

运算符优先级决定了表达式中不同运算符执行的先后次序,优先级高的先运算,优先级低的后运算。优先级相同的情况下,由结合性决定运算顺序。运算符的优先级与结合性如表 2-12 所示。读者不需要记忆运算符的优先级以及结合性,必要时可通过圆括号改变优先级和结合性。

表 2-12 运算符的优先级与结合性

序号	运算符	说明	优先级		结合性
1	.、[]、()	域运算,数组下标,分组括号	1	最高	自左至右
2	++、--、-、!、~	单目运算	2	单目	右/左
3	new、(类型)	分配空间,强制类型转换	3		自右至左

续表

序号	运算符	说明	优先级		结合性
4	*、/、%	乘、除、求余运算	4	双目	自左至右（左结合性）
5	+、-	加、减运算	5	双目	自左至右（左结合性）
6	<<、>>、>>>	位运算	6	双目	自左至右（左结合性）
7	<、<=、>、>=	小于、小于或等于、大于、大于或等于	7	双目	自左至右（左结合性）
8	==、!=	相等、不相等	8	双目	自左至右（左结合性）
9	&	按位与	9	双目	自左至右（左结合性）
10	^	按位异或	10	双目	自左至右（左结合性）
11	|	按位或	11	双目	自左至右（左结合性）
12	&&	短路逻辑与	12	双目	自左至右（左结合性）
13	||	短路逻辑或	13	双目	自左至右（左结合性）
14	?:	条件运算符	14	三目	自右至左（右结合性）
15	=、*=、/=、%=、+=、-=、<<=、>>=、>>>=、&=、^=、|=	赋值运算符	15	赋值最低	自右至左（右结合性）

2.7 小 结

本章主要知识如下。

（1）Java 应用程序从 main 方法开始执行。

（2）Java 提供了单行、多行和文档等 3 种注释，适当的注释增加程序可读性，提高软件可维护性。

（3）Java 采用 Unicode 字符集，每个字符占 2 字节，字母、汉字、希腊字母等都属于 Unicode 字符集。

（4）数据类型分基本数据类型和引用数据类型。Java 基本数据类型的存储空间和范围在所有平台都一样，提高了 Java 应用程序的平台适应性。

（5）数据类型之间能进行自动转换或强制转换。Java 提供了字符串与数值类型互相转换的方式。

（6）Java 提供的运算符和表达式与 C/C++ 语言一样。

2.8 习 题

2.8.1 填空题

1. 编写一个 Java 源程序，文件名为 Hello.java，请完成程序填空。

```
public class (        ){
    (        ) void main(String args[]){
```

```
        System.out.println("保护环境!");
    }
}
```

2. 调试程序过程中,当暂时不需要 Java 程序中的某行语句时,最好采用(　　)注释,该注释的语法为(　　)。

3. Java 语言采用(　　)编码字符集,该字符集的每个字符占(　　)字节。

4. Java 语言有(　　)种基本数据类型。

5. 不论在任何平台上,Java 的一个 int 类型数据占(　　)字节的存储空间。

6. 查找资料,写出 Unicode 编码\u6D6B 的字符(　　),\u8D3A 的字符(　　)。

7. 学生的总评成绩=期末成绩+平时成绩,完成下面的程序填空。

```
import javax.swing.JOptionPane;
public class Hello {
    public static void main(String args[]){
        String finalTermExam=JOptionPane.showInputDialog("请输入期末成绩");
        String usuallyResults=JOptionPane.showInputDialog("请输入平时成绩");
        double score=(_____);
        System.out.println("总评成绩为:"+score);
    }
}
```

8. 假设 x 为 10,y 为 20,z 为 30,则 x<10||x>10 表达式的值为(　　),x>y&&y>x 表达式的值为(　　)。

2.8.2 选择题

1. 下面(　　)标识符是合法的自定义标识符。
   A. class   B. private
   C. π   D. implements

2. 下面的(　　)赋值语句不合法。
   A. int x=12345;   B. int x=12345L;
   C. double x=3.14F;   D. float x=(float)3.14;

3. 若所用变量都已正确定义,以下选项中,非法的表达式是(　　)。
   A. a!=4||b==1   B. 'a' % 3   C. 'a' = 1/2   D. 'A' + 32

4. Java 程序中表达式 37/10f 的运算结果是(　　)。
   A. 3   B. 3.70   C. 3.7   D. 3.0

5. 下面(　　)需要进行强制类型转换。
   A. 把 int 类型转换为 float 类型
   B. float 类型转换为 double 类型
   C. float 类型转换为 int 类型
   D. byte 类型转换为 double 类型

6. Java 语言中,八进制整数常量以(　　)开头。
   A. 0x   B. 0   C. 0X   D. 08

2.8.3 简答题

1. 数据类型有哪两方面的作用?

2. 用最有效率的方法算出 2 乘以 16,以及 2 的 10 次方。

2.8.4 编程题

1. 从键盘输入两个浮点数,输出它们的四则运算结果。

2. 利用对话框输入目前中国的森林覆盖面积以及人数,计算中国的人均森林覆盖面积并输出。

3. 输入长和宽,计算矩形的面积和周长,并输出结果。要求使用 3 种注释。

第 3 章 程序流程控制

计算机程序中,有些代码在满足条件时执行,有些代码需要反复执行,程序设计语言通过程序流程控制语句完成这些任务。Java 语言提供了选择结构和循环结构实现程序流程控制。Java 程序流程控制的语法结构是否与 C/C++ 一样?它有哪些新特点?编程实践中,该如何选择流程控制语句?本章将为读者一一解答这些问题。

本章内容
(1) if 语句、switch 语句和条件运算符等 3 种选择结构。
(2) while 语句、do…while 语句和 for 语句等 3 种循环结构。
(3) break 语句和 continue 语句。

3.1 选择结构

现实生活中,常常需要根据具体情况做出不同决定。例如,交通警察查酒驾,如果驾驶人每 100mL 血液中,20mg≤酒精含量<80mg 的情况下驾驶机动车属于饮酒驾车,如果酒精含量≥80mg 的情况下驾驶机动车属于醉酒驾车,饮酒驾车和醉酒驾车的处罚标准不同;教师根据课程考试分数赋成绩等级,分数≥90 为优秀,80≤分数<90 为良好等。这些情况需要使用 Java 提供的选择结构语句完成任务。

选择结构

与 C/C++ 等语言一样,Java 语言提供了 if 和 switch 两种选择结构语句,这两种语句根据条件决定执行的代码块。

3.1.1 if 语句

if 语句是选择结构的基本语句,根据判断条件执行代码块,包括简单 if、if…else 和 if…else if…else 等 3 种。

if 语句

1. 简单 if 语句

【语法格式 3-1】 if 语句。

```
if(判断条件){
    语句块                                    //语句主体
}
```

简单 if 语句的执行流程如图 3-1 所示,如果判断条件结果为 true,执行语句块,否则不执行语句块。如果语句块仅有一条语句,可省略花括号。

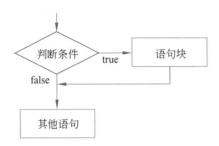

图 3-1　简单 if 语句的执行流程

程序案例 3-1 演示输入一个整数,判断该整数是否小于、大于或等于 0。例如,输入−25,输出"−25 小于 0";输入 38,输出"38 大于 0"。

【程序案例 3-1】　简单 if 语句。

```
1    package chapter03;
2    import java.util.Scanner;
3    public class Demo0301 {
4        public static void main(String[] args) {
5            //声明输入流,从标准输入设备(键盘)输入数据
6            Scanner scan = new Scanner(System.in);
7            int aInt;
8            System.out.println("请输入一个整数:");
9            aInt = scan.nextInt();                    //输入一个整数
10           if (aInt > 0) {                           //如果输入的整数大于 0
11               System.out.println(aInt + "大于 0!");
12           }
13           if (aInt == 0) {                          //如果输入的整数等于 0
14               System.out.println(aInt + "等于 0!");
15           }
16           if (aInt < 0) {                           //如果输入的整数小于 0
17               System.out.println(aInt + "小于 0!");
18           }
19       }
20   }
```

简单 if 语句执行,判断条件为 true 时执行 if 语句块,该语句只能实现一种分支。实际问题中还存在判断条件为 false 的情况,这时需要使用 if⋯else 语句。

2. if⋯else 语句

为了解决简单 if 语句不能在判断条件为 false 时执行语句块问题,Java 提供了 if⋯else 语句。判断条件为 true 时,执行 if 后面的语句块;判断条件为 false 时,执行 else 后面的语句块,执行流程如图 3-2 所示。

【语法格式 3-2】　if⋯else 语句。

```
if(判断条件){
    语句块 1;
}else{
    语句块 2;
}
```

if⋯else 语句

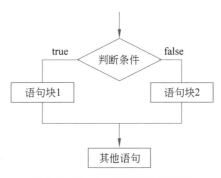

图 3-2　if…else 语句的执行流程

程序案例 3-2 演示 if…else 语句的使用方法。判断学生成绩是否及格,如果成绩≥60分,输出成绩及格的提示信息;如果成绩＜60 分,输出成绩不及格的提示信息。第 5 行满足 score＞＝60 时执行第 6 行的语句,否则执行第 9 行的语句。

【程序案例 3-2】　if…else 语句。

```
1    package chapter03;
2    public class Demo0302 {
3        public static void main(String[] args) {
4            double score=55;
5            if(score>=60) {                              //如果成绩大于或等于 60
6                System.out.println("恭喜你,你的成绩及格了");
7            }
8            else {                                        //如果成绩小于 60
9                System.out.println("很遗憾,你的成绩不及格!");
10           }
11       }
12   }
```

3. if…else if…else 语句

实际应用中,有些场景使用 if…else 语句就能解决,但在涉及多条件判断的复杂场景时,if…else 的能力有些不足。例如,水果店销售水果,春、夏、秋、冬四季销售的主要时令水果不同。这些场景需要根据多个不同条件执行不同操作,采用 if…else if…else 语句比较适合。该语句的执行流程如图 3-3 所示。如果判断条件 1 为 true,执行语句块 1;否则执行判断条件 2,如果为 true,执行语句块 2;以此类推,否则执行判断条件 n。

if…else
if…else 语句

【语法格式 3-3】　if…else if… else 语句。

```
if(判断条件 1){
    语句块 1;
}else if(判断条件 2){
    语句块 2;
}else if(判断条件 3){
    语句块 3;
}
…//n 个 else if 语句
else{
    语句块 n+1;
}
```

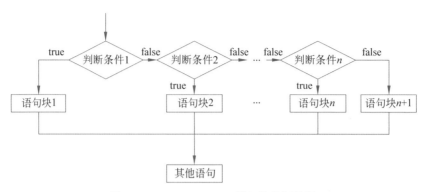

图 3-3　if…else if …else 语句的执行流程

程序案例 3-3 演示了 if…else if…else 多条件选择结构语句。输入季节序号,输出对应季节出产的主要水果。第 6 行建立输入流,键盘作为输入设备;第 8 行接收从键盘输入的 int 数据;第 9～18 行是 if…else if…else 语句。

【程序案例 3-3】　if…else if…else 语句。

```java
1   package chapter03;
2   import java.util.Scanner;
3   public class Demo0303 {
4       public static void main(String[] args) {
5           int season;                                  //季节
6           Scanner scan = new Scanner(System.in);       //键盘作为输入设备
7           System.out.println("请输入季节(1~4:春夏秋冬)");
8           season = scan.nextInt();                     //输入季节
9           if (1 == season)                             //春季
10              System.out.println("春季主要水果:荔枝、枇杷、青枣等!");
11          else if (2 == season)                        //夏季
12              System.out.println("夏季主要水果:杧果、西瓜、葡萄等!");
13          else if (3 == season)                        //秋季
14              System.out.println("秋季主要水果:石榴、无花果、菠萝等!");
15          else if (4 == season)                        //冬季
16              System.out.println("冬季主要水果:橙子、草莓、牛奶蕉等!");
17          else                                         //没按要求输入
18              System.out.println("输入错误,请重新输入!");
19      }
20  }
```

程序运行结果如图 3-4 所示。

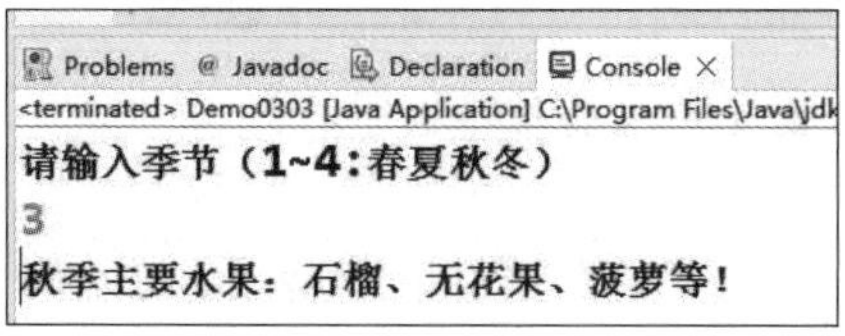

图 3-4　程序案例 3-3 运行结果

3.1.2　switch 语句

if…else if…else 语句能处理多条件分支,如果条件分支比较多,这种处理方式比较烦琐。例如，根据月份输出该月的主要水果则要写 11 条 else if 语句，这种方式使程序显得比较复杂。Java 语言提供了便捷的开关语句 switch 实现多分支选择，该语句使程序的多重条件判断结构清晰，容易阅读。switch 语句的执行流程如图 3-5 所示。如果表达式的值等于选择值 1，执行语句块 1，break 语句退出该 switch。否则，如果表达式的值等于选择值 2，执行语句块 2，break 语句退出 switch；如果表达式的值不等于选择值 n，执行 default 中的语句块。

【语法格式 3-4】　switch 语句。

```
switch(表达式){
    case 选择值 1:     语句块 1;
                      break;
    case 选择值 2:     语句块 2;
                      break;
    ...
    case 选择值 n:     语句块 n;
                      break;
    default:          语句块;
}
```

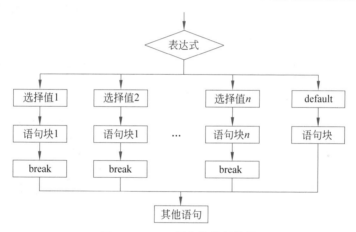

图 3-5　switch 语句的执行流程

使用 switch 语句需要注意 3 个问题：①switch 语句的选择表达式包括 byte、char、short、int、String 和枚举等类型，不能是浮点数或者 long 类型；②switch 语句先计算表达式，然后根据表达式的值检测是否匹配 case 后面的选择值，若不匹配所有 case 的选择值，则执行 default 语句块，执行完毕后离开 switch 语句；③如果某个 case 的选择值匹配表达式的结果，执行该 case 的语句块，一直遇到 break 语句后才退出 switch 语句，若 case 语句块中没有 break 语句，则程序一直执行到 switch 语句尾。

程序案例 3-4 演示了 switch 语句的使用方法。第 9 行 week 是 byte 类型，第 13、17、21、25 和 29 行是 break 语句，作用是退出 switch 语句。程序运行结果如图 3-6 所示。

图 3-6　程序案例 3-4 运行结果

【程序案例 3-4】 switch 语句。

```
1   package chapter03;
2   import java.util.Scanner;
3   public class Demo0304 {
4       public static void main(String[] args) {
5           byte week;                                  //星期几
6           Scanner scan = new Scanner(System.in);      //键盘作为输入设备
7           System.out.println("请输入数字(1~7)");
8           week = scan.nextByte();                     //输入星期几
9           switch (week) {
10              case 1:                                 //星期一
11                  System.out.print("星期一:");
12                  System.out.println("华为成长史讲座!");
13                  break;                              //退出 switch 语句
14              case 2:                                 //星期二
15                  System.out.print("星期二:");
16                  System.out.println("优秀传统文化讲座!");
17                  break;                              //退出 switch 语句
18              case 3:                                 //星期三
19                  System.out.print("星期三:");
20                  System.out.println("软件需求工程!");
21                  break;                              //退出 switch 语句
22              case 4:                                 //星期四
23                  System.out.print("星期四:");
24                  System.out.println("软件测试!");
25                  break;                              //退出 switch 语句
26              case 5:                                 //星期五
27                  System.out.print("星期五:");
28                  System.out.println("劳动教育!");
29                  break;                              //退出 switch 语句
30              case 6:                                 //星期六
31              case 7:                                 //星期日
32                  System.out.println("周末了,应该休息哟!");
33                  break;                              //退出 switch 语句
34              default:                                //没有按要求输入
35                  System.out.println("输入错误!");
36          }
37      }
38  }
```

switch 语句

程序案例 3-5 演示了输入一个简单四则表达式(例如,a+b),输出计算结果。第 13 行接收输入的一个四则运算表达式(字符串),第 15、17、19、21 行获得运算符的位置,第 26 行 expression.charAt(operationLocation)取出运算符,第 28、30 行从字符串获得两个操作数并转换为 double 类型,第 31 行使用 switch 语句匹配运算符并进行相应计算。程序运行结果如图 3-7 所示。

图 3-7　程序案例 3-5 运行结果

【程序案例 3-5】 switch 语句的应用。

```
1   package chapter03;
2   import java.util.Scanner;
3   public class Demo0305 {
```

```java
4     public static void main(String args[]) {
5         String expression;                              //四则运算表达式为字符串
6         double firstNum;                                //第一个数
7         double secondNum;                               //第二个数
8         char operation;                                 //操作符
9         double result = 0.0;                            //运算结果
10        int operationLocation = -2;                     //运算符的位置
11        Scanner scan = new Scanner(System.in);          //键盘作为输入设备
12        System.out.println("请输入四则运算表达式:");
13        expression = scan.nextLine();                   //输入一个四则运算表达式
14        if (expression.indexOf("+") >= 1)               //判断加号的位置
15            operationLocation = expression.indexOf("+");
16        else if (expression.indexOf("-") > 0)           //判断减号的位置
17            operationLocation = expression.indexOf("-");
18        else if (expression.indexOf("*") >= 1)          //判断乘号的位置
19            operationLocation = expression.indexOf("*");
20        else if (expression.indexOf("/") >= 1)          //判断除号的位置
21            operationLocation = expression.indexOf("/");
22        else {                                          //没有输入所要求的四则运算表达式
23            System.out.println("输入错误,请输入正确的四则运算表达式!");
24            System.exit(0);                             //退出系统
25        }
26        operation = expression.charAt(operationLocation);   //取出运算符
27        //取得第一个数
28        firstNum = Double.parseDouble (expression.substring(0,
                                    operationLocation));
29        //取得第二个数
30        secondNum = Double.parseDouble (expression.substring
                                    (operationLocation + 1));
31        switch (operation) {                            //匹配运算符
32        case '+':                                       //运算符+
33            result = firstNum + secondNum;
34            break;
35        case '-':                                       //运算符-
36            result = firstNum - secondNum;
37            break;
38        case '*':                                       //运算符*
39            result = firstNum * secondNum;
40            break;
41        case '/':                                       //运算符/
42            result = firstNum / secondNum;
43        }
44        System.out.println(expression + "=" + result);  //输出运算结果
45    }
46 }
```

3.1.3 条件运算符

使用 if…else 语句解决问题时,在 if 和 else 语句块只有一条语句的特殊情况下,能够使用条件运算符代替该语句。条件运算符"?:"是三目运算符。

【语法格式 3-5】 条件运算符。

变量=布尔表达式?表达式 1:表达式 2;

该语句执行过程：如果布尔表达式为 true，把表达式 1 的运算结果赋给变量，否则把表达式 2 的运算结果赋给变量。条件运算符与 if…else 语句的关系如图 3-8 所示。

图 3-8　条件运算符与 if…else 语句的关系

下面代码段中，如果销售额大于销售目标，薪资 salary ＝ salary ＊（1＋0.3），否则薪资 salary ＝ salary ＊（1－0.3）。第 5 行使用条件运算符计算薪资，第 8～11 行使用 if…else 语句计算薪资。

```
1    double target=100;                        //销售目标
2    double yourSales=140;                     //销售额
3    double salary = 3000;                     //薪资基数
4    //条件运算符计算薪资
5    salary = yourSales > target ? salary * (1 + 0.3) : salary * (1 - 0.3);
6    System.out.println("你的薪资:" + salary);
7    //if…else语句计算薪资
8    if(yourSales > target)
9        salary=salary * (1 + 0.3) ;
10   else
11       salary=salary * (1 - 0.3) ;
```

◆ 3.2　循环结构

循环结构

日起日落，秋去冬来，自然界普遍存在一些规律性现象。在现实生活中，周期性出现的事情比比皆是，如国家每五年制定下一个五年发展规划、超市收银员扫描顾客购买的若干商品条形码录入商品信息、高速公路电子警察对路过车辆拍照记录、统计文档中某个字符出现的次数等。循环结构语句能有效处理重复出现的事情。Java 提供了 while、do…while 和 for 等 3 种循环结构语句，如果事先不知道循环次数，一般采用 while 语句和 do…while 语句，for 语句一般用于事先知道循环次数的情况。

3.2.1　while 语句

如果不能确定循环体语句块的执行次数，而仅仅知道循环结束条件，while 语句比较适合这种情况。

【语法格式 3-6】　while 语句。

```
while(布尔表达式){
    循环体语句块
}
```

while 语句的执行流程如图 3-9 所示。

while 语句的执行过程：首先计算循环条件，如果为 true，执行循环体语句块（循环体语句块一般包含使循环条件为 false 的语句），并继续计算循环条件；如果循环条件为 false，退出循环结构，执行该循环语句后面的其他语句。

该语句的显著特点是先判断后执行，极端情况下循环体语句块可能没有执行机会。

程序案例 3-6 演示了 while 语句的使用方法。计算 1+2+…+99。第 6 行 while 语句，当 a<=99 为 true 时重复执行第 7、8 行代码组成的语句块。第 8 行修改循环变量 a 的值，每循环一次 a 的值增加 2，当 a 的值大于 99 时结束 while 语句，执行第 10 行。程序运行结果如图 3-10 所示。

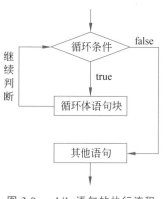

图 3-9　while 语句的执行流程

while 语句

图 3-10　程序案例 3-6 运行结果

【程序案例 3-6】　while 语句。

```
1   package chapter03;
2   public class Demo0306 {
3       public static void main(String[] args) {
4           int a = 1;                              //记录循环变量
5           int sum = 0;                            //记录累加和
6           while (a <= 99) {                       //满足 a<= 99 时,执行语句块
7               sum = sum + a;                      //累加
8               a = a + 2;                          //修改循环变量
9           }
10          System.out.println("1+3+5+…+99=" + sum);
11      }
12  }
```

3.2.2　do…while 语句

实际生活中，存在先完成一个任务，然后判断是否需要重复执行的情况。例如，击鼓传花游戏，击鼓人开始击鼓时，游戏开始，道具在人群中传送，击鼓人停止击鼓时，拿道具的人按要求表演节目。游戏时，道具在人群中重复传送（相当于重复执行一段代码），击鼓人停止击鼓时拿道具的人表演节目（表示循环条件为 false，退出循环，开始表演节目）。

成功的产品都有规律可循，它们的诞生并不源于颠覆式的发明创造，而是源于"微创新"。这种场景使用 do…while 语句比较合适，该语句是 while 语句的改进版。do…while 是另一种不需要知道循环次数的循环结构语句，它的特点是先判断后执行。

【语法格式 3-7】 do…while 语句。

```
do{
    循环体语句块
}while(判断条件);
```

do…while 语句的执行流程如图 3-11 所示。

do…while 语句执行过程：进入 do…while 循环语句，执行循环体语句块；如果循环条件为 true，继续执行循环体语句块；如果循环条件为 false，退出循环，执行 do…while 之后的其他语句。

while 语句与 do…while 语句都不需要知道循环执行次数，使用时存在区别：①while 语句先判断循环条件，然后执行循环体语句块，存在循环体语句块没有被执行的可能性；②do…while 语句先执行循环体语句块，然后判断循环条件，至少执行一次循环体语句块。

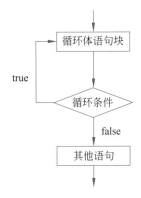

图 3-11　do…while 语句的执行流程

程序案例 3-7 演示了 do…while 语句的基本使用方法。计算 2+22+222+…+2222222。先执行第 7、8 行的语句块，然后判断第 9 行的循环条件。程序运行结果如图 3-12 所示。

do…while
语句

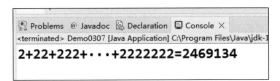

图 3-12　程序案例 3-7 运行结果

【程序案例 3-7】 do…while 语句。

```
1   package chapter03;
2   public class Demo0307 {
3       public static void main(String[] args) {
4           long a = 2;                              //循环变量初始值 2
5           long sum = 0;                            //累加和初始值 0
6           do {
7               sum = sum + a;                       //累加
8               a = a * 10 + 2;                      //修改循环变量
9           } while (a <= 2222222);                  //循环条件
10          System.out.println("2+22+222+…+2222222=" + sum);
11      }
12  }
```

前面学习了选择结构语句和 while、do…while 等两种循环结构语句。软件开发的实际情况往往比较复杂，需要综合运用循环语句和选择语句才能解决比较复杂的问题。

程序案例 3-8 综合运用 do…while 和 if…else 两种语句解决一个较复杂问题。模拟汽车行驶情况，使用随机数模拟汽车行驶速度，在跟踪时间段内，记录超速和正常驾驶的汽车数量。第 12、22 行获取系统当前时间；第 23 行计算程序运行时间，当运行时间小于 30ms 时继续跟踪，否则停止 do…while 语句；第 15 行产生不大于 200 的整数模拟汽车行驶速度；

第 16 行判断汽车速度,如果超速给出提示信息。程序运行结果如图 3-13 所示。

```
Problems  @ Javadoc  Declaration  Console ×
<terminated> Demo0308 [Java Application] C:\Program Files\Java\jdk-17.0.2\bin\javaw.exe (2022年3月10日 下午8:
你已超速,请遵守交通规则!
你已超速,请遵守交通规则!
你已超速,请遵守交通规则!
你已超速,请遵守交通规则!
跟踪时间: 31 ms
汽车总数: 1115.0
超速车辆:426.0,超速比例:0.3820627802690583
正常行驶车辆:689.0,正常行驶比例:0.6179372197309417
```

图 3-13　程序案例 3-8 运行结果

【程序案例 3-8】　选择结构语句和循环结构语句综合案例。

```
1   package chapter03;
2   import java.util.Random;
3   public class Demo0308 {
4       public static void main(String args[]) {
5           int speed;                              //汽车行驶速度
6           double upNum = 0;                       //超速车辆数
7           double normalNum = 0;                   //正常行驶车辆数
8           double totalAuto = 0;                   //车辆总数
9           long startTime;                         //开始时间
10          long endTime;                           //结束时间
11          long tranceTime;                        //跟踪时间
12          startTime = System.currentTimeMillis(); //获取开始时间
13          Random random = new Random();           //产生随机数对象
14          do {                                    //直接进入循环体
15              speed = random.nextInt(200);        //随机产生不大于 200km/h 的汽车行驶速度
16              if (speed >= 120) {                 //如果速度超过 120km/h,表示超速
17                  upNum++;                        //超速车辆数加 1
18                  System.out.println("你已超速,请遵守交通规则!");
19              } else {                            //没有超速
20                  normalNum++;                    //正常行驶车辆数加 1
21              }
22              endTime = System.currentTimeMillis(); //记录当前时间
23              tranceTime = endTime - startTime;   //计算跟踪时间(程序运行时间)
24          } while (tranceTime <= 30);             //如果跟踪时间小于 30ms,则继续跟踪
25          totalAuto = upNum + normalNum;          //统计跟踪汽车数量
26          System.out.println("跟踪时间:" + tranceTime + " ms");
27          System.out.println("汽车总数:" + totalAuto);
28          System.out.println ("超速车辆:" + upNum + ",超速比例:" + upNum /
                    totalAuto);
29          System.out.println ("正常行驶车辆:" + normalNum + ",正常行驶比例:" +
                    normalNum / totalAuto);
30      }
31  }
```

3.2.3 for 语句

while 语句和 do…while 语句的使用场景各有侧重,合理运用它们能解决所有需要循环处理的问题。但是,对于已经事先知道循环次数的场景,Java 提供的 for 语句能比较方便地解决这类问题,for 语句包含初值表达式、循环条件和循环过程表达式,使用起来比较简洁,深受程序员们喜爱。

【语法格式 3-8】 for 语句。

```
for(初值表达式;循环条件;循环过程表达式){
    循环语句块;
}
```

for 语句的执行流程如图 3-14 所示。

for 语句的执行流程分为 3 步:①第一次进入 for 循环时,执行初值表达式,为循环控制变量赋初始值。②根据循环条件决定是否执行循环体语句块,如果循环条件为 true,继续执行循环体语句块;如果循环条件为 false,退出循环,执行 for 后面的其他语句。③执行循环体语句块后,执行循环过程表达式,然后再回到步骤②判断是否继续循环。

程序案例 3-9 演示了 for 语句的使用方法。输入一个字符串,统计字符串中的字母、数字以及其他符号的个数。第 15 行的 for 语句逐个取得字符串中的每个字符,第 16 行 myString.charAt(i)取得字符串位置 i 的字符,第 17 行判断字符类别。程序运行结果如图 3-15 所示。

for 语句

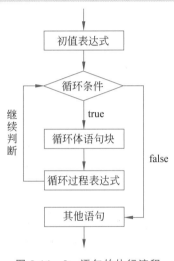

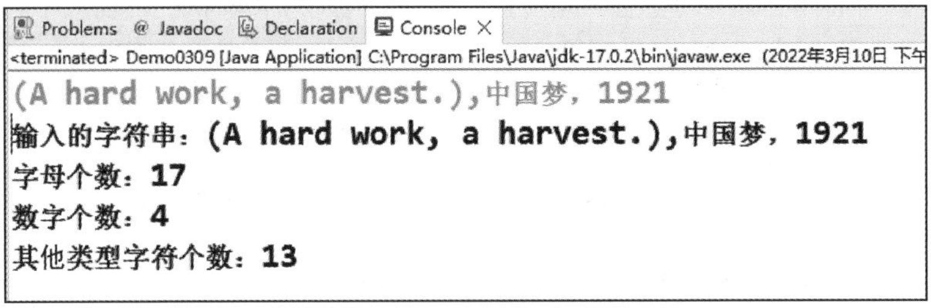

图 3-14 for 语句的执行流程

```
(A hard work, a harvest.),中国梦,1921
输入的字符串: (A hard work, a harvest.),中国梦,1921
字母个数: 17
数字个数: 4
其他类型字符个数: 13
```

图 3-15 程序案例 3-9 运行结果

【程序案例 3-9】 for 语句。

```
1   package  chapter03;
2   import java.util.Scanner;
3   public class Demo0309 {
4       public static void main(String[] args) {
5           String myString = null;              //字符串
6           int stringLength = 0;                //字符串的长度
7           int letterNum = 0;                   //字母个数
8           int decimalNum = 0;                  //数字个数
```

```
9            int otherNum = 0;                         //其他字符个数
10           char currentChar;                         //当前字符
11           Scanner scan = new Scanner(System.in);    //键盘作为输入设备
12           System.out.println("请输入字符串:");
13           myString = scan.nextLine();               //输入字符串
14           stringLength = myString.length();         //取得字符串长度
15           for (int i = 0; i < stringLength; i++) {  //逐个取得字符串中的每个字符
16               currentChar = myString.charAt(i);     //取得字符串位置i的字符
17               if (currentChar >= '0' && currentChar <= '9') //如果字符是数字
18                   decimalNum++;                     //数字个数加1
19               //如果字符是字母
20               else if ((currentChar >= 'a' && currentChar <= 'z') ||
                         (currentChar >= 'A' && currentChar <= 'Z'))
21                   letterNum++;                      //字母个数加1
22               else                                  //字符不是数字也不是字母
23                   otherNum++;                       //其他字符个数加1
24           }
25           System.out.println("输入的字符串:" + myString);
26           System.out.println("字母个数:" + letterNum);
27           System.out.println("数字个数:" + decimalNum);
28           System.out.println("其他类型字符个数:" + otherNum);
29           scan.close();                             //关闭输入流
30       }
31   }
```

运用循环语句时为了防止出现死循环的情况,要合理设置循环结束条件。循环控制有计数器控制和标记控制两种方法:计数器控制必须确保每执行一次循环,循环控制变量(计数器)要进行增量或减量计算,程序案例3-9中,for循环语句采用计数器控制循环,每循环一次,计数器i的值就执行一次增量计算(增加1),使计数器i的值逐步接近循环条件为假的情况;标记控制循环需要确保标记在某种情况下能使循环条件为假,程序案例3-7中,标记就是循环变量a,当a>2222222时循环条件为假。

如果没有正确设置循环退出条件,或者退出循环条件不可能成立,循环控制流程一直重复执行循环体语句块,无法退出循环,即产生死循环。如下面程序出现死循环。

```
1    package chapter03;
2    public class EndlessLoop {
3        public static void main(String[] args) {
4            int flag=1;                    //循环标记
5            while(flag>0){                 //循环标记大于0执行循环,小于0退出循环
6                System.out.println("地球呼唤绿色");
7                flag++;                    //循环标记加1,循环标记不可能小于0
8            }
9        }
10   }
```

第4行设置循环标记flag=1,第7行使循环标记flag加1,flag总是大于0,因此第5行对该循环标记的判断永远为真,该程序将一直执行。

3.2.4 嵌套循环

while、do…while和for是3种各有特点的循环结构语句,可以互相替换,但使用场景

的侧重点不同。作为语句,它们能出现在程序中任何可以使用语句的位置,如 while 循环体内可以使用 while、do…while 和 for 3 种语句。

嵌套循环指一条循环语句内包含另一条循环语句的情况,内嵌循环还可以嵌套循环语句,称为多层循环。while、do…while 和 for 3 种循环语句能互相嵌套,也可以自己嵌套自己。图 3-16 显示了嵌套循环结构,外层 while 语句嵌套了一条 for 语句。

程序案例 3-10 演示了嵌套循环使用方法。输入一个整数,例如输入 4,计算 1+(1+2)+(1+2+3)+(1+2+3+4),使用嵌套循环处理该问题(当然不用嵌套也能解决该问题)。第 5 行 i 控制外层循环,第 6 行 j 控制内层循环,外层循环变量 i 取 0~x 的某个值,内层循环变量 j 从 1~i 进行循环,如 i=3 时,j 从 1~3 循环;第 10 行表示内层循环结束后,输出换行。程序运行结果如图 3-17 所示。

嵌套循环

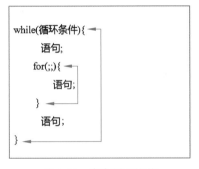

图 3-16 嵌套循环结构

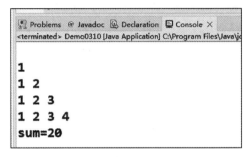

图 3-17 程序案例 3-10 运行结果

【程序案例 3-10】 嵌套循环。

```
1   package chapter03;
2   public class Demo0310 {
3       public static void main(String[] args){
4           int x = 4, sum = 0;
5           for(int i = 0 ; i<=x ; i++){              //外层循环
6               for(int j = 1 ; j<=i ; j++){          //内层循环,控制从 1 到某个整数
7                   sum = sum+j;                       //累加
8                   System.out.print(j+" ");          //输出当前数
9               }
10              System.out.println();                  //换行
11          }
12          System.out.println("sum="+sum);
13      }
14  }
```

选择结构语句 if、if…else 和 switch 以及循环结构语句 while、do…while 和 for 都是 Java 语句,它们能在任何可以使用语句的位置出现。也就是说,循环结构语句之间可以嵌套,选择结构语句之间也可以嵌套,并且循环结构语句与选择结构语句之间可以混合嵌套。

下面代码段中,第 1 行的 while 循环语句包含了 if…else 语句(第 6~14 行)、do…while 语句(第 15~19 行)以及其他若干不同类型的语句。

```
1   while(循环条件){
2       语句 1;
```

```
3          语句 2;
4          ...
5          语句 n;
6          if(循环条件){
7              语句 1;
8              ...
9              语句 m;
10         }else{
11             语句 1;
12             ...
13             语句 k;
14         }
15         do{
16             语句 1;
17             ...
18             语句 s;
19         }while(循环条件);
20     }
```

3.3 跳转语句

已经证明,由顺序、选择和循环3种基本结构构成的算法能解决任何复杂问题,但在具体程序设计实践中,为了提高代码效率,少数情况下需要使用跳转语句改变程序执行流程。例如,在包含1万个元素的集合中查找某个特定数据,如果第1000次比较时找到该元素,不用比较余下的元素,退出查找元素算法,这种情况需要使用跳转语句退出查找循环。

Java 提供了 break、continue 和 return 3种程序流程跳转语句,它们能改变程序执行流程,break 作为单独一条语句使用,continue 只能使用在循环结构中,return 退出当前方法并返回一个值。根据结构化程序设计原则,程序开发中不鼓励使用 break 和 continue 语句,因为随意改变程序执行流程,增加了调试和阅读程序的难度。

3.3.1 break 语句

break 语句用于下面两种情况。

(1) switch 中使用 break 语句。执行 break 语句时,程序跳出 switch 语句,执行 switch 后面的语句。

(2) 循环结构中使用 break 语句。执行 break 语句时,中断当前循环结构,执行该循环语句的下一条语句,如果 break 语句出现在嵌套循环的内层循环,break 语句跳出当前层的循环。

【语法格式 3-9】 break 语句。

```
break;
```

图 3-18 显示了 break 语句应用在循环结构中的执行流程。

程序案例 3-11 演示了 break 语句的使用方法。计算 sum=1+2+3+…+x,当 sum≥1949 时,输出 x。第5行循环条件为 true,循环体内需要设置退出循环体的语句,否则是死循环;第8行满足 sum >= 1949 时,执行第9行的 break 语句退出第5行的 while 循环语句。程序运行结果如图 3-19 所示。

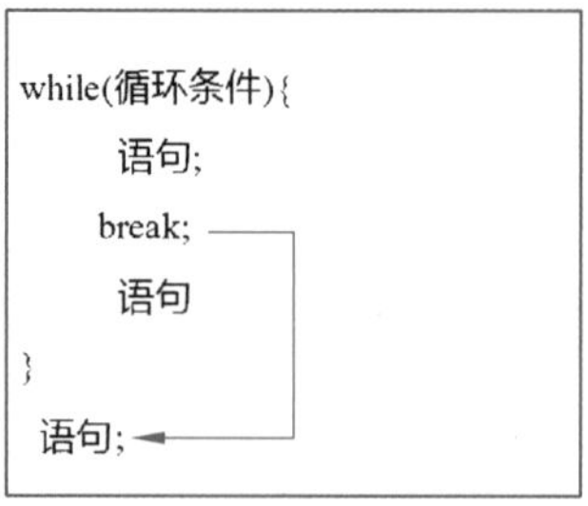

图 3-18　break 语句应用在 while 循环语句情况

图 3-19　程序案例 3-11 运行结果

【程序案例 3-11】　break 语句案例。

```
1   package chapter03;
2   public class Demo0311 {
3       public static void main(String[] args) {
4           int x = 0, sum = 0;
5           while (true) {                    //循环条件为 true,循环体内使用 break 退出循环
6               x += 1;
7               sum = sum + x;
8               if (sum >= 1949)
9                   break;                    //退出当前循环语句
10          }
11          System.out.println("x=" + x + ",sum=" + sum);
12      }
13  }
```

3.3.2　continue 语句

continue 语句

continue 是另一条跳转语句,它只能在循环语句中使用。程序执行 continue 语句时,会停止运行该语句之后的循环体内语句,回到循环开始处继续运行。

【语法格式 3-10】　continue 语句。

```
continue;
```

图 3-20 显示循环语句中使用 continue 语句的程序执行流程。

图 3-20　while 语句中使用 continue 语句的程序执行流程

程序案例 3-12 演示了 continue 语句的使用方法。输出 1～100 不能被 3 整除的整数,

每行输出 10 个。第 7 行判断当前整数 x 如果能被 3 整除，跳转到第 6 行 for 循环语句的开始位置。程序运行结果如图 3-21 所示。

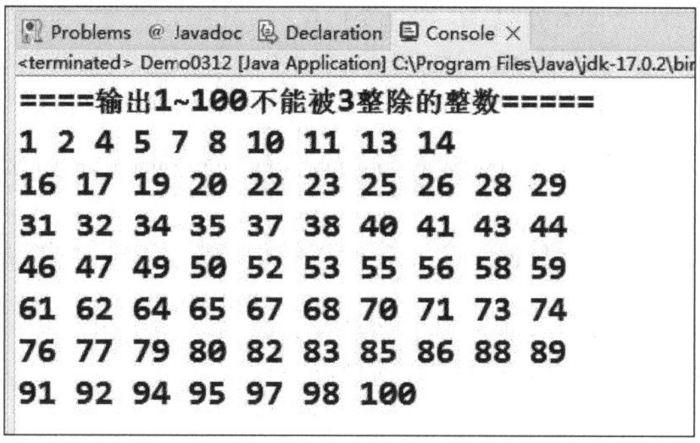
Problems @ Javadoc Declaration Console
<terminated> Demo0312 [Java Application] C:\Program Files\Java\jdk-17.0.2\bi
====输出1~100不能被3整除的整数=====
1 2 4 5 7 8 10 11 13 14
16 17 19 20 22 23 25 26 28 29
31 32 34 35 37 38 40 41 43 44
46 47 49 50 52 53 55 56 58 59
61 62 64 65 67 68 70 71 73 74
76 77 79 80 82 83 85 86 88 89
91 92 94 95 97 98 100

图 3-21　程序案例 3-12 运行结果

【程序案例 3-12】　continue 语句案例。

```
1   package chapter03;
2   public class Demo0312 {
3       public static void main(String[] args) {
4           int x = 1, count = 0;
5           System.out.println("====输出 1~100 不能被 3 整除的整数===== ");
6           for (; x <= 100; x++) {
7               if (0 == x % 3)              //该数能被 3 整除,跳转到循环语句开始处
8                   continue;
9               System.out.print(x + " ");
10              count++;
11              if (0 == count % 10)         //如果输出了 10 个数
12                  System.out.println();    //输出换行
13          }
14      }
15  }
```

3.3.3　return 语句

与 C/C++ 语言一样，Java 提供的 return 语句返回一个方法的值，并把控制权交给调用它的语句。

【语法格式 3-11】　return 语句。

```
return  [表达式];
```

表达式是可选参数，表示返回值，它的数据类型要与方法声明的返回值类型兼容或者一致，可通过强制类型转换实现。

使用 return 语句要注意两点：①return 能放在选择结构语句和循环结构语句的任意位置；②如果 return 没有放在选择结构语句和循环结构语句中，只能放在方法最后位置，放在其他位置将出现编译错误。

下面代码段演示了 return 语句的使用方法。第 1 行定义方法 exam()；第 5 行，return 放置在 while 循环结构语句内，通过编译；第 7 行，return 语句不在循环或者选择结构语句

内,不能通过编译,因为第 7 行 return 使程序没有机会执行后面代码;第 9 行 return 放置在 if 语句内,通过编译;第 10 行,return 放置在方法最后,通过编译。

```
1    public static int exam(int a, int b) {
2        int i = 1;
3        while (i < 10) {
4            i++;
5            return 1;      //return 语句放在循环结构语句中
6        }
7        return i;          //return 不在选择结构语句和循环结构语句中,只能放在最后位置
8        if (a > b)
9            return a - b;  //return 语句放在选择结构语句中
10       return b - a;      //return 语句放在方法最后位置
11   }
```

3.4 小 结

本章主要知识点如下。

(1) 程序结构包括顺序结构、选择结构和循环结构。

(2) 当根据不同条件执行不同语句时,需要采用选择结构语句,选择结构语句包括 if、if…else、if…else if…else 和 switch。

(3) 当反复执行程序中的某些代码块时,需要采用循环结构语句,循环结构语句包括 while、do…while 和 for,使用循环结构语句时要避免死循环。

(4) break 语句使程序跳出 switch 语句和当前循环结构语句。continue 语句使程序跳转到循环结构语句的起始处。

(5) return 语句返回方法的值,并把控制权交给调用它的语句。

3.5 习 题

3.5.1 填空题

1. (　　)语句用来强制退出循环结构语句。

2. 简单 if…else 语句可以使用(　　)运算符来代替。

3. (　　)和(　　)循环结构语句一般用在事先不能确定循环次数的情况下。

4. 取得字符串中某个位置的字符应该使用 string 类的(　　)方法。

5. 根据提示补全程序空白处,使程序能够正确运行。

```
//计算 1+2!+3!+4!+5!+6!
public class Demo11 {
    public static void main(String[] args) {
        long sum=0;
        long fac=1;                        //阶乘项的计算结果
        int i=1;
        while(_____①_____) {
            fac=(_____②_____);             //计算阶乘
            i++;
```

```
            sum= (____③____);              //累加
        }
        System.out.println("sum="+sum);
    }
}
```

3.5.2 选择题

1. Java 语言中,下面的(　　)取得系统当前时间(ms)。
   A. getTime();　　　　　　　　　　B. System.currentTimeMillis();
   C. getDate();　　　　　　　　　　D. time();
2. Java 语言中,下面的(　　)产生一个不大于 100 的随机整数。
   A. Random random＝new Random();
      aInt＝random.nextInt(100);
   B. getInteger(100);
   C. System.getInt(100);
   D. Random.nextInt(100);
3. Java 语言中,采用(　　)从键盘输入一行字符串。
   A. scanf("％s",&ch);
   B. System.out.println();
   C. Scanner scan＝new Scanner(System.in);
      String expression＝scan.nextLine();
   D. getString();

3.5.3 简答题

1. 简述 break 语句在 switch 语句中的作用。
2. 画出 for 语句的执行流程图并简要说明执行过程。
3. 简述如何避免死循环。

3.5.4 程序设计题

1. 分别使用 3 种不同的循环语句,计算 1～1000 能被 7 和 11 同时整除的整数之和。
2. 有如下函数,编写程序,输入 x,然后输出 y。

$$y = \begin{cases} 5+6x & x<0 \\ -1 & x=0 \\ 5-6x & x>0 \end{cases}$$

3. 水仙花数是指一个三位整数的个位、十位、百位 3 个数的立方和等于该数本身,求出所有水仙花数。例如,$153＝1^3＋5^3＋3^3$,153 是水仙花数。

第 4 章 数 组

什么是数组？为什么需要数组？如何用数组解决软件开发中的实际问题？Java 数组与 C/C++ 的数组存在哪些区别？本章将为读者一一解答这些问题。

本章内容
(1) 数组基本知识。
(2) 一维数组。
(3) 二维数组。
(4) foreach 语句。
(5) 不规则数组。

一维数组

4.1 一 维 数 组

软件系统常常需要处理大量同类型数据。例如，按姓氏统计人数；班级学生成绩是二维表格，存储每个学生成绩并计算总分和平均分；存储处理健身俱乐部会员信息等。Java 提供的数组能有效处理这些问题。

数组是用一个标识符(变量名)和一组下标代表一组具有相同数据类型的数据元素的集合，使用数组能大规模存储临时需要处理的数据，它的每个元素都是类型相同的变量，采用循环结构语句能简化对数组的操作。Java 数组分一维数组、二维数组和多维数组。

一维数组是指数组中每个元素都带一个下标，在程序开发中，常常用一维数组顺序保存若干相同类型的数据，使用循环结构语句能提高处理效率。例如，利用基于词库的中文分词技术，提取《三国演义》所有词并保存在一维字符串数组中。

4.1.1 声明一维数组

Java 程序中，使用数组前要声明数组和分配存储空间。声明数组确定数组名、维数和元素类型。数组名是一个用户自定义标识符，方括号([])的个数确定数组维数，类型标识符确定数组元素类型。数组元素类型可以是基本类型如 int、float，也可以是引用类型，如类(class)、接口(interface)等。

Java 语言声明数组、初始化数组和访问数组与 C/C++ 一样。

【语法格式 4-1】 声明一维数组。

```
类型标识符[] 数组名=null;
```

或

```
类型标识符 数组名[]=null;
```

两种格式没有区别。

例如:

```
int    rank[]=null;                        //数组名为 rank 的一维整型数组
int[] rank=null;                           //数组名为 rank 的一维整型数组
```

声明数组时,虽然默认初始值 null 表示没有为数组分配存储空间,但是仍然建议声明时显式地给出默认值。

4.1.2 初始化一维数组

声明数组仅仅为数组指定了数组名和数组元素类型,还没有为数组分配存储空间,Java 通过初始化为数组分配存储空间。

1. 直接指定初值初始化数组

通过直接指定初值的方式初始化数组,即在声明数组的同时给数组的每个元素赋初始值,这种方式称为静态初始化。

【语法格式 4-2】 静态初始化数组。

```
类型标识符 数组名[]={初始值列表};
```

例如:

```
int rank[]={5,3,4,6,1,2};
```

上面语句中,每个 int 占 4 字节的存储空间,rank 数组共 6 个元素,所以给 rank 数组分配 24 字节的连续存储空间($4\times6=24$),如图 4-1 所示。

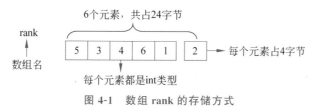

图 4-1 数组 rank 的存储方式

2. 利用关键字 new 初始化数组

利用关键字 new 初始化数组,不仅为数组分配需要的存储空间,还按照 Java 的默认初始化原则为数组元素赋值。关键字 new 初始化数组有两种方法。

(1) 先声明数组,然后初始化。

【语法格式 4-3】 关键字 new 初始化数组。

```
类型标识符    数组名[]=null;                //声明一维数组
数组名= new 类型标识符[数组长度];          //利用 new 初始化一维数组
```

例如：

```
int   rank[]=null;                //声明 rank 数组
rank = new int[6];                //为 rank 数组分配存储 6 个整数元素的存储空间
```

（2）声明数组的同时用关键字 new 初始化数组。

【语法格式 4-4】 声明数组的同时用关键字 new 初始化数组。

类型标识符　数组名[] = new 类型标识符[数组长度];

例如：

```
int   rank[]=new int[6];          //声明一维数组的同时分配 6 个整数元素的存储空间
```

初始化一维数组，数组的长度（元素个数）不能改变。一维数组的长度是整型常量，用于指明数组元素的个数，Java 提供了获取一维数组长度的方法"数组名称.length"。例如上面代码中 rank.length 等于 6。

声明数组并使用关键字 new 分配存储空间的过程如图 4-2。栈内存保存数组名，堆内存保存具体数据，关键字 new 开辟堆内存空间并初始化。

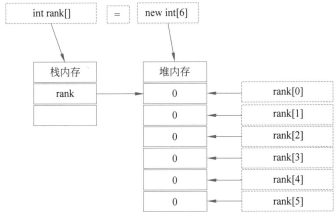

图 4-2　数组的存储空间

4.1.3　使用一维数组

初始化数组后，可通过数组名与下标引用数组中的每个元素。

【语法格式 4-5】 引用一维数组元素。

数组名[数组下标]

Java 的数组元素下标与 C/C++ 语言一样，都是从 0 开始，所以数组下标的最大值等于数组长度−1。下面代码段，第 1 行声明并初始化一维数组 rank，rank 的长度为 6（下标最大值 5），第 6 行访问 rank[6]将出现错误。

```
1    int []rank = new int[6];          //声明一维数组并分配存储空间
2    rank [0] =5;                      //修改第 1 个元素的值
3    rank [1] =3;                      //修改第 2 个元素的值
4    rank [2+3] =2;                    //修改第 6 个元素的值
```

```
5       //下面修改第7个元素的值,将出现错误,因为rank数组下标的最大值为5
6       rank [6] =1;                            //运行时该语句出现错误
```

程序案例 4-1 演示了一维数组的使用方法。第 6 行静态初始化一维数组 week,第 7 行使用 for 语句遍历 week,week.length 等于 7。程序运行结果如图 4-3 所示。

图 4-3　程序案例 4-1 运行结果

【程序案例 4-1】 一维数组。

```
1   package chapter04;
2   public class Demo0401 {                     //输出一周的每天
3       public static void main(String[] args) {
4           int week[] = null;                  //声明一维数组,week表示一周
5           week = new int[7];                  //为数组开辟内存空间,数组长度为7
6           //int week[ ]={1,2,3,4,5,6,7};      //静态初始化
7           for (int i = 0; i < week.length; i++) { //week.length表示数组week的元
                                                //素个数
8               week[i] = i + 1;                //为每个week元素赋值
9           }
10          for (int j = 0; j < week.length; j++) {  //遍历一维数组
11              System.out.print("星期:" + week[j]+" "); //输出每个元素
12          }
13      }
14  }
```

一维数组保存了若干类型相同的数据,每个元素是一个变量。程序设计中,一维数组结合选择、循环语句,极大提高了批量处理变量的效率。遍历是批量处理一维数组的基本算法,单循环语句能遍历一维数组,遍历过程中能对每个元素进行处理。

程序案例 4-2 演示了运用一维数组解决实际问题的方法。一维数组保存若干整数,统计小于 60 的元素个数,并输出该数组所有元素。第 5 行声明并初始化一维数组 arr,第 8 行调用 Arrays 工具类的 toString()方法把一维数组转换成字符串,第 10 行使用 for 语句遍历一维数组。程序运行结果如图 4-4 所示。

一维数组
程序

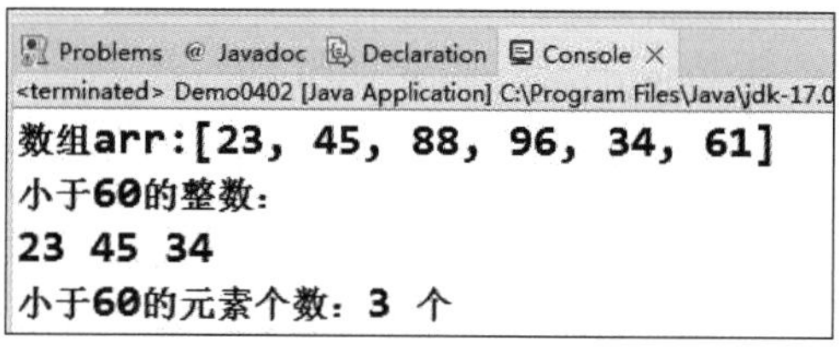

图 4-4　程序案例 4-2 运行结果

【程序案例 4-2】 一维数组的应用。

```
1   package chapter04;
2   import java.util.Arrays;                    //引入数组工具类Arrays
```

```
3    public class Demo0402 {
4        public static void main(String[] args) {
5            int[] arr = { 23, 45, 88, 96, 34, 61 };        //声明并初始化一维数组
6            int count = 0;                                   //记录小于 60 的元素个数
7            //Arrays.toString() 方法把一维数组转换成字符串
8            System.out.println("数组 arr:" +Arrays.toString(arr));
9            System.out.println("小于 60 的整数:");
10           for (int i = 0; i < arr.length; i++) {           //循环结构语句,遍历一维数组
11               if (arr[i] < 60) {                            //如果元素值小于 60
12                   count++;                                  //统计个数
13                   System.out.print(arr[i]+" ");             //输出小于 60 的元素
14               }
15           }
16           System.out.println("\n 小于 60 的元素个数:" + count + " 个");
17       }
18   }
```

每个数组元素是一个普通变量,能使用变量的地方就能使用数组元素,例如在表达式和方法参数中都可以使用数组元素。

4.2 二维数组

二维数组

日常生活中,某些问题能抽象成由行和列组成的二维表格,如学生成绩单(见表 4-1)。如果把一维数组看成几何中的线性图形,二维数组相当于二维表格。由行、列两个下标确定二维数组的某个元素,例如表 4-1 中,第 2 行第 2 列确定了学号 1 的操作系统课程的成绩。

二维数组也能看成一维数组,每个一维数组的元素也是一维数组。表 4-1 中每行是一个一维数组(有 3 个一维数组),每行的 4 列构成一维数组的元素。

表 4-1 学生成绩单

学 号	课 程 名		
	人工智能	操作系统	大数据框架技术
0	89	92	85
1	76	86	68
2	58	71	79

Java 语言声明、初始化和使用二维数组的方法与 C/C++ 语言一样。

4.2.1 声明与初始化二维数组

使用二维数组前,先声明和分配存储空间,方法与一维数组类似。

【语法格式 4-6】 声明二维数组(先声明后分配空间)。

```
数据类型  数组名[][]=null;                    //声明
数组名= new 数据类型[行长度][列长度];          //分配空间
```

使用关键字 new 为二维数组分配存储空间时,必须明确指出二维数组行与列的个数。

语法格式 4-6 中,行长度定义了数组有多少行,列长度定义了数组有多少列。

```
double score[][];                          //声明双精度浮点型二维数组 score
score = new double[3][3];                  //分配 3 行 3 列的存储空间
```

与一维数组类似,也可以在声明数组的同时分配存储空间。

【语法格式 4-7】 声明二维数组(声明的同时分配存储空间)。

```
数据类型    数组名[][] = new 数据类型[行长度][列长度];
```

下面语句中,数组 score 有 9 个元素(3 行 3 列,3×3=9),Java 的每个 double 类型占 8 字节。因此,Java 为 score 分配了 72 字节(8×9)的存储空间。

```
//声明双精度浮点型二维数组 score,同时分配存储空间
double   score[][] = new double [3][3];
```

二维数组的静态初始化方式与一维数组不同,外层花括号包含几组内层花括号,内层花括号的个数表示二维数组的行数。每组内层花括号内的初始值依序指定给数组的第 0、1、…、n 行元素。

【语法格式 4-8】 静态初始化二维数组。

```
数据类型    数组名[][]={
    {第 0 行初值},
    {第 1 行初值},
    …
    {第 n 行初值},
};
```

下面代码中,二维数组 csv 有 3 行 3 列,csv[0][0]的值为富强,csv[1][2]的值为平等。

```
String   csv[][]={ {"富强","民主","文明","和谐"},
                   {"自由","平等","公正","法治"},
                   {"爱国","敬业","诚信","友善"}
                 };
```

4.2.2 使用二维数组

引用二维数组元素需要指明行下标和列下标。

【语法格式 4-9】 引用二维数组元素。

```
数组名[行下标][列下标]
```

二维数组长度有两个指标,行数使用"数组名.length",每行的列数使用"数组名[i].length"。遍历是二维数组的基本算法,使用双重循环遍历二维数组。外层循环控制行,内存循环控制列。下面代码段中,第 5 行取得二维数组 csv 的行数,第 6 行取得二维数组 csv 第 0 行的列数。遍历二维数组 csv,第 7 行控制外层循环(行),第 8 行控制内层循环(列)。

```
1    String   csv[][]={ {"富强","民主","文明","和谐"},
2             {"自由","平等","公正","法治"},
3             {"爱国","敬业","诚信","友善"}
4           };
```

```
5   int row=csv.length;                              //行数,等于 3
6   int col=csv[0].length ;                          //第 0 行的列数,等于 4
7   for(int i=0;i<csv.length;i++)                    //外层循环
8       for(int j=0;j<csv[i].length;j++)             //内层循环
9           System.out.println(csv[i][j]);
```

表 4-1 显示了 3 个学生 3 门课程的成绩单,该成绩单是二维表格,二维数组能很好处理这个表格。

程序案例 4-3 演示了用二维数组存储表 4-1 的学生成绩单。第 5 行静态初始化学生成绩表,第 6 行用一维数组保存 3 名学生的平均成绩,第 9 行使用 for 语句遍历学生成绩表,第 9 行的 score.length 获得学生人数(行),第 12 行 score[i].length 获得第 i 名学生课程门数。

二维数组可看作一维数组,该一维数组的每个元素也是一个一维数组。本程序中,把 score 看作一维数组,它有 3 个元素 score[0]、score[1]、score[2],元素 score[0] 也是一维数组,它有 3 个元素 score[0][0]、score[0][1]、score[0][2],score[0].length 获得一维数组 score[0] 的元素个数,相同道理处理 score[1].length 和 score[2].length。程序运行结果如图 4-5 所示。

```
第1个学生的平均成绩: 88.66666666666667
第2个学生的平均成绩: 76.66666666666667
第3个学生的平均成绩: 69.33333333333333
```

图 4-5 程序案例 4-3 运行结果

【程序案例 4-3】 二维数组处理二维表格。

```
1   package chapter04;
2   public class Demo0403 {
3       public static void main(String[] args) {
4           //静态初始化成绩数组
5           double score[][] = { { 89, 92, 85 }, { 76, 86, 68 }, { 58, 71, 79 } };
6           double average[] = new double[3]; //一维数组保存每个学生的平均成绩
7           double temp = 0;                  //临时变量,保存学生总分
8           //遍历二维数组,score.length 获得二维数组的行数
9           for (int i = 0; i < score.length; i++) {
10              temp = 0;                     //每次统计总分前,临时变量初始值为 0
11              //score[i].length 获得二维数组第 i 行的列数
12              for (int j = 0; j < score[i].length; j++) {
                                              //统计某个学生所有课程成绩
13                  temp += score[i][j];      //计算某个学生的总分
14              }
15              average[i] = temp / 3.0;      //一维数组保存学生平均成绩
16          }
17          for (int i = 0; i < average.length; i++) //输出学生的平均成绩
18              System.out.println("第" + (i + 1) + "个学生的平均成绩:" + average[i]);
19      }
20  }
```

程序案例 4-4 演示了二维数组与一维数组的转换。第 6 行静态初始化二维数组 arr，第 8 行初始化一维数组 temp，第 11 行使用 for 语句遍历二维数组 arr，第 14 行把二维数组的第 i 行第 j 列元素赋给一维数组 temp。程序运行结果如图 4-6 所示。

二维数组程序

```
Problems  @ Javadoc  Declaration  Console ×
<terminated> Demo0404 [Java Application] C:\Program Files\Java\jdk-17.0.2\bin\javaw.exe  (2022年3月16日 上午11:19:31 – 上午11:19:3
12      -34     88      55
22      51      -12     -51
56      -1      35      66
一维数组：[12, -34, 88, 55, 22, 51, -12, -51, 56, -1, 35, 66]
```

图 4-6　程序案例 4-4 运行结果

【程序案例 4-4】　二维数组的应用。

```
1   package chapter04;
2   import java.util.Arrays;
3   public class Demo0404 {
4       public static void main(String[] args) {
5           //静态初始化二维数组
6           int[][] arr = { { 12, -34, 88, 55 }, { 22, 51, -12, -51 }, { 56, -1, 35, 66 } };
7           //关键字 new 初始化一维数组
8           int[] temp = new int[3 * 4];
9           int index = 0;                              //一维数组元素索引
10          //遍历二维数组
11          for (int i = 0; i < arr.length; i++) {      //外层循环控制二维数组的行
12              for (int j = 0; j < arr[i].length; j++) { //内层循环控制二维数组的列
13                  System.out.print(arr[i][j] + "\t"); //输出第 i 行第 j 列元素
14                  temp[index] = arr[i][j];            //把第 i 行第 j 列元素赋值
                                                        //给一维数组第 i 个元素
15                  index++;
16              }
17              System.out.println();
18          }
19          System.out.println("一维数组:" + Arrays.toString(temp));
20      }
21  }
```

4.3　foreach 语句

foreach 语句

Java 1.5 之前，使用 for 语句遍历数组和集合时，需要写出 for 语句的所有表达式，这种方式比较烦琐。Java 1.5 开始支持 foreach 语句，简化了程序开发人员遍历数组和集合。

foreach 不是一条单独语句，仅仅是 for 语句的特殊简化版本。foreach 不能完全取代 for 语句，任何 foreach 语句都能改写为 for 语句。foreach 语句的含义是从元素 0 开始依次遍历数组或者集合中的每个元素。

【语法格式 4-10】　foreach 语句。

```
for(数组或集合的数据类型 元素变量 x:数组或集合对象){
```

```
        处理元素变量 x
    }
```

下面代码段,第 4 行使用 foreach 语句遍历一维数组,无初值表达式、无循环条件、无循环过程表达式,循环体内直接通过变量 x 访问数组元素,非常简洁;第 8 行利用普通 for 语句遍历一维数组,需要 3 个表达式,循环体内通过索引访问数组元素,比较烦琐。

```
1   //foreach 和 for 遍历一维数组的区别
2   int one[]= {2,7,4,5};
3   //foreach 语句遍历一维数组
4   for(int x:one) {
5       System.out.print(x+" ");
6   }
7   //普通 for 语句遍历一维数组,需要 3 个表达式
8   for(int i=0;i<one.length;i++) {
9       //通过索引访问数组元素
10      System.out.print(one[i]+" ");
11  }
```

foreach 遍历二维数组的算法与遍历一维数组不同,需要把二维数组看成一维数组的一维数组。

下面代码段,第 5 行 **for(int [] one:two)** 表示二维数组 two 的每个元素类型为 int[],变量 one 表示一个 int[]元素;第 7 行 x 迭代一维数组 one 中的每个元素。

```
1   //foreach 遍历二维数组
2   int two[][]= {{10,15,13},{22,25,28}};
3   //把二维数组 two 的每个元素看成元素类型为 int[]的一维数组
4   //(one 是 int[]类型的一维数组)
5   for(int [] one:two) {
6       //遍历一维数组 one
7       for(int x:one) {
8           System.out.print(x+" ");
9       }
10  }
```

4.4 不规则数组

前面介绍的二维数组每行的列数相同,这种特点的数组称为规则数组,某些情况下浪费存储空间。Java 能定义不规则二维数组,即二维数组每行的列数可以不同,某些情况下不规则数组能节约数组占用的存储空间。

例如,基于词库的中文分词技术,提取《三国演义》《水浒传》中的词。假设从《三国演义》提取到刘备、关羽、张飞、曹操等 1500 个词。从《水浒传》提取到鲁智深、武松、景阳冈、扶危济困等 1000 个词。每本小说提取的词的数量不同,如果定义规则二维数组,如 1500×2,浪费了大量存储空间,也降低了算法效率。这种情况可采用 Java 不规则二维数组进行处理(见表 4-2)。

表 4-2 小说提词情况

小说	词					
	1	2	3	4	5	6
1	刘备	关羽	张飞	曹操	单刀赴会	步步为营
2	鲁智深	武松	景阳冈	扶危济困		

程序案例 4-5 演示了不规则二维数组的处理方法。第 6 行声明了二维数组 novel,初始化时指定行数为 2,没有指定列数;第 7 行初始化第 0 行 novel[0]的列数为 3,第 8 行初始化第 1 行 novel[1]的列数为 2;第 15 行使用 foreach 语句遍历二维数组 novel,第 21 行使用传统方式遍历二维数组 novel。程序运行结果如图 4-7 所示。

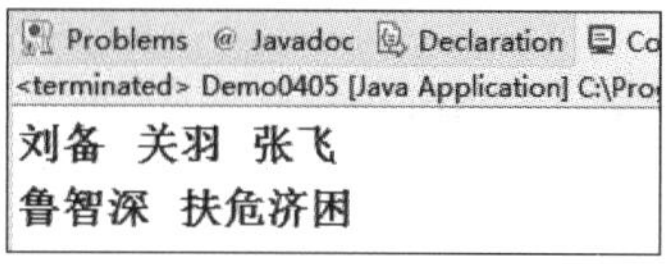

图 4-7 程序案例 4-5 运行结果

【程序案例 4-5】 不规则二维数组的应用。

```
1   package chapter04;
2   import java.util.Arrays;
3   public class Demo0405{
4       public static void main(String[] args) {
5           //声明 2 行的二维数组表示 2 本小说,列数不确定
6           String novel[][] = new String[2][];
7           novel[0]=new String[3];              //第一本小说 3 个词,第 1 行 3 列
8           novel[1]=new String[2];              //第二本小说 2 个词,第 2 行 2 列
9           novel[0][0]="刘备";
10          novel[0][1]="关羽";
11          novel[0][2]="张飞";
12          novel[1][0]="鲁智深";
13          novel[1][1]="扶危济困";
14          //foreach 语句遍历二维数组 novel
15          for(String [] book:novel) {
16              for(String word:book)            //输出一本小说的词
17                  System.out.print(word+" ");
18              System.out.println();            //换行
19          }
20          //传统 for 语句遍历二维数组 novel
21          for(int i=0;i<novel.length;i++)
22              for(int j=0;j<novel[i].length;j++)
23                  System.out.println(novel[i][j]);
24      }
25  }
```

对于二维以上的高维数组,声明数组时增加一组数组符号([])即可,如声明三维数组 double score[][][],声明四维数组 double score[][][][]。遍历多维数组时,每多一维则嵌套循环的层数就多一层。

4.5 小 结

本章主要知识点如下。

(1) 数组为高效存储处理大规模同类型数据提供支持。

(2) 使用数组前需要声明和初始化。

(3) 二维数组可以看成一维数组。使用"数组名.length"获取一维数组的长度,使用"数组名[i].length"获取二维数组第 i 行的长度。

(4) 遍历是访问数组的基本算法。一维数组使用一层循环,二维数组使用二层循环。一般用"数组名.length"确定下标范围,不使用字面常量。

(5) Java 允许建立不规则多维数组。

(6) Java 1.5 提供 foreach 语句,它是 for 语句的简化版。

4.6 习　　题

4.6.1 填空题

1. Java 语言中,数组的维数用(　　)来确定,利用关键字(　　)为数组分配空间,利用(　　)取得数组长度。

2. Java 为数组 arr(double　arr[ ][ ][ ]=new int[3][4][5])分配了(　　)字节的存储空间。

3. 利用工具类 Arrays 的(　　)方法可以对数组 arr(int arr[ ]={3,6,1,9})进行排序。

4. 补全下列程序空白处,使程序能够正确运行。①为(　　),②为(　　)。

```
//该程序遍历二维数组 arr
public class Demo05 {
    public static void main(String[] args) {
        int [ ][ ] arr={{3,4,5},{7,8,2},{1},{6,2,8}};
        for(   ①    list:arr)
          for(int x:   ②   ) {
             System.out.println(x);
          }
    }
}
```

5. 变长二维数组 array,获得该数组第 3 行的列数的表达式是(　　),获取该数组行数的表达式是(　　)。

4.6.2 选择题

1. 下面初始化数组不正确的是(　　)。
　　A. int key[ ]={1,2,3,4,5};　　　　　　B. int key[ ]=new int[5];
　　C. int key[ ]={{1,2,3},{4,5,6}};　　　D. int key[ ][ ]={{1,2,3},{4,5,6}};

2. Java 程序中的数组元素存储在(　　)中。
　　A. 栈　　　　　B. 队列　　　　　C. 堆　　　　　D. 链表

3. 定义了二维数组 two(String　two[ ][ ]={{"x","y","z"},{"1","2"}};),正确遍历 two 的代码段是(　　)。
　　A. for(int [ ] one：two) {
　　　　　for(int x：one) {
　　　　　　　System.out.print(x+" ");
　　　　　}
　　　}

B. for(String [] one：two) {
   　　for(int x：one) {
   　　　　System.out.print(x+" ");
   　　}
}

C. for(String [] one：two) {
   　　for(String x：one) {
   　　　　System.out.print(x+" ");
   　　}
}

D. for(int i=0; i<two.length; i++) {
   　　for(int j=0; j<3; j++) {
   　　　　System.out.print(two[i][j]+" ");
   　　}
}

4. 定义了如下一维数组 a，错误的引用是（　　）。

```
int []a=new int[10];
```

A. a[0]=1;
B. a[10]=2;
C. a[0]=5*2;
D. a[1]=a[2]*a[0];

4.6.3　简答题

1. 简述为什么在使用数组前必须进行初始化。
2. 简述不规则二维数组的优点，并举例说明。

4.6.4　编程题

1. 表 4-3 是某小区居民某月生活用电情况，电价 0.72 元/kW·h，计算每户该月电费。

表 4-3　生活用电情况

用户编号	生活用电	
	上次底数	本次底数
1	1780	1804
2	2488	2666
3	3814	3821
4	6142	6231

2. 定义一维数组 int arr[]={34,67,24,18,29,33}，利用工具类 Arrays 实现对数组 arr 的排序、搜索和复制任务。

3. 利用 4 个一维字符串数组分别存储 26 个英文字母 100 次、500 次、1000 次和 2000 次，测试连接每个一维字符串数组所有字符所用时间。例如，字符串数组 String strArr={"A","B","C","D"…}，测试 strArr[0]+ strArr[1]+ strArr[2]+…所需时间。

第 5 章 方法

结构化语言(如 C 语言)实现软件系统模块化的最小单位是函数(方法),软件系统由很多函数构成,函数之间存在复杂的调用关系。Java 作为纯面向对象语言,实现软件系统模块化的最小单位是类,软件系统由很多类构成类之间存在继承、依赖、关联等关系。Java 程序中是否还需要方法?Java 方法的定义与使用是否与 C 等结构化语言一样?作为一门优秀的程序设计语言,Java 方法是否有新特征?本章将为读者一一解答这些问题。

本章内容

(1) 传统方法。

(2) 形参长度可变方法。

(3) 方法重载。

(4) 递归方法。

方法定义及调用

◆ 5.1 传统方法

5.1.1 方法的概念

方法是一段可重复调用的代码块。软件开发中,把完成相同功能的代码块定义为方法能提高软件开发效率以及软件可维护性。例如,学生成绩管理系统中,任课教师需要对课程成绩排序,学生辅导员和教学秘书也需要对课程成绩排序。如果 3 个子系统分别编写学生成绩排序代码会显得非常烦琐,并且修改也比较困难,如果改进了排序算法,需要在 3 个不同位置同时修改。如果把成绩排序功能定义成一个方法,只要在 3 个不同位置调用即可。

第一种方式,如图 5-1(a)所示,改进成绩排序算法,需要修改 3 个位置的代码块;第二种方式,如图 5-1(b)所示,仅需要修改一个位置的代码块。

有些书把方法称为函数,与本书的方法是相同概念,只是称呼方式不一样。

5.1.2 定义及调用传统方法

Java 提供了定义方法的多种形式,定义传统方法需要确定返回值类型、方法名和参数等三要素。

第 5 章 方法

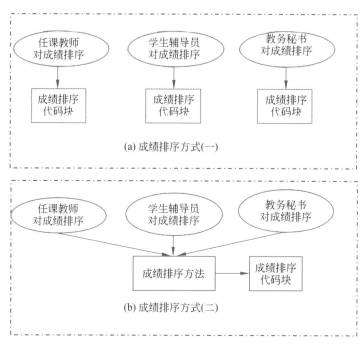

图 5-1 教务管理系统成绩排序的两种实现方式

【语法格式 5-1】 定义传统方法。

```
public static 返回值类型 方法名(类型 形参 1,类型 形参 2,…){
   方法体;                              //方法主体
   [return 表达式];                     //方法返回值
}
```

方法定义及
调用程序

上面的语法格式中,方法声明前增加了 public static 关键字,表示该方法能直接被 main() 方法调用。

Java 调用传统方法的形式与 C 语言一样。

【语法格式 5-2】 调用传统方法。

```
方法名(实参 1,实参 2,…)
```

下面代码段,第 2 行定义方法 max(int x,int y)返回两个整数的较大者,第 6 行调用 max(20,30)方法。

```
1   public class Demo {
2       public static int max(int x,int y) {        //定义方法 max()
3           return x>y? x:y;
4       }
5       public static void main(String[] args) {
6           System.out.println(max(20,30)            //调用方法 max();
7       }
8   }
```

程序案例 5-1 演示了传统方法的定义与调用。第 5～17 行定义了方法,该方法返回值类型 void,方法名 printBook(),形参 String 类型。第 20～25 行定义了方法,该方法返回值类型 double,方法名 total(),形参是 double 类型的一维数组。第 27 行调用方法 printBook(),实参字符串"老子",第 29 行调用方法 total(),实参是 double 类型一维数组 score。程序运行结果如图 5-2 所示。

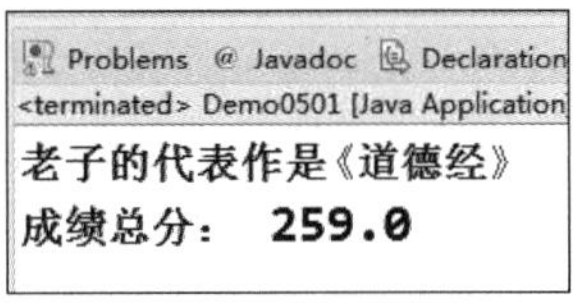

图 5-2　程序案例 5-1 运行结果

【程序案例 5-1】　定义及调用传统方法。

```
1   package chapter05;
2   public class Demo0501 {
3       //=========自定义传统方法 1=========
4       //返回值类型,方法名,形参
5       public static void printBook(String name) {
6           if (name.equals("孔子")) {
7               System.out.println("孔子的代表作《论语》");
8               return;
9           } else if (name.equals("老子")) {
10              System.out.println("老子的代表作《道德经》");
11              return;
12          } else if (name.equals("司马光")) {
13              System.out.println("司马光的代表作《资治通鉴》");
14          } else {
15              System.out.println("数据库中不存在 " + name + " 的作品");
16          }
17      }
18      //=========自定义传统方法 2=========
19      //返回值类型,方法名,形参
20      public static double total(double[] arr) {           //方法签名
21          double sum = 0;
22          for (double d : arr)                             //foreach 语句
23              sum = sum + d;
24          return sum;
25      }
26      public static void main(String[] args) {
27          printBook("老子");                               //调用方法 printBook()
28          double[] score = { 88.5, 92.5, 78 };
29          System.out.println("成绩总分:" + total(score));   //调用方法 total()
30      }
31  }
```

5.1.3　参数传递方式

C/C++ 语言中,方法的实参向方法形参传递数据有两种方式:传递值和传递指针。为了增强系统安全性,Java 取消了指针,但提供了引用数据类型,如数组、类、接口等。在 Java 语言中,方法的实参向形参传递参数也有两种方式:传递基本数据类型和传递引用类型。如果传递引用类型(相当于 C/C++ 传递指针),形参的改变影响实参。

程序案例 5-2 演示了实参向形参传递引用类型(数组)。第 6 行修改了形参数组 arr 位置 location 的值,这种改变影响了第 11 行实参数组 tempArr。程序运行结果如图 5-3 所示。

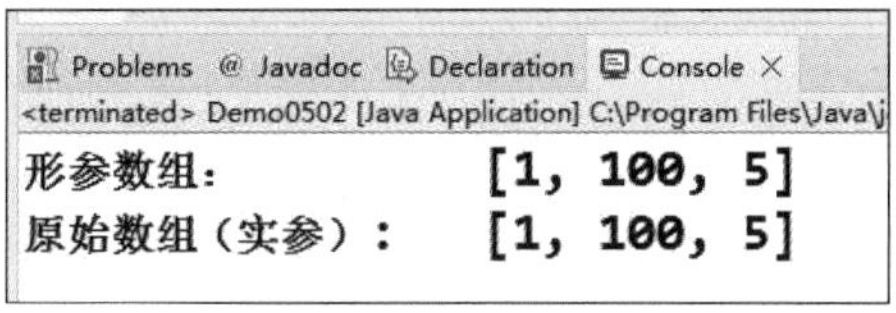

图 5-3 程序案例 5-2 运行结果

【程序案例 5-2】 实参向形参传递数组。

```java
1   package chapter05;
2   import java.util.Arrays;
3   public class Demo0502 {
4       //把数组 arr 中 location 位置元素的值修改为 newValue
5       public static void update(int[] arr, int location, int newValue) {
6           arr[location] = newValue;              //修改 location 位置的元素
7           String str=Arrays.toString(arr);
8           System.out.println("形参数组:\t\t"+str);
9       }
10      public static void main(String[] args) {
11          int tempArr[] = { 1, 3, 5 };           //静态初始化定义数组
12          update(tempArr, 1, 100);               //传递数组(引用,相当于指针)
13          String strTempArr = Arrays.toString(tempArr);
14          System.out.print("原始数组(实参):\t"+strTempArr);
15      }
16  }
```

程序说明：运行结果显示形参与实参一致,表示形参的改变影响了实参。

5.2 形参长度可变方法

5.2.1 形参长度可变方法的概念

开发软件项目时,可能存在调用方法时才能确定形参数量的情况,由于传统方法的形参数量是固定的,不能满足该需求。满足用户需求是软件系统的不懈追求。例如,total()方法返回若干整数之和,若干整数可能以整型数组的形式存在(int []arr),也可能是数量不固定的零散整数(形式如 3,4,7 或者 18,14,17,13,19)。

Java 1.5 之后,提供了定义形参长度可变方法的能力,允许为方法指定数量不固定的形参。

5.2.2 定义形参长度可变方法

【语法格式 5-3】 定义形参长度可变方法。

```
public  static  返回值类型 方法名(类型 形参1,类型 形参2,类型…形参) {
    方法体;                                  //方法主体
    [return 表达式;]                         //方法返回值
}
```

定义方法时,最后一个形参类型后增加省略号,表明该形参能接受个数不确定的实参,

多个实参被当成数组传入。

定义形参长度可变方法需注意两点：①方法中只能定义一个可变形参；②如果这个方法还有其他形参，它们要放在可变形参之前。

编译时，编译器会把最后一个可变形参转换为一个数组形参，并在编译的 class 文件中标上记号，表明该方法的实参个数可变。

例如，下面代码段定义了形参长度可变方法 total()，表明调用该方法时，可向第 3 个参数传入 int 类型的一维数组，也可传入数量不确定的若干整数。

```
1    //计算数组 arr 中 begin~end 的元素之和
2    //最后一个参数 arr 为可变形参
3    public static int total(int begin, int end, int... arr) {
4        int sum = 0;
5        if (!(begin >= 0 && end <= arr.length))
6            return sum;
7        for (int i = begin; i < end; i++)
8            sum += arr[i];
9        return sum;
10   }
```

5.2.3 调用形参长度可变方法

调用形参长度可变方法有两种形式：①实参是对应类型的一维数组；②实参是若干对应类型的变量或常量。

【**语法格式 5-4**】 调用形参长度可变方法。

> 方法名(实参 1, 实参 2, 数组名)

或者

> 方法名(实参 1, 实参 2, 实参 x1, 实参 x2,…,实参 n)

程序案例 5-3 演示了调用形参长度可变方法。第 15 行定义了形参长度可变方法 total()，main()方法中采用两种形式调用 total()；第 5、6 行向 total()方法传入的实参是一维数组；第 8 行前面两个参数表示 begin 和 end，第 3~6 个参数(9,8,7,6)转换成数组后传给方法 total()的第 3 个形参。程序运行结果如图 5-4 所示。

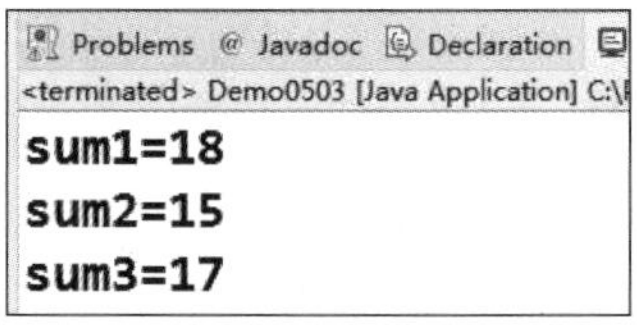

图 5-4 程序案例 5-3 运行结果

【**程序案例 5-3**】 调用形参长度可变方法。

```
1    package chapter05;
2    public class Demo0503 {
3        public static void main(String[] args) {
4            int[] arr = { 3, 4, 5, 6 };
5            int sum1 = total(0, arr.length, arr);              //第一种调用,实参是数组
6            int sum2 = total(0, 3, new int[] { 4, 5, 6, 7, 8 });  //第一种调用,实参是数组
7            //begin end 不确定实参
8            int sum3 = total(0, 2, 9, 8, 7, 6);     //第二种调用,不确定个数的实参:9,8,7,6
```

```
 9          System.out.println("sum1="+sum1);
10          System.out.println("sum2="+sum2);
11          System.out.println("sum3="+sum3);
12      }
13      //计算数组 arr 中 begin~end 的元素之和
14      //最后一个参数 arr 为可变形参
15      public static int total(int begin, int end, int… arr) {
16          int sum = 0;
17          if (!(begin >= 0 && end <= arr.length))
18              return sum;
19          for (int i = begin; i < end; i++)
20              sum += arr[i];
21          return sum;
22      }
23  }
```

5.3 方法重载

C 程序中,一个文件中的方法不能同名,这种规范具有避免调用方法时出现混淆、提高调用方法效率等优点。但在编程实践中存在不足,如定义不同数据类型的加法方法,addString(String str1,String str2)实现两个数字字符串数值相加、addTwoInt(int x,int y)实现两个 int 类型数据相加、addThreeInt(int x,int y,int z)实现 3 个 int 类型数据相加,这种方式要求编程人员记忆多个不同名的加法方法,增加了编程人员负担。

Java 改进了方法的定义和调用机制,允许一个类中定义多个同名方法,但这些方法的参数类型和参数个数不同,称这些方法是重载(Overload)。编译阶段,Java 编译器根据每个方法的参数类型和个数决定调用哪个具体方法。通过方法重载,同名方法能完成不同功能,减轻了编程人员的记忆负担。例如,定义加法方法,add(String str1,String str2)实现两个数字字符串的数值相加,add(int x,int y)实现两个 int 类型数据相加,add(int x,int y,int z)实现 3 个 int 类型数据相加,3 个方法名都是 add,通过参数类型不同实现不同功能。

方法重载是 Java 非常重要的一个特性,以前的程序中已经接触到,如利用 System.out.println()方法能输出任何类型的数据。println()方法是一个重载多次的方法。

```
1  System.out.println("为梦想而努力奋斗!");     //输出字符串
2  System.out.println(960);                    //输出 int 型数据
3  System.out.println(true);                   //输出 boolean 型数据
```

程序案例 5-4 演示了方法重载。第 17 行 add(int a,int b)方法有两个 int 类型的形参,第 21 行 add(String a,String b)方法有两个 String 类型的形参,第 27 行 add(int a, int b, int c)方法有 3 个 int 类型的形参。第 9 行调用第 17 行的 add()方法,第 10 行调用第 21 行的 add()方法,第 13 行调用第 27 行的 add()方法。程序运行结果如图 5-5 所示。

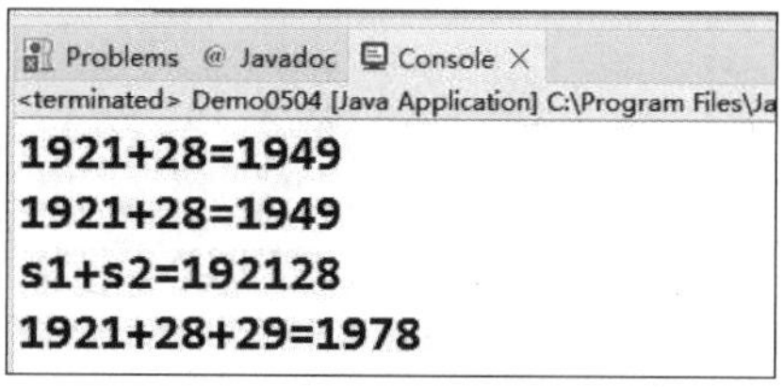

图 5-5 程序案例 5-4 运行结果

【程序案例 5-4】 方法重载。

```java
1    package chapter05;
2    public class Demo0504 {
3        public static void main(String[] args) {
4            int a = 1921;
5            int b = 28;
6            int c = 29;
7            String s1 = "1921";
8            String s2 = "28";
9            System.out.println(a + "+" + b + "=" + add(a, b));      //调用重载方法 add
10           System.out.println(s1 + "+" + s2 + "=" + add(s1, s2));  //调用重载方法 add
11           System.out.println("s1+s2=" + s1 + s2);                 //字符串连接
12           //System.out.println(s1+"+"+a+"="+add(s1,a));           //出现错误提示
13           System.out.println(a + "+" + b + "+" + c + "=" + add(a, b, c));
14       }
15       //重载方法 add()
16       //该方法有两个 int 类型的形参
17       public static int add(int a, int b) {
18           return a + b;
19       }
20       //该方法有两个 String 类型的形参
21       public static int add(String a, String b) {
22           int x = Integer.parseInt(a);
23           int y = Integer.parseInt(b);
24           return x + y;
25       }
26       //该方法有 3 个 int 类型的形参
27       public static int add(int a, int b, int c) {
28           return a + b + c;
29       }
30   }
```

方法重载是 Java 语言非常重要的特性之一,它减轻了编程人员负担,提高了软件开发效率,使软件结构更加清晰。

定义方法重载时注意以下 3 个问题。

(1) 一个类中(或者有继承关系的类之间)的方法才能重载,不同类中的方法不能重载。例如,下面代码段,第 2 行类 DemoX 中定义的方法 add(int x,int y)与第 7 行类 DemoY 中定义的方法 add(int x,int y),这两个方法的签名一样,但它们不是重载关系。

```java
1    class DemoX{
2        int add(int x,int y) {
3            return x+y;
4        }
5    }
6    class DemoY{
7        int add(int x,int y) {
8            return x+y;
9        }
10   }
```

(2) 方法重载有 3 种形式:①方法声明的形参个数不同;②方法声明中对应的形参类

型不同;③方法声明的形参个数和类型都不同。

(3) 方法的返回值类型不同不能作为方法重载的依据。例如,下面代码段类 DemoX 中,第 2 行定义了 int add(int x,int y),该方法的返回值类型 int;第 5 行定义了 String add (int x,int y),该方法的返回值类型 String,虽然这两个方法的返回值类型不同(分别是 int 和 String),但形参一样,因此它们不是重载方法。

```
1  class DemoX{
2      int add(int x,int y){
3          return x+y;
4      }
5      String add(int x,int y) {
6          return String.valueOf(x)+String.valueOf(y);
7      }
8  }
```

5.4 递归方法

Java 语言与其他高级语言(如 C/C++、Python)一样,都提供了方法递归调用功能。递归方法使程序更加简单清晰,而且还会使程序的执行逻辑与数理逻辑保持一致。图 5-6 显示了递归方法的调用过程。本书仅介绍 Java 具有定义递归方法的能力,关于递归方法的详细内容可参考有关书籍。

程序案例 5-5 演示了递归方法。第 8 行 factorial()方法自己调用自己(即递归调用),问题规模不断缩小,一直向递归结束条件逼近,num 等于 1 时结束递归。程序运行结果如图 5-7 所示。

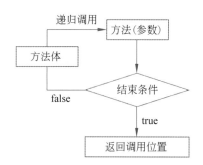

图 5-6 递归方法的调用过程   图 5-7 程序案例 5-5 运行结果

【程序案例 5-5】 递归方法计算 n!。

```
1  package chapter05;
2  public class Demo0505 {
3      public static void main(String[] args) {
4          int number=10;                                              //定义整数
5          System.out.println(number+"!="+factorial(number));          //调用递归方法
6      }
7      //定义递归方法计算 1×2×3×4×…×N
8      public static long factorial(int num){
```

```
9            if(1==num)                                      //递归结束条件
10               return 1;
11           else
12               return factorial(num-1) * num;              //递归调用方法
13       }
14   }
```

5.5 小　　结

本章主要知识点如下。

(1) 方法是一段可重复调用的代码块,定义方法需要确定返回值类型、方法名和形参。

(2) Java 取消了指针类型,提供了类似的引用类型,实参向形参传递引用类型时(如数组),形参的改变将影响实参,类似于 C/C++ 语言实参向形参传递指针类型。

(3) Java 1.5 提供了形参长度可变方法,该方法要求可变参数放在形参列表的最后位置,并且只有一个可变形参。

(4) 方法重载是 Java 语言非常重要的特性之一,其指一个类中的方法名相同,但方法的参数类型或者参数个数不同。

(5) Java 提供了定义递归方法的能力。

5.6 习　　题

5.6.1 填空题

1. Java 程序中,如果方法的形参是数组,则调用该方法时传递的是数组的(　　　)。

2. 在使用 Arrays.binarySearch()方法查找一维数组中的某个元素前,需要利用 Arrays 中的(　　　)方法对该一维数组进行排序。

3. Java 程序中,定义多个名字相同但参数类型或参数个数不同的方法,称这些方法是(　　　)。在(　　　)阶段,Java 编译器根据每个方法的参数类型和个数决定调用哪个具体方法。

5.6.2 选择题

1. (　　　)不是重载方法。

  A. int print(String str){}
   int print(String str,int num){}

  B. int print(String str,int num){}
   int print(int num,String str){}

  C. int print(String str){}
   static print(String str){}

  D. int print(double x){}
   int print(float x){}

2. 数组名作为方法形参,调用该方法时实参向形参传递的是(　　　)。

  A. 数组的元素　　　　　　　　　　　　B. 数组的栈地址

C. 数组自身   D. 数组的引用

3. 方法声明正确的是(　　)。

    A. void method(int …x,int y ,int z){ }

    B. void method(int x,int …y ,int z){ }

    C. void method(int x,int y,int …z){ }

    D. void method(int …x,int …y,int　z){ }

4. 定义如下类 Base,(　　)是 setNum()方法的重载方法。

```
class Base{
    public void setNum (int a,int b,float c){   }
}
```

    A. protected float setNum (int a,int b,float c){return c;}

    B. void setNum (int a,int b,float c){　}

    C. int setNum (int a,int b,int c){ return a;}

    D. protected int setNum (int x,int y,float z){return b;}

5. (　　)是 void getSort(int x)的重载方法。

    A. public getSort(float x)

    B. int getSort(int y)

    C. double getSort(int x,int y)

    D. void get(int x,int y)

5.6.3 简答题

1. 简述方法重载的实现方式,并举例说明。

2. 简述调用方法时实参向形参传递基本类型数据与引用类型数据之间的区别。

5.6.4 编程题

1. int maxArray(int [] arr)和 int maxArray(int [][] arr)两个方法返回数组所有元素的最大值,编写程序定义这两个方法并测试。

2. 斐波那契数列在现代物理、准晶体结构、化学等领域都有直接应用。斐波那契数列公式：$F(0)=0, F(1)=1, F(n)=F(n-1)+F(n-2)$。利用递归算法编程实现该公式。

第6章 面向对象编程(上)

什么是面向对象编程？与结构化编程比较，这种编程方式有哪些不同和优势？面向对象编程有哪些特征？Java如何实现面向对象编程？本章将为读者一一解答这些问题。

本章内容
(1) 软件开发方法类型。
(2) 定义类。
(3) 创建使用对象。
(4) 构造方法。
(5) 匿名对象。
(6) 封装性。
(7) this 和 static 关键字。
(8) 面向对象编程步骤。
(9) 对象数组。
(10) 内部类。

◆ 6.1 软件开发方法

从原始文明、农业文明、工业文明到信息文明，每次新文明的诞生都代表着文明形态的重塑和社会的变更。当前信息文明进入快速发展阶段，新的信息技术和应用层出不穷。随着信息技术的不断发展，软件开发技术从早期的结构化开发方法发展到现在的面向对象开发方法。

结构化开发方法是用系统的思想和系统工程的方法，按照用户至上的原则结构化、模块化，自顶向下对系统进行分析和设计。C、FORTRAN、Pascal 和 Basic 等都是支持结构化开发方法的编程语言。

随着信息技术在金融、政务、商务和服务等领域的深入应用，软件复杂度越来越高、系统规模越来越庞大、系统的维护越来越困难，利用结构化软件开发方法已经不能满足社会发展的需要，面向对象理论及面向对象开发方法应运而生。

利用面向对象开发方法开发软件提高了软件的可重用性、可扩展性和可维护性，如 Java、Python、C++ 等都是支持面向对象开发方法的编程语言。

6.1.1 结构化开发方法

结构化开发方法是早期软件设计的主流方法,它根据模块化原则按照系统功能划分软件系统结构。结构化开发方法根据数据在系统中的变换过程,把系统功能模块(见图 6-1)看作根据给定的输入数据,由子系统进行处理(完成一定的功能),最后输出结果的子系统。

结构化方法开发软件主要特征:采用自顶向下逐步求精的设计方式,首先确定整个软件系统的功能,然后按照强内聚、松耦合的软件模块划分原则把软件系统划分成若干功能子模块,每个子模块实现特定子功能,根据需要把子功能分解为规模更小的模块。软件系统是由若干子功能模块构成的集合(见图 6-2)。

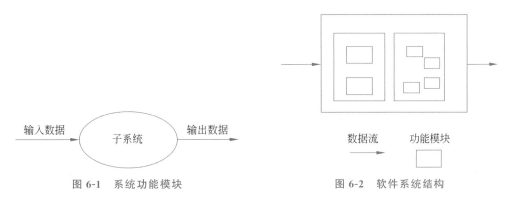

图 6-1　系统功能模块　　　　　图 6-2　软件系统结构

结构化软件开发方法在系统不太复杂、规模不是特别大的情况下具有较高效率,也能有效控制系统维护成本。但随着信息技术的不断发展以及社会对软件提出了更高要求,软件系统规模越来越大、复杂度越来越高,结构化软件开发方法不能满足这种变化。结构化软件开发的另一个局限是不能灵活地满足客户不断变化的需求,当客户需求发生变化时,如追加新功能或者运行在新平台上,就需要自顶向下对部分软件模块甚至整个软件系统进行重新设计。

6.1.2 面向对象开发方法

1. 对象

软件开发的最终目标是软件系统能真实模拟客观世界。客观世界由许多诸如长征火箭、北斗导航卫星、天宫空间站、学生、汽车、树木、鸟、建筑物、手机等有形事物及国家政策、规章制度、视频会议、交流通信、统计信息等无形事物构成。在面向对象软件开发中,客观世界的所有事物映射为对象,即"一切皆对象",对象是面向对象软件开发中程序的基本单位。

客观世界中的许多对象,如学生、工人、教师、科研人员,他们有很多共同特征,都有身份证号、姓名、年龄、出生日期、联系方式和住址等;也有很多共同行为,都要吃饭、睡觉、工作、参与交流等。抽象出这些具体对象的共同点就构成了类。类是对象的抽象和归纳,对象是类的实例。例如,"人"作为一个类,而"学生孙悟空"就是具体的一个对象。

大千世界无奇不有,但也有规律可循。客观世界的每个事物都有一组静态特征(属性)和一组动态特征(行为)。例如,对于有形事物学生(见图 6-3(a)),静态特征包括学号、姓名、年级、班级、成绩等,动态特征包括上课、提交作业、查询成绩等;对于无形事物网络会议(见图 6-3(b)),静态特征包括网络会议平台名称、网络会议网址、会议号、开会时间、参会人数

面向对象开发基础

等,动态特征包括加入参会人员、发送交流信息、录制会议等。图形用户界面(Graphical User Interface,GUI)中的一个窗口、一个按钮、一个菜单和一个文本框等也是对象。

(a) 学生

(b) 网络会议

图 6-3 对象的静态特征和动态特征

客观世界的具体事物映射成面向对象程序中的对象,事物的静态特征抽象成一组数据,事物的动态特征抽象成一组方法。因此,面向对象程序设计中,对象具有以下特征。

(1) 对象标识。对象标识即对象名,是用户和计算机系统识别它的唯一标志。对象标识有内部标识和外部标识两种。内部标识是计算机系统识别每个对象的唯一标识,外部标识是对象定义者操作对象的唯一识别方式。计算机世界中,把对象看成存储器中的一块区域,外部标识为该区域名,该区域保存了对象的相关数据。对象标识相当于每个中国人的身份证号,可以作为个人的唯一标识。

(2) 属性。用来描述对象的静态特征,如一个学生对象,学号"10001"、姓名"孙悟空"、年级"大学二年级"等。本书把这组数据称为数据成员。

(3) 方法。用来描述对象的动态特征,方法确定了对象的行为或功能,例如,学生行为包括学习、提交作业、查询成绩等,分别用 study()、doHomework()、queryResults()等方法描述。本书把方法称为成员方法。

图 6-4 为某学生对象的构成。

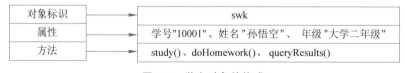

图 6-4 学生对象的构成

2. 类

人类认识客观世界的一个有力武器是抽象思维,即抽象出与当前目标相关的本质特征,而忽略那些与当前目标无关的非本质特征,从而找出事物的共性,把具有共同性质的事物归结为一类,得出一个抽象的概念——类。例如,所有学生都有学号、姓名、年级、班级、成绩等特征以及学习、提交作业和查询成绩等行为,因此能把所有学生抽象为一个学生类;再如所有手机都有品牌、价格、颜色等特征以及上网、启动 App、打电话、发信息等行为,因此可以把所有手机抽象为手机类。

类是面向对象程序中一个具有属性和方法的独立的程序单位。利用类能对该类的所有对象进行统一描述,如孙悟空(具体对象)是一个学生(类),那么孙悟空就具有学生的所有属性和行为。

创建对象前应先定义类,定义类需指明 3 方面内容,图 6-5 描述了学生类。

(1) 类标识。每个类有一个区别于其他类的名字。
(2) 属性。用来描述相同对象共同的静态特征。
(3) 行为。用来描述相同对象共同的动态特征。

Java 语言中,类是创建对象的模板,对象是类的实例,任何对象隶属于某个类。例如,具体的学生"孙悟空"就是学生类的一个实例(即对象),学生"猪八戒"也是学生类的一个实例。

学生 //类名(类标识)
学号 //属性(静态特征)
姓名 //属性(静态特征)
年级 //属性(静态特征)
班级 //属性(静态特征)
成绩 //属性(静态特征)
学习 //行为(动态特征)
提交作业 //行为(动态特征)
查询成绩 //行为(动态特征)

图 6-5 学生类

3. 面向对象编程的 3 个特征

面向对象编程具有封装性、继承性和多态性 3 个特征。

1) 封装性

封装性是指将客观世界中某个事物的属性与行为绑定在一起,并放置在一个逻辑单元内(即对象内)。该逻辑单元负责将不需要让外界知道的信息隐藏起来,外界对对象内部属性的所有访问只能通过提供的用户接口实现。封装有两个优点:一是实现对对象信息的保护,即不允许外界随意更改对象属性;二是提高软件系统的可维护性,即只要用户接口不改变,任何封装体内部的改变都不会对软件系统的其他部分造成影响。结构化方法仅封装各功能模块,每个功能模块可以随意地对对象属性实施操作,所以一旦某个对象属性的表达方式发生了变化,或某个行为效果发生了改变,就有可能对整个系统产生影响。

2) 继承性

继承性表示类与类之间的一种关系,指在一个已经存在的类(父类)的基础上,由这个类派生出子类,子类在拥有原来类的属性和行为的基础上,增加了一些新的属性和行为。例如"人"类,该类描述了人的普遍属性和行为,如姓名、性别、出生日期等属性以及吃饭、睡觉等行为,而"学生"类是"人"类派生的一个新类,"学生"类不仅拥有"人"类的所有属性和行为,而且还有学号、年级、班级等特殊属性以及学习、提交作业、查询成绩等特殊行为。原来的基础类("人"类)称为父类(或基类),由它派生出来的类("学生"类)称为子类(或派生类)。

面向对象程序设计中,继承机制使软件具有开放性、可扩充性,简化了对象、类创建的工作量,增加了代码可重用性,提高了软件开发效率。

若一个类只允许继承一个父类,则称为单继承;若允许一个类同时继承多个父类,则称为多重继承。Java 语言规定类之间只能实现单继承,通过接口实现了多重继承。

3）多态性

多态性是指不同对象收到同一消息能产生不同的结果。例如，狗和鸡都有 eating()方法，调用狗的 eating()方法表示狗吃骨头；调用鸡的 eating()方法表示鸡吃玉米。多态性非常奇妙，有意想不到的作用，它增强了软件的灵活性和重用性。

Java 语言有方法重载和对象多态两种形式的多态。

（1）方法重载。一个类中允许定义多个同名方法，但方法的参数个数和参数类型不同，它们完成的功能各不相同，第 5 章已经介绍了方法重载。

（2）对象多态。子类对象能与父类对象互相转换，父类对象引用的子类对象不同，完成的功能也不同。第 7 章将详细介绍对象多态。

在面向对象程序设计中，客观世界的所有事物都是对象，即"一切皆对象"。例如，金山办公软件 WPS 的菜单、文本框、滚动条、按钮等都是对象；一个算法、一个数学公式、一张桥梁设计图纸等也是对象；一片树叶、一粒稻米、一捧泥土等也是对象；某个学生、某张成绩单、某个教师等也是对象；银行账户、取款机、支票等也是对象。你能看见的、听见的、想象的等一切都是对象。面向对象编程更能真实模拟客观世界。

◆ 6.2 类与对象

类与对象

类表示客观世界中某类事物的抽象特征，对象代表一个具体的实体。例如，人是一个广义概念，人的抽象特征有身份证号、姓名、年龄等信息，这些特征抽象为类的属性，人需要吃东西、学习、看电视等，这些行为抽象为类的成员方法。一个具体的人，如身份证号 43001、孙悟空、23 岁、吃饺子、学习人工智能、看新闻联播等。该案例中，人是一个类，孙悟空是一个具体的人的对象（见图 6-6）。

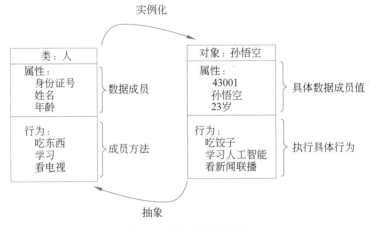

图 6-6 类与对象的关系

类与对象的关系如同模具与用模具铸造出来的铸件之间的关系一样。对象被称作类的一个实例，类是对象的模板。定义对象前先定义类，在类的基础上创建对象。

6.2.1 定义类

类是由数据成员和成员方法组成的一个程序单元。数据成员表示类的属性，成员方法表示类的行为。

【语法格式 6-1】 定义类。

```
class 类名{
    数据类型 数据成员名；                      //数据成员
    …
    public 返回值类型 方法名(参数2,参数2…){    //成员方法
        //方法体
        [return 表达式;]
    }
}
```

Java 用 class 关键字标识类，类体中定义数据成员和成员方法。

程序案例 6-1 演示了定义类 Person。数据成员包括身份证号、姓名和年龄，成员方法包括吃东西、学习和看电视。第 3 行定义 Person 类，第 5～7 行定义 Person 类的数据成员(表示人的属性)，每个数据成员按变量格式定义；第 9～20 行定义 Person 类的成员方法(表示人的行为)，每个成员方法按 Java 方法格式定义。

类与对象程序

【程序案例 6-1】 定义 Person 类。

```
1   package chapter06;
2   //1.定义 Person 类
3   class Person{
4       //2.定义数据成员,表示人的特征
5       String IDNumber;                      //身份证号
6       String name;                          //姓名
7       int age;                              //年龄
8       //3.定义成员方法,表示人的行为
9       void  eating(String food) {           //成员方法,表示某人吃东西
10          System.out.println(name+"吃"+food);
11      }
12      void study(String book) {             //成员方法,表示某人在阅读一本书
13          System.out.println(name+"正在学习:"+book);
14      }
15      void watchTV(String program) {        //成员方法,表示某人看电视
16          System.out.println(name+"正在看:"+program);
17      }
18      void display(){                       //成员方法,显示人的姓名
19          System.out.println("姓名:"+name);
20      }
21  }
```

定义类分 3 个层次(见图 6-7)。

(1) 第 1 层类名。图 6-7 的类名 Person。

(2) 第 2 层数据成员。图 6-7 定义了 3 个数据成员，分别是 IDNumber、name、age。

(3) 第 3 层成员方法。图 6-7 定义了 4 个成员方法，分别是 eating()、study()、watchTV()和 display()。

面向对象编程人员观察世界，万事万物都是对象，"一切皆对象"，世界变得生动有趣。生活在现代社会，所有人离不

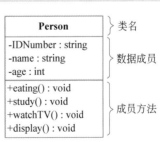

图 6-7 Person 类

开各种证件,如学生有学生证、全国计算机与软件专业技术人员有计算机技术与软件专业技术资格(水平)证书、结婚有结婚证、买房子有产权证、驾驶员有驾驶证等。

图 6-8 是某大学的学生证式样,把学生证抽象成类,定义学生证类 StudentID。

贴照片	学　　院:				
	院(系):				
	专　　业:				
姓　名:	学　　制:			(大写)	
性　别:	出生日期:		年	月	日
籍　贯:　省　　市　　县(区)	入学日期:		年	月	日
学　号:	发证日期:		年	月	日
证　号:	有 效 期:自	年	月至	年	月

图 6-8　某大学的学生证式样

程序案例 6-2 定义学生证类 StudentID。该类有 4 个数据成员 name、sex、nativePlace 和 stduentNumber,定义了两个成员方法 printStudent()和 getName(　　　)。

【程序案例 6-2】　定义学生证类。

```
1   package chapter06;
2   //1.定义学生证类
3   class StudentID {
4       //2.定义数据成员
5       String name;                                    //姓名
6       String sex;                                     //性别
7       String nativePlace;                             //籍贯
8       int studentNumber;                              //学号
9       //3.定义成员方法
10      public void printStudent() {                    //输出学生证信息
11          System.out.println("姓名:" + name);
12          System.out.println("性别:" + sex);
13          System.out.println("籍贯:" + nativePlace);
14          System.out.println("学号:" + studentNumber);
15      }
16      public String getName() {                       //获得学生姓名
17          return name;
18      }
19  }
```

6.2.2　创建使用对象

前面定义了 Person 类和 StudentID 类,这是抽象概念,相当于创建了生成某人信息和学生证的模板,下面根据模板创建某人具体信息和某个学生的学生证,即实例化具体的人对象和学生证对象。

创建对象有两种语法格式:①先声明对象然后实例化对象,②声明和实例化对象同时完成。

【语法格式 6-2】 先声明后实例化对象。

```
类名 对象名表;                          //声明对象
对象名 = new 类名();                    //实例化对象
```

【语法格式 6-3】 声明和实例化对象同时完成。

```
类名   对象名 = new 类名();             //声明对象的同时实例化对象
```

实例化对象后,该对象拥有自己的数据成员和成员方法,通过引用对象成员使用对象。

【语法格式 6-4】 引用数据成员。

```
对象名.数据成员名
```

【语法格式 6-5】 引用成员方法。

```
对象名.成员方法名(参数表)
```

程序案例 6-3 演示了引用数据成员与成员方法。程序案例 6-1 定义了 Person 类,仅仅制作了创建某人信息的模板,本案例根据模板生成存在于客观世界中具体的某人信息,并模拟该人行为。

第 4 行声明 Person 类对象 swk 同时实例化该对象,第 5 行引用了 swk 对象的数据成员 name,第 6~9 行引用了 swk 对象的成员方法。程序运行结果如图 6-9 所示。

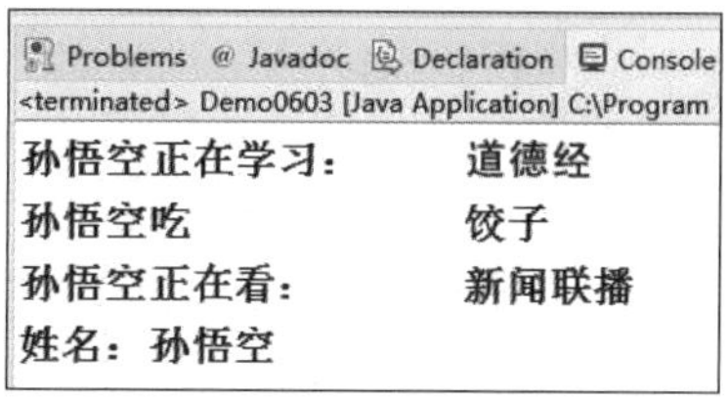

图 6-9 程序案例 6-3 运行结果

【程序案例 6-3】 引用 Person 类的数据成员与成员方法。

```
1   package chapter06;
2   public class Demo0603 {
3       public static void main(String[] args) {
4           Person swk = new Person();        //声明 Person 类对象 swk,并创建该对象
5           swk.name = "孙悟空";               //引用 swk 对象的数据成员 name 并赋值
6           swk.study("\t道德经");             //引用 swk 对象的 study() 成员方法
7           swk.eating("\t\t饺子");            //引用 swk 对象的 eating() 成员方法
8           swk.watchTV("\t新闻联播");         //引用 swk 对象的 watchTV() 成员方法
9           swk.display();                    //引用 swk 对象的 display() 成员方法
10      }
11  }
```

Person 类仅仅是人的概念,对象 swk 则是一个具体的人。类是模板,对象是由模板构造的具体内容。

程序案例 6-4 演示了引用 StudentID 类的数据成员和成员方法。程序案例 6-2 定义了学生证类 StudentID,新生入校后,学校免费为每个新生办理学生证,方便学生使用学校提供的各种学习服务资源。程序案例 6-4 演示了为新生沈括、郦道元办理学生证。程序运行结果如图 6-10 所示。

【程序案例 6-4】 引用 StudentID 类的数据成员和成员方法。

```
1   package chapter06;
2   public class Demo0604 {
```

```java
3       public static void main(String args[]) {
4           StudentID shk;                                  //声明学生对象
5           shk = new StudentID();                          //实例化学生对象,并分配内存空间
6           shk.name = "沈括";                              //为数据成员 name 赋值
7           shk.sex = "男";                                 //为数据成员 sex 赋值
8           shk.nativePlace = "浙江省杭州市钱塘县";          //为数据成员 nativePlace 赋值
9           shk.studentNumber = 1063001;                    //为数据成员 studentNumber 赋值
10          System.out.println("第一个学生信息:");
11          shk.printStudent();                             //引用对象 shk 的成员方法
12          //定义另一个学生证对象,同时创建该对象
13          StudentID ldy = new StudentID();
14          ldy.name = "郦道元";                            //为数据成员 name 赋值
15          ldy.sex = "男";                                 //为数据成员 sex 赋值
16          ldy.nativePlace = "河北省涿州市";                //为数据成员 nativePlace 赋值
17          ldy.studentNumber = 493001;                     //为数据成员 studentNumber 赋值
18          System.out.println("\n第二个学生信息:");
19          ldy.printStudent();                             //引用对象 ldy 的成员方法
20      }
21  }
```

C 语言的结构体类型仅包含事物的静态特征,而 Java 的类可理解为在结构体类型的基础上进行了扩展,类不仅仅包含事物的静态特征,而且还包含动态特征。引用对象成员的操作与引用结构体成员变量的操作类似,都使用"变量.成员名"。

Java 数据类型分为基本数据类型和引用数据类型。类属于引用数据类型,引用数据类型指一段堆内存空间能同时被多个栈内存空间指向,对象名指的是保存在栈内存中用来访问其对应堆空间的访问地址。堆内存保存数据成员信息,因此能通过对象名引用堆内存。

观察下面案例内存空间变化,加深对对象的理解,以后能更加灵活地使用对象。程序运行结果如图 6-11 所示。

图 6-10　程序案例 6-4 运行结果 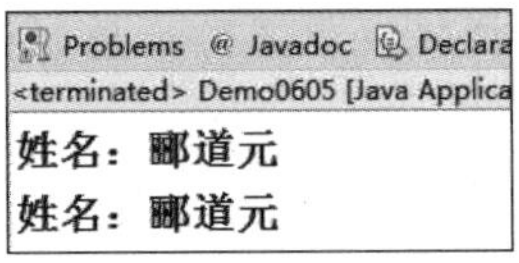　　　图 6-11　程序案例 6-5 运行结果

【程序案例 6-5】　对象内存空间变化。

```java
1   package chapter06;
2   public class Demo0605 {
3       public static void main(String[] args) {
```

```
4          Person shk = new Person();
5          Person ldy = new Person();
6          shk.name = "沈括";
7          shk.age = 22;
8          ldy.name = "郦道元";
9          ldy.age = 25;
10         shk=ldy;
11         shk.display();
12         ldy.display();
13     }
14  }
```

程序案例 6-5 运行结果显示对象 shk、ldy 的输出信息相同。通过分析对象内存空间变化理解运行结果。

执行第 4、5 行 JVM 的栈内存和堆内存状态如图 6-12(a),栈内存保存了为对象在堆内存开辟的引用(由堆空间首地址计算得出),每个对象都有独立堆空间,shk 与 ldy 对象的堆空间不同,并进行初始化,String(引用类型)初始化为 null,数值类型初始化为 0。执行第 6~9 行,内存状态如图 6-12(b)所示,shk 和 ldy 对象的 name 和 age 成员有具体内容。执行第 10 行的内存空间如图 6-12(c)所示,shk 也引用了 ldy 的堆空间,因此第 11、12 行 shk 和 ldy 对象都输出了 ldy 引用的堆内存中的信息。

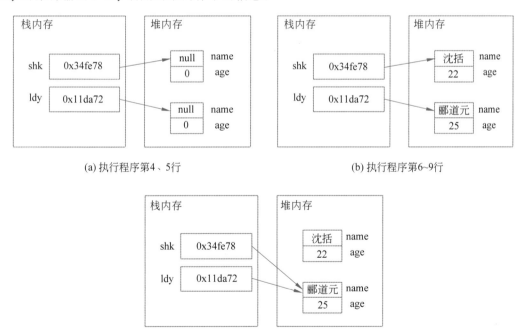

图 6-12 程序案例 6-5 对象内存空间变化

Java 的引用类型相当于 C 语言的指针类型,C 语言的指针代表内存地址,可以对指针变量进行修改,这也是 C 语言安全性不能得到保证的一个重要原因。Java 引用类型的值由内存地址计算得出,不是真实地址,因此不能修改引用。图 6-12(a)shk 对象的引用为十六进制的 0x34fe78,该值并不是堆内存的首地址。

6.2.3 成员方法与数据成员

1. 成员方法

对象成员方法描述对象功能,反映对象的动态特征,与其他语言的子程序、函数等概念类似。一个对象可拥有若干成员方法,对象通过执行成员方法对传来的消息做出响应,完成特定功能。Java 程序只能在类中声明和定义成员方法。

【语法格式 6-6】 定义成员方法。

```
[修饰符] 返回值类型 成员方法名(形参列表) {
    方法体
    [return 返回值;]
}
```

程序案例 6-1 Person 类定义了 4 个成员方法 eating()、study()、watchTV()和 display(),关于成员方法的详细内容请参考第 5 章。

在 Java 程序中,程序员能使用两种成员方法:①用户自定义成员方法,用户根据软件系统需要自己开发方法,这种方式灵活,能满足软件的个性化需要。对一些通用功能,如处理字符串、日期、集合、I/O 等,可以站在"别人的肩膀上"。②软件开发人员利用 Java 类库提供的成员方法,提高软件开发效率和质量,降低开发成本。例如,利用 Jakarta POI(Java API)容易访问微软格式文档,String 类提供很多访问字符串的方法、Arrays 工具类提供了很多访问数组的方法。

程序案例 6-6 完成从身份证号中提取出生日期。中国居民身份证包含 18 位身份证号,第 7~14 位是居民出生日期信息。利用 String 类提供的方法提取这个信息。第 2 行定义日期类 Birthday 保存日期的年月日信息,第 12 行在 Demo0606 类中定义 getBirthday()方法,从身份证号 id 中提取出生日期信息,保存在 Birthday 对象并返回。第 14 行 id.length()取得字符串 id 的长度,第 16~18 行 String 类的 substring()方法取得区间子串。程序运行结果如图 6-13 所示。

图 6-13 程序案例 6-6 运行结果

【程序案例 6-6】 提取身份证号中的出生日期。

```
1   package chapter06;
2   class Birthday {                          //定义日期类
3       String year;
4       String month;
5       String date;
6       public void show() {                  //输出日期信息
7           System.out.print(year + "年" + month + "月" + date + "日");
8       }
9   }
10  public class Demo0606 {
11      //getBirthday()方法从身份证号 id 中提取出生日期信息
```

```
12      public static Birthday getBirthday(String id) {
13          Birthday bir = new Birthday();      //日期对象
14          if (18 != id.length())              //如果字符串没有 18 个字符
15              return null;
16          bir.year = id.substring(6, 10);     //subString 成员方法提取第 7~10 位置
                                                //的子串
17          bir.month = id.substring(10, 12);   //subString 成员方法提取 11~12 位置
                                                //的子串
18          bir.date = id.substring(12, 14);    //subString 成员方法提取 13~14 位置
                                                //的子串
19          return bir;
20      }
21      public static void main(String args[]) {
22          //调用 Demo0606 类的成员方法 getBirthday(),取得日期对象
23          Birthday birth = getBirthday("440303197812180001");
24          birth.show();                       //调用日期对象的 show()方法
25      }
26  }
```

2. 数据成员

Java 程序中的变量能在两个不同位置声明：①在方法体内声明变量,这种变量的作用域是方法体；②在方法体外声明变量,这种变量的作用域是类体,类中所有方法可见这种变量,但某个方法是否能访问该变量,与变量修饰符、方法修饰符有关。第一种变量称为局部变量,第二种变量有些书称为成员变量,本书称为数据成员。

【语法格式 6-7】 声明数据成员。

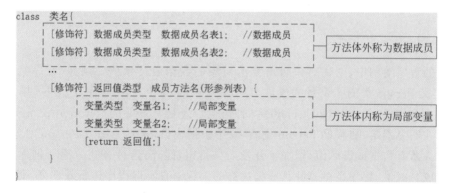

方法体外声明数据成员时,前面修饰符是可选的,修饰符包括访问权限控制符 public、private、protected 和非访问权限控制符 static、final 等,第 9 章将详细介绍这些修饰符的作用及使用方法,修饰符后面部分与第 2 章介绍的声明变量相同。

程序案例 6-7 演示了声明数据成员。第 3、4 行 Book 类中声明数据成员 name 和 price,它们在整个类体可见(不一定能访问),第 10 行成员方法 sell()中声明局部变量 nowPrice,只能在 sell()方法中使用。程序运行结果如图 6-14 所示。

图 6-14 程序案例 6-7 运行结果

【程序案例 6-7】 声明数据成员。

```java
1   package chapter06;
2   class Book {
3       String name;                                    //书名,数据成员,类体可见
4       double price;                                   //单价,数据成员,类体可见
5       public void setPrice(double newPrice) {
6           price = newPrice;
7       }
8       public void sell(double discount) {             //折扣 discount
9           //方法体内局部变量 nowPrice,方法体可见
10          double nowPrice = price * discount/10;
11          System.out.println( name + " 原价:\t" + price);
12          System.out.println(name + " 现价:\t" + nowPrice);
13      }
14  }
15  public class Demo0607 {
16      public static void main(String[] args) {
17          Book ddj = new Book();
18          ddj.name = "人工智能";
19          ddj.price = 58.6;
20          ddj.sell(8.8);
21      }
22  }
```

◆ 6.3 构造方法

构造方法

6.3.1 构造方法的概念

前面的程序案例中,创建对象后需要给对象的数据成员赋值。例如,程序案例 6-1 第 5～7 行定义 Person 类的 3 个数据成员 IDNumber、name 和 age;程序案例 6-3 第 4 行创建 Person 类对象 swk,第 5 行(swk.name="孙悟空")为对象 swk 的数据成员 name 赋值。这种操作存在明显不足,如假设 Person 类有 20 个数据成员,需要为每个 Person 对象写 20 条赋值语句为所有数据成员赋值,增加了开发人员负担,此外,这种方式分离了创建对象和为对象数据成员赋值,程序显得臃肿。一门优秀的编程语言不但程序运行效率高,而且会尽可能减轻编程人员负担,提高软件开发效率,这样的编程语言更有生命力。

尽可能为用户考虑也是 Java 成为一门应用广泛的优秀编程语言的原因之一。一名优秀的软件设计师也需要为用户考虑更多。Java 语言提供构造方法完成创建对象时初始化数据成员,根据需要给它们赋值。

构造方法属于类的特殊方法,已经在前面的学习内容中多次接触。程序案例 6-3 第 4 行(Person swk=new Person()),声明 Person 类对象 swk 的同时调用 Person 类的构造方法 Person(),并实例化一个 Person 对象。

在 Java、Python 和 C 等编程语言中,标识符的后面紧跟一对圆括号,表示标识符是方法名。例如,Arrays.sort(),sort 是一个方法。因此 Person()表示一个方法,方法名为 Person。在 Java 程序中,"new Person();"语句通知 JVM 调用方法 Person()。

下面详细介绍构造方法的有关知识。

【语法格式 6-8】 定义构造方法。

```
class 类名{
    访问权限 类名(形参列表) {                //定义构造方法
        //方法体;
        //构造方法没有返回值
    }
}
```

构造方法是类中特殊的成员方法,其特殊性主要体现在以下方面,通过下面的代码段具体分析。

```
1   class Person {
2       String name;
3       int age;
4       Person() {                              //构造方法
5           System.out.println("这是构造方法!");
6       }
7       Person(String aName, int aAge) {        //构造方法
8           name = aName;
9           age = aAge;
10      }
11  }
```

(1) 构造方法名与类名相同。代码段第 4、7 行定义了 Person 类的两个构造方法,方法名都是 Person。

(2) 不能为构造方法指定类型,也不能用 return 语句返回值。但构造方法有隐含返回值,该值由系统内部使用。代码段第 4、7 行两个构造方法声明前没有返回值类型,并且方法体中也没有 return 语句。

(3) 可以重载构造方法,即能定义多个有不同参数列表的构造方法。代码段第 4、7 行定义了两个重载的构造方法,第 4 行的构造方法没有形参,第 7 行的构造方法有两个形参。

(4) 编程人员不能显式地直接调用构造方法,每当使用 new 关键字创建对象时,JVM 为新建对象在堆内存开辟空间后,JVM 将自动调用构造方法初始化新对象。Java 程序中,通过"new 构造方法名(实参列表);"的形式调用构造方法,而不能直接用"构造方法名(实参列表);"调用构造方法。

(5) 如果自定义类中未定义构造方法,系统将为这个类提供一个默认的空构造方法。默认的空构造方法没有参数,方法体中也没有语句。系统确保类中至少有一个构造方法。

(6) 如果自定义类中定义了任何构造方法,系统将不再提供空构造方法。前面代码段定义了 Person 类的两个构造方法,因此,系统不再为 Person 类提供空构造方法。

6.3.2 使用构造方法

相比成员方法,构造方法具有一些特殊性,除了形式上与成员方法存在明显区别,功能也不同。成员方法是对象动态特征(即对象行为)的抽象,对象通过成员方法向其他对象提供服务,如手机(对象)通过上网(成员方法)为使用人提供上网服务。

构造方法的作用是初始化新对象,例如,为新对象的数据成员赋初值、准备运行环境、连接数据库服务器、连接 Web 服务器等。

构造方法
程序

程序案例 6-8 演示了构造方法的定义与使用。第 8、11、14 行分别定义了 3 个构造方法，即构造方法可以重载。第 8 行的构造方法仅仅输出提示信息，第 11 行的构造方法初始化 name，第 14 行的构造方法初始化 name 和 age。构造方法本质上也是方法，可在构造方法中调用构造方法（第 16 行），也能在成员方法中调用构造方法。第 31 行实例化 Person 对象时，同时为 ldy 对象赋初值，简化了数据成员的初始化过程，减轻了程序员负担，提高了编程灵活性。程序运行结果如图 6-15 所示。

图 6-15 程序案例 6-8 运行结果

【程序案例 6-8】 构造方法的定义与使用。

```
1   package chapter06;
2   //定义类
3   class Person {
4       //1.定义数据成员
5       String name;
6       int age;
7       //2.定义构造方法
8       public Person() {                              //无参构造
9           System.out.println("调用 Person 类的无参构造方法！");
10      }
11      public Person(String aName) {                  //初始化 name 的构造方法
12          name = aName;
13      }
14      public Person(String aName, int aAge) {        //初始化 name 和 age 的构造方法
15          name = aName;
16          //new Person(aName);                       //构造方法可以调用构造方法
17          age = aAge;
18          show();
19      }
20      //3.定义成员方法，获得对象信息
21      public String getPerson() {
22          return "姓名:" + this.name + "\t年龄:" + this.age;
23      }
24      public void show() {
25          System.out.println(getPerson());
26      }
27  }
28  public class Demo0608 {
29      public static void main(String[] args) {
30          Person shk = new Person();                 //空构造方法实例化对象
31          Person ldy = new Person("郦道元", 51);      //构造方法实例化对象
32          shk.name = "沈括";                          //直接赋值
33          shk.age = 56;
34          System.out.println(shk.getPerson());
35          System.out.println(ldy.getPerson());
36          //Person();                                //编译错误,不能直接调用构造方法
37      }
38  }
```

6.3.3 默认构造方法

构造方法减轻了编程人员负担,提高了软件开发效率。是不是类中一定存在构造方法呢?构造方法是类的一个底线,每个类至少有一个构造方法。第一种情况,如果自定义类没有显示定义构造方法,JVM 将为该类提供一个默认的空构造方法,该方法没有形参,语句体没有任何语句;第二种情况,如果自定义类定义了构造方法,JVM 将不提供默认的空构造方法。

Java 确保每个类至少有一个构造方法的机制是个陷阱,在编程实践中,强烈要求显示定义空构造方法,使自定义空构造方法成为类的标配。

程序案例 6-9 演示了默认构造方法的定义。程序第 7 行显示定义了 Person 类的空构造方法,随后定义其他构造方法。

【程序案例 6-9】 默认构造方法的定义。

```
1   class Person {
2       //1.定义数据成员
3       String name;
4       int age;
5       //2.定义构造方法
6       //定义空构造方法,标配
7       public Person() {
8       }
9       //其他构造方法
10      //3.定义成员方法
11  }
```

6.4 匿名对象

使用对象前需经过声明对象和创建对象,声明对象是定义对象变量,创建对象是为对象分配存储空间,并利用构造方法初始化数据成员。

软件开发实践中,可能存在某个对象仅使用一次的情况,例如,临时借用他人的笔记录信息,完成记录信息任务后归还。某人临时拥有笔对象,用完之后放弃所有权,不需长期持有。

Java 程序中有命名对象和匿名对象。命名对象就是系统给对象一个对象名,能反复使用,如程序案例 6-8 的第 30 行"Person shk = new Person();"的 shk 是命名对象,能重复使用。只能使用一次的对象称为匿名对象,系统没有给出匿名对象的对象名,直接在堆内存开辟存储空间。

程序案例 6-10 演示了匿名对象的使用。第 29 行"shk.writing(new Pen(),"梦溪笔谈");",writing()方法使用 new Pen()直接构造了 Pen 对象,这个对象是匿名对象(没有对象名),第 29 行运行结束后,JVM 收回为对象分配的堆空间,该对象消失。程序运行结果如图 6-16 所示。

图 6-16 程序案例 6-10 运行结果

【程序案例 6-10】 匿名对象的使用。

```java
1   package chapter06;
2   class Pen {
3       public Pen() {    }                          //空构造方法
4       public void show(String msg) {
5           System.out.println(msg);
6       }
7   }
8   class Person {
9       //1.定义数据成员
10      String name;
11      int age;
12      //2.定义构造方法
13      //空构造方法,标配
14      public Person() {    }
15      //初始化所有数据成员的构造方法
16      public Person(String aName, int aAge) {
17          name = aName;
18          age = aAge;
19      }
20      //3.定义成员方法
21      public void writing(Pen pen, String msg) {
22          System.out.print(name + " 写 ");
23          pen.show(msg);
24      }
25  }
26  public class Demo0610 {
27      public static void main(String[] args) {
28          Person shk = new Person("沈括", 56);
29          shk.writing(new Pen(), "梦溪笔谈");  //创建没有对象名的 Pen 对象
30          //或者如下代码
31          //Pen aPen=new Pen();                      //命名对象,对象名 aPen
32          //shk.writing(aPen, "梦溪笔谈");
33      }
34  }
```

Java 为命名对象分配栈空间存储对象名,分配堆空间存储对象内容,而仅为匿名对象开辟堆空间。软件开发中,匿名对象主要作为实例化对象的传递参数。如程序案例 6-10 第 29 行,匿名对象 new Pen()作为参数传给 writing()方法。

◆ 6.5 封 装 性

封装性

6.5.1 封装的概念

封装性是面向对象编程的一个重要特征。封装性就是把对象的数据成员和成员方法结合成一个独立的程序单位,并尽可能隐蔽对象内部的实现细节。

结构化编程只提供有限的封装性,如 C 语言定义的结构体仅封装了对象的静态特征,没有封装对象动态特征。例如,结构体 Person 中的成员包括 name、age 等属性,而不能在 Person 中定义函数(虽然通过定义函数指针的方式能实现行为,但从概念角度来说,函数指

针并不是函数本身）。

Java 是一门优秀的面向对象编程语言，很好地实现了封装性概念。Java 程序实现封装性体现在两个层次：①通过类封装对象的静态特征（数据成员）和动态特征（成员方法），类是 Java 程序的基本单位，用 Java 语言开发的软件系统由类构成；②Java 提供了访问权限控制符，能根据用户需要为数据成员和成员方法（包括构造方法）设置访问权限，只有拥有对象成员的访问权限才能访问对象成员，达到对外尽可能隐藏对象内部实现细节的目标。

根据级别设置信息空间数据的访问权限是维护信息空间数据安全的一种有效措施，如学校的学生信息需按级别设置访问权限，学生能查询、下载个人信息，教师能查询、修改学生成绩信息，教务管理人员能修改学生个人信息、导入学生信息、导入教师信息、查询评教信息等。

前面程序案例已经出现有关访问权限控制的内容，如下面代码段，第 2 行定义的数据成员 name 前没有 public 关键字，第 4～6 行方法声明前有 public 关键字。

```
1   class Person {
2       String name;
3       int age;
4       public Person() {        }
5       public Person(String aName, int aAge) {        }
6       public void   show() {        }
7   }
8   public class Demo0608 {  }
```

封装性程序

对象成员的访问权限控制能力从宽松到严格有 public、protected、default 和 private 4 种，public 最宽松，private 最严格。本章仅学习用 private 关键字修饰数据成员和成员方法，其他内容将在第 9 章详细介绍。

6.5.2　private 关键字

private 是最严格的访问权限控制符，用它修饰的数据成员和成员方法仅在类体可见，类体外不能访问用它修饰的成员。外部对象不能直接访问用 private 修饰的数据成员和成员方法，最大程度隐藏了对象的内部实现细节。

用 private 修饰的成员称为私有成员，如私有数据成员、私有成员方法。

程序案例 6-11 演示了无 private 封装数据成员的情况。第 3、4 行声明的数据成员 name 和 age，前面没有使用访问权限控制符。第 18 行（shk.age ＝ －1000;）在类 Demo0611 中直接调用 Person 对象 shk 的数据成员 age，出现两个问题：①没有达到信息隐藏的目的，Person 类向外暴露了实现细节，存在一定的安全隐患；②类体外直接修改数据成员会出现意想不到的错误，本例中把 age 修改为 －1000，显然不符合人的年龄要求。程序运行结果如图 6-17 所示。

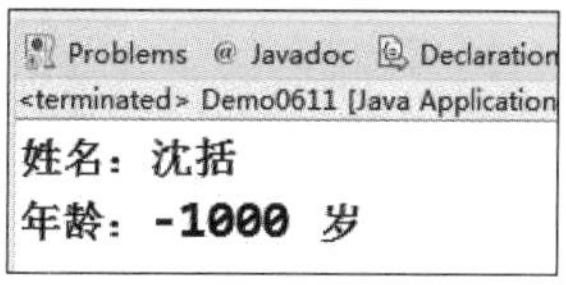

图 6-17　程序案例 6-11 运行结果

【程序案例 6-11】　无 private 封装数据成员。

```
1   package chapter06;
2   class Person {
```

```
3        String name;                              //数据成员,没有访问权限控制符
4        int age;                                  //数据成员,没有访问权限控制符
5     //构造方法,访问权限控制符 public
6     public Person(String aName, int aAge) {
7         name = aName;
8         age = aAge;
9     }
10    public void display() {                      //成员方法,访问权限控制符 public
11        System.out.println("姓名:" + name);
12        System.out.println("年龄:" + age+" 岁");
13    }
14 }
15 public class Demo0611 {                         //定义测试类
16     public static void main(String args[]) {
17         Person shk= new Person("沈括", 56);     //构造方法实例化对象
18         shk.age = -1000;                         //Person 类体外直接访问数据成员
19         shk.display();                           //Person 类体外直接调用成员方法
20     }
21 }
```

现代社会,人们参加社交活动时,一般会非常礼貌地向对方递交自己的名片,名片印有姓名、单位、职务、联系电话、二维码等需要向朋友介绍的信息,但有的信息(如工资、家庭成员等)不会印在名片上。能从信息保护的角度解释这种现象,个人名片印的信息是 public,所有朋友可以知道,而工资、家庭成员等信息是 private,属于个人隐私,只有家庭成员才能知道。

Java 的访问权限控制符 private 具有最强的封装功能,用它修饰的数据成员和成员方法在类体内可见,类体外不可见。

【语法格式 6-9】 private 修饰数据成员和成员方法。

```
修饰数据成员:
private 数据类型  数据成员名称;
修饰成员方法:
private 方法返回值 方法名(参数列表){}
```

程序案例 6-12 演示了 private 封装数据成员和成员方法。第 3、4 行用 private 修饰数据成员,说明它们是私有成员,类体中可见,如第 12、15、18、19 等行在类 Person 中能直接访问 name 和 age。但类体外(除 Person 类的其他类)不能访问 name 和 age,因此第 29 行(类 Demo0612)企图直接修改 age 出现了编译错误(The field Person.age is not visible)。说明 private 实现了信息隐藏。

同样道理,第 11、14 行用 private 修饰了成员方法 printName()和 printAge(),它们是私有成员,第 22、23 行在 Person 类体中可以调用这两个方法,但第 31 行(类 Demo0612)访问私有方法 printName()出现了编译错误(The method printName() from the type Person is not visible)。

【程序案例 6-12】 private 封装成员。

```
1  package chapter06;
2  class Person {
```

```
3       private String name;                            //private 封装数据成员 name
4       private int age;                                //private 封装数据成员 age
5       public Person(String aName, int aAge) {//构造方法
6           name = aName;
7           if (aAge > 120 && aAge < 0)                 //判断年龄是否合法
8               aAge = 0;
9           age = aAge;
10      }
11      private void printName() {                      //private 封装成员方法
12          System.out.println("姓名:" + name);          //类体中访问 private 成员 name
13      }
14      private void printAge() {                       //private 封装成员方法
15          System.out.println("姓名:" + name);          //类体中访问 private 成员 name
16      }
17      public void display() {                         //成员方法,输出信息
18          System.out.println("姓名:" + name);          //类体中访问 private 成员 name
19          System.out.println("年龄:" + age + "岁");    //类体中访问 private 成员 age
20      }
21      public void show() {
22          printName();                                //调用 private 封装的成员方法
23          printAge();                                 //调用 private 封装的成员方法
24      }
25  }
26  public class Demo0612 {
27      public static void main(String args[]) {
28          Person shk = new Person("沈括", 56);
29          //shk.age = -1000;                          //类体外访问 private 成员 age,出现编译错误
30          shk.display();                              //类体外调用 public 成员方法
31          //shk.printName();                          //类体外调用 private 成员方法,出现编译错误
32      }
33  }
```

在 Java 程序设计中,private 是实现封装性的一种措施,不同的封装层次需采用不同策略,第 9 章将详细介绍不同封装层次的解决办法。用 private 访问权限控制符修饰的任何部分只能在类体中可见,类体外不可见。可见性指成员的作用域,是否能够访问该成员还与成员的其他修饰符(如 static)有关。

用 private 修饰的数据成员被私有化,类体可见。如果用构造方法初始化数据成员的值不能满足用户要求,用户根据需要改变私有数据成员的值,这种情况真实存在。例如,人的姓名一般不会改变,但年龄今年 56 岁,明年 57 岁。Java 语言神通广大,接下来介绍解决办法。

6.5.3 setter 和 getter 方法

为了类体外能访问私有数据成员,Java 语言建议用公共 getter 方法读取私有数据成员、公共 setter 方法修改私有数据成员。实际上,用户定义的其他公共方法也能完成存取私有数据成员的任务,但有经验的 Java 程序员都用 setter 和 getter 方法。只要你足够努力,就会成为一名优秀的 Java 程序员,从现在开始养成用 setter 和 getter 方法读取私有数据成员的习惯。

setter 和 getter 方法指的是方法名和功能具有一定特殊性的公共方法。一般情况,类

有多少数据成员,就应该定义多少 setter 和 getter 方法。例如,前面 Person 类有 name 和 age 两个数据成员,需要分别定义两个 getter 方法和 setter 方法。

(1) getter 方法。这类方法的功能是获得私有数据成员,方法名的命名规则"get+单词首字母大写的数据成员名"。

【语法格式 6-10】 定义 getter 方法。

```
public 成员变量类型 方法名(){
    [语句块]
    return   成员变量名;
}
```

下面代码段,定义获得 Person 类私有数据成员 name 的 getter 方法。

```
public String getName() {
    return name;
}
```

(2) setter 方法。这类方法的功能是设置私有数据成员,方法名的命名规则"set+单词首字母大写的数据成员名"。

【语法格式 6-11】 定义 setter 方法。

```
public  void    方法名(数据成员类型   形参名){
    [语句块]
    数据成员名=表达式;
}
```

下面代码段设置 Person 类私有数据成员 age 的 setter 方法。使用 setter 方法修改数据成员,能增加修改私有数据成员的逻辑,对不符合要求的数据拒绝修改,下面代码段显示,修改 age 前对形参进行判断,如果 0＜aAge＜120 就能修改私有数据成员 age,否则不用修改。

```
public void setAge(int aAge) {
    if(aAge>0 && aAge<120)
        age=aAge;
}
```

程序案例 6-13 演示了 setter 和 getter 方法。第 10、13、16、19 行定义 public 修饰的 getter 和 setter 方法,这些方法类体外可见。第 33、35、38、39 行(类 Demo0613)调用 setter 和 getter 方法存取私有数据成员 name 和 age。程序运行结果如图 6-18 所示。

图 6-18 案例程序 6-13 运行结果

【程序案例 6-13】 setter 和 getter 方法。

```java
1   package chapter06;
2   class Person {
3       private String name;                        //私有数据成员 name
4       private int age;                            //私有数据成员 age
5       public Person() {    }                      //空构造方法,标配
6       public Person(String aName, int aAge) {     //构造方法
7           name = aName;
8           age = aAge;
9       }
10      public String getName() {                   //getter 方法,返回姓名
11          return name;
12      }
13      public void setName(String aName) {         //setter 方法,设置姓名
14          name = aName;
15      }
16      public int getAge() {                       //getter 方法,返回年龄
17          return age;
18      }
19      public void setAge(int aAge) {              //setter 方法,修改年龄前进行合法性判断
20          if (aAge > 0 && aAge < 5000)
21              age = aAge;
22      }
23      public void display() {
24          System.out.println("姓名:" + name);
25          System.out.println("年龄:" + age);
26      }
27  }
28  public class Demo0613 {                         //测试类
29      public static void main(String args[]) {
30          Person shk = new Person("沈括", 56);
31          shk.display();
32          //setter 方法修改私有数据成员 name
33          shk.setName("郦道元");
34          //setter 方法修改私有数据成员 age
35          shk.setAge(46);
36          shk.display();
37          //getter 方法获得私有数据成员
38          System.out.println("getter 方法读取 name:" + shk.getName());
39          System.out.println("getter 方法读取 age:" + shk.getAge());
40      }
41  }
```

Java 程序中的方法分三类:①构造方法;②setter 和 getter 方法;③功能方法(程序案例 6-13 第 23 行的 display()方法)。它们承担的任务各不相同,构造方法初始化对象,setter 和 getter 方法存取私有数据成员,功能方法模拟对象行为。

◆ 6.6 this 关键字

this 关键字

6.6.1 this 作用

减轻编程人员负担一直是优秀编程语言追求的目标,Java 语言努力尽可能为编程人员

做得更多。

如程序案例 6-13 的 setName(String aName)方法,该方法形参名 aName 而不是 name,主要目的是避免形参与数据成员同名。如下代码段,第 2 行声明了数据成员 name,第 5 行赋值语句"name=name;"的本意是左边代表数据成员,右边代表形参,实际情况是两个 name 都是形参名。这种命名给程序员带来了很大困扰,容易混淆。第 8 行定义局部变量 age,第 10 行输出 age,这种情况会使最优秀的程序员目瞪口呆。

```
1    class Person {
2        String name;
3        int age;
4        public void setName(String name) {
5            name=name;                              //不能分辨数据成员与形参,阅读混淆
6        }
7        public void temp() {
8            short age;                              //不能分辨数据成员与局部变量,阅读混淆
9            age=1000;
10           System.out.println("age="+age);//输出的是数据成员还是局部变量
11       }
12   }
```

定义类时,除了上面列举的局部变量(形参、方法体变量)与数据成员同名外,还可能存在继承关系中父类的某个方法与子类的某个方法同名等。这些情况不仅给阅读程序带来混淆,还可能使程序隐含错误。

Java 的 this 关键字为编程人员带来了福音,this 关键字的作用:①引用类中的数据成员;②引用类中的成员方法;③调用本类的构造方法;④表示当前对象。

6.6.2 引用数据成员

在数据成员与局部变量同名的情况下,this 关键字能区别它们。实际上,任何情况下,有经验的程序员都使用 this 关键字引用数据成员,阅读者一目了然某变量是数据成员还是局部变量。

【语法格式 6-12】 this 引用数据成员。

```
this.数据成员名;
```

下面代码段的局部变量和数据成员有明显区别,第 5 行 this.name 代表数据成员,而 name 代表形参(局部变量);第 10 行输出局部变量 age,第 11 行的 this.age 代表数据成员 age。

```
1    class Person {
2        private String name;
3        private int age;
4        public void setName(String name) {
5            this.name=name;                         //数据成员与形参有明显区别,阅读者一目了然
6        }
7        public void temp() {
8            short age;                              //局部变量
9            age=1000;
10           System.out.println("age="+age);         //输出局部变量
```

```
11          System.out.println("this.age="+this.age);     //输出数据成员
12      }
13  }
```

6.6.3 引用成员方法

成员方法为了完成复杂功能,它能调用类体的其他成员方法,也能调用其他对象的成员方法,如何使程序员明确知道调用方法的来源？this 关键字不仅能区分数据成员与局部变量,还能区分成员方法与非成员方法,this 关键字能引用类体的成员方法。

【语法格式 6-13】 this 引用成员方法。

this.成员方法名(实参列表);

程序案例 6-14 演示了 this 引用成员方法。第 15、19 行定义私有成员方法,类体外不能访问它们;第 24 行定义 public 成员方法 display()引用这两个私有成员方法,this 关键字使方法来源一目了然;第 27 行没有使用 this 引用成员方法,虽然程序正常运行,但缺少美感。

this 关键字
程序

【程序案例 6-14】 this 引用成员方法。

```
1   package chapter06;
2   import java.util.Calendar;
3   class Person {
4       //私有化数据成员 name,age
5       private String name;
6       private int age;
7       //构造方法
8       public Person() {    }                          //空构造方法,标配
9       //姓名、年龄作为参数的构造方法
10      public Person(String name, int age) {
11          this.name = name;
12          this.age = age;
13      }
14      //私有成员方法
15      private String getPerson() {
16          return "姓名" + this.name + ", 年龄," + this.age;
17      }
18      //私有成员方法,获得出生年份
19      private int getYear() {
20          int year = Calendar.getInstance().get(Calendar.YEAR) - this.age;
21          return year;
22      }
23      //调用私有成员方法
24      public void display() {
25          //调用类体中的私有成员方法
26          System.out.println (this.getPerson() + ",出生于" + this.getYear() +
                                "年");
27          //System.out.println(getPerson() + ",出生于" + getYear() + "年");
28      }
29  }
30  public class Demo0614 {
```

```
31     public static void main(String[] args) {
32         Person shk = new Person(" 沈括 ", 25);
33         shk.display();
34     }
35 }
```

设计美感丰富的代码是优秀程序员的基本素养之一。Java 程序中,引用数据成员和成员方法时,强烈建议使用 this 关键字。

6.6.4 调用构造方法

在成员方法和构造方法中都能用 this 引用成员方法,但只能在某个构造方法中用 this 调用另一个构造方法。下面是 this 调用构造方法的语法格式,特别注意两点:①只能在构造方法中使用;②只能是构造方法的第一条有效语句。

【语法格式 6-14】 this 调用构造方法。

```
this(参数列表);                    //该语句必须是构造方法的第一条有效语句
```

程序案例 6-15 演示了 this 调用构造方法。第 26 行调用了第 19 行的构造方法,运行结果显示,第 9、13、19 和 25 行定义的 4 个构造方法各运行一次,说明 this 关键字调用了构造方法,但构造方法不能递归调用。程序运行结果如图 6-19 所示。

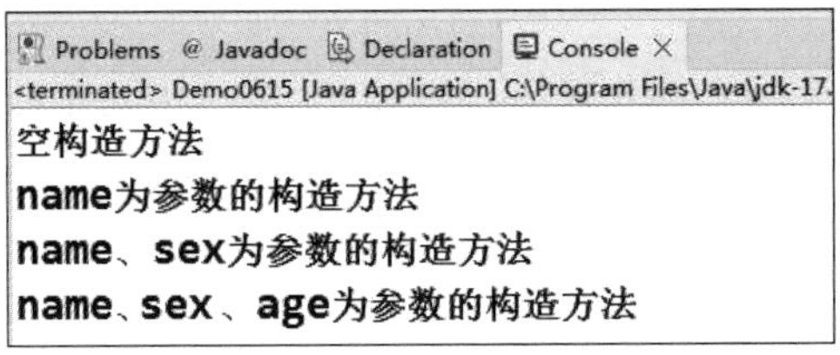

```
空构造方法
name 为参数的构造方法
name、sex 为参数的构造方法
name、sex、age 为参数的构造方法
```

图 6-19　程序案例 6-15 运行结果

【程序案例 6-15】 this 调用构造方法。

```
1  package chapter06;
2  class Person {
3      //1. 私有化数据成员姓名、性别、年龄
4      private String name;
5      private String sex;
6      private int age;
7      //2. 构造方法
8      //空构造方法,标配
9      public Person() {
10         System.out.println("空构造方法");
11     }
12     //name 为参数的构造方法
13     public Person(String name) {
14         this();//调用构造方法,第一条语句
15         this.name = name;
16         System.out.println("name 为参数的构造方法");
17     }
18     //name,sex 为参数的构造方法
```

```
19    public Person(String name, String sex) {
20        this(name);                              //调用构造方法
21        this.sex = sex;
22        System.out.println("name、sex 为参数的构造方法");
23    }
24    //name,sex。age 为参数的构造方法
25    public Person(String name, String sex, int age) {
26        this(name, sex);                         //调用构造方法
27        this.age = age;
28        System.out.println("name、sex、age 为参数的构造方法");
29    }
30 }
31 public class Demo0615{
32    public static void main(String[]args) {
33        new Person("沈括","男",25);
34    }
35 }
```

6.6.5 this 本质

6.6.2 节～6.6.4 节介绍了 this 引用类体中的数据成员、成员方法和构造方法，this 到底是什么？实际上，this 表示当前对象。JVM 创建对象后，为该对象分配一个自身引用 this，站在指针的角度，this 是本身对象的一个指针。例如，老子、孔子和孟子一起对话，当前说话者就是当前对象（正在说话的人）。

程序案例 6-16 演示了 this 的本质。程序运行结果如图 6-20 所示。

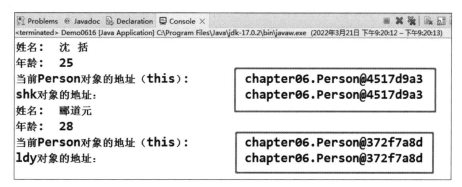

图 6-20　程序案例 6-16 运行结果

【程序案例 6-16】　this 本质。

```
1  package chapter06;
2  class Person {
3      private String name;
4      private int age;
5      public Person() { }                         //空构造方法,标配
6      public Person(String name, int age) {
7          super();
8          this.name = name;
9          this.age = age;
```

```
10      }
11      public void display() {                              //输出人的信息
12          System.out.println("姓名：  " + this.name);
13          System.out.println("年龄：  " + this.age);
14      }
15      //成员方法,直接输出this内容(对象引用,理解为栈内存地址)
16      public void printObjectAddress() {
17          System.out.println("当前Person对象的地址(this):\t" + this);
18      }
19  }
20  public class Demo0616 {
21      public static void main(String args[]) {
22          Person shk = new Person("沈 括", 25);
23          Person ldy = new Person("郦道元", 28);
24          shk.display();
25          shk.printObjectAddress();                        //输出this的值
26          System.out.println("shk对象的地址:\t\t" + shk);
                                                             //输出对象名(即对象地址)
27          ldy.display();
28          ldy.printObjectAddress();                        //输出this的值
29          System.out.println("ldy对象的地址:\t\t" + ldy);
                                                             //输出对象名(即对象地址)
30      }
31  }
```

程序说明：第25、26行输出相同内容(4517d9a3),表示this与shk对象名引用了同一块堆内存(理解为对象地址,见图6-21)。前面的this.name引用数据成员,表示当前对象shk的name。同样道理,第28、29行也输出相同内容(372f7a8d)。由于堆内存是随机分配,所以读者运行程序的结果可能有所不同。

图6-21 this与对象名的关系

JVM持有this代表的当前对象的引用,类体外不能显式地使用它。

6.6.6 对象比较

世界上没有两片相同的树叶！一片桂花树叶是一个对象,世界上不存在两片相同的桂花树叶。生活中,比较同类对象是一个常见话题,比较常常令人沮丧或兴奋。例如,比较两个国家的科技水平、比较两个人的信息等。软件开发实践中,借助this关键字能实现两个对象的比较,一般情况是两个同类对象比较。不同类对象的比较是非常蹩脚的,如对比一片桂花树叶与一只熊猫。

程序案例6-17演示了对象比较。第19行定义compare()方法实现当前对象this与另一个对象other进行数据成员的比较,如果所有数据成员信息相同返回true,否则返回false;第37行p1.compare(p2),p1是this,p2是other;第38行比较p1与p2的引用(地址),显然 p1 与 p2 是不同的两个对象,输出 false。程序运行结果如图 6-22 所示。

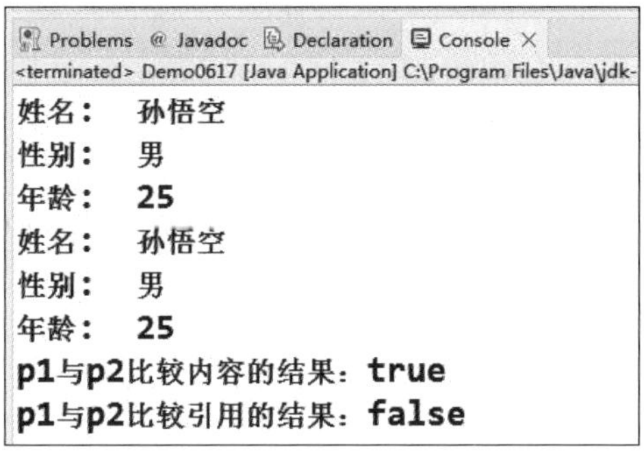

```
姓名：   孙悟空
性别：   男
年龄：   25
姓名：   孙悟空
性别：   男
年龄：   25
p1与p2比较内容的结果：true
p1与p2比较引用的结果：false
```

图 6-22　程序案例 6-17 运行结果

【程序案例 6-17】　对象比较。

```
1  package chapter06;
2  class Person {
3      private String name;
4      private String sex;
5      private int age;
6      public Person() { }                        //空构造方法,标配
7      public Person(String name, String sex, int age) {
8          super();
9          this.name = name;
10         this.sex = sex;
11         this.age = age;
12     }
13     public void display() {                    //输出人的信息
14         System.out.println("姓名：  " + this.name);
15         System.out.println("性别：  " + this.sex);
16         System.out.println("年龄：  " + this.age);
17     }
18     //比较两个 Person 对象
19     public boolean compare(Person other) {
20         boolean flag=false;
21         if(other==null)
22             return false;
23         //this 表示当前对象,other 表示对比对象,比较它们的 name、sex 和 age
24         if(this.name.compareToIgnoreCase(other.name)==0 &
25             this.sex.compareToIgnoreCase(other.sex)==0&
26             this.age==other.age)
27             flag=true;
28         return flag;
29     }
30 }
31 public class Demo0617 {
32     public static void main(String[] args) {
33         Person p1=new Person("孙悟空","男",25);
34         Person p2=new Person("孙悟空","男",25);
35         p1.display();
36         p2.display();
```

```
37        boolean comp=p1.compare(p2);        //比较 p1 与 p2 的内容,true
38        boolean compAddress=(p1==p2);       //比较 p1 与 p2 的引用(地址),false
39        System.out.println("p1 与 p2 比较内容的结果:"+comp);
40        System.out.println("p1 与 p2 比较引用的结果:"+compAddress);
41    }
42 }
```

比较对象有两个角度:①比较对象内容,②比较对象引用。程序案例 6-17 第 37 行调用 compare()方法比较 p1 与 p2 的内容,第 38 行 p1==p2 比较 p1 与 p2 的引用。

6.7 综合案例

综合案例

优秀的软件设计人才,不仅具有较高的编程技术,还要具有较强的认识客观世界的能力,不仅能分析客户表面的软件需求,还能挖掘客户潜在的软件需求。

类是面向对象程序设计的基本单元,设计的类能真实模拟客观世界是良好软件系统的基础。综合素质高、分析问题能力强的软件设计人才能设计出结构合理、功能全面、可扩展性好的类。

设计类分 4 步:①分析事物的特征,抽象出数据成员;②分析事物的行为,抽象出成员方法、设计合理的构造方法;③根据分析结果用 UML 工具画出类图;④编码测试。

下面以设计 Person 类为例,系统性学习设计类的过程。

某人正在学习数据结构和英语两门课,要求输出某人的基本信息、课程成绩、总分和平均分,程序输出结果如图 6-23 所示。

图 6-23 输出某人学习信息

6.7.1 分析数据成员

数据成员表示对象的静态特征,包含访问权限控制符、数据成员名、类型以及初始值。观察图 6-23 确定该类的数据成员如表 6-1 所示。

表 6-1 Person 类的数据成员

序号	访问权限控制符	类 型	名 称	说 明
1	private	String	name	姓名
2	private	int	age	年龄
3	private	double	datastructure	数据结构成绩
4	private	double	english	英语成绩

6.7.2 分析构造方法和成员方法

构造方法初始化对象,成员方法表示对象的动态特征。成员方法包括 setter 方法、getter 方法及功能方法。setter 和 getter 方法设置获取私有数据成员,功能方法完成对象的特定功能。观察图 6-23 的输出结果,确定该类的构造方法和成员方法如表 6-2 所示。

表 6-2 Person 类的构造方法和成员方法

序号	访问权限控制符	类 型	名 称	描 述
1	public	构造方法	Person()	空构造方法
2	public	构造方法	public Person(String name, 　int age, 　double datastructure, 　double English)	初始化所有数据成员
3	public	setter 方法	void setName(String name)	设置数据成员 name
4	public	setter 方法	省略其他 setter 方法	
5	public	getter 方法	getName()	取得数据成员 name
6	public	getter 方法	省略其他 getter 方法	
7	public	功能方法	void　study(String course)	学习某门课程
8	public	功能方法	void display()	输出学生信息
9	private	功能方法	double totale()	计算总分
10	private	功能方法	double average()	计算平均分

6.7.3 画类图

根据表 6-1 和表 6-2,使用 UML 工具画出 Person 类结构图(见图 6-24)。该图直观地展示了设计结果,是软件设计人员与用户沟通的有效方式。一张图胜过千言万语。

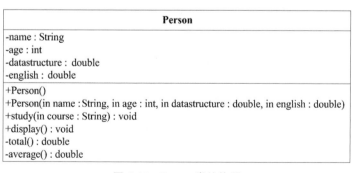

图 6-24 Person 类结构图

该图分 3 层:第一层为类名 Person,第二层为数据成员,第三层为方法(包括构造方法和成员方法)。前面"一"表示 private 成员,"十"表示 public 成员。

6.7.4 编码测试

画类结构图完成类的建模,软件设计者与用户反复交流解释该模型,如果用户没有异议,下一步编程人员根据类结构图编码并测试。

程序案例 6-18 演示了设计 Person 类的过程。该程序完整展示了一个类的基本构成,包括 4 部分:①第 6~9 行定义数据成员;②第 12~23 行定义 3 个构造方法;③第 25~31 行定义 setter 和 getter 方法;④第 34~52 行定义功能方法。

综合案例程序

【程序案例 6-18】 综合案例。

```
1   package chapter06;
2   //定义 Person 类
3   class Person {
4       //1. 数据成员
5       //1.1 私有化数据成员
6       private String name;
7       private int age;
8       private double datastructure;          //数据结构成绩
9       private double english;                //英语成绩
10      //2. 方法
11      //2.1 空构造方法
12      public Person() {      }
13      //2.2 初始化姓名、年龄的构造方法
14      public Person(String name, int age) {
15          this.name = name;
16          this.age = age;
17      }
18      //2.3 初始化所有数据成员的构造方法
19      public Person(String name, int age, double ds, double english) {
20          this(name, age);
21          this.datastructure = ds;
22          this.english = english;
23      }
24      //3. setter 和 getter 方法
25      public String getName() {
26          return name;
27      }
28      public void setName(String name) {
29          this.name = name;
30      }
31      //省略其他 setter 和 getter 方法
32      //4. 功能方法
33      //4.1 计算总分
34      private double total() {
35          return this.datastructure + this.english;
36      }
37      //4.2 计算平均分
38      private double average() {
39          return this.total() / 2.0;
40      }
41      //4.3 输出某人详细信息
42      public void display() {
```

```
43          String info="姓名:" + this.name + ",年龄:" + this.age;
44          info=info+",数据结构成绩:"+this.datastructure+",英语成绩:"+this.
              english;
45          System.out.println(info);
46          System.out.println("总分:" + this.total() + ",平均分:" + this.average());
47      }
48      //4.4 输出某人学习信息
49      public void study(String course) {
50          System.out.println(this.name+"正在学习"+course);
51      }
52  }
53  public class Demo0618 {
54      public static void main(String[] args) {
55          Person swk = new Person("孙悟空", 25, 88, 92.5);
56          swk.study("数据结构");
57          swk.display();
58      }
59  }
```

请读者耐心分析该程序案例,动手编程实践,掌握设计类的基本步骤,为以后学习复杂知识做好准备。

学习是点点积累过程,涓涓细流汇大海。

6.8　static 关键字

static 关键字

6.8.1　static 作用

系统创建类的实例对象时分别开辟栈内存和堆内存,栈内存存储对象引用,堆内存存储对象的数据成员。

如下程序定义了学生类 Student,第 19、20 行创建两个学生对象 swk 和 zbj,图 6-25 显示这两个对象的存储情况。岳麓书院所有学生的 school 是一样的,这种情况貌似合理,当问题规模扩大,如学校有 20 000 名学生,仔细考虑存在两个问题:①浪费存储空间,学校名重复存储 20 000 次;②修改学校名效率低,如果现在学校改名为岳麓大学,需要修改 20 000 次 school。

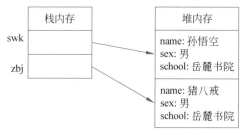

图 6-25　两个 Student 对象存储情况

```
1   class Student{
2       //数据成员
3       private String name;
```

```
4       private String sex;
5       private String school;
6   //构造方法
7       public Student() {
8           super();
9       }
10      public Student(String name, String sex, String school) {
11          super();
12          this.name = name;
13          this.sex = sex;
14          this.school = school;
15      }
16  }
17  public class DemoTemp{
18      public static void main(String[]args) {
19          Student swk=new Student("孙悟空","男","岳麓书院");
20          Student zbj=new Student("猪八戒","男","岳麓书院");
21      }
22  }
```

设计软件系统时,没有考虑问题规模的算法是比较幼稚的,一个算法在10万数据集上运行正常,在50万、100万数据集上运行可能崩溃。

Java是值得信赖的编程语言,static关键字解决了图6-25出现的学校同名问题。

static关键字的作用:①修饰的数据成员称为静态数据成员,它们被该类的所有对象共享;②修饰的成员方法称为静态方法(类方法),它们由类直接调用;③修饰的代码块称为静态代码块,对象实例化时JVM自动执行它们。

6.8.2 修饰数据成员

static修饰的数据成员称为静态数据成员,具有全局特征,被所有对象共享,是类成员。

【语法格式6-15】 static修饰数据成员。

[访问权限控制符] static 数据类型 数据成员名;

引用静态数据成员有两种方式:①与非静态成员一样,使用对象名引用;②用类名直接引用。强烈建议用第二种方式引用静态数据成员。

一般情况下,static修饰的静态数据成员的访问权限控制符为public。

【语法格式6-16】 引用静态数据成员。

类名.静态数据成员;

static关键字程序

程序案例6-19演示了静态数据成员的应用。第6行声明school为公共静态数据成员,并进行初始化。一般情况下,静态数据成员都赋初值。第12行Student.school引用school,类名直接引用,说明school是类成员。第20行,修改Student的静态成员school,第21、22行的输出结果显示,swk和zbj两个对象的school同时被修改。第25行(swk.school="岳麓大学")使用对象swk引用静态成员school,语法正确,但不能代表school的静态含义,没有经验的程序员也不会这么做。程序运行结果如图6-26所示。

图 6-26　程序案例 6-19 运行结果

【程序案例 6-19】　静态数据成员的应用。

```
1   package chapter06;
2   class Student{
3       //1.数据成员
4       private String name;
5       private String sex;
6       public static String school="岳麓书院";    //公共静态数据成员
7       //2.省略构造方法
8       //3.省略 setter 和 getter 方法
9       //4.功能方法
10      public  void  display() {
11          String info="姓名:"+this.name+",年龄:"+this.sex;
12          info=info+",学校:"+Student.school;
13          System.out.println(info);
14      }
15  }
16  public class Demo0619{
17      public static void main(String[]args) {
18          Student swk=new Student("孙悟空","男");
19          Student zbj=new Student("猪八戒","男");
20          Student.school="岳麓书院";
21          swk.display();
22          zbj.display();
23          System.out.println("====输出修改校名之后的对象信息=====");
24          Student.school="岳麓大学";
25          //swk.school="岳麓大学";
26          swk.display();
27          zbj.display();
28      }
29  }
```

为了更好地理解 static 关键字修饰数据成员机制，图 6-27 显示了程序案例 6-19 Student 类对象的内存变化情况。JVM 为 static 数据成员开辟了全局数据区，存储 static 数据成员，所有对象共享它，通过类名引用。第 24 行（Student.school="岳麓大学";）修改类 Student 全局数据区 school 的内容，因此所有 Student 对象的 school 发生改变。

利用这种方式，仅修改一次 school 就完成更改岳麓书院 20 000 名学生校名的任务。存储空间和修改效率得到很大改善。科学技术是第一生产力！

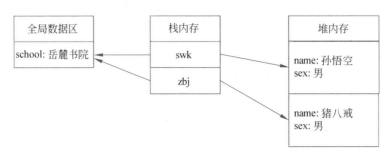

(a) 修改静态数据成员school前

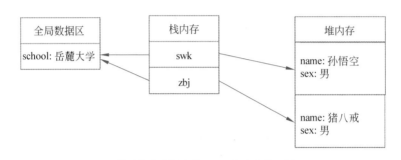

(b) 修改静态数据成员school后(程序第24行)

图 6-27 Student 数据成员的内存分配情况

6.8.3 修饰成员方法

static 修饰的数据成员称为静态数据成员,简称类成员。同理,static 修饰的成员方法称为静态方法,简称类方法。类方法与类成员一样,都可由类直接调用。

【语法格式 6-17】 static 修饰成员方法。

```
static 方法返回值类型 方法名(形参列表){
    语句体;
    [return 表达式;]
}
```

在方法返回值类型前使用 static,表示该方法是静态方法。

【语法格式 6-18】 调用 static 方法。

```
类名.方法名(实参列表);
```

程序案例 6-19 第 6 行"public static String school="岳麓书院";",school 是公共静态数据成员,类体外能随意访问(第 20、24 行),违背了信息隐藏。为了保证信息隐藏,同时也保持 school 的静态数据成员属性,定义公共静态成员方法访问私有静态数据成员。

程序案例 6-20 演示了静态成员方法的定义与调用。第 6 行的静态数据成员 school 为 private,只能用类的静态成员方法(第 15 行)访问该成员。第 28 行调用静态方法修改私有静态数据成员 school 的值。程序运行结果如图 6-28 所示。

```
Problems  @ Javadoc  Declaration  Console  X
<terminated> Demo0620 [Java Application] C:\Program Files\Java\jdk-17.0.2\bin
姓名：孙悟空，年龄：男，学校：岳麓书院
姓名：猪八戒，年龄：男，学校：岳麓书院
====输出修改校名之后的对象信息=====
姓名：孙悟空，年龄：男，学校：岳麓大学
姓名：猪八戒，年龄：男，学校：岳麓大学
```

图 6-28　程序案例 6-20 运行结果

【**程序案例 6-20**】　静态成员方法。

```java
1   package chapter06;
2   class Student {
3       //1.数据成员
4       private String name;
5       private String sex;
6       private static String school = "岳麓书院";    //私有静态数据成员
7       //2.省略构造方法
8       //3.省略 setter 和 getter 方法
9       //4.功能方法
10      public void display() {
11          String info = "姓名:" + this.name + ",年龄:" + this.sex;
12          info = info + ",学校:" + Student.school;
13          System.out.println(info);
14      }
15      //静态成员方法访问静态数据成员
16      public static void setSchool(String school) {
17          Student.school = school;
18      }
19  }
20  public class Demo0620 {
21      public static void main(String[] args) {
22          Student swk = new Student("孙悟空", "男");
23          Student zbj = new Student("猪八戒", "男");
24          //Student.school="岳麓书院";                //不能访问私有成员
25          swk.display();
26          zbj.display();
27          System.out.println("====输出修改校名之后的对象信息=====");
28          Student.setSchool("岳麓大学");              //静态方法访问静态数据成员
29          swk.display();
30          zbj.display();
31      }
32  }
```

　　类体中成员方法有对象方法(非静态方法)和类方法(静态方法)，数据成员有对象成员(非静态数据成员)和类成员(静态数据成员)。通过前面学习知道，对象方法能调用对象成员。

　　存在一个问题，类方法是否能调用对象成员？如下代码段是否能通过编译？先做简单分析,在时间角度上,JVM 加载类 Student 之后就存在第 4 行的类方法 setSchool(),而第 2 行的私有对象成员需要实例化对象 Student 之后才会存在,JVM 先把类加载到内存,利用 new 调用构造方法时实例化对象。因此类方法总是存在,而对象成员只有在实例化对象后才存在,也就是说对象成员不一定存在。因此下面代码段的第 5 行(类方法)调用第 2 行的对象成员将出现编译错误(Cannot use this in a static context)。

```
1   class Student{
2      private  String   school;              //私有类成员
3      //构造方法
4      public static void  setSchool(String school) {
5         this.school=school;
6      }
7   }
```

图 6-29 显示了类体中成员之间的调用关系。否定性访问是静态成员(静态成员方法或者代码块)不能访问非静态成员,其他成员之间都能访问,例如,非静态成员能访问静态成员(包括静态成员方法和静态数据成员),静态成员之间、非静态成员之间都能互相访问。

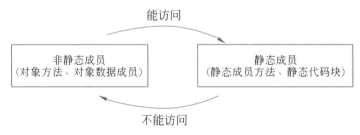

图 6-29 静态成员与非静态成员的访问关系

程序案例 6-21 演示了静态成员与非静态成员之间的访问关系。第 8 行定义静态成员方法;第 12 行访问对象成员(this.commonInfo)出现编译错误(Cannot use this in a static context);第 15 行定义非静态成员方法,能访问静态和非静态数据成员;第 22 行定义公共静态成员方法访问对象成员方法(24 行,this.commonMethod();)出现错误提示(Cannot use this in a static context)。

【程序案例 6-21】 静态成员与非静态成员之间的访问关系。

```
1   package chapter06;
2   class MyClass {
3      //静态私有成员
4      private static String staticInfo = "厚德载物、自强不息";
5      //非静态私有成员
6      private String commonInfo = "艰苦奋斗!";
7      //静态成员方法
8      public static void staticMethod() {
9         //静态成员方法可以访问静态数据成员
10        System.out.println(MyClass.staticInfo);
11        //静态成员方法不能访问非静态数据成员
12        //System.out.println(this.commonInfo);              //出现错误提示
13     }
14     //非静态成员方法
```

```
15      public void commonMethod() {
16          //非静态成员方法能访问静态数据成员
17          System.out.println(MyClass.staticInfo);
18          //非静态成员方法能访问非静态数据成员
19          System.out.println(this.commonInfo);         //没有错误提示
20      }
21      //静态成员方法
22      public static void staticMethod_2() {
23          MyClass.staticMethod();                      //能访问静态成员方法
24          //this.commonMethod();                       //出现错误提示,不能访问非静态成员方法
25      }
26      //非静态成员方法
27      public void commonMethod_2() {
28          MyClass.staticMethod();                      //能访问静态成员方法
29          this.commonMethod();                         //能访问非静态成员方法
30      }
31  }
```

6.8.4 修饰代码块

C 和 Java 程序中,一对花括号将多行代码封装在一起的程序段称为代码块。按照位置和修饰符将 Java 程序代码块分为 3 种:①普通代码块,成员方法中的代码块称为普通代码块;②构造块,类中的代码块称为构造块;③静态构造块,static 修饰的构造块称为静态构造块。

前面已经学习了普通代码块,本节介绍构造块和静态构造块。语法格式 6-19 第 3~5 行定义构造块,第 6~8 行定义静态构造块,构造块、静态构造块与数据成员、成员方法和构造方法等属于类体的同一层次。

【语法格式 6-19】 声明构造块和静态构造块。

```
1   class 类名{
2       //定义数据成员
3       {                                    //构造块
4           语句块;
5       }
6       static{                              //静态构造块
7           语句体块;
8       }
9       //类体其他语句
10  }
```

程序案例 6-22 演示了代码块的应用。第 26、28 行实例化两个匿名对象,调用两次构造方法;第 7 行的静态构造块仅运行一次,而第 13 行的构造块运行两次。第一次实例化对象时,JVM 运行静态构造块,每次实例化对象时 JVM 执行构造块。程序运行结果如图 6-30 所示。

【程序案例 6-22】 代码块的应用。

```
1   package chapter06;
2   class CodeBlock {
3       private String slogan     = "*    吃饭当节俭,粒粒皆辛苦!         *";
                                                 //私有数据成员
```

代码块程序

```java
4       private static String info = "*       一个静态成员           *";
                                                //私有静态数据成员
5       static int staticNum=1;                 //静态构造块运行次数
6       static int commNum=1;                   //构造块运行次数
7       static { //静态构造块
8           System.out.println(     "*     静态构造块运行次数:
                        "+CodeBlock.staticNum+"     *");
9           System.out.println(CodeBlock.info);  //输出静态成员
10          //System.out.println(this.slogan);    //语句出错
11          CodeBlock.staticNum++;               //静态构造块运行次数+1
12      }
13      { //构造块
14          System.out.println(     "*      构造块运行次数:     "+CodeBlock.
                        commNum+"     *");
15          System.out.println(CodeBlock.info);   //输出静态成员
16          System.out.println(this.slogan);      //输出非静态成员
17          System.out.println(     "*     构造块结束           *");
18          CodeBlock.commNum++;                  //构造块运行次数+1
19      }
20      public CodeBlock() {                     //构造方法
21          System.out.println(     "*     调用构造方法          *");
22      }
23  }
24  public class Demo0622 {
25      public static void main(String[] args) {
26          new CodeBlock();                     //创建匿名对象
27          System.out.println("\n=====注意!下面没有执行静态构造块!");
28          new CodeBlock();                     //创建匿名对象
29      }
30  }
```

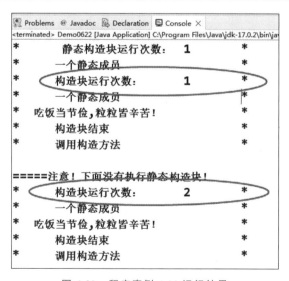

图 6-30 程序案例 6-22 运行结果

JVM 加载类时仅执行一次静态构造块,如果类体中包含多个静态构造块,JVM 按照它们在类体的顺序依次执行,每个静态构造块仅被执行一次。每次实例化对象时,JVM 按照构造块出现的顺序依次加载,即每个构造块将被加载多次。

实例化对象时 JVM 加载静态构造块、构造块和构造方法流程(见图 6-31)。

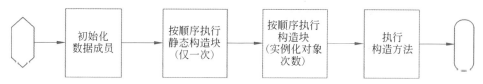

图 6-31　实例化对象时 JVM 加载静态构造块、构造块和构造方法流程

6.8.5　main 方法

很多高级程序设计语言的基本语法、流程控制、数组、方法、数据结构类型等具有一定的相似性,主要区别是针对的应用领域存在不同。例如,C 语言比较适合开发系统软件和比较接近底层的程序,Java 比较适合开发网络环境的应用程序,Python 比较适合云计算、人工智能和科学计算等领域。

Java 与 C 在很多方面比较类似,如变量先声明后使用、基本数据类型标识、表达式、运算符、流程控制、方法(函数)的定义与调用、数组等。这两种程序的入口也比较类似,C 程序的入口函数 main,Java 应用程序的入口方法 main。

main 方法是 Java 应用程序的入口,JVM 从 main 方法开始执行 Java 应用程序。图 6-32 显示 main 方法各标识符含义。

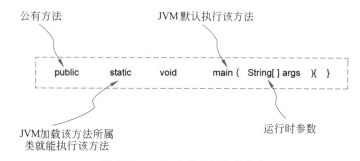

图 6-32　main 方法各标识符含义

程序案例 6-23 演示了 main 方法。选择 Eclipse 的 Run→Run Configurations→Arguments,设置运行参数"守正笃实 久久为功"(见图 6-33)。第 14 行输出程序的运行参数,第 17 行是 main 方法中调用非静态方法的一种常用方式。程序运行结果如图 6-34 所示。

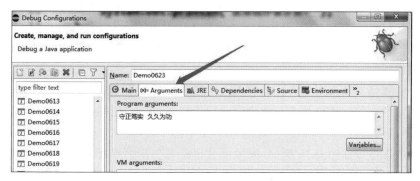

图 6-33　在 Eclipse 中设置运行参数

图 6-34　程序案例 6-23 运行结果

【程序案例 6-23】 main 方法。

```
1   package chapter06;
2   public class Demo0623 {
3       //非静态成员方法
4       public void show() {
5           System.out.println("优秀程序设计员！");
6       }
7       //main 方法,Java 应用程序入口
8       public static void main(String[] args) {
9           if (args.length <= 0) {    //判断参数个数
10              System.out.println("没有参数！");
11              System.exit(1);        //退出程序
12          }
13          System.out.println("-----输出参数信息-----");
14          for (String str : args) {
15              System.out.println(str);
16          }
17          new Demo0623().show();     //调用类体中的非静态方法
18          //this.show();             //编译错误,静态方法 main 不能调用非静态方法 show
19      }
20  }
```

6.8.6　static 综合应用

全国计算机技术与软件专业技术资格(水平)考试(简称:计算机软件资格考试)由中华人民共和国人力资源和社会保障部、中华人民共和国工业和信息化部领导下的国家级考试,其目的是科学、公正地对全国计算机与软件专业技术人员进行职业资格、专业技术资格认定和专业技术水平测试。计算机软件资格考试设置了 27 个专业资格,涵盖 5 个专业领域,3 个级别层次(初级、中级、高级)。计算机软件资格考试在全国范围内已经实施了 20 多年。该考试由于其权威性和严肃性,得到了社会各界及用人单位的广泛认同,并为推动国家信息产业发展,特别是在软件和服务产业的发展,以及在提高各类信息技术人才的素质和能力中发挥了重要作用。

考试合格者将颁发由中华人民共和国人力资源和社会保障部、中华人民共和国工业和信息化部用印的全国计算机技术与软件专业技术资格(水平)证书,该证书含金量高,业界认可,在全国范围内有效。

该考试的准考证如图 6-35 所示,准考证号根据考生报名顺序自动生成,如第一个报名考生的准考证号 2021440001,第二个报名考生的准考证号 2021440002,依次类推。某个地

区设置一个考点,该地区所有考生的考点名称和考点地址相同。要求把准考证抽象成类,并编码测试。

证件照	全国计算机技术与软件专业技术资格(水平)考试准考证	
:::	姓　　名:	孙悟空
:::	报考资格:	软件设计师
:::	准考证号:	2021440001
:::	证件号码:	440305200105136789
考点名称:	花果山软件学院	
考点地址:	东胜神洲傲来国	
考试科目	考试日期	考试时间
基础知识		
应用技术		

图 6-35　计算机软件资格考试准考证式样

【程序案例 6-24】　static 综合应用。

```
1   package chapter06;
2   //准考证类
3   class ExaminationCertificate{
4       //1.数据成员
5       private String name;
6       private long number;                                    //考生准考证号
7       private static long serialNumber=2021440001;            //静态数据成员,序号
8       private static String examinationSite="花果山软件学院";
                                                                //静态数据成员,考点
9       //2.构造方法
10      public ExaminationCertificate() {
11      }
12      public ExaminationCertificate(String name) {
13          this.name = name;
14          number=ExaminationCertificate.serialNumber;         //记录考生准考证号
15          ExaminationCertificate.serialNumber++;              //序号自动增加
16      }
17      //3.省略 setter 和 getter 方法
18      //4.功能方法
19      public void display() {
20          String info="姓名:"+this.name+",准考证号:"+this.number;
21          info=info+",考点:"+ExaminationCertificate.examinationSite;
22          System.out.println(info);
23      }
24  }
25  public class Demo0624 {
26      public static void main(String[] args) {
27          ExaminationCertificate examinee_1=new ExaminationCertificate("孙悟空");
28          ExaminationCertificate examinee_2=new ExaminationCertificate("猪八戒");
29          ExaminationCertificate examinee_3=new ExaminationCertificate("唐　僧");
```

```
30          examinee_1.display();
31          examinee_2.display();
32          examinee_3.display();
33      }
34  }
```

程序说明：第 7 行私有静态成员 serialNumber 记录考生报名序号，该序号作为考生准考证号。第 14 行把当前报名序号赋给考生准考证号。第 15 行表示，调用构造方法(第 12 行)执行 ExaminationCertificate.serialNumber++，每创建一个对象(即增加一个考生)报名序号增加 1。通过这种方式，每个考生获得唯一的一个准考证号。程序运行结果如图 6-36 所示。

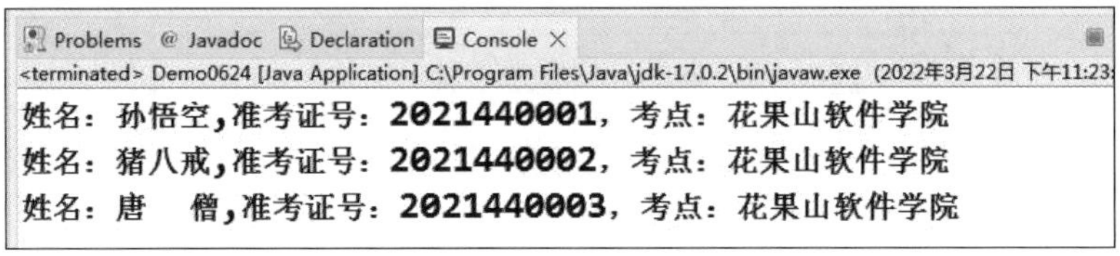

图 6-36　程序案例 6-24 运行结果

软件系统常常需要记录对象个数，如 Web 服务器提供新闻资讯服务，对象池记录连接服务器的对象，超过一定数量后，新的连接请求就需等待，这种情况，采用程序案例 6-24 第 7、15 行结合的方式，记录 Web 服务器当前有多少个连接对象。

6.9　对象数组

对象数组

数组是高级程序语言非常重要的一种数据类型，经常用于处理同类型大规模临时数据。对象数组指数组的元素类型为对象类型，对象是引用类型，默认值为 null，在使用对象数组前需为每个元素赋值，否则会出现引用异常。对象数组的声明和初始化与基本类型的数组一样。下面代码段展示了对象数组的基本操作。

```
1   Student [ ]list=new Student[20];            //声明并创建对象数组 list
2   //声明并初始化对象数组 list2
3   Student [ ]list2= {new Student(),new Student(),new Student()};
4   for(Student std:list2) {                    //foreach 访问对象数组 list2
5       //访问对象 std
6   }
```

程序案例 6-25 演示了对象数组的基本应用。

【**程序案例 6-25**】　对象数组的基本应用。

对象数组
程序

```
1   package chapter06;
2   class Person{
3       private String name;
4       public Person() {}
5       public Person(String name) {
6           this.name = name;
7       }
8       public String getName()
```

```
 9          return name;
10      }
11  }
12  public class Demo0625 {
13      public static void main(String[] args) {
14          Person []list=new Person[3];          //对象数组
15          list[0]=new Person("沈 括");           //为对象数组元素赋值
16          list[1]=new Person("郦道元");          //为对象数组元素赋值
17          list[2]=new Person("李时珍");          //为对象数组元素赋值
18          for(Person per:list)                   //foreach遍历对象数组
19              System.out.println(per.getName());
20      }
21  }
```

解决实际问题是提高编程水平的好方法。这种方式不仅提高分析问题的能力，而且加深对理论知识的理解，提高动手实践能力。

表 6-3 是学生成绩表，设计程序计算总评、打印成绩表等功能。

表 6-3 学生成绩表

课程名称：人工智能		任课教师：菩提老祖				
序号	学 号	姓 名	平时成绩（20%）	期末成绩（50%）	实验成绩（30%）	总评成绩
1001	202143001	孙悟空	88	90	85	88.1
1002	202135032	猪八戒	79	82	75	79.3
1003	202120178	唐僧	96	95	90	93.7
1004	202041265	沙僧	81	85	80	82.7
1005	202222019	太上老君	89	92	98	93.2

程序案例 6-26 演示了学生成绩管理。第 2 行定义学生成绩信息类 StudentScore，是学生成绩对象的抽象，第 44 行定义学生成绩表类 StudentList，该类是学生成绩表的抽象。第 4、16、23 行实现自动增加学生成绩表序号功能，第 46、62 行记录对象数组元素个数，第 49 行定义对象数组，第 70 行遍历对象数组。程序运行结果如图 6-37 所示。

图 6-37 程序案例 6-26 运行结果

【程序案例 6-26】 学生成绩管理。

```
1   package chapter06;
2   class StudentScore {                          //学生成绩信息类
```

```java
3       //1. 数据成员
4       private static int number = 1001;        //静态成员,序号自动增加
5       private int studentID;                   //序号
6       private int studentNumber;               //学号
7       private String name;                     //姓名
8       private double regularGrade;             //平时成绩
9       private double finalExam;                //期末成绩
10      private double experimentalGrade;        //实验成绩
11      private double totalScore;               //总分
12      //2. 构造方法
13      public StudentScore() { }
14      public StudentScore(int studentNumber, String name,
15              double regularGrade, double finalExam,double experimentalGrade) {
16          studentID = number;
17          this.studentNumber = studentNumber;
18          this.name = name;
19          this.regularGrade = regularGrade;
20          this.finalExam = finalExam;
21          this.experimentalGrade = experimentalGrade;
22          this.totalScore = setTotalScore();
23          number++;                            //新建一个学生成绩对象,编号自动增加
24      }
25      //3. setter 和 getter 方法,省略其他 setter 和 getter 方法
26      public double getTotalScore() {
27          return this.totalScore;
28      }
29      //4. 功能方法
30      //总评=平时成绩 30%+期末考试 50%+实验 20%
31      private double setTotalScore() {
32          return regularGrade * 0.3 + finalExam * 0.5 + experimentalGrade * 0.2;
33      }
34      public void printStudent() {             //输出学生成绩信息
35          System.out.print("" + this.studentID);
36          System.out.print("\t" + this.studentNumber);
37          System.out.print("\t" + this.name);
38          System.out.print("\t" + this.regularGrade);
39          System.out.print("\t" + this.finalExam);
40          System.out.print("\t" + this.experimentalGrade);
41          System.out.println("\t" + this.totalScore);
42      }
43  }
44  class StudentList {                          //学生成绩表
45      //1. 数据成员
46      private static int presentNumber = 0;    //目前学生序号,记录学生总数
47      private String teacher;                  //任课教师
48      private String course;                   //课程名称
49      private StudentScore stdScore[];         //学生成绩,对象数组
50      //2. 构造方法
51      public StudentList() { }
52      public StudentList(String teacher, String course) {
53          this.teacher = teacher;
54          this.course = course;
55          this.stdScore = new StudentScore[100];   //班级最多 100 人
```

```
56      }
57      //3. 省略 setter 和 getter 方法
58      //4. 功能方法
59      //向学生成绩表增加学生
60      public void addStudent(StudentScore std) {
61          stdScore[presentNumber] = std;           //学生对象加入对象数组
62          presentNumber++;                          //对象数组的序号加 1
63      }
64      //输出学生成绩表
65      public void printStudentList() {
66          System.out.println("课程名称:" + course);
67          System.out.println("任课教师:" + teacher);
68          System.out.println("序 号" + "\t 学 号 " + "\t\t 姓 名" +
69              "平时成绩 " + "期末成绩 " + "实验成绩 " + " 总评成绩");
70          for (int i = 0; i < StudentList.presentNumber; i++) {   //遍历对象数组
71              stdScore[i].printStudent();
72          }
73      }
74  }
75  public class Demo0626 {
76      public static void main(String args[]) {
77          StudentList stdList = new StudentList("菩提老祖", "人工智能");
78          //新建两名学生成绩
79          StudentScore swk = new StudentScore(202143001, "孙悟空", 88, 90, 85);
80          StudentScore zbj = new StudentScore(202135032, "猪八戒", 79, 82, 75);
81          //向学生成绩表增加两名学生成绩
82          stdList.addStudent(swk);
83          stdList.addStudent(zbj);
84          //输出学生成绩表
85          stdList.printStudentList();
86      }
87  }
```

6.10 内 部 类

内部类

6.10.1 内部类概念

C 程序定义结构体类型,结构体成员可以是基本类型,也可以是结构体类型。与此类似,Java 程序定义的类,类体包含数据成员、构造方法和成员方法,类体中也能定义类。在类体内部定义的类称为内部类。

根据位置和修饰符,内部类分为成员内部类、静态内部类、局部内部类和匿名内部类(见 7.9 节)。

6.10.2 成员内部类

成员内部类指定义的内部类作为外部类的一个成员存在,与外部类的数据成员、成员方法是并列关系。

【语法格式6-20】 成员内部类。

```
class  外部类名{
    外部类成员;
    class 成员内部类名{
        内部类成员;
    }
}
```

成员内部类是一个编译时概念。编译之后,外部类和成员内部类会成为完全不同的两个类。例如,外部类Outer和其成员内部类Inner,编译后出现Outer.class和Outer$Inner.class两个类。

成员内部类主要特点是其能访问外部类的私有成员。

创建内部类对象时需要注意4个问题。

(1) 外部类的内部可直接使用inner inn=new inner()建立内部类对象。

(2) 如果要在外部类的外部创建(new)一个内部类对象,首先要建立一个外部类对象,然后生成一个内部类对象,代码段如下:

```
1    Outer out=new Outer();                    //建立外部类对象
2    Outer.Inner inn=out.new.Inner();          //通过外部类对象建立内部类对象
```

(3) 创建成员内部类实例对象时,外部类的实例对象必须已经存在。

(4) 内部类和外部类的成员同名时,内部类可通过"外部类名.this.变量名"访问外部类的成员。

内部类程序

程序案例6-27演示了成员内部类。第2行定义了外部类Outer,第8行定义了成员内部类Inner,第15行在内部类中访问外部类的私有数据成员Outer.this.outX,第16行在内部类中访问了外部类的成员方法,第22行创建内部类对象,第26行访问内部类的静态数据成员。

【程序案例6-27】 成员内部类。

```
1    package chapter06;
2    class Outer {                              //外部类
3        private int outX = 10;
4        public void showOut() {
5            //外部类的成员方法调用内部类的成员变量
6            System.out.println(new Inner().innY);
7        }
8        class Inner {                          //成员内部类
9            private int innY = 99;
10           static int innT = 10;
11           public int getInner() {            //内部类的成员方法
12               return innY;
13           }
14           public void showInn() {            //内部类的成员方法
15               int x = Outer.this.outX;       //访问外部类的成员变量
16               Outer.this.showOut();          //访问外部类的成员方法
17           }
18       }
19   }
```

```
20  public class Demo0627 {
21      public static void main(String[] args) {
22          Outer out = new Outer();              //创建外部类对象
23          //外部类名.内部类名 实例名=外部类实例名.new 内部类构造方法(参数)
24          Outer.Inner inn = out.new Inner();    //创建内部类对象
25          inn.showInn();
26          int t = Outer.Inner.innT;             //访问成员内部类的静态成员
27      }
28  }
```

6.10.3 静态内部类

static 修饰的成员内部类是静态内部类。外部类与静态内部类关系：①静态内部类可直接访问外部类的静态成员，通过外部类实例对象访问外部类对象成员；②外部类直接访问静态内部类的静态成员，通过静态内部类的实例对象访问静态内部类的对象成员。

【语法格式 6-21】 静态内部类。

```
class 外部类名{
    外部类成员；
    static class 成员内部类名{
        内部类成员；
    }
}
```

在外部类外部创建（new）静态内部类对象时不需要外部类对象，采用"外部类名.静态内部类名 对象名＝new 外部类名.静态内部类名()"的形式实例化静态内部类对象，实际上静态内部类相当于一个顶级类。如果不需要在外部访问静态内部类，可定义私有静态内部类。

下面代码段展示了外部类与静态内部类的关系。第 3 行定义了静态内部类，第 13 行实例化静态内部类对象。

```
1   class  Outer{                            //外部类
2       private int outX=10;
3       static class Inner{                  //静态内部类
4           private int innY;
5           public Inner(int y) {
6               this.innY=y;
7           }
8       }
9   }
10  class Demo{
11      public static void main(String[] args) {
12          //实例化静态内部类对象
13          Outer.Inner inn=new Outer.Inner(85);
14      }
15  }
```

静态内部类可理解为外部类的静态成员，该成员依附于外部类而不是外部类实例对象，通过"外部类名.静态内部类名"的形式进入静态内部类，静态内部类可见外部类所有成员，外部类与静态内部类按照两个外部类访问规则互相访问。例如，静态内部类需通过外部类实例对象访问外部类的私有对象成员。

6.10.4 局部内部类

定义在代码块内的类称为局部内部类。局部内部类有如下特点。

(1) 局部内部类的作用域仅限于代码块内。
(2) 局部内部类能访问外部类私有成员,访问形式"外部类名.this.外部类成员"。
(3) 局部内部类能访问作用域内的用 final 修饰的局部变量(花括号内的变量)。

【语法格式 6-22】 局部内部类。

```
class 外部类名{
    外部类成员;
    [修饰符] 返回值类型 方法名(形参列表) {        //外部类成员方法
        //语句体
        class 局部内部类名{                      //局部内部类
            局部内部类成员;
        }
    }
}
```

下面代码段展示了外部类与局部内部类的关系。第 1 行定义了外部类,第 7 行在外部类 Outer 的成员方法 show()中定义了局部内部类 Inner,第 9 行(temp=100)修改用 final 修饰的局部变量 temp,编译报错。第 10 行在局部内部类中访问了外部类对象成员,第 15 行在方法 show()中定义局部内部类对象。

```
1   class Outer {                               //外部类
2       private int outX = 99;
3       public void show() {
4           //Java 8 之后,隐含增加 final
5           //final int temp=10;
6           int temp = 10;
7           class Inner {                        //局部内部类
8               void display() {                 //局部内部类成员方法
9                   //temp=100;//temp 是 final 常量,不能修改,编译报错
10                  System.out.println(temp);    //局部内部类访问用 final 修饰的局部变量
11                  //局部内部类访问外部类对象成员
12                  System.out.println(Outer.this.outX);
13              }
14          }
15          Inner inn = new Inner();             //局部内部类对象
16          inn.display();                       //调用局部内部类对象成员方法
17      }
18  }
```

6.11 小 结

本章主要知识点如下。
(1) 客观事物的动态特征抽象为对象的方法,静态特征抽象为对象的属性。
(2) 面向对象编程具有封装、继承和多态三大特性。

(3) 类是对象的模板,对象是类的实例,类的数据成员描述了客观事物的静态特征(属性),类的成员方法描述了客观事物的动态特征(行为)。

(4) 封装性有两层含义：①类体封装了数据和方法；②通过访问控制权限实现信息隐藏。

(5) 类体结构包括数据成员、构造方法、setter 方法、getter 方法和功能方法。

(6) 构造方法特征包括方法名与类名相同、没有返回值、可以重载,作用是初始化对象。

(7) this 表示当前对象,"this.数据成员"引用对象的数据成员,"this.方法()"引用对象的成员方法,"this(参数列表)"调用类的构造方法。

(8) static 修饰的成员属于类成员,用类名直接访问该成员。

(9) 对象数组的元素是引用类型。

(10) 内部类是定义在类体内部的类,包括成员内部类、静态内部类、局部内部类和匿名内部类。

6.12 习　　题

6.12.1　填空题

1. 面向对象编程具有(　　)、(　　)和(　　)等 3 个主要特征。

2. 在面向对象程序设计中,对象具有(　　)、(　　)和(　　)等特征。

3. Java 系统为命名对象分配(　　)空间来存储对象名,分配(　　)空间来存储对象信息。

4. 定义类成员时,使用(　　)关键字。

5. 根据要求补全程序。

```
class Student{
    //所有学生学校名相同,并且不能改变校名
    public (_____) String SCHOOL_NAME="吉首大学";    //学生所在学校名称
    private   String name;
    private   char sex;
    //省略其他代码
}
```

6.12.2　选择题

1. 定义一个 Cat 类,(　　)方法不是构造方法。
　　A. public Cat(){}　　　　　　　　B. private Cat(String str){}
　　C. public cat(){}　　　　　　　　D. Cat(){}

2. 从一个字符串中取出指定位置的字符,采用 String 类中的(　　)方法。
　　A. charAt()　　B. endswitch()　　C. indexOf()　　D. substring()

3. 如果限制外部不能访问类的成员,采用(　　)关键字修饰该成员。
　　A. public　　　B. protected　　　C. private　　　D. default

6.12.3　简答题

1. 定义类时需要指明哪些内容？

2. 简述 C 语言的结构体与 Java 语言的类的联系与区别。

3. 简述构造方法与普通成员方法的区别。

4. 画出静态成员与非静态成员的调用关系。

5. 简述类与对象的关系,并举例说明。

6.12.4 编程题

1. 设计猫类,属性有种类、颜色、年龄和体重,方法有输出猫的信息、猫发出叫声、猫玩东西。

2. 定义笔筒类,该类至少实现能够对两个笔筒进行比较的方法。

3. 如图 6-38 所示,花果山建材有限公司销售单(以下简称销售单)NO 从 80001 开始连续编号,即第一张销售单的 NO 为 80001,第二张的 NO 为 80002,以此类推;金额等于单价×数量;合计金额是销售单中产品金额之和。具体要求如下。

(1) 分析销售单,确定数据成员,包括静态数据成员和非静态数据成员。

(2) 分析销售单,确定构造方法、setter 和 getter 方法、功能方法。

(3) 画出销售单类结构图。

(4) 编程并测试,能显示 10 张销售单的详细信息、统计某天所有销售单的金额之和。

花果山建材有限公司销售单							
客户:嫦娥	电话:	181234567**			2022 年 5 月 25 日	NO:80001	
序号	品名	规格	数量	单位	单价	金额	备注
1	地板砖	80×80	200	块	108	21 600	
2	油漆	纳米涂料	5	桶	215	1075	
合计金额:22675.00 ¥			大写:贰万贰仟陆佰柒拾伍圆				
公司地址:东胜神州傲来国神仙路 218 号							
联系电话:****4321							

图 6-38 花果山建材有限公司销售单

第7章 面向对象编程(中)

第6章学习了面向对象编程的类、对象、封装等内容。客观世界抽象的类是独立存在,还是它们之间存在某种关系?Java如何实现面向对象编程的继承和多态两个特征呢?面向对象与结构化编程比较,它是如何提高软件复用度的?本章将为读者一一解答这些问题。

本章内容
(1) 继承。
(2) super 关键字
(3) 抽象类。
(4) 接口。
(5) 对象多态性。

◆ 7.1 继　　承

继承关系

软件系统由成千上万个类组成,这些类之间存在千丝万缕的关系。继承是组织类之间关系的一种手段,利用它实现代码复用,提高软件开发效率,降低软件维护成本。

7.1.1 继承的概念

大千世界纷纷扰扰,表面上客观事物之间没有什么关系,但经过抽象分析发现客观事物之间具有内在联系。例如,学生和教师是两个不同群体,抽象之后能找到学生和教师都是"人"这个共同点,他们之间也有区别,学生有班级、学习课程、学习、参加考试等,而教师有部门名称、岗位、工资、批改作业等;飞机和小汽车,一个在天上飞,一个在地上跑,一个需要高科技制造,一个依靠传统制造,它们之间的共同点是二者都能运送物品,都属于交通工具,二者之间的区别也是显而易见的,飞机有巡航速度、飞行高度等,小汽车有轴距、挡位类型等。图7-1显示了学生和教师之间的关系,图7-2显示了汽车、轮船和飞机之间的关系。

面向对象编程中,针对学生和教师之间的关系(见图7-1),人定义成Person类,称为一般类,该类具有学生和教师的共同特征和行为,如都有姓名、身份证号和联系方法等,都要看书、吃饭、休息等;学生和教师定义成学生类Student和教师类Teacher,这两个类称为特殊类,他们除具有Person类的共性外,还具有特殊

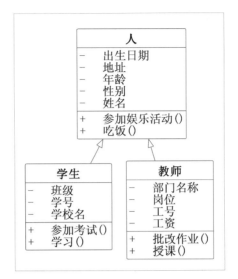

图 7-1 学生和教师之间的关系

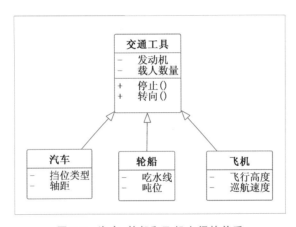

图 7-2 汽车、轮船和飞机之间的关系

性。学生类 Student 和教师类 Teacher 是 Person 类的子类(派生类),Person 类是学生类 Student 和教师类 Teacher 的父类(基类)。同理,汽车、轮船和飞机之间的关系(见图 7-2),交通工具称为一般类,而汽车、轮船和飞机称为特殊类。汽车类、轮船类和飞机类是交通工具类的子类(派生类),交通工具类是汽车类、轮船类和飞机类的父类(基类)。

类 A 和类 B,如果类 B 具有类 A 的全部属性和方法,而且又具有自己特有的某些属性和方法,则类 A 称为一般类,类 B 称为 A 的特殊类。Person 类是一般类,Student 类是 Person 类的特殊类。

面向对象编程的继承,指在由一般类和特殊类形成的"一般-特殊"之间的类结构中,把一般类和所有特殊类都共同具有的属性和操作一次性地在一般类中进行定义,特殊类不再重复定义一般类已经定义的属性和操作,特殊类自动拥有一般类(以及所有更上层的一般类)定义的属性和操作。特殊类的对象拥有一般类的对象的全部属性与操作(除非进行限制),称为特殊类对一般类的继承。

如果类 B 继承类 A,类 B 的对象具有类 A 对象的全部或部分属性和操作,则称被继承的类 A 为基类、父类或超类,而类 B 为类 A 的派生类或子类(见图 7-3)。

交通工具类结构中(见图 7-4),交通工具是汽车、轮船和飞机的父类,汽车、轮船和飞机是交通工具的子类;同时,汽车是载重汽车和小轿车的父类,载重汽车和小轿车是汽车的子类,轮船和飞机的情况类似。

一个类是子类还是父类,与该类所在的类层次有关,一个类既可以是父类也可以是子类。

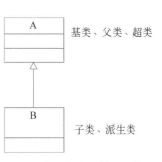

图 7-3　类 A 与类 B 的继承关系

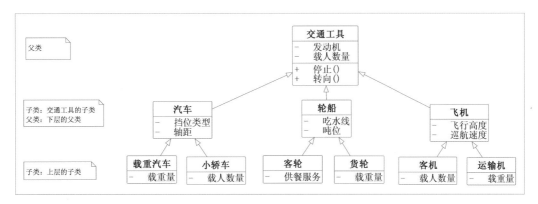

图 7-4　交通工具类结构

继承避免了重复描述一般类和特殊类之间的共同特征,同时,继承能清晰表达每个共同特征所适应的概念范围——在一般类中定义的属性和操作适应于这个类本身以及它以下的每层特殊类的全部对象。运用继承机制构建的软件系统模型结构清晰。

继承是面向对象编程的重要特性,具有以下特征。

(1) 继承关系具有传递性。若类 C 继承类 B,类 B 继承类 A,则类 C 拥有从类 B 继承的属性与方法,也拥有从类 A 继承的属性和方法,还能定义新的属性和方法。在图 7-4 中,载重汽车的属性和方法拥有从交通工具继承的发动机、转向和停止等特性,也拥有从汽车类继承的轴距和挡位类型等特性,同时自己定义了特有属性——载重量。

(2) 继承简化了人们对客观事物的认识和描述,继承树清晰体现类之间的层次结构。

(3) 继承提供了软件复用功能。若类 B 继承类 A,那么建立类 B 时只需要描述与父类(类 A)不同的特征(数据成员和成员方法)。这种方式减少代码量和数据的冗余度,大大增加代码的重用性。

(4) 继承降低了模块间的接口和界面,大大增强了软件的可维护性。

(5) 具有多种继承形式。①多重继承,即理论上一个类可以是多个一般类的特殊类,它可以从多个一般类中继承属性和方法。②单继承,即一个子类只能有唯一的一个父类。Java 出于安全性和可靠性考虑,类之间仅支持单继承,通过接口机制实现多重继承。图 7-5 本科生、研究生、脱产研究生都只有一个父类,它们之间是单继承;在职研究生有研究生和工作部门两个父类,它们之间是多重继承。

面向对象编程的继承与人类家庭组织结构的继承不同。家庭组织中的继承指血脉继

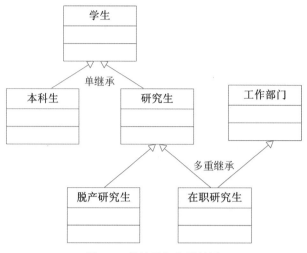

图 7-5 单继承与多重继承

承、财产权继承等,面向对象编程的继承是从人类分类学的角度来考虑。父亲和儿子之间是家庭组织结构的继承关系,而学生和人之间是人类分类学的继承关系。

7.1.2 创建子类

既然继承具有如此多的优点,Java 作为一门优秀的面向对象编程语言,毫无疑问它具有良好的支持继承机制的能力。

Java 语言通过 extends 关键字实现继承。

【语法格式 7-1】 继承。

```
class 子类名  extends 父类名{
    //类体
}
```

下面代码段,第 1 行定义父类 Base,第 4 行定义 Base 的子类 Sub,Sub 拥有父类属性 a,也拥有自定义属性 b。

```
1  class Base{                          //父类
2      int a;
3  }
4  class Sub extends Base{              //子类
5      int b;
6  }
```

学生与人的继承关系是常见的一种单继承,学生是子类,人是父类。图 7-6 显示 Person 类与 Student 类的关系结构。

程序案例 7-1 演示了 Student 类与 Person 类的继承关系。第 2 行定义了父类 Person,第 18 行定义 Person 类的子类 Student。通过继承机制,第 37 行子类 Student 对象 shk 调用父类的 getPerson()方法,同理,第 39 行子类 Student 对象 shk 调用父类的 getName()方法。程序运行结果如图 7-7 所示。

继承关系
程序

第 7 章 面向对象编程（中）

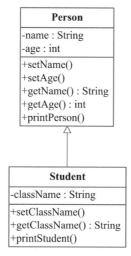

图 7-6　Person 类与 Student 类的关系结构

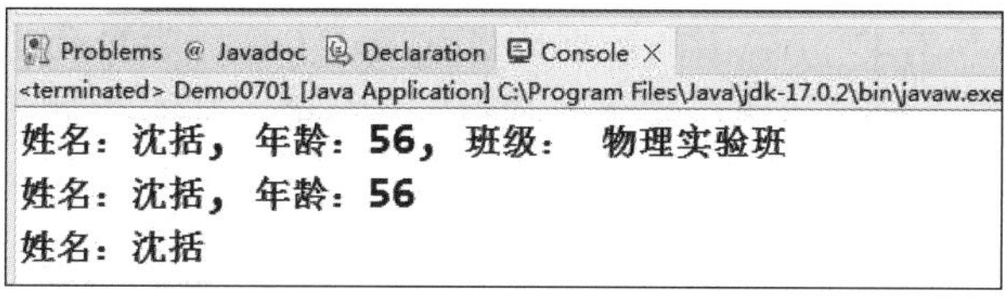

图 7-7　程序案例 7-1 运行结果

【程序案例 7-1】　Student 类与 Person 类的继承关系。

```
1   package chapter07;
2   class Person {                                          //1.父类 Person
3       //1.1 数据成员
4       private String name;
5       private int age;
6       //1.2 构造方法
7       public Person() {      }
8       public Person(String name, int age) {
9           this.name = name;
10          this.age = age;
11      }
12      //1.3 省略 setter 和 getter 方法
13      //1.4 功能方法,获取人的信息
14      public String getPerson() {
15          return "姓名:" + this.name + ", 年龄:" + this.age;
16      }
17  }
18  class Student extends Person {                          //2. Person 类的子类 Student
19      //2.1 子类的数据成员
20      private String className;
21      //2.2 子类的构造方法
22      public Student() {      }
23      public Student(String name, int age, String className) {
```

```
24          super(name, age);
25          this.className = className;
26      }
27      //2.3省略子类的 setter 和 getter 方法
28      //2.4子类的功能方法
29      public String getStudent() {
30          return this.getPerson() + ", 班级: " + this.className;
31      }
32  }
33  public class Demo0701 {
34      public static void main(String[] args) {
35          Student shk = new Student("沈括", 56, "物理实验班");
36          System.out.println(shk.getStudent());
37          System.out.println(shk.getPerson());//子类可以直接访问从父类继承的
                                                //public 方法
38          //子类访问从 Person 类继承的 getName()方法
39          System.out.println("姓名:" + shk.getName());
40      }
41  }
```

子类从父类继承所有非 private 的数据成员和成员方法作为自己的成员，可以直接访问它们；但子类不能直接访问父类的私有成员，如需访问父类私有数据成员，一般通过 setter 和 getter 方法实现。如果定义类时没有使用 extends 继承父类，默认该类是系统类 Object 的子类。

人们经常讨论从哪里来到哪里去的高深哲学问题，人类苦苦探索几千年仍然处于迷茫之中。一个类从哪里来？是否存在一个类是所有类的源头？计算机世界由世界上众多才华横溢的杰出人才发明，他们必定会思考这个问题。

Java 设计者解决了类从哪里来的问题。Java 程序中，Object 是根类，它是所有类的祖先类。如果一个类没有继承一个父类，系统自动指定该类的父类是 Object。

程序案例 7-2 演示了 Person 类默认继承 Object 类。第 8 行调用 toString()方法，第 9 行调用 hashCode()方法，这两个方法并没有定义在 Person 类中，也没有从其他类继承。Java 继承机制中，Object 是所有类的父类，所有类都直接或间接继承了 Object 类，toString() 和 hashCode()方法是 Object 类中定义的成员方法。程序运行结果如图 7-8 所示(一种运行结果)。

图 7-8　程序案例 7-2 运行结果

【程序案例 7-2】　Person 类默认继承 Object 类。

```
1   package chapter07;
2   class Person {                              //定义 Person 类,默认继承 Object 类
3       //省略类体
4   }
```

```
 5   public class Demo0702 {                              //测试类
 6       public static void main(String[] args) {
 7           Person shk = new Person();
 8           System.out.println(shk.toString());//调用 shk 的 toString 成员方法
 9           System.out.println(shk.hashCode());//调用 shk 的 hashCode 成员方法
10       }
11   }
```

Java 规定类之间只允许单继承,不支持多重继承,即一个子类只能继承一个父类。但是允许多层继承,即一个子类可以有一个父类,一个父类还可以有一个父类(见图 7-9)。

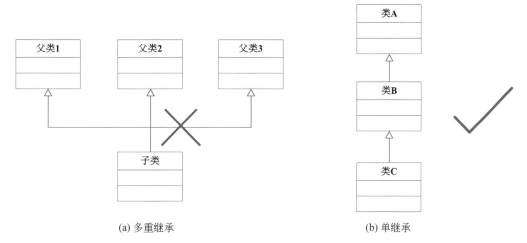

图 7-9 Java 的继承机制

7.1.3 方法覆写与属性覆盖

继承机制表示父类与子类之间的关系,父类和子类都包含若干数据成员和成员方法,子类继承父类数据成员和成员方法,子类也能定义特殊的数据成员和成员方法。子类定义的数据成员和成员方法与从父类继承的数据成员和成员方法之间有什么关系呢?

1. 方法覆写

继承关系中,如果子类的某个方法与父类的某个方法同名,并且两个同名方法的形参列表相同,则称子类方法覆写父类方法(简称方法覆写)。方法覆写需要满足被子类覆写的方法不能拥有比父类对应方法更严格的访问权限(访问权限关系 private＜default＜public)。如下面代码段,子类 B 第 5 行 show()方法的访问权限 default 比父类 A 第 2 行 show()方法的访问权限严格(小),因此第 5 行不能覆写第 2 行的方法,出现编译错误(Cannot reduce the visibility of the inherited method from A)。

```
1   class A{
2       public void show(int x) {}
3   }
4   class B extends A{
5       void show( int x) {}
6   }
```

修改上面代码段如下,第 2 行与第 5 行的 show()都是 public,因此第 5 行覆写了第 2 行的方法。

```
1   class A{
2       public void show(int x) {}
3   }
4   class B extends A{
5       public void show( int x) {}
6   }
```

方法覆写之后会有什么后果?顾名思义,方法覆写就是子类方法覆盖了父类方法。方法覆写之后,子类对象调用的覆写方法就是子类的方法。

程序案例 7-3 演示了子类 Student 覆写父类 Person 的成员方法 talk()。第 8 行覆写了第 3 行父类 Person 的成员方法 talk(),第 12 行调用子类本身的成员方法 talk(),第 14 行利用 super 关键字(7.2 节详细介绍该关键字的作用)调用了父类被覆写的 talk()方法。程序运行结果如图 7-10 所示。

图 7-10 程序案例 7-3 运行结果

【程序案例 7-3】 方法覆写。

```
1   package chapter07;
2   class Person {                              //父类 Person
3       public void talk(String msg) {
4           System.out.println("父类说:" + msg);
5       }
6   }
7   class Student extends Person {              //Person 类的子类 Student
8       public void talk(String msg) {          //覆写父类 Person 的成员方法 talk()
9           System.out.println("子类说:" + msg);
10      }
11      public void show(String info) {         //子类的成员方法
12          talk(info);                         //调用子类本身的成员方法
13          //this.talk(info);
14          super.talk(info);                   //调用被子类覆写的父类中的成员方法 talk()
15      }
16  }
17  public class Demo0703 {
18      public static void main(String args[]) {
19          Student std = new Student();        //实例化 Student 对象
20          std.talk("勤奋出真知!");              //调用 Student 对象的方法
21          std.show("王选");
22      }
23  }
```

方法覆写与方法重载不同:①方法覆写指子类的方法与父类的方法在方法名和形参列

表两方面完全一致;方法重载指方法同名,但形参列表不同。②方法覆写发生在继承关系,方法重载发生在类体或者继承关系。

2. 属性覆盖

继承机制的成员方法之间可能存在覆写关系,而数据成员之间可能存在覆盖关系。属性覆盖指继承关系中子类的数据成员与父类的数据成员同名,且父类的同名数据成员在子类可见(即父类的同名数据成员的访问权限控制符不是 private)。

程序案例 7-4 演示了子类 B 覆盖父类 A 的数据成员。第 4、11 行定义了同名数据成员,并且访问权限都是 public(子类可见),因此子类数据成员 x 覆盖了父类数据成员 x。第 3、10 行定义了同名数据成员 msg,但该成员的访问权限为 private(子类不可见),因此这两个数据成员之间没有覆盖关系。第 14 行 this.x 调用子类数据成员 x,第 15 行使用 super.x 调用父类数据成员 x。程序运行结果如图 7-11 所示。

```
子类B的成员msg
子类B的数据成员x=22
父类B的数据成员x=11
父类A的成员方法!
```

图 7-11 程序案例 7-4 运行结果

【**程序案例 7-4**】 属性覆盖。

```
1   package chapter07;
2   class A{                                    //父类
3       private String msg="父类 A 的成员 msg ";
4       public int x=11;
5       public void printA() {
6           System.out.println("父类 A 的成员方法!");
7       }
8   }
9   class B extends A{                          //子类
10      private String msg="子类 B 的成员 msg";   //与父类成员同名,private 不能覆盖
11      public int x=22;                        //与父类成员同名,覆盖 A 的数据成员 x
12      public void show() {
13          System.out.println(msg);
14          System.out.println("子类 B 的数据成员 x="+this.x);
15          System.out.println("父类 B 的数据成员 x="+super.x);
                                                //调用父类的覆盖的数据成员 x
16      }
17  }
18  public class Demo0704 {
19      public static void main(String []args) {
20          B b=new B();
21          b.show();                           //调用子类 B 中的方法
22          b.printA();                         //调用从父类 A 继承的方法
23      }
24  }
```

继承关系中存在方法覆写与属性覆盖问题,它们的区别如图 7-12 所示。

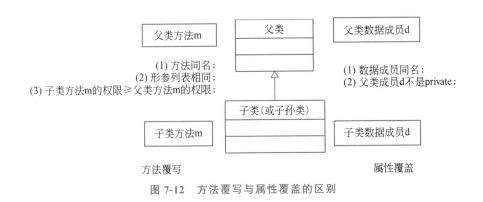

图 7-12 方法覆写与属性覆盖的区别

◆ 7.2 super 关键字

this 是当前对象的引用名,通过 this 能引用当前对象的数据成员、成员方法和构造方法。在继承关系中,子类通过 this 能引用从父类继承的成员。继承使得父类与子类之间可能存在属性覆盖和方法覆写,当出现这些情况时,super 关键字能区别成员属于子类对象还是父类对象。super 关键字是当前对象的直接父类对象的引用名。

在访问控制权限允许条件下,以下 3 种情况需使用 super 关键字。

(1) 子类访问直接父类中被子类覆盖的数据成员。如果直接父类数据成员没有被子类覆盖,子类能用 this 或 super 访问该数据成员。

【语法格式 7-2】 子类访问直接父类中被覆盖的数据成员。

```
super.数据成员名;
```

下面代码段,第 5 行子类 Sub 的数据成员 x 覆盖第 2 行父类 Base 的数据成员 x,第 7 行 this.x 访问第 5 行本类定义的数据成员 x,super.x 访问第 2 行直接父类 Base 定义的数据成员 x。

```
1    class Base{
2        int x=10;
3    }
4    class Sub  extends  Base{
5        int x=100;                    //覆盖父类的同名数据成员
6        public void show() {
7            int y=this.x+super.x;     //super.x 访问父类中的数据成员
8        }
9    }
```

(2) 子类访问直接父类中被子类覆写的成员方法。

【语法格式 7-3】 子类访问直接父类中被覆写的成员方法。

```
super.成员方法名(实参列表);
```

下面代码段,第 5 行覆写第 2 行的成员方法,第 9 行调用第 2 行直接父类 Base 被覆写的成员方法 void print(String msg)。

```
1   class Base{                              //父类
2       void print(String msg) { }
3   }
4   class Sub extends Base{                  //子类
5       void print(String msg) { }           //覆写父类的成员方法 print(String msg)
6       void print() { }                     //重载方法
7       public void show() {
8           this.print("中国梦!");            //调用子类成员方法
9           super.print("幸福都是奋斗出来的!"); //调用父类成员方法
10      }
11  }
```

（3）子类调用直接父类的构造方法。使用 this 调用本类构造方法时，该语句必须是构造方法的第一条有效语句。子类能使用 super 调用直接父类的构造方法，也必须是构造方法的第一条有效语句。

【**语法格式 7-4**】 子类调用直接父类的构造方法。

```
super(参数);                                 //该语句必须是构造方法的第一条有效语句
```

下面代码段，第 10 行调用第 4 行父类的构造方法，需要注意，"super(x);"必须是子类构造方法的第一条有效语句。

```
1   class Base{                              //父类
2       private  int  x;
3       public Base() {}
4       public Base(int x) { }
5   }
6   class Sub extends Base{                  //子类
7       private double y;
8       public Sub() {}
9       public Sub(int x,double y) {
10          super(x);            //调用父类构造方法,必须是子类构造方法的第一条有效语句
11          this.y=y;
12      }
13  }
```

子类是父类的特殊类，父类是子类的一般类，先有父类才有子类。先有父类对象，才能构造子类对象，子类所有构造方法都先调用父类构造方法构造父类对象。如果子类构造方法没有调用父类构造方法，JVM 将默认执行"super();"调用父类空构造方法。如果父类没有定义空构造方法，将出现编译错误。

前面强调空构造方法是自定义类的标配，就是为了避免该问题。善于未雨绸缪，才能有备无患。

下面代码段，如果注释了第 3 行 Base 的空构造方法，第 9、12 行提示编译错误（The constructor Base() is undefined）。

```
1   class Base{                              //父类
2       private  int x;
3       //public Base() {}                   //父类空构造方法
4       private Base(int x) {}
5   }
6   class Sub extends Base{                  //子类
```

```
7        private double y;
8        public Sub() {
9            super();                         //第一条语句,默认调用父类构造方法
10       }
11       public Sub(int x,double y) {
12           super();                         //第一条语句,默认调用父类构造方法
13           this.y=y;
14       }
15   }
```

前文已经介绍了使用 super 关键字的 3 种情况,前提是子类拥有父类成员的访问控制权限。子类没有访问父类中用 private 修饰的数据成员、成员方法和构造方法的权限,这时用 super 访问它们会出现编译错误。

程序案例 7-5 演示了 super 关键字的综合应用。第 31 行 super 调用父类构造方法,第 36 行 super 调用父类成员方法,第 40 行 super 引用覆盖的数据成员。第 44 行覆写父类的成员方法,第 48 行 super 调用父类的成员方法,第 51 行重载父类的成员方法。程序运行结果如图 7-13 所示。

super 关键字程序

```
baseSubY in base: 1
baseSubY in sub: 2
2
父类方法,父类中的 baseSubY: 1
子类的方法,子类的 baseSubY: 2
父类 printMSG 方法:古代文明
子类 printMSG 方法:现代文明,1949
```

图 7-13 程序案例 7-5 运行结果

【程序案例 7-5】 super 关键字综合案例。

```
1    package chapter07;
2    class Base{                                //1. 父类 Base
3        //1.1 数据成员
4        private String baseX;                  //父类私有数据成员
5        public int baseSubY;                   //父类公共数据成员
6        //1.2 构造方法
7        public Base() {}
8        public Base(String baseX, int baseSubY) {
9            super();                           //调用父类的构造方法(Base 的父类是 Object)
10           this.baseX = baseX;
11           this.baseSubY = baseSubY;
12       }
13       //1.3 省略 setter 和 getter 方法
14       //1.4 功能方法
15       public String getBase() {              //取得 Base 数据成员
16           return "baseX: " + this.baseX + ", baseSubY" + this.baseSubY;
17       }
18       public void printInfo() {              //输出父类数据成员
19           System.out.println("父类方法,父类中的 baseSubY: " + this.baseSubY);
```

```java
20      }
21      public void printMSG(String str) {          //输出父类成员方法
22          System.out.println("父类 printMSG 方法:" + str);
23      }
24  }
25  class Sub extends Base{                         //2. 子类 Sub
26      //2.1 数据成员
27      public int baseSubY = 2;                    //覆盖父类同名数据成员
28      //2.2 构造方法
29      public Sub() {}
30      public Sub(String baseX, int baseSubY) {
31          super(baseX, baseSubY);                 //调用父类构造方法
32      }
33      //2.3 省略 setter 和 getter 方法
34      //2.4 功能方法
35      public String getSub() {                    //取得数据成员信息
36          return super.getBase();                 //调用父类成员方法
37      }
38      public void printBaseSubY() {
39          //super 关键字引用父类数据成员
40          System.out.println("baseSubY in base: " + super.baseSubY);
41          //this 关键字引用当前对象数据成员
42          System.out.println("baseSubY in sub: " + this.baseSubY);
43      }
44      public void printInfo() {                   //覆写父类的成员方法
45          System.out.println("子类的方法,子类的 baseSubY: " + this.baseSubY);
46      }
47      public void test() {
48          super.printInfo();                      //super 调用父类的成员方法
49          this.printInfo();                       //this 调用子类的成员方法
50      }
51      public void printMSG(String str, int x) {   //重载父类的成员方法
52          System.out.println("子类 printMSG 方法:" + str + ", " + x);
53      }
54  }
55  public class Demo0705 {
56      public static void main(String[] args) {
57          Sub sub = new Sub("x",1);
58          sub.printBaseSubY();
59          System.out.println(sub.baseSubY);
60          sub.test();
61          sub.printMSG("古代文明");                //父类的方法
62          sub.printMSG("现代文明", 1949);           //子类的方法
63      }
64  }
```

该案例综合了属性覆盖、方法覆写、方法重载、this 关键字、super 关键字等知识点。请读者认真分析运行结果。

super 关键字表示直接父类对象的应用,能在构造方法或成员方法内使用,但是在静态方法和静态代码块内不能使用。

7.3　final 关键字

final 具有不可改变的含义,Java 称为 final 完结器。final 能修饰类、成员方法和数据成员。使用 final 需要注意以下 3 点：①final 修饰的类不能被继承；②final 修饰的成员方法不能被子类覆写；③final 修饰的数据成员或局部变量表示常量,赋值后不能更改。

7.3.1　修饰类

任何事物都有正反两方面,危机能变成机遇。虽然继承提高了代码复用性,但是子类能访问父类的实现细节,而且能以方法覆写的方式修改实现细节,破坏了信息隐藏。

关键字 final 解决了继承出现的问题。以下情况可以考虑用 final 修饰类,使得类不能被继承。①不是专门为继承而设计的类,类的成员方法之间存在复杂的调用关系,如果允许创建子类,子类可能会修改父类的实现细节。②出于安全原因,类的实现细节不允许有任何变动。

【语法格式 7-5】　final 修饰类。

```
final  class 类名{
    //类体
}
```

Java 很多标准类用 final 修饰,这些类不能被继承,如字符串类 java.lang.String、数学工具类 java.util.Math、数组工具类 java.util.Arrays 等。有些类(如 java.lang.Object)没有用 final 修饰,则能被继承。

如下代码段,第 1 行用 final 修饰 Base,第 3 行 Sub 子类继承 Base 父类,提示编译错误(The type Sub cannot subclass the final class Base)。

```
1   final class Base{                    //final 修饰 Base,不能被继承
2   }
3   class Sub extends Base{              //不能继承 Base 类
4   }
```

7.3.2　修饰成员方法

final 修饰的类不能被继承,表示该类不能被扩展。某些情况下,出于安全原因,允许类被继承,但不允许子类覆写父类的某些成员方法,此时不用 final 修饰类,用 final 修饰不能被子类覆写的成员方法。final 修饰的成员方法不能被覆写。例如,final 修饰了 java.lang.Object 类的 getClass()方法,表示 getClass()方法不能被子类覆写；而 equals()方法没有被 final 修饰,表示子类能覆写 equals()方法。

【语法格式 7-6】　final 修饰成员方法。

```
final 返回值类型 成员方法名(形参列表){
    //方法体
}
```

如下代码段,第 7 行覆写第 3 行父类用 final 修饰的成员方法,提示编译错误(Cannot

override the final method from Base),表示用 final 修饰的成员方法不能被子类覆写。

```
1   class Base{
2       void show(int x) {}
3       final void display(String msg) {}        //final 修饰的成员方法
4   }
5   class Sub extends Base{
6       void show(int x) {}                      //覆写成员方法
7       void display(String msg) {}              //覆写 final 成员方法,提示编译错误
8   }
```

7.3.3 修饰数据成员

第 2 章介绍了用 final 修饰的局部变量为常量。final 除了能修饰类、成员方法和局部变量外,还能修饰静态数据成员、非静态数据成员,分别表示静态成员常量、非静态成员常量。

特别注意,由于 final 修饰的数据成员为常量,因此 final 修饰的静态数据成员必须进行初始化,final 修饰的非静态数据成员只能赋值一次。

【语法格式 7-7】 final 修饰数据成员。

```
final static 数据类型 数据成员名=初始值;    //必须进行初始化,不能修改
final 数据类型 数据成员名;                  //必须在构造方法中初始化
final 数据类型 数据成员名=初始值;           //已经初始化,不能修改
```

如下代码段,第 2 行 final 修饰的非静态数据成员 X,第 6 行进行初始化;第 3 行已经初始化 final 修饰的非静态数据成员 T,第 7 行修改 T 出现编译错误(The final field Base.t cannot be assigned);第 4 行 final 修饰的静态数据成员 Y 必须初始化;第 10、11 行修改 final 成员提示编译错误(The final field Base.x cannot be assigned)。

```
1   class Base{
2       final int X;                    //没有初始化,需要在构造方法中初始化
3       final int T=5;                  //已经初始化,不能修改
4       final static int Y=2;           //必须初始化
5       public Base (int x) {
6           this.X=x;                   //初始化 final 数据成员
7           this.T=55;                  //已经初始化,编译错误
8       }
9       public void show() {
10          this.X=11;                  //编译错误,不能修改
11          Y=22;                       //编译错误,不能修改
12      }
13  }
```

前面学习了用 final 修饰基本数据类型变量的有关知识。用 final 修饰引用变量时,会出现捉摸不定的变化,增加了初学者的困扰,了解 final 本质后,将豁然开朗。

final 修饰引用变量,该变量的引用不会改变,但能改变引用变量的内容。类似某学者参加学术会议住 908 房间,用 final 修饰该房间(final room=908),没退房前不能改变 room 的值(即 room=808 将报错),但能改变 908 房间住的人。

如下代码段,第 15 行用 final 修饰了引用变量 ROOM 并初始化;第 16 行创建新的 Room 对象并赋值给引用变量 ROOM908,修改了 ROOM908 的引用(地址),出现编译错误

(The final local variable room cannot be assigned. It must be blank and not using a compound assignment);第 17 行修改 ROOM908 内容,通过编译。图 7-14 显示了 ROOM908 内存空间变化情况。

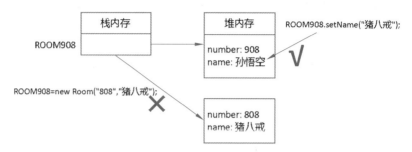

图 7-14　ROOM908 内存空间变化情况

```
1   class Room{
2       String number;                                  //房间号
3       String name;                                    //宾客姓名
4       public Room() {}
5       public Room(String number,String name) {
6           this.number=number;
7           this.name=name;
8       }
9       public void setName(String name) {
10          this.name=name;
11      }
12  }
13  public class Hello{
14      public static void main(String[] args) {
15          final Room ROOM908=new Room("908","孙悟空");//final 修饰引用变量 ROOM908
16          //ROOM908=new Room("808","猪八戒");         //更改引用(地址),编译错误
17          ROOM908.setName("猪八戒");                   //更改内容,通过编译
18      }
19  }
```

使用 final 关键字修饰数据成员或变量时,应遵守命名规范,即全部字母大写,如果有多个单词,单词之间用下画线连接。

◆ 7.4　instanceof 运算符

instanceof 运算符

Java 提供几百个常用类,软件系统中用户自定义了成千上万个类,当系统运行时常常创建很多不同类型的对象,经常需要判断对象类型。足球场上,通过衣服颜色区别球队、裁判、服务人员。编程人员不能为系统中的对象穿衣服,如何判断数不清的对象属于哪个类? Java 使用 instanceof 运算符判断对象类型。

【语法格式 7-8】　instanceof 运算符。

| 对象　instanceof　类;　　　　　　　　//如果对象是类的实例返回 true,否则返回 false |

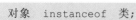

instanceof 运算符程序

程序案例 7-6 演示了 instanceof 运算符的作用。定义父类 Person、两个子类 Student 和

Teacher。程序第 12 行判断对象 s1 是不是 Student 的实例，第 13 行判断对象 s2 是不 Teacher 的实例，第 14 行判断字符串"中国梦"是不是 String 的实例。程序运行结果如图 7-15 所示。

图 7-15　程序案例 7-6 运行结果

【程序案例 7-6】　instanceof 运算符的作用。

```
1   package chapter07;
2   class   Person{ }                                  //父类
3   class Student extends Person{}                     //子类
4   class Teacher extends Person{}                     //子类
5   public class Demo0706{
6      public static void main(String[] args) {
7         Student s1=new Student();
8         Teacher s2= new Teacher();
9         boolean b1;
10        boolean b2;
11        boolean b3;
12        b1= s1   instanceof   Student? true:false;   //判断 s1 的类型
13        b2= s2   instanceof   Teacher? true:false;   //判断 s2 的类型
14        b3= "中国梦"   instanceof String? true:false; //判断字符串"中国梦"的类型
15        System.out.println(b1+","+b2+", "+b3);
16     }
17  }
```

7.5　抽　象　类

抽象类

7.5.1　抽象类的概念

客观世界是巨复杂系统，"软件定义世界、数据驱动未来"，利用软件系统模拟客观世界是艰巨而困难的任务，迎接挑战是人类不断取得进步的动力之一。开发软件系统碰见的问题千变万化，常常使人惊慌失措。

例如，学校人员管理中心管理学校各类人员，包括教师、学生和安全保卫人员等。根据继承机制，定义教师 Teacher、学生 Student 和安全保卫人员 Security 3 个类，以及他们的父类 Person(见图 7-16)。虽然利用继承优势实现代码复用，但存在一个问题，3 个子类都有执行任务的方法 workOn()，显然 workOn()的具体内容存在比较大的区别，Teacher 的 workOn()方法是授课，Student 的 workOn()方法是学习，Security 的 workOn()方法是巡逻。

如果父类 Person 中定义 workOn()方法，那么 3 个子类根据任务不同覆写 workOn()，表明 Person 类定义的 workOn()没有发挥作用。实际上，Person 类的 workOn()方法仅仅表明，所有人都需要完成任务这个概念，并不需要实现具体内容，Person 子类才能确定

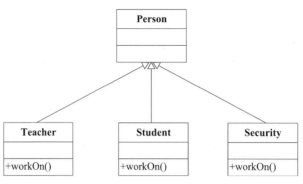

图 7-16　学校人员类结构

workOn()的具体任务。

针对这个问题,Java 提出了抽象类的概念。

抽象类刻画公共行为特征,但并没有在抽象类内部实现这些公共行为,而是通过继承由派生类实现具体的公共行为。抽象类中定义的方法称为抽象方法,这些方法只有方法声明而没有方法具体定义,派生类覆写抽象方法,实现与该派生类相关的操作。

抽象类中定义抽象方法的目的是实现统一接口,即所有子类对外呈现一个同名方法。

例如,学校人员管理系统,构建图 7-17 的类图,Person 中声明 workOn()方法,但不给出具体内容,子类 Teacher、Student 和 Security 继承 Person 并覆写 workOn()方法。这种方式根据需要灵活扩展,如增加 Person 的子类后勤服务人员 Logistics,其 workOn()方法是提供后勤服务。

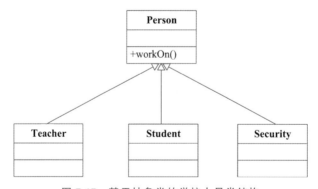

图 7-17　基于抽象类的学校人员类结构

7.5.2　定义抽象类

用 abstract 修饰的类称为抽象类,用 abstract 修饰且只有方法声明而没有方法体的方法称为抽象方法。

【语法格式 7-9】　定义抽象类。

```
abstract class 抽象类名{
    //数据成员
    //构造方法
```

```
        [访问权限] 返回值类型 方法名(形参列表) {            //普通方法
            //方法体
            [return 返回值]
        }
        [访问权限]  abstract 返回值类型 方法名(形参列表);    //抽象方法,无方法体
}
```

Java 程序对抽象类的要求如下。

(1) 抽象类中可以有零个或多个抽象方法,也可以包含非抽象方法。下面代码段,定义抽象类 Person、普通方法 talk() 和抽象方法 workOn()。抽象方法 workOn() 仅有声明,而没有方法体。

```
1   abstract class Person{
2       public void talk() {}                //普通方法
3       abstract void workOn();              //抽象方法
4   }
```

(2) 抽象类中可以不定义抽象方法,但有抽象方法的类必须是抽象类。上面代码段,因为 Person 类定义了抽象方法 workOn(),因此必须用 abstract 修饰 Person 类。

(3) 抽象类可以派生子类。如果派生实体子类,实体子类必须实现抽象类中定义的所有抽象方法;如果派生抽象子类,抽象子类可以不实现抽象父类的抽象方法。下面代码段,第 7 行 Teacher 是 Person 父类的实体子类,必须实现抽象方法 workOn(),第 13 行 Student 是 Person 类的抽象子类,可以不实现抽象方法 workOn(),同时定义了抽象方法 study()。

```
1   //抽象父类
2   abstract class Person{
3       public void talk() {        }        //普通方法
4       abstract void workOn();              //抽象方法
5   }
6   //实体子类
7   class Teacher extends Person{
8       void workOn() {                      //实体类,覆写父类抽象方法
9           System.out.println("教师授课");
10      }
11  }
12  //抽象子类
13  abstract class Student extends Person{
14      //没有实现父类的抽象方法 workOn()
15      abstract void study();               //抽象方法
16  }
```

(4) 抽象类不能实例化对象,由抽象类派生的实体子类实例化抽象父类对象。下面代码段,第 7 行使用抽象类实例化 swk 对象(直接调用抽象类的构造方法),提示编译错误(Cannot instantiate the type Person);第 8 行使用 Person 的实体子类 Teacher 实例化 Person 对象 zbj(调用实体子类的构造方法),通过编译。

```
1   //抽象类
2   abstract class Person{ }
3   //实体子类
4   class Teacher extends Person{   }
```

```
5    public class Demo {
6        public static void main(String[]args) {
7            Person swk=new Person();        //编译错误
8            Person zbj=new Teacher();       //通过编译
9        }
10   }
```

(5)虽然抽象类中能定义构造方法,但不能直接调用抽象类的构造方法实例化对象。上面代码段第 7 行直接调用抽象类 Person 的构造方法实例化 swk 对象,编译错误。

(6)抽象父类和抽象子类不能有方法名与形参列表相同的抽象方法,即抽象方法不能重载。

(7)abstract 与 final 不能同时修饰一个类。因为 final 修饰的类不能被继承,如果抽象类不能被继承就没有子类覆写抽象方法,抽象类没有存在意义。

(8)abstract 不能与 private、static、final 或 native 等同时修饰一个方法。

7.5.3 抽象类的应用

7.5.1 节指出采用继承机制对学校教师、学生和安全保卫人员等进行管理时存在的问题,下面利用抽象类进行改进,提高系统的可扩展性。定义的抽象类 Person,实体类 Teacher 和 Student 是 Person 类的子类。

程序案例 7-7 演示了利用抽象类实现学校人员管理。第 3 行定义抽象类 Person,第 19 行定义抽象方法 workOn(),第 36 行实体子类 Teacher 覆写 workOn()方法,第 56 行实体子类 Student 覆写 workOn()方法。程序运行结果如图 7-18 所示。

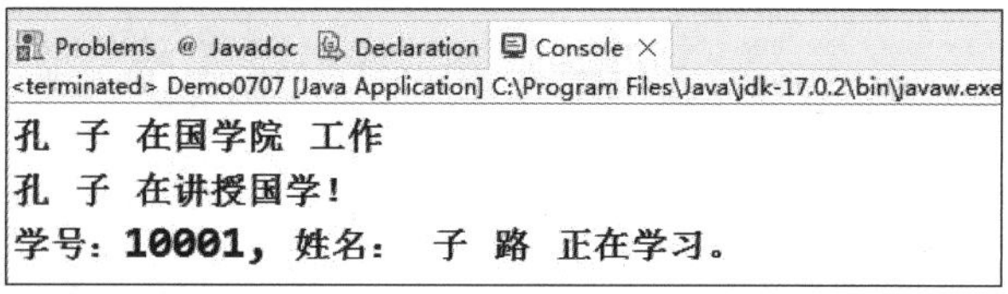

图 7-18 程序案例 7-7 运行结果

【程序案例 7-7】 抽象类。

```
1    package chapter07;
2    //1. 抽象父类 Person
3    abstract class Person{
4        //1.1 私有数据成员
5        private String name;
6        //1.2 构造方法
7        public  Person() {}
8        public Person(String name) {
9            this.name = name;
10       }
11       //1.3 setter 和 getter 方法
12       public String getName() {
13           return name;
14       }
15       //1.4 功能方法
```

```java
16      public void eating(String food) {
17          System.out.println(this.name + " 正在吃 " + food);
18      }
19      abstract public void workOn();              //抽象方法
20  }
21  //2. 设计 Person 类的子类 Teacher
22  class Teacher extends Person{
23      //2.1 私有数据成员
24      private String department;
25      //2.2 构造方法
26      public Teacher() {}
27      public Teacher(String name, String department) {
28          super(name);
29          this.department = department;
30      }
31      //2.3 setter 和 getter 方法
32      public String getDepartment() {
33          return department;
34      }
35      //2.4 功能方法
36      public void workOn() {                      //覆写父类 Person 的抽象方法 workOn()
37          System.out.println(this.getName() + " 在" + this.department + " 工作");
38          System.out.println(this.getName() + " 在讲授国学！");
39      }
40  }
41  //3. 设计 Person 类的子类 Student
42  class Student extends Person{
43      //3.1 私有数据成员
44      private int id;                             //学号
45      //3.2 构造方法
46      public Student() {}
47      public Student(String name, int id) {
48          super(name);                            //调用父类构造方法
49          this.id = id;
50      }
51      //3.3 setter 和 getter 方法
52      public int getId() {
53          return id;
54      }
55      //3.4 功能方法
56      public void workOn() {                      //覆写父类的抽象方法 workOn()
57          System.out.println ("学号:" + this.id + ", 姓名:" + this.getName() +
                        " 正在学习。");
58      }
59  }
60  public class Demo0707 {
61      public static void main(String[] args) {
62          Teacher tch = new Teacher("孔 子", "国学院");
63          tch.workOn();
64          Student std = new Student("子 路", 10001);
65          std.workOn();
66      }
67  }
```

抽象类本身不能通过构造方法创建对象,但能通过实体子类调用抽象父类的构造方法。继承机制中,不管父类是普通类还是抽象类,实例化子类对象前必须先实例化父类对象。

接口

7.6 接　　口

7.6.1 接口的概念

出于安全性和简化程序结构的考虑,Java 程序的类之间不支持多重继承,只能实现单继承,即一个子类不能继承多个父类,只能有唯一父类。然而在解决实际问题时,很多情况仅仅依靠单继承不能将问题描述清楚。例如,某动画片,飞机(Plane)和小鸟(Bird)等角色都能飞,但飞的原理不同,飞机利用发动机作为动力飞行,小鸟扇动翅膀飞行。如果采用类之间的单继承机制,需要在 Plane 和 Bird 类中声明抽象方法 flying,存在代码重复问题。

为了使 Java 程序的类层次更加合理,构造的模型更符合实际问题本质,Java 提供接口实现多重继承。

接口是 Java 语言重要的概念之一。接口指用 interface 关键字定义的特殊类,也称接口类型,它描述系统对外提供的服务,但不包含具体实现。例如,飞机和小鸟都要飞,定义接口飞,只要飞机和小鸟等类实现该接口,就表示它们的对象能提供"飞"服务;照相机、手机、平板计算机都有拍照功能,定义拍照接口,只要照相机、手机、平板计算机等类实现该接口,表示它们的对象能提供"拍照"服务。

接口定义了多个类的共同行为规范,这些行为是对象与外部交流的通道。接口体现了规范与实现分离的设计原则,提高了系统的可扩展性和可维护性。

7.6.2 定义接口

接口是特殊类,使用 interface 定义。Java 8 之后定义接口的语法格式如下。

【语法格式 7-10】 定义接口。

```
[修饰符] interface 接口名 [extends 父接口列表]{
    //(1)声明静态常量;
    //(2)声明抽象方法;
    //(3)定义默认方法;
    //(4)定义静态方法
}
```

(1) 声明静态常量的默认修饰符 public final static,也可声明为 final static。

(2) 声明抽象方法的默认修饰符 public abstract。

(3) 定义默认方法的修饰符 default,该方法是实体方法,在实现接口的子类中可以调用。

(4) 定义静态方法的修饰符 static,该方法是实体方法,用接口名直接调用。

下面代码段定义接口 MyInterface,第 2 行定义静态常量,第 3 行声明抽象方法,第 4 行定义默认方法(default 修饰),该方法有方法体,第 7 行定义类方法(static 修饰),该方法也有方法体。

```
1    interface MyInterface {              //接口
2        double PI = 3.14;                //静态常量,默认修饰符public final static
3        void show(String msg);           //抽象方法,默认修饰符public abstract
4        public default void printX() {   //默认方法(Java 8)
5            System.out.println("接口默认方法");
6        }
7        public static void printY() {    //静态方法(Java 8)
8            System.out.println("接口静态方法");
9        }
10   }
```

通过接口名引用静态常量和静态方法,如果需要接口提供的服务,通过实现接口的子类完成该任务。子类与父类之间称为继承关系(extends),而子类与父接口之间称为实现关系(implements)。接口中不能定义构造方法。

子类通过implements关键字实现接口,需要覆写接口中所有抽象方法。

【语法格式7-11】 子类实现接口。

```
class 子类名 implements 接口A,接口B,…{
    //数据成员;
    //成员方法;
    //实现接口的所有抽象方法;
}
```

程序案例7-8演示了定义接口与实现接口。第2行定义接口MyInterface,第12行定义子类MyClass实现接口MyInterface,第17行覆写接口的抽象方法show(),第26行通过子类调用接口的默认方法printX(),第27行通过接口名调用接口的类方法。

【程序案例7-8】 接口。

```
1    package chapter07;
2    interface MyInterface {              //接口
3        double PI = 3.14;                //静态常量,默认修饰符public final static
4        void show(String msg);           //抽象方法,默认修饰符public abstract
5        public default void printX() {   //默认方法(Java 8)
6            System.out.println("接口默认方法");
7        }
8        public static void printY() {    //静态方法(Java 8)
9            System.out.println("接口静态方法");
10       }
11   }
12   class MyClass implements MyInterface {       //子类实现接口
13       void display() {
14           System.out.println("子类方法");
15       }
16       @Override
17       public void show(String msg) {           //覆写接口的抽象方法
18           System.out.println("覆写接口的抽象方法");
19
```

```
20      }
21  }
22  public class Demo0708 {
23      public static void main(String[] args) {
24          MyClass mc=new MyClass();
25          mc.show("接口的抽象方法");    //子类对象调用实现的抽象方法
26          mc.printX();                  //通过子类调用接口的默认方法
27          MyInterface.printY();         //通过接口名调用接口的类方法
28      }
29  }
```

子类实现接口时注意以下 4 点。

(1) 一个子类能实现多个接口,在 implements 后用逗号隔开多个接口名。下面代码段,子类 C 实现了接口 IA、IB。

```
interface IA{}
interface IB{}
class C implements IA,IB{}
```

(2) 如果实现接口的子类是实体类,则它必须实现该接口的所有抽象方法。

(3) 如果实现接口的子类是抽象类,则它可不实现该接口所有的抽象方法。

(4) 接口的抽象方法的默认访问权限控制符 public,子类在覆写接口的抽象方法时,必须显式地使用 public,因为子类覆写父类方法时,子类方法访问控制权限不能小于父类的访问控制权限。

下面代码段,抽象类 C 实现接口 IA,仅仅覆写接口 IA 中的 show()方法,没有覆写 IA 的抽象方法 print()。第 6 行使用 public 修饰 show 方法()。

```
1   interface IA{
2       void show();
3       void print();
4   }
5   abstract class C implements IA{
6       public void show() { }                  //使用 public 修饰符
7   }
```

如果抽象类实现多个接口,实体子类继承该抽象父类时,需要覆写抽象父类没有实现的抽象方法。这种情况使程序员不得不面对复杂局面,例如,有 20 个接口,每个接口有 5 个抽象方法,共有 100 个抽象方法,抽象子类 Base 仅仅实现其中的 40 个抽象方法,还有 60 个抽象方法需要 Base 的实体子类 Sub 实现。程序员还需要知道没有实现的 60 个抽象方法的具体信息,这是件有难度的事情。Java 语言很聪明,编译器自动提醒需要实现的抽象方法,大大减轻了程序员的负担。如图 7-19 所示,Java 编译器自动在实体类中提醒需要实现的抽象方法(Add unimplemented methods)。

程序案例 7-9 演示了实体类、抽象类与接口的关系。第 2、6 行定义接口 IA、IB,共有 4 个抽象方法;第 10 行定义抽象类 Base 实现 IA 和 IB,覆写其中的两个抽象方法 printA()和 printB();第 20 行定义子类 Sub 继承抽象父类 Base,实现 Base 类从接口 IA、IB 中继承而来的剩余两个抽象方法 sayA()和 sayB()。

```
 13   abstract class Base implements IA, IB {    // 定义抽象类Base并实现接口IA和IB
 14       public void printA() {    // 实现接口IA的抽象方法
 15           System.out.println("接口IA的方法printA");
 16       }
 17
 18       public void printB() {    // 实现接口IB的抽象方法
 19           System.out.println("接口IB的方法printB");
 20       }
 21       //没有实现接口IA中的sayA()方法
 22       //没有实现接口IB的sayB()方法
 23   }
 24
 25   class Sub extends Base {    // 类Sub继承抽象类Base
 26   |
 27   }
 28
 29   public
```

图 7-19　编译器提醒需要实现的抽象方法

【程序案例 7-9】　抽象类实现接口。

```
 1   package chapter07;
 2   interface IA {                                  //接口 IA
 3       void printA();                              //抽象方法
 4       void sayA();                                //抽象方法
 5   }
 6   interface IB {                                  //接口 IB
 7       void printB();                              //抽象方法
 8       void sayB();                                //抽象方法
 9   }
10   abstract class Base implements IA, IB {         //定义抽象类 Base 并实现接口 IA 和接口 IB
11       public void printA() {                      //实现接口 IA 的抽象方法
12           System.out.println("接口 IA 的方法 printA");
13       }
14       public void printB() {                      //实现接口 IB 的抽象方法
15           System.out.println("接口 IB 的方法 printB");
16       }
17       //没有实现接口 IA 中的 sayA()方法
18       //没有实现接口 IB 的 sayB()方法
19   }
20   class Sub extends Base {                        //实体类 Sub 继承抽象父类 Base
21       @Override
22       public void sayA() {
23           System.out.println("接口 IA 的方法 sayA");
24       }
25       @Override
26       public void sayB() {
27           System.out.println("接口 IB 的方法 sayB");
28       }
29   }
```

接口是特殊类，extends 实现接口之间的继承。与类之间的继承不同，接口之间是多重继承，即一个子接口能继承多个父接口。

【语法格式 7-12】 继承接口。

```
interface 子接口名 extends 父接口 1,父接口 2,…{
}
```

下面代码段,子接口 IC 继承父接口 IA、IB。

```
interface IA{ }                          //接口 IA
interface IB{ }                          //接口 IB
interface IC extends IA,IB{ };           //接口 IC 继承接口 IA,IB
```

一个类能实现多个接口,这是 Java 语言的一种多重继承方式;另一种多重继承方式是子类继承一个父类同时实现多个接口。

【语法格式 7-13】 子类继承父类同时实现多个接口。

```
class 类名 extends 父类名 implements 接口 A,接口 B,…{
}
```

图 7-20 显示子类 Sub 继承父类 Base,同时实现 IA 和 IB 两个接口。

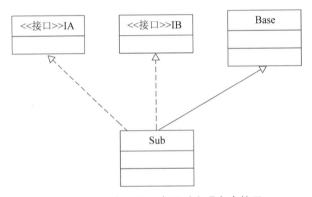

图 7-20　子类继承父类同时实现多个接口

下面代码段显示图 7-20 所示的多重继承。

```
1    interface IA{ }                                    //接口 IA
2    interface IB{ }                                    //接口 IB
3    class Base{ }                                      //父类 Base
4    class Sub extends Base implements IA,IB{ }         //子类 Sub 继承 Base 并且实现 IA,IB
```

实体类不能定义抽象方法,抽象类能定义抽象方法。继承树中,实体类要覆写父类(接口)的所有抽象方法,抽象类可以不覆写父类(接口)的抽象方法。

接口程序

7.6.3　应用接口

"纸上得来终觉浅,绝知此事要躬行。"实际应用中,接口定制标准,类完成具体实现。

程序案例 7-10 演示了接口应用。定义飞接口(IFly),飞机(Plane)和小鸟(Bird)分别实现接口 IFly 完成飞。第 2 行定义飞接口 IFly;第 5、17 行定义类 Plane 和 Bird 实现接口 IFly;第 13、25 行覆写接口 IFly 的抽象方法 flying();第 30 行 testFly(IFly f)方法的形参 IFly,表示需要传入能飞的对象;第 34、35 行调用该方法,传入实参飞机对象和小鸟对象。程序运行结果如图 7-21 所示。

```
发动机正常启动,中国国产飞机C919正在飞行!
雄鹰正在快速煽动翅膀飞行!
```

图 7-21　程序案例 7-10 运行结果

【程序案例 7-10】 接口应用案例。

```
1   package chapter07;
2   interface IFly {                              //飞接口
3       void flying();
4   }
5   class Plane implements IFly {                 //飞机子类实现飞接口
6       private String name;
7       public Plane(String name) {
8           this.name = name;
9       }
10      public void start() {
11          System.out.println(this.name + "正在启动!");
12      }
13      public void flying() {                    //覆写接口的抽象方法
14          System.out.println("发动机正常启动," + this.name + "正在飞行!");
15      }
16  }
17  class Bird implements IFly {                  //小鸟子类实现飞接口 IFly
18      private String name;
19      public Bird(String name) {
20          this.name = name;
21      }
22      public void sweet() {
23          System.out.println(this.name + "正在鸣叫!");
24      }
25      public void flying() {                    //覆写接口的抽象方法
26          System.out.println(this.name + "正在快速扇动翅膀飞行!");
27      }
28  }
29  public class Demo0710 {
30      public static void testFly(IFly f) {   //参数 IFly 类型,需要传入能飞的对象
31          f.flying();
32      }
33      public static void main(String[] args) {
34          testFly(new Plane("中国国产飞机 C919"));
35          testFly(new Bird("雄鹰"));
36      }
37  }
```

程序案例 7-11 演示了接口综合应用。智能手机和数码照相机都有拍照和浏览照片功能,但不同品牌采用的技术各不相同。国家标准化管理委员会定义接口,制定统一标准,便于外设访问智能手机和数码照相机的照片,各生产厂商独立开发技术完成拍照和浏览照片功能。类结构如图 7-22 所示。

第 2 行定义接口 Function,制定智能手机和数码照相机的拍照和浏览照片标准;第 6 行

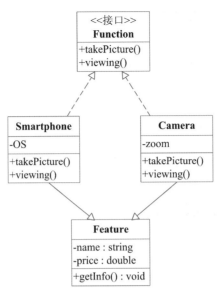

图 7-22　智能设备类结构

定义抽象类 Feature,表示智能手机和数码照相机的共同属性和行为;第 24 行智能手机类 Smartphone 继承抽象类 Feature 并实现接口 Function,完成照相、浏览照片、发送短信等功能;第 48 行数码照相机类 Camera 继承抽象类 Feature 并实现接口 Function,数码照相机完成了照相、浏览照片、打印照片等功能。程序运行结果如图 7-23 所示。

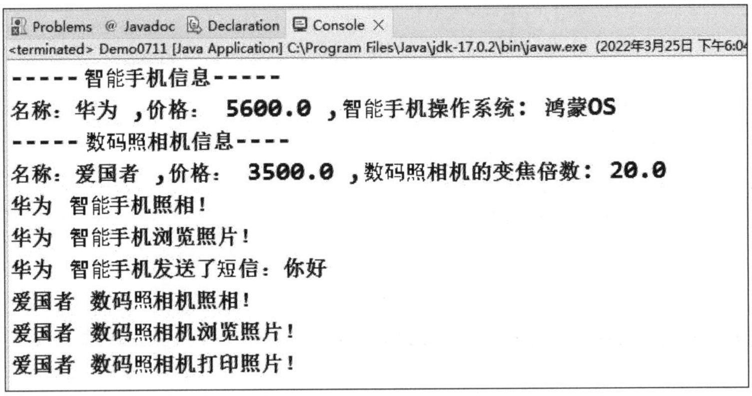

```
-----智能手机信息-----
名称：华为 ,价格：  5600.0 ,智能手机操作系统： 鸿蒙OS
-----数码照相机信息-----
名称：爱国者 ,价格：  3500.0 ,数码照相机的变焦倍数： 20.0
华为  智能手机照相！
华为  智能手机浏览照片！
华为  智能手机发送了短信：你好
爱国者  数码照相机照相！
爱国者  数码照相机浏览照片！
爱国者  数码照相机打印照片！
```

图 7-23　程序案例 7-11 运行结果

【程序案例 7-11】　接口综合应用案例。

```
1    package chapter07;
2    interface Function {                      //功能接口
3        void takePicture();                   //照相
4        void viewing();                       //浏览照片
5    }
6    abstract class Feature {                  //抽象类,智能设备共性
7        private String name;                  //名称
8        private double price;                 //价格
```

```java
9      public Feature() {    }
10     public Feature(String name, double price) {
11         this.name = name;
12         this.price = price;
13     }
14     //需要的 setter 和 getter 方法
15     public String getName() {
16         return name;
17     }
18     public double getPrice() {
19         return price;
20     }
21     abstract public String getInfo();           //抽象方法,取得智能设备信息
22 }
23 //智能手机类继承 Feature 类,实现接口 Function
24 class Smartphone extends Feature implements Function {
25     private String OS;                          //操作系统
26     public Smartphone(String name, double price, String os) {
27         super(name, price);                     //调用父类构造方法
28         this.OS = os;
29     }
30     @Override
31     public void takePicture() {                 //实现接口的照相功能
32         System.out.println(this.getName()+" 智能手机照相!");
33     }
34     @Override
35     public void viewing() {                     //实现接口的浏览照片功能
36         System.out.println(this.getName()+" 智能手机浏览照片!");
37     }
38     @Override
39     public String getInfo() {                   //实现抽象类的抽象方法
40         return "名称:" + this.getName() + ",价格:"
41          + this.getPrice() + ",智能手机操作系统: " + this.OS;
42     }
43     public void passmessage(String message) {//智能手机发送短信功能
44         System.out.println(this.getName() + " 智能手机发送了短信:" + message);
45     }
46 }
47 //数码照相机类继承 Feature 类,实现接口 Function
48 class Camera extends Feature implements Function {
49     private double zoom;                        //变焦倍数
50     public Camera(String name, double price, double zoom) {
51         super(name, price);
52         this.zoom = zoom;
53     }
54     @Override
55     public void takePicture() {                 //实现接口的照相功能
56         System.out.println(this.getName()+" 数码照相机照相!");
57     }
58     @Override
59     public void viewing() {                     //实现接口的浏览照片功能
60         System.out.println(this.getName()+" 数码照相机浏览照片!");
61     }
```

```
62      @Override
63      public String getInfo() {                          //实现抽象类的抽象方法
64          return "名称:" + this.getName() + ",价格:"
65          + this.getPrice() + ",数码照相机的变焦倍数: " + this.zoom;
66      }
67      public void printPhoto() {                         //数码照相机打印照片功能
68          System.out.println(this.getName()+" 数码照相机打印照片!");
69      }
70 }
71 public class Demo0711 {
72      public static void main(String[] args) {
73          Smartphone cp = new Smartphone("华为", 5600, "鸿蒙 OS");
                                                           //创建智能手机对象
74          Camera cr = new Camera("爱国者", 3500, 20);    //创建数码照相机对象
75          System.out.println("-----智能手机信息-----\n" + cp.getInfo());
76          System.out.println("-----数码照相机信息----\n" + cr.getInfo());
77          cp.takePicture();
78          cp.viewing();
79          cp.passmessage("你好");
80          cr.takePicture();
81          cr.viewing();
82          cr.printPhoto();
83      }
84 }
```

阅读程序是提高编程能力的有效方法。程序案例 7-11 综合了接口、抽象类、实体类、继承、实现等多个知识点,请读者仔细阅读分析。

◆ 7.7 对象多态性

多态

7.7.1 多态的概念

多态是指一个行为具有多个不同表现形式或形态的能力。多态是面向对象编程最重要的概念之一,多态性提高了程序的抽象程度和简洁性,增强了程序的灵活性,降低了类之间的耦合度。

根据 JVM 确定执行多态方法的时机,多态分为编译时多态和运行时多态。编译时多态也称静态多态,指在编译阶段 JVM 根据参数列表的不同区分不同的方法,方法重载属于编译时多态;运行时多态也称动态多态,指在程序执行阶段 JVM 确定调用哪个对象的方法,对象多态是运行时多态。第 5 章已经学习方法重载,本节介绍对象多态。

下面代码段显示方法重载的多态形式。第 3 行的 add()方法计算两个 int 类型相加;第 7 行的 add()方法计算两个 String 类型的算术相加("+"也可以完成字符串的连接运算),这两个方法同名,但参数类型不同,它们是重载方法。JVM 在执行重载方法时,能根据参数列表自动调用相应代码完成运算,第 15 行调用第 3 行的方法,第 16 行调用第 7 行的方法。

```
1    class Calculator{                                    //计算器类
2        //求和,参数为 int 类型
```

```
3      public  int   add(int x,int y) {
4          return x+y;
5      }
6      //求和,参数为 String 类型
7      public int add(String x,String y) {
8          int tempX=Integer.parseInt(x);
9          int tempY=Integer.parseInt(y);
10         return tempX+tempY;
11     }
12 }
13 class Demo{
14     public static void main(String []args) {
15         System.out.println(new Calculator().add(1,2));
16         System.out.println(new Calculator().add("11","22"));
17     }
18 }
```

对象多态是指两个或多个属于不同类的对象,对于同一个消息(方法调用)做出不同的响应方式。例如,WPS Office 办公软件(一个对象)环境下按 F1 键弹出 WPS 的帮助对话框、Eclipse(另一个对象)环境下按 F1 键弹出 Eclipse 的帮助对话框。WPS Office 办公软件和 Eclipse 是两个不同的对象,对同一个消息"F1 键",响应方式不同,分别弹出 WPS 的帮助对话框和 Eclipse 的帮助对话框。

大千世界处处存在多态。例如,吃,狗(对象)吃骨头、肉等,熊猫(另一个对象)吃竹子等。

7.7.2 实现多态

对象多态是 Java 的精髓之一,编程实践中你将慢慢体会它的威力。

实现对象多态需满足 3 个条件:①继承;②覆写方法;③父类对象引用子类实例。图 7-24 所示代码段中,Sub1 和 Sub2 是抽象类 Base 的子类,覆写父类 Base 的 show()方法。运行时,第 15 行执行第 6 行(Sub1 实例对象)的方法,第 17 行执行第 10 行(Sub2 对象)的方法。实现了不同对象(Sub1、Sub2)对同一消息(show()方法)做出了不同的响应。

多态程序

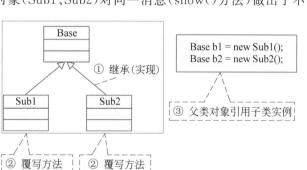

图 7-24 实现对象多态示意图

```
//图 7-24 对应的代码段
1  abstract class Base{                        //抽象父类
2      abstract void show();
3  }
```

```
4   class Sub1 extends Base{                //继承父类 Base
5       @Override
6       void show() {    }                  //覆写父类方法
7   }
8   class Sub2 extends Base{                //继承父类 Base
9       @Override
10      void show() {    }                  //覆写父类方法
11  }
12  class Demo{
13      void display() {
14          Base b1=new Sub1();             //父类对象 b1 引用子类 Sub1 的实例
15          b1.show();                      //执行第 6 行的方法
16          Base b2=new Sub2();             //父类对象 b2 引用子类 SubB 的实例
17          b2.show();                      //执行第 10 行的方法
18      }
19  }
```

程序案例 7-12 演示了多态的简单应用。不同软件系统环境下按 F1 键弹出不同对话框。如 WPS 环境下弹出 WPS 帮助对话框，Eclipse 环境下弹出 Eclipse 帮助对话框。第 2 行定义功能键接口 FunctionKey，第 5、10 行分别定义实体类 WPS 和 Eclipse 实现接口 FunctionKey，第 18 行父类对象（声明接口对象 fk1）引用子类实例（WPS 实例对象），第 19 行执行 WPS 类的对象方法 f1()。程序运行结果如图 7-25 所示。

图 7-25　程序案例 7-12 运行结果

【程序案例 7-12】　多态的简单应用。

```
1   package chapter07;
2   abstract class FunctionKey{             //父类
3       abstract void f1();
4   }
5   class WPS extends FunctionKey{          //①继承父类
6       void f1() {                         //②覆写父类方法
7           System.out.println("WPS 的帮助对话框");
8       }
9   }
10  class Eclipse extends FunctionKey{      //①继承父类
11      void f1() {                         //②覆写父类方法
12          System.out.println("Eclipse 的帮助对话框");
13      }
14  }
15  public class Demo0712 {
16      public static void main(String []args) {
17          //③父类对象引用子类实例
18          FunctionKey fk1=new WPS();
19          fk1.f1();                       //执行 WPS 类的 f1()方法
20          //③父类对象引用子类实例
```

```
21        FunctionKey fk2=new Eclipse();
22        fk2.f1();                          //执行 Eclipse 类的 f1()方法
23    }
24 }
```

7.7.3 对象转型

Java 通过对象转型实现对象多态性。通过对象转型，程序运行时 JVM 能自动确定调用某个方法的对象。对象转型是指两个对象不属于同一类型（不同类），但相互之间可以转换。类似于基本类型之间的转换，例如，把 int 类型转换成 double 类型（自动转换），也可以转换成 short 类型（强制转换）。对象转型分为两种：①向上转型，指子类对象向父类对象转型，系统自动完成；②向下转型，指父类对象向子类对象转型，需要强制完成。

【语法格式 7-14】 对象向上转型。

父类 父类对象=子类实例;

下面代码段，定义抽象父类 Person，它的实体子类 Student 和 Teacher。第 14 行实例化 Student 对象（子类实例），并把该对象赋给父类对象 swk（父类对象），自动完成向上转型。同理，第 16 行也自动完成向上转型。

```
1   abstract class Person{                   //抽象父类
2       abstract void show();
3   }
4   class Student extends Person{            //继承父类 Person
5       @Override
6       void show() {    }                   //覆写父类方法
7   }
8   class  Teacher extends Person{           //继承父类 Person
9       @Override
10      void show() {    }                   //覆写父类方法
11  }
12  class  Demo{
13      void display() {
14          Person swk=new Student();        //自动向上转型
15          swk.show();
16          Person ts=new Teacher();         //自动向上转型
17          ts.show();
18      }
19  }
```

对象向上转型是自动的，与日常生活具有相同道理。图 7-26 是 Person、Student 和 Teacher 的类结构。学生（对象）一定是一个人（对象），因此能使用 Person 对象指向 Student 对象，这种情况是向上转型，由 Java 系统自动完成。例如，学生孙悟空一定是一个人。

另一种情况是向下转型，这种转型存在不确定性，转换前需进行类型判断，然后强制进行转换，否则在执行程序过程中可能存在错误引用。

【语法格式 7-15】 对象向下转型。

子类 子类对象=(子类)父类实例;

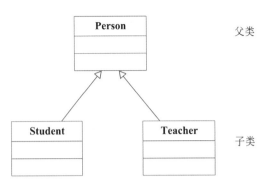

图 7-26　Person、Student 和 Teacher 的类结构

例如,图 7-26 的类结构有如下代码,第 1 行采用自动向上转型,把学生实例对象转换成 Person 对象(swk 是一个人,真实身份是学生实例);第 2 行强制把 swk 对象转换成 Teacher 对象(表示把 swk 所引用的学生实例对象转换成教师对象,即把学生身份转换成教师身份),该转换当然不行;第 3 行强制把 swk 对象转换成学生对象(表示把 swk 所引用的学生实例转换成学生对象,即把学生身份转换成学生身份),该转换可行。

```
1    Person swk=new Student();              //自动向上转型
2    Teacher ts=(Teacher)swk;               //强制转换不成功
3    Student swk2=(Student)swk;             //强制转换成功
```

为了正确进行强制向下转换,转换前使用运算符 instanceof 判断对象类型,如果被转换的对象类型是目标类型,进行强制转换,否则不进行强制转换。

针对图 7-26 的类结构,如下代码段成功进行强制转换,第 4 行判断 swk 对象是否属于 Student 类型,第 6 行判断 swk 对象是否属于 Teacher 类型。

```
1    Person swk=new Student();              //自动向上转型
2    Teacher t=null;
3    Student s=null;
4    if(swk  instanceof  Student)           //强制转换前判断类型
5        s=(Student)swk;
6    else if(swk  instanceof  Teacher)      //强制转换前判断类型
7        t=(Teacher) swk;
```

对象向下转型必须强制转换。一个父类对象可以引用父类的实例,也可以引用某个子类的实例,当把父类对象向下转型时,并不知道父类对象引用的是哪个实例对象,需要在转换前判断,然后强制转换。如图 7-26 所示,Person 对象可以引用 Person 实例(假设 Person 是实体类),也可以引用 Teacher 或者 Student 的实例对象。在不能确定类型的情况下,向下转型前使用 instanceof 判断父类对象类型,否则程序将出错。

7.7.4　方法重载和对象多态的区别

对象多态是软件开发中常用的技术手段,对象多态性简化了程序结构,提高了程序的抽象性。

例如,狗和熊猫都是动物,都需要吃东西,狗吃骨头、肉等,而熊猫吃竹子。可以采用方法重载和对象多态两种方式设计 eating()方法表示动物吃。对比两种方式的优劣,你将体验对象多态的巧妙之处。

程序案例 7-13 通过方法重载演示狗和熊猫吃的多态性。第 18、21 行重载方法 eating()，第 18 行参数类型 Dog，第 21 行参数类型 Panda；第 25、26 行利用方法重载机制执行相应代码。程序运行结果如图 7-27 所示。

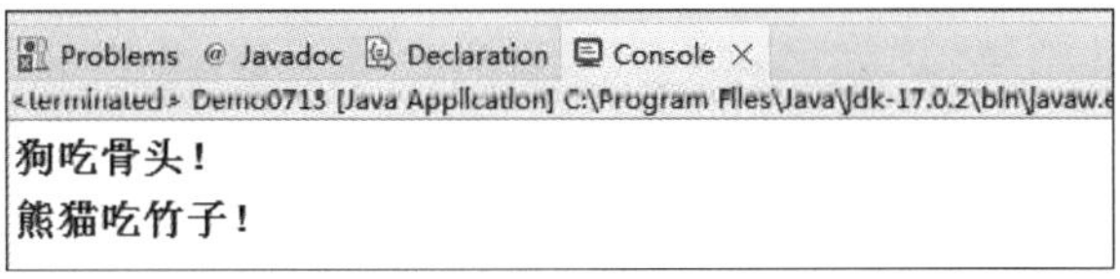

```
狗吃骨头！
熊猫吃竹子！
```

图 7-27　程序案例 7-13 运行结果

【程序案例 7-13】　方法重载。

```java
1   package chapter07;
2   abstract class Animal{                          //抽象父类
3       abstract void eating();
4   }
5   class Dog extends Animal{                       //子类 Dog
6       @Override
7       void eating() {                             //覆写方法
8           System.out.println("狗吃骨头！");
9       }
10  }
11  class Panda extends Animal{                     //子类 Panda
12      @Override
13      void eating() {                             //覆写方法
14          System.out.println("熊猫吃竹子！");
15      }
16  }
17  public class Demo0713 {
18      public static void eating(Dog dog) {        //重载方法
19          dog.eating();
20      }
21      public static void eating(Panda panda) {    //重载方法
22          panda.eating();
23      }
24      public static void main(String[] args) {
25          eating(new Dog());
26          eating(new Panda());
27      }
28  }
```

该程序实现了预定功能，但扩展比较困难，如增加猫头鹰类 Owl，Owl 不仅要继承 Animal 类，而且需要在 Demo0713 类中增加方法 void eating(Owl owl)。如果增加类的规模比较大，这是一件令人头昏脑涨的事情。Java 提供的对象多态性非常容易解决该问题。

程序案例 7-14 通过对象多态性演示狗和熊猫吃的区别。该程序与程序案例 7-13 的区别是第 18 行，方法 eating(Animal animal)的形参是父类 Animal；第 22 行传入 Dog 实例对象，自动向上转型为 Animal 对象，调用的方法是被子类 Dog 覆写的 eating()方法，即调用第 7 行的方法；同理，第 23 行传入 Panda 实例对象，调用第 13 行被子类 Panda 覆写的

eating()方法。程序运行结果如图 7-28 所示。

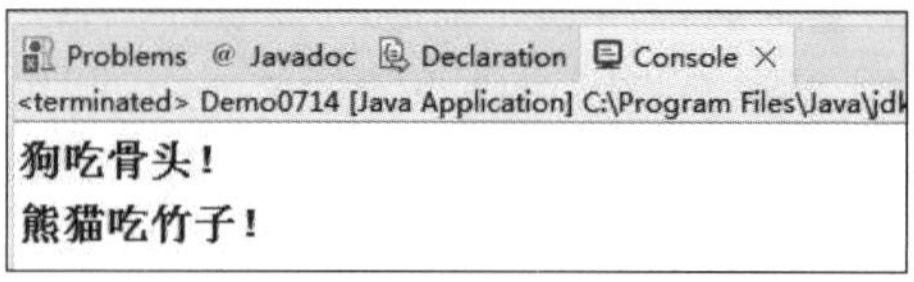

图 7-28　程序案例 7-14 运行结果

【程序案例 7-14】　对象多态性。

```
1   package chapter07;
2   abstract class Animal{                          //抽象父类
3       abstract void eating();
4   }
5   class Dog extends Animal{                       //子类 Dog
6       @Override
7       void eating() {                             //覆写方法
8           System.out.println("狗吃骨头!");
9       }
10  }
11  class Panda extends Animal{                     //子类 Panda
12      @Override
13      void eating() {                             //覆写方法
14          System.out.println("熊猫吃竹子!");
15      }
16  }
17  public class Demo0714 {
18      public static void eating(Animal animal) {  //对象多态
19          animal.eating();
20      }
21      public static void main(String[] args) {
22          eating(new Dog());
23          eating(new Panda());
24      }
25  }
```

对于程序案例 7-14,如果现在增加猫头鹰(Owl)或者其他 Animal 的子类,只需要定义 Animal 的子类,不需要修改程序第 18 行的代码就能完成扩展功能。

◆ 7.8　对象多态案例

多态案例

画图程序中,用户选择不同的图形符号就能画出相应图形,如选择长方形、圆形和三角形能画出对应的图形。该程序要有较好的扩展性,增加其他图形符号时,不修改源代码就能画出其他图形。如增加梯形符号能画出梯形。根据需求设计类结构如图 7-29 所示。设计接口 Graph 包含画图方法 drawing();Graph 接口的子类 Rectangle、Circle 和 Triangle 分别画出长方形、圆形和三角形;客户端 Client,方法 myDrawing(Graph)的参数是 Graph,程序运行时向该方法传入 Graph 的子类实例对象。

程序第 58 行定义的方法 myDrawing(),该方法的形参为 Graph 类型,表示可以向该方

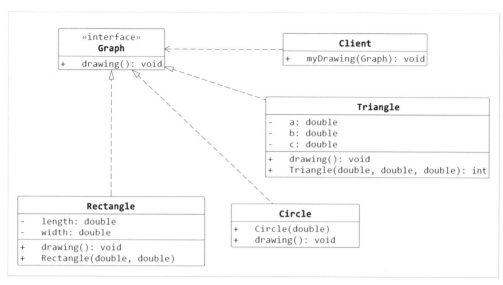

图 7-29　画图程序类结构

法传入 Graph 的子类实例对象。第 64～66 行分别向 myDrawing() 方法传入了 Rectangle 实例对象、Circle 实例对象和 Triangle 实例对象,当然分别调用程序第 19、34 和 52 行对应的方法。程序运行结果如图 7-30 所示。

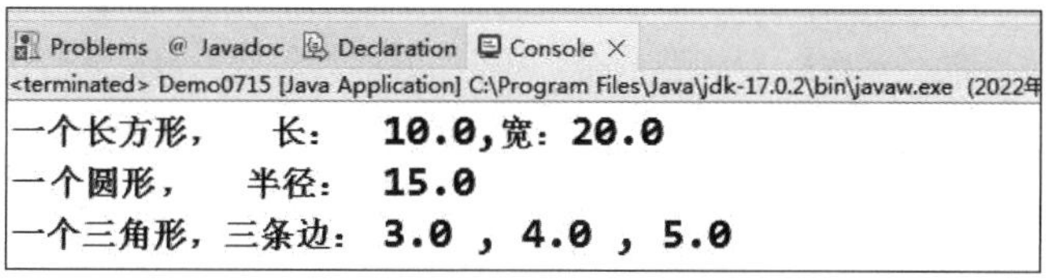

图 7-30　程序案例 7-15 运行结果

【程序案例 7-15】 对象多态综合案例。

多态案例
程序

```
1   package chapter07;
2   interface Graph{                                    //1. 画图接口 Graph
3       void drawing();
4   }
5   //2.设计类实现接口 Graph
6   //2.1 长方形类 Rectangle 实现接口 Graph
7   class Rectangle implements Graph{
8       //2.1.1 数据成员
9       private double length;
10      private double width;
11      //2.1.2 构造方法
12      public Rectangle(){}
13      public Rectangle(double length, double width) {
14          super();
15          this.length = length;
16          this.width = width;
17      }
```

```java
18      //2.1.3 覆写接口 Graph 的方法 drawing()
19      public void drawing() {
20          System.out.println ("一个长方形, 长:\t" + this.length + ",宽:" +
                                this.width);
21      }
22  }
23  //2.2 圆类 Circle 实现接口 Graph
24  class Circle implements Graph{
25      //2.2.1 数据成员
26      private double radius;//半径
27      //2.2.2 构造方法
28      public Circle() {}
29      public Circle(double radius) {
30          super();
31          this.radius = radius;
32      }
33      //2.2.3 覆写接口 Graph 的方法 drawing()
34      public void drawing() {
35          System.out.println("一个圆形, 半径:\t" + this.radius);
36      }
37  }
38  //2.3 三角形类 Triangle 实现接口 Graph
39  class Triangle implements Graph{
40      //2.3.1 数据成员
41      private double a;
42      private double b;
43      private double c;
44      //2.3.2 构造方法
45      public Triangle() {}
46      public Triangle(double a,double b,double c) {
47          this.a = a;
48          this.b = b;
49          this.c = c;
50      }
51      //2.3.3 覆写接口 Graph 的方法 drawing()
52      public void drawing() {
53          System.out.println ("一个三角形,三条边:\t" + this.a + ", " + this.b + ",
                                " + this.c);
54      }
55  }
56  public class client {                                    //Demo0715
57      //该方法参数 Graph,实参可以是 Graph 的子类对象
58      public static void myDrawing(Graph g) {
59          g.drawing();
60      }
61      public static void main(String[] args) {
62          Graph gRect = new Rectangle(10, 20);
63          Graph gCir = new Circle(15);
64          Demo0715.myDrawing(gRect);
65          Demo0715.myDrawing(gCir);
66          Demo0715.myDrawing(new Triangle(3,4,5));
67      }
68  }
```

7.9 匿名内部类

前面创建的类、接口都有名称,能反复使用它们创建对象。编程实践中还存在另一种情况,创建的类没有名称,仅一次性使用,创建该类的实例对象后该类立刻消失。

匿名内部类是没有类名、创建该类的实例对象后立即消失的类。GUI 编程中常常使用匿名内部类简化程序结构。

【语法格式 7-16】 定义匿名内部类。

```
new 父类构造器(参数列表)|实现接口(){
    //匿名内部类的类体
}
```

使用匿名内部类时应遵循以下 3 个原则。

(1) 匿名内部类必须继承一个父类或实现一个接口,只能有一个父类。下面代码段,第 9 行调用静态方法 Hello.display(),该方法的参数是 IA 类型;第 10~15 行定义了实现接口 IA 的匿名内部类,同时创建了该匿名内部类的实例对象,当然该匿名内部类要覆写 IA 接口的方法 show()。执行第 9 行后,调用第 5 行的 display()方法,然后调用第 12 行覆写的 show()方法。

```
1   interface IA{                              //接口
2       void show();
3   }
4   class Demo{
5       public static void display(IA a) {     //方法参数 IA 类型
6           a.show();
7       }
8       public static void main(String[]args) {
9           Hello.display(
10              new IA() {                     //匿名内部类实现 IA 接口,是 IA 的子类
11                  @Override
12                  public void show() {
13                      System.out.println("匿名内部类——接口 IA 的子类");
14                  }
15              }
16          );
17      }
18  }
```

(2) 匿名内部类不能有构造方法,也不能包含任何静态成员、静态方法和静态内部类。

(3) 匿名内部类不能用 public、protected、private、static 关键字修饰。

程序案例 7-16 演示了匿名内部类。第 2 行定义接口 Action,但没有定义该接口的实现子类;第 49 行方法 fun1(Action a)的形参是接口 Action;第 32~36 行定义 Action 接口的匿名内部类,覆写接口 Action 的 study()方法,同时创建该匿名内部类的实例对象;第 5 行定义抽象类 Person,第 21 行定义 Student 类继承该抽象类;第 38 行首先实例化 Student 对象 shk,然后作为实参传递给方法 fun2();第 40 行采用匿名内部类的形式调用方法 fun2(),与第一种方法比较,第二种方法(第 40 行匿名内部类不需要定义该抽象类的继承类)明显简

洁。程序运行结果如图 7-31 所示。

```
Problems  @ Javadoc  Declaration  Console ×
<terminated> Demo0716 [Java Application] C:\Program Files\Java\jdk-17.0.2\bin\javaw.exe (2
正在勤奋学习！
姓名：沈 括，年龄：68
匿名内部类的say：姓名：沈 括，年龄：68
```

图 7-31　程序案例 7-16 运行结果

【程序案例 7-16】　匿名内部类。

```java
1   package chapter07;
2   interface Action{                       //接口 Action,但并没有实现该接口的类
3       void study();
4   }
5   abstract class Person{                  //抽象类 Person
6       private String name;
7       private int age;
8       public Person() {}
9       public Person(String name, int age) {
10          this.name = name;
11          this.age = age;
12      }
13      public String getName() {
14          return this.name;
15      }
16      public int getAge() {
17          return this.age;
18      }
19      public abstract void say();         //抽象方法
20  }
21  class Student extends Person{           //子类 Student 继承抽象类 Person
22      public Student(String name,int age) {
23          super(name,age);
24      }
25      public void say(){                  //覆写 Person 类中的抽象方法
26          System.out.println("姓名:"+this.getName()+",年龄:"+this.getAge());
27      }
28  }
29  public class Demo0716 {                 //定义测试类
30      public static void main(String args[]){
31          Demo0716.fun1(
32                  new Action(){           //匿名内部类,实现了接口 Action
33                      public void study(){//实现接口 Action 的抽象方法
34                          System.out.println("正在勤奋学习!");
35                      }
36                  }
37              );
38          Person shk=new Student("沈 括",68);   //实例化 Student 对象
39          Demo0716.fun2(shk);                    //用 Student 对象作实参
```

```
40          Demo0716.fun2(
41                      new Person("沈 括",68){    //匿名内部类作参数,不需要显示继
                                                   //承类
42                          public void say(){     //实现抽象类 Person 的抽象方法
43                              System.out.println("匿名内部类的 say:姓名:"
44  +this.getName()+",年龄:"+this.getAge());
45                          }
46                      }
47                  );
48      }
49  public static void fun1(Action a){             //接口作参数
50      a.study();
51      }
52  public static void fun2(Person per){           //抽象类作参数
53      per.say();
54      }
55  }
```

7.10 小　　结

本章主要知识点如下。

（1）Java 程序用 extends 实现继承,用 implements 实现接口。
（2）继承关系存在属性覆盖和方法覆写。
（3）super 关键字能调用直接父类的构造方法,也能调用子类的直接父类成员。
（4）final 关键字修饰的类不能被继承,修饰的成员方法不能被覆写,修饰的数据成员为常量。
（5）abstract 定义抽象类和抽象方法,有抽象方法的类一定是抽象类。
（6）interface 定义接口,接口用来制定行为规范。
（7）一个类通过继承一个父类的同时实现多个接口,实现多重继承机制。
（8）多态分为静态多态（方法重载）和动态多态（对象多态）。

7.11 习　　题

7.11.1 填空题

1. Java 语言提供了关键字（　　）实现继承机制。
2. 子类要引用父类成员,采用（　　）关键字。
3. 定义抽象类采用（　　）关键字修饰类。
4. 采用（　　）关键字定义接口。
5. 接口中定义的数据成员的默认修饰符是（　　）,接口中定义的成员方法默认修饰符是（　　）。
6. 如果定义的成员方法可以接受任意参数,则参数类型为（　　）。
7. 当重载构造方法时,使用关键字（　　）指代本类中的其他构造方法,使用关键字（　　）指代父类构造方法。

7.11.2 选择题

1. 如果定义的类不能被继承,采用( )关键字修饰该类。
   A. private   B. fina   C. public   D. stop
2. 判断一个对象是否为类的实例,采用( )运算符。
   A. sizeof   B. extends   C. instanceof   D. interface
3. 下面描述不正确的是( )。
   A. Java 语言通过接口实现多重继承
   B. 接口中的所有数据成员都是静态成员
   C. 抽象类中可以定义非抽象方法
   D. 接口中可以定义非抽象方法
4. 如果使定义的类能够返回有价值的信息,应该覆写 Object 中的( )方法。
   A. equals()   B. clone()   C. toString()   D. hashCode()

7.11.3 简答题

1. 简述继承机制的优点和缺点。
2. 列举现实生活中具有继承关系的对象。
3. 简述方法覆写与方法重载的区别。
4. 简述抽象类与接口的联系与区别。
5. 对象多态性中,向下转型和向上转型的条件各是什么?

7.11.4 编程题

1. 定义图形接口,该接口有计算面积和周长的方法,实体类有长方形、圆形和三角形类。画出类结构图,然后编码测试。
2. 所有的教师和学生都是人,人具有姓名、性别、年龄和身高等特征,还要吃饭、娱乐购物等行为。教师是人,教师的特征还包括职工号、职称、专业和工资,行为有给学生授课、批改学生作业等。学生是人,学生的特征还有学号、年级、专业和成绩,行为有学习课程、做作业等。请根据以上描述抽象出各种类,画出类结构图,然后编码测试。

第 8 章 面向对象编程（下）

客观世界事物并不是孤立存在的，各类事物相互作用组成了复杂系统，如人需要呼吸空气、工作、开车旅行、用手机交流等，人、空气、工作、汽车和手机等对象之间就产生了关系，手机由处理器、操作系统、存储器和应用程序等组成，处理器、操作系统、存储器和应用程序等产生了关系。

基于面向对象编程角度，客观世界事物之间有哪些关系？Java 语言如何实现它们？本章将为读者一一解答这些问题。

本章内容

（1）继承关系。
（2）实现关系。
（3）依赖关系。
（4）关联关系。
（5）聚合关系。
（6）组合关系。
（7）单例模式。
（8）简单工厂模式。

8.1 类之间的 6 种关系

第 7 章学习了类之间的继承关系、类与接口之间的实现关系，初步了解面向对象编程的精巧构思，但是继承和实现关系还不能完整表达客观世界中对象之间的关系。例如，人用手机发信息，包含了人与手机两个对象，但人与手机之间既不存在继承关系，也不存实现关系，该如何表示人与手机两个对象之间的关系呢？

面向对象编程世界中，通常不会存在一个孤立的类，类和类之间总存在一定的关系，通过这些关系才能实现软件复杂功能。类之间存在两类关系：一类是纵向关系，它体现的是类和类、或者类与接口之间的纵向关系，包括继承和实现；另一类是横向关系，它体现的是类和类、或者类与接口之间的横向关系，包括依赖、关联、聚合、组合等 4 种。

第 7 章已经学习继承和实现两种纵向关系，这里仅做简单介绍。本节主要介绍依赖、关联、聚合和组合 4 种横向关系。

8.1.1 继承关系

继承是从原有类派生出新的类,原有类称为父类或基类,派生出新的类称为子类或派生类。子类拥有父类的属性和行为,并能进行扩展。Java 使用 extends 实现继承关系。如下面代码,子类 Sub 继承父类 Base。它们的类结构如图 8-1 所示。

```
class Base{}                    //父类
class Sub extends Base{}        //子类
```

8.1.2 实现关系

接口是用 interface 定义的特殊类,接口制定了对象共同遵守的行为规范。一个类能实现多个接口,如下面代码段,子类 Sub 实现了 IA 和 IB 两个接口,类结构如图 8-2 所示。

```
interface IA{}                       //接口
interface IB{}                       //接口
class Sub implements IA,IB{}         //子类 Sub 实现接口 IA 和 IB
```

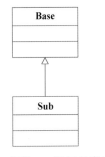
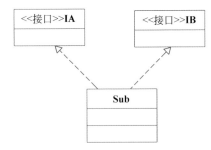

图 8-1 子类 Sub 继承父类 Base　　　图 8-2 子类 Sub 实现接口 IA 和 IB

一个类在继承一个父类的同时能实现多个接口。如下面代码段,子类 Sub 继承父类 Base 并实现 IA 和 IB 两个接口,类结构如图 8-3 所示。

```
interface IA{}                                      //接口
interface IB{}                                      //接口
class Base{}                                        //父类
class Sub extends Base implements IA,IB{}           //子类 Sub 继承父类 Base 并实现 IA、IB
                                                    //两个接口
```

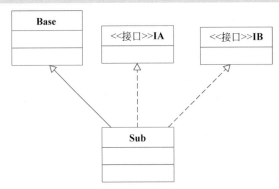

图 8-3 子类 Sub 继承父类 Base 并实现 IA 和 IB 两个接口

8.1.3 依赖关系

依赖关系是类之间的一种常见关系。如果类 A 中使用类 B，且这种使用关系具有偶然性和临时性，但是类 B 的变化将影响类 A，称类 B 与类 A 存在依赖关系。如学生查询成绩，学生类与成绩类之间就是依赖关系；人驾车旅行，人与车两个类之间具有依赖关系。

编程实践中，如果类 A 中的某个成员方法的形参是类 B 类型，或者成员方法的返回值类型是类 B，那么类 A 与类 B 是依赖关系。在 UML 类图中，依赖关系用由类 A 指向类 B 的带箭头虚线表示，虚线起始端为依赖类，箭头端为被依赖类。如图 8-4 所示，ClassA 是依赖类，ClassB 是被依赖类，与该图对应的代码段如下。

图 8-4　依赖关系

```
class ClassB{ }                              //被依赖类
class ClassA{                                //依赖类
    void method(ClassB b) { }                //成员方法的参数类型 ClassB
}
```

学习了依赖关系的概念和类图，下面通过"人驾车旅行"案例进一步了解依赖关系解决实际问题的方法。

下面代码段，Car 类中的 run(String city)方法表示汽车行驶到某城市，Person 类中的 travel(Car car, String city)方法表示某人开车到某城市。如图 8-5 所示，Car 是被依赖类，Person 是依赖类。

```
1   class Car {                              //被依赖类
2       public void run(String city) {
3           System.out.println("开车到:" + city);
4       }
5   }
6   class Person {                           //依赖类
7       public void travel(Car car, String city) {    //形参 Car 类型，Person 依赖 Car
8           car.run(city);
9       }
10  }
```

图 8-5　人与车之间的依赖关系

信息时代，手机是大部分人的亲密朋友，购物、联系、支付、上网、学习等都离不开它。手机与人之间存在依赖关系，如人使用手机发送信息。定义 Person 类和 Mobile 类，Person 类中的 sendInfo(Mobile m，String msg)方法表示某人使用手机发送短信 msg。

依赖关系
程序

程序案例 8-1 演示了人用手机发送短信，人与手机是依赖关系。第 21 行 Person 类中定义的方法 sendInfo(Mobile m，String msg)的参数是 Mobile 类型，说明 Person 与 Mobile 是依赖关系；第 2 行定义被依赖类 Mobile；第 15 行定义依赖类 Person。程序运行结果如图 8-6 所示。

```
孙悟空  用  1350102456789  手机发送短信！
1350102456789  手机发送短信：今天练习七十二变了吗？
```

图 8-6　程序案例 8-1 运行结果

【程序案例 8-1】　依赖关系。

```
1   package chapter8;
2   class Mobile {                                       //被依赖类
3       private String phoneNumber;                      //手机号码
4       public Mobile() {}
5       public Mobile(String brand) {
6           this.phoneNumber = brand;
7       }
8       public String getphoneNumber() {
9           return this.phoneNumber;
10      }
11      public void send(String msg) {
12          System.out.println(this.phoneNumber + " 手机发送短信:" + msg);
13      }
14  }
15  class Person {                                       //依赖类
16      private String name;
17      public Person() {}
18      public Person(String name) {
19          this.name = name;
20      }
21      public void sendInfo(Mobile m, String msg) {     //方法的参数为 Mobile 类型
22          System.out.println(this.name + " 用 " +  m.getphoneNumber()
23                  + " 手机发送短信!");
24          m.send(msg);
25      }
26  }
27  public class Demo0801 {
28      public static void main(String[] args) {
29          Person swk = new Person("孙悟空");
30          Mobile hw = new Mobile("1350102456789");
31          swk.sendInfo(hw, "今天练习七十二变了吗?");
32      }
33  }
```

8.1.4　关联关系

关联关系

依赖关系强调类之间的使用关系，如人驾驶汽车旅行、人使用手机发送短信等，人与汽

车、人与手机是依赖关系。

客观世界中两个类之间还存在关联关系。关联关系是两个类之间语义级别的一种强依赖关系,它强调类之间的结构。关联关系不存在依赖关系的偶然性和临时性,该关系一般是长期且平等的。例如,人拥有一辆汽车、人拥有一部手机,从结构上说,人与汽车、人与手机是关联关系。

在编程实践中,如果类 A 的某个数据成员属于类 B,那么类 A 与类 B 是关联关系。UML 类图中,关联关系用由关联类 A 指向被关联类 B 的带箭头的实线表示,在关联的两端可以标注关联双方的角色和多重性标记。实线的起始端为关联类,箭头端为被关联类。如图 8-7 所示,ClassA 是关联类,ClassB 是被关联类,与该图对应的代码段如下。

```
class ClassB {                              //被关联类
}
class ClassA {                              //关联类
    ClassB  b;                              //数据成员是 ClassB 类型
}
```

图 8-7 关联关系

在依赖关系的"人驾车旅行"案例中,人与车之间的关系具有偶然性和临时性。可以构造人与车的强依赖关系,从而形成关联关系。一个人(Person)驾车旅行需要一辆车(Car),如果车属于某个人,人与车的关系具有长期且平等性,Person 与 Car 是关联关系。Person 是关联类,Car 是被关联类,如图 8-8 所示。下面是对应的代码段,第 7 行 Car 作为 Person 的数据成员类型,表示 Person 与 Car 是关联关系。

```
1   class Car {                             //被关联类
2       public void run(String city) {
3           System.out.println("开车到:" + city);
4       }
5   }
6   class Person {                          //关联类
7       private Car car;                    //Car 是 Person 的数据成员
8       public void travel(String city) {
9           this.car.run(city);
10      }
11  }
```

图 8-8 人与车之间的关联关系

现用关联关系改造程序案例 8-1。该案例实现人使用手机发送短信的任务,人与手机是依赖关系。假如人拥有一部手机,使用该手机发送短信,在这种情况下,人与手机的关系就是关联关系。

程序案例 8-2 通过人拥有手机演示关联关系。第 2 行定义被关联类 Mobile，第 15 行定义关联类 Person，第 17 行声明的数据成员 mobile 是 Mobile 类型，这是关联关系代码层面的典型特征。第 26 行调用 mobile 的 send()方法发送短信。

【程序案例 8-2】 关联关系。

关联关系
程序

```java
1   package chapter8;
2   class Mobile {                                      //被关联类
3       private String phoneNumber;                     //手机号码
4       public Mobile() {}
5       public Mobile(String brand) {
6           this.phoneNumber = brand;
7       }
8       public String getphoneNumber() {
9           return this.phoneNumber;
10      }
11      public void send(String something) {
12          System.out.println(this.phoneNumber + " 手机发送短信:" + something);
13      }
14  }
15  class Person {                                      //关联类
16      private String name;
17      private Mobile mobile;                          //Mobile 为数据成员类型
18      public Person() {}
19      public Person(Mobile mobile,String name) {
20          this.mobile=mobile;
21          this.name = name;
22      }
23      public void sendInfo(String something) {
24          System.out.println(this.name + " 用 "
25              + this.mobile.getphoneNumber() + " 手机发送短信!");
26          this.mobile.send(something);
27      }
28  }
29  public class Demo0802 {
30      public static void main(String[] args) {
31          Person swk = new Person(new Mobile("1350102456789"),"孙悟空");
32          swk.sendInfo("今天练习七十二变了吗?");
33      }
34  }
```

8.1.5 聚合关系

聚合关系

在人拥有手机、汽车的案例中，人与手机、汽车之间是关联关系。客观世界错综复杂，还存在另一种与前面不同的关联关系，如一个球队有多名球员，显然球队与球员之间不是依赖关系，而是关联关系，这种关联关系中体现了球队与球员之间整体与部分的关系，即 has-a 的关系，称这种特殊的关联关系为聚合关系，是一种强关联关系。

聚合关系有如下 3 个特点。

（1）整体与部分是可分离的，它们具有各自的生命周期。例如，球队是整体，球员是部分，球员离开球队之后仍然存在，即对象具有各自的生命周期。

（2）整体与部分处于不同层次。

（3）部分可以属于多个整体对象，也可以为多个整体对象共享。例如，一名球员能为多个球队服务。

在编程实践中，如果类 A 中的数据成员属于类 B 类型，那么 A 与 B 是聚合关系。UML 类图中（见图 8-9），聚合关系用空心菱形加实线表示，空心菱形指向整体，实线起始端指向部分。如图 8-9 所示，ClassA 是整体类，ClassB 是部分类，与该图对应的代码段如下。

图 8-9　聚合关系

聚合关系代码与关联关系代码相同，只能从语义上区别它们。

学习了聚合关系的概念和类结构后，通过案例进一步理解聚合关系。一个篮球队有若干球员，这些球员能为多个球队服务，球队与球员之间的关系抽象成聚合关系，球队是整体类，球员是部分类。

程序案例 8-3 通过球队有多名球员演示聚合关系。第 25 行，list 数组是 Team 类的成员，表示 Team 类有若干球员，Team 类与 Member 类之间是聚合关系；第 42 行声明 Member 数组 member；第 48、51 行用 member 初始化不同 Team，表示球员能为不同球队服务。程序运行结果如图 8-10 所示。

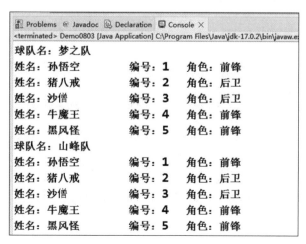

图 8-10　程序案例 8-3 运行结果

【程序案例 8-3】 聚合关系。

```java
1   package chapter8;
2   class Person {                                      //父类
3       private String name;
4       public Person() { }
5       public Person(String name) {
6           this.name = name;
7       }
8       public String getName() { return name; }
9   }
10  class Member extends Person {                       //Member 类继承 Person 类,部分类
11      private int id;                                 //编号
12      private String role;                            //角色
13      public Member() { }
14      public Member(String name, int id, String role) {
15          super(name);
16          this.id = id;
17          this.role = role;
18      }
19      public String getMember() {
20          return "姓名:" + this.getName() + "\t 编号:" + this.id + "\t 角色:" +
                    this.role;
21      }
22  }
23  class Team {                                        //Team 类,整体类
24      private String name       ;                     //球队名
25      private Member[ ] list;                         //一个球队有若干球员
26      public Team() { }
27      public Team(String name, Member[] list) {
28          this.name = name;
29          this.list = list;
30      }
31      public String getName() {
32          return this.name;
33      }
34      public void show() {
35          for (Member member : this.list)
36              System.out.println(member.getMember());
37      }
38  }
39  //测试类
40  public class Demo0803 {
41      public static void main(String[] args) {
42          Member[] member = new Member[5];            //5 名队员
43          member[0] = new Member("孙悟空", 1, "前锋");
44          member[1] = new Member("猪八戒", 2, "后卫");
45          member[2] = new Member("沙僧", 3, "后卫");
46          member[3] = new Member("牛魔王", 4, "前锋");
47          member[4] = new Member("黑风怪", 5, "前锋");
48          Team dream = new Team("梦之队", member);      //5 名队员服务梦之队
49          System.out.println("球队名:" + dream.getName());
50          dream.show();
```

```
51        Team mountain = new Team("山峰队", member);         //5名队员服务山峰队
52        System.out.println("球队名:" + mountain.getName());
53        mountain.show();
54    }
55 }
```

8.1.6 组合关系

组合关系

聚合关系具有一定程度的自由组合特征,体现了社会的开放性和包容性。还有另一种聚合关系,如牛的躯体由头、腿、胸部和尾巴等构成,牛死亡之后,它的这些器官也会随之消失,牛(整体)与器官(部分)的生命周期一样。具有这种特征的聚合关系称为组合关系,它是强聚合关系。

组合关系有如下两个特征。

(1) 类之间是拥有(contains-a)关系。

(2) 类之间体现整体与部分的关系,整体与部分是不可分的,整体生命周期结束意味着部分生命周期也结束。

例如,一体化计算机由 CPU、硬盘、内存和主板等部件构成,计算机报废后,这些部件也同样被报废。一体化计算机与这些部件之间构成了组合关系。

在编程实践中,如果类 A 中的数据成员属于类 B 类型,并且类 A 与类 B 具有组合关系特征,那么类 A 与类 B 是组合关系。UML 类图中(见图 8-11),组合关系用实心菱形加实线表示,实心菱形指向整体,实线起始端指向部分。如图 8-11 所示,ClassA 是整体类,ClassB、ClassC、ClassD 是部分类,与该图对应的代码段如下。

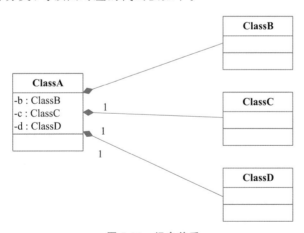

图 8-11 组合关系

需要注意的是,代码层面上,组合关系与聚合关系一样,只能从语义角度区分它们。

```
class ClassB {}                                //部分类
class ClassC{}                                 //部分类
class ClassD{}                                 //部分类
class ClassA {                                 //整体类
    ClassB  b;                                 //数组成员是 ClassB 类型
    ClassC  c;                                 //数组成员是 ClassC 类型
```

```
        ClassD   d;                              //数组成员是ClassD类型
}
```

组合关系
程序

程序案例8-4通过一体化计算机演示组合关系。一体化计算机由CPU、硬盘(HD)、内存、主板和电源等组成,抽象成组合关系。第2、9行定义HD和CPU是部分类,第16行定义Computer是整体类,它们是组合关系(见图8-12)。第17、18行Computer类中声明了HD、CPU类型的数组,这是组合关系的代码特征。程序运行结果如图8-13所示。

```
                       ┌─────────┐
                       │   HD    │
                   ┌───┤         │
               1  n│   │         │
                   │   └─────────┘
┌──────────────┐   │
│  Computer    │◆──┤
│-hdList[] : HD│   │
│-cpuList[]: CPU│  │   ┌─────────┐
└──────────────┘   │   │   CPU   │
                   └───┤         │
                1   n  │         │
                       └─────────┘
```

图 8-12　程序案例 8-4 类结构

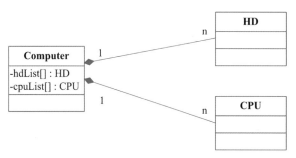

图 8-13　程序案例 8-4 运行结果

【程序案例 8-4】　组合关系。

```
1   package chapter8;
2   class HD {                                   //HD类,部分类
3       private int volume;                      //容量
4       public HD(int volume) {
5           this.volume = volume;
6       }
7       public int getVolume() {   return this.volume;   }
8   }
9   class CPU {                                  //CPU类,部分类
10      private String model;
11      public CPU(String model) {
12          this.model = model;
13      }
14      public String getModel() {   return this.model; }
15  }
16  class Computer {                             //Computer类,整体类
17      private HD[] hdList;                     //多块硬盘,组合关系
```

```
18      private CPU[] cpuList;                    //多个 CPU,组合关系
19      public Computer(HD[] hd, CPU[] cpu) {
20          this.hdList = hd;
21          this.cpuList = cpu;
22      }
23      public String getComputer() {
24          return "CPU 个数:" + this.cpuList.length
25              + " 硬盘个数:"+this.hdList.length;
26      }
27      public void show() {
28          for(HD hd:this.hdList)
29              System.out.println("硬盘容量:"+ hd.getVolume());
30          for(CPU cpu:this.cpuList)
31              System.out.println("CPU 型号:"+cpu.getModel());
32      }
33  }
34  public class Demo0804 {
35      public static void main(String[] args) {
36          HD[] hd = new HD[] { new HD(1000), new HD(500) };
37          CPU[] cpu = new CPU[] { new CPU("华为麒麟 处理器 1"),
38                          new CPU("华为麒麟 处理器 2") };
39          Computer mate = new Computer(hd, cpu);
40          System.out.println(mate.getComputer());
41          mate.show();
42
43      }
44  }
```

◆ 8.2 单例模式

8.2.1 单例模式的概念

单例模式

前面案例的 Person、Student、Car 等类,理论上每个类都能产生任意数量的实例对象,这种情况契合绝大多数环境。但是,实际应用存在例外,有可能某些类仅有一个实例对象,例如月亮、太阳分别是月亮类、太阳类的唯一实例对象,捕鱼达人游戏中只有一个炮台,该炮台能够发射各种不同的炮弹,炮台就是炮弹类的唯一实例对象。每台个人计算机(Personal Computer,PC)的 Windows 操作系统有唯一的设备管理器,也仅有唯一的回收站等。

如何解决程序中某个类只能产生一个实例对象,是程序员需要解决的问题。

Java 设计者的高明之处在于总是为程序员排忧解难。Java 语言提供了设计只能产生唯一实例对象的类的机制。

单例模式能保证定义的类仅有唯一的实例对象。

介绍单例模式前,先简单了解设计模式的基本内容,有关它的详细内容请参考有关书籍。

设计模式是指在特定环境下为解决某一通用软件设计问题提供的一套定制的解决方案,该方案描述了对象和类之间的相互作用。设计模式具有 3 层含义:①它是一套被反复

使用的、多数人知晓的、经过分类编目的代码设计经验的总结；②它是一种用于对软件系统中不断重现的设计问题的解决方案进行文档化的技术；③它是一种共享专家设计经验的技术。

单例模式是指确保一个类只有一个实例，并提供一个全局访问点来访问该唯一实例，它是一种常用的软件设计模式，类结构如图 8-14 所示。数据成员 single 是 SingleTon 类型，表示 SingleTon 与自己存在依赖关系（虚线），成员方法 getInstance()返回 SingleTon，表示 SingleTon 与自己存在关联关系（实线）。

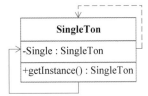

图 8-14　单例模式类结构

8.2.2　两种单例模式

设计单例模式有 3 个要点：①某个类只能有一个实例；②某个类必须自行创建这个实例；③某个类必须自行向整个系统提供这个实例。

单例模式有饿汉式和懒汉式两种构建方式。

1. 饿汉式

类加载初始化时，创建好一个静态对象供外部使用，除非系统重启，这个对象不会改变。这种方式创建的单例对象是线程安全的。

下面是饿汉式的典型代码，第 4 行声明静态私有化 SingleTon 数据成员，同时产生唯一的 SingleTon 对象；第 9 行公共静态成员方法 getInstance()访问唯一实例对象 single；第 6 行私有化构造方法，避免外部通过构造方法产生新的实例对象。

```
1     //饿汉式构建单例类
2     class SingleTon {
3         //1.静态私有数据成员,产生唯一对象
4         private static SingleTon single = new SingleTon();
5         //2.私有化构造方法
6         private SingleTon() {
7         }
8         //3.取得唯一实例对象的公共静态成员方法
9         public static SingleTon getInstance() {
10            return single;
11        }
12    }
```

2. 懒汉式

通过延迟加载方式实现懒汉式单例。该模式只在需要对象时才会生成单例对象。多线程环境下可能产生多个单例对象，线程不安全。

下面是懒汉式的典型代码，第 3 行声明静态私有数据成员 single，初始化为 null，这点与饿汉式不同；第 5 行私有化构造方法，这点与饿汉式一样；第 7 行公共静态成员方法 getInstance()，如果 single 为 null 表示该类没有一个 SingleTon 的对象，使用私有构造方法创建唯一的实例对象。

```
1     //懒汉式构建单例类
2     class SingleTon {
3         //1.静态私有数据成员,没有产生唯一对象
```

```
4      private static SingleTon single = null;
5      private SingleTon() {    }                    //2.私有化构造方法
6      //3.取得唯一实例对象的公共静态成员方法,如果没有唯一实例化对象则产生该对象
7      public static SingleTon getInstance() {
8          if (single == null)
9              single = new SingleTon();
10         return single;
11     }
12 }
```

在实际软件开发过程中,为了保证线程安全需要采用饿汉式。毕竟系统安全性是软件系统的基本要求。

8.2.3 单例模式案例

程序案例 8-5 通过捕鱼达人游戏演示饿汉式单例模式设计方法。捕鱼达人游戏中只有一个炮台,该炮台能发射各种不同的炮弹。采用饿汉式单例模式设计炮台类。程序第 4 行声明私有化静态数据成员,同时产生唯一实例化对象;第 6 行私有化构造方法;第 8 行通过 getInstance()方法获得唯一实例对象。程序运行结果如图 8-15 所示。

图 8-15 程序案例 8-5 运行结果

【程序案例 8-5】 饿汉式单例模式。

```
1  package chapter8;
2  class Battery{                                    //设计炮台类
3      //1.私有化静态数据成员,同时产生唯一实例化对象
4      private static Battery bat=new Battery();
5      //2.私有化构造方法
6      private Battery() {}
7      //3.公共静态成员方法返回唯一实例化对象
8      public static Battery getInstance() {
9          return bat;
10     }
11     //定义成员方法发射炮弹
12     public void fire(String bomb) {
13         System.out.println("发射:" + bomb);
14     }
15 }
16 public class Demo0805 {
17     public static void main(String[] args) {
18         Battery bat = Battery.getInstance();    //取得炮台实例,只有一个
19         bat.fire("东风导弹!");
20         bat.fire("巨浪导弹!");
21     }
22 }
```

简单工厂模式

8.3 简单工厂模式

8.3.1 简单工厂模式概念

在多态编程实践中，一个父类（或者接口）有若干不同子类，需利用子类的构造方法实例化子类对象，给程序员增加了较大负担。例如，武器生产管理系统，需要根据客户要求生产步枪、机关枪和手枪等。下面代码段中，程序第 2 行定义抽象武器父类 Weapon，第 6、11 行定义 Weapon 的子类 MachineGun 和 Pistol，第 17~20 行采用多态实例化 MachineGun 和 Pistol 对象。

该设计存在两个问题：①程序员要记住每个 Weapon 子类名，增加了负担；②缺乏灵活性，如果现在要生产狙击步枪，定义类 SniperRifle 继承 Weapon，并且主方法 main（理解为客户端）中需要实例化该对象，没有实现定义与应用解耦。

```
1   //武器父类 Weapon
2   abstract class Weapon{
3       abstract void display();              //显示武器名称
4   }
5   //MachineGun 类继承 Weapon 类
6   class MachineGun extends Weapon{
7       @Override
8       void display() {    }
9   }
10  //Pistol 类继承 Weapon 类
11  class Pistol extends Weapon{
12      @Override
13      void display() {    }
14  }
15  public class Demo{
16      public static void main(String[] args) {
17          Weapon w1=new MachineGun();
18          w1.display();
19          Weapon w2=new Pistol();
20          w2.display();
21      }
22  }
```

针对前面设计的武器生产管理系统存在的问题，简单工厂模式能容易解决它。

简单工厂模式是指定义一个工厂类，该类能根据不同参数返回不同类的实例，被创建的实例有共同的父类。该模式又称静态工厂方法模式（Static Factory Method）。

8.3.2 简单工厂模式类图

图 8-16 为简单工厂模式类图。简单工厂模式包括 3 个角色：①抽象产品类（Product），负责定义所有具体产品的公共接口；②具体产品类（ConcreteProduct），抽象产品的子类，是简单工厂模式的创建目标，所有被创建的对象都是某个具体产品类的实例；③工厂类（Factory），负责实现创建所有具体产品类的实例的内部逻辑，工厂类可以被外界直接调用。

下面是简单工厂模式的典型代码。第 1 行定义抽象产品；第 7、11 行定义了两个具体产

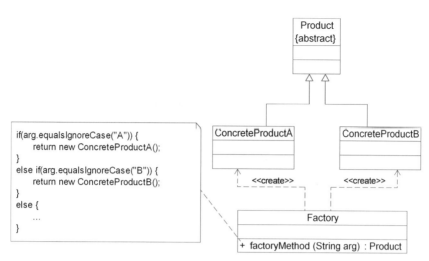

图 8-16 简单工厂模式类图

品；第 16 行静态工厂方法 getProduct(String arg)能根据字符串（产品名）生产对应的具体产品的实例对象,该模式名称来源于该方法。

```
1   abstract class Product {                            //1.抽象产品
2       //产品类的公共方法
3       public void methodSame() {    }
4       //抽象方法
5       public abstract void methodDiff();
6   }
7   class  ConcreteProductA extends Product{             //2.具体产品
8       @Override
9       public void methodDiff() {    }
10  }
11  class  ConcreteProductB extends Product{             //2.具体产品
12      @Override
13      public void methodDiff() {    }
14  }
15  class  Factory {
16      public static Product   getProduct(String arg) {  //3.静态工厂方法
17          Product product = null;
18          if (arg.equalsIgnoreCase("A")) {
19              product = new ConcreteProductA();
20          }
21          else if (arg.equalsIgnoreCase("B")) {
22              product = new ConcreteProductB();
23          }
24          return product;
25      }
26  }
```

8.3.3 简单工厂模式案例

现使用简单工厂模式重新设计武器生产管理系统。设计的类结构如图 8-17 所示，Weapon 是抽象产品类；Pistol 和 MachineGun 是具体产品类；WeaponFactory 是工厂类,定义了根据武器名生产相应武器的方法 createWeapon(String name)。

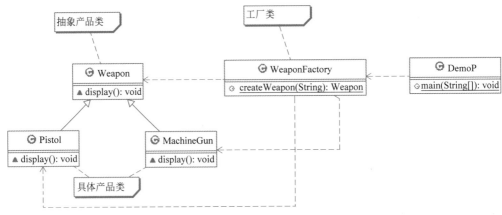

图 8-17　武器生产管理系统类结构

程序案例 8-6 通过武器生产管理系统演示简单工厂模式设计方法。第 3 行定义抽象产品类 Weapon；第 8、15 行定义具体产品类 MachineGun 和 Pistol；第 21 行定义工厂类；第 23 行定义方法 createWeapon(String name)，参数 name 表示生产的武器名，根据 name 返回具体武器实例对象；第 41 行通过参数"手枪"生产手枪对象；第 44 行通过参数名"机关枪"生产机关枪对象。程序运行结果如图 8-18 所示。

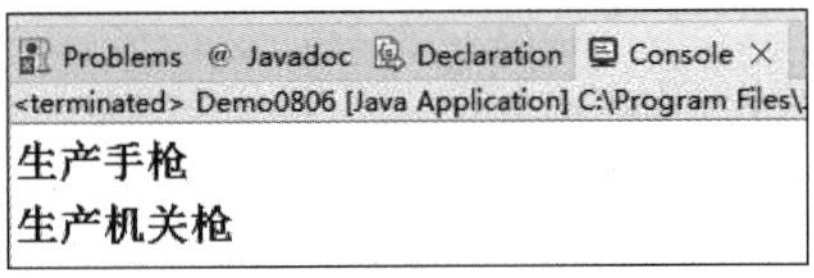

图 8-18　程序案例 8-6 运行结果

【程序案例 8-6】　简单工厂模式。

```
 1  package chapter8;
 2  //1. 抽象产品类 Weapon
 3  abstract class Weapon{
 4      abstract void display();                    //显示武器名称
 5  }
 6  //2. 具体产品类
 7  //2.1 MachineGun 类继承 Weapon 类
 8  class MachineGun extends Weapon{
 9      @Override
10      void display() {
11          System.out.println("生产机关枪");
12      }
13  }
14  //2.2 Pistol 类继承 Weapon 类
15  class Pistol extends Weapon{
16      @Override
17      void display() {
18          System.out.println("生产手枪");
19      }
```

```
20  }
21  class WeaponFactory {                              //3. 工厂类
22      //静态工厂方法生产武器,参数表示武器名
23      public static Weapon createWeapon(String name) {
24          Weapon w = null;
25          switch (name) {
26          case "手枪":                                //生产手枪
27              w = new Pistol();
28              break;
29          case "机关枪":                              //生产机关枪
30              w = new MachineGun();
31              break;
32          default:
33              System.out.println("暂时能生产该武器:" + name);
34          }
35          return w;
36      }
37  }
38  public class Demo0806{
39      public static void main(String[] args) {
40          //生产手枪
41          Weapon pistol = WeaponFactory.createWeapon("手枪");
42          pistol.display();
43          //生产机关枪
44          Weapon mg = WeaponFactory.createWeapon("机关枪");
45          mg.display();
46      }
47  }
```

该程序解决了武器生产管理系统存在的两个问题:①程序员通过武器名能实例化武器对象,减轻了程序员记忆子类的负担;②利用简单工厂模式生产武器,而不是在客户端直接生产,解耦了定义与应用,增加程序灵活性。

8.4 小 结

本章主要知识点如下。

(1) 类之间的依赖、关联、聚合和组合关系,根据语义和代码区分它们。

(2) 单例模式使类只能产生唯一的实例对象,饿汉式单例模式线程安全,懒汉式单例模式线程不安全。

(3) 简单工厂模式根据产品名获得对应的实例对象,减轻了编程人员的记忆负担,增加了程序灵活性。

8.5 习 题

8.5.1 填空题

1. 如果类 P 继承了类 Q,则称类 P 为(   )类,类 Q 为(   )类。
2. 图 8-19 中,类 A 与接口 IY 是(   )关系,类 A 与接口 IX 是(   )关系,类 TX 与

接口 IX 是（　　）关系。

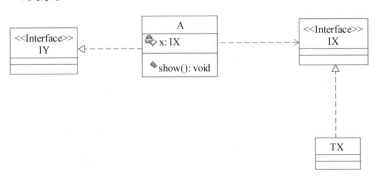

图 8-19　填空题 2

8.5.2　选择题

1. 图 8-20 包含了类（接口）之间的（　　）关系。

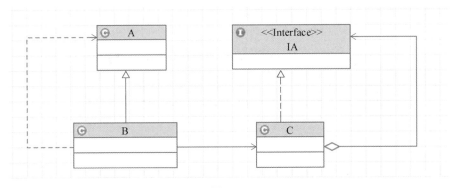

图 8-20

　　A. 依赖　　　　B. 集成　　　　C. 实现　　　　D. 聚合　　　　E. 关联

2. 单例模式的实现不需要满足（　　）。

　　A. 类中的构造方法的访问权限必须设置为私有

　　B. 类中的构造方法必须用 protected 修饰

　　C. 必须在类中创建该类的静态私有对象

　　D. 在类中提供一个公共静态方法用于获取静态私有对象

3. 下列关于饿汉式和懒汉式的说法正确的是（　　）。

　　A. 饿汉式在第一次使用时进行实例化　　B. 懒汉式在类加载时就创建实例

　　C. 饿汉式是线程安全的　　　　　　　　D. 懒汉式不存在线程风险

8.5.3　简答题

1. 画出简单工厂模式类图，并简述各角色的含义。

2. 简述饿汉式和懒汉式的区别。

8.5.4　编程题

1. 某俱乐部有若干成员，某些成员可能也是其他俱乐部的成员。分析该问题抽象出类，然后用 UML 类图表示类之间的关系，并用 Java 语言实现。（建模为聚合关系）

2. 一个人拥有多个电子设备,如有一部手机,两台计算机。分析该问题抽象出类,然后用 UML 类图表示类之间的关系,并用 Java 语言实现。

3. 模拟自动售货机卖商品。顾客操作流程:选择商品→付款→弹出商品→找零钱。设计货物抽象类 Good,绿茶类 GreenTea、百事可乐类 Pepsi 和矿泉水类 MineralWater 继承了 Goods 类,设计工厂类 GoodsFactory,方法 getGoods(String name,double price)得到一种指定的商品。采用简单工厂模式实现。

第 9 章 包及访问控制权限

一个规模中等的软件系统包含成千上万的类和接口，这些类和接口由不同开发小组设计。Java 语言通过什么方式有效组织管理数量庞大的类和接口？类、数据成员和成员方法都有访问权限控制，Java 语言如何为它们授权满足用户需要？本章将为读者一一解答这些问题。

本章内容

（1）包。

（2）访问控制权限。

◆ 9.1 包

包

9.1.1 包的概念

正常运行的 Java 软件系统被划分成若干功能模块，每个模块需要数量众多的类与接口协同工作，这些类与接口来自 3 方面，软件开发团队自定义、JDK 和第三方提供。有效组织管理成千上万的不同模块中的类和接口是提高软件开发效率的基础。Windows 操作系统为了有效管理多如牛毛的文件，采用了"磁盘/文件夹…/子文件夹/文件"的组织形式，不同磁盘、不同文件夹下的子文件夹和文件可以同名，但同一个文件夹下的子文件夹和文件不能同名。

Java 语言采用类似 Windows 管理文件的方式管理类和接口。

包是类和接口的容器，一个包中能定义若干不同名的类和接口，也能定义子包。简单地讲，包就是 Java 语言的文件夹。

虽然包具有类似文件夹的作用，但对于优秀的程序设计语言来说，这是远远不够的。包有 3 个主要作用：①划分类名空间，确保不同包中的类名和接口名不冲突；②对类（接口）进行分类管理，把功能相似或相关的类（接口）组织在一个包，或者把某个模块的类（接口）组织在一个包；③控制类和接口之间的访问关系。

9.1.2 定义包

Windows 建立文件夹后，才能在该文件夹下建立文件和子文件夹。类似地，Java 语言建立包后，才能在该包中定义类和接口，或建立子包。Java 语言建包命令是 package。

【语法格式 9-1】 定义包。

package 包名.子包名;   //第一条有效语句

package 建包需要注意两点：①package 是源程序文件的第一条有效语句；②一个源程序文件只能有一条 package 语句。

如果定义类时没有使用 package,Java 语言将把定义的类保存在默认包。

使用 Eclipse 开发 Java 项目,源程序保存在 Windows 的"项目空间目录\项目名\src\包名"文件夹,编译之后产生的字节码文件保存在 Windows 的 "项目空间目录\项目名\bin\包名"文件夹。如图 9-1 所示,地址栏是项目空间目录,主窗口是包名。

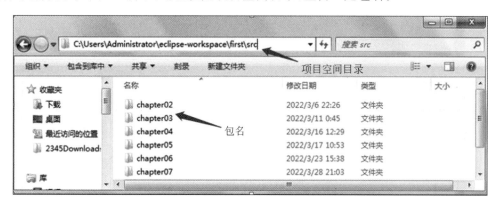

图 9-1　Java 项目文件保存目录

命名包有两个要求：①所有字符均小写且不能含特殊字符；②包可以有多层,每层用符号"."隔开,例如包名 cn.edu.jsu.motorcity.login(cn 是包,edu 是 cn 的子包,jsu 是 edu 的子包,motorcity 是 jsu 的子包)。

类似取一个见名知意的文件夹名一样,包的命名除了有含义外,业内还有一些约定俗成的习惯。

(1) 单人项目。由个人发起,但非独自完成的单人项目 onem (one-man),包名"onem.发起者名.项目名.模块名……",如 onem.qzy.chess.login。

(2) 个人项目。由个人发起,独自完成的个人项目 pers(personal),包名"pers.个人名.项目名.模块名……",如 pers.qzy.chess.login。

(3) 私有项目。由个人发起,独自完成,非公开的私人使用的项目 priv(private),copyright 属于个人,包名"priv.个人名.项目名.模块名……",如 priv.qzy.chess.login。

(4) 团队项目。由团队发起,并由该团队开发的项目,copyright 属于该团队,包名"team.团队名.项目名.模块名……",如 team.westjourney.dressing.login。

(5) 公司项目。由公司发起,并由该公司开发的项目,copyright 属于该公司,包名"公司域名反写.项目名.模块名……"。互联网的域名是不会重复的,所以多数开发人员采用公司(部门)的互联网域名作为程序包的唯一前缀。例如,华为鸿蒙操作系统开发团队的包名为 com.huawei.harmonyos。

集成开发环境 Eclipse 建包有两步：①右击项目名在弹出的快捷菜单中选择 new→package,打开 New Java Package 窗口；②输入包名(见图 9-2)。建包后,能够在包中创建类和接口(见图 9-3)。

图 9-2 Eclipse 建包

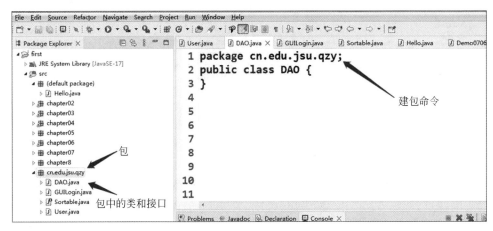

图 9-3 Eclipse 项目结构

9.1.3 使用包

打开 Windows 文件一种常用的方法是使用鼠标选择文件夹中的文件;另一种方法是在窗口地址栏直接输入文件名打开文件,该方式需要记忆文件的具体位置和文件名,给操作者带来很大负担,趋利避害是人的本性,大多数人采用第一种方式。

JVM 提供管理类和接口功能,它把包当作类似 Windows 文件夹一样管理。程序中访问类和接口时,在类前加入包的位置就能引用类和接口。

【语法格式 9-2】 引用包中的类和接口。

包名.子包名.类名

或者

包名.子包名.接口名

项目开发者能引用自定义的类和接口,也能引用 JDK 提供的标准类和接口。例如,已在 cn.edu.jsu.qzy 包中定义 Person 类,JDK 的 java.util 包提供数组工具类 Arrays。下面代码段,第 3 行 cn.edu.jsu.qzy.Person 引用包 cn.edu.jsu.qzy 中自定义的 Person 类,第 8 行

包程序

java.util.Arrays.sort 引用 JDK 的 java.util 子包中的 Arrays 类。

```
1    public class Demo {
2        public static void main(String[] args) {
3            cn.edu.jsu.qzy.Person[] swk = {            //引用开发者自定义类
4                new cn.edu.jsu.qzy.Person("孙悟空"),     //引用开发者自定义类
5                new cn.edu.jsu.qzy.Person("猪八戒")
6            };
7            int [] top= {3,8,2,1,9};
8            java.util.Arrays.sort(top);                //引用 JDK 标准类
9        }
10   }
```

引用不同包中的类,对该类的访问控制权限有要求,9.2 节介绍访问控制权限相关内容。

使用"包名.子包名.类名"方式引用类更直观,使程序员明确了解类和接口的位置。但这种方式也存在问题,程序员需要知道类和接口的位置以及它们的名字,类似在 Windows 窗口的地址栏输入文件名打开文件一样。

Java 语言进行人性化设计,使用 import 语句能引入包中所有类和接口,集成开发环境 Eclipse 有引入类提醒功能,这些措施减轻了开发者的记忆负担,使开发者有更多精力从事创造性活动。

如果程序中引入的类和接口比较多,并且包名比较长,前面引入类和接口的方法会非常烦琐。Java 语言提供的 import 语句能加载具体类,也能一次性加载包中的所有类,加载后不需要用包名作为前缀,程序中能直接使用它们。

【语法格式 9-3】 import 加载类。

```
import 包名.子包名.类名;              //导入包中需要使用的特定类
import 包名.子包名.*;                 //导入包中的所有类
```

假设 cn.edu.jsu 包中定义入口类 MainUI,在 cn.edu.jsu.basic 包中定义 Room、Student、Teacher 等类,在 cn.edu.jsu.ui 包中定义接口 DAO 和 Openable,如图 9-4 所示。

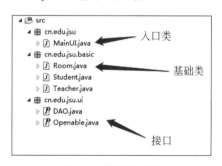

图 9-4 某项目结构

下面是入口类 MainUI 的代码段,第 1 行定义包 cn.edu.jsu,表示 MainUI 类在该包中,第 2~4 行引入 MainUI 包中的所有类,第 7、8 行直接使用已经通过 import 引入的类。

```
1    package cn.edu.jsu;
2    import cn.edu.jsu.basic.*;          //引入包中的所有类
```

```
3    import cn.edu.jsu.ui.*;              //引入包中的所有类
4    import java.util.*;                  //引入包中的所有类
5    public class MainUI {
6        public static void main(String[] args) {
7            Teacher swk=new Teacher();   //直接使用 cn.edu.jsu.basic 包中的类
8            Date now=new Date();         //直接使用 java.util 包中的类
9        }
10   }
```

使用 import 导入包中类时需要注意下面两点。

（1）系统默认导入 java.lang 包中的所有类。下面代段，第 4～6 行调用 System 类数据成员 out 的成员方法，第 7 行调用 Integer 类的成员方法，这些类都在 java.lang 包中，由系统默认导入。

```
1    //import  java.lang.*;
2    public class Hello{
3        public static void main(String[] args) {
4            System.out.println("中国梦!");
5            System.out.println("精益求精!");
6            System.out.println("努力奋斗!");
7            int x=Integer.parseInt("1949");
8        }
9    }
```

（2）import 语句"import 包名.*"只能导入当前包的所有类，不能导入子包中的类。如 "import java.util.*；"并不能代替"import java.util.jar.*"。

包是一种组织代码的有效手段，包名指出了程序使用的字节码文件(.class)的位置。除了使用 import 语句引入包中的类，利用环境变量 CLASSPATH 也能指明字节码文件的位置。图 9-5 为 JVM 寻找字节码文件的流程。JVM 首先在程序当前路径寻找需要的字节码文件(.class)，如果没找到，系统自动在 import 语句加载的包中寻找字节码文件，如果仍然没有找到，JVM 在环境变量 CLASSPATH 指明的路径中寻找。

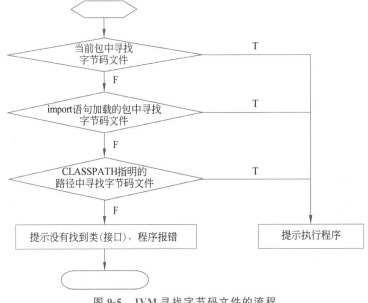

图 9-5　JVM 寻找字节码文件的流程

9.1.4 常见包

站在巨人肩上能让我们看得更远。普通软件一般不是基于 CPU 编程，往往在别人提供的基本功能基础上进行系统开发。例如，为提高 C 语言开发 GUI 游戏效率，需采用 graphics.h 函数库提供的图形函数。

为了提高用 Java 语言开发软件系统的质量和效率，除了程序员自己定义类和接口外，还必须借助已有的丰富类库。Java 类库(JFC)是系统提供的标准类的集合，是 Java 编程的应用程序接口(Application Program Interface，API)，它们能帮助开发者方便、快捷地进行软件开发。

Java 类库根据不同功能分成若干包，常用包如下。

(1) java.lang 包。核心类库，包含运行 Java 程序必不可少的系统类，如字符串处理 String 类、System 类、异常处理 Exception 类、线程等，该包由 JVM 自动导入。

(2) java.io 包。标准输入输出类库，如 InputStream 类、OutputStream 类、File 类等。

(3) java.util 包。实用工具类库，该包提供一些实用的类和数据结构。例如，数组工具类 Arrays、线性表类 ArrayList、链表类 LinkedList、日期类 Date、日历类 Calendar、堆栈类 Stack、向量类 Vector 和哈希表类 Hashtable 等。

(4) java.lang.reflect 包。java.lang 的子包，提供反射工具。

(5) java.net 包。实现网络功能的类库，包含 Socket 类、ServerSocket 类等。

(6) java.awt 包。构建 GUI 的类库，如布局管理器类 LayoutManger、容器类 Container、窗口类 Frame、按钮类 Button、文本框类 TextArea 等，以及 GUI 交互控制和事件响应，如 Event 类。

(7) java.awt.event 包。GUI 的事件处理包。

(8) java.sql 包。实现数据库编程的 JDBC 类库。

(9) java.swing 包。构建 GUI 类库，相对 java.awt 包中的组件而言，java.swing 包提供的 GUI 组件是轻量级。该包提供的 GUI 类有前缀 J，表示与 java.awt 的区别，如窗口类 JFrame、按钮类 JButton、文本框类 JTextArea 等。

◆ 9.2 访问控制权限

访问控制权限

C 程序的变量有访问作用域，有些变量只能在函数体内访问，有些变量能在整个文件中访问，而有些变量能在整个程序中访问。

Java 语言采用访问控制权限决定一个类或者接口、类中的成员是否允许被其他类访问。Java 有 4 种不同级别的访问权限控制符，约束能力从小到大分别是 public＜protected ＜default(没有关键字)＜private。public 的约束能力最小，其修饰的成员对外部完全公开；private 修饰的成员只能在内部访问。

外部类的访问权限控制符只能是 public 和 default，内部类可以用 private 或 protected，类中成员的访问权限控制符可以是上述 4 种。有两个因素决定数据成员和成员方法是否能被访问：①成员所在类的访问权限控制符；②成员本身的访问权限控制符。表 9-1 列出了类与成员之间的可见关系。

表 9-1 访问权限控制符的作用域

数据成员与方法修饰符	外部类修饰符	
	public	default
public	所有类	包中类(含当前类)
protected	包中类(含当前类)、所有子类	包中类(含当前类)
default	包中类(含当前类)	包中类(含当前类)
private	当前类本身	当前类本身

(1) private 是私有访问权限控制符。用 private 修饰的数据成员和成员方法只能被该类自身访问,不能被其他类(包括子类)访问和引用,该修饰符提供了最高保护级别,约束力最强。

(2) default 是默认访问权限控制符。如果一个类或者类中的数据成员或成员方法没有使用任何的访问权限控制符,则采用默认访问权限控制符,用它修饰的数据成员和方法能被本包中的其他类访问,但是不能被其他包中的类访问,称为 default 包访问权限控制符。

(3) protected 是保护访问权限控制符。用 protected 修饰的数据成员和方法只能被本包及不同包的子类访问,它的作用是允许其他包中的子类访问父类成员,称为 protected 子类访问权限控制符。

(4) public 是公共访问权限控制符。用 public 修饰的数据成员和方法可以被所有类访问,不管这些类是否在同一个包中或者是否有继承关系,该修饰符的约束力最小。

程序案例 9-1 演示了访问控制权限。cn.edu.jsu.basic 包中设计类 Person,代码如下。根据表 9-1,所有包中的类都能访问 Person 类的公共方法 study(),包 cn.edu.jsu.basic 或者 Person 的子类中能访问受保护方法 say(),包 cn.edu.jsu.basic 能访问默认方法 display(),只能在 Person 类中访问私有方法 print()。

【程序案例 9-1】 访问控制权限。

```
1   package cn.edu.jsu.basic;
2   public class Person{                    //公共类
3       public void study() {}              //公共方法,所有类可见
4       protected void say() {}             //受保护方法,子类可见
5       void display() {}                   //默认方法,包可见
6       private void print() {}             //私有方法,类体可见
7   }
```

需要注意的是,访问控制权限的另一个含义是可见性,能不能访问还与其他修饰有关。例如下面代码,第 2 行定义静态公有方法 teaching(),虽然类体可见,但第 4 行访问该方法不能通过编译,因为非静态成员不能访问静态成员。

```
1   public class Person {
2       public static void teaching() {}    //静态公共方法
3       private void print() {              //私有方法
4           Person.eacher();                //编译出错,非静态成员不能访问静态成员
5       }
6   }
```

9.3 小　　结

本章主要知识点如下。
（1）包有 3 个作用，使用 import 引入包中的类。
（2）JDK 提供了标准 Java 类库（JFC）。
（3）Java 有 4 种访问权限控制符，访问关系由表 9-1 确定。

9.4 习　　题

9.4.1 填空题

1. 在类中引入包，需要使用（　　　）关键字。
2. 类的成员可以被访问，第一个要素是（　　　），第二个要素是（　　　）。
3. 根据提示补全程序空白处，使程序能够正确运行。

```
public class Father{
    ①_____ int a;                //仅本类中可见
    ②_____ int d;                //其他包中可见
    ③_____ int c;                //本包中可见
    ④_____ int b;                //本包及子类中可见
}
```

9.4.2 选择题

1. Java 语言提供的 JFC 中，（　　　）包提供了数据库操作的类。
   A. java.net　　　　　B. java.sql　　　　　C. java.awt　　　　　D. java.io
2. 下列关于包概念的描述中，错误的是（　　　）。
   A. 包的概念最开始产生的原因是避免类名重复
   B. 包是由.class 文件组成的一个集合，在物理上包被转换成一个文件夹
   C. 一般情况下，功能相同或者相关的类组织在一个包中
   D. 包只能定义一层，即包中不能再有子包

9.4.3 简答题

1. 包有哪些作用？
2. 利用表格表示 Java 语言的 4 种访问权限控制符的使用范围。
3. 简述 Java 程序寻找字节码的过程。

第10章 异常处理

机械电子系统在使用过程中因老化、磨损、环境等因素经常出现故障,有些故障需要马上处理,有些故障可以暂时不处理。例如,汽车发动机故障需要马上维修,而汽车座椅皮套破损可以暂时不处理。在软件系统运行过程中,可能因运行环境变化或者程序设计不正确而产生错误。Java 是否具有处理程序错误的能力? Java 如何处理程序错误? 本章将为读者一一解答这些问题。

本章内容
(1) 异常的概念。
(2) 异常处理机制。
(3) try…catch…finally 语句。
(4) throws 关键字。
(5) throw 语句。
(6) 自定义异常。

◆ 10.1 基本概念

异常的概念

自然界是一个复杂系统,常常发生异常情况,如台风、洪灾、地震等。人类生产生活也存在很多异常情况,如汽车不能正常启动、雨伞不能正常打开、驾车上班遇见堵车等。

在计算机世界中,计算机程序存在语法错误、运行错误和逻辑错误 3 种情况。语法错误指程序中存在不符合语法规则而产生的错误,如关键字作变量名、for 循环语句格式错误等,编译器对语法进行诊断,提取出检测到的语法错误并反馈给编程人员;运行错误指程序在运行过程中出现的错误,如除数为 0、数组下标越界、对象向下转型时类型不匹配及文件不能打开等错误;逻辑错误指程序正常运行后没有得到预期结果。

下面代码段,程序通过编译阶段表示没有语法错误,运行时第 7 行发生错误,因为 p 向下转型时类型不匹配。

```
1   class Person{}
2   class Student extends Person{}
3   class Teacher extends Person{}
4   class Demo{
```

```
5       void show() {
6           Person p=new Student();
7           Teacher t=(Teacher)p;   //P 是 Student 的实例,不能向下转型成 Teacher 类型
8       }
9   }
```

异常指程序在运行过程中发生在正常情况以外的事件,如用户输入错误、除数为0、需要的文件不存在、文件不能不开、数组下标越界、类型不匹配等。程序在运行过程中出现这些异常情况在所难免。Java 语言提供异常处理机制,确保不因异常导致系统崩溃。

人在成长过程中也会出现"异常",如学习成绩不理想、与同学发生矛盾等。当我们遭遇各种困境、失败和挫折时,要用积极乐观的心态应对,不断提高逆商。

一个良好的应用程序,不仅要实现用户提出的功能,还应该具有很好的健壮性,具备处理程序运行过程中出现各种异常的能力。也就是说,在保证程序正确性的同时,应充分考虑各种意外情况,使程序具有较强的容错能力。

异常处理指对程序运行过程中产生的异常情况进行恰当处理的技术。

根据是否具有异常处理能力,把程序设计语言分为没有异常处理机制和有异常处理机制两类,如 Java 是一门优秀的具有异常处理机制的语言,而 C 语言没有提供异常处理机制。

没有异常处理机制的程序设计语言处理异常,通常在程序中使用 if…else 等判断语句捕捉程序中可能发生的错误,监视、报告和处理异常的代码与完成正常功能的代码交织在一起,这种处理方式在异常发生点能观察到程序如何处理,但它干扰了程序员对程序正常功能的理解,降低了程序的可读性和可维护性,并且由于人类知识的限制,异常情况总比能考虑到的情况多,所以程序往往不够健壮。

例如,C 语言没有提供异常处理机制,下面代码段显示 C 语言处理数组下标越界异常情况,第 4 行判断下标是否越界,如果越界则给出错误提示,否则输出计算结果。该程序第 4 行的 if 语句判断是否产生异常,它与完成正常功能的代码没有区别,阅读程序变得困难,并且该语句仅能捕获这一种异常。

```
1   void main{
2       float a[]={4,3,7,8,9},x;
3       int i=10;
4       if( i>4 || i<0 )
5           printf("数组下标越界");
6       else
7       {
8           x=a[i];
9           printf("%f",a[i]);
10      }
11  }
```

Java 语言的一个重要特征是提供了完善的面向对象异常处理机制(Exception Handing),当不可预期的异常发生时,异常处理机制会尝试恢复异常发生前的状态或对这些结果做一些善后处理,以保证程序能正常结束而不崩溃。通过异常处理机制,可以预防错误的程序代码或系统错误所造成的不可预期的结果。

Java 异常处理机制减少了编程人员的工作量,增加了程序的灵活性、可读性和可靠性。

程序案例 10-1 显示了 Java 处理数组下标越界情况。第 6 行是 Java 处理异常的代码,第 7 行是可能产生异常的代码,第 8～11 行是出现异常后的处理措施。显然,程序正常代码(第 7 行)与异常处理代码(第 8～11 行)存在明显区别。程序运行结果如图 10-1 所示。

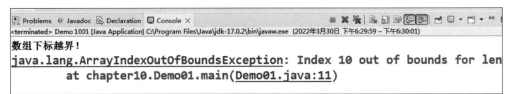

图 10-1　程序案例 10-1 运行结果

【程序案例 10-1】　数组下标越界异常处理。

异常程序

```
1   package chapter10;
2   public class Demo1001 {
3       public static void main(String[] args) {
4           float a[]={4,3,7,8,9},x;
5           int i=10;
6           try {
7               x=a[i];
8           }catch(Exception e) {
9               System.out.println("数组下标越界!");
10              e.printStackTrace();
11          }
12      }
13  }
```

10.2　异常处理机制

10.2.1　异常处理方式

　　Java 的设计理念"一切皆对象",Java 程序的所有异常都是对象。当 Java 程序在运行过程中发生一个可识别的运行错误时,系统会产生一个相应的异常对象,由异常机制处理该异常,确保不会产生死机、系统崩溃或其他对系统有损害的结果,保证程序运行的安全性。

　　Java 语言具有比较完善的异常处理能力,它定义了很多异常类,每个异常类代表一类运行错误,异常类包含了运行错误的信息(异常类的数据成员)和处理错误的方法(异常类的成员方法)。

　　生活出现"异常"并不可怕,需要提高处理"异常"的能力,在逆境中成长。

　　Java 语言有两种处理异常方式(见图 10-2):①利用 try…catch…finally 语句处理异常,优点是分开了处理异常代码与程序正常代码,增强了程序可读性,减少中途终止程序运行可能带来的危害;②由 Java 异常处理机制预设方式处理,一旦程序发生异常,停止执行程序并显示一些错误信息给用户。如果没有处理异常措施,系统可能崩溃。

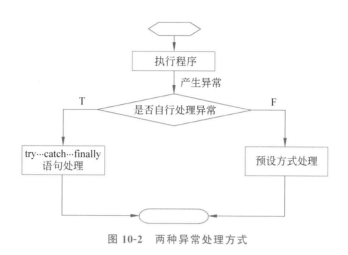

图 10-2　两种异常处理方式

10.2.2　异常类结构

学习 Java API,从类结构开始有助于快速了解 API 的主要作用和使用方法。Java 异常处理机制中,类 java.lang.Throwable 是所有异常类的祖先类,Throwable 类有两个直接子类。①Error 子类,它包含 Java 系统或执行环境中发生的异常,用户无法捕捉它们,如 CPU 运行错误、内存溢出、I/O 错误等;②Exception 子类,它包含一般性的异常,如数组下标越界异常、除数为 0 异常、类型转换异常、I/O 异常、SQL 异常等,用户能用 try…catch…finally 语句捕捉它们,也能定义这些异常类的子类创建自己的异常处理。图 10-3 显示 Java 语言的异常类结构。

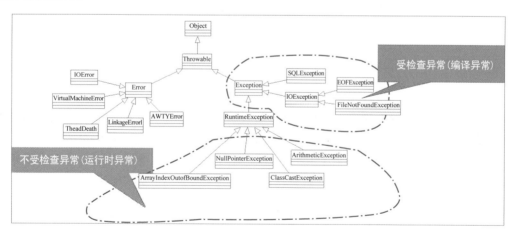

图 10-3　异常类结构

Java 的异常类型(Exception 子类)分为受检查异常和不受检查异常。图 10-3 所示的 Error 类和 RuntimeException 类及其子类是不受检查异常(Unchecked),其他如 SQLException 类、IOException 类等是受检查异常(Checked)。

(1) Error 子类代表 Java 系统内部错误,如 ThreadDeath 类、IOError 类等,Java 系统不能处理这些异常,由虚拟机直接抛出。这些异常属于不受检查异常。

(2) RuntimeException 子类代表运行时异常,是程序运行过程中产生的错误,程序员通过调试修复它们。例如,通过检查数组下标和数组边界避免数组越界异常、类型转换前通过 instanceof 运算符进行类型检查等。这些异常也属于不受检查异常。

(3) 其他子类如 IOException、SQLException、FileNotFoundException,它们的特点是程序运行前 Java 编译器会检查它们,如果程序中可能出现这类异常,程序员需要用异常处理语句 try…catch…finally 捕获,或者用 throws 子句抛出,否则不能通过编译。

例如,打开一个文件,如果文件不存在将抛出 FileNotFoundExcepton 类属于受检查异常。图 10-4 的代码出现了受检查异常类 FileNotFoundExcepton,如果不处理就不能通过编译。给出两种处理措施:①在方法的声明处用 throws 抛出这个异常;②用 try…catch…finally 语句处理。图 10-5 为使用 try…catch…finally 语句处理受检查异常的代码,程序通过编译。受检查异常(编译异常)必须被处理。

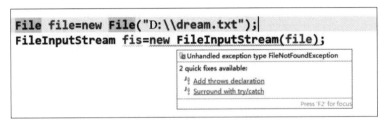

图 10-4 没有处理受检查异常

```
File file=new File("D:\\dream.txt");
try {
    FileInputStream fis=new FileInputStream(file);
} catch (FileNotFoundException e1) {
    e1.printStackTrace();
}
```
异常处理代码

图 10-5 处理受检查异常

表 10-1 列出常见的不受检查异常和受检查异常,如数组下标越界异常 ArrayIndexOutOfBoundsException、数字格式化异常 NumberFormatException、算术异常 ArithmeticException 等是不受检查异常,这些异常需要程序员主动排除;数据库访问异常 SQLException、没有发现类异常 ClassNotFoundException 等是受检查异常,这些异常需要程序员主动捕获处理。

表 10-1 常见的两种异常类型

异常分类	类 名	说 明
运行时异常 (不受检查异常)	ArrayIndexOutOfBoundsException	数组下标越界异常
	NullPointerException	空指针访问异常
	NumberFormatException	数字格式化异常
	ArithmeticException	算术异常,如除以 0
	ClassCastException	类型转换不匹配异常

续表

异常分类	类　　名	说　　明
编译时异常 （受检查异常）	SQLException	数据库访问异常
	IOException	文件操作异常
	FileNotFoundException	文件不存在异常
	ClassNotFoundException	没有发现类异常

开发软件时出现异常不要惊慌失措，沉着冷静主动思考，解决问题的过程就是提高编程能力的过程。

10.3　try…catch…finally 语句

try…catch
finally 语句

Java 处理异常的利器是 try…catch…finally 语句，该语句主要功能是能明确捕捉某种类型的异常，并按要求进行处理，发挥了异常处理机制的最佳优势。灵活运用该语句能提高程序的健壮性。

【语法格式 10-1】　异常处理。

```
try{
        //可能出现异常的代码
}catch(异常类1  异常对象){
        //处理异常代码
}[catch(异常类2  异常对象){
        //处理异常代码
}catch(异常类3  异常对象){
        //处理异常代码
}…]
[finally{
        //一定会运行的代码
}]
```

JDK 7 之后，Java 对 try…catch…finally 语句进行了改进，语法更加简洁。

【语法格式 10-2】　异常处理(JDK 7)。

```
try {
    //可能出现异常的代码
}catch ( 异常类1 [ |异常类2  … | 异常类n]  异常对象 ) {
    //处理异常代码
}finally{
    //一定会运行的代码
}
```

图 10-6 显示 try…catch…finally 语句的执行流程，如果 try 语句块的代码产生异常，JVM 抛出该异常对象，并在 catch 语句中寻找匹配的异常类型，如果有匹配的类型则执行对应的 catch 语句块，然后执行 finally 语句块，否则直接执行 finally 语句块。finally 是异常处理的统一出口，不管程序是否产生异常，一定会执行 finally 语句块。如果省略 finally，执行 catch 语句块后程序跳转到 try…catch 语句之后继续执行。

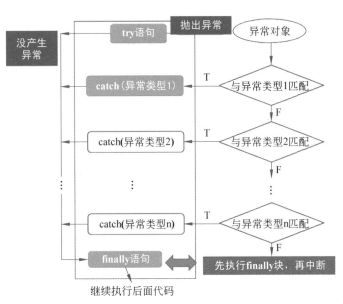

图 10-6　try…catch…finally 语句的执行流程

程序案例 10-2 演示了 try…catch…finally 处理数组下标越界异常。包含了 try…catch…finally 语句三要素。数组下标越界异常 ArrayIndexOutOfBoundsException 是不受检查异常，程序员通过调试能改正该错误。

程序第 7～15 行使用 try…catch…finally 语句处理第 8 行可能产生的错误。执行第 8 行时，JVM 抛出数组下标越界异常 ArrayIndexOutOfBoundsException 对象，第 10 行的 catch 语句匹配该异常类型，执行该 catch 语句块。不管 try 语句是否抛出异常，总会执行第 14 行 finally 块的代码。程序运行结果如图 10-7 所示。

try…catch…finally 语句程序

图 10-7　程序案例 10-2 运行结果

【**程序案例 10-2**】　数组下标越界异常。

```
1    package chapter10;
2    public class Demo1002 {
3        public static void main(String[] args) {
4            int[] a = {1, 2, 3, 4};
5            int index=10;                              //数组元素位置
6            System.out.println("=====程序开始=====");
7            try {
8                System.out.println("第"+index+"个位置元素是"+a[index]);
9                System.out.println("正在执行 try 语句");
```

```
10        } catch (ArrayIndexOutOfBoundsException e) {
11            System.out.println("执行 catch 语句");
12            e.printStackTrace();              //输出跟踪栈信息
13        }finally {
14            System.out.println("=====程序结束=====");
15        }
16    }
17 }
```

程序案例 10-2 运行结果显示,虽然第 8 行出现错误,但仍然保持了从程序开始到程序结束的完整过程。利用 Java 异常处理机制,能保证程序在出现异常情况下仍然能完成其他处理,程序没有崩溃。

Java 异常处理机制能同时处理多个异常。

程序案例 10-3 演示处理多个异常。第 11 行 Integer.parseInt(numStr)把字符串解析成整型,可能抛出异常 NumberFormatException 对象,如 Integer.parseInt("xyz12abc")就不能解析为整数,抛出该异常对象;第 12 行 arr[index] = trans 存在数组下标 index 越界情况,可能抛出异常 ArrayIndexOutOfBoundsException 对象;第 13、15 行分别捕获这两种异常。程序运行结果如图 10-8 所示。

```
========程序开始========
抛出了ArrayIndexOutOfBoundsException
=====程序结束======
```

图 10-8　程序案例 10-3 运行结果

【程序案例 10-3】　处理多个异常。

```
1  package chapter10;
2  public class Demo1003 {
3      public static void main(String[] args) {
4          int[] arr = { 5, 2, 8, 6 };
5          int index = 5;                //数组下标
6          String numStr = "12";         //数字字符串
7          int trans;                    //保存数字字符串转换为整型的结果
8          System.out.println("========程序开始========");
9          try {
10             //把数字字符串转换成整型,可能抛出 NumberFormatException
11             trans = Integer.parseInt(numStr);
12             arr[index] = trans;       //可能抛出 ArrayIndexOutOfBoundsException
13         } catch (NumberFormatException e) {
14             System.out.println("抛出了 NumberFormatException ");
15         } catch (ArrayIndexOutOfBoundsException e) {
16             System.out.println("抛出了 ArrayIndexOutOfBoundsException ");
17         } finally {
18             System.out.println("=====程序结束======");
19         }
20     }
21 }
```

利用 JDK 7 的 try…catch…finally 语句修改程序案例 10-3 第 9~19 行的代码如下，第 4 行一个 catch 语句同时捕获 NumberFormatException 和 ArrayIndexOutOfBoundsException 两个异常对象。

```java
1   try {
2       trans = Integer.parseInt(numStr);   //可能抛出 NumberFormatException
3       arr[index] = trans;                 //可能抛出 ArrayIndexOutOfBoundsException
4   } catch (NumberFormatException | ArrayIndexOutOfBoundsException e) {
5       e.printStackTrace();
6   } finally {
7       System.out.println("=====程序结束======");
8   }
```

世界上最优秀的软件开发团队开发的软件系统在运行时也可能发生错误。对于有 100 万行的大型软件系统，程序员知道每个错误对象的具体类型是很困难的，或者产生的异常类型比较多，如果捕获每个异常，程序显得臃肿。根据对象多态性原理（见图 10-2 显示 Exception 是所有异常的祖先类），能使用 Exception 捕捉任何异常对象。

程序案例 10-4 对程序案例 10-3 进行优化，采用 JDK 7 的 try…catch…finally 语句。第 10、11 行可能抛出 NumberFormatException、ArrayIndexOutOfBoundsException 或者其他异常对象；第 12 行 catch(Exception e) 捕捉的异常对象为 Exception 类型，根据多态性原理，其他异常类都是该类的子类，因此 Exception 能捕获任何异常。

【程序案例 10-4】 捕捉任何异常。

```java
1   package chapter10;
2   public class Demo1004 {
3       public static void main(String[] args) {
4           int[] arr = { 5, 2, 8, 6 };
5           int index = 5;                          //数组下标
6           String numStr = "12";                   //数字字符串
7           int trans;                              //保存数字字符串转换为整型的结果
8           System.out.println("========程序开始=========");
9           try {
10              trans = Integer.parseInt(numStr);
11              arr[index] = trans;
12          } catch (Exception e) {                 //捕获所有异常
13              e.printStackTrace();
14          } finally {
15              System.out.println("=====程序结束======");
16          }
17      }
18  }
```

"祸兮福所倚，福兮祸所伏"。虽然 Java 提供强大的异常处理机制，保证程序不会崩溃。但当异常发生时，需要 JVM 执行额外操作定位处理异常的代码块，这时会对性能产生一定的负面影响，如果抛出异常的代码块位于同一方法，影响会小些；此外，如果 JVM 必须调用栈寻找异常处理代码块，这种情况对性能的负面影响比较大。因此，不应该为追求软件健壮性而大量使用异常处理，仅仅在可能出现异常的位置使用 try…catch…finally。如果当前方法具备处理特定异常能力，就该自行处理，一般不把方法本身能处理的异常推给方法调用者。

10.4 throws 关键字

Java 程序运行时频繁发生方法调用,形成方法调用栈。如果方法抛出了异常对象,有两种解决方式:①使用 try…catch…finally 语句;②把该异常对象上交给调用该方法的上级方法。

在 Java 程序中,如果不知道在方法中如何处理出现的异常对象,可在定义该方法时使用 throws 抛出该异常,把该异常提交给上级调用者处理。

【语法格式 10-3】 throws 抛出异常。

```
[修饰符]   返回值类型      方法名(形参列表)    throws     异常类 A [,异常类 B,…,异常类 N] {
    //方法体
}
```

throws 能抛出方法可能产生的多个异常。下面代码段 show()方法没有使用 try…catch…finally 语句处理第 3、4 行可能产生的异常,第 1 行方法声明处使用 throws 关键字抛出第 3、4 行可能产生的异常。

```
1   public void show() throws ArrayIndexOutOfBoundsException, NumberFormatException {
2       int [] arr= {5,1,3,9};
3       int x=arr[10];              //可能抛出 ArrayIndexOutOfBoundsException
4       int y=Integer.parseInt("abc123xzy");
                                    //可能抛出 NumberFormatException
5   }
```

上面代码段第 3、4 行可能产生 ArrayIndexOutOfBoundsException 或者 NumberFormatException,这两个异常是不受检查异常,如果不用 try…catch…finally 语句处理并且也不用 throws 抛出,程序仍然能通过编译。

如果一个成员方法的 throws 抛出受检查异常,则调用该方法的上级方法必须使用 try…catch…finally 语句进行捕捉或用 throws 继续抛出,否则出现编译错误。

下面代码段出现编译错误,因为第 2 行用 throws 抛出了第 4 行可能产生的受检查异常 FileNotFoundException,第 8 行方法 readFile()调用第 2 行的 openfile()方法,但 readFile() 并没有处理第 8 行抛出的受检查异常 FileNotFoundException。

```
1   //打开文件方法
2   public void openFile(String file) throws FileNotFoundException {
3       //产生受检查异常 FileNotFoundException,在方法声明处使用 throws 抛出
4       FileInputStream fis=new FileInputStream(file);
5   }
6   //读取文件方法
7   public void readFile(String file) {
8       this.openFile(file);        //该方法抛出受检查异常 FileNotFoundException
9   }
```

方法之间的调用以及 throws 抛出异常,使异常的传播形成反向异常传播链。如果在抛出异常的方法中没有完全捕获异常(异常没被捕获,或异常被处理后重新抛出了新异常),那么异常将从发生异常的方法逐渐向外传播,首先传给该方法的调用者,该方法调用者再次传

给其调用者……直至 main 方法，如果 main 方法依然没有处理该异常，JVM 抛出该异常，打印异常跟踪栈信息，终止程序。

throws 关键字程序

程序案例 10-5 演示了异常传播链。第 6 行方法 funA() 抛出 ArrayIndexOutOfBoundsException；第 13 行方法 funB() 调用方法 funA()，但没有处理方法 funA() 抛出的异常；第 11 行用 throws 继续抛出 ArrayIndexOutOfBoundsException，第 19 行方法 funC() 调用方法 funB()，使用 try…catch…finally 语句处理 funB() 抛出的 ArrayIndexOutOfBoundsException。程序运行结果如图 10-9 所示。

```
方法 funC
方法 funB
方法 funA
java.lang.ArrayIndexOutOfBoundsException: Index -2 out of bounds
        at chapter10.Demo1005.funA(Demo1005.java:12)
        at chapter10.Demo1005.funB(Demo1005.java:17)
        at chapter10.Demo1005.funC(Demo1005.java:23)
        at chapter10.Demo1005.main(Demo1005.java:30)
```

图 10-9　程序案例 10-5 运行结果

【程序案例 10-5】 异常传播链。

```
1   package chapter10;
2   import java.lang.ArrayIndexOutOfBoundsException;
3   public class Demo1005 {
4       private static int[] arr = { 1, 2, 3, 4 };
5       //方法 funA 用 throws 抛出异常
6       public static void funA(int index) throws ArrayIndexOutOfBoundsException{
7           System.out.println("方法 funA");
8           System.out.println(arr[index]);
9       }
10      //方法 funB 调用方法 funA,抛出异常
11      public static void funB(int index) throws ArrayIndexOutOfBoundsException {
12          System.out.println("方法 funB");
13          funA(index);
14      }
15      //方法 funC 调用方法 funB,处理异常
16      public static void funC(int index) {
17          System.out.println("方法 funC");
18          try {
19              funB(index);
20          } catch (ArrayIndexOutOfBoundsException e) {
21              e.printStackTrace();
22          }finally {}
23      }
24      //主方法
25      public static void main(String[] args) {
26          funC(-2);
27      }
28  }
```

调试程序时如果不想处理任何异常，在 main 方法中抛出异常 Exception 即可，但系统投入运行后就不要这么做了，因为 main 方法是程序的起点，如果该方法中用 throws 抛出异常 Exception，任何问题都将导致系统崩溃。

◆ 10.5　throw 语句及自定义异常

throw 关键字

虽然 Java 提供了丰富的异常类，但与软件系统的不可预测性相比，这些异常类远远不能满足软件开发的需要。解决客户提出的问题是 Java 的优良传统，Java 提供自定义异常类，程序员能根据软件个性化需求自定义异常。为了满足抛出个性化异常对象需求，Java 提供了 throw 语句。

10.5.1　throw 语句

程序产生异常对象时，JVM 自动抛出它们。除此之外，为了提高异常处理的灵活性，Java 允许程序员自行抛出异常对象。

throw 语句能明确抛出程序员主动创建的异常对象。

【语法格式 10-4】　throw 语句。

```
throw new  异常类(参数);                          //抛出异常对象
```

下面代码段，程序没有产生任何异常，第 6 行 throw 语句抛出程序员主动创建的 RuntimeException 异常对象，第 7 行捕获第 6 行抛出的异常对象。

```
1   public static void show() {
2       int[] arr = { 4, 7, 2, 6 };
3       int x;
4       try {
5           x = arr[2];
6           throw new RuntimeException("数组异常!");   //抛出创建的异常对象
7       } catch (RuntimeException e) {                 //捕获抛出的异常对象
8           System.out.println("捕获了创建的 RuntimeException 异常对象");
9       } finally {
10      }
11  }
```

如果 throw 仅能抛出 Java 提供的标准异常对象，则失去了 throw 的价值。throw 的主要作用是抛出程序员自定义的异常对象。

10.5.2　自定义异常

从继承关系来说，自定义异常类可以是任何标准异常类的子类，如果自定义异常类继承标准异常类，那么使用自定义异常的程序员因无法直观分辨异常类型而感到莫名其妙。

标准异常类都是 Exception 类或 RuntimeException 类的子类，自定义异常类一般继承 Exception 类或 RuntimeException 类。如果自定义异常类继承了 Exception 类，该自定义异常类就是受检查异常；如果自定义异常类继承了 RuntimeException 类，该自定义异常类就是不受检查异常。

【语法格式 10-5】 自定义异常。

```
class 异常类名 extends  Exception (或 RuntimeException){   //自定义异常类
    public  异常类名(){ }                                  //空构造方法
    public  异常类名(String  msg){                         //带参数的构造方法
       super( msg );                                      //调用父类构造方法
    }
}
```

自定义异常程序

程序案例 10-6 演示了自定义异常。第 1 行自定义异常 GenderException 继承 Exception 类,该自定义异常是受检查异常;第 10 行判断 sex 是否满足要求,如果不满足要求,第 12 行 throw 主动抛出受检查异常 GenderException 对象,第 9~15 行使用 try…catch…finally 语句进行处理。

【程序案例 10-6】 自定义异常。

```
1   class GenderException extends Exception {       //继承 Exception,自定义异常是受
                                                    //检查异常
2       public GenderException() {     }
3       public GenderException(String msg) {
4           super(msg);
5       }
6   }
7   public class Demo1006 {
8       public static void getSex(char sex) {
9           try {
10              if (sex != '男' || sex != '女')
11                  //主动抛出受检查异常对象,需要用 try…catch…finally 语句处理
12                  throw new GenderException("性别为男或者女");
13              System.out.println("性别:" + sex);
14          } catch (GenderException e) {
15          } finally {     }
16      }
17  }
```

10.6 异常综合案例

编程实践是提高编程水平的最佳途径之一。10.2~10.5 节讲解了异常处理机制、try…catch…finally 语句、throws 关键字、throw 语句及自定义异常类等知识。下面通过综合案例,深入理解运用异常知识解决实际问题的方法。

程序案例 10-7 演示了综合运用自定义异常类、try…catch…finally 语句、throws 关键字、throw 语句等知识解决交通警察查酒驾问题。该案例具有一定代表性,请读者认真学习体会。

异常综合案例程序

程序第 2 行自定义异常类 AlcoholException 是受检查异常;第 12、14 行 throw 主动抛出 AlcoholException 受检查异常对象,第 10 行 drunkDriving()方法使用 throws 抛出该对象;第 23 行调用方法 Check.drunkDriving()抛出 AlcoholException 受检查异常对象,所以第 22~29 行使用 try…catch…finally 语句捕获并处理。程序运行结果如图 10-10 所示。

图 10-10　程序案例 10-7 运行结果

【程序案例 10-7】 异常综合案例。

```
1   package chapter10;
2   class AlcoholException extends Exception {        //酒精含量异常类,受检查异常
3       public AlcoholException() {    }
4       public AlcoholException(String msg) {
5           super(msg);
6       }
7   }
8   class Check {                                      //查酒驾类
9       public static double alcoholContent;          //酒精含量
10      public static void drunkDriving() throws AlcoholException {
                                                       //抛出异常,调用者处理
11          if (alcoholContent > 80)                  //酒精含量>80
12              throw new AlcoholException("醉驾!需接受处罚,请配合!");
                                                       //主动抛出异常对象
13          else if (alcoholContent >= 20) {          //20≤酒精含量≤80
14              throw new AlcoholException("酒驾!需接受处罚,请配合!");
                                                       //主动抛出异常对象
15          } else
16              System.out.println("正常!谢谢配合我们的工作");
17      }
18  }
19  public class Demo1007 {
20      public static void main(String[] args) {
21          Check.alcoholContent = 90;                //血液酒精含量
22          try {
23              Check.drunkDriving();                 //调用查酒驾的方法
24          } catch (AlcoholException e) {
25              System.out.println("酒精含量:" + Check.alcoholContent);
26              System.out.println(e.getMessage());
27          } finally {
28              System.out.println("检查结束,谢谢配合,一路平安!");
29          }
30      }
31  }
```

10.7　小　　结

本章主要知识点如下。

(1) 异常是程序运行过程中发生的正常情况以外的事件,分为受检查异常和不受检查异常,Exception 是所有异常的祖先类。

(2) Java 使用 try…catch…finally 语句处理异常。
(3) throws 抛出不需要方法处理的异常对象。
(4) Java 提供自定义异常满足个性化需要。
(5) throw 语句抛出创建的异常对象。

10.8 习 题

10.8.1 填空题

1. 计算机程序错误分为(　　)、(　　)和逻辑错误。
2. (　　)类及子类表示受检查异常,(　　)类及子类表示不受检查异常。
3. 自定义异常类需要继承(　　)类。
4. Throwable 类派生了(　　)和(　　)等两个子类。

10.8.2 选择题

1. (　　)语言提供了异常处理机制。
   A. C　　　　　　　B. C++　　　　　　C. Java　　　　　　D. Basic
2. (　　)不是异常情况。
   A. 数组下标越界　　　　　　　　　B. 死循环
   C. 文件不能打开　　　　　　　　　D. 对象类型不匹配
3. 如果不希望方法来捕捉异常,采用(　　)关键字可以把该方法产生的异常抛出。
   A. throw　　　　　B. throws　　　　　C. goto　　　　　　D. break
4. 对于 try…catch…finally 语句的 catch 子句所捕获异常的排列方式,正确的是(　　)。
   A. 子类异常在前,父类异常在后
   B. 父类异常在前,子类异常在后
   C. 只能有子类异常
   D. 父类异常和子类异常不能同时出现在同一个 try…catch…finally 程序段内
5. 属于受检查异常的是(　　)。
   A. ArithmeticException　　　　　　B. FileNotFoundException
   C. NullPointerException　　　　　　D. IndexOutOfBoundsException
6. 运行以下程序将抛出(　　)异常。

```
public class Demo2 {
    public static void main(String[] args) {
        String [] str = {"great","wonderful","excellent","dream"};
        System.out.println(str[4]);
    }
}
```

   A. ArrayIndexOutOfBoundsException　　B. ClassNotFoundException
   C. IOException　　　　　　　　　　　　D. InterruptedException

10.8.3 简答题

1. 受检查异常与运行时异常的区别是什么?

2. Java 的异常处理机制中,简述 Error 和 Exception 的主要区别。

10.8.4　编程题

1. 高速公路某路段设有车速检测雷达,如果速度≥120km/h 或者速度<60km/h,显示屏给出提示信息,具体要求如下。

（1）自定义速度异常类 SpeedException 抛出速度异常提示信息。

（2）定义雷达类 Radar,该类中公共静态方法 measureSpeed(double speed),如果速度≥120km/h 或者速度<60km/h,该方法抛出 SpeedException 异常。

（3）在测试类 Client 中,随机产生若干 50~150 km/h 的速度,调用 measureSpeed (double speed)方法测试是否超速。一种运行结果如图 10-11 所示。

```
速度是：107.00192173380938
速度是：102.74178841416116
速度是：135.67239508824647
chapter12.OverSpeed: 限速120,现在时速135.67239508824647,你已经超速了！
        at chapter12.Exam12_2.measureSpeed(Exam12_2.java:13)
        at chapter12.Exam12_2.main(Exam12_2.java:22)
```

图 10-11　模拟高速公路测速雷达

2. 定义一个方法,该方法能够捕捉文件打开异常、数组下标越界异常和抛出除数为 0 异常。

第 11 章　泛　　型

Object 无所不能，以 Object 作为参数能传入任意类型。为了保证类型安全，JVM 需要进行类型检查和类型转换，降低了程序性能。JDK 1.5 提供泛型解决该问题。什么是泛型？泛型与类、接口有什么区别？如何应用泛型解决实际问题？本章将为读者一一解答这些问题。

本章内容

(1) 泛型的概念。
(2) 泛型类。
(3) 通配符。
(4) 泛型接口。
(5) 泛型方法。
(6) 受限泛型。

◆ 11.1　基 本 概 念

没有引入泛型前，根据多态性，使用 Object 实现参数的"任意化"，这种方式的缺点是要求开发者预知实际参数类型，使用前需进行强制类型转换。强制类型转换增加了编程的复杂度，并且很可能引发 ClassCastException 异常。

如下代码段，第 6 行 comparator() 方法的形参是 Object，可以传入任意实参；第 9 行强制类型转换；第 19 行传入 Person 对象，实现人与人之间的比较；第 21 行传入 Dog 对象，进行荒唐的人与狗之间的比较。虽然第 21 行很荒唐，但仍然通过编译，因为 Java 语言缺少对 comparator() 方法两个参数一致性类型的检查机制。

```
1   interface Comparator{
2       public int comparator(Object obj1,Object obj2);
                                                    //参数是 Object 类型
3   }
4   class MyComparator implements Comparator{
5       @Override
6       public int comparator(Object obj1, Object obj2) {
7           Person per1=null,per2=null;
8           if(obj1 instanceof Person && obj1 instanceof Person) {
9               per1=(Person) obj1;              //强制类型转换
10              per2=(Person)obj2;
```

```
11              //比较per1与per2的代码
12          }
13          return 0;
14      }
15  }
16  class Demo{
17      public static void main(String[]args) {
18          //正常的人与人之间的比较
19          int x=new MyComparator().comparator(new Person(),new Person());
20          //荒唐的人与狗之间的比较,能通过编译
21          int y=new MyComparator().comparator(new Person(), new Dog());
22      }
23  }
```

泛型(Generic Type/Generics)是对 Java 类型系统的一种扩展,泛型的本质是参数化类型,支持利用类型参数创建参数化类、接口和方法,分别称为泛型类、泛型接口和泛型方法。可以把类型参数看成一个占位符,编译阶段编译器将用具体类型代替该参数。

相对于 Object 作为"任意参数",采用泛型的好处:①提高 Java 程序的类型安全。编译器预先知道泛型定义的变量限制,在更高层次上验证类型;②消除程序的强制类型转换,增强代码可读性,降低程序出错机会;③潜在的性能收益。实现泛型时,编译器完成所有的类型擦除,最后生成没有泛型类型的字节码文件,为优化 JVM 提供支持。

引入泛型后,改造上面代码段如下,第 1 行定义泛型接口,泛型为 T(占位符);第 7 行不需要强制类型转换;因为第 6 行已经确定 comparator()方法的两个参数为 Person 对象,所以第 18 行进行人与狗之间的比较就不能通过编译。

```
1   interface Comparator<T>{                          //泛型接口,定义泛型 T
2       public int comparator(T obj1,T obj2);
3   }
4   class MyComparator<Person> implements Comparator<Person>{
                                                      //实现比较接口,泛型参数为 Person
5       @Override
6       public int comparator(Person obj1, Person obj2) {
7           //比较per1与per2的代码,不需要强制类型转换
8           return 0;
9       }
10  }
11  class Demo2{
12      public static void main(String[]args) {
13          MyComparator<Person> mc=new MyComparator<>();
14          MyComparator<Person> mc2=new MyComparator<>();
15          //正常的人与人之间的比较
16          int x=mc.comparator(new Person(), new Person());
17          //荒唐的人与狗之间的比较,不能通过编译
18          int y=mc2.comparator(new Person(), new Dog());
19      }
20  }
```

引入泛型后,Java 对类库进行了大翻修,如集合框架、反射等都支持泛型。

11.2 泛 型 类

11.2.1 定义泛型类

泛型类是指定义类时用一个标识符表示类中数据成员的类型或成员方法的返回值及参数类型,目的是解决数据类型的安全问题。相当于 C 程序中的预定义标识符,C 程序中出现预定义标识符的位置,在程序编译时会替换成所标识的内容。

【语法格式 11-1】 定义泛型类。

```
class 类名<泛型类型标识符 1, 泛型类型标识符 2, …, 泛型类型标识符 n>{
    泛型类型标识符 数据成员名;
    泛型类型标识符 成员方法名(){}
    返回值类型 成员方法名(泛型类型标识符 参数名){ }
}
```

利用泛型作为参数定义类后,可以实例化泛型对象。泛型的类型参数一般用大写的 T、V、K 等表示。

【语法格式 11-2】 声明泛型对象。

```
类名<具体类>  对象名=new 类名<具体类>();
```

泛型类

程序案例 11-1 演示了泛型类的定义与应用。第 2 行定义泛型类 Gen,类型参数为 T;第 3 行声明数据成员的类型为 T;第 4 行定义构造方法的形参类型为 T;第 7 行定义成员方法的返回值类型为 T;第 10 定义成员方法的形参类型为 T。这些情况表明,泛型类的类型参数能作为数据成员的类型、构造方法形参类型、成员方法形参类型及成员方法返回值类型。第 20 行指定泛型类 Gen 的类型参数 String,编译阶段,编译器对第 2~16 行 Gen 类体的所有 T 进行类型擦除,用 String 替换 T。例如,替换后第 3 行代码为 private String data。程序运行结果如图 11-1 所示。

```
data的类型参数T:java.lang.String
你好,中国!
```

图 11-1　程序案例 11-1 运行结果

【程序案例 11-1】 泛型类。

```
1   package chapter11;
2   class Gen<T>{                                    //定义泛型类,类型参数为 T
3       private T data;                              //数据成员的类型为 T
4       public Gen(T data) {                         //构造方法的形参类型为 T
5           this.data=data;
6       }
7       public T getData() {                         //成员方法的返回值类型为 T
8           return this.data;
9       }
```

```
10      public void setData(T data) {              //成员方法的形参类型为 T
11          this.data=data;
12      }
13      public void showType() {
14          System.out.println("data 的类型参数 T:"+this.data.getClass().
                                    getName());
15      }
16  }
17  public class Demo1101{
18      public static void main(String[] args) {
19          //指定泛型 Gen 的类型参数 String
20          Gen<String> g=new Gen<String>("Hello,generic!");
21          g.showType();
22          g.setData("你好,中国!");
23          System.out.println(g.getData());
24      }
25  }
```

实际上,泛型类的类型参数是一个占位符,在编译阶段,编译器用实际类型替换所有占位符,该过程称为类型擦除。

11.2.2 指定多个类型参数

一般情况下,自定义类中包括若干数据成员,这些数据成员的类型可能不同。定义泛型类时,如果泛型类的数据成员的类型不同,或者成员方法返回值的类型不同,这时,定义泛型类需要指定多个不同的类型参数。

程序案例 11-2 定义包括 T 和 V 两个类型参数的泛型类 Gen。第 2 行定义泛型类 Gen 有 T 和 V 两个类型参数,第 18、19 行实例化泛型类 Gen 时指定了两个具体类型。程序运行结果如图 11-2 所示。

```
Problems  @ Javadoc  Declaration  Console ×
<terminated> Demo1102 [Java Application] C:\Program Files\Java\jdk-17.0.2\bin
保护环境: 100.0
10.0   99.0
```

图 11-2　程序案例 11-2 运行结果

【程序案例 11-2】　指定多个类型参数。

```
1   package chapter11;
2   class Gen<T, V> {                              //泛型类 Gen 有 T 和 V 两个类型参数
3       private T data1;                           //T 类型
4       private V data2;                           //V 类型
5       public Gen(T var1, V var2) {               //构造方法
6           this.data1 = var1;
7           this.data2 = var2;
8       }
9       public T getVar1() {                       //返回数据成员 data1
10          return data1;
11      }
```

```
12      public V getVar2() {                          //返回数据成员 data2
13          return data2;
14      }
15  }
16  public class Demo1102 {
17      public static void main(String args[]) {
18          Gen<String, Double> g1 = new Gen<String, Double>("保护环境:", 100.0);
                                                                //实例化泛型类
19          Gen<Double, Double> g2 = new Gen<Double, Double>(10.0, 99.0);
                                                                //实例化泛型类
20          System.out.println(g1.getVar1() + " "+g1.getVar2());
21          System.out.println(g2.getVar1() +"  "+ g2.getVar2());
22
23      }
24  }
```

11.2.3　泛型继承

普通类之间能定义继承关系，泛型类之间也具有继承关系。泛型类继承原则是，所有泛型的类型参数在编译时都能被指定为特定的类型，或者由开发者指定，或者由编译器推断。

【语法格式 11-3】　泛型类的继承。

泛型类继承关系有 3 种形式。

（1）子类与父类的类型参数一致。

```
class Sub<父类类型参数表> extends Base<父类类型参数表>{ }
```

例如下面代码段，子类 Sub 与父类 Base 的类型参数表一致。

```
class Base<T,V>{}
class Sub<T,V> extends Base<T,V>{}
```

（2）子类增加了类型参数，但不能遗漏父类的类型参数。

```
class Sub<父类类型参数表,子类类型参数列表> extends Base<父类类型参数表>{ }
```

例如下面代码段，父类 Base 有两个类型参数 T、V，子类 Sub 在父类的基础上增加一个类型参数 K。

```
class Base<T,V>{}
class Sub<T,V,K> extends Base<T,V>{}
```

（3）子类继承父类时指定父类的类型参数，子类不写类型参数。

```
class Sub  extends  Base<具体类型类表>{ }
```

例如下面代码段，父类 Base 有两个类型参数 T、V，子类 Sub 在继承父类时指定父类的具体参数类型。

```
class Base<T,V>{ }
class Sub extends Base<String,Person>{ }
```

程序案例 11-3 演示了泛型的继承关系。程序中父类 Base 有一个类型参数 T，子类 Sub 有两个类型参数 T 和 V，子类中习惯先写从父类继承来的类型参数（T），然后写子类增加的类型参数(V)。程序第 2 行定义泛型类 Base 有一个类型参数 T，第 13 行定义 Base 子类 Sub 有两个类型参数 T 和 V，第 16 行子类 Sub 的构造方法要与父类的构造方法保持一致，第 28 行实例化子类 Sub 对象时需要两个具体类型参数。

【程序案例 11-3】 泛型的继承。

```
1   package chapter11;
2   class Base<T>{                                  //泛型父类,一个类型参数
3       T data;                                     //包可访问
4       public Base() {}                            //空构造方法
5       public Base(T data) {
6           this.data=data;
7       }
8       void showType() {                           //显示类型参数的实际类型
9           System.out.println("Base T:"+data.getClass().getName());
10      }
11  }
12  //习惯先写父类类型参数,然后写子类类型参数
13  class Sub<T,V> extends Base<T>{                 //子类比父类多一个类型参数 V
14      private T data;
15      private V type;
16      public Sub(T data,V type) {                 //与父类的构造方法保持一致
17          super(data);
18          this.type=type;
19      }
20      void showType() {
21          super.showType();
22          System.out.println("sub V:"+type.getClass().getName());
23      }
24  }
25  public class Demo1103 {
26      public static void main(String[] args) {
27          //类型参数与构造方法保持一致
28          Sub<String,Integer> sub=new Sub<>(new Integer(99),new String
            ("xx"));
29          sub.showType();
30      }
31  }
```

◆ 11.3 通 配 符

定义成员方法时，如果方法的参数类型为泛型，可能暂时不能确定泛型的具体参数类型，这时利用通配符"?"接收泛型的任意参数类型，提高了程序灵活性。

如下代码段，第 1 行定义泛型类 Gen，第 4 行定义成员方法 display()，它的参数是泛型类型 Gen，同时指定了具体的类型参数 Person。这种程序比较僵硬，不能更改 Gen 的类型参数，例如，不能向 display()传入 Gen<String>类型。

```
1   class Gen<T>{   }                               //泛型类
2   public class Demo{
3       //成员方法 display()的参数指定了泛型 Gen 的类型参数
```

```
4        public static void display(Gen<Person>   g) {           }
5    }
```

利用 Java 提供的通配符"?"能很好地解决上面程序出现的问题。

【语法格式 11-4】 泛型通配符。

```
[修饰符]  返回值类型  成员方法名(泛型类<?> 参数名){
    //方法体
    [return 表达式;]
}
```

通配符

程序案例 11-4 演示了利用通配符提高成员方法接收泛型类型的灵活性。第 2 行定义两个类型参数的泛型 Gen；第 17 行定义方法 display()的形参是 Gen，需要两个通配符"?"；第 22 行实例化 Gen 对象，指定了 String 和 Integer 两个具体的类型参数，构造方法的第一个参数为字符串"大美中国"，第二个参数为整数 123。程序运行结果如图 11-3 所示。

```
Problems  @ Javadoc  Declaration  Console
<terminated> Demo1104 [Java Application] C:\Program Files\Java\jdk-17.0.2\bin\javaw.exe  (2022年
输出值：大美中国
输出值：123
```

图 11-3 程序案例 11-4 运行结果

【程序案例 11-4】 泛型通配符。

```
1   package chapter11;
2   class Gen<T,V>{                                          //两个类型参数
3       private T data1;
4       private V data2;
5       public Gen(T data,V data2){
6           this.data1=data;
7           this.data2=data2;
8       }
9       public T getData1(){
10          return this.data1;
11      }
12      public V getData2() {
13          return this.data2;
14      }
15  }
16  public class Demo1104{
17      public static void display(Gen<?,?> g) {  //泛型 Gen 有两个通配符
18          System.out.println("输出值:"+g.getData1());
19          System.out.println("输出值:"+g.getData2());
20      }
21      public static void main(String[] args){
22          Gen<String,Integer> gen=new Gen<>("大美中国",123);
23          Demo1104.display(gen);
24      }
25  }
```

11.4 泛型接口

11.4.1 定义泛型接口

接口是面向对象编程的重要技术之一,其统一了对象的行为规范,为接口提供泛型支持是非常必要的。JDK 1.5 之后,不仅能定义泛型类,而且能定义泛型接口,即定义泛型时声明类型参数。

【语法格式 11-5】 定义泛型接口。

```
interface 接口名称<泛型类型标识1,泛型类型标识2,…,泛型类型标识n>{
    //接口体
}
```

下面代码段定义泛型接口 IBase,有两个类型参数 T 和 V,实现该泛型的泛型子类至少需要两个类型参数

```
interface IBase<T,V>{
    T getT();
    V getV();
}
```

11.4.2 实现泛型接口

有两种方式实现泛型接口:①在实现接口的子类中声明泛型;②在实现接口的子类中明确给出泛型的类型参数。

【语法格式 11-6】 子类中声明泛型。

```
class 类名<泛型类型标识列表> implements 泛型接口名<泛型类型标识列表>{
    //类体
}
```

程序案例 11-5 演示了在子类中声明泛型类型。第 2 行定义泛型接口 IBase,第 7 行定义子类 Sub 实现泛型接口,但没有指定具体类型参数。

【程序案例 11-5】 在子类中声明泛型类型。

```
1   package chapter11;
2   interface IBase<T> {                              //泛型接口
3       T getT();
4       void showType();
5   }
6   //第一种形式,子类 Sub 实现泛型接口 IBase,没有明确指定具体类型参数
7   class Sub<T> implements IBase<T> {
8       private T data;
9       public Sub(T data) {
10          this.data = data;
11      }
12      public T getT() {
13          System.out.println("返回值类型参数 T");
14          return this.data;
```

泛型接口

```
15      }
16  }
```

【语法格式 11-7】 子类中指定类型参数。

```
class 类名 implements 泛型接口名<具体类型列表>{
    //类体
}
```

程序案例 11-6 演示了在子类中指定类型参数。第 2 行定义泛型接口 IBase；第 7 行定义子类 Sub 实现泛型接口 IBase，并指明具体类型 String；第 23 行构造 Sub 实例对象的参数是字符串；第 25 行泛型的类型参数为 Person，提示编译错误，因为子类 Sub 已经指明了泛型的类型参数 String。程序运行结果如图 11-4 所示。

孙悟空
输出类型参数Tjava.lang.String

图 11-4　程序案例 11-6 运行结果

【程序案例 11-6】 在子类中指定类型参数。

```
1   package chapter11;
2   interface IBase<T> {                                //泛型接口 IBase,类型参数 T
3       T getT();
4       void showType();
5   }
6   //第二种形式,子类 Sub 实现泛型接口 IBase,指定具体的类型参数
7   class Sub implements IBase<String> {
8       private String data;
9       public Sub(String data) {
10          this.data = data;
11      }
12      public String getT() {
13          System.out.println("返回值类型参数 T");
14          return this.data;
15      }
16      public void showType() {
17          System.out.println(this.data);
18          System.out.println("输出类型参数 T" + this.data.getClass().getName());
19      }
20  }
21  public class Demo1106 {
22      public static void main(String[] args) {
23          IBase<String> sub = new Sub("孙悟空");
24          sub.showType();
25          IBase<Person> sub2=new Sub(new Person());
                                                        //子类指明了类型 String,编译错误
26      }
27  }
```

11.5 泛型方法

11.2节～11.4节介绍了泛型类、泛型接口,也介绍了类中成员方法的形参可以是泛型类型,并且使用通配符提高成员方法泛型类型的灵活性。

接下来,介绍泛型方法的有关内容。泛型方法与泛型类(泛型接口)中定义的成员方法不同,泛型方法指用泛型类型参数指明了返回值或者形参类型的成员方法。

【语法格式11-8】 定义泛型方法。

```
<泛型标识列表> 泛型标识 方法名(泛型标识1 参数名, 泛型标识2 参数名, …){
//方法体
}
```

下面代码段演示了泛型方法的简单应用,第7行定义泛型方法,修饰符 static 后的＜T＞是泛型方法的类型参数,这个类型参数可以是成员方法的返回值类型,也可以是成员方法的形参类型。程序运行结果如图 11-5 所示。

```
1   class Person {
2       private String name;
3       private int age;
4       //省略构造方法,setter 和 getter 方法,覆写 toString()方法
5   }
6   public class Demo {
7       public static <T> String getInfo(T t) {   //泛型方法,返回字符串
8           String msg = "类型参数:" + t.getClass().getName() + "\n" + t.toString();
9           return msg;
10      }
11      public static void main(String[] args) {
12          System.out.println(Demo.getInfo("追求梦想!"));
13          System.out.println(Demo.getInfo(new Person("孙悟空", 21)));
14      }
15  }
```

```
类型参数: java.lang.String
追求梦想!
类型参数: Person
姓名:孙悟空, 年龄21
```

图 11-5 程序运行结果

如何区分泛型方法与普通成员方法?方法声明中用＜泛型标识列表＞修饰的成员方法才是泛型方法,其他的都不是泛型方法。下面代码显示了二者之间的区别。程序第3、5行使用泛型类型标识符修饰方法,它们是泛型方法;第9行方法 getT()返回值类型为 T,但没有使用泛型类型标识修饰该方法,因此该方法不是泛型方法。

泛型方法

```
1   class Gen<T> {
2       //<K>修饰声明,是泛型方法
```

```
3      public <K> void genericMethod(K k, int x) {//方法体}
4      //<V>修饰声明,是泛型方法
5      public <V> void showMSG(V... msg) {//方法体}
6      //不是泛型方法
7      public void showType(Gen<Integer> g) {//方法体}
8      //不是泛型方法
9      public T getT() {//方法体}
10     //不是泛型方法
11     public void setT(T data) {//方法体}
12     //不是泛型方法
13     public void showType2(Gen<?> t) {//方法体}
14   }
```

在编程实践中,程序员经常遇见两个看起来自相矛盾的问题,如一边要求成员方法的参数类型可变,另一边要求成员方法的参数类型一致。采用 Object 作为参数类型虽然满足了参数类型可变要求,但可能产生类型不一致问题。可变与一致原本存在不可调和的矛盾,Java 的伟大在于帮助用户解决潜在问题。

泛型方法能解决上面提出的问题。

程序案例 11-7 演示了给方法传入统一类型的参数。程序第 14 行定义泛型方法,该方法的两个参数类型是一致的;第 25 行 show()方法的第一个泛型类型参数为 String,第二个泛型类型参数为 Double,出现泛型类型不一致的错误,不能通过编译。程序运行结果如图 11-6 所示。

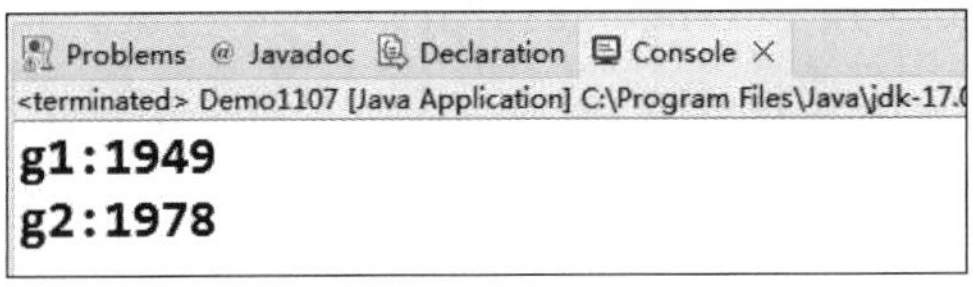

```
g1:1949
g2:1978
```

图 11-6　程序案例 11-7 运行结果

【程序案例 11-7】　给方法传入统一类型的参数。

```
1    package chapter11;
2    import java.util.Date;
3    class Gen<T> {                                      //泛型类型
4       private T data;
5       public Gen(T data) {
6          this.data = data;
7       }
8       public T getData() {
9          return data;
10      }
11   }
12   public class Demo1107 {
13      //定义泛型方法,该方法的两个参数为同一泛型对象,都是 T
14      public static <T> void show(Gen<T> g1, Gen<T> g2) {
15         System.out.println("g1:" + g1.getData());
16         System.out.println("g2:" + g2.getData());
17      }
18      public static void main(String args[]) {
```

```
19        //实例化泛型对象,类型为String
20        Gen<String> g1 = new Gen<String>("1949");
21        //实例化泛型对象,类型为String
22        Gen<String> g2 = new Gen<String>("1978");
23        Demo1107.show(g1, g2);
24        //不能通过编译,因为泛型对象的类型参数不一致,前面是String,后面是Double
25        //Demo1107.show(new Gen<String>("1949"), new Gen<Double>(1978));
26    }
27 }
```

◆ 11.6 受限泛型

泛型的类型参数可以是任意类型,提高了类的灵活性。自由是相对的,类的灵活性也是相对的,没有绝对的灵活性。在实际应用中,可能需要限制泛型类型参数的范围,在保证灵活性的基础上确保程序的安全性。

使用泛型时,为了保证类型安全,可以对类型参数的范围进行限制。确定类型参数的上限使用 extends 关键字,确定类型参数的下限使用 super 关键字。

11.6.1 泛型上限

泛型上限指定了泛型的类型参数只能是某种类型的子类,使用 extends 关键字限制。

【语法格式 11-9】 指定泛型上限。

声明对象:类名<? extends 类> 对象名;
定义泛型类:class 类名<泛型标识 extends 类> { //类体 }

extends 关键字表示泛型的类型参数只能是指定类的子类对象。

程序案例 11-8 演示泛型上限的定义与应用。程序定义父类 Base 以及它的两个子类 Sub1 和 Sub2。第 7 行定义泛型 Gen,< T extends Base >指定类型参数 T 的上界为 Base,表示类型参数 T 只能是 Base 或者它的子类。

第 14 行定义成员方法 display()使用了通配符"?",该通配符的范围受限,它的范围由第 7 行确定,只能是 Base 或者它的子类;第 18 行向 display()方法传入了 Base 对象作为参数,符合要求;第 19、20 行类型参数分别是 Sub1 对象和 Base 对象,在 T 范围内。

第 21 行出现编译错误提示,因为虽然 Sub1 是 Base 的子类,但泛型 Gen<Sub1>并不是 Gen<Base>的子类,也就是说类型参数的继承关系并不表示泛型的继承关系;第 22 行出现编译错误提示,原因是显而易见的,Integer 不是 Base 的子类。

【程序案例 11-8】 指定泛型上限。

```
1  package chapter11;
2  class Base {}                                        //父类 Base
3  class Sub1 extends Base {}                           //子类
4  class Sub2 extends Base {}                           //子类
5  //定义泛型时用 extends 指定类型参数的上界,表示类型参数是父类或者它的子类
6  //泛型类型参数 T 只能是 Base 或者 Base 的子类 Sub1、Sub2
7  class Gen<T extends Base> {
8      public Gen(T data) {                             //构造方法
```

```
9             this.data = data;
10        }
11        //省略其他代码
12  }
13  public class Demo1108 {
14      public static void display(Gen<?> g) {           //成员方法,使用泛型通配符"?"
15          g.showType();
16      }
17      public static void main(String[] args) {
18          Demo1108.display(new Gen<Base>( new Base() ) );   //实参 Base 为类型参数,合法
19          Gen<Sub1> g1 = new Gen<Sub1>( new Sub1() );       //实参 Sub1 为类型参数,合法
20          Gen<Base> g2 = new Gen<Base>( new Base() );       //实参 Base 为类型参数,合法
21          //Gen<Base> g3 = new Gen<Sub1>(new Sub1());       //出现错误提示
22          //Gen<Integer> g4 = new Gen<Integer>(new Integer(10));//出现错误提示
23      }
24  }
```

11.6.2 泛型下限

泛型上限确定泛型类型参数的上界。泛型下限确定泛型类型参数的下界,使用关键字 super 表示。

【语法格式 11-10】 指定泛型下限。

声明对象:类名<? super 类> 对象名;

确定泛型下限时注意两点,第一不能用"类名 <泛型标识 super 类> { }"确定类型参数的下限,第二"类名<? super 类> 对象名"只能定义方法的形参。

例如下面代码段,第 4 行指定类型参数 T 的下限 Sub1,出现编译错误提示。

```
1  class Base { }                              //父类 Base
2  class Sub1 extends Base {  }                //子类
3  class Sub2 extends Base {  }                //子类
4  class Gen<T super Sub1>{       }            //指定类型参数 T 的下限 Sub1,编译错误
```

程序案例 11-9 演示了泛型下限的应用。程序定义父类 Base 及子类 Sub1 和 Sub2。第 5 行定义泛型类 Gen<T>,第 14 行定义方法 display(),参数 Gen<? super Sub1> g 确定该成员方法的泛型类型参数的下限是 Sub1,表示只能是 Sub1 的父类或本身,即类型参数可以是 Sub1、Base 或者 Object;第 18、19 行类型参数分别是 Sub1 和 Base,符合下限要求;第 20 行类型参数为 String,不符合下限要求。

【程序案例 11-9】 指定泛型下限。

```
1  package chapter11;
2  class Base { }                                  //父类 Base
3  class Sub1 extends Base { }                     //子类
4  class Sub2 extends Base { }                     //子类
5  class Gen<T> {
6      private T data;                             //数据成员
7      public Gen(T data)          {               //构造方法
8          this.data = data;
9      }
```

```
10      //省略其他代码
11  }
12  public class Demo1109 {
13      //泛型的类型参数只能是 Sub1 的上限,即可以是 Sub1、Base 或者 Object
14      public static void display(Gen<? super Sub1> g) {
15          //方法体
16      }
17      public static void main(String[] args) {
18          Demo1109.display(new Gen<Sub1>(new Sub1()));  //符合类型参数要求,合法
19          Demo1109.display(new Gen<Base>(new Base()));  //符合类型参数要求,合法
20          Demo1109.display(new Gen<Base>(new String("泛型下限")));
                                                          //不合法,编译错误
21      }
22  }
```

11.7 小　　结

本章主要知识点如下。

（1）使用泛型避免 Object 作为任意参数时的强制类型转换,并保证类型安全。
（2）可以定义泛型类、泛型接口和泛型方法。
（3）通配符"?"能接受任意类型参数。
（4）extends 关键字指明泛型类型参数的上限,super 关键字指明泛型类型参数的下限。

11.8 习　　题

11.8.1 填空题

1. 泛型中采用（　　）可以接受任意的泛型对象。
2. （　　）关键字指定泛型的上限,（　　）关键字指定泛型的下限。
3. 添加了类型参数的类称为（　　）,添加了类型参数的接口称为（　　）。
4. 泛型是指在类定义时用一个标识符(如 T、V 等)表示类中（　　）或者成员方法的返回值及参数类型来解决数据类型安全问题。

11.8.2 选择题

1. 关于泛型,不能定义（　　）。
    A. 泛型类　　　　B. 泛型接口　　　　C. 泛型方法　　　　D. 泛型异常
2. 对泛型类型进行参数化时,以下说法正确的是（　　）。
    A. 类型参数的实例必须是引用类型
    B. 类型参数的实例可以是基本类型
    C. 类型参数的实例不一定为引用类型
    D. 类型参数的实例有时为引用类型,有时为基本类型

11.8.3 简答题

1. JDK 1.5 后 Java 语言支持泛型,主要解决哪些问题？
2. 定义泛型接口后,有哪两种方式实现泛型接口？

11.8.4 编程题

1. 自定义泛型方法<T> show(Generic<T>[] arr)，该方法输出任意参数化类型的数组中的所有元素。其中，Generic<T>是泛型类型。

2. 定义泛型类 Generic<T,V>，要求如下：①私有成员变量 data 为 T 类型，elem 为 V 类型；②定义构造方法初始化 data 和 elem；③定义 setter 和 getter 方法，设置和返回 data 和 elem；④定义 showType 方法，输出 data 和 elem 的数据类型信息。

3. 设计泛型 MyList 模拟 List 接口的主要方法。

```
public class MyList<T> implements List<T>, RandomAccess, Cloneable, java.io.Serializable { }
```

例如：

(1) add(T ele)向 List 接口增加一个元素。

(2) remove(Object o)从 List 接口中删除一个元素。

(3) toArray(T[] a)把 List 转换成一个数组。

(4) set(int index, T element)把 index 位置的元素设置成 element。

(5) delete(int index)删除指定位置的元素。

第12章 常用类

Java 为程序员提供了 3000 多个基础类库，熟练使用基础类库能提高软件开发效率，降低软件开发难度。前面学习的 Object 类有什么作用？软件系统如何处理字符串、日期和数值？如何实现同类对象比较？本章将为读者一一解答这些问题。

本章内容

(1) 包装类。
(2) 字符串类。
(3) Object 类。
(4) Runtime 类。
(5) System 类。
(6) 日期类。
(7) 数值处理类。
(8) 对象克隆技术。
(9) Arrays 类。
(10) 正则表达式。
(11) 比较接口。

◆ 12.1 包 装 类

12.1.1 包装类的概念

Java 的设计理念"一切皆对象"。类、接口是对象类型，但是基本数据类型（如整型、字符型等）不是对象类型，类型的不统一给实际编程带来诸多不便。为解决基本数据类型不是对象类型的问题，Java 语言为每个基本数据类型设计了一个对应类，称这些类为包装类（Wrapper Class）。

所有包装类保存在 java.lang 包中，包装类和基本数据类型的对应关系如表 12-1 所示。

8 个包装类，除了 Integer 类和 Character 类外，其他 6 个类的类名与基本数据类型名一致，区别是包装类名的第一个字母大写。包装类主要有两个作用：①实现对基本类型进行对象操作；②包装类包含每种基本数据类型的相关属性（如最大值、最小值等）及操作方法。包装类的结构如图 12-1 所示。

表 12-1 包装类和基本数据类型的对应关系

序号	包装类	基本数据类型
1	Byte	byte
2	Short	short
3	Integer	int
4	Long	long
5	Float	float
6	Double	double
7	Boolean	boolean
8	Character	char

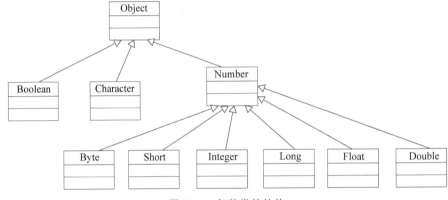

图 12-1 包装类的结构

Number 是抽象类,主要作用是将数值包装类的对象转换为基本数据类型,主要方法如 intValue()把 Integer 转换成 int、longValue()把 Long 转换成 long 等。

下面主要介绍 Integer 和 Double,其他包装类的操作与之类似,需要时可查阅 JDK 文档。

12.1.2 装箱与拆箱

装箱是将基本数据类型转换为包装类型,如 int 类型转换为 Integer 类型;拆箱是将包装类型转换为基本数据类型,如 Integer 类型转换为 int 类型。

【语法格式 12-1】 Integer 类型的装箱与拆箱。

```
Integer 变量名=new Integer(int 类型数据);    //Integer 的装箱操作
int 变量=Integer 对象.intValue();           //Integer 的拆箱操作
```

其他基本类型的装箱与拆箱操作与 Integer 相似。下面代码段完成 Integer 的装箱和拆箱。

```
int x=9;
Integer xInteger= new Integer(x);           //装箱
int xTemp=xInteger.intValue();              //拆箱
```

JDK 1.5 后，Java 提供自动装箱和拆箱功能，装箱和拆箱由 Java 自动完成而不需要人为干预。自动装箱和拆箱减轻了编程人员负担，简化了软件设计。

【语法格式 12-2】 Integer 类型的自动装箱与拆箱。

```
Integer 变量名=int 类型的表达式;        //Integer 的自动装箱
int 变量=Integer 对象;                 //Integer 的自动拆箱
```

下面代码段完成了 Integer 的自动装箱和拆箱。

```
int x=9;
Integer xInteger = x;                 //自动装箱
int xTemp = xInteger;                 //自动拆箱
```

12.1.3 包装类的应用

包装类的自动装箱和拆箱实现了基本类型与对象类型的转换。包装类还提供了数值字符串与数值类型之间的转换功能。例如，使用 Integer.parseInt()方法把整型字符串 12345 转换成整数 12345，使用 Double.parseDouble()方法把浮点数字符串 3.1415 转换成浮点数 3.1415。

下面代码段使用 Integer 和 Double 的 parse 方法完成字符串与数值类型之间的转换。第 3 行的字符串 123abc 不是纯数字字符串，第 6 行转换时提示异常（NumberFormatException）。

```
1   String s1="12345";
2   String s2="3.1415";
3   String s3="123abc";
4   int x=Integer.parseInt(s1);           //字符串转换为 int 类型
5   double y=Double.parseDouble(s2);      //字符串转换为 double 类型
6   int z=Integer.parseInt(s3);           //转换出错
```

◆ 12.2 字符串类

软件系统处理的大部分数据是字符串和数值，如人的姓名、住址、电子邮件、工作单位、职务等都是字符串，人的年龄、工资等都是数值。字符串是多个字符组成的序列，不同程序设计语言处理字符串的方法不同，C 语言采用字符数组，基于"一切皆对象"理念，Java 语言把字符串封装成字符串类，字符串类是字符串面向对象的表示。

Java 语言提供了 String、StringBuffer 和 StringBuilder 等字符串类操作字符串。String 类创建的字符串对象是静态的。StringBuffer 类创建的字符串对象可以进行添加、插入和修改等操作。Java 5 设计了 StringBuilder 类，它和 StringBuffer 类之间最大区别是 StringBuilder 类不是线程安全的（不能同步访问），但 StringBuilder 类的性能优于 StringBuffer 类。

字符串

12.2.1 String 类

String 类创建的字符串对象是静态的，只能完成查找、比较、取得内容等操作，而不能修改字符串对象的内容,即不能进行修改、插入、追加和删除等。字符串常量是 String 对象。

String 类提供很多方法,下面列出部分常用方法。

(1) String(char[] value),使用字符数组构造字符串对象。

(2) public char charAt(int index),从字符串中取出指定位置的字符。

(3) public boolean equals(String str),区分大小写测试两个字符串是否相同。

(4) public boolean equalsIgnoreCase(String str),不区分大小写测试两个字符串是否相同。

(5) public byte[] getBytes(),字符串转换成 byte 数组。

(6) public int indexOf(String str),从头开始查找指定字符串的开始位置。

(7) public int length(),获得字符串长度。

(8) public String substring(int begin,int end),截取子字符串。

(9) public String[] split(String regex),按照规则拆分字符串。

(10) public char[] toCharArray(),字符串转换为字符数组。

(11) public String trim(),清除字符串左、右两端的所有空格。

(12) public String toUpperCase(),字符串全部转换为大写字母。

字符串程序

程序案例 12-1 演示了 String 类的几个常用方法,包括比较字符串、取得字符串长度、拆分字符串、获取子串、字符串转换成字符数组、获得字符串位置、替换字符串等方法。

程序第 9、10 行比较两个字符串常量的引用,它们的存储结构如图 12-2 所示。str1 和 str2 的引用相同,因此第 9 行的 str1==str2 返回 true;str3 和 str4 的引用不同,因此第 10 行的 str3==str4 返回 false。第 11 行的 str1.equals(str4)比较的是 str1 与 str4 的内容,返回 true。第 14 行 s1.split(",")以逗号为分隔符拆分字符串 s1。运行结果如图 12-3 所示。

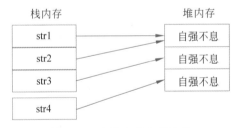

图 12-2　字符串的存储结构

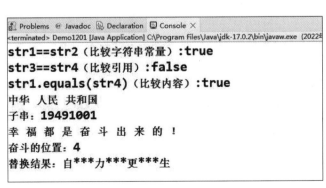

图 12-3　程序案例 12-1 运行结果

【程序案例12-1】 String类的应用。

```
1   package chapter12;
2   public class Demo1201 {
3       public static void main(String[]args) {
4           //比较字符串
5           String str1="自强不息";                    //字符串常量
6           String str2="自强不息";                    //字符串常量
7           String str3=new String("自强不息");
8           String str4=new String("自强不息");
9           System.out.println("str1==str2(比较字符串常量):"+(str1==str2));
10          System.out.println("str3==str4(比较引用):"+(str3==str4));
11          System.out.println ("str1.equals(str4)(比较内容):"+str1.equals
                            (str4));
12          //其他方法
13          String s1="中华,人民,共和国";
14          String []s2=s1.split(",");                //逗号作为分隔符拆分字符串
15          for(String str:s2)
16              System.out.print(str+" ");
17          String s3="330302194910016789";
18          String s4=s3.substring(6,14);             //取得子串
19          System.out.println("\n 子串:"+s4);
20          String s5="幸福都是奋斗出来的!";
21          char []chArr=s5.toCharArray();            //字符串转换为字符数组
22          for(int i=0;i<chArr.length;i++)
23              System.out.print(chArr[i]+" ");
24          int location=s5.indexOf("奋斗");          //获得字符串的首次出现位置
25          System.out.println("\n 奋斗的位置:"+location);
26          String s6="自##力##更##生";
27          String s7=s6.replaceAll("##", "***");     //把字符串中的##替换成***
28          System.out.println("替换结果:"+s7);
29      }
30  }
```

字符串是引用类型,关系运算符"=="比较引用(地址),但比较字符串内容更有价值。采用String类的equals()、equalsIgnoreCase()和CompareTo()等方法可以比较内容。

Java语言对String类采用共享设计方式。Java系统有一个字符串对象池保存字符串对象,如果对象池保存了字符串,则直接取出使用,例如程序案例12-1第5、6行的字符串常量都是自强不息,因此str1和str2直接引用已有堆空间。

String类有几十个常用的处理字符串方法,读者仅需了解这些常用方法,不需要详细掌握每个方法的参数及使用方法,需要时可查阅资料。

12.2.2 StringBuffer类

String类仅提供静态功能,没有提供修改String对象内容的方法,例如equals()、length()、substring()等都是获得字符串某种信息的方法。replaceAll()方法完成替换功能,生成了新的字符串,并没有改变原字符串对象的内容。下面代码段,第2行用***替换字符串对象s6中的##,没有改变原字符串s6。

```
1   String s6="自##力##更##生";
2   String s7=s6.replaceAll("##", "***");
```

```
3    System.out.println("原  字  符  串:"+s6);        //输出结果:自##力##更##生
4    System.out.println("替换的新字符串:"+s7);        //输出结果:自***力***更***生
```

字符串处理是软件系统的一个重要基础功能,Java 设计者当然知道字符串处理的重要性。Java 语言提供的 StringBuffer 类实现字符串的动态管理,包括追加、修改、删除、反转等常用功能。

StringBuffer 类部分常用方法如下。

(1) public StringBuffer(String str),字符串作参数构造 StringBuffer 对象。
(2) public StringBuffer append(),向 StringBuffer 对象追加字符串。
(3) public int capacity(),返回 StringBuffer 对象的缓冲区长度。
(4) public StringBuffer insert(),向 StringBuffer 对象插入内容。
(5) public void setcharAt(),修改 StringBuffer 对象某个位置的字符。
(6) public StringBuffer toString(),StringBuffer 对象转换为 String 对象。
(7) public StringBuffer delete(),删除 StringBuffer 对象的某些内容。
(8) public StringBuffer replace(),替换 StringBuffer 对象的某些内容。
(9) public StringBuffer reverse(),反转 StringBuffer 对象。

程序案例 12-2 演示了 StringBuffer 类的部分常用方法,包括 insert()、append()、delete()、replace()和 reverse()等。程序运行结果如图 12-4 所示。

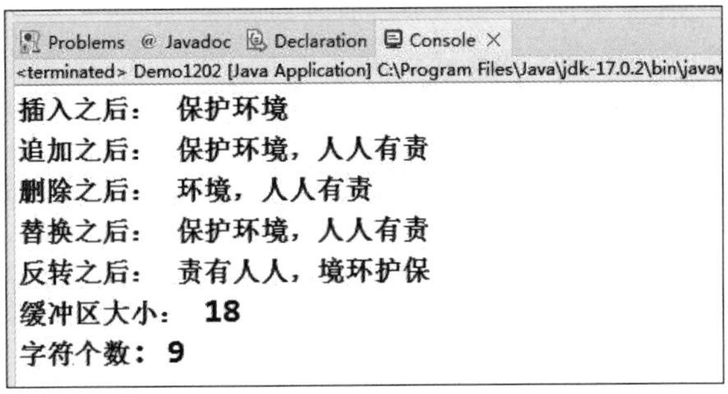

图 12-4 程序案例 12-2 运行结果

【程序案例 12-2】 StringBuffer 类的应用。

```
1    package chapter12;
2    public class Demo1202 {
3        public static void main(String[] args) {
4            StringBuffer sb=new StringBuffer("环境");
5            sb.insert(0, "保护");                                    //插入
6            System.out.println("插入之后: "+sb);
7            sb.append(",人人有责");                                  //追加
8            System.out.println("追加之后: "+sb);
9            sb.delete(0, 2);                                        //删除
10           System.out.println("删除之后: "+sb);
11           sb.replace(0, 2, "保护环境");                            //替换
12           System.out.println("替换之后: "+sb);
13           sb.reverse();                                           //反转
14           System.out.println("反转之后: "+sb);
```

```
15        System.out.println("缓冲区大小: "+sb.capacity());   //容量,缓冲区大小
16        System.out.println("字符个数: "+sb.length());       //长度,字符个数
17    }
18 }
```

StringBuffer 类提供对字符串对象进行修改、删除和插入等方法,弥补了 String 类的不足,为广大程序员排忧解难!

12.2.3　StringBuilder 类

StringBuilder 与 StringBuffer 功能相似,也能对字符串对象进行动态操作,如插入、修改、追加、删除等。它们的主要区别有两个:一是 StringBuffer 线程安全,而 StringBuilder 线程不安全;二是 StringBuilder 的效率高于 StringBuffer。

程序案例 12-3 演示了 StringBuilder 的主要方法,如追加 append()、插入 insert()、删除 delete()、替换 replace()。程序运行结果如图 12-5 所示。

```
Problems  @ Javadoc  @ Declaration  Console
<terminated> Demo1203 [Java Application] C:\Program Files\Java\jdk-17.0.2\bin\javaw.exe (2022年3月
追加后:   保护环境  人人有责
插入后:   青山绿水  保护环境  人人有责
删除后:   绿水  保护环境  人人有责
替换后:   大美中国  保护环境  人人有责
```

图 12-5　程序案例 12-3 运行结果

【程序案例 12-3】　StringBuilder 类的应用。

```
1  package chapter12;
2  public class Demo1203 {
3      public static void main(String[] args) {
4          StringBuilder sbd=new StringBuilder("保护环境");
5          sbd.append(" 人人有责");                    //追加
6          System.out.println("追加后: "+sbd);
7          sbd.insert(0, "青山绿水 ");                 //插入
8          System.out.println("插入后: "+sbd);
9          sbd.delete(0,2);                            //删除
10         System.out.println("删除后: "+sbd);
11         sbd.replace(0, 2, "大美中国");              //替换
12         System.out.println("替换后: "+sbd);
13     }
14 }
```

◆ 12.3　Object 类

Object 类

12.3.1　Object 类简介

不得不佩服 Java 语言的架构设计师,它的架构设计与中国古代道家思想"道生一,一生二,二生三,三生万物"有异曲同工之妙。Object 就是 Java 世界的"道"。

Object 是抽象类,它是所有类(接口)的祖先,如果一个类声明时没有继承其他类,那么

这个类默认继承 Object 类。下面代码段，Object 类是 Student 类和接口 IA 的祖先。

```
class Student extends Object{ }      //显示继承 Object 类
class Student{}                       //默认继承 Object 类
interface IA{}                        //Object 类是 IA 的祖先
```

Object 作为根类，它的每个方法都很重要，下面仅列出部分方法。

(1) public Object()，构造方法。

(2) protected Object clone()，克隆当前对象并返回当前对象的副本。

(3) public boolean equals(Object obj)，判断对象 obj 与当前对象(this)是否相等(对象引用)，一般需要覆写该方法。

(4) public int hashCode()，返回当前对象的哈希码。

(5) public String toString()，返回当前对象的字符串信息，一般需要覆写该方法。

(6) public final void wait()，让当前线程进入等待状态。

(7) public final native void notify()，唤醒在该对象上等待的某个线程。

为了使自定义类具有较强的扩展性和实用性，强烈建议覆写 equals() 和 toString() 方法。

12.3.2 常用方法

1. toString()方法

toString()方法返回当前对象的字符串信息，String 类、StringBuffer 类、StringBuilder 类和包装类等都覆写了 toString()方法，返回具有实际意义的内容。如果一个类没有覆写该方法，返回当前对象引用的字符串表示，格式为"类名@对象的十六进制哈希码"。

toString()方法一般返回对象的数据成员信息，下面代码段，第 4 行覆写了 Object 类的 toString()方法，返回 Person 对象的 name 信息。

```
1   class Person{                        //默认继承 Object 类
2       private String name;
3       @Override
4       public String toString() {       //覆写 Object 类的 toString()方法
5           StringBuffer sb=new StringBuffer();
6           sb.append("姓名:"+this.name);
7           return sb.toString();
8       }
9   }
```

有两种调用 toString()方法的方式：①通过对象名直接引用；②输出对象时自动调用该方法。

程序案例 12-4 演示了覆写 toString()方法。第 7 行覆写 Object 类的 toString()方法，返回 Person 对象 name 和 age 的字符串信息；第 14 行定义的 Car 类没有覆写 toString()方法；第 23 行直接输出 shk 对象，第 24 行输出 toString()方法返回的信息，这两行输出同样内容，表示输出对象时 Java 自动调用对象的 toString()方法；类 Car 没有覆写 toString()方法，第 25 行输出 Car 对象 hq 的内容"类名@对象的十六进制哈希码"。程序运行结果如图 12-6 所示。

toString()方法

```
输 出  shk    对   象:        姓名:沈括年龄:55
输出shk.toString():           姓名:沈括年龄:55
输 出  hq     对   象:        chapter12.Car@372f7a8d
```

图 12-6　程序案例 12-4 运行结果

【程序案例 12-4】 覆写 toString()方法。

```
1   package chapter12;
2   class Person{                              //默认继承 Object 类
3       //省略数据成员 name 和 age
4       //省略构造方法
5       //省略 setter 和 getter 方法
6       @Override
7       public String toString() {             //覆写 Object 类的 toString()方法
8           StringBuffer sb=new StringBuffer();
9           sb.append("姓名:"+this.name);
10          sb.append("年龄:"+this.age);
11          return sb.toString();
12      }
13  }
14  class Car{
15      //省略数据成员 brand
16      //省略构造方法
17      //没有覆写 toString()方法
18  }
19  public class Demo1204 {
20      public static void main(String[] args) {
21          Person shk=new Person("沈括",55);
22          Car hq=new Car("红旗");
23          System.out.println("输 出  shk    对   象: \t"+shk);
24          System.out.println("输出shk.toString():\t"+shk.toString());
25          System.out.println("输 出  hq     对   象:  \t"+hq);
26      }
27  }
```

为了输出有意义对象,定义类时一定要覆写 toString()方法。

2. equals()方法

默认的 equals()方法比较的两个引用变量指向同一对象时,返回 true,但这种比较往往不能满足要求,例如比较两个人,往往通过人的属性(如姓名、年龄等)判断他们是否为同一个人,这种属于内容比较。

下面代码,虽然 p1 和 p2 对象的姓名和年龄相同,但由于 Object 类的 equals()方法默认比较两个对象的引用,p1 和 p2 有不同的引用,因此第 3 行为 false,当然第 4 行的结果显然也是 false。

```
1   Person p1=new Person("孙悟空",25);
2   Person p2=new Person("孙悟空",25);
3   boolean flag1=p1.equals(p2);              //false
4   boolean flag2=(p1==p2);                   //false
```

为了比较两个同类型对象的内容,定义类时覆写 equals()方法。equals()方法一般对数据成员进行比较,如果比较的数据成员符合要求则返回 true,否则返回 false。下面代码定义了类 A,覆写了 equals()方法,第 12 行返回当前对象(this)成员(this.msg)与比较对象(obj)成员(other.msg)进行忽略字符大小写的比较结果。

```
1    class A{
2        private String msg;                              //数据成员是字符串
3        @Override
4        public boolean equals(Object obj) {              //覆写 Object 类的 equals()方法
5            if (this == obj)                             //如果是同一个对象,返回 true
6                return true;
7            if (obj == null)                             //如果比较对象不存在,返回 false
8                return false;
9            if (this.getClass() != obj.getClass())
                                                          //如果两个对象类型不同,返回 false
10               return false;
11           A other = (A) obj;                           //把 obj 转型为 A 类型
12           return this.msg.equalsIgnoreCase(other.msg);
13       }
14   }
```

Java 语言提供的 String 类、StringBuffer 类、StringBuilder 类和包装类都覆写 equals()方法,能够比较内容。在实际应用中,自定义类一般要求覆写该方法。

程序案例 12-5 演示了覆写 Object 类的 equals()方法。第 9 行覆写 equals()方法,比较两个 Person 对象的 age 和 name 是否相同;第 25 行比较 swk1 和 swk2 两个对象的内容,name 和 age 相同,因此返回 true;第 26 行比较 swk1 和 swk3 两个对象的内容,显然 swk1 和 swk3 的年龄不同,返回 false。程序运行结果如图 12-7 所示。

equals()方法

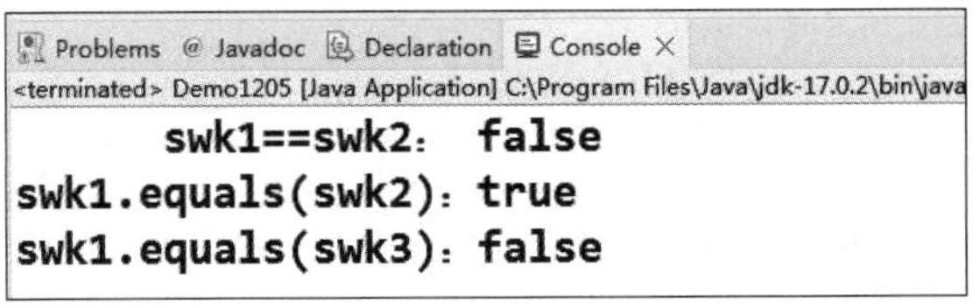

图 12-7　程序案例 12-5 运行结果

【程序案例 12-5】　覆写 Object 类的 equals()方法。

```
1    package chapter12;
2    class Person {
3        private String name;
4        private int age;
5        //忽略构造方法
6        //忽略 setter 和 getter 方法
7        //忽略覆写的 toString()方法
8        @Override
9        public boolean equals(Object obj) {
10           if (this == obj)                             //如果是同一个对象,返回 true
11               return true;
12           if (!(obj instanceof Person))                //如果 obj 不是 Person 对象,不
                                                          //  能比较,返回 false
```

```
13              return false;
14          Person other = (Person) obj;              //把 obj 转型成 Person 对象
15          //比较 name 和 age 是否相同
16          return  this.age == other.age && this.name.equalsIgnoreCase(other.
                name);
17      }
18  }
19  public class Demo1205 {
20      public static void main(String args[]) {
21          Person swk1 = new Person("孙悟空", 21);
22          Person swk2 = new Person("孙悟空", 21);
23          Person swk3 = new Person("孙悟空", 18);
24          System.out.println("       swk1==swk2: " +(swk1==swk2));
                                                            //比较引用
25          System.out.println("swk1.equals(swk2):" +swk1.equals(swk2));
                                                            //比较内容
26          System.out.println("swk1.equals(swk3):" +swk1.equals(swk3));
                                                            //比较内容
27      }
28  }
```

后面章节将陆续介绍 Object 类的其他成员方法，如 notify()、nofityAll()、wait()、hashCode()、clone()和 finalize()等。

12.3.3 接收任意对象

Object 类是"道"，是所有类的祖先类，根据对象多态性，Object 对象能引用任何实例对象，该过程通过自动向上转型实现。为人也有"道"，慧心、善心、仁心乃为人之本。

程序设计中，根类 Object 能接收任意对象。下面代码段，第 4 行 show(Object obj)方法的参数类型是 Object，表示能向该方法传递任何类型的实参；第 6～9 行分别向 show()方法传递 Person、Car、StringBuffer 和 Integer 对象。

```
1   class Person{}
2   class Car{}
3   class Demo{
4       public static void show(Object obj) { }    //参数为 Object
5       public static void main(String[] args) {
6           show(new Person());                    //接收 Person 对象
7           show(new Car());                       //接收 Car 对象
8           show(new StringBuffer());              //接收 StringBuffer 对象
9           show(9);                               //接收 Integer 对象
10      }
11  }
```

前面对基本数据类型、类和接口讨论比较多，Object 能接收它们，另一种重要的数据结构——数组，也是对象，也能用 Object 对象接收它。

Object 对象接收数组后，使用前需进行类型转换，即把 Object 对象向下转换成实际对象数组。下面代码段，第 3 行 obj 对象接收了字符串数组 list；第 5、6 行用 foreach 语句访问 obj，不能通过编译；第 8 行 obj 向下转型为实际的字符串数组 arr，第 9 行成功访问该字符串数组。

```
1   Object obj=null;
2   String [] list= {"123","xyz","abc"};
3   obj=list;                                  //接收数组
4   /*
5   for(String str:obj)                        //编译错误
6       System.out.println(str);
7   */
8   String []arr=(String[ ])obj;               //向下转型为实际数组类型
9   for(String s:arr)
10      System.out.println(s);
```

程序案例 12-6 演示了 Object 对象接收数组。第 18 行 **obj instanceof Person**[ ]判断 show()方法接收对象 obj 的类型,如果是 Person 对象数组,第 19 行 perList =(Person[]) obj;把 obj 转换成 Person 对象数组,第 22、23 行完成同样任务;第 32、34 行分别向 show() 方法传递了数组。程序运行结果如图 12-8 所示。

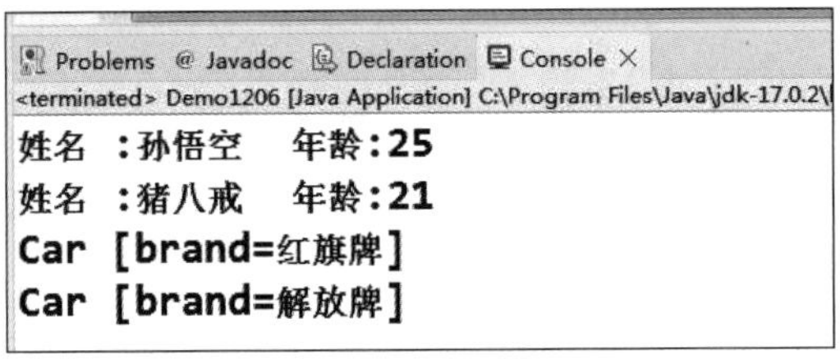

```
姓名 :孙悟空    年龄:25
姓名 :猪八戒    年龄:21
Car  [brand=红旗牌]
Car  [brand=解放牌]
```

图 12-8　程序案例 12-6 运行结果

【程序案例 12-6】　Object 对象接收数组。

```
1   package chapter12;
2   class Person {
3       //省略数据成员
4       //省略构造方法
5       //省略覆写 toString()方法
6       //省略覆写 equals()方法
7   }
8   class Car {
9       //省略数据成员
10      //省略构造方法
11      //省略覆写 toString()方法
12      //省略覆写 equals()方法
13  }
14  public class Demo1206 {
15      public static void show(Object obj) {
16          Person[ ] perList = null;
17          Car[ ] carList = null;
18          if (obj instanceof Person[]) {            //如果是 Person 数组
19              perList = (Person[]) obj;             //向下转型
20              for (Person p : perList)
21                  System.out.println(p);
22          } else if (obj instanceof Car[]) {        //如果是 Car 数组
```

```
23              carList = (Car[]) obj;              //向下转型
24              for (Car c : carList)
25                  System.out.println(c);
26          } else {
27              System.out.println("类型不匹配!");
28          }
29      }
30      public static void main(String[] args) {
31          Person[ ] perList = { new Person("孙悟空", 25), new Person("猪八戒", 21) };
32          show(perList);
33          Car []carList= {new Car("红旗牌"),new Car("解放牌") };
34          show(carList);
35      }
36  }
```

12.4　Runtime 类

Java 应用程序在 JVM 平台上运行，了解 JVM 状态对于分配计算资源、优化应用程序是必要的。Runtime 类封装了 JVM 运行时环境，每个正在运行的应用程序都有一个 Runtime 实例对象，通过 Runtime 实例对象了解当前运行环境。

Runtime 类提供若干方法获取 JVM 运行时状态，如内存占用情况、调用本地可执行命令等。Runtime 类部分常用方法如下。

（1）public Process exec(String command)，执行本地命令。

（2）public long freeMemory()，返回 JVM 的空闲内存量。

（3）public void gc()，运行垃圾回收方法、释放空间。

（4）public long MaxMemory()，返回 JVM 的最大内存量。

（5）public static Runtime getRuntime()，获得 Runtime 实例。

程序案例 12-7 演示了使用 Runtime 类提供的方法释放垃圾空间、获取 JVM 的内存容量和已使用的内存、运行记事本程序。程序运行结果如图 12-9 所示。

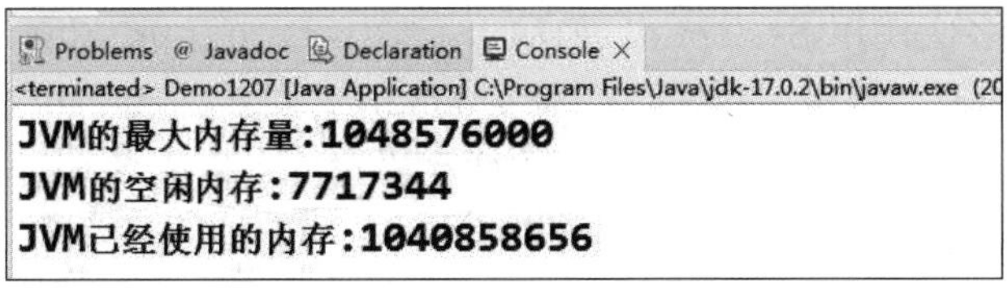

```
JVM的最大内存量:1048576000
JVM的空闲内存:7717344
JVM已经使用的内存:1040858656
```

图 12-9　程序案例 12-7 运行结果

【程序案例 12-7】　Runtime 类。

```
1  package chapter12;
2  import java.io.IOException;
3  public class Demo1207 {
4      public static void main(String args[]) throws IOException{
5          Runtime runtime=Runtime.getRuntime();              //取得 JVM 实例
```

```
6       runtime.gc();                                          //释放垃圾空间
7       long maxMemory=runtime.maxMemory();                    //取得最大内存
8       long freeMemory=runtime.freeMemory();                  //取得空闲内存
9       long usedMemory=maxMemory-freeMemory;                  //计算使用的内存
10      System.out.println("JVM 的最大内存量:"+maxMemory);
11      System.out.println("JVM 的空闲内存:"+freeMemory);
12      System.out.println("JVM 已经使用的内存:"+usedMemory);
13      runtime.exec("C:\\Windows\\System32\\notepad.exe");    //运行记事本
14    }
15  }
```

◆ 12.5 System 类

12.5.1 System 类简介

开发软件时,程序员要与成百上千的类约会,频率比较高的是系统类 System。System 类封装了系统特征,如系统属性和操作方法。该类保存在 java.lang 包中,由 JVM 默认导入。它的构造方法用 private 修饰,不能在外部创建对象,数据成员和成员方法都用 public static 修饰,程序员随时能用 System 引用它们。

System 类的部分常用成员方法如下。

(1) public static void exit(),退出系统。

(2) public static void gc(),运行垃圾收集器,调用 Runtime 类的 gc()方法。

(3) public static Properties getProperties(),取得当前系统的全部属性。

(4) public static String getProperties(String key),根据键值取得属性的具体内容。

(5) public static void arrayCopy(),复制数组。

(6) public static long currentTimeMillis(),返回以毫秒为单位的系统当前时间。

(7) public static void setOut(PrintStream Out),重定向标准输出流。

12.5.2 System 类应用

前面程序已经多次使用 System 类,如输出行 System.out.println(),程序案例 12-8 计算用 StringBuffer 修改字符串的效率,使用 System 的成员方法 currentTimeMillis()获取系统时间、exit()方法退出系统。程序第 8 行的循环语句反复修改 StringBuffer 对象 sb 的内容,当运行时间超过 2000ms 退出程序(第 14 行)。

【程序案例 12-8】 计算 StringBuffer 修改字符串的效率。

```
1   package chapter12;
2   public class Demo1208 {
3       public static void main(String args[]) {
4           long startTime = System.currentTimeMillis();       //开始时间
5           long endTime = 0;                                   //结束时间
6           long runTime = 0;                                   //运行时间
7           StringBuffer sb = new StringBuffer("开始");
8           for (int i = 0; i < 2000000; i++) {
```

```
9            sb.append(i);                              //修改 StringBuffer
10           endTime = System.currentTimeMillis();      //记录结束时间
11           runTime = endTime - startTime;             //计算运行时间
12           if (runTime > 2000) {
13               System.out.println("运行时间超过 2000ms!自动退出!");
14               System.exit(1);                        //exit 参数非 0 表示正常退出
15           }
16       }
17       System.out.println("StringBuffer 处理时间:" + runTime + "ms");
18   }
19 }
```

配置软件运行环境前先了解系统各种属性,如操作系统名、JVM 版本、JDK 目录、用户空间目录等。程序案例 12-9 用 System 类提供的 getProperties()方法提取系统属性,方法 setOut()把标准输出设备控制台重定向到输出流(见第 13 章)。

程序第 7 行 System.getProperty("os.name")获得键值 key=os.name 的属性,输出结果 Windows 7;第 8 行输出系统所有属性到标准输出设备(控制台);第 12 行 System.setOut (new PrintStream(file))把标准输出设备重定向为输出流 new PrintStream(file);第 13 行 System.getProperties().list(System.out)输出到输出流(该输出流的物理文件是 file 对象)。

系统属性用键-值对 key=value 表示,key 为属性名,value 为属性值,如图 12-10 所示的 java.specification.version=17,其中,key= java.specification.version,value=17。

```
获得计算机操作系统: Windows 7
-- listing properties --
java.specification.version=17
sun.cpu.isalist=amd64
sun.jnu.encoding=GBK
java.class.path=C:\Users\Administrator\eclipse-worksp...
java.vm.vendor=Oracle Corporation
sun.arch.data.model=64
user.variant=
```

图 12-10　程序案例 12-9 运行结果

【程序案例 12-9】　获得系统属性。

```
1  package chapter12;
2  import java.io.File;
3  import java.io.PrintStream;
4  public class Demo1209 {
5      public static void main(String[] args) {
6          //获得键值 key=os.name 的属性
7          System.out.println ("获得计算机操作系统:"+System.getProperty("os.
                       name"));
8          System.getProperties().list(System.out);   //输出系统所有属性
9          File file = new File("D:\\temp.txt");      //文件对象
10         try {
11             file.createNewFile();                  //创建文件
```

```
12              System.setOut(new PrintStream(file));    //重定向输出到文件
13              System.getProperties().list(System.out);//输出系统全部属性到文件
14          } catch (Exception e) {
15              e.printStackTrace();
16          }
17      }
18  }
```

12.5.3 垃圾回收对象

地球上的资源(如石油、天然气、煤炭、各种矿石、林地等)都是有限的,要加倍珍惜。人的时间也是有限的,需要争分夺秒。计算机的资源也是有限的,特别是 CPU 资源和内存资源,需要科学管理这些重要资源,提高程序运行效率。

JVM 管理的内存分为栈内存和堆内存;栈内存存储程序创建或实例化的对象变量,如通过 new 创建的对象;堆内存存储程序实例对象的具体内容。C/C++程序通过 free 等指令显示释放内存空间,JVM 提供了贴心服务,Java 程序不需要显式释放内存空间,由 JVM 的垃圾回收管理器负责回收可能不需要使用的栈内存和堆内存。

JVM 的垃圾回收机制采用动态存储管理技术,它能够检测内存使用情况,自动释放不再被程序引用的对象,按照特定的垃圾收集算法实现内存资源自动回收功能。由于创建对象和垃圾收集器不断占用和释放内存空间,出现了内存碎片化现象,提高了内存管理成本,降低了程序执行效率。JVM 的垃圾回收管理器除了释放没有使用的对象外,还能整理内存碎片。碎片整理将所占用的堆内存移到堆的一端,JVM 将整理出的内存分配给新对象。

JVM 的垃圾自动收集与释放功能减轻了编程负担,提高了编程效率,保护了程序的完整性。JVM 需要追踪运行程序中正在使用的对象,释放没有被对象占用的空间,该过程需要占用计算资源,影响程序性能,这是该功能的一个潜在缺点。

一个对象如果不再被任何栈内存所引用,该对象称为垃圾回收对象。垃圾收集器收集垃圾回收对象的时间是不确定的,能直接使用 System.gc()方法运行垃圾收集器,频繁强制执行垃圾回收方法将对系统性能产生负面影响。一般由系统自动完成释放垃圾内存。

程序案例 12-10 演示了强制执行垃圾收集方法。第 15 行 System.gc()强制调用垃圾回收方法,释放对象前会调用对象的 finalize()方法;第 7 行覆写 Object 类的 finalize(),运行结果表明系统释放了第 14 行的对象。程序运行结果如图 12-11 所示。

```
Problems  @ Javadoc  Declaration  Console  X
<terminated> Demo1210 [Java Application] C:\Program Files\Java\jdk-17.0.2\bin\
对象被释放——>姓名:孙悟空
```

图 12-11 程序案例 12-10 运行结果

【程序案例 12-10】 垃圾回收对象。

```
1   package chapter12;
2   class Person {
3       //省略数据成员
4       //省略构造方法、setter 和 getter 方法
```

```
5        //省略覆写 toString()方法
6        //对象释放内存时默认调用该方法
7        public void finalize() throws Throwable {
8            System.out.println("对象被释放——>" + this);
9        }
10   }
11   public class Demo1210 {                    //定义测试类
12       public static void main(String args[]) {
13           Person swk=new Person("孙悟空");
14           swk=null;                          //该对象为垃圾回收对象
15           System.gc();                       //强制调用垃圾回收方法,释放空间(swk 对象)
16       }
17   }
```

◆ 12.6 日 期 类

日期类

时间是客观世界存在的一种属性,软件系统的正常运行离不开日期。例如,学籍管理系统、银行客户管理系统、项目申报系统、股票交易系统、单位财务系统、各种游戏等。java.util包的 Date 类、Calendar 类,以及 java.text 包的 SimpleDateFormate 类为操作日期提供有力支持。

12.6.1 Date 类

Date 类主要用来获取当前系统的日期和时间。下面代码段,通过构造方法获得系统当前日期和时间。输出结果如图 12-12 所示。

```
1    import java.util.Date;
2    public class Demo {
3        public static void main(String[] args) {
4            Date now = new Date();
5            System.out.println("系统当前日期和时间: " + now);
6        }
7    }
```

图 12-12 获得系统当前日期和时间

程序运行结果显示,Date 获得当前系统的日期和时间,但格式并不符合用户要求。Calendar 类能获得日期各分量信息,如获得年、月、日、时、分、秒及毫秒。

12.6.2 Calendar 类

Date 类提供了简单的日期处理功能,从 JDK 1.1 开始,Calendar 类提供了比较强大的日期处理功能。Calendar 是一个抽象类,通过它的子类 GregorianCalendar 获得它的实例对象。Calendar 提供了多个常量表示日期各分量信息(见表 12-2)。

表 12-2　Calendar 类的常量

序号	常量	类型	说明
1	public static final int YEAR	int	年
2	public static final int MONTH	int	月
3	public static final int DAY_OF_MONTH	int	日
4	public static final int HOUR_OF_DAY	int	时,24 小时制
5	public static final int MINUTE	int	分
6	public static final int SECOND	int	秒
7	public static final int MILLISECOND	int	毫秒

Calendar 类提供的成员方法获得 Calendar 对象、日期比较、获得日历字段的值,它的部分常用方法如下。

（1）public static Calendar getInstance(),获得默认时区的日历对象。

（2）public int get(int field),返回给定日历字段的值。

（3）public boolean after(Object When),测试一个日期是否在指定日期之后。

（4）public boolean before(Object When),测试一个日期是否在指定日期之前。

程序案例 12-11 演示了 Calendar 类的主要功能,如获得日历对象、获得日历字段的分量等。第 7 行获得 Calendar 对象,第 9～11 行分别获得年、月、日,利用表 12-2 也能获得时、分、秒。程序运行结果如图 12-13 所示。

图 12-13　程序案例 12-11 运行结果

日期处理程序

【程序案例 12-11】　Calendar 类。

```
1   package chapter12;
2   import java.util.Calendar;
3   import java.util.GregorianCalendar;
4   public class Demo1211 {
5       public static void main(String args[]) {
6           //Calendar now = new GregorianCalendar();    //子类初始化 Calendar 对象
7           Calendar now = Calendar.getInstance();
8           String timeInfo;                              //时间信息
9           int year = now.get(Calendar.YEAR);            //年
10          int month = now.get(Calendar.MONTH);          //月
11          int day = now.get(Calendar.DAY_OF_MONTH);     //日
12          timeInfo = year + " 年 " + month + " 月 " + day + " 日 ";
13          System.out.println(timeInfo);
14      }
15  }
```

Calendar 类获得系统当前日期各分量,但这种方法不能满足用户个性化需求。Java 语言提供了 DateFormat 和 SimpleDateFormat 两种日期格式化类满足个性化日期格式需要。

12.6.3　DateFormat 类

Date 获得的日期格式不符合中国人的习惯要求,利用 Calendar 类能获得日期时间的各分量,如果按指定格式显示则比较复杂。利用日期格式化类 DateFormat 在一定程度上简化了日期格式处理。DateFormat 类的部分常用方法如下。

（1）public static final DateFormat getDateInstance(),获得默认的日期实例对象。

（2）public static final DateFormat getDateInstance(int style,Locale aLocale),获得指定地区的日期实例对象。

（3）public static final DateFormat getDateTimeInstance(),获得默认的日期时间格式对象。

（4）public static final DateFormat getDateTimeInstance(int dateStyle,int timeStyle,Local aLocal),获得指定地区的日期时间格式对象。

（5）public final String format(Date date),格式化日期对象。

DateFormat 类既能获得默认地区的日期格式对象,也能获得指定地区的日期格式对象,format()方法能按照指定地区的日期格式处理日期对象。

程序案例 12-12 演示了 DateFormat 类的主要应用。第 10 行获得符合中国习惯的日期时间格式对象(利用该对象格式化日期后,得到符合中国的日期时间);第 15 行获得符合日本习惯的日期格式对象;第 17、18 行利用日期格式对象格式化日期,得到相应的日期时间信息。

程序中的 new Locale()(第 15 行)构造区域对象,第一个参数为语言代码,第二个参数为国家代码,例如,new Locale("ja","JP")表示构造一个日本的日语区域。可以在网络上查询国家及语言代码信息。程序运行结果如图 12-14 所示。

```
Problems  @ Javadoc  Declaration  Console
<terminated> Demo1212 [Java Application] C:\Program Files\Java\jdk-17.0.2\bin\javaw.exe (2022年4月1日 下午6:44:26 – 下午6:44:
中国日期时间格式：2022年4月1日 中国标准时间 下午6:44:28
日本日期格式：2022年4月1日金曜日
```

图 12-14　程序案例 12-12 运行结果

【程序案例 12-12】　DateFormat 类。

```
1   package chapter12;
2   import java.text.DateFormat;
3   import java.util.Date;
4   import java.util.Locale;
5   public class Demo1212 {
6       public static void main(String[] args) {
7           DateFormat dfCNTime = null;         //中国的格式化对象
8           DateFormat dfJP = null;             //日本的格式化对象
9           //符合中国的日期时间格式
10          dfCNTime = DateFormat.getDateTimeInstance(
11              DateFormat.YEAR_FIELD,
12              DateFormat.ERA_FIELD,
13              new Locale("zh", "CN"));
14          //符合日本的日期格式
15          dfJP = DateFormat.getDateInstance (DateFormat.ERA_FIELD, new Locale
                                                ("ja", "JP"));
```

```
16              //利用日期格式对象格式化日期
17              System.out.println("中国日期时间格式:" + dfCNTime.format(new Date()));
18              System.out.println("日本日期格式:" + dfJP.format(new Date()));
19          }
20      }
```

DateFormat 类只能构造指定语言和地区的日期时间,如果用户需要根据实际情况构造个性化的日期时间,Java 语言提供的 SimpleDateFormat 类满足个性化需要。

12.6.4 SimpleDateFormat 类

世界上没有完全相同的两片树叶,万事万物具有个性特点。优秀的软件系统不仅能满足通用功能,还需满足用户个性化需求。例如,某个用户对日期格式要求比较简单,仅显示日期 2022-05-07 22:35:55.974;而另一用户对日期格式要求严格,需要明确写出具体信息,如 2022 年 05 月 07 日 22 时 35 分 57 秒 974 毫秒;其他用户要求显示这样的日期格式 2022年 05 月。

java.text 包的 SimpleDateFormat 类提供了灵活处理日期时间的方法,能满足用户个性化日期格式需要。

SimpleDateFormat 类部分常用方法如下。

(1) public SimpleDateFormat(String patter),通过日期模板构造日期格式对象。

(2) public Date parse(String source) throws ParseException,将日期字符串解析为 Date。

(3) public final String format(Date date),按照指定日期格式对象格式化日期 Date。

格式化前需要指定格式化日期模板,模板标记如表 12-3 所示。

表 12-3　格式化日期模板标记

序号	标记	说明
1	Y	年 4 位数,用 yyyy 表示
2	M	月 2 位数,用 MM 表示
3	d	日 2 位数,用 dd 表示
4	H	时(24 时),2 位数,用 HH 表示
5	m	分,2 位数,用 mm 表示
6	s	秒,2 位数,用 ss 表示
7	S	毫秒 3 位数,用 SSS 表示

SimpleDateFormat 格式化日期时间步骤如图 12-15 所示。

程序案例 12-13 演示了 SimpleDateFormat 的应用。根据模板标记,第 6~8 行定义了 3 个不同的日期模板;第 14 行使用日期模板作为参数创建 SimpleDateFormat 对象;第 15 行调用 SimpleDateFormat 类的 format()方法格式化日期对象。程序运行结果如图 12-16 所示。

图 12-15　SimpleDateFormat 格式化日期时间步骤

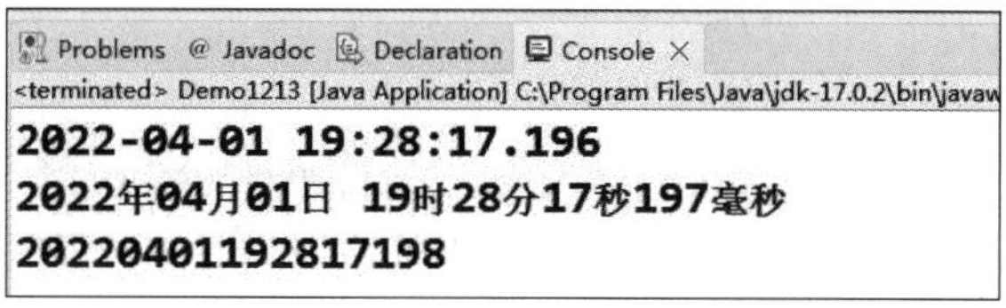

图 12-16　程序案例 12-13 运行结果

【程序案例 12-13】　SimpleDateFormat 类。

```
1   package chapter12;
2   import java.text.SimpleDateFormat;
3   import java.util.Date;
4   public class Demo1213 {
5       public static void main(String[] args) {
6           String pat1 = "yyyy-MM-dd HH:mm:ss.SSS";              //日期模板
7           String pat2 = "yyyy年MM月dd日 HH时mm分ss秒SSS毫秒";      //日期模板
8           String pat3 = "yyyyMMddHHmmssSSS";                     //日期模板
9           System.out.println(Demo1213.getDateInfo(pat1));
10          System.out.println(Demo1213.getDateInfo(pat2));
11          System.out.println(Demo1213.getDateInfo(pat3));
12      }
13      public static String getDateInfo(String pat) {             //参数为日期模板
14          SimpleDateFormat sdf = new SimpleDateFormat(pat);      //日期格式对象
15          return sdf.format(new Date());                         //日期格式对象格式化日期
16      }
17  }
```

　　用户经常需要向软件系统输入日期信息，例如，新员工入职时办公室向员工管理信息系统输入员工出生日期、学历中的日期等。输入的员工日期都是字符串类型，需要把字符串转换为日期类型。

　　下面代码段把字符串转换成日期类型，特别需要注意，第 2 行日期模板要与第 1 行的日期字符串格式匹配；第 6 行调用 SimpleDateFormat 类的 parse()方法，把日期字符串按照模板解析成 Date 类型。

```
1  String strDate = "1964-10-16 14:59:40.618";              //日期字符串
2  String srcPat = "yyyy-MM-dd HH:mm:ss.SSS";                //与日期字符串对应的模板
3  SimpleDateFormat srcSdf = new SimpleDateFormat(srcPat);   //实例化日期格式对象
4  Date tempDate=null;
5  try {
6      tempDate = srcSdf.parse(strDate);                    //日期字符串转换为日期
7      System.out.println("中国第一颗原子弹爆炸时间:" + tempDate);
8  } catch (ParseException e1) { }
```

◆ 12.7　Math 类

软件系统特别是游戏软件需要进行大量数学运算。Java 语言提供的 Math 类位于 java.lang 包中,提供了许多用于数学运算的静态方法,如指数运算、对数运算、开根运算和三角函数等。Math 类还提供了 E(自然对数)和 PI(圆周率)两个静态常量,关于 Math 类的具体内容可参阅 JDK 文档。

下面代码段,输出了圆周率常数 Math.PI、自然对数底数 Math.E、幂函数 Math.pow(2, 5) 和对数函数 Math.log10(100)。

```
System.out.println("π=" + Math.PI);                  //圆周率常数
System.out.println("e=" + Math.E);                   //自然对数底数
System.out.println("pow(x,y)=" + Math.pow(2, 5));    //幂函数
System.out.println("log10(100)=" + Math.log10(100)); //对数函数
```

◆ 12.8　Random 类

一些软件系统需要使用随机数完成某些功能,如线上彩票号码、游戏的物品掉落概率、线上抽奖、网站登录的校验数字等。java.util 包提供了随机数类 Random,主要成员方法如下。

(1) public boolean nextBoolean(),随机生成 boolean 值。

(2) public double nextDouble(),随机生成[0,1]的 double 值。

(3) public float nextFloat(),随机生成[0,1]的 float 值。

(4) public int nextInt(),随机生成 int 值。

(5) public int nextInt(int n),随机生成不大于 n 的 int 值。

(6) public long nextLong(),随机生成 long 值。

下面代码段,第 5 行随机生成不大于 10 的 float 小数,第 6 行随机生成[0,1]的 double 小数,第 8 行随机生成不大于 20 的整数。程序运行结果如图 12-17 所示。

```
Problems  @ Javadoc  Declaration  Console
<terminated> Demo [Java Application] C:\Program Files\Java\jdk-17.0.2\bin\javaw.exe  (202
6.779233
0.4280448723360014
5  15  14  13  19
```

图 12-17　程序运行结果

```
1   import java.util.Random;
2   public class Demo {
3       public static void main(String[] args) {
4           Random random=new Random();
5           System.out.println(random.nextFloat(10));
6           System.out.println(random.nextDouble());
7           for(int i=0;i<5;i++)
8               System.out.print(random.nextInt(20)+" ");
9       }
10  }
```

12.9 数值格式化类

数值格式化类

Java 语言提供的 DateFormat 类和 SimpleDateFormat 类对日期进行格式化处理，以满足不同地区和国家的个性化日期需要。类似地，Java 语言提供的 NumberFormat 类和 DecimalFormat 类对数值进行格式化处理，满足不同地区和国家的个性化数值需要。例如，整数 100 000 中国习惯使用 1,000,000，而法国习惯使用 1.000.000。

12.9.1 NumberFormat 类

NumberFormat 是抽象类，它提供格式化和分析数值的接口，可根据 Locale 指定语言环境的数值格式。

NumberFormat 部分常用方法如下。

（1）public static final NumberFormat getInstance()，获得默认语言环境的数值格式。

（2）public static final NumberFormat getInstance(Locale inLocale)，获得指定语言环境的数值格式。

（3）public static final NumberFormat getCurrencyInstance()，获得默认环境的货币格式。

（4）public static final NumberFormat getCurrencyInstance(Locale inLocale)，获得指定语言环境的货币格式。

下面代码段，第 5 行获得默认语言环境的数值格式对象，第 10 行获得德国的数值格式对象。程序运行结果如图 12-18 所示。

图 12-18　程序运行结果

数值格式化类程序

```
1   import java.text.NumberFormat;
2   import java.util.Locale;
```

```
3   public class Demo {
4       public static void main(String[] args) {
5           NumberFormat nf=NumberFormat.getInstance();
                                                    //获得默认语言环境数值格式对象
6           int x=1000000;
7           double y=1234.56789345111;
8           System.out.println("中国格式的整数:"+nf.format(x));
                                                    //默认的格式化整数(本地)
9           System.out.println("中国格式的小数: "+nf.format(y));
                                                    //默认的格式化浮点数(本地)
10          nf=NumberFormat.getInstance(new Locale("de","DE"));
                                                    //德国的数值格式对象
11          System.out.println("德国格式的整数:"+nf.format(x));
                                                    //默认格式化整数
12          System.out.println("德国格式的小数: "+nf.format(y));
                                                    //默认格式化浮点数
13      }
14  }
```

不同国家地区数值的格式风格不同,如德国使用"."符号作为整数的分隔符,使用","作为小数点分隔符。

NumberFormat 类采用预定格式格式化数值,不能满足个性化需求,12.9.2 节的 DecimalFormat 类与 SimpleDateFormat 类一样,能满足个性化需要。

12.9.2 DecimalFormat 类

SimpleDateFormat 类能根据个性化需要格式化日期时间。DecimalFormat 类是 NumberFormat 的子类,能根据自定义数值的格式化形式对数值进行格式化,满足个性化数值表现形式需求。表 12-4 列出了格式化数值模板符号。

表 12-4 格式化数值模板符号

序号	标记	位置	说明
1	0	数字	每个 0 表示一位阿拉伯数字,如果该位不存在则显示 0
2	#	数字	每个 # 表示一位阿拉伯数字,如果该位不存在则不显示
3	.	数字	小数点分隔符或货币的小数分隔符
4	-	数字	负号
5	,	数字	分隔符
6	E	数字	分隔科学记数法的尾数和指数
7	;	子模式边界	分隔正数和负数模式
8	%	前缀或后缀	乘以 100 并显示百分数
9	\u2030	前缀或后缀	乘以 1000 并显示千分位
10	¤(\u00A4)	前缀或后缀	货币记号。如果两个同时出现,则用国际货币符号代替;如果出现在某个模式中,则使用货币的小数分隔符,而不使用小数分隔符

续表

序号	标记	位置	说明
11	'	前缀或后缀	用于在前缀或后缀中为特殊字符加引号,如♯♯将123格式化为♯123;要创建单引号本身,则连用两个单引号,例如"♯o' 'clock"

程序案例12-14演示了DecimalFormat类的应用。第5～7行调用第10行自定义格式化数值方法完成数值格式化任务。DecimalFormat类格式化数值步骤如图12-19所示。程序运行结果如图12-20所示。

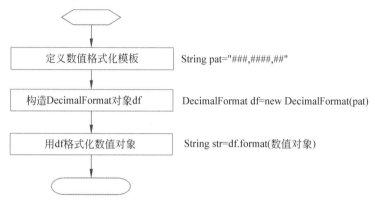

图 12-19　DecimalFormat 类格式化数值步骤

```
使用 ###,####.##格式化数值 345.678123,    结果：  345.68
使用 0000.00000000格式化数值 12.12,结果：  0012.12000000
使用 ##.###%格式化数值 0.056789,    结果：  5.679%
```

图 12-20　程序案例 12-14 运行结果

【**程序案例 12-14**】　DecimalFormat 类。

```
1    package chapter12;
2    import java.text.DecimalFormat;
3    public class Demo1214 {
4        public static void main(String[] args) {
5            Demo1215.myNumberFormat("###,####.##", 345.678123);
6            Demo1215.myNumberFormat("0000.00000000", 12.12);//注意与上面区别
7            Demo1215.myNumberFormat("##.###%", 0.056789);
8        }
9        //第一个参数为格式化符号,第二个参数为需要格式化的数值
10       public static void myNumberFormat(String patter, Object obj) {
11           DecimalFormat df = new DecimalFormat(patter);    //产生一个格式化器
12           String str = df.format(obj);                     //使用格式化器格式化一个对象
13           System.out.println ("使用 " + patter + "格式化数值 " + obj + ",\t结果：" +
                        str);
14       }
15   }
```

12.10 处理大数

普通软件系统对所处理数据的精度要求不高,如学生成绩管理系统、单位财务信息管理系统等。有些场景对数据精度要求很高,如北斗卫星定位导航系统需要高精度时间、天气预报需要高精度浮点数等。基本数值型数据无法表达高精度数据,使用字符串处理高精度数据的效率很低。

Java 语言提供了 java.math.BigInteger 和 java.math.BigDecimal 完成高精度计算,BigInteger 类处理大整数,BigDecimal 类处理高精度小数。

12.10.1 BigInteger 类

BigInteger 类保存在 java.math 包中,如果处理的整数超过 long 的范围,需要使用 BigInteger 类。该类能完成大整数的四则运算、大整数的比较等。

BigInteger 类的主要方法如下。

(1) public BigInteger(String val),字符串作参数创建 BigInteger 对象。

(2) public BigInteger add(BigInteger val),加法。

(3) public BigInteger[] divideAndRemainder(BigInteger val),除法,数组的第一个元素为商,第二个元素为余数。

(4) public BigInteger divide(BigInteger val),除法,返回商。

(5) public BigInteger multiply(BigInteger val),乘法。

(6) public BigInteger max(BigInteger val),返回两个大数中的较大值。

(7) public BigInteger min(BigInteger val),返回两个大数中的较小值。

(8) public BigInteger subtract(BigInteger val),减法。

程序案例 12-15 演示了 BigInteger 类的使用方法。程序运行结果如图 12-21 所示。

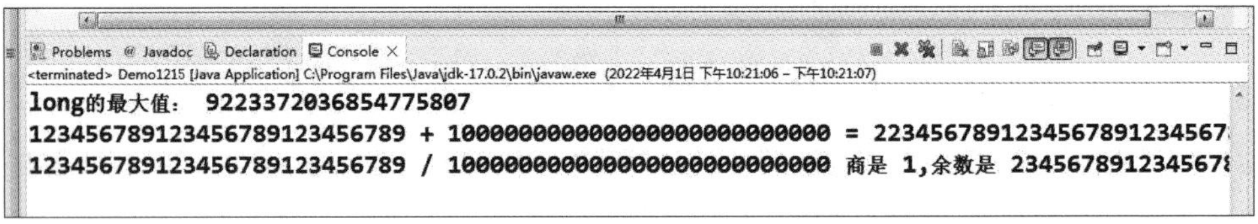

图 12-21 程序案例 12-15 运行结果

【程序案例 12-15】 BigInteger 类。

```
1    package chapter12;
2    import java.math.BigInteger;
3    public class Demo1215 {
4        public static void main(String[] args) {
5            System.out.println("long 的最大值: "+Long.MAX_VALUE);
6            //long aLong=12345678912345678912345678;        //超过 long 的范围
7            //字符串作参数实例化大整数对象
8            BigInteger biX = new BigInteger("12345678912345678912345678");
9            //字符串作参数实例化大整数对象
```

```
10        BigInteger biY = new BigInteger("1000000000000000000000000000");
11        String z1 = biX.multiply(biY).toString();          //大整数的乘法
12        //大整数的除法,数组的第一个元素是商,第二个元素是余数
13        BigInteger z2[] = biX.divideAndRemainder(biY);
14        System.out.println(biX + " * " + biY + " = " + z1);
15        System.out.println(biX + " / " + biY + " 商是 " + z2[0] + ",余数是 " + z2[1]);
16    }
17 }
```

12.10.2 BigDecimal 类

Java 语言的 double 类型数据精确到小数点后 16 位,float 类型数据精确到小数点后 7 位,并且进行算术运算时,因精度问题时常发生精度丢失。为了能精确表示和计算浮点数,Java 语言提供 BigDecimal 类,该类提供大量构造方法创建 BigDecimal 对象,包括以基本数值类型为参数构造 BigDecimal 对象,以数字字符串、数字字符数组为参数构造 BigDecimal 对象。

BigDecimal 类的主要方法如下。

(1) public BigDecimal(int val),以 int 为参数构造 BigDecimal 对象。
(2) public BigDecimal(String val),以字符串为参数构造 BigDecimal 对象。
(3) public BigDecimal(double val),以 double 为参数构造 BigDecimal 对象。
(4) public BigDecimal add(BigDecimal augend),加法。
(5) public BigDecimal divide(BigDecimal divisor),除法。
(6) public BigDecimal multiply(BigDecimal multiplicand),乘法。
(7) public BigDecimal subtract(BigDecimal augend),减法。

程序案例 12-16 演示了 BigDecimal 类的使用方法。第 4 行的 add()方法完成两个高精度浮点数的加法计算,结果显示非常精确;第 18 行输出 0.3 构造的高精度浮点数并不是 0.3 (因为计算机无法准确地表示浮点数 0.3);第 19 行使用字符串 0.3 构造高精度浮点数。程序运行结果如图 12-22 所示。

```
两个高精度浮点数相加: 123.0002469135666832000001
0.3构造高精度浮点数对象:    0.299999999999999988897769753748434595763683331909
字符串0.3构造高精度浮点数对象:    0.3
```

图 12-22 程序案例 12-16 运行结果

【程序案例 12-16】 BigDecimal 类。

```
1  package chapter12;
2  import java.math.BigDecimal;
3  class ScientificCalculation {                          //科学计算类
4      public static String add(String str1, String str2) {  //加法
5          BigDecimal bd1 = new BigDecimal(str1);         //实例化大数
6          BigDecimal bd2 = new BigDecimal(str2);         //实例化大数
7          BigDecimal bdR = bd1.add(bd2);                 //两个大数相加
```

```
8              return bdR.toString();
9         }
10 }
11 public class Demo1216 {
12     public static void main(String args[]) {
13         String str1 = "123.00012345676799832";              //数值字符串
14         String str2 = "0.000123456798700000001";            //数值字符串
15         String str3;
16         str3 = ScientificCalculation.add(str1, str2);   //两个高精度浮点数相加
17         System.out.println("两个高精度浮点数相加:" + str3);
18         System.out.println("0.3构造成高精度浮点数对象:"+new BigDecimal(0.3));
19         System.out.println ("字符串 0.3 构造高精度浮点数对象:"+new BigDecimal
                          ("0.3"));
20     }
21 }
```

◆ 12.11 克隆接口 Cloneable

软件系统可能出现这种情况,已有一个 Person 实例对象 p1,还需要另一个 Person 实例对象 p2,p1 与 p2 的存储空间不同,但是 p1 与 p2 属性差别比较小,如仅仅是姓名不同,其他属性一样。如果重新构造 p2,效率比较低。如果采用如下代码段,内存空间如图 12-23 所示,p1 和 p2 引用同一个 Person 对象,它们之间没有互相独立。显然,执行"p2.setName("猪八戒");",p1 的 name 会相应改变。

```
1    Person p1=new Person("孙悟空",22);
2    Person p2=p1;
3    p2.setName("猪八戒");
```

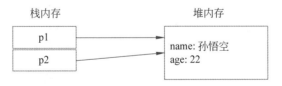

图 12-23 p1 与 p2 对象的内存空间

实际上,需要构造两个独立的 p1 和 p2 对象,它们的内存空间如图 12-24 所示,对应的代码如下。执行第 3 行修改 p2 的 name,p1 的 name 不会发生改变。

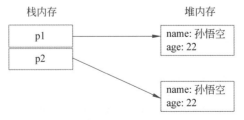

图 12-24 两个独立的 p1 和 p2 对象的内存空间

```
1    Person p1=new Person("孙悟空",22);
2    Person p2=new Person("孙悟空",22);
3    p2.setName("猪八戒");
```

如何构造图 12-24 所示的两个独立对象呢？第一种如上述代码，利用构造方法分别构造 p1 和 p2 对象。调用构造方法创建新对象的效率比较低。Java 语言诞生时，那些天才程序员已经想到了解决办法——对象克隆技术。

对象克隆就是对象复制，即复制一个完整的新对象，新对象与原对象互相独立，占用的内存空间不同。java.lang.Object 类的 clone()方法实现对象克隆。

支持克隆的类需要实现 Cloneable 接口，并覆写 Object 类的 clone()方法。Cloneable 接口是标记接口，接口中没有成员，仅仅表示该类的对象能使用 clone()方法克隆当前对象。

【语法格式 12-3】 自定义类实现 Cloneable 接口。

```
class 类名 implements  Cloneable{
    //类体
    public Object clone() throws CloneNotSupportedException{   //覆写 clone()方法
        return super.clone();
    }
}
```

clone()方法返回 Object，因此在使用克隆对象前需要向下强制转换对象类型。克隆方法分浅克隆(Shallow Clone)和深克隆(Deep Clone)两种。浅克隆指仅克隆外部对象，没有克隆内部对象。深克隆不仅克隆外部对象，而且克隆内部对象。

程序案例 12-17 演示了浅克隆。第 4 行覆写 Object 类的 clone()方法实现对象浅克隆；第 11 行直接赋值，因此 p1 的改变影响了 p2；第 15 行采用对象克隆技术，p2 是 p1 的克隆对象(见图 12-24)，p1.clone()方法返回 Object，因此必须向下强制转换类型。程序运行结果如图 12-25 所示。

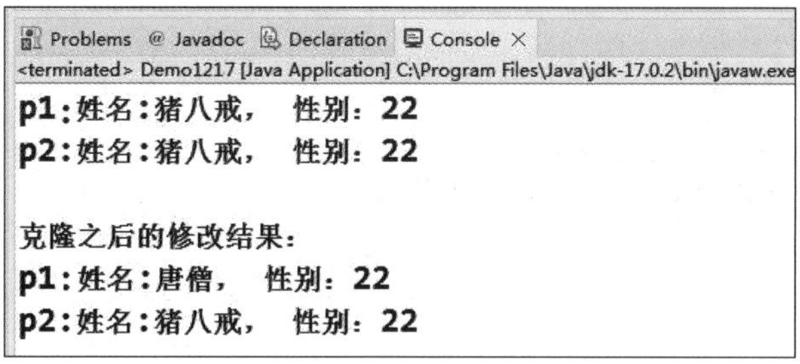

```
p1:姓名：猪八戒，   性别：22
p2:姓名：猪八戒，   性别：22

克隆之后的修改结果：
p1:姓名：唐僧，     性别：22
p2:姓名：猪八戒，   性别：22
```

图 12-25　程序案例 12-17 运行结果

【程序案例 12-17】 浅克隆。

```
1  package chapter12;
2  class Person implements Cloneable {                             //实现 Cloneable 接口
3      //省略数据成员,构造方法,setter 和 getter 方法,覆写 toString()方法
4      public Object clone() throws CloneNotSupportedException {
                                                                   //覆写 clone()方法
5          return super.clone();                                    //返回克隆的对象
6      }
```

```
7   }
8   public class Demo1217 {
9       public static void main(String[] args) throws CloneNotSupportedException {
                                                                              //抛出异常
10          Person p1 = new Person("孙悟空", 22);
11          Person p2 = p1;                                  //赋值方式
12          p1.setName("猪八戒");                            //修改 p1,影响 p2
13          System.out.println("p1:" + p1+ "\np2:" + p2);    //同时被改变
14          //受检查异常,必须捕捉或者在方法中抛出,同时向下强制转换类型
15          p2 = (Person) p1.clone();                        //p2 是 p1 的克隆对象
16          p1.setName("唐僧");                              //修改 p1,不会影响 p2
17          System.out.println("\n 克隆之后的修改结果:");
18          System.out.println("p1:" + p1 + "\n p2:" + p2);
19      }
20  }
```

克隆方法能得到对象的完整复制品,该方法比使用构造方法创建对象的效率要高。

程序案例12-17的浅克隆是不完美的。图12-26显示执行下面代码段第15行 p2 = (Person)p1.clone()后的内存空间情况,p2是p1的克隆对象,但是p1和p2的book成员引用同一个book对象;第16行修改了p2的book,当然p1的book随之改变。

```
1   class Book{
2       private String bookName;
3       private double price;
4       //省略其他语句
5   }
6   class Person implements Cloneable{        //实现克隆接口
7       private String name;
8       private int age;
9       private Book book;                    //书
10      //省略其他语句
11  }
12  class Hello{
13      public static void main(String[] args) {
14          Person p1=new Person("孙悟空",22,new Book("道德经",68.0));
15          Person p2=(Person)p1.clone();
16          p2.getBook().setName("论语");
17      }
18  }
```

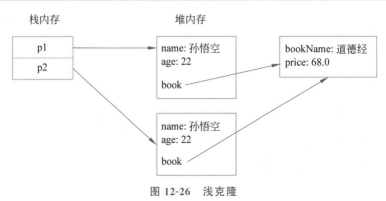

图 12-26　浅克隆

深克隆内存空间如图 12-27 所示。相对于浅克隆，深克隆不仅克隆了外部对象 Person，而且克隆了 Person 的内部对象 book，p1 和 p2 从外到内完全独立。

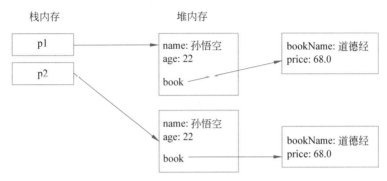

图 12-27　深克隆后的内存状态

实现深克隆分两步：①内部对象实现 Cloneable 接口，覆写 clone()方法；②外部对象实现 Cloneable 接口，覆写 clone()方法，该方法实现克隆内部对象功能。

程序案例 12-18 演示了深克隆。第 8 行的方法使 Book 对象具有克隆功能；第 21 行克隆外部对象 Person；第 22 行克隆内部对象 book。图 12-28 显示深克隆后的内存状态。程序运行结果如图 12-29 所示。

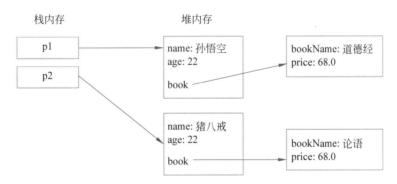

图 12-28　程序案例 12-18 的内存空间状态

图 12-29　程序案例 12-18 运行结果

【程序案例 12-18】　深克隆。

```
1   package chapter12;
2   class Book implements Cloneable {   //作为 Person 数据成员类型的 Book 类实现克隆接口
3       private String name;                //书名
4       private double price;               //价格
5       //省略构造方法、setter 和 getter 方法
```

```java
6        //省略覆写 toString()方法
7        //覆写 clone()方法
8        public Object clone() throws CloneNotSupportedException {
9            return super.clone();
10       }
11   }
12   class Person implements Cloneable { //Person类实现Cloneable接口
13       private String name;                //姓名
14       private int age;                    //年龄
15       private Book book;                  //人有一本书
16       //省略构造方法,setter 和 getter 方法
17       //省略覆写 toString()方法
18       //覆写 clone()方法
19       public Object clone() throws CloneNotSupportedException {
20           Person per = null;
21           per = (Person) super.clone();        //克隆当前对象(外部对象)
22           per.book = (Book) book.clone();      //克隆当前对象包含的对象(内部对象)
23           return per;                          //返回当前对象
24       }
25   }
26   public class Demo1218 {
27       public static void main(String[] args) throws CloneNotSupportedException {
                                                         //抛出异常
28           Book book = new Book("道德经", 68.0);
29           Person p1 = new Person("孙悟空", 21, book);
30           Person  p2= null;
31           //受检查异常,方法中抛出
32           p2 = (Person) p1.clone();
33           p2.getBook().setName("论语");
34           p2.setName("猪八戒");
35           System.out.println("p1:" + p1 + "\np2:" + p2);
36       }
37   }
```

12.12 Arrays 类

Arrays 类保存在实用工具包 java.util 中,该类提供对数组的各种操作,如排序、查找、填充等。部分主要成员方法如下,这些方法重载多次,能对各种类型数据进行操作。关于 Arrays 类具体内容请参阅 JDK 帮助文档。

(1) public static int binarySearch(),对排序后的数组进行二分法检索。

(2) public static boolean equals(),判断两个数组元素是否相等。

(3) public static void fill(),将指定内容填充到数组。

(4) public static void sort(),数组排序,数据类型要实现 Comparable 接口。

(5) public static String toString(),把数组转换为字符串,要求该类型覆写 toString() 方法。

(6) public static int[] copyOf(int [] original,int new Length),复制数组。

程序案例 12-19 演示了 Arrays 类的一些成员方法,包括排序 sort()、转换字符串 toString()、

二分查找 binarySearch()、填充 fill() 和复制 copyOf()。程序运行结果如图 12-30 所示。

```
排序之前:[18, 22, 19, 25, 21]
排序之后:[18, 19, 21, 22, 25]
元素22的位置:4
[99, 99, 99, 99, 99]
复制结果:[18, 19, 21]
```

图 12-30　程序案例 12-19 运行结果

【程序案例 12-19】　Arrays 类。

```
1   package chapter12;
2   import java.util.Arrays;
3   public class Demo1219 {
4       public static void main(String[] args) {
5           int arr1[] = { 18, 22, 19, 25, 21 };              //初始化数组 arr2
6           System.out.println("排序之前:" + Arrays.toString(arr1));
7           Arrays.sort(arr1);                                 //排序
8           System.out.println("排序之后:" + Arrays.toString(arr1));
                                                               //把数组转换为字符串
9           int index = Arrays.binarySearch(arr1, 22) + 1;     //查找
10          System.out.println("元素 22 的位置:" + index);
11          int arr[] = new int[5];
12          Arrays.fill(arr, 99);                              //填充数组
13          System.out.println(Arrays.toString(arr));
14          int arr2[] = Arrays.copyOf(arr1, 3);               //初始化数组 arr2 并复制
15          System.out.println("复制结果:" + Arrays.toString(arr2));
16      }
17  }
```

上面程序演示了 Arrays 类对基本数据类型的操作,如果需要对对象类型进行排序操作,该类必须实现 Comparable 接口,如 String 已经实现了 Comparable 接口,因此能进行排序。下面代码段用 Arrays 对字符串数组进行排序,输出了排序之后的字符串数组[dream,knowledge,spirit,struggle]。

```
1   String [] list= {"knowledge","spirit","dream","struggle"};
2   Arrays.sort(list);                              //排序
3   System.out.println(Arrays.toString(list));
```

◆ 12.13　比较接口

比较是现实生活很常见的一种处理问题方式,如比较定位系统的精确度、综合国力、学习成绩、贡献大小等。通过比较,才能确定对象在集合中的次序。确定比较规则是进行比较的前提,科学公平的比较规则有积极作用。例如,根据学生考试成绩和平时表现确定成绩比较规则就比较科学。

使用 Arrays 类的 sort()方法进行排序前,排序对象需要实现 Comparable 接口确定排

序规则。基本数据类型和 String 类型已经实现 Comparable 接口,因此能对这些对象进行排序。如果对自定义类(如 Person、Student)的对象数组进行排序,这些类要实现 Comparable 接口确定排序规则,如按照 Person 对象的年龄大小排序,按照 Student 对象的成绩高低排序。

12.13.1 Comparable 接口

Comparable 接口确定两个同类对象的比较规则。例如,确定两个 Person 对象按照年龄比较,两个 Student 对象按照成绩比较。

【语法格式 12-4】 Comparable 接口的定义。

```
public interface Comparable<T>{
    public int compareTo(T o);
}
```

Comparable 是泛型接口,它仅有一个方法 compareTo(T o),该方法返回 int,具体规则如下。

(1) 如果当前对象大于比较对象,返回 1;
(2) 如果当前对象小于比较对象,返回 −1;
(3) 如果当前对象等于比较对象,返回 0。

Arrays.sort()对实现 Comparable 接口的对象数组根据方法 compareTo()的返回结果从小到大排序,如果要实现从大到小排序,使"当前对象>比较对象"返回 −1 即可。

程序案例 12-20 演示了 Comparable 接口的应用。第 9 行覆写 Comparable 接口的 compareTo()方法,比较规则是根据年龄大小进行比较;第 25 行对 Person 对象数组 list 进行排序;第 29 行比较孙悟空和唐僧的年龄,返回 1 表示孙悟空(p1)的年龄大于唐僧(p2)的年龄。程序运行结果如图 12-31 所示。

```
Problems  @ Javadoc  Declaration  Console ×
<terminated> Demo1220 [Java Application] C:\Program Files\Java\jdk-17.0.2\bin\javaw.exe (2022年4月2日 下午12:05:14 – 下午12:05:16)
[姓名:詹姆斯·格林,    性别:19,姓名:冯·诺依曼,    性别:22,姓名:王选,    性别:25]
比较孙悟空与唐僧的年龄:1
```

图 12-31　程序案例 12-20 运行结果

【程序案例 12-20】 Comparable 接口的应用。

```
1   package chapter12;
2   import java.util.Arrays;
3   class Person implements Comparable {            //实现 Comparable 接口
4       private String name;                        //姓名
5       private int age;                            //年龄
6       //省略构造方法、setter 和 getter 方法
7       //省略覆写的 toString()方法
8       @Override
9       public int compareTo(Object obj) {          //覆写比较方法
10          if(! (obj instanceof Person))           //obj 类不是 Person 对象
```

```
11            return -1;
12        Person other=(Person)obj;              //转型为 Person 对象
13        if(this.age>other.age)                 //根据年龄从小到大排序
14            return 1;
15        else if(this.age<other.age)
16            return -1;
17        return 0;
18    }
19 }
20 public class Demo1220{
21    public static void main(String[]args){
22        Person []list={  new Person("冯·诺依曼",22),
23                   new Person("詹姆斯·格林",19),
24                   new Person("王选",25)};
25        Arrays.sort(list);                     //按 Person 中的排序规则自然排序
26        System.out.println(Arrays.toString(list));
27     Person p1=new Person("孙悟空",25);
28     Person p2=new Person("唐僧",21);
29     System.out.println("比较孙悟空与唐僧的年龄:"+p1.compareTo(p2));
                                                //比较两个同类对象
30    }
31 }
```

12.13.2 Comparator 接口

经验丰富的软件需求分析师设计的需求也存在局限性,随着科学技术的进步、应用环境的改变,用户需求可能发生变化。软件需求最大的不变是经常发生变化。

下面代码段,Person 类没有实现 Comparable 接口,表示没有制定 Person 对象的比较规则,程序第 6 行对 Person 数组进行排序,计算机不知所措。小学教师组织学生开展课外活动,教师讲"请同学们排好队",这群可爱的小学生乱成一锅粥,如果教师讲"请同学们按照身高从低到高排好队",教师制定了排队规则,这群可爱的小学生就能很快排好队。

```
1  class Person {                //没有实现 Comparable 接口,表示没有制定比较规则
2  }
3  public class Demo {
4     public static void main(String[] args) {
5        Person [] list= {};
6        Arrays.sort(list);
7
8     }
9  }
```

如果自定义类没有实现 Comparable 接口,但应用中需要对该类的对象进行比较、对对象数组进行排序,Java 为这种情况提供了补救办法。Java 提供了定制排序接口 Comparator,该接口保存在 java.util 包中,它有唯一方法 compare(T o1,T o2),该方法实现两个同类对象的比较。对对象数组进行排序或者比较时,如果对象类型没有实现 Comparable 接口,需要指定该接口的实例对象作为比较器。

【语法格式 12-5】 Comparator 接口的定义。

```
public interface Comparator<T>{
    public int compare(T o1,T o2);
}
```

程序案例 12-21 演示了 Comparator 接口的应用。第 4 行 Person 类没有实现自然排序的 Comparable 接口，第 9 行定义 Person 对象的比较规则；第 24 行"Arrays.sort(list，new PersonComparator())"，sort 方法的第一个参数是排序对象数组，第二个参数是 Comparator 接口的实例对象，它指定排序规则。程序运行结果如图 12-32 所示。

```
[姓名：詹姆斯·格林，    性别：19，姓名：冯·诺依曼，    性别：22，姓名：王选，    性别：25]
1
```

图 12-32　程序案例 12-21 运行结果

【程序案例 12-21】 Comparator 接口的应用。

```
1   package chapter12;
2   import java.util.Arrays;
3   import java.util.Comparator;
4   class Person {                          //没有实现 Comparable 接口,表示没有制定比较规则
5       private String name;                //姓名
6       private int age;                    //年龄
7       //省略构造方法,setter 和 getter 方法,覆写 toString()方法
8   }
9   class PersonComparator implements Comparator<Person> {
                                            //实现 Comparator 接口,定制排序
10      @Override
11      public int compare(Person p1, Person p2) {
12          if (p1.getAge() > p2.getAge())
13              return 1;
14          else if (p1.getAge() < p2.getAge())
15              return -1;
16          return 0;
17      }
18  }
19  public class Demo1221 {
20      public static void main(String[] args) {
21          Person[] list = { new Person("冯·诺依曼", 22),
22                  new Person("詹姆斯·格林", 19),
23                  new Person("王选", 25) };
24          Arrays.sort(list, new PersonComparator());        //指定排序规则,进行排序
25          System.out.println(Arrays.toString(list));
26          Person p1 = new Person("孙悟空", 25);
27          Person p2 = new Person("唐僧", 21);
28          System.out.println(new PersonComparator().compare(p1, p2));
                                            //比较两个对象
29      }
30  }
```

12.14 正则表达式

12.14.1 正则表达式简介

字符串是软件系统频繁处理的数据,如字符串匹配、查找、替换等操作。JDK 1.4 推出 java.util.regex 包,里面的类提供基于正则表达式操作字符串的功能。

正则表达式是字符串操作的一种逻辑公式,它用事先定义好的一些特定字符及这些特定字符的组合组成一个规则字符串,这个规则字符串用来表达对字符串的一种过滤逻辑。

给定一个正则表达式和一个字符串,可以达到如下目的:①判断给定字符串是否符合正则表达式的过滤逻辑(称为匹配);②从字符串中提取特定部分。

下面代码段的 isID(String ID)方法判断字符串 ID 是否是有效的身份证号。

```
1  public boolean isID(String ID) {
2      char ch[] = ID.toCharArray();           //把字符串转换为字符数组
3      for (int i = 0; i < 18; i++) {          //判断字符数组的每个字符
4          if (ch[i] < '0' || ch[i] > '9') {   //如果有非数字字符,则不是有效身份证号
5              System.out.println(ID + " 是非法身份证");
6              return false;
7          }
8  }
```

利用 Java 语言提供的正则表达式很容易判断身份证号是否有效。下面代码段没有使用循环语句逐个判断字符串 ID 的每个字符。程序结构简单,容易理解,执行效率也比较高。

```
1  public static boolean isID2(String ID) {
2      String pat = "[0-9]18";                         //匹配规则(18个数字),正则表达式
3      Pattern patter = Pattern.compile(pat);          //正则对象
4      Matcher m = patter.matcher(ID);                 //正则验证器
5      boolean flag = m.matches();                     //执行正则验证器
6      if (!flag) {                                    //含有非数字字符
7          System.out.println(ID + "  是无效身份证");
8          return false;
9      }
10     System.out.println(ID + "  是有效身份证");
11     return true;
12 }
```

12.14.2 Pattern 类和 Matcher 类

正则表达式处理字符串匹配、查找、替换等问题,需要使用 java.util.regex 包的 Pattern 类和 Matcher 类。Pattern 类产生正则标准,Matcher 类执行规范,验证字符串是否符合规范。

常用正则规范如表 12-5 所示,数量表示如表 12-6 所示,逻辑运算符如表 12-7 所示。

表 12-5　常用正则规范

序号	规范	说明	序号	规范	说明
1	\\	反斜线(\)字符	9	\w	表示字母、数字、下画线
2	\t	制表符	10	\W	表示非字母、数字、下画线
3	\n	换行	11	\s	表示所有空白字符(换行、空格等)
4	[abc]	由指定的字符 a、b 或 c 组成	12	\S	表示所有非空白字符
5	[^abc]	除 a、b、c 之外的任意字符	13	^	行的开头
6	[a-zA-Z0-9]	由字母或者数字组成	14	$	行的结尾
7	\d	表示数字	15	.	匹配除换行符之外的任意字符
8	\D	表示非数字			

表 12-6　数量表示

序号	规范	说明	序号	规范	说明
1	X	必须出现 1 次	5	X{n}	必须出现 n 次
2	X?	可以出现 0 次或 1 次	6	X{n,}	必须出现 n 次以上
3	X*	可以出现任意次数	7	X{n,m}	必须出现最少 n 次,最多 m 次
4	X+	可以出现 1 次或多次			

注：X 表示一组规范

表 12-7　逻辑运算符

序　号	规　范	描　述
1	XY	X 规范后跟 Y 规范
2	X|Y	X 规范或 Y 规范
3	(X)	作为一个捕获组规范

注：X、Y 分别表示一组规范。

正则规范灵活多变,在编程实践中逐步领悟精髓。下面举例说明正则规范。

(1) 正则表达式 X=[a-zA-Z]\\w{5,17}。含义：[a-zA-Z]表示第一个字符是 a-z 或者 A-Z,\\w 表示字母、数字、下画线,{5,17}表示前面\\w 的数量是 5～17。该正则表达式的含义,首字符是英文字母,后面可以是 5～17 个的字母、数字、下画线的字符串。

(2) 正则表达式 X=[A-Za-z]{1,}。含义：[a-zA-Z]表示字符只能是 a-z 或者 A-Z,{1,}表示字符串至少有 1 个以上的字符。该正则表达式的含义,至少有 1 个以上英文字母的全英文字母的字符串。

(3) 正则表达式 X=\\d{15} | \\d{18}。含义：\\d 表示数字,{15}表示前面的内容必须出现 15 次,逻辑运算符"|"表示或者,\\d{18}与\\d{15}具有相同含义。该正则表达式的含义,只能是 15 个或者 18 个全数字的字符串。

支持对正则表达式进行处理的类包括 Pattern 和 Matcher。Pattern 类产生正则标准，主要方法如下。

（1）public static pattern compile(String regex)，指定正则表达式规则。

（2）public Matcher(CharSequence input)，返回 Matcher 实例。

（3）public String[] split(CharSequence input)，拆分字符串。

Matcher 类用于验证字符串是否符合规范，主要方法如下。

（1）public Boolean matches()，执行验证。

（2）public String replaceAll(String replacement)，字符串替换。

下面代码段验证电子邮箱名的合法性，第 5 行定义正则表达式，第 6 行产生正则规范，第 7、8 行生成验证器，第 9、10 行执行验证器。

正则表达式程序

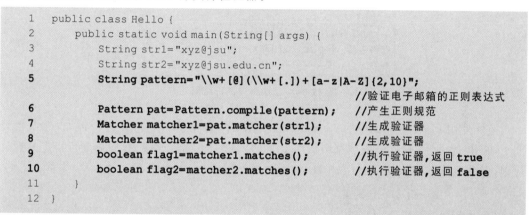

Java 程序分 4 步实现正则表达式对字符串进行匹配、替换和拆分等操作（见图 12-33）：①定义正则表达式，正则规范是一个符合正则表达式要求的字符串；②产生正则规范；③生成验证器；④执行验证器。

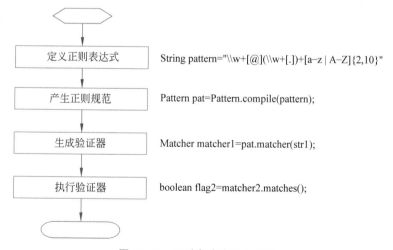

图 12-33　正则表达式编程步骤

利用正则表达式能验证字符串的合法性，也能用 replace() 方法完成字符串替换。

下面代码段，第 7 行表示用"---"字符串替换第 4 行正则规范"\\w+"确定的字符串中的多个数字、字母和下画线,替换结果如图 12-34 所示。

```
1   public class Hello {
2       public static void main(String[] args) {
3           String str = "保 abc 护 678 环 zxy 境";    //需要替换内容的字符串
4           String pattern = "\\w+";                    //正则规范
5           Pattern pattern = Pattern.compile(pattern); //产生正则规范
6           Matcher matcher = pattern.matcher(str);     //生成验证器
7           String newStr = matcher.replaceAll("---");  //执行替换操作,指定替换内容
8           System.out.println("替换之前:" + str);
9           System.out.println("替换之后:" + newStr);
10      }
11  }
```

```
替换之前:保abc护678环zxy境
替换之后:保---护---环---境
```

图 12-34 替换程序运行结果

还能使用 Pattern 类提供的 split()方法按照要求对字符串进行拆分。例如,把出生日期 1978 年 12 月 18 日拆分成字符串数组 1978,12,18。下面代码段,按照第 5 行指定的拆分规则,拆分字符串 1978 年 12 月 18 日,运行结果如图 12-35 所示。

```
1   import java.util.regex.*;
2   public class Hello {
3       public static void main(String args[]) {
4           String str = "1980 年 5 月 20 日";
5           String pat = "[年|月|日]";                   //指定拆分规则,按照字符年、月或者日拆分
6           Pattern p = Pattern.compile(pat);           //生成拆分器
7           String newStr[] = p.split(str);             //执行拆分操作,拆分后存入字符串数组
8           for (int i = 0; i < newStr.length; i++)     //输出拆分内容
9               System.out.print(newStr[i]+" ");
10      }
11  }
```

```
1980 5 20
```

图 12-35 拆分程序运行结果

12.14.3 String 类对正则表达式的支持

12.14.2 节介绍 java.util.regex 包的 Pattern 类和 Matcher 类提供了对正则表达式的支持方式,显得比较烦琐。JDK 1.4 之后,Java 语言的 String 类提供了对正则表达式的支持,操作简洁。

String 类支持正则表达式的方法如下。

（1）public String[] split(String regex)，拆分字符串。
（2）public String replaceAll(String regex,String remplacement)，替换字符串。
（3）public boolean matches(String regex)，验证字符串。

下面代码使用 String 类实现了对字符串的拆分、替换和匹配等操作，程序结构简单，容易阅读。第 3 行调用 String 类的 split()方法对原字符串进行拆分；第 4 行按照正则表达式规则\\d{2}，用"**"替换原字符串的内容；第 6 行检查原字符串 id 是否匹配正则表达式规则\\d{18}。程序运行结果如图 12-36。

```
1   public class Hello {
2       public static void main(String args[]) {
3           String []str1="1978年12月18日".split("[年|月|日]");      //拆分
4           String result="1978年12月18日".replaceAll("\\d{2}", "**");  //替换
5           String id="430802197812183265";
6           boolean flag=id.matches("\\d{18}");                    //匹配
7           System.out.println("拆分结果:"+Arrays.toString(str1));
8           System.out.println("匹配结果:"+flag);
9           System.out.println("替换结果:"+result);
10      }
11  }
```

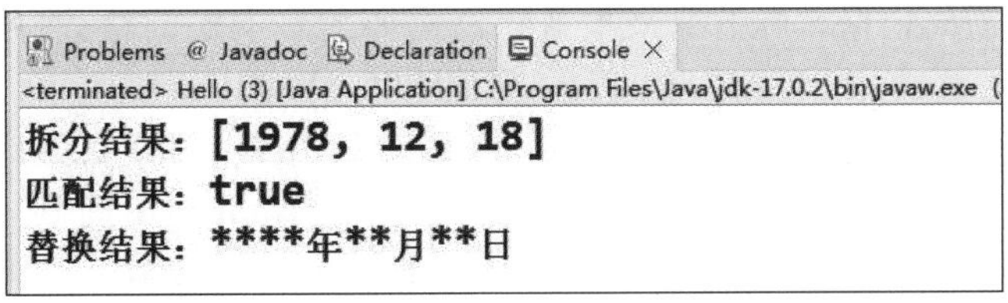

图 12-36　拆分、匹配和替换程序运行结果

12.15　小　　结

本章主要知识点如下。
（1）Java 语言提供了包装类的自动装箱和拆箱功能。
（2）System 类取得系统属性。
（3）DateFormat 类按指定地区格式化日期，SimpleDateFormat 类实现个性化日期格式。
（4）NumberFormat 类按指定地区格式化数值，DecimalFormat 类实现个性化数值格式。
（5）BigInteger 和 BigDecimal 进行大整数或高精度浮点数的处理。
（6）实现 Cloneable 接口能够进行对象克隆，深克隆能克隆内部对象。
（7）Arrays 类提供数组操作工具。
（8）Comparable 接口实现自然排序，Comparator 接口实现定制排序。
（9）正则表达式简化了字符串处理，提高了字符串处理的效率。
（10）String 类提供了正则处理功能。

12.16 习题

12.16.1 填空题

1. 与Java基本类型对应的类称为（　　）类,把基本类型转换为对象类型称为（　　）,把对象类型转换为基本类型称为（　　）。

2. 封装JVM运行时环境的类是（　　）。

3. 封装进程的类是（　　）。

4. 获得计算机系统的属性的方法封装在（　　）类。

5. 使用（　　）可回收垃圾对象。

6. Java对日期时间的操作主要是java.util包中的（　　）、（　　）和java.text包中的SimpleDateFormate类。

7. 把日期转换为字符串采用SimpleDateFormat类的（　　）方法。

8. （　　）类实现数组元素的查找、排序和填充功能。

9. Java语言中的（　　）包提供了正则表达式处理类。

10. Number类是一个抽象类,主要是将（　　）中的内容转换为基本数据类型。

11. 如果用户需要根据实际情况来构造自己需要的日期时间格式,则可以利用（　　）类来完成。

12.16.2 选择题

1. 对日期进行格式化处理选用（　　）类。
　　A. Date　　　　　　　　　　　B. Calendar
　　C. SimpleDateFormat　　　　　D. DateFormat

2. 下面（　　）不是合法的日期模板。
　　A. "yyyy-MM-dd HH:mm:ss.SSS"
　　B. "yyyy年MM月dd日 HH时mm分ss秒SSS毫秒"
　　C. "yyyymmddhhmmssSSS"
　　D. "yyyyMMddHHmmssSSS"

3. 向字符串追加字符采用StringBuffer类的（　　）方法。
　　A. insert()　　　　　　　　　B. setcharAt()
　　C. append()　　　　　　　　　D. toString()

4. Calendar类中（　　）方法根据默认的时区实例化日期对象。
　　A. after　　　　　　　　　　　B. getInstance
　　C. before　　　　　　　　　　D. get

5. 新定义的类覆写Object类中的clone()方法时抛出的异常是（　　）。
　　A. ClassCastException　　　　B. ClassNotFoundException
　　C. NullPointerException　　　D. CloneNotSupportException

12.16.3 简答题

1. 简述Java垃圾回收的优点和缺点。

2. 简述利用SimpleDateFormat类格式化日期的步骤。

3. 什么是对象克隆技术？简述深克隆的编程步骤。

4. 简述 Comparable 接口和 Comparator 接口的主要作用。

12.16.4 编程题

1. 提取计算机系统当前时间,按照****年**月**日格式输出。

2. 比较使用克隆技术和构造方法两种方式实例化对象的效率,要求如下：①定义 Book 类(数据成员书名、作者、出版社和价格)实现克隆接口；②定义工具类 MyUtil,该类中的方法 public static long getCloneDuration(int number,Book book)返回使用克隆技术克隆 number 个 Book 对象的时间；方法 public static long getConstructorDuration(int number, Book book)返回使用构造方法创建 number 个 Book 对象的时间；③定义测试类 Demo,分别测试使用两种方式创建 1000、10 000 个 Book 对象的时间。

3. 定义 Person 类,成员有姓名和出生日期。创建两个 Person 对象,完成如下任务：①定义方法 int compareBirthday(Person per)判断年龄大小；②定义方法 int betweenDay(Person per)计算两人出生日期相差多少天；③输出人的信息,生日按照****年**月**日的格式。

第 13 章 I/O 系 统

计算机是一台数据处理机,它接收从键盘、鼠标、磁记录设备、传感器、视频采集器等设备输入的数据,经分析处理,最后通过显示器、打印机、绘图仪、影像输出系统、语音输出系统、磁记录设备等输出数据。Java 语言的 I/O 系统负责从键盘、鼠标、磁记录设备等数据源读取数据供程序处理,并把程序处理后的数据输出到磁记录设备、显示器和打印机等输出设备。

Java 语言如何支持文件操作?Java 语言提供哪些类支持从输入设备读取数据?Java 语言提供哪些类处理程序数据输出?Java 语言如何保存数据?Java 语言是否支持类型数据的读写?本章将为读者一一解答这些问题。

本章内容

(1) I/O 系统的类结构。
(2) File 类。
(3) 字节流。
(4) 字符流。
(5) 缓冲流。
(6) 字节流与字符流转换。
(7) 随机流。
(8) 数据流。
(9) Scanner 类。
(10) 对象序列化。
(11) 新 I/O。

13.1 概　　述

I/O 概述

13.1.1 I/O 模型

Java 语言使用流处理 I/O。流(Stream)是数据有序序列,它可以是未加工的原始二进制数据,也可以是经过处理的符合某种规定格式的特定数据。数据性质、格式不同,流的处理方式也不同。流分为 3 种:①按流的方向分为输入流和输出流;②按处理数据大小分为字节流和字符流;③按功能分为节点流和处理流。

(1) 输入流(Input Stream)指从文件、网络、内存或压缩包等数据源读取数据到程序如图13-1所示；输出流（Output Stream）指 Java 程序向文件、网络、内存或压缩包等外部输出数据如图13-2所示。流式处理输入输出的优点是 Java 程序能用相同方式访问不同的输入输出源。

图 13-1　输入流　　　　　　　　图 13-2　输出流

（2）字节流以字节为单位读写数据，字节流包括字节输入流（InputStream 类及其子类）和字节输出流（OutputStream 类及其子类）。在不需要关注读取内容的情况下，如处理二进制文件一般使用字节流，它的优点是读取原始数据且效率高。字符流以字符为单位读写数据，在对文件内容进行加工（修改、判断等）的情况下一般使用字符流。字符流包括字符输入流（Reader 类及其子类）和字符输出流（Writer 类及其子类）。字节流与字符流的类结构如图13-3所示。

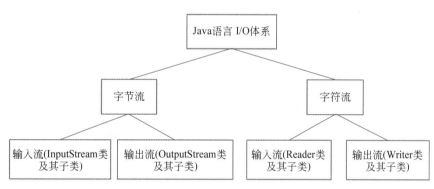

图 13-3　字节流与字符流的类结构

（3）节点流（见图13-4）可以从（或向）一个特定地方（节点）读写数据。节点流是低级流，直接与数据源相接，如 FileInputStream、FileOutputStream 等。处理流（见图13-5）连接和封装已存在的节点流，该流不直接与数据源相连，通过装饰节点流消除不同节点流之间的差异。处理流的主要特点是以增加缓冲的方式提高输入输出效率，其次是提供一次性处理输入输出大批量内容的一系列便捷方法，如 BufferedInputStream、BufferedOutputStream 等。

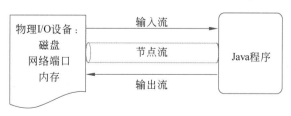

图 13-4　节点流

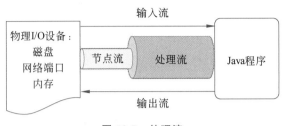

图 13-5　处理流

13.1.2　I/O 类结构

Java 语言的 I/O 系统有 OutputStream、InputStream、Writer 和 Reader 4 个抽象类,它们是其他 I/O 类的基础。

1. OutputStream 类

OutputStream 抽象类是所有字节输出流的祖先类,其他字节输出流都由它派生而来,其结构如图 13-6 所示。

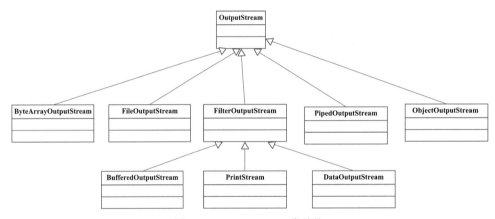

图 13-6　OutputStream 类结构

字节输出流有 8 个子孙类,ByteArrayOutputStream 类、FileOutputStream 类、PipedOutputStream 类是节点流,其他类如 FilterOutputStream、BufferedOutputStream、DataOutputStream 等是处理流。

2. InputStream 类

InputStream 抽象类是所有字节输入流的祖先类,其他字节输入流都由它派生而来,其结构如图 13-7 所示。

字节输入流有 11 子类,ByteArrayInputStream、FileInputStream、PipedInputStream 等是节点流,其他如 FilterInputStream、BufferedInputStream、DataInputStream 等是处理流。

3. Writer 类

Writer 抽象类是所有字符输出流的祖先类,其他字符输出流都由它派生而来,其结构如图 13-8 所示。

字符输出流有 8 个子孙类,CharArrayWriter 类、PipedWriter 类、StringWriter 类和

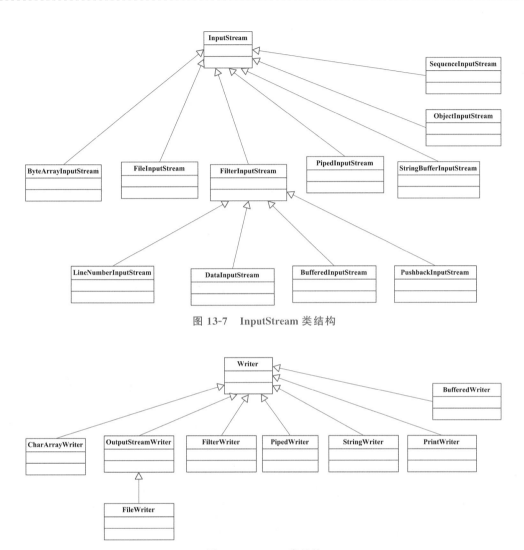

图 13-7　InputStream 类结构

图 13-8　Writer 类结构

FileWriter 类是节点流，其他类如 BufferedWriter、OutputStreamWriter 和 PrintWriter 等是处理流。

4. Reader 类

Reader 抽象类是所有字符输入流的祖先类，其他字符输入流都由它派生而来，其结构如图 13-9 所示。

字符输入流主要有 8 个子孙类，CharArrayReader 类、PipedReader 类、StringReader 类和 FileReader 类是节点流，其他类如 BufferedReader、InputStreamReader 和 FilterReader 等是处理流。

Java 语言的 I/O 体系比较复杂，一般通过类名能判断流的类型，类名包含 OutputStream 的类是字节输出流，类名包含 InputStream 的类是字节输入流，类名包含 Writer 的类是字符输出流，类名包含 Reader 的类是字符输入流。

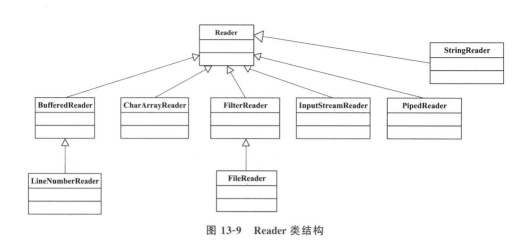

图 13-9　Reader 类结构

13.2　File 类

13.2.1　File 类简介

文件是 I/O 系统管理数据的基本单位。java.io 包的 File 类管理磁盘文件及目录,如创建文件和目录、删除文件和目录、测试文件是否存在、获取文件大小以及文件其他属性等。

File 类的常用方法如下。

（1）public File(String path),使用指定路径构造一个 File 对象。

（2）public boolean canRead(),测试文件是否可读。

（3）public boolean exists(),测试文件是否存在。

（4）public String getName(),获取文件名。

（5）public boolean isDirectory(),测试文件对象是否为目录。

（6）public boolean isFile(),测试文件对象是否为普通文件。

（7）public long length(),获取文件长度。

（8）public String[] list(),获取目录下的文件列表。

（9）public boolean createNewFile() throws IOException,创建新文件。

（10）public boolean delete(),删除文件。

（11）public boolean mkdir(),创建目录。

（12）public boolean renameTo(File dest),更换文件名。

13.2.2　File 类的应用

1. 文件基本操作

File 类的 createNewFile()方法创建新文件,该方法声明 public boolean createNewFile() throws IOException 抛出受检查异常 IOException,因此调用该方法时,或者 throws 语句抛出该异常,或者 try…catch…finally 语句处理该异常。

程序案例 13-1 演示 File 类的基本应用。第 5 行创建文件对象;第 6 行 exists()方法测试文件是否存在,如果存在,第 7 行 getName()方法获得文件名、length()方法获得文件长度;第 8 行 delete()方法删除该文件;第 11 行 createNewFile()方法创建文件。

【程序案例 13-1】 File 类的基本应用。

```java
1  package chapter13;
2  import java.io.*;
3  public class Demo1301 {
4      public static void main(String[] args) {
5          File file1=new File("D:\\temp.txt");   //创建文件对象
6          if(file1.exists()) {                   //如果存在该文件
7              System.out.println("文件名:"+file1.getName()+",长度:"+file1.
                         length());
8              file1.delete();                   //删除文件
9          }
10         try {
11             file1.createNewFile();            //创建文件
12             System.out.println("成功创建文件:"+file1.getName());
13         } catch (IOException e) { e.printStackTrace();}
14     }
15 }
```

2. 目录基本操作

File 类除了支持文件操作外,还支持目录操作,如创建目录、删除目录、获得目录中的文件等。

下面代码段,第 1 行 File.separator 常量取得系统目录分隔符;第 3 行 isDirectory()方法测试文件对象是否为目录,如果是目录使用 delete()方法删除(该方法只能删除空目录),然后用 mkdir()方法创建该目录。

```java
1  String dirName="D:"+File.separator+"temp";
2  File file=new File(dirName);
3  if(file.isDirectory()) {                //测试文件对象是否为目录
4      file.delete();                      //删除目录
5  }
6  file.mkdir();                           //创建目录
```

3. 显示目录全部文件

File 类的 list()和 listFiles()方法获得目录下的所有文件。

【程序案例 13-2】 显示目录包含的全部文件。

```java
1  package chapter13;
2  import java.io.File;
3  public class Demo1302 {
4      public static void showDir(String dirName) {
5          File file = new File(dirName);
6          //String[] fileStr=file.list();         //获得字符串类型的文件清单
7          File[] fileList = file.listFiles();     //获得文件类型的文件清单
8          for (File f : fileList) {
9              if (f.isDirectory()) {
10                 System.out.print("子目录名:\t" + f.getName());
11             } else {
12                 System.out.print("文件名:\t" + f.getName());
13             }
```

```
14            System.out.println("\t 文件长度:" + f.length());
15        }
16    }
17    public static void main(String[] args) {
18        Demo1302.showDir("D:"+File.separator +"qzy");
19    }
20 }
```

程序运行结果如图 13-10 所示。

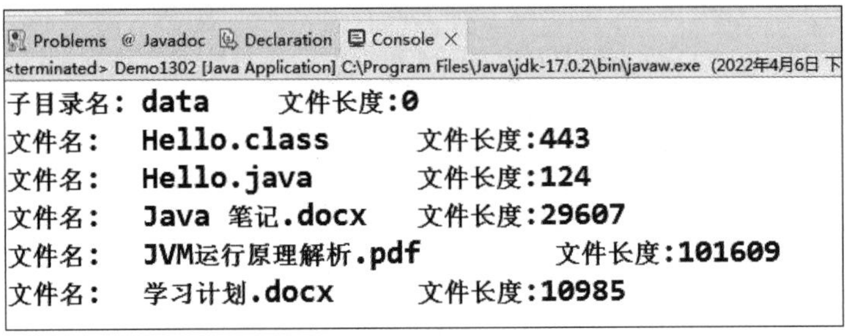

图 13-10 程序案例 13-2 运行结果

4. 删除非空目录

File 类的 delete()方法只能删除空目录,如果目录中包含文件或者子目录,清空目录后才能删除。

程序案例 13-3 演示了删除非空目录。第 11 行 deleteDir()是递归方法,如果文件对象是目录,第 16 行递归调用该方法删除该目录下的所有内容,第 22 行删除空目录。程序运行结果如图 13-11 所示。

图 13-11 程序案例 13-3 运行结果

【程序案例 13-3】 删除非空目录。

```
1   package chapter13;
2   import java.io.File;
3   public class Demo1303 {
4       public static void main(String args[]) {
5           String dirName = "D:" + File.separator + "temp";  //目录名
6           if (Demo1303.deleteDir(new File(dirName)))
7               System.out.println(dirName + " 目录已被删除!");
8           else
9               System.out.println(dirName + " 目录没有被删除!");
10      }
11      public static boolean deleteDir(File dir) {           //删除非空目录
12          if (dir.isDirectory()) {                          //如果是目录
13              String[] children = dir.list();               //取出该目录中的信息
14              for (int i = 0; i < children.length; i++) {
```

```
15                          //递归删除目录中的子目录
16                          boolean success = deleteDir(new File(dir, children[i]));
17                          if (!success) {
18                              return false;
19                          }
20                      }
21                  }
22                  return dir.delete();                              //删除空目录
23              }
24          }
```

◆ 13.3 字 节 流

字节流以字节为单位处理数据,字节输入流如 FileInputStream、ByteArrayInputStream 等都是 InputStream 抽象类的子类,字节输出流如 FileOutputStream、ByteArrayOutputStream 和 PrintStream 等都是 OutputStream 抽象类的子类。

Java 语言的 I/O 体系比较复杂,涉及几十个类,如何识别一个类(接口)处理的是字节流还是字符流? 如果类名含有 InputStream,该类是字节输入流的子类;如果类名含有 OutputStream,该类是字节输出流的子类。

13.3.1 字节流类

1. InputStream 类

InputStream 抽象类根据对象多态性,通过它的子类实例化该对象。该类提供了 read()、close()等成员方法从输入流读取字节、关闭输入流并释放占用的资源,read()方法重载多次。

字节流

InputStream 类的主要成员方法如下。

(1) public int available()throws IOException,返回输入流的可用字节数;

(2) public void close()throws IOException,关闭输入流,并释放占用的资源;

(3) public abstract int read()throws IOException,从输入流读取一字节;

(4) public int read(byte b[])throws IOException,从输入流读取的数据存放在字节数组中;

(5) public long skip(long n) throws IOException,从输入流跳过 n 字节。

2. OutputStream 类

OutputStream 抽象类根据对象多态性,通过它的子类实例化该对象。该类提供了 write()、close()等成员方法向输出流写入字节、关闭输出流并释放占用的资源,write()方法重载多次。

OutputStream 类的主要成员方法如下。

(1) public void close()throws IOException,关闭输出流,并释放占用的资源。

(2) public void write(byte b[])throws IOException,向输出流写入字节数组。

(3) public void flush()throws IOException,把缓冲区的所有字节数据写入输出流。

InputStream 和 OutputStream 是抽象类,通过它们的子类实现字节流的操作。下面介绍常用字节流的实体子类。

13.3.2 FileInputStream 类和 FileOutputStream 类

1. FileInputStream 类

文件字节输入流 FileInputStream 是 InputStream 类的子类，该类是节点流，直接与文件连接。只要不关闭流，每次调用 read() 方法都按字节顺序依次读取文件内容，直到文件末尾或关闭该流。主要构造方法如下。

(1) public FileInputStream(File file)，使用文件对象实例化文件输入流对象。

(2) public FileInputStream(String fileName)，使用文件名实例化文件输入流对象。

程序案例 13-4 演示了从 FileInputStream 流逐字节读取数据，把读取的内容保存在字节数组，然后输出读取内容。第 9 行 file.length() 方法返回文件长度（文件数据占用的字节数）；第 11 行 fis.read() 方法从输入流读取一字节（返回 int 类型），必须强制转换为 byte 类型。程序运行结果如图 13-12 所示。

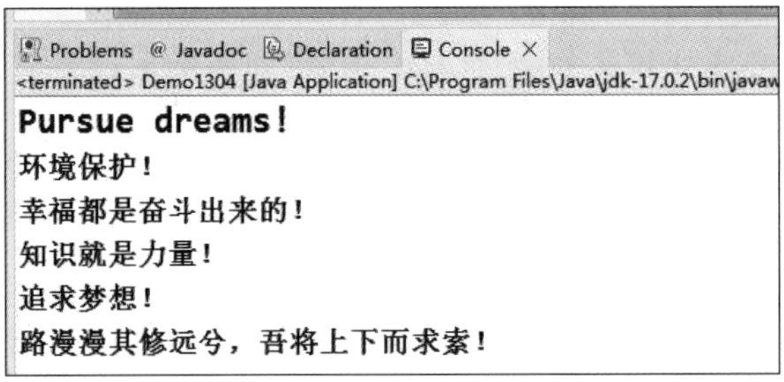

图 13-12 程序案例 13-4 运行结果

【程序案例 13-4】 逐字节读取数据。

```java
1   package chapter13;
2   import java.io.*;
3   public class Demo1304 {
4       public static void main(String args[]) throws IOException {
5           String fileName = "D:\\qzy" + File.separator + "" + "Demo1304.java";
                                           //文件名
6           File file = new File(fileName);    //1.创建文件对象
7           InputStream fis = null;            //输入流对象
8           fis = new FileInputStream(file);   //2.实例化文件字节输入流对象
9           byte b[] = new byte[(int) file.length()];
                                           //字节数组保存从输入流读取的字节数据
10          for (int i = 0; i < file.length(); i++)
11              b[i] = (byte) fis.read();      //3.读取一字节,强制转换为 byte 类型
12          fis.close();                       //4.关闭输入流
13          System.out.println(new String(b));  //字节数组转换为字符串
14      }
15  }
```

程序案例 13-4 显示，使用 FileInputStream 读取文件内容有 4 个关键步骤（见图 13-13）：①创建文件对象；②实例化文件字节输入流对象；③从输入流中读取若干字节；④关闭输入流。

第 13 章　I/O 系统

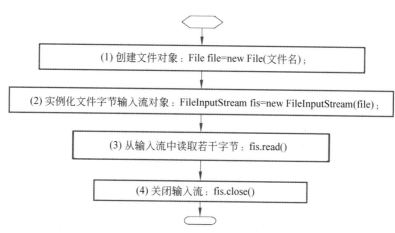

图 13-13　文件字节输入流编程步骤

程序案例 13-4 第 10 行使用循环语句逐字节读取 fis 的数据，并保存在字节数组。逐字节从流中读取数据，效率不高，InputStream 类提供了 read(byte b[])方法一次性从输入流读取若干字节，提高读取效率。

用下面语句替换程序案例 13-4 的第 10、11 行，该语句一次性从 fis 流中读取 b.length 字节，并保存在字节数组 b 中。

```
fis.read(b);
```

字节流按字节从输入流读取数据，当逐字节读取并输出时，如果有汉字将出现异常，因为 1 个汉字占 2 字节，read()方法需要两次才能读取 1 个汉字。

程序案例 13-5 演示了逐字节读取并依次输出。第 11 行从 fis 读取 1 字节并强制转换为 byte 类型；第 12 行把 b 转换为字符并输出。运行结果（见图 13-14）显示英文字符正常，而汉字没有显示出来。如图 13-14 所示，汉字"环"占 2 字节，read()方法每次读取 1 字节，通过(char)b 把字节 b 转换为字符，当然显示乱码。程序运行结果如图 13-15 所示。

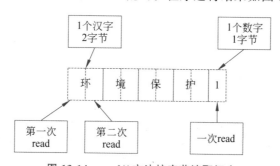

图 13-14　read()方法按字节读取汉字

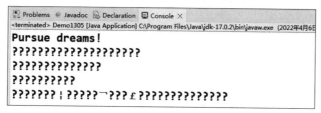

图 13-15　程序案例 13-5 运行结果

【程序案例 13-5】 逐字节读取并依次输出。

```java
1   package chapter13;
2   import java.io.*;
3   public class Demo1305 {
4       public static void main(String[] args) throws IOException {
5           String fileName = "D:\\qzy" + File.separator + "" + "名言.txt";
                                                                        //文件名
6           File file = new File(fileName);           //1.创建文件对象
7           InputStream fis = null;                   //输入流对象
8           fis = new FileInputStream(file);          //2.实例化文件字节输入流对象
9           byte b = 0;                               //从输入流中读取字节数据的数组
10          for (int i = 0; i < file.length(); i++) {
11              b = (byte) fis.read();                //3.读取1字节,强制转换为byte类型
12              System.out.print((char)b);            //输出字节
13          }
14          fis.close();                              //4.关闭输入流
15      }
16  }
```

2. FileOutputStream 类

文件字节输出流 FileOutputStream 是 OutputStream 的子类,write()方法顺序地向输出流写入字节,直到关闭输出流。主要构造方法如下。

(1) public FileOutputStream(File file),用文件对象实例化文件字节输出流;

(2) public FileOutputStream(String fileName),用文件名实例化文件字节输出流;

(3) public FileOutputStream(String filename, Boolean append),采用追加的方式实例化文件字节输出流。

程序案例 13-6 演示了使用文件字节输出流以文本格式向文件写入内容。第 10、11 行把字符串转换为字节数组,write()方法把字节数组所有元素一次性写入输出流;第 15 行使用 write()方法依次把字节写入输出流。

【程序案例 13-6】 向文件写入内容。

```java
1   package chapter13;
2   import java.io.*;
3   public class Demo1306 {
4       public static void main(String[] args) throws IOException {
5           OutputStream fos = null;                       //字节输出流对象
6           File file = new File("D:\\qzy\\test.txt");     //1.文件对象
7           fos = new FileOutputStream(file);              //2.文件字节输出流对象
8           String str1 = "Knowledge is power";
9           String str2 = "爱国、敬业、友善";
10          fos.write(str1.getBytes());                    //3.字符串转换为字节数组并写入输出流
11          fos.write(str2.getBytes());
12          String str3 = "保护环境";
13          byte[] buf = str3.getBytes();                  //字符串转换为字节数组
14          for (byte b : buf)                             //字节数组的每字节逐一写入输出流
15              fos.write(b);                              //4.写入1字节
16          System.out.println("文件长度:" + file.length() + "字节");
```

```
17        fos.close();                            //5.关闭输出流
18     }
19  }
```

打开 D:\qzy\test.txt 文件,程序运行结果如图 13-16 所示。

图 13-16　程序案例 13-6 运行结果

程序案例 13-6 使用文件字节输出流向文件写入字节数据,分为 5 个关键步骤(见图 13-17)。①创建文件对象;②实例化文件字节输出流对象;③字符串转换为字节数组;④调用 OutputStream 类的 write()方法向输出流写字节数组;⑤关闭输出流。

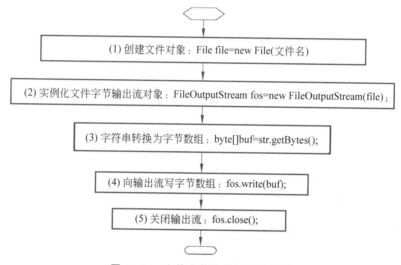

图 13-17　文件字节输出流编程步骤

字符串转换为字节数组后,第一种方式,逐字节写入输出流(见程序案例 13-6 第 15 行),频繁操作计算机的 I/O 系统,效率低下;第二种方式,一次性把字节数组所有元素写入输出流(见程序案例 13-6 第 10、11 行),这种方式效率高。

默认情况下,FileOutputStream 类的 write()方法向文件写入数据时会覆盖原有数据,如果采用 FileOutputStream(String filename,Boolean append)构造方法,并指定参数 append 为 true,则使用追加方式把字节数据写在文件尾。

下面代码段在文件尾追加数据,第 3 行"fos = new FileOutputStream(file,true);"实例化 FileOutputStream 对象时,第 2 个参数 true 表示以追加方式实例化输出流对象;第 5 行 write()方法从文件尾开始写入字节数据。

```
1   OutputStream fos = null;                        //声明文件字节输出流对象
2   File file = new File("D:\\qzy\\test.txt");      //文件对象
3   fos = new FileOutputStream(file, true);         //追加的方式构造输出流对象
```

```
4    String str1 = "幸福都是奋斗出来的！";
5    fos.write(str1.getBytes());        //字符串转换为字节数组,并写入输出流
6    fos.close();                        //关闭输出流
```

3. 复制文件

复制文件是文件管理的常见操作,例如把文件 F:\qzy\myphoto.jpg 复制到 D:\temp\myhpoto.jpg,或者将文件 F:\qzy\test.txt 复制到 D:\temp\test.txt。

Java 程序实现文件复制需要确定两个问题：①采用字节流还是字符流。复制的文件可能是文本文件,也可能是图片或者视频影像等二进制文件,因此必须使用字节流。②采用边读取、边复制还是整体复制策略。如果将文件数据一次性全部读出,然后一次性全部写入目标文件,存在源文件过大导致内存溢出错误;如果读取部分文件数据,同时把读取数据写入目标文件,该方法能避免内存溢出错误。

程序案例 13-7 演示了复制文件。第 4 行 copyFile()方法实现复制文件,该方法第一个参数 srcFile 是源文件,第二个参数 destFile 是目标文件。分 4 步实现复制文件：①构造源文件和目标文件对象（第 8、9 行）；②构造文件字节输入输出流对象（第 13、14 行）；③从输入流读取若干字节,然后写入输出流（第 16～20 行）；④关闭流（第 21、22 行）。程序运行结果如图 13-18 所示。

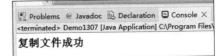

图 13-18　程序案例 13-7 运行结果

【程序案例 13-7】 复制文件。

```
1   package chapter13;
2   import java.io.*;
3   public class Demo1307 {
4       public static boolean copyFile(String srcFile, String destFile) throws
            IOException {
5           FileInputStream fis = null;
6           FileOutputStream fos = null;
7           //1.构造源文件和目标文件对象
8           File src = new File(srcFile);
9           File dest = new File(destFile);
10          if (!dest.exists())                          //如果目标文件不存在
11              dest.createNewFile();                    //创建目标文件
12          //2.构造文件字节输入流输出流对象
13          fis = new FileInputStream(src);
14          fos = new FileOutputStream(dest);
15          //3.从输入流中读取若干字节,然后写入输出流
16          byte[] buf = new byte[1024];
17          int hasData = 0;
18          while ((hasData = fis.read(buf)) > 0) {      //读取到缓冲区
19              fos.write(buf, 0, hasData);              //把缓冲区字节数据写到输出流
20          }
21          fis.close();                                 //4.关闭流
22          fos.close();                                 //4.关闭流
23          return true;
24      }
25  }
```

```
26        //测试复制方法
27        public static void main(String[] args) throws IOException {
28            String src = "D:\\qzy\\core.jpg";
29            String dest = "D:\\qzy\\corebak.jpg";
30            if (Demo1307.copyFile(src, dest))
31                System.out.println("复制文件成功");
32            else
33                System.out.println("复制文件失败");
34        }
35   }
```

13.3.3 ByteArrayInputStream 类和 ByteArrayOutputStream 类

　　FileInputStream 类和 FileOutputStream 类是节点流，操作对象是文件。在实际应用中，输入输出的目标可能不是文件，需要在内存完成输入输出。

　　例如，学校学生信息管理系统处理学生成绩信息，处理过程可能需要临时保存学生信息便于后续处理，FileOutputStream 流需要把临时数据保存在磁盘文件，需要这些临时数据时使用 FileInputStream 流从磁盘文件读取这些数据，最后还要删除这些临时文件。这种方式频繁进行 I/O 操作，系统性能低。ByteArrayInputStream 和 ByteArrayOutputStream 流把临时数据保存在内存，需要这些临时数据时，直接从内存读取，这种方式性能较高。

　　ByteArrayInputStream 类和 ByteArrayOutputStream 类是节点流，操作对象是内存。

　　ByteArrayInputStream 类从字节数组读取字节，它的数据源是字节数组。主要构造方法如下。

　　(1) public ByteArrayInputStream(byte[] buf)，创建以 buf 字节数组为数据源的输入流。

　　(2) public ByteArrayInputStream(byte[] buf,int offset,int length)，创建以 buf 字节数组为数据源的输入流，offset 表示开始读数据的起始位置，length 表示读取的字节数。

　　ByteArrayOutputStream 类向字节数组写入字节，它的构造方法如下。

　　(1) public ByteArrayOutputStream()，创建默认缓冲区大小的字节数组输出流。

　　(2) public ByteArrayOutputStream(int size)，创建指定缓冲区大小的字节数组输出流。

　　程序案例 13-8 演示了字节数组流的操作。第 7、8 行分别创建字节数组输入流对象和字节数组输出流对象；第 10 行从字节数组输入流读取一字节，第 11 行向字节输出流写入一字节；第 13 行把字节数组转换为字符串。程序运行结果如图 13-19 所示。

图 13-19　程序案例 13-8 运行结果

【程序案例 13-8】　字节数组流的操作。

```
1    package chapter13;
2    import java.io.*;
```

```
3    public class Demo1308 {
4        public static void main(String args[]) throws IOException {
5            String str = "山再高,往上攀,总能登顶;路再长,走下去,定能到达!";
                                                       //准备字符串数据
6            byte srcB[] = str.getBytes();              //1.字符串转换为字节数组
7            ByteArrayInputStream bis = new ByteArrayInputStream(srcB);
                                                       //2.创建字节数组输入流对象
8            ByteArrayOutputStream bos = new ByteArrayOutputStream();
                                                       //2.创建字节数组输出流对象
9            int temp = 0;                              //临时变量
10           while ((temp = bis.read()) != -1) {        //3.依次读取字节数组中的字节
11               bos.write(temp);                       //4.字节写入字节数组输出流
12           }
13           String newStr = bos.toString();            //把字节数组转换为字符串
14           System.out.println("信息:" + newStr);
15           bis.close();                               //5.关闭输入流
16           bos.close();                               //关闭输出流
17       }
18   }
```

13.3.4 PrintStream 类

PrintStream 类

PrintStream 类是字节打印流,该类提供了非常方便灵活的打印功能,能打印任何类型数据,还能实现格式化打印。PrintStream 类可以作为节点流直接关联到文件数据源,也可以作为处理流关联到其他的字节输出流并向其输出数据提供增强功能。

PrintStream 类常用方法如下。

(1) public PrintStream(File file) thows FileNotFoundException,通过 file 实例化打印流。

(2) public PrintStream(OutputStream out),通过 OutputStream 实例化打印流。

(3) public void print(String str),输出数据后不换行,此方法被重载多次。

(4) public void println(String str),输出数据后换行,此方法被重载多次。

第 1 个构造方法表明 PrintStream 类是节点流关联到文件数据源。第 2 个构造方法的参数是 OutputStream,表明该流是处理流,关联到字节输出流。

下面代码段,第 1 行表示打印流的目的地是控制台(显示器),第 2~4 行调用 println()方法以文本格式打印数据。

```
1    PrintStream ps = new PrintStream(System.out);     //打印流的目的是控制台
2    ps.println(true);                                  //打印布尔值
3    ps.println(3.14);                                  //打印浮点数
4    ps.println("人间自有公道在!");                      //打印字符串
```

程序案例 13-9 演示了 PrintStream 流的主要方法,把数据以文本格式打印在指定文件(数据保存在文件)。第 8 行使用 FileOutputStream 对象 fos 作参数实例化 PrintStream 类,表示 PrintStream 的 print()方法把数据打印到 fos 流,第 9~13 行调用 println()方法打印不同类型数据。打开 D:\qzy\test.txt 文件,程序运行结果如图 13-20 所示。

图 13-20　程序案例 13-9 运行结果

【程序案例 13-9】 PrintStream 类的应用。

```
1   package chapter13;
2   import java.io.*;
3   public class Demo1309 {
4       public static void main(String args[]) throws FileNotFoundException {
5           String fileName = "D:\\qzy" + File.separator + "" + "test.txt";
                                                                    //声明源文件
6           FileOutputStream fos = null;            //文件输出流对象
7           fos = new FileOutputStream(new File(fileName));   //实例化文件输出流
8           PrintStream ps = new PrintStream(fos);  //利用文件输出流实例化打印输出流
9           ps.println(true);                       //打印布尔值
10          ps.println(3.14);                       //打印浮点数
11          ps.println("人间自有公道在!");            //打印字符串
12          byte ch[] = { 'a', 'b', 'c' };          //声明字节数组
13          ps.print(new String(ch));               //把字节数组转换为字符串并打印
14          ps.close();                             //关闭打印流
15      }
16  }
```

Java 语言 I/O 类结构主要采用装饰器设计模式，上面程序第 8 行采用了该模式。关于装饰器模式请参考有关网络或者书籍。

13.4　字　符　流

字符流

13.4.1　字符流类

1. 字符编码

文本文件是不同软件平台交流信息的主要形式，Java 语言支持访问文本文件。文本文件存放基于特定字符编码的字符，如 Unicode 编码、UTF-8 编码、GB 2312 编码等。

Java 语言采用 Unicode 编码格式，JVM 为每个字符分配 2 字节的存储空间，不同平台的文件字符编码可能采用其他类型，如中文 Windows 操作系统采用 GBK 编码格式，Java 语言的输入输出流自动完成 Unicode 与特定平台编码之间的转换。

下面代码段第 4 行使用 System 的 getProperty()方法取得本地操作系统编码。

```
1   public class Demo {
2       public static void main(String[] args)   {
3           System.out.print("本地操作系统编码:");
4           System.out.println(System.getProperty("file.encoding"));
5       }
6   }
```

字符流的一个问题是字符编码之间需要转换。Reader 类和 Writer 类是读写各种字符编码的字符输入流和字符输出流。Reader 类能将输入流的其他编码类型的字符转换为 Unicode 字符；Writer 类能把内存的 Unicode 字符转换为其他编码类型的字符，然后写到输出流。默认情况下，Reader 和 Writer 在 Unicode 编码和本地操作系统编码之间自动转换（见图 13-21）。

图 13-21　本地平台与 Unicode 编码之间的转换

2. Reader 类

Reader 是抽象类,表示字符输入流。在实际应用中,利用对象多态性通过它的子类实例化该对象。

Reader 类的主要成员方法如下。

(1) public int read()throws IOException,从输入流读取一个字符。

(2) public int read(char cbuf[])throws IOException,从输入流读取的字符存放在指定字符数组。

(3) public abstract void close()throws IOException,关闭输入流并释放占用的资源。

(4) public void mark(int readlimit)throws IOException,在输入流当前位置添加标记。

(5) public boolean ready()throws IOException,测试输入流是否做好准备。

(6) public long skip(long n) throws IOException,从输入流跳过 n 个字符。

Reader()的 read()方法重载很多次,能完成不同形式的读取功能,具体参阅 JDK 帮助文档。

3. Writer 类

Writer 是抽象类,表示字符输出流。在实际应用中,利用对象多态性通过它的子类实例化该对象。

Writer 类的主要成员方法如下。

(1) public void write(int c) throws IOException,向输出流写入一个字符。

(2) public void write (char cbuf[])throws IOException,向输出流写入一个字符数组。

(3) public void write(String str) throws IOException,向输出流写入一个字符串。

(4) public abstract void close()throws IOException,关闭输出流并释放占用的资源。

(5) public abstract void flush()throws IOException,把缓冲区的所有数据写入输出流。

Writer 类的 write()方法重载很多次,能完成不同形式的输出功能,具体参阅 JDK 帮助文档。

13.4.2　FileReader 类和 FileWriter 类

1. FileReader 类

文件字符输入流 FileReader 是 Reader 类的子类,它是节点流,只要不关闭流,read()方法依次读取流的其余内容,直至流末尾或关闭输入流。

FileReader 类按照本地操作系统的字符编码从文件读取字符数据,用户不能指定其他字符编码,其主要构造方法如下。

(1) public FileReader(File file),用文件对象实例化文件字符输入流对象。

(2) ublic FileReader (String fileName),用文件名实例化文件字符输入流对象。

程序案例 13-10 演示了 FileReader 类的应用。使用 FileReader 流，以字符为单位从文本文件读取数据，并输出读取内容，程序运行结果如图 13-22 所示。

图 13-22　程序案例 13-10 运行结果

FileReader 类编程步骤与 FileInputStream 类类似，也分 4 步：①创建文件对象（第 6 行）；②实例化 FileReader 对象（第 8 行）；③调用 FileReader 类的 read() 方法读取字符（第 13 行）；④关闭输入流（第 16 行）。

【程序案例 13-10】 FileReader 类的应用。

```java
1    package chapter13;
2    import java.io.*;
3    public class Demo1310 {
4        public static void main(String[] args) throws IOException {
5            StringBuffer sb=new StringBuffer();        //保存字符
6            File file = new File("D:\\qzy\\名言.txt");//1.创建文件对象
7            Reader fr = null;
8            fr=new FileReader(file);                   //2.实例化 FileReader 对象
9            //3.从流中读取若干字符并处理
10           char[] cbuf = new char[1024];              //定义字符数组,保存读取的数据
11           int hasData = 0;
12           //从流中循环读取字符,hasData>0 表示没有到流尾
13           while ((hasData = fr.read(cbuf)) > 0)
14               sb.append(cbuf);                       //把读取的字符数组追加到 StringBuffer 对象
15           System.out.println(sb.toString());         //把 StringBuffer 对象转换为
                                                        //字符串并输出
16           fr.close();                                //4.关闭输入流
17       }
18   }
```

程序案例 13-10 第 10 行声明每次从字符流读取 1024 个字符并保存在字符数组 cbuf，如果文件比较大，需要很多次读取才能完成，程序效率不高；如果文件不大，如不超过 50MB，可以一次性读取文件的全部数据，提高程序效率。

下面代码段演示了一次性读取全部数据，第 3 行创建长度为文件长度的字符数组 cbuf，第 4 行调用 read() 方法一次性读取全部数据并保存在字符数组中。

```java
1    File file = new File("D:\\qzy\\名言.txt");
2    Reader fr = new FileReader(new File("D:\\qzy\\名言.txt"));
3    char[] cbuf = new char[(int)file.length()];   //字符数组的长度是文件长度
4    fr.read(cbuf);                                //一次性读取全部数据并保存在字符数组中
5    System.out.println(String.valueOf(cbuf));
6    fr.close();
```

2. FileWriter 类

文件字符输出流 FileWriter 是 Writer 类的子类,它是节点流,write()方法顺序地向文件写入字符数据,直到该流被关闭。该类只能使用本地操作系统的字符编码,用户不能指定其他字符编码,其主要构造方法如下。

(1) public FileWriter(File file),用文件对象实例化字符输出流。

(2) public FileWriter (String fileName),用文件名实例化字符输出流。

(3) public FileWriter(File file,boolean app),用文件对象实例化字符输出流,参数 app 为 true 表示采用追加方式构造对象。

FileWriter 类编程步骤与 FileReader 类类似,分为 4 个步骤:①创建文件对象;②实例化字符输出流对象;③调用 FileWriter 类的 write()方法向输出流写入字符数组;④关闭输出流。

下面代码段第 3 行调用 FileWriter 类的 write()方法向输出流写入字符串,该方法重载多次,参数可以是字符串,也可以是字符数组。

```
1    File file=new File("D:\\qzy\\temp.txt");    //1.创建文件对象
2    Writer fw=new FileWriter(file);              //2.实例化字符输出流对象
3    fw.write("开放包容");                          //3.向输出流写入字符串
4    fw.close();                                   //4.关闭输出流
```

一般情况下,write()方法从文件开始位置顺序写入字符。如果设置构造方法 public FileWriter(File file,boolean app)参数 app 为 true,表示 write()方法以追加的方式从文件结尾处写入字符。

程序案例 13-11 演示了 FileWriter 类向文件追加内容。第 6 行 new FileWriter(file,true)构造方法的第 2 个参数 true 表示采用追加方式实例化字符输出流对象,第 9、10 行的 write 方法在文件尾追加内容。该程序运行 2 次之后,"D:\qzy\temp.txt"的内容如图 13-23 所示。

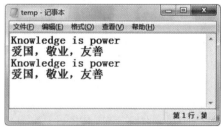

图 13-23　程序案例 13-11 运行结果

【**程序案例 13-11**】　FileWriter 类向文件追加内容。

```
1    package chapter13;
2    import java.io.*;
3    public class Demo1311{
4        public static void main(String[] args) throws IOException {
5            File file=new File("D:\\qzy\\temp.txt");    //1.建立文件对象
6            FileWriter fw=new FileWriter(file,true);    //2.采用追加方式实例化字符
                                                         //输出流对象
7            String str1="Knowledge is power";
8            String str2="爱国,敬业,友善";
9            fw.write(str1.toCharArray());               //3.向输出流写入字符数组
10           fw.write(str2);                             //3.向输出流写入字符串
11           fw.close();                                 //4.关闭输出流
12       }
13   }
```

13.4.3 CharArrayReader 类和 CharArrayWriter 类

字节流 ByteArrayInputStream 和 ByteArrayOutputStream 以字节数组作为临时内存空间保存和获取字节数据。字符流的 CharArrayReader 和 CharArrayWriter 以字符数组作为临时内存空间保存和获取字符数据。

CharArrayReader 类从内存中的字符数组读取数据，其构造方法如下。

（1）public CharArrayReader(char[] buf)，指定字符数组 buf 为输入数据源。

（2）public CharArrayReader(char[] buf, int offset, int len)，指定字符数组 buf 为输入数据源，offset 指定读取的起始位置，len 指定读取的字符数。

CharArrayWriter 类向内存中的字符数组中输出字符，其构造方法如下。

public CharArrayWriter()，创建字符数组输出流对象。

程序案例 13-12 演示了字符数组流的应用。第 6、7 行分别创建字符数组输入流对象和字符数组输出流对象，第 9 行 cr.read() 方法从字符数组输入流读取一个字符，第 10 行 cw.write() 方法向字符数组输出流写入一个字符。程序运行结果如图 13-24 所示。

图 13-24　程序案例 13-12 运行结果

【程序案例 13-12】　字符数组流。

```
1   package chapter12;
2   import java.io.*;
3   public class Demo1312 {
4       public static void main(String[] args) throws IOException {
5           char[] buff = new char[] { 'g', 'o', 'o', 'd', '好', '吗' };
                                                                            //准备字符数组
6           CharArrayReader cr = new CharArrayReader(buff);   //实例化字符数组输入流
7           CharArrayWriter cw = new CharArrayWriter();       //实例化字符数组输出流
8           int temp;                                         //临时变量
9           while ((temp = cr.read()) != -1)                  //从字符数组输入流中循环读取字符
10              cw.write(Character.toUpperCase(temp));        //向字符数组输出流写入
                                                              //已转换大写字母的字符
11          cr.close();                                       //关闭字符数组输入流
12          cw.close();                                       //关闭字符数组输出流
13          System.out.println(cw.toCharArray());             //转换为字符数组并输出
14      }
15  }
```

13.4.4 PrintWriter 类

PrintWriter 类与 PrintStream 类一样，都能实现格式化输出数据，输出数据的方法都以 print 开头，例如，print(String s) 方法输出字符串。PrintStream 类只能使用本地系统平台的字符编码，PrintWriter 类使用的字符编码取决于被装饰的 Writer 类所用的字符编码。输出字符数据时一般优先考虑 PrintWriter 类。

PrintWriter 类

PrintWriter 类的部分常用方法如下。

（1）public PrintWriter(Writer out)，通过 Writer 类创建 PrintWriter 对象。

（2）public PrintWriter(OutputStream out, boolean autoFlush)，通过 OutputStream

类创建 PrintWriter 对象,autoFlush 为 true 表示自动刷新。

(3) public PrintWriter(File file),通过 File 类创建 PrintWriter 对象。

(4) public PrintWriter(File file,String csn),通过 File 类创建指定字符集(csn 参数)的 PrintWriter 对象。

(5) public void println(Object obj),打印并换行,该方法重载多次。

构造方法显示 PrintWriter 既是节点流也是处理流。构造方法(1)和(2)的参数是其他流,表明 PrintWriter 是处理流;构造方法(3)和(4)的参数是 File 对象,表明 PrintWriter 是节点流。

程序案例 13-13 演示了通过 PrintWriter 类实现输入的字符保存在文件中。程序第 8 行使用装饰器模式实例化字符打印输出流对象;第 10 行使用装饰器模式实例化字符缓冲输入流对象。图 13-25 显示输出流装饰器,图 13-26 显示输入流装饰器。这两个图仅显示装饰器模式构造流的过程,装饰器模式的设计可参考有关设计模式书籍。

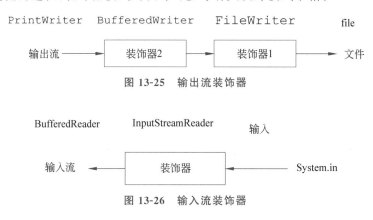

图 13-25　输出流装饰器

图 13-26　输入流装饰器

程序运行结果如图 13-27 所示。左边是控制台输入的内容,右边是 D:\qzy\temp.txt 文本文件内容。

图 13-27　程序案例 13-13 运行结果

【程序案例 13-13】　PrintWriter 类的应用。

```java
1    package chapter13;
2    import java.io.*;
3    public class Demo1313 {
4        public static void main(String[] args) throws IOException {
5            String fileName = "D:\\qzy\\temp.txt";      //目标文件名
6            File file = new File(fileName);             //实例化文件对象
7            //使用装饰器模式实例化字符打印输出流对象
8            PrintWriter pw = new PrintWriter (new BufferedWriter(new FileWriter
                              (file)));
```

```
 9              //使用装饰器模式实例化字符缓冲输入流对象
10              BufferedReader br = new BufferedReader (new InputStreamReader
                                                       (System.in));
11              boolean flag = true;                  //设置循环标记位
12              String temp = null;
13              System.out.println("开始输入数据,直到 stop 停止输入");
14              while (true) {                        //不停地输入数据,直到输入 stop 为止
15                  temp = br.readLine();             //读取一行数据
16                  if ("stop".equals(temp))          //输入的是 stop
17                      break;                        //停止输入
18                  pw.println(temp);                 //把读取的数据写到输出流
19              }
20              pw.flush();                           //把缓冲区的数据写到输出流
21              br.close();                           //关闭输入流
22              pw.close();                           //关闭输出流
23          }
24  }
```

13.5 缓 冲 流

缓冲流

在计算机系统中,读写磁盘文件的效率远远低于读写内存的效率,程序直接读写磁盘文件需要反复启动磁盘机械装置从而降低读写效率;如果先把需要的数据保存在缓冲区(某块内存区),然后一次性把缓冲区所有数据写入磁盘(或者把文件一次性全部读取到缓冲区),这种读写方式大大提高了读写数据的效率。

13.5.1 字符缓冲流

用最短时间、占用最少计算资源完成程序功能一直是软件设计者孜孜追求的目标。前面介绍的 FileReader 类和 FileWriter 类完成字符数据的读取和保存任务,但它们的读写方法需要频繁进行 I/O 操作,并且可能需要转换字符编码,耗费大量资源。Java 设计者总是技高一筹,他们提前想到该问题并提出了解决方案。

字符缓冲输入流 BufferedReader 和字符缓冲输出流 BufferedWriter 对 read()方法和 write()方法进行了优化,把读取或需要写入的字符数据暂时存入缓冲区并整体转换编码,然后一次性读入程序或写入文件,提高读写效率。它们是处理流,要用节点流(如 FileReader 或者 FileWriter)作为参数实例化它们。

1. BufferedReader 类

BufferedReader 是处理流,它是 Reader 类的子类,主要方法如下。

(1) public BufferedReader(Reader in),以默认缓冲区大小构造字符缓冲输入流。

(2) public BufferedReader(Reader in, int size),以指定缓冲区大小 size 构造字符缓冲输入流。

(3) public String readLine(),从缓冲流读取一行字符。

下面代码段,使用 BufferedReader 类读取文本文件内容。BufferedReader 类构造方法的参数需要 Reader 对象,因此第 2 行使用 FileReader(节点流)对象作为参数创建 BufferedReader 对象。第 4 行调用 BufferedReader 类的 readLine()方法逐行从缓冲区读取。

```
1    File file = new File("D:\\qzy\\temp.txt");              //1.创建文件对象
2    BufferedReader br=new BufferedReader( new FileReader(file));
                                                              //2.创建缓冲流对象
3    String line=null;
4    while((line=br.readLine())!=null)                        //3.逐行读取
5        System.out.println(line);
6    br.close();                                              //4.关闭流
```

上面代码段第 2 行使用字符流 FileReader 作为参数创建 BufferedReader 对象。在实际应用中,键盘常常作为输入设备,通过键盘(标准输入设备名 System.in)输入的是字节数据,而 BufferedReader 类只能处理字符数据,需要把字节流通过装饰类(InputStreamReader)转换为字符流,然后交给 BufferedReader 类处理。图 13-28 显示了转换过程。

图 13-28　字符缓冲输入流接收键盘输入的数据

程序案例 13-14 演示了读取键盘输入的数据。第 6 行采用装饰器实例化 BufferedReader 对象,System.in 是键盘(一种文件);第 9 行 readLine()方法从缓冲区读取一行。程序的一种运行结果如图 13-29 所示。

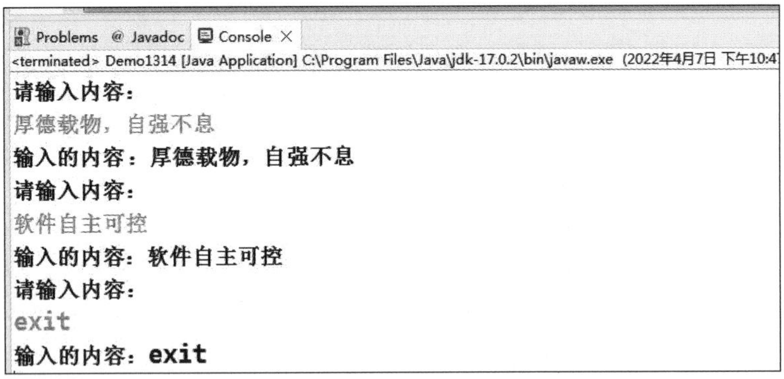

图 13-29　程序案例 13-14 运行结果

【程序案例 13-14】　读取键盘输入的数据。

```
1    package chapter13;
2    import java.io.*;
3    public class Demo1314 {
4        public static void main(String[] args) throws IOException {
5            //采用装饰器创建缓冲区对象,实现字节流与字符流的转换
6            BufferedReader br = new BufferedReader (new InputStreamReader
                                                    (System.in));
```

```
7       while (true) {
8           System.out.println("请输入内容:");
9           String line=br.readLine();              //从缓冲区读取一行
10          System.out.println("输入的内容:"+line);
11          if(line.equalsIgnoreCase("exit"))       //输入 exit,退出程序
12              break;
13      }
14      br.close();
15  }
16 }
```

2. BufferedWriter 类

BufferedWriter 类是处理流,它是 Writer 类的子类,write()方法输出缓冲区字符。主要方法如下。

（1）public BufferedWriter(Writer out),以默认缓冲区大小构造字符缓冲输出流对象。

（2）public BufferedWriter(Writer out, int size),以指定缓冲区大小 size 构造字符缓冲输出流对象。

（3）public void newLine(),写入一个行分隔符。

下面代码段,使用 BufferedWriter 类向文本文件输出内容。BufferedWriter 构造方法的参数需要 Writer 对象,因此第 2 行使用 FileWriter(节点流)对象作为参数创建 BufferedWriter 对象。第 3~5 行调用 writer()方法向缓冲区写入字符串。特别注意,第 6 行执行 close()方法,JVM 把缓冲区的所有内容输出到目标对象,如果没有执行 close()方法,有可能没有输出缓冲区的内容。

```
1   //创建缓冲输出流对象
2   BufferedWriter bw=new BufferedWriter(new FileWriter("D:\\qzy\\temp.txt"));
3   bw.write("1949\r\n");                                       //输出到缓冲区
4   bw.write("勿以恶小而为之,勿以善小而不为。\r\n");              //输出到缓冲区
5   bw.write("自我控制是最强者的本能。\rn");                     //输出到缓冲区
6   bw.close();                                                 //关闭输出流缓冲区
```

上面代码段第 2 行使用装饰器设计模式实例化 BufferedWriter 对象,图 13-30 显示了 BufferedWriter 类与 FileWriter 类的关系。BufferedWriter 类是处理流,不能直接向设备（如磁盘文件）输出数据,FileWriter 类是节点流,能直接向设备（如磁盘文件）输出数据,所以用 FileWriter 类装饰 BufferedWriter 类之后,BufferedWriter 类的 write()方法实现了把字符直接输出到设备（如磁盘文件）。

图 13-30 BufferedWriter 类与 FileWriter 类的关系

程序案例 13-15 演示了 BufferedWriter 类的应用。第 6、8 行分别创建了字符缓冲输入流对象和字符缓冲输出流对象,第 11 行从缓冲输入流读取一行,第 14 行向缓冲输出流输出字符串。程序运行结果如图 13-31 所示。左边是控制台输入的内容,右边是 D:\qzy\temp.

txt 文本文件的内容。

图 13-31　程序案例 13-15 运行结果

【程序案例 13-15】　BufferedWriter 类的应用。

```
1   package chapter13;
2   import java.io.*;
3   public class Demo1315 {
4       public static void main(String[] args) throws IOException {
5           //1.采用装饰器创建字符缓冲输入流对象,实现字节流与字符流的转换
6           BufferedReader br = new BufferedReader (new InputStreamReader
                                                     (System.in));
7           //2.创建字符缓冲输出流对象
8           BufferedWriter bw = new BufferedWriter (new FileWriter("D:\\qzy\\
                                                     temp.txt"));
9           while (true) {
10              System.out.println("请输入内容:");
11              String line = br.readLine();              //3.从输入缓冲流读取一行
12              if (line.equalsIgnoreCase("exit"))        //输入 exit,退出程序
13                  break;
14              bw.write(line+"\r\n");                    //3.向缓冲输出流输出字符串
15          }
16          br.close();                                   //4.关闭输入流
17          bw.close();                                   //4.关闭输出流
18      }
19  }
```

13.5.2　字节缓冲流

字符缓冲流在缓冲区保存的是字符数据,BufferedReader 类和 BufferedWriter 类处理字符缓冲流。字节缓冲流在缓冲区保存的是字节数据,BufferedInputStream 类和 BufferedOutputStream 类处理字节缓冲流。

1. BufferedInputStream 类

BufferedInputStream 类是 FilterInputStream 类的子类,提供缓冲字节输入流功能,它是处理流。缓冲输入流读取数据过程,执行 read()方法,首先尝试从缓冲区(内存)里读取数据,若读取失败(缓冲区无可读数据),则选择从物理数据源(如磁盘文件)读取新数据放入缓冲区。从缓冲区(内存)读取数据远比直接从物理数据源(如磁盘文件)读取数据速度快,因此缓冲输入流读取数据的效率高于普通输入流(FileInputStream)。

BufferedInputStream 类的部分主要方法如下。

（1）public BufferedInputStream(InputStream in)，创建一个默认缓冲区大小的 BufferedInputStream 对象。

（2）public BufferedInputStream(InputStream in，int size)，创建一个指定缓冲区大小的 BufferedInputStream 对象。

（3）public boolcan markSupported()，测试该输入流是否支持 mark()和 reset()方法。

程序案例 13-16 演示了缓冲字节输入流读取文件"D:\\qzy\\名言.txt"的 4 个关键步骤，与 FileInputStream 流读取文件相比，多了第 10 行缓冲字节输入流装饰文件字节输入流对象。程序运行结果如图 13-32 所示。

图 13-32　程序案例 13-16 运行结果

【**程序案例 13-16**】　BufferedInputStream 类。

```java
1   package chapter13;
2   import java.io.*;
3   public class Demo1316 {
4       public static void main(String[] args) throws IOException {
5           //1.创建文件对象
6           File file=new File("D:\\qzy\\名言.txt");
7           //实例化文件字节输入流对象
8           FileInputStream fis=new FileInputStream(file);
9           //2.使用缓冲字节输入流装饰文件字节输入流对象
10          BufferedInputStream bis=new BufferedInputStream(fis);
11          byte []buf=new byte[1024];
12          bis.read(buf);                          //3.字节数据读入缓冲区
13          String str=new String(buf);
14          System.out.println(str);
15          bis.close();                            //4.关闭输入流
16          fis.close();
17      }
18  }
```

2. BufferedOutputStream 类

BufferedOutputStream 是 FilterOutputStream 类的子类，提供缓冲字节输出流功能，它是处理流。缓冲输出流输出数据的效率高于普通输出流(FileOutputStream)。

BufferedOutputStream 类的部分主要方法如下。

（1）public BufferedOutputStream(OutputStream out)，创建一个默认缓冲区大小的 BufferedInputStream 对象。

（2）public BufferedOutputStream(OutputStream out, int size)，创建一个指定缓冲区大小的 BufferedInputStream 对象。

下面程序段演示了缓冲字节输出流 BufferedOutputStream 向临时文件"D:\\qzy\temp.txt"输出数据的 4 个关键步骤。与普通输出流 FileOutputStream 相比，多了第 6 行缓冲字节输出流装饰文件字节输出流对象。

```
1   //1.创建文件对象
2   File file=new File("D:\\qzy\\temp.txt");
3   //2.实例化文件字节输出流对象
4   FileOutputStream fos=new FileOutputStream(file);
5   //2.利用缓冲字节输出流装饰文件字节输出流对象
6   BufferedOutputStream bos=new BufferedOutputStream(fos);
7   byte []buf=new byte[1024];
8   buf="大美中国".getBytes();
9   bos.write(buf);                    //3.通过缓冲流输出字节数组
10  bos.close();                       //4.关闭输出流
11  fos.close();
```

前面演示了缓冲字节输入输出流的基本使用方法。理论上，缓冲流能提高输入输出效率，下面编程辨别真伪。

程序案例 13-17 对比普通流与缓冲流复制文件效率。文件"D:\\qzy\\资料.rar"大小为 53.3MB，运行结果如图 13-33 所示，缓冲流的复制效率是普通流的 3 倍左右。

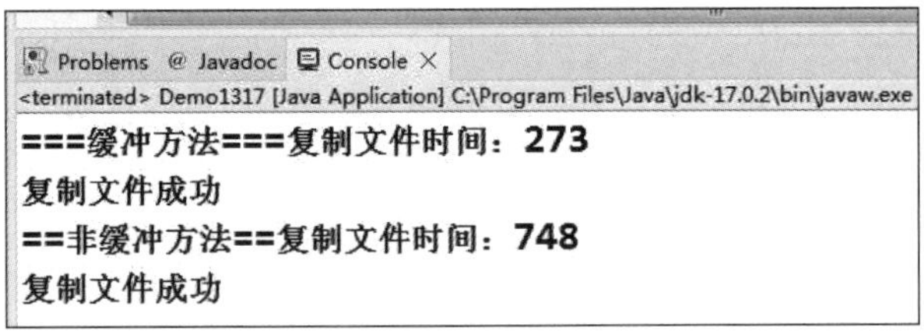

图 13-33　程序案例 13-17 运行结果

【**程序案例 13-17**】　比较普通流与缓冲流复制文件效率。

```
1   package chapter13;
2   import java.io.*;
3   public class Demo1317 {
4       //======普通流复制文件
5       public static boolean copyFileStream (String srcFile, String destFile)
                                              throws IOException {
6           long startTime = System.currentTimeMillis();    //程序开始执行时间
7           FileInputStream fis = null;
8           FileOutputStream fos = null;
9           //1.构造源文件和目标文件对象
10          File src = new File(srcFile);
11          File dest = new File(destFile);
12          //2.构造文件字节输入输出对象
13          fis = new FileInputStream(src);
14          fos = new FileOutputStream(dest);
15          //3.从文件字节输入流读取若干字节,然后写入文件字节输出流
16          byte[] buf = new byte[1024];
```

```java
17      int hasData = 0;
18      while ((hasData = fis.read(buf)) > 0)            //从普通流读取并输出
19          fos.write(buf, 0, hasData);
20      fis.close();                                     //4.关闭流
21      fos.close();                                     //4.关闭流
22      long endTime = System.currentTimeMillis();       //结束时间
23      System.out.println("==非缓冲方法==复制文件时间:" + (endTime -
            startTime));
24      return true;
25   }
26   //==========缓冲流复制文件
27   public static boolean copyFileBuffer(String srcFile, String destFile)
                                throws IOException {
28      long startTime = System.currentTimeMillis();     //开始时间
29      FileInputStream fis = null;                      //文件字节输入流
30      FileOutputStream fos = null;                     //文件字节输出流
31      BufferedInputStream bis = null;                  //缓冲字节输入流
32      BufferedOutputStream bos = null;                 //缓冲字节输出流
33      //1.构造源文件和目标文件对象
34      File src = new File(srcFile);
35      File dest = new File(destFile);
36      //2.构造缓冲字节输入输出流对象
37      bis = new BufferedInputStream(new FileInputStream(src));
38      bos = new BufferedOutputStream(new FileOutputStream(dest));
39      //3.从缓冲字节输入流读取若干字节,然后写入缓冲字节输出流
40      byte[] buf = new byte[1024];
41      int hasData = 0;
42      while ((hasData = bis.read(buf)) > 0)            //从缓冲流读取并输出
43          bos.write(buf, 0, hasData);                  //关闭流
44      bis.close();
45      bos.flush();                                     //刷新缓冲输出流
46      bos.close();
47      long endTime = System.currentTimeMillis();       //结束时间
48      System.out.println("===缓冲方法===复制文件时间:" + (endTime -
                startTime));
49      return true;
50   }
51   public static void main(String[] args) throws IOException {
52      String src = "D:\\qzy\\资料.rar";                //源文件是照片
53      String dest1 = "D:\\qzy\\资料1.rar";
54      String dest2 = "D:\\qzy\\资料2.rar";
55      //采用==缓冲方法===复制文件
56      if (Demo1317.copyFileBuffer(src, dest1))
57          System.out.println("复制文件成功");
58      else
59          System.out.println("复制文件不成功");
60      //采用===非缓冲方法===复制文件
61      if (Demo1317.copyFileStream(src, dest2))
62          System.out.println("复制文件成功");
63      else
64          System.out.println("复制文件不成功");
65   }
66 }
```

转换流

13.6 字节流与字符流转换

13.6.1 转换机制

在流式处理模型中，按处理数据的大小分为字节流和字符流。Java 语言采用不同方式处理字节流与字符流，InputStream 类和 OutputStream 类的子类处理字节流，Reader 类和 Writer 类的子类处理字符流。在实际应用中需要实现两种不同数据流之间的转换。如保存文件时，内存是 Unicode 编码，如果要把 Unicode 字符保存在文件中，需要把字符转换为字节流；读取文件时，把读入的字节流转换为字符流，并以 Unicode 编码存储在内存。转换步骤如图 13-34 所示。

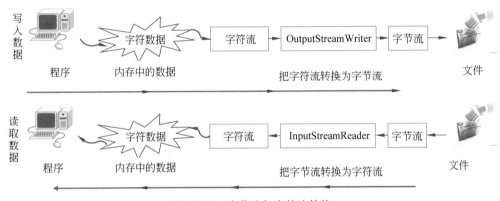

图 13-34 字节流与字符流转换

Java 语言使用 InputStreamReader 类和 OutputStreamWriter 类实现输入输出时字节流与字符流的转换。InputStreamReader 类是 Reader 类的子类，它将输入的字节流转换为字符流；OutputStreamWriter 类是 Writer 类的子类，它将输出的字符流转换为字节流。

13.6.2 InputStreamReader 类和 OutputStreamWriter 类

1. InputStreamReader 类

InputStreamReader 类是 Reader 类的子类，是字节流转换为字符流的转换器，其使用指定字符集或者平台默认字符集读取字节并将它们解码为字符。InputStreamReader 类的 read()方法从字节输入流读取一或多字节，为了提高效率，使用缓冲字符流 BufferedReader 装饰转换流 InputStreamReader。

InputStreamReader 类的主要构造方法如下。

（1）public InputStreamReader(InputStream in)，使用本地系统默认字符编码把读取的字节输入流转换为字符输入流。

（2）public InputStreamReader(InputStream in, String charsetName)，使用 charsetName 指定的字符编码把读取的字节输入流转换为字符输入流。

程序案例 13-18 演示将字节输入流转换为字符输入流。第 8 行用 UTF-8 编码格式把字节流转换为字符流，英文字母按照 Unicode 编码进行处理，中文文字按照 3 字节转换为

Unicode 编码,因此出现不可预知的字符;第 10 行采用 GBK 编码格式(系统平台默认的字符编码格式)把字节流转换为字符流,系统自动转换为 Unicode 编码,显示正常字符。程序运行结果如图 13-35 所示。

```
Problems  @ Javadoc  ☐ Console ✕
<terminated> Demo1318 [Java Application] C:\Program Files\Java\jdk-17.0.2\bin\javaw.exe (2
内容为(UTF):?????λ?????????????e????P?
?????????
内容为(GBK):但愿每次回忆,对生活都不感到负疚。
志当存高远。
```

图 13-35 程序案例 13-18 运行结果

【程序案例 13-18】 将字节输入流转换为字符输入流。

```
1    package chapter13;
2    import java.io.*;
3    public class Demo1318 {
4        public static void main(String[] args) throws IOException {
5            String fileName = "D:\\qzy\\temp.txt";        //源文件名
6            File file = new File(fileName);                //实例化文件对象
7            //实例化字节流字符流转换对象,按照 UTF-8 编码格式把字节流转换为字符流
8            InputStreamReader isrUTF = new InputStreamReader(new
                 FileInputStream(file), "UTF-8");
9            //实例化字节流字符流转换对象,按照 GBK 编码格式把字节流转换为字符流
10           InputStreamReader isrGBK = new InputStreamReader(new
                 FileInputStream(file), "GBK");
11           char chUTF[] = new char[1024];                 //声明字符数组
12           char chGBK[] = new char[1024];                 //声明字符数组
13           int lenUTF = isrUTF.read(chUTF);               //输入流读取的内容保存在字符数组中
14           int lenGBK = isrGBK.read(chGBK);               //输入流读取的内容保存在字符数组中
15           isrUTF.close();                                //关闭输入流
16           isrGBK.close();                                //关闭输入流
17           System.out.println("内容为(UTF):" + new String(chUTF, 0, lenUTF));
18           System.out.println("内容为(GBK):" + new String(chGBK, 0, lenGBK));
19       }
20   }
```

2. OutputStreamWriter 类

OutputStreamWriter 类是 Writer 类的子类,是字符流转换为字节流的转换器其使用指定字符集将字符流转换为字节流。

OutputStreamWriter 类的主要构造方法如下。

(1) public OutputStreamWriter(OutputStream out),按本地系统默认字符编码把字符输出流转换为字节输出流。

(2) public OutputStreamWriter(OutputStream out, String charsetName),按 charsetName 指定的字符编码把字符输出流转换为字节输出流。

程序案例 13-19 演示了字符输出流转换为字节输出流。第 10 行按照 UTF-8 编码格式把字符输出流转换为字节输出流,第 12 行按照 GBK 编码格式把字符输出流转换为字节输

出流。程序运行结果如图 13-36 所示,使用 UTF-8 编码格式的文件比 GBK 编码格式的文件多 4 字节,因为 UTF-8 编码格式一个汉字占 3 字节,而 GBK 编码一个汉字占 2 字节。

【程序案例 13-19】 字符输出流转换为字节输出流。

```java
1   package chapter13;
2   import java.io.*;
3   public class Demo1319{
4       public static void main(String[] args) throws IOException {
5           String fileUTF = "D:\\qzy\\tempUTF.txt";      //UTF-8编码格式目标文件
6           String fileGBK = "D:\\qzy\\tempGBK.txt";      //GBK编码格式目标文件
7           File fUTF = new File(fileUTF);                //实例化文件对象
8           File fGBK = new File(fileGBK);                //实例化文件对象
9           //实例化字符流字节流转换对象,按照UTF-8编码格式把字符输出流转换为字节输
            //出流
10          OutputStreamWriter osrUTF = new OutputStreamWriter(new
                FileOutputStream(fUTF), "UTF-8");
11          //实例化字符流字节流转换对象,按照GBK编码格式把字符输出流转换为字节输
            //出流
12          OutputStreamWriter osrGBK = new OutputStreamWriter(new
                FileOutputStream(fGBK), "GBK");
13          char ch[] = "good保护环境".toCharArray();//字符串转换为字符数组
14          osrUTF.write(ch);                             //使用UTF-8编码格式输出字符流
15          osrGBK.write(ch);                             //使用GBK编码格式输出字符流
16          osrUTF.close();                               //关闭输出流
17          osrGBK.close();                               //关闭输出流
18          System.out.println("UTF-8编码格式文件大小:" + fUTF.length() + "字节");
19          System.out.println("GBK编码格式文件大小:" + fGBK.length() + "字节");
20      }
21  }
```

用程序案例 13-19 产生的 tempUTF.txt 文件替换程序案例 13-16 的文件,然后运行程序案例 13-16 程序,将发现相反结果,即 UTF-8 编码格式文件显示正常,而 GBK 编码格式文件显示不正常,如图 13-37 所示,信息显示不正常的原因如图 13-38 所示。tempUTF.txt 采用 UTF-8 编码格式,程序第 12 行采用 GBK 编码格式读取该文件,当然显示不正常。

图 13-36　程序案例 13-19 运行结果 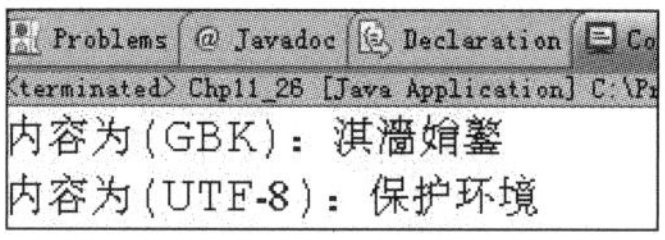　　　图 13-37　不同编码格式的文件内容

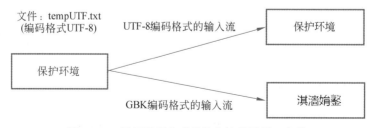

图 13-38　不同编码格式的输入流读取同一文件

13.7 随机存取类 RandomAccessFile

随机流

13.7.1 RandomAccessFile 类简介

InputStream、OutputStream、Reader 和 Writer 对流式数据进行处理，这种方式的特点是按照顺序依次读取流数据或者输出流数据，缺点是不能随机读写文件。

java.io 包提供的随机流 RandomAccessFile 能随机访问文件，程序能直接跳转到文件任意位置读写数据。该类不仅能读取字节数据，而且能读写类型数据，如读写 double 数据。此外，该流既能读取文件，也能向文件输出数据。该类应用在断点续传或者在文件指定位置插入数据等场景。

该类对象可以引用与文件位置指针有关的成员方法读写任意位置数据，实现随机读写文件功能。这种方式比顺序存取更加灵活，满足个性化需要。

RandomAccessFile 类的部分常用构造方法如下。

（1）public RandomAccessFile(String name, String mode)，用文件字符串和模式参数创建 RandomAccessFile 对象。

（2）public RandomAccessFile(File f, String mode)，用文件对象和模式参数创建 RandomAccessFile 对象。

（3）public native long getFilePointer() Throws IOException，获取文件当前指针位置。

（4）public native void seek(long pos) throws IOException，文件位置指针绝对定位到 pos 位置处（字节）。

（5）public native long length() throws IOException，获取文件大小(B)。

（6）public int skipBytes(int n) throws IOException，使文件指针从当前位置跳过 n 字节；

（7）public native int read() throws IOException，从随机流读取一字节。

（8）public int read(byte b[]) throws IOException，读取的数据存放在指定字节数组。

（9）public final double readDouble() throws IOException，读取一个 double 数据。

（10）public void write(int b) throws IOException，向随机流输出一字节。

（11）public void write (byte b[]) throws IOException，向随机流输出一字节数组。

（12）public final void writeDouble(double v) throws IOException，向随机流输出一个 double 数据。

RandomAccessFile 类的构造方法(1)、(2)指定存取模式 mode。存取模式包括只读模式和读写模式两种，其中，r 代表以只读方式打开文件，rw 代表以读写方式打开文件。

InputStream、OutputStream、Reader 和 Writer 等流式处理方式打开文件时若文件不存在，由系统自动创建新文件；但是 RandomAccessFile 打开文件时，若文件不存在，系统抛出 FileNotFoundException 异常，若试图用读写方式打开只有只读属性的文件或出现了其他输入输出错误时，抛出 IOException 异常。

应用 RandomAccessFile 随机访问文件，关键是掌握文件位置指针的操作方法。文件位置指针有如下特点。

（1）新建 RandomAccessFile 对象时，文件位置指针位于文件开头处；

（2）每次读写操作后，文件位置指针后移读写的字节数；

（3）seek()方法能移动文件位置指针到新位置；

（4）getFilePointer()方法获取当前指针位置；

（5）length()方法获取文件长度(B)；

（6）skipBytes()方法使文件指针从当前位置跳过指定的字节数；

（7）getPointer()方法和 length()方法结合判断文件指针是否已到文件尾部；

（8）writeDouble()方法向随机流输出一个 double 数据；

（9）readDouble()方法从随机流读取一个 double 数据。

13.7.2　RandomAccessFile 类读取数据

文件 D:\qzy\temp.txt 内容如图 13-39 所示。程序案例 13-20 通过 getFilePointer()方法获得指针位置、seek()方法绝对定位指针、skipBytes()方法相对当前位置移动指针、read()方法获得随机流的内容。

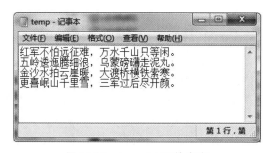

图 13-39　temp.txt 文件内容

程序第 6 行创建随机流对象；第 7 行 raf.getFilePointer()方法获得指针位置，打开时指针位置为 0；第 13 行 raf.seek(10)方法绝对定位文件指针到第 10 个字节单元处；第 16 行 raf.read(temp)从指针位置开始读取 8 字节；第 18 行 raf.skipBytes(4)方法使指针位置从当前位置向后移动 4 字节。程序运行结果如图 13-40 所示。

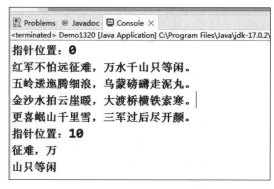

图 13-40　程序案例 13-20 运行结果

【程序案例 13-20】 RandomAccessFile 类读取数据。

```java
1   package chapter13;
2   import java.io.*;
3   public class Demo1320 {
4       public static void main(String[] args) throws IOException {
5           //1.创建随机流对象
6           RandomAccessFile raf = new RandomAccessFile("D:\\qzy\\temp.txt", "r");
7           System.out.println("指针位置:" + raf.getFilePointer());
8           //2.读取指针位置之后的内容
9           byte[] bbuf = new byte[1024];
10          int hasData = 0;
11          while ((hasData = raf.read(bbuf)) > 0)    //指针位置向后移动
12              System.out.println(new String(bbuf, 0, hasData));
13          raf.seek(10);              //3.绝对定位文件指针到第 10 个字节单元处
14          System.out.println("指针位置:" + raf.getFilePointer());
15          byte[] temp = new byte[8];
16          raf.read(temp);            //从当前指针位置开始读取 8 字节,4 个汉字
17          System.out.println(new String(temp));
18          raf.skipBytes(4);          //指针向后移动 4 字节
19          raf.read(temp);            //从当前指针位置开始读取 8 字节
20          System.out.println(new String(temp));
21          //4.关闭流
22          raf.close();
23      }
24  }
```

13.7.3　RandomAccessFile 类输出数据

RandomAccessFile 类能读写字节数据,也能够读写类型数据。如 writeDouble()方法写入一个 double 数据,readDouble()方法读取一个 double 数据。需要注意,读写类型数据要对应,否则会出现乱码。

程序案例 13-21 演示了 RandomAccessFile 类读写类型数据。第 8 行输出 double 数据,第 12 行读取第 8 行的 double 数据,第 9 行输出 int 数据,第 13 行读取第 9 行的 int 数据,第 10 行输出字符串,第 16 行循环语句逐个读取第 10 行的字符直到文件尾。程序运行结果如图 13-41 所示。

图 13-41　案例程序 13-21 运行结果

【程序案例 13-21】 RandomAccessFile 类读写类型数据。

```java
1   package chapter13;
2   import java.io.*;
3   public class Demo1321 {
4       public static void main(String[] args) throws IOException {
5           //创建随机流对象
```

```
6        RandomAccessFile raf = new RandomAccessFile("D:\\qzy\\rw.txt", "rw");
7        raf.writeDouble(3.14);
8        raf.writeInt(123);
9        raf.writeChars("一丝不苟");
10       raf.seek(0);                            //定位指针到位置 0
11       double x=raf.readDouble();              //读取第 8 行的 double 数据
12       int y=raf.readInt();                    //读取第 9 行的 int 数据
13       StringBuffer sb=new StringBuffer();
14       char temp;
15       while(raf.getFilePointer()<raf.length()) {  //如果指针没到文件尾
16           temp=raf.readChar();                //读取第 10 行的字符串的一个字符
17           sb.append(temp);
18       }
19       System.out.println(x+","+y+","+sb);
20   }
21 }
```

程序案例 13-22 演示了 RandomAccessFile 类向文本文件插入数据。第 8、10 行创建临时文件和随机流;第 12、13 行创建 FileInputStream 和 FileoutputStream 临时对象保存插入点 pos 之后的数据;第 20~23 行读取插入点后的数据,保存在临时文件中;第 30~32 行,临时文件内容追加到插入内容之后。

【程序案例 13-22】 RandomAccessFile 类向文本文件插入数据。

```
1  package chapter13;
2  import java.io.*;
3  public class Demo1322 {
4      //在文件中插入数据
5                     //文件名   插入位置 插入内容
6      public static void insert (String fileName, long pos, String
                                   insertContent) throws IOException {
7          //1.创建临时文件和随机流
8          File tmp = File.createTempFile("tmp", null);
9          tmp.deleteOnExit();                     //虚拟机终止时,请求删除文件
10         RandomAccessFile raf = new RandomAccessFile(fileName, "rw");
11         //2.临时对象保存插入点 pos 之后的数据
12         FileOutputStream tmpOut = new FileOutputStream(tmp);
13         FileInputStream tmpIn = new FileInputStream(tmp);
14         raf.seek(pos);                          //文件指针定位到插入位置
15         //下面代码将插入点后的内容读入临时文件中保存
16         byte[] bbuf = new byte[64];
17         //保存实际读取的字节数
18         int hasRead = 0;
19         //使用循环方式读取插入点后的数据
20         while ((hasRead = raf.read(bbuf)) > 0) {
21             //将读取的数据写入临时文件
22             tmpOut.write(bbuf, 0, hasRead);
23         }
24         //3.在指定 pos 之后插入内容
25         //文件记录指针重新定位到 pos 位置
26         raf.seek(pos);
27         //追加需要插入的内容
28         raf.write(insertContent.getBytes());
```

```
29          //临时文件的内容追加到插入内容之后
30          while ((hasRead = tmpIn.read(bbuf)) > 0) {
31              raf.write(bbuf, 0, hasRead);
32          }
33      }
34      public static void main(String[] args) throws IOException{
35          Demo1322.insert ("D:\\qzy\\temp.txt",4,"------伟大民族------
            ----");
36      }
37  }
```

随机流提供随机读写文件和读写类型数据的能力,但操作复杂,一般情况下使用顺序流处理文件。

13.8 Scanner 类

13.8.1 Scanner 类简介

java.util 包的 Scanner 类不仅能接收从键盘输入的类型数据,还能接收从文件读取的类型数据。

Scanner 类的部分主要方法如下。

(1) public Scanner(File source) throws FileNotException,用文件对象创建 Scanner 对象。

(2) public Scanner(InputStream source),用字节流创建 Scanner 对象。

(3) public boolean hasNextInt(),测试输入的是不是整数。

(4) public boolean hasNextFloat(),测试输入的是不是小数。

(5) public boolean hasNext(Pattern pattern),测试输入的数据是否符合指定的正则标准。

(6) public int nextInt(),接收整数。

(7) public float nextFloat(),接收小数。

(8) public String next(),接收字符串。

(9) public String next(Patten patten),接收字符串时先进行正则匹配。

(10) public Scanner useDelimiter(String pattern),设置读取的分隔符。

13.8.2 Scanner 类应用

1. Scanner 接收键盘输入的数据

Scanner 能接收从键盘输入的各种类型的数据,同时还能验证数据,以确保输入数据的合法性。

程序案例 13-23 演示了 Scanner 类接收键盘输入的数据。第 6 行创建 Scanner 对象,参数 System.in 是标准输入设备(键盘);第 14、15 行对输入的一行字符串进行正则匹配;第 21、22 行接收键盘输入的 double 数据;第 24、25 行接收键盘输入的 int 数据。程序运行结果如图 13-42 所示。

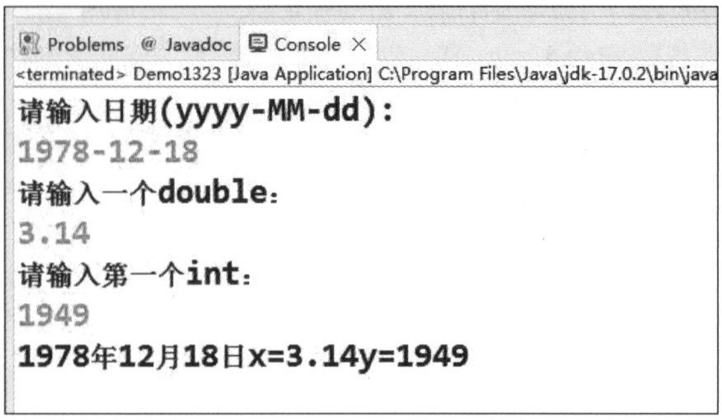

图 13-42　程序案例 13-23 运行结果

【程序案例 13-23】　Scanner 类接收键盘输入的数据。

```java
1   package chapter13;
2   import java.text.*;
3   import java.util.*;
4   public class Demo1323 {
5       public static void main(String[] args) throws ParseException {
6           Scanner scan = new Scanner(System.in);   //创建输入对象,参数为 System.in
7           String dateStr = null;                   //日期字符串
8           Date date = null;                        //日期对象
9           String presentDate = null;               //当前日期字符串
10          double x=0;
11          int y=0;
12          String pattern = "\\d{4}-\\d{2}-\\d{2}";        //日期正则表达式
13          System.out.println("请输入日期(yyyy-MM-dd):");
14          if (scan.hasNext(pattern))       //接收日期字符串,并用正则表达式验证合法性
15              dateStr = scan.nextLine();           //读取日期字符串
16          //按照指定日期格式解析日期字符串
17          date = new SimpleDateFormat("yyyy-MM-dd").parse(dateStr);
18          //按照指定日期格式格式化日期
19          presentDate = new SimpleDateFormat ("yyyy 年 MM 月 dd 日").format
                                                        (date);
20          System.out.println("请输入一个 double:");
21          if (scan.hasNextDouble())                //判断是否有一个 double 数据
22              x = scan.nextDouble();               //接收一个 double 数据
23          System.out.println("请输入第一个 int:");
24          if (scan.hasNextInt())                   //判断是否有一个 int 数据
25              y = scan.nextInt();                  //接收一个 int 数据
26          System.out.println(presentDate+"x="+x+"y="+y);
27      }
28  }
```

2. Scanner 类接收从文件读取的数据

Scanner 类能从文件接收各种类型数据,同时还能验证数据,以确保接收数据的合法性。

图 13-43 显示 D:\qzy\temp.txt 文件内容,表示师徒 4 个人的姓名和成绩,使用 Scanner 类读取该文件,统计总成绩并计算平均分。

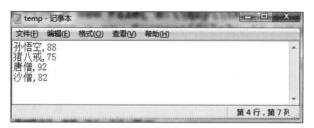

图 13-43 师徒 4 个人的姓名和成绩

程序案例 13-24 演示了 Scanner 类接收从文件读取的数据。第 7 行用文件对象作为参数创建 Scanner 对象，第 10 行设置扫描器对象的分隔符。分隔符的作用是分隔从 Scanner 流读取的数据，例如方法 nextDouble()把分隔符之间的数据读取为一个 double 数据。第 13 行读取分隔符分隔的数据。程序运行结果如图 13-44 所示。

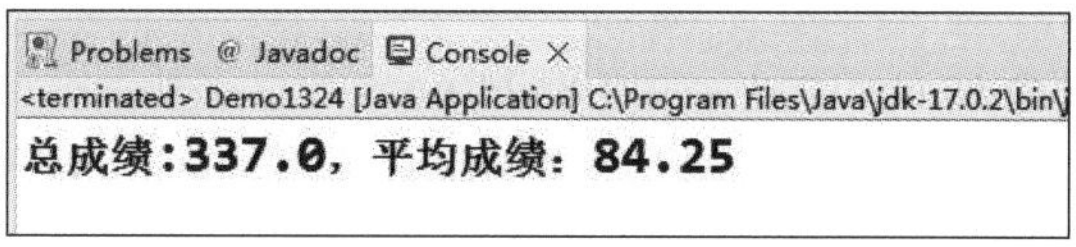

图 13-44 程序案例 13-24 运行结果

【程序案例 13-24】 Scanner 类接收从文件读取的数据。

```
1  package chapter13;
2  import java.io.*;
3  import java.util.Scanner;
4  public class Demo1324 {
5      public static void main(String[] args) throws FileNotFoundException {
6          File file = new File("D:\\qzy\\temp.txt");    //文件对象
7          Scanner scan = new Scanner(file);             //扫描器对象
8          double total = 0;                             //总成绩
9          //设置扫描器的分隔符,不包括数字和小数点,其他(如字母、汉字)都是分隔符
10         scan.useDelimiter("[^0123456789.]+");
11         int n = 0;                                    //人数
12         while (scan.hasNext()) {                      //如果还有信息
13             double x = scan.nextDouble();             //读取一个 double 值
14             total += x;                               //累加
15             n++;
16         }
17         System.out.println("总成绩:" + total + ",平均成绩:" + total / n);
18     }
19 }
```

13.9 System 类对 I/O 的支持

前面介绍的输入流 InputStream 和 Reader 及输出流 OutputStream 和 Writer，它们是自定义流，使用前先创建对象，程序结束后要及时关闭，释放它们占用的资源。除了自定义流外，还有标准入流和标准输出流两个标准流，JVM 自动创建它们，程序运行时可随时使用

这两个标准流,除非显示关闭它们。java.lang.System 类定义的 out、err 和 in 3 个静态常量都是标准流,它们的主要功能如表 13-1 所示。

表 13-1 System 类定义的标准流

序号	System 常量	说明
1	public static final PrintStream out	标准输出流,默认为控制台
2	public static final PrintStream err	标准错误输出流,默认为控制台
3	public static final InputStream in	标准输入流,默认为键盘

按照 Java 语言命名规范,常量的所有字母都大写,但 3 个 System 常量 out、err 和 in 都是小写字母,因为早期 Java 语言还没有形成常量规范。

13.9.1 System.out

System.out 是 PrintStream 对象,对应标准输出设备显示器,PrintStream 类定义的 print()和 println()方法重载多次,可以使用 System.out.print()和 System.out.println()进行输出。根据对象多态性,可以把 System.out 对应的默认输出设备(显示器)改变成文件。

下面代码段,第 2 行使用默认输出设备 System.out 输出,第 3 行 println()方法在控制台输出一行信息(见图 13-45);第 7 行用 fos 对象实例化 PrintStream 对象 ps2,输出到 fos,因此程序第 8 行控制台没有显示输出结果。

图 13-45 代码段运行结果

```
1    //(1)默认输出设备——控制台(显示)器
2    PrintStream ps = new PrintStream(System.out);
3    ps.println("珍惜水土资源 实现持续发展");    //输出到控制台
4    //(2)改变输出对象是输出流
5    File file = new File("D:\\qzy\\temp.txt");
6    FileOutputStream fos = new FileOutputStream(file);
7    PrintStream ps2 = new PrintStream(fos);    //创建 PrintStream 对象,参数为 fos
8    ps2.print("绿色发展!");                    //输出到文件,控制台没有输出
```

13.9.2 System.in

System.in 是 InputStream 对象,默认为标准输入流(键盘),该输入流完成从键盘输入数据功能。

下面代码段,第 4 行调用标准输入流的 read()方法,从键盘输入一行数据。程序运行结果如图 13-46 所示。

```
1    byte[]buf=new byte[64];
2    int len=0;
3    System.out.println("请输入一行内容:");
4    len=System.in.read(buf);    //从标准输入设备(键盘)获取数据,并保存在字节数组中
5    System.out.println(new String(buf,0,len));
```

图 13-46 代码段运行结果

13.9.3 System.err

System.err 与 System.out 一样都是 PrintStream 对象,默认标准输出设备是控制台,用来输出异常信息。

下面代码段,第 5、6 行输出了错误对象 e,但含义不同。第 5 行用红色强调输出错误信息,第 6 行输出普通信息如图 13-47 所示。

```
1    String str = "保护国家安全";           //准备一个字符串
2    try {                                //捕捉异常
3        int x = Integer.parseInt(str);   //把字符串转换为整型数组
4    } catch (Exception e) {
5        System.err.println(e);
6        System.out.println(e);
7    }
```

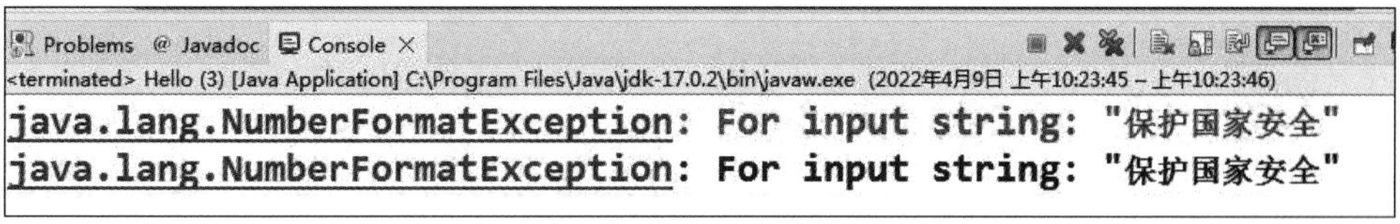

图 13-47 代码段运行结果

13.9.4 重定向 I/O

在默认情况下,标准输入流从键盘读取数据,标准输出流和错误输出流向控制台输出数据。Java 为编程人员提供了灵活的选择方案,可以修改标准输入输出流。System 类提供了重定向静态方法改变默认的标准输入输出流。

System 类提供的重定向方法如下。

(1) public static void setOut(PrintStream out),重定向标准输出流。

(2) public static void setErr(PrintStream Err),重定向标准错误输出流。

(3) public static void setIn(PrintStream in),重定向标准输入流。

程序案例 13-25 演示了重定向输入输出。第 7 行重定向标准输出设备为输出流,第 8 行不能在控制台输出,而是通过输出流输出;第 12 行重定向标准错误输出设备为输出流,第 13 行不能在控制台输出,而是通过输出流输出;第 17 行重定向标准输入设备为输入流,第 19 行从输入流读取数据。

【程序案例 13-25】 重定向输入输出。

```
1    package chapter13;
```

```java
2    import java.io.*;
3    public class Demo1325 {
4        public static void main(String[] args) throws IOException {    }
5        public static void redirectOut (String info, String fileName) throws
                                    IOException {
6            PrintStream ps = new PrintStream(new FileOutputStream(fileName));
7            System.setOut(ps);              //重定向标准输出设备为输出流
8            System.out.println(info);       //输出目标不再是控制台,而是输出流
9        }
10       public static void redirectErr (String info, String fileName) throws
                                    IOException {
11           PrintStream ps = new PrintStream(new FileOutputStream(fileName));
12           System.setErr(ps);              //重定向标准错误输出设备为输出流
13           System.out.println(info);       //输出目标不再是控制台,而是输出流
14       }
15       //重定向标准输入流
16       public static void redirectIn(String fileName) throws IOException {
17           System.setIn(new FileInputStream(fileName));
                                            //重定向标准输入设备为输入流
18           byte[]buf=new byte[64];
19           System.in.read(buf);            //从输入流读取数据
20       }
21   }
```

软件开发时一般不要轻易改变 System 类的标准输入输出流。制定标准不是为了改变,而是为了统一。

◆ 13.10 数 据 流

前面学习了很多输入输出流,如字节流、字符流按照字节或字符处理数据。Scanner 类通过解析文本数据得到基本类型数据,增加了读取基本类型数据的难度。随机流 RandomAccess 支持随机读写文件操作,也支持读写基本类型数据,但该类既不属于 InputStream 类、OutputStream 类系,也不属于 Reader 类和 Writer 类系,没有提供与它们融合的机制,缺乏灵活性。

软件系统处理的数据类型多种多样,如小数、整数、字符串、长整数、字符、日期等。虽然 Java 语言提供了把字符串转换成其他基本类型数据的技术,但这种处理方式流程复杂、效率低。

Java 语言提供了两个与平台无关的数据操作流,数据输出流 DataOutputStream 和数据输入流 DataInputStream。它们拥有不经过转换能直接读取和写入基本类型数据的能力,如直接读写 int、float、long、double 和 boolean 等。一般情况下,DataInputStream 类和 DataOutputStream 类要配合使用,保证用 DataOutputStream 类写入的数据能用 DataInputStream 类正确读取。

13.10.1 DataOutputStream 类

DataOutputStream 是数据输出流,它是处理流。该类的主要功能是把基本类型数据以原始类型输出到一个文件。

DataOutputStream 类的部分主要方法如下。

（1）public DataOutputStream(OutputStream out)，以字节输出流为参数创建对象。

（2）public final void writeInt(int v) throws IOException，将 int 数据以 4 字节形式写入节点输出流。

（3）public final void writeDouble(Double v) throws IOException，将 double 数据以 8 字节形式写入节点输出流。

（4）public final void writeChars(Strings s) throws IOException，将字符串写入节点输出流。

（5）public final void writeChar(int v) throws IOException，将字符写入节点输出流。

DataOutputStream 类是 FilterOutputStream 类的子类，它是处理流，不能直接与设备（如磁盘文件）交流数据。因此创建 DataOutputStream 对象时，构造方法的参数是经过装饰的 OutputStream 子类节点流对象，如 FileOutputStream 对象。图 13-48 显示了数据输出流的数据流动过程。

图 13-48　数据输出流的数据流动过程

下面代码段向磁盘文件 tempData.dat 写入一些类型数据，第 2 行以 FileOutputStream 作为节点流创建 DataOutputStream 对象；第 6～8 行分别输出一个字符串、一个 int 数据和一个 double 数据。使用记事本打开 tempData.dat 文件，如图 13-49 所示，表明用 writeChars()、writeInt()和 writeDouble()方法写入文件的内容不是文本数据，而是二进制数据，所以记事本打开显示乱码。

```
1    //创建数据输出流对象,参数是节点流 FileOutputStream 对象
2    DataOutputStream dos=new DataOutputStream (new FileOutputStream("D:\\qzy\\
                                                tempData.dat"));
3    //或者采用如下创建方式,缓冲流装饰节点流,提高输出效率
4    //DataInputStream dis = new DataInputStream(
5    //new BufferedInputStream(new FileInputStream("D:\\qzy\\tempData.dat")));
6    dos.writeUTF("征途漫漫 惟有奋斗");           //向数据流写入一个字符串
7    dos.writeInt(1949);                        //向数据流写入一个 int 数据
8    dos.writeDouble(3.1415);                   //向数据流写入一个 double 数据
```

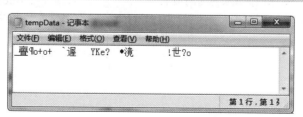

图 13-49　tempData.dat 文件内容

DataOutputStream 类提供的方法输出的是二进制数据而不是文本数据,如何正确读取 DataOutputStream 类输出的数据?有矛就有盾。Java 语言提供了与 DataOutputStream 类匹配的数据输入流 DataInputStream,该类提供了正确读取 DataOutputStream 类输出的类型数据的方法。

13.10.2 DataInputStream 类

DataInputStream 类是数据输入流,它是处理流。该类的主要功能是从由 DataOutputStream 类生成的文件中正确读取数据。

DataInputStream 类的部分主要方法如下。

(1) public DataInputStream(InputStream in),以字节输入流为参数创建对象。
(2) public final int readInt() throws IOException,从数据输入流读取整数。
(3) public final float readFloat() throws IOException,从数据输入流读取浮点数。
(4) public final char readChar() throws IOException,从数据输入流读取一个字符。

DataInputStream 类是 FilterInputStream 类的子类,它是处理流,不能直接与设备(如磁盘文件)交流数据。创建 DataInputStream 对象时,构造方法的参数是经过装饰的 InputStream 子类节点流对象,如 FileInputStream 对象。图 13-50 显示了数据输入流的数据流动过程。

图 13-50　数据输入流的数据流动过程

下面代码段读取磁盘文件 tempData.dat 的内容,第 1 行以节点流 FileInputStream 为参数创建数据输入流对象,第 5~7 行分别读取字符串、int 数据和 double 数据。输出读取内容的结果如图 13-51 所示。

```
1   DataInputStream dis= new   DataInputStream (new FileInputStream("D:\\qzy\\
                                                tempData.dat"));
2   //或者采用如下创建方式,利用缓冲流装饰节点输入流,提高输入效率
3   //DataInputStream dis = new DataInputStream(
4   //new BufferedInputStream(new FileInputStream("D:\\qzy\\tempData.dat")));
5   System.out.println(dis.readUTF());        //读取一个字符串
6   System.out.println(dis.readInt());        //读取一个 int 数据
7   System.out.println(dis.readDouble());     //读取一个 double 数据
```

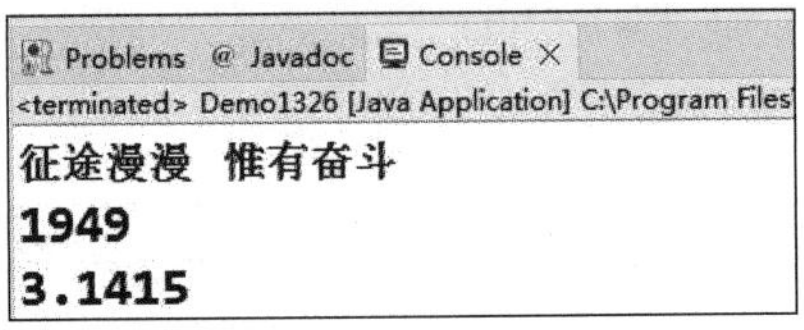

图 13-51　读取 tempData.dat 文件内容

"纸上得来终觉浅,绝知此事要躬行"。下面通过案例深入了解两个数据操作流的作用。

表 13-2 是学生成绩表,数据类型有字符串(姓名)、整型(年龄)和浮点型(英语成绩、高等数学成绩)。数据操作流比较容易处理表 13-2 包含的多种基本类型的数据。

表 13-2　学生成绩表

姓　　名	年　　龄	英 语 成 绩	高等数学成绩
孙悟空	22	88.6	92.5
猪八戒	19	78.0	86.0

程序案例 13-26 演示了读写学生成绩表。第 8、27 行采用缓冲流 BufferedOutputStream 和 BufferedInputStream 构造数据输出输入流,提高输出输入效率;第 11~14 行、16~19 行分别写入孙悟空和猪八戒的成绩信息;第 30~33 行分别读取孙悟空和猪八戒的成绩信息;第 34 行捕获文件尾异常 EOFException;第 37 行退出第 28 行的循环语句。程序运行结果如图 13-52 所示。

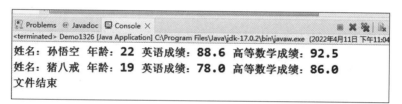

图 13-52　程序案例 13-26 运行结果

【程序案例 13-26】　读写学生成绩表。

```
1   package chapter13;
2   import java.io.*;
3   public class Demo1326 {
4       //把学生信息保存在文件中
5       public static void saveInfo(String fileName) throws IOException {
6           //1.构建数据输出流对象,采用缓冲字节流提高效率
7           DataOutputStream dos = new DataOutputStream(
8               new BufferedOutputStream(new FileOutputStream(fileName)));
9           //2.向数据输出流写入类型数据
10          //2.1 写入孙悟空信息
11          dos.writeUTF("孙悟空");
12          dos.writeInt(22);
13          dos.writeDouble(88.6);
14          dos.writeDouble(92.5);
15          //2.2 写入猪八戒信息
16          dos.writeUTF("猪八戒");
17          dos.writeInt(19);
18          dos.writeDouble(78.0);
19          dos.writeDouble(86.0);
20          dos.close();                                              //3.关闭数据输出流
21
22      }
```

```
23        //从 DataOutputStream 产生的文件读取学生信息
24        public static void readInfo(String fileName) throws IOException {
25            //1. 构造数据输入流对象,采用缓冲字节流提高效率
26            DataInputStream dis = new DataInputStream(
27                    new BufferedInputStream(new FileInputStream(fileName)));
28            while (true) {
29                try {
30                    System.out.print("姓名:" + dis.readUTF());    //2.读取字符串
31                    System.out.print(" 年龄:" + dis.readInt());//2.读取 int 数据
32                    System.out.print(" 英语成绩:" + dis.readDouble());
                                                                 //2.读取 double 数据
33                    System.out.println(" 高等数学成绩:" + dis.readDouble());
34                } catch (EOFException e) {
35                    System.out.println("文件结束");
36                    dis.close();                              //3.关闭数据输入流
37                    break;
38                }
39            }
40        }
41        public static void main(String[] args) throws IOException {
42            String fileName = "D:\\qzy\\student.data";
43            Demo1326.saveInfo(fileName);    //student.data 文件保存学生成绩信息
44            Demo1326.readInfo(fileName);    //从 student.data 文件读取学生成绩信息
45        }
46    }
```

数据操作流 DataOutputStream 和 DataInputStream 提供读写基本类型数据的能力,例如处理学生成绩表(见表 13-2),需要单独处理每个学生信息项,如果用这种方式处理 10 000 名学生的成绩信息,对开发者是十分恐怖的事情。

我们要充分相信设计 Java 语言的那些天才。

13.11 对象序列化

对象序列化

13.11.1 序列化简介

DataOutputStream 类、DataInputStream 类或者 RandomAccessFile 类能把基本类型数据或者字符串写入文件,它们也能从对应的文件中读取基本类型数据。Java"一切皆对象",对象是 Java 语言处理的基本单元,前面学习的各种流并不能把对象保存在文件或者发布到网络。当然,Java 语言绝不会允许这种情况发生。

Java 语言提供了把对象保存在文件的能力,也提供了从文件恢复对象的能力。

对象序列化是指把对象作为二进制数据写入输出流,对象反序列化是指从输入流读取对象。对象序列化(也称对象持久化)实现了对象的传输和存储。

在 Java 程序中,只有实现了 java.io.Serializable 接口的对象才能被序列化和反序列化。Serializable 接口的定义:

```
public interface Serializable{}
```

该接口没有定义任何成员和方法,是标识接口,表示对象具备序列化的能力。

JDK 类库的有些类(如 String、Date 和包装类)已经实现了 Serializable 接口,它们能直接被序列化和反序列化。其他对象序列化和反序列化需要依靠对象输出流 ObjectOutputStream 和对象输入流 ObjectInputStream。对象序列化和反序列化模型如图 13-53 所示。

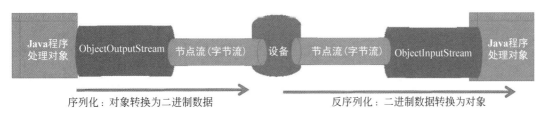

图 13-53　对象序列化和反序列化模型

对象序列化编程(见图 13-54)分 4 步。
(1) 创建可序列化对象,要求实体类实现了序列化接口 Serializable。
(2) 创建对象输出流。
(3) 向输出流写入对象。
(4) 关闭输出流。

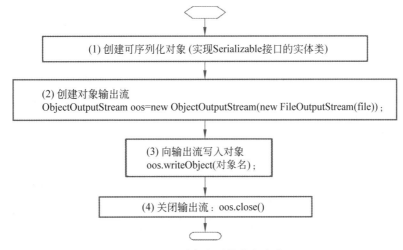

图 13-54　对象序列化编程步骤

对象反序列化编程(见图 13-55)分 3 步。
(1) 创建对象输入流。
(2) 从输入流读取对象。
(3) 关闭输入流。

为了保证从序列化文件正确读取对象,要求对象序列化过程向对象输出流写入对象的顺序与从对象输入流读取对象的顺序一致。例如,3 个序列化对象的顺序是 Person、School 和 Room,则反序列化读取的第一个对象是 Person,第二个对象是 School,第三个对象是 Room。

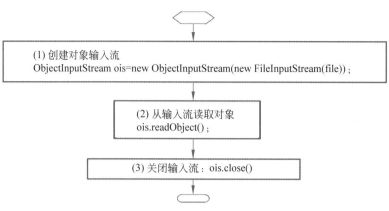

图 13-55　对象反序列化编程步骤

13.11.2　ObjectOutputStream 类

对象输出流 ObjectOutputStream 类是 OutputStream 类的子类,该类支持对象序列化。

ObjectOutputStream 类的部分主要方法如下。

(1) public ObjectOutputStream(OutputStream out) throws IOExcetion,利用输出流初始化对象输出流。

(2) public final void writeObject(Object obj) throws IOException,向输出流写入对象。

ObjectOutputStream 类是处理流,构造方法 ObjectOutputStream(OutputStream out) 的参数 OutputStream 需要装饰一个节点流,writeObject()方法才能完成向磁盘文件或者其他物理设备输出对象的任务。

程序案例 13-27 演示了对象序列化。程序第 3、11 行定义 Person 类和 Car 类都实现了序列化接口 Serializable,说明这两个类的对象能被序列化;第 22 行用节点流 FileOutputStream 对象作为参数创建了对象输出流 oos;第 23、24 行向对象输出流输出了 Person 和 Car 对象。程序运行结果如图 13-56 所示。

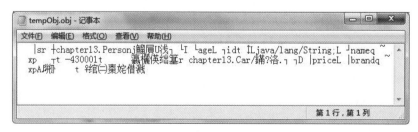

图 13-56　程序案例 13-27 运行结果

【程序案例 13-27】　对象序列化。

```
1    package chapter13;
2    import java.io.*;
```

```
3      class  Person implements Serializable{        //1.实体类实现序列化接口
4          private String name;
5          private int age;
6          private String id;                        //身份证号
7          //省略构造方法
8          //省略 setter 和 getter 方法
9          //省略覆写 toString()方法
10     }
11     class Car implements Serializable{            //1.实体类实现序列化接口
12         private String brand;
13         private double price;
14         //省略构造方法
15         //省略 setter 和 getter 方法
16         //省略覆写 toString()方法
17     }
18     public class Demo1327 {
19         public static void main(String[] args) throws  IOException {
20             File file=new File("D:\\qzy\\tempObj.obj");
21     //2.创建对象输出流
22             ObjectOutputStream oos=new ObjectOutputStream
                    (new FileOutputStream(file));;
23             oos.writeObject(new Person("孙悟空",22,"430001"));
                                                       //3.向对象输出流写入对象
24             oos.writeObject(new Car("红旗汽车",250000)); //3.向对象输出流写入对象
25             oos.close() ;                         //4.关闭输出流
26         }
27     }
```

运行程序后,图 13-56 显示了用记事本打开保存对象信息的文件 temObj.obj。第 23、24 行向对象输出流写入对象(二进制数据),不是文本数据,因此出现乱码。

对象序列化时保存了对象的非静态属性,静态属性和成员方法没有被序列化。因为加载类时,JVM 自动加载类的静态属性和成员方法,只有对象的非静态属性保存在序列化文件中,需要时从该文件恢复。

13.11.3 ObjectInputStream 类

对象序列化把对象转换为二进制数据,通过输出流保存在文件中。如果需要使用对象,通过对象输入流 ObjectInputStream 读取对象,该过程称为对象反序列化。对象输入流 ObjectInputStream 类是 InputStream 类的子类,该类是处理流。

ObjectInputStream 类的部分常用方法如下。

(1) public ObjectInputStream(InputStream out)throws IOException,以字节输入流对象为参数创建对象输入流。

(2) public final void readObject(Object obj)throws IOException,从对象输入流读取对象。

ObjectInputStream 类是处理流,构造方法 ObjectInputStream(InputStream in)的参数 InputStream 需要装饰一个节点流,readObject()方法才能从磁盘文件或者其他物理设备读取对象。成员方法 readObject()返回 Object,使用前需强制向下转型。

程序案例 13-28 演示了对象反序列化。按照图 13-55 对象反序列化编程步骤,程序第 7 行创建对象输入流,参数是节点输入流;第 8、9 行的 readObject 方法从输入流读取对象;第

12 行关闭输入流。程序运行结果如图 13-57 所示。

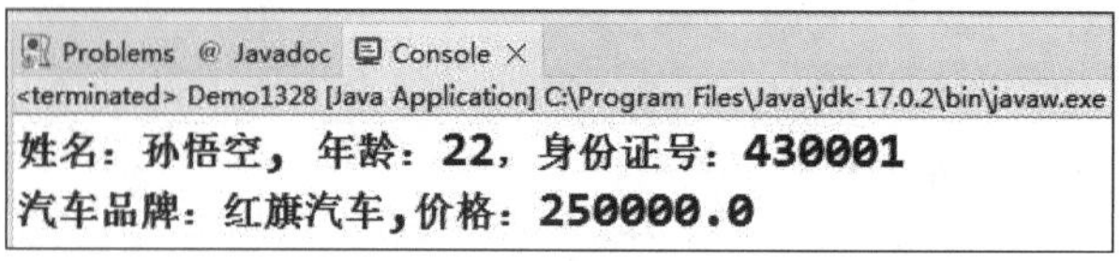

图 13-57　程序案例 13-28 运行结果

反序列化时,从对象输入流读取的对象应与对象序列化时向对象输出流写入的对象类型保持一致。程序案例 13-27 第 23 行首先写入了 Person 对象,因此程序案例 13-28 第 8 行首先读取 Person 对象;程序案例 13-27 第 24 行写入了 Car 对象,因此程序案例 13-28 第 9 行读取 Car 对象。

【程序案例 13-28】　对象反序列化。

```
1   package chapter13;
2   import java.io.*;
3   public class Demo1328 {
4       public static void main(String[] args) throws  IOException,
            ClassNotFoundException {
5           File file=new File("D:\\qzy\\tempObj.obj");
6           //1.创建对象输入流
7           ObjectInputStream ois=new ObjectInputStream(new FileInputStream
                (file));
8           Person per=(Person)ois.readObject(); //2.从输入流读取对象,并强制转型
9           Car car=(Car)ois.readObject();        //2.从输入流读取对象,并强制转型
10          System.out.println(per);
11          System.out.println(car);
12          ois.close();                          //3.关闭输入流
13      }
14  }
```

对象序列化把对象保存在文件或者在网络上传输,但是并不是所有实体类都要实现 Serializable 接口赋予对象序列化能力,由于对象序列化存在一些安全隐患,如通过序列化克隆对象,因此只有需要保存对象信息时才实现 Serializable 接口。

对象序列化时需要注意 4 个问题:①transient 关键字修饰的成员属性不能被序列化。②反序列化某个子类的实例时,反序列化机制需要恢复其父类实例,恢复父类实例有两种方式:第一种使用反序列化机制;第二种使用父类的无参构造方法。如果父类既不可序列化,也没有提供无参构造方法,则反序列化该子类实例时将抛出异常。③如果类的成员属性是一个引用类型,那么该引用类型必须实现 Serializable 接口,否则该成员变量不可序列化。④第一次调用 wirteObject()方法输出对象时将对象转换为字节序列,并写到对象输出流 ObjectOutputStream,此后如果修改了该对象的成员属性,并再次调用 writeObject()方法输出该对象,修改后的成员属性不会被输出。

Java 对象序列化算法如下:①保存在磁盘文件的对象仅有一个序列化编号;②序列化对象前,JVM 先检查该对象是否已经被序列化,只有当对象从未(本次虚拟机环境中)被序列化时,系统才将该对象转换为字节序列并输出;③如果某个对象已经序列化,JVM 直接输出一个序列化编号,不再重新序列化该对象。

13.11.4 Externalizable 接口

一个类实现 Serializable 接口,该类的所有非静态属性都能被序列化,如果只需要序列化部分成员属性,某些成员属性不需要序列化,这种情况使用 Externalizable 接口。Externalizable 接口能指定需要序列化的成员属性。

【语法格式 13-1】 Externalizable 接口。

```
public interface Externalizable extends  Serializable {
    public void writeExternal(ObjectOutput out) throws IOException ;
    public void readExternal(ObjectInput in) throws IOException, ClassNot
        FoundException;
}
```

Externalizable 是 Serializable 子接口,该接口定义了如下两个方法:

(1) void writeExternal(ObjectOutput out)throws IOException,指定要序列化的成员属性,对象序列化时被调用;

(2) void readExternal(ObjectInput in) throws IOException, ClassNot FoundException,读取保存的对象,对象反序列化时被调用。

这两个方法的参数分别是 ObjectOutput 和 ObjectInput 两个接口,它们的定义如下:

【语法格式 13-2】 ObjectOutput 接口。

```
public interface ObjectOutput extends DataOutput{ }
```

【语法格式 13-3】 ObjectInput 接口。

```
public interface ObjectInput extends DataInput { }
```

ObjectOutput 和 ObjectInput 两个接口分别是 DataOutput 和 DataInput 的子接口,DataOutputStream 类和 DataInputStream 类分别是 DataOutput 类和 DataInput 类的子类,表明这两个方法可以像 DataOutputStream 类和 DataInputStream 类一样直接输出和读取各种基本类型的数据。

如果一个类通过实现 Externalizable 接口进行序列化,该类必须定义一个无参构造方法,因为反序列化时会默认调用无参构造方法实例化对象,如果没有无参构造方法,运行时抛出异常(java.io.InvalidClassException)。很幸运,再一次见证了空构造方法的重要性。

程序案例 13-29 演示了 Externalizable 接口实现序列化。定义 Person 类和 Car 类实现了 Externalizable 接口,覆写了两个序列化方法。第 12、13 行表示序列化 Person 对象的 name 和 age 属性,而 id 属性没有序列化;第 18、19 行表示反序列化 Person 对象的 name 和 age 属性;第 31 行序列化 Car 对象的 brand 属性;第 37 行反序列化 Car 对象的 brand 属性。程序运行结果如图 13-58 所示。

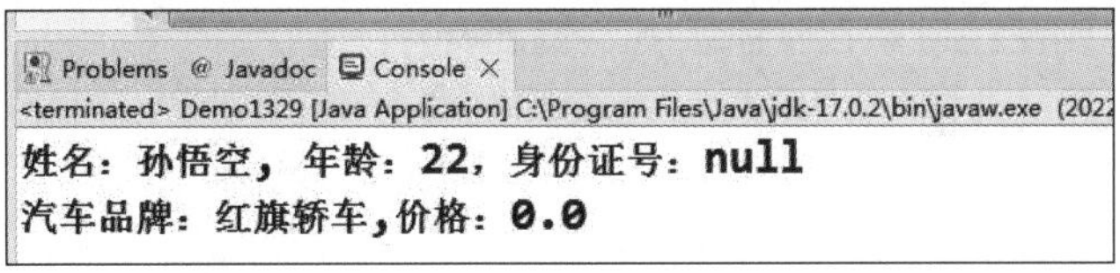

图 13-58 程序案例 13-29 运行结果

运行结果显示孙悟空的身份号是 null,红旗轿车的价格是 0。第 14 行没有序列化 Person 对象的 id 属性;第 32 行没有序列化 Car 对象的 price 属性;第 47、48 行序列化 Person 对象和 Car 对象时,Person 对象的 id 属性和 Car 对象的 price 属性没有保存在文件中,因此第 55、56 行反序列化时读取的 Person 和 Car 对象没有 id 和 price 的具体信息,仅仅初始化它们。

【程序案例 13-29】 Externalizable 接口实现序列化。

```
1   package chapter13;
2   import java.io.*;
3   class Person implements Externalizable {        //实现 Externalizable 接口
4       private String name;
5       private int age;
6       private String id;                          //身份证号,不序列化
7       //省略空构造方法,初始化所有成员的构造方法
8       //省略 setter 和 getter 方法
9       //省略覆写 toString()方法
10      @Override
11      public void writeExternal(ObjectOutput out) throws IOException {
12          out.writeUTF(this.name);
13          out.writeInt(this.age);
14          //out.writeUTF(this.id);                //不序列化身份证号
15      }
16      @Override
17      public void readExternal(ObjectInput in) throws IOException,
                ClassNotFoundException {
18          this.name = (String) in.readUTF();
19          this.age = in.readInt();
20          //this.id=(String)in.readUTF();         //如果序列化就需要读取该属性
21      }
22  }
23  class Car implements Externalizable {
24      private String brand;
25      private double price;                       //车价,不序列化
26      //省略空构造方法,初始化所有成员的构造方法
27      //省略 setter 和 getter 方法
28      //省略覆写 toString()方法
29      @Override
30      public void writeExternal(ObjectOutput out) throws IOException {
                                                    //覆写序列化方法
31          out.writeUTF(this.brand);
32          //out.writeUTF(this.price);             //不需要序列化
33      }
34      //覆写反序列化方法
35      @Override
36      public void readExternal(ObjectInput in) throws IOException,
                ClassNotFoundException {
37          this.brand = (String) in.readUTF();
38          //this.price=in.readDouble();           //如果已经序列化,需要读取该属性
39
40      }
41  }
```

```java
42  public class Demo1329 {
43      public final static void ser(String fileName) throws IOException {
                                                            //序列化方法
44          File file = new File(fileName);                 //实例化文件对象
45          ObjectOutputStream oos = null;                  //声明对象输出流
46          oos = new ObjectOutputStream(new FileOutputStream(file));
                                                            //实例化对象输出流
47          oos.writeObject(new Person("孙悟空", 22, "430001"));
48          oos.writeObject(new Car("红旗轿车", 250000));
49      }
50      //反序列化方法
51      public final static void dser(String fileName) throws IOException,
            ClassNotFoundException {
52          File file = new File(fileName);                 //实例化文件对象
53          ObjectInputStream ois = null;                   //声明对象输入流
54          ois = new ObjectInputStream(new FileInputStream(file));
                                                            //实例化对象输入流
55          Person per = (Person) ois.readObject();
56          Car car = (Car) ois.readObject();
57          System.out.println(per);
58          System.out.println(car);
59      }
60      public static void main(String[] args) throws IOException,
            ClassNotFoundException {
61          Demo1329.ser("D:\\qzy\\tempObj.obj");
62          Demo1329.dser("D:\\qzy\\tempObj.obj");
63      }
64  }
```

Externalizable 接口实现序列化机制比 Serializable 接口灵活,占用空间也较少,Serializable 接口的优点是简单,因此软件开发中常常使用该接口。表 13-3 显示了 Externalizable 接口与 Serializable 接口的区别。

表 13-3 Externalizable 接口与 Serializable 接口的区别

序号	区别类型	Serializable	Externalizable
1	实现复杂度	有内在支持,实现简单	开发人员自己完成,实现复杂
2	执行效率	保存对象所有成员属性,性能较低	开发人员决定保存的对象成员属性,性能较高
3	占用空间	保存对象所有成员属性,占用空间大	保存部分对象成员属性,占用空间较小

13.11.5 transient 关键字

Externalizable 接口能指定需要序列化的成员属性,但实现方式比较复杂,需要覆写 Externalizable 接口的两个方法。

有些长辈总是语重心长告诫晚辈学习、看书、遵纪守法等,类似于 Externalizable 接口,指定能序列化的成员属性。而有些长辈谆谆告诫晚辈不要玩游戏、不能做坏事等,类似于 transient 关键字,它能避免成员属性被序列化。

【语法格式 13-4】 transient 修饰数据成员。

```
class 类名 implements Serializable{
    [访问权限控制符] transient 类型名 数据成员名;   //该成员不能被序列化
    ...
}
```

transient 关键字的含义是临时性的,定义实体类时,transient 修饰的数据成员不能被序列化。例如下面程序段定义 Person 类,第 4 行数据成员 id 用 transient 修饰,表示该成员不能被序列化。

```
1  class Person implements Serializable {        //实现 Serializable 接口
2      private String name;
3      private int age;
4      transient private String id;              //身份证号,该属性不能被序列化
5      //省略空构造方法,初始化所有成员的构造方法
6      //省略 setter 和 getter 方法
7      //省略覆写 toString()方法
8  }
```

使用关键字 transient 声明不能被序列化的数据成员要比使用接口 Externalizable 实现这种功能简单,这是局部序列化的常用方式。

13.11.6 序列化数组

Java 语言的设计理念是"一切皆对象"。数组也是对象,writeObject()方法能序列化对象数组,readObject()方法能反序列化对象数组。

下面的代码段第 3 行调用 writeObject()方法序列化 Person 对象数组 list,第 5 行调用 readObject()方法反序列化获得 Person 对象数组,向下转型类型是 Person 对象数组 Person[]。

```
1  oos=new ObjectOutputStream(new FileOutputStream(file));
2  Person [ ]list={new Person(),new Person(),new Person()};
3  oos.writeObject(list);                        //序列化对象数组
4  ois=new ObjectInputStream(new FileInputStream(file))
5  Person[]arr=(Person[])ois.readObject();       //获得对象数组,并强制向下转型
```

程序案例 13-30 演示了序列化数组。第 3 行定义 Person 类实现序列化接口 Serializable;第 12 行定义序列化数组方法,参数 Object[]list 表示能接收任意类型的对象数组;第 19 行定义反序列化对象数组方法,返回 Object[]类型表示能对任何对象数组进行反序列化,Object[]使程序具有较好的适应性。程序运行结果如图 13-59 所示。

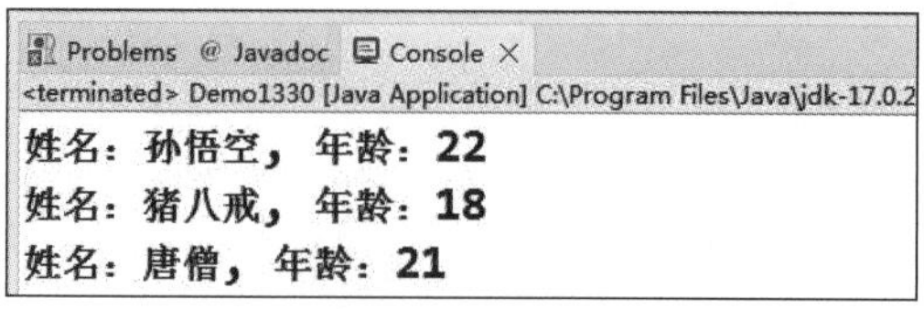

图 13-59 程序案例 13-30 运行结果

【程序案例 13-30】 序列化数组。

```java
1   package chapter13;
2   import java.io.*;
3   class Person implements Serializable {          //实现序列化接口
4       private String name;
5       private int age;
6       //省略空构造方法,初始化所有成员的构造方法
7       //省略 setter 和 getter 方法
8       //省略覆写的 toString()方法
9   }
10  public class Demo1330 {
11      //序列化对象数组,序列化结果保存在文件中
12      public final static void serArray(String fileName,Object[ ]list) throws
            IOException {
13          //实例化对象输出流
14          ObjectOutputStream oos = new ObjectOutputStream(new
                FileOutputStream(fileName));
15          oos.writeObject(list);                  //对象数组写入对象输出流
16          oos.close() ;                           //关闭输出流
17      }
18      //反序列化对象数组,从序列化文件中恢复对象数组
19      public final static Object[ ] dserArray(String fileName) throws
            Exception{
20          //实例化对象输入流
21          ObjectInputStream  ois = new ObjectInputStream(new FileInputStream
                (fileName));
22          Person[] list = (Person[]) ois.readObject();   //读取对象数组,并强制转换
23          ois.close() ;                           //关闭输入流
24          return list;
25      }
26      public static void main(String[] args) throws Exception {
27          Person[] list= {new Person("孙悟空",22),new Person("猪八戒",18),new
                Person("唐僧",21)};
28          Person[] listDser;
29          String file="D:\\qzy\\person.obj";
30          Demo1330.serArray(file, list);          //调用序列化对象数组方法
31          listDser=(Person[ ])Demo1330.dserArray(file);
                                                    //调用反序列化对象数组方法
32          for(Person per:listDser)                //输出反序列化结果
33              System.out.println(per);
34      }
35  }
```

13.12 新 I/O

从 JDK 1.4 开始,Java 语言提供了一系列改进的输入输出处理新特性,这些功能统称为新 I/O(New I/O,NIO),新增了许多用于处理输入输出的类,这些类保存在 java.nio 包及其子包中,并对原 java.io 包的很多类以 NIO 为基础进行了改写,满足 NIO 功能。

13.12.1 NIO 简介

计算机程序在内存中运行,内存的存取速度远高于磁盘,内存空间的大小对计算机性能有较大影响,但磁盘空间远多于内存空间。如果计算机执行的程序比较多,内存消耗殆尽,程序运行速度会降低。为了解决该问题,操作系统(如 Windows)运用虚拟内存技术。虚拟内存指分出一部分硬盘空间充当内存使用。当内存耗尽时,Windows 自动调用硬盘充当内存,以缓解内存紧张。

NIO 借鉴虚拟内存概念,它将文件或文件的一段区域映射到内存,Java 程序能像访问内存一样来访问文件,这种处理方式的输入输出速度比传统的输入输出快。

NIO 相关的包如下。

(1) java.nio 包:主要提供了一些与 Buffer 相关的类。
(2) java.nio.channels 包:主要包含 Channel 和 Selector 相关的类。
(3) java.nio.charset 包:主要包含与字符集相关的类。
(4) java.nio.channels.spi 包:主要包含提供 Channel 服务的相关类。
(5) java.nio.charset.spi 包:主要包含提供字符集服务的相关类。

Channel 和 Buffer 是 NIO 的两个核心类。

Channel(通道)是对传统输入输出系统的模拟,NIO 系统所有数据通过 Channel 传输。Channel 与 InputStream、OutputStream 的最大区别在于它提供一个 map()方法,该方法可以直接将一块数据映射到内存。传统的输入输出是面向流的处理,NIO 是面向块的处理。

Buffer 是容器,它的本质是数组,发送到 Channel 的所有对象必须首先放在 Buffer 中,而从 Channel 读取的数据也必须先读到 Buffer,图 13-60 为 NIO 的 Buffer 与 Channel 的关系。

图 13-60 NIO 的 Buffer 与 Channel 的关系

NIO 还提供用于将 Unicode 字符串映射成字节序列及逆映射操作的 Charset 类,以及支持非阻塞式输入输出的 Selector 类。

NIO-Buffer

13.12.2 Buffer

Buffer 本质上是数组,它能保存多个类型相同的数据,主要作用是装入数据和输出数据。Buffer 是抽象类,最常用的子类是 ByteBuffer,采用字节方式读写 Buffer。其他基本类型也有对应的 Buffer,如 CharBuffer、DoubleBuffer 等。Buffer 没有提供构造方法,通过子类的静态方法获得 Buffer 对象:

```
static ×××Buffer allocate(int capacity);
                              //创建一个容量为 capacity 的×××Buffer 对象
```

例如,下面代码段创建了字符缓冲区和字节缓冲区对象。

```
CharBuffer cbuff=CharBuffer.allocate(16);        //创建容量为 16 个字符的字符缓冲区对象
ByteBuffer bbuff=ByteBuffer.allocate(32);        //创建容量为 32 字节的字节缓冲区对象
```

下面是 4 个关于 Buffer 的重要概念。

(1) capacity(容量)：缓冲区的 capacity 表示该 Buffer 的最大数据容量，即最多能存储多少数据，创建后不能改变。

(2) limit(界限)：位于 limit 后的数据既不可被读出，也不可被写入。

(3) position(位置)：用于指明下一个能被读出的或者写入的缓冲区位置索引(类似 I/O 流中的记录指针)。当使用 Buffer 从 Channel 读取数据时，position 的值恰好等于已经读到了多少数据。新建 Buffer 对象时，position 为 0。如果从 Channel 读取两个数据到该 Buffer，则 position 为 2，指向 Buffer 的第 3 个位置。

(4) mark(标记)：一个临时存放位置的标记。mark()方法将 mark 设为当前的 position 值，reset()方法将 position 设置为 mark。

capacity、limit、position 和 mark 之间满足如下关系(见图 13-61)：

$$0 \leqslant mark \leqslant position \leqslant limit \leqslant capacity$$

图 13-61　capacity、limit、position 和 mark 之间的关系

Buffer 的部分主要方法如下。

(1) int capacity()，返回缓冲区容量。

(2) Buffer clear()，position 设为 0，limit 设为容量，删除标记，没有删除缓冲区内容。

(3) int limit()，返回缓冲区界限位置。

(4) Buffer limit(int newLimit)：设置缓冲区界限位置。

(5) int position()，返回缓冲区当前 position 值。

(6) Buffer position(int newPosition)，设置缓冲区 position 值。

(7) Buffer reset()，将 position 转到 mark 所在位置。

(8) Buffer rewind()，将 position 设为 0，取消设置的 mark。

(9) public Buffer flip()，读写指针指到缓存头部，并且设置最多只能读出之前写入的数据长度(而不是整个缓存的容量大小)。

(10) boolean hasRemainning()，判断当前 position 与 limit 之间是否还有元素可供处理。

Buffer 子类除了提供上面关于 capacity()、position()和 limit()的方法外，还提供如 get()和 put()等方法。例如，Buffer 子类 CharBuffer 的部分主要方法如下。

(1) CharBuffer append(char c)：将指定的字符追加到缓冲区。

(2) CharBuffer get(char[] dst)：把缓冲区的字符传输到目标字符数组 dst。

(3) abstract char get(int index)：获取 index 位置的字符。

(4) abstract CharBuffer put(char c)：把字符 c 顺序放置在缓冲区。

(5) CharBuffer put(char[] src)：把字符数组 src 顺序放置在缓冲区。

(6) abstract CharBuffer put(int index, char c)：把字符 c 放置在缓冲区的 index 位置。

程序案例 13-31 演示了 Buffer 常规方法。第 6 行获得字符缓冲区对象 cbuff，容量是 15 个字符；第 7~9 行输出初始化之后的容量、界限和位置，分别是 15、15 和 0。程序第 11~14 行依次向 cbuff 增加 4 个字符，第 15~17 行输出容量 15、界限 15 和位置 4(执行一个普通 put()方法之后 position 位置增加 1)。程序第 18 行调用 put()方法，在绝对位置 8 处放置有 4 个字符的字符串(第 8~11 位置处的字符分别为爱、国、敬、业)；第 19 行输出显示还有剩余空间；第 21 行在绝对位置 9 读取字符"国"；第 23 行把 cbuff 转换为字符数组，然后逐个输出。程序第 26 行调用 flip()方法(该方法的作用是设置 limit 为当前 position 的值，position 为 0，删除 mark)，因此第 27 行 limit 为 4(与程序第 14 行增加的字符个数一样)，第 28 行 position 为 0。程序第 30 行输出字符缓冲区的所有字符。程序第 35 行执行 clear()方法(设置 position 为 0，limit 的值为容量，删除标记，但没有删除缓冲区内容)，因此第 36 行输出缓冲区的内容没有改变，第 37 行输出的 limit 为 15，第 38 行输出的 position 为 0。程序运行结果如图 13-62 所示。

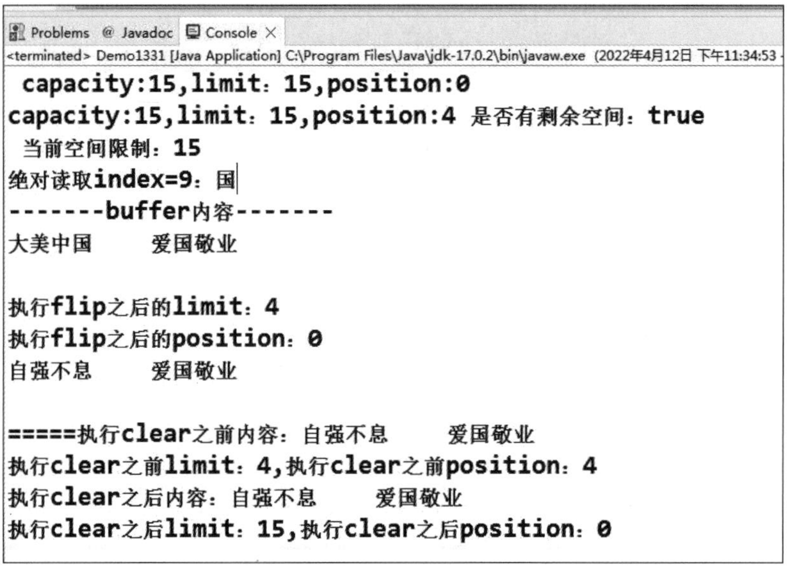

图 13-62　程序案例 13-31 运行结果

【程序案例 13-31】　Buffer 的常规方法。

```java
1   package chapter13;
2   import java.nio.*;
3   public class Demo1331 {
4       public static void main(String[] args) {
5           //1.构造缓冲区对象,容量为 15 个字符
6           CharBuffer cbuff=CharBuffer.allocate(15);
7           System.out.println("capacity:"+cbuff.capacity());    //输出容量
8           System.out.println("limit:"+cbuff.limit());          //输出界限
9           System.out.println("position:"+cbuff.position());    //输出位置
10          //2.向缓冲区放入元素
11          cbuff.put('大');
12          cbuff.put("美");
13          cbuff.put('中');
```

```
14          cbuff.append('国');                                  //追加字符
15          System.out.println("capacity:"+cbuff.capacity());    //输出容量
16          System.out.println("limit:"+cbuff.limit());          //输出界限
17          System.out.println("position:"+cbuff.position());    //输出位置
18          cbuff.put(8,"爱国敬业".toCharArray());                //在绝对位置放置字符串
19          System.out.println("是否有剩余空间:"+cbuff.hasRemaining());
20          //3.输出缓冲区的元素
21          System.out.println("绝对读取 index=9:"+cbuff.get(9)); //绝对读取
22          System.out.println("-------buffer 内容-------");
23          for(char ch:cbuff.array())
24              System.out.print(ch);
25          //4.测试 flip()方法
26          cbuff.flip();   //①limit 为当前位置 position,②position 为 0,③删除 mark
27          System.out.println("\n\n 执行 flip 之后的 limit:"+cbuff.limit());
28          System.out.println("执行 flip 之后的 position:"+cbuff.position());
29          cbuff.put("自强不息");                                //从 position 位置开始放入字符串
30          System.out.println(new String(cbuff.array(),0,cbuff.array().
                    length));
31          //5.测试 clear()方法
32          System.out.println("\n 执行 clear 之前内容:"+new String(cbuff.array(),
                    0,cbuff.array().length));
33          System.out.println("执行 clear 之前 limit:"+cbuff.limit());
34          System.out.println("执行 clear 之前 position:"+cbuff.position());
35          cbuff.clear();                                       //调用 clear()方法
36          System.out.println("执行 clear 之后内容:"+new String(cbuff.array(),
                    0,cbuff.array().length));
37          System.out.println("执行 clear 之后 limit:"+cbuff.limit());
38          System.out.println("执行 clear 之后 position:"+cbuff.position());
39      }
40  }
```

上面程序表明,flip()方法的作用是为读取数据做好准备,从 position 为 0 的位置开始读取,直到 limit 为止。clear()方法的作用不是删除缓冲区的数据,而是为重新输入做好准备,从 position 为 0 的位置开始接收数据,直到 capacity 为止。

13.12.3 Channel

NIO-Channel

流式体系的 BufferedReader、BufferedInputStream 和 BufferedOutputStream 等缓冲流都是处理流,不能直接与设备交换数据。Buffer 类似于缓冲流,它不能直接与设备(如磁盘文件)交换数据。NIO 体系的 Channel 负责直接与设备交换数据。

Channel 的主要作用:①Channel 能直接将指定文件的部分或全部映射成 Buffer;② Channel 只能与 Buffer 进行交互(见图 13-60)。如果 Java 程序要从 Channel 取得数据,必须先用 Buffer 从 Channel 提取数据,然后程序从 Buffer 取出处理数据;如果要将程序的数据写入 Channel,应先让程序将数据放入 Buffer,再将 Buffer 的数据写入 Channel。

Channel 接口保存在 java.nio.channels 包中,系统为该接口提供了 DatagramChannel、FileChannel、Pipe.SinkChannel、Pipe.SourceChannel、SelectableChannel、ServerSocketChannel、SocketChannel 等实现类。其能根据 Channel 名了解 Channel 含义,例如,FileChannel 是读写、映射和操作文件的通道,ServerSocketChannel、SocketChannel 则是支持传输控制协议

(Transmission Control Protocol,TCP)网络通信的通道。

Channel 子类没有提供构造方法,通过传统流式子类获得 Channel 对象。例如,FileInputStream 类的 getChannel()方法返回与此文件输入流相关联的唯一 FileChannel 对象,FileOutputStream 类的 getChannel()方法返回与此文件输出流相关联的唯一的 FileChannel 对象。

Channel 接口常用成员方法如下。

(1) MappedByteBuffer map(FileChannel.MapMode mode,long position,long size),将此通道对应的部分或全部数据直接映射到 ByteBuffer。第一个参数执行映射模式,包括只读(MapMode.READ_ONLY)和读写(MapMode.READ_WRITE)两种模式。

(2) int read(ByteBuffer dst),从该通道读取到给定缓冲区的字节序列,返回实际读取字节数。

(3) int write(ByteBuffer src),从给定缓冲区向该通道写入一字节序列,返回写入字节数。

下面代码段,第 2 行通过 getChannel()方法获得输入通道对象,第 3 行获得字节缓冲区对象,第 4 行调用文件通道的 read()方法把 inChannel 通道中的所有字节数据读到字节缓冲区 bbuff。

```
1   File src=new File("D:\\qzy\\Hello.java");
2   FileChannel inChannel=new FileInputStream(src).getChannel();
                                                            //1.输入通道对象
3   ByteBuffer bbuff=ByteBuffer.allocate((int)src.length());  //2.字节缓冲区对象
4   inChannel.read(bbuff);          //3.把 inChannel 通道的所有字节数据读到字节缓冲区
5   System.out.println(new String(bbuff.array()));
6   inChannel.close() ;
```

使用 Channel 能快速实现文件复制,效率要比传统的流式方式高。

程序案例 13-32 演示了 Channel 复制文件。第 13、14 行获得输入通道 inChannel 和输出通道 outChannel,第 16 行使用 map()方法将输入通道的字节数据映射到字节缓冲区 mbuff,第 18 行一次性把字节缓冲区 mbuff 的所有数据写入输出通道 outChannel,完成复制。

【程序案例 13-32】 Channel 复制文件。

```
1   package chapter13;
2   import java.io.*;
3   import java.nio.*;
4   import java.nio.channels.FileChannel;
5   import java.nio.channels.FileChannel.MapMode;
6   //NIO 实现文件复制
7   public class Demo1332 {
8       public static void main(String[] args) throws Exception{
9           //1.建立源文件和目标文件对象
10          File src=new File("D:\\qzy\\资料.rar");
11          File dest=new File("D:\\qzy\\资料 Bak2.rar");
12          //2.创建输入流 FileChannel 和输出流 FileChannel
13          FileChannel inChannel=new FileInputStream(src).getChannel();
                                                            //输入通道
```

```
14      FileChannel outChannel=new FileOutputStream(dest).getChannel();
                                            //输出通道
15      //3.将 inChannel 的全部数据映射成 ByteBuffer
16      MappedByteBuffer mbuff=inChannel.map (MapMode.READ_ONLY, 0, src.
                                            length());
17      //4.将 mbuff 所有字节写入 outChannel 中
18      outChannel.write(mbuff);       //一次性把字节缓冲区所有数据写入输出通道
19      inChannel.close();             //5.关闭通道
20      outChannel.close();            //5.关闭通道
21    }
22  }
```

InputStream、OutputStream 子类提供了 getChannel()方法获得通道,RandomAccessFile 也提供了 getChannel()方法获得随机流的通道。

NIO 对传统的 I/O 体系进行了优化改进,提高了输入输出效率,编程实践中使用比较频繁,关于 NIO 的详细内容请参考有关资料。

13.13 小　　结

本章主要知识点如下。

(1) Java 语言的 I/O 系统涉及的类非常多,类之间的关系也很复杂。

(2) Java 语言 I/O 系统主要包括文件、字节流、字符流、缓冲流、字节流与字符流的转换、随机文件、读写类型数据、对象序列化等。

(3) File 类完成文件的创建、删除等操作。

(4) InputStream 类及其子类表示字节输入流、OutputStream 类及其子类表示字节输出流、Reader 类及其子类表示字符输入流、Writer 类及其子类表示字符输出流。

(5) CharArrayReader 类和 CharArrayWriter 类完成字节(字符)的输入输出。

(6) RandomAccessFile 类支持随机读写文件。

(7) OutputStreamWriter 类和 InputStreamReader 类完成了字节流与字符流之间的转换。

(8) DataOutputStream 类和 DataInputStream 类读取和写入基本类型数据,如 int、float、long、double 和 boolean 等,这两个类提供的方法是平台无关的。

(9) 对象序列化可以将对象转换为二进制数据保存在文件中,通过对象反序列化从文件中读取保存的对象,对象序列化和反序列化通过 ObjectOutputStream 类和 ObjectInputStream 类实现。实现 Serializable 接口的类的对象能被序列化,transient 修饰的数据成员不能被序列化。

(10) JDK 1.4 开始,NIO 改进了 I/O 系统,提高了输入输出效率,这些类和接口保存在 java.nio 包及其子包中。

13.14 习　　题

13.14.1 填空题

1. 从文件、内存读入数据到程序称为(　　)流,把程序的数据写入文件、硬盘称为

(　　)流。

2. Java 语言的(　　)流处理的最小数据单元是字节,(　　)流处理的最小数据单元是字符。

3. 如果一个类名中含有(　　),表示该类是字节输入流的子类;如果类名含有(　　),表示该类是字节输出流的子类。

4. Java 语言中,(　　)类将输出的字符流转换为字节流,(　　)类将输入的字节流转换为字符流。

5. (　　)类可以接收从键盘输入的类型数据。

6. java.io 包提供了两个与平台无关的数据操作流,分别是数据输出流(　　)和数据输入流(　　),它们能够完成对基本类型数据的读取操作。

7. 一个类可以被序列化,需要该类实现(　　)接口。

13.14.2　选择题

1. (　　)类及其子类用来处理字符输出流。
  A. InputStream　　　B. Reader　　　　　C. OutputStream　　D. Writer

2. 用来对文件本身进行操作的类是(　　)。
  A. FileInputStream　　　　　　　　　B. FileOutputStream
  C. File　　　　　　　　　　　　　　　D. FileReader

3. 对文件进行随机读写操作应该使用(　　)类。
  A. RandomAccessFile　　　　　　　　B. RandomFile
  C. AccessFile　　　　　　　　　　　　D. RandomAccessStream

4. 序列化时,若不想类的数据成员被序列化,采用(　　)关键字修饰该成员。
  A. private　　　　B. transient　　　　C. protected　　　　D. final

13.14.3　简答题

1. 利用图形表示 Java 流式处理类的基本结构。
2. 简述利用文件字节流进行输入操作的步骤。
3. 简述利用文件字节流进行输出操作的步骤。
4. 简述字符流的缓冲装饰类以及它们的作用。
5. 画图表示字节流与字符流的转换过程。
6. 什么是对象序列化和反序列化?

13.14.4　编程题

1. 根据如表 13-4 所示的书籍信息,完成以下任务:①定义书籍类 Book,实现序列化接口。②定义书籍工具类 BookUtil,方法 public static boolean saveBook(Book[] list, String bookFile)把书籍列表 list 中的所有书籍保存在 bookFile 文件;方法 public static void printBook(String bookFile)输出文件 bookFile 中的所有书籍信息;方法 public static double getTotalMoney(String bookFile)统计 bookFile 所有书籍的总金额;方法 public static Book getMaxPrice(String bookFile)返回 bookFile 中单价最高的书籍对象;方法 public static boolean sortList(String bookFile,Book [] list)对 bookFile 所有书籍按单价从高到低排序,排序结果保存在数组 list。③定义测试类 Demo,测试 BookUtil 中的所有方法。

表 13-4　书籍信息

书　　名	作　　者	数　　量	单　　价
道德经	老子	20	58.00
平凡的世界	路遥	30	108.00
唤醒心中的巨人	安东尼·罗宾	10	45.00
谁动了我的奶酪	斯宾塞·约翰逊	25	36.00
苦难辉煌	金一南	55	76.00

2. 分别使用 FileInputStream、FileOutputStream、BufferedInputStream 和 BufferedOutputSteam 及 NIO 测试复制一个 200MB 视频文件所需的时间。

第14章 集合

数组能存储类型相同的大规模数据,存在存储空间固定的问题,即 Java 没有专门提供操作数组的方法,但是 Java 提供的集合弥补了数组的问题。

Java 的集合与数学的集合有什么区别?Java 如何支持集合?Java 集合能解决软件开发的哪些问题?本章将为读者一一解答这些问题。

本章内容

(1) Java 集合类库。
(2) Collection 接口。
(3) Iterator 接口。
(4) Set 接口。
(5) List 接口。
(6) Map 接口。
(7) 属性类 Properties。
(8) 集合工具类 Collections。

集合的概念

◆ 14.1 概　　述

14.1.1 集合的概念

在软件开发过程中,经常操作若干同类型对象,如管理班级学生成绩,每个学生是一个对象,可以使用学生对象数组保存班级学生成绩。对象数组管理存在局限,如果从班级转出学生,需要减少对象数组元素;如果向班级转入学生,需要增加对象数组元素。增加和减少对象数组元素的操作不够灵活,并且可能存在浪费存储空间的问题。为了使程序便捷地存储和操作数目不固定的一组同类型数据,Java 提供了集合。

集合是 Java 语言非常重要的一个特性,在实际软件开发中经常使用集合处理同类型的一组数据。

Java 集合是"容器",用于存储数量不确定的对象,并提供操作。java.util 包保存了与集合相关的接口和类。根据操作特征,Java 集合分为 Set、List 和 Map 3 种类型。Set 集合中的元素不能重复,List 集合中的元素之间有序、可重复,Map 集合保存键-值对(key-value)的映射关系。图 14-1(a)表示 Set 集合,包含 a1~a8 不重复的 8 个元素;图 14-1(b)表示 List 集合,有 4 个有序元素,其中 a1 存在重复;图 14-1(c)表示

Map 集合,有 k1-v1、k2-v2、k3-v3、k4-v4 等具有映射关系的 4 个元素。

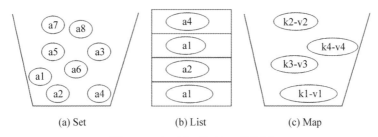

图 14-1　Set、List 和 Map 的特征

JDK 1.5 之前,Java 集合将所有元素当成 Object 类型进行处理。JDK 1.5 增加泛型之后,Java 集合完全支持泛型,集合能记住容器中元素的数据类型,从而编写出更简洁、健壮的程序。

14.1.2　集合框架

集合框架是为表示和操作集合而规定的一种统一的、标准的体系结构。Java 集合框架包含接口、接口的实现和集合运算 3 部分。Java 集合框架主要有 List、Set、Map、Iterator 4 个接口,其中,List 和 Set 继承 Collection,而 Map 则独成一体。它们之间的关系如图 14-2 所示,这些接口的特点如表 14-1 所示。

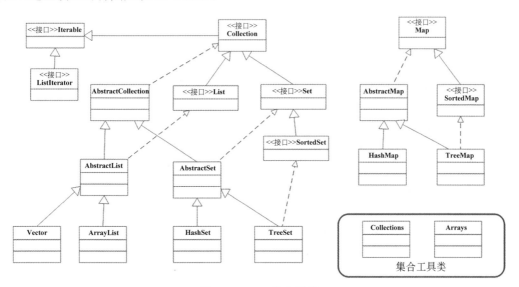

图 14-2　Java 集合框架

表 14-1　Java 集合框架接口的特点

序号	接　　口	特　　点
1	Collection	存放一组单值的最大父接口,单值指集合中的每个元素都是一个对象。新的开发标准已经很少使用此接口
2	List	Collection 接口的子接口,也是最常用的接口,该接口对 Collection 接口进行了大量扩充,允许存在重复元素

续表

序号	接口	特点
3	Set	Collection 接口的子接口，没有扩充 Collection，不允许存放重复元素
4	Map	存放键-值对的最大父接口，接口的每个元素都是一个键-值对，以 key-value 形式保存
5	Iterator	集合的输出接口，只能从前向后进行单向遍历
6	ListIterator	Iterator 接口的子接口，能从前向后或由后向前进行双向遍历
7	SortedSet	单值的排序接口，实现此接口的集合实体类，能使用比较器对集合元素进行排序，要求集合元素的实体类实现比较接口 Comparable
8	SortedMap	Map 的子接口，具有按照 Key 元素对条目排序的功能，要求 Key 元素的实体类实现比较接口 Comparable

Java 集合框架具有如下特性。

(1) 高性能。集合的实现是高效率的。

(2) 操作便捷性。不同类型的集合以相同的方式和高度互操作方式工作。

(3) 易扩展和易修改。设计了一组标准接口实现集合框架。

14.1.3 Collection 接口

Collection 是存放一组单值对象的最大父接口，新的开发标准已经很少使用该接口。如图 14-2 所示，Collection 的直接子接口是 Set 和 List。Collection 接口包含这两个直接子接口的通用方法。

Collection 接口的主要方法如下。

(1) public boolean add(E o)，向集合加入一个对象。

(2) public boolean addAll(Collection<? extends E>c)，向集合加入另一个集合。

(3) public void clear()，删除集合中的所有元素。

(4) public boolean contains(Object o)，判断集合中是否存在一个对象。

(5) public boolean contains(Collection<? >c)，判断集合中是否存在一组对象。

(6) public boolean isEmpty()，判断集合中是否有元素。

(7) public Iterator<E>Iterator()，返回集合的迭代器。

(8) public boolean remove(Object o)，在集合中删除指定对象。

(9) public int size()，返回集合的元素个数。

(10) public Object[] toArray()，把集合转换成数组。

【语法格式 14-1】 Collection 接口的定义。

```
public interface Collection<E> extends Iterable<E>{ }
```

JDK 1.5 之后，Collection 使用泛型，保证集合类型操作的安全性，避免发生 ClassCastException 异常。JDK 1.5 之前，集合没有采用泛型，可以在集合中放入任意对象，容易出现因同一个集合中元素类型不统一而出现 ClassCastException 异常问题。

软件开发时，一般不直接使用 Collection 接口，而是使用它的子接口 List、Set 进行集合操作。

14.1.4 Iterator 接口

Iterator 是专门对集合进行迭代输出的接口,使用该接口提供的方法能非常便捷地遍历集合。

Iterator 接口只能从前向后遍历集合,如果需要从第一个元素开始遍历,则需要重新获得该接口的实例。能用该接口遍历的集合包括 List 和 Set。

【语法格式 14-2】 Iterator 接口的定义。

```
public interface Iterator<E>{ }
```

Iterator 接口的常用方法如下。

(1) public boolean hasNext(),测试集合中是否存在另一个可访问的元素。

(2) public E next(),返回要访问的下一个元素。如果达到集合尾,抛出 NoSuchElementException 异常。

(3) public void remove(),删除上次访问返回的对象,如果上次访问后的集合已经修改,将抛出 IllegalStateException 异常。

Iterator 接口没有子类,Collection 接口中的 iterator()方法取得该接口的实例。

【语法格式 14-3】 实例化 Iterator 接口。

```
Iterator<E> 对象名=Collection 接口对象名.iterator();
```

获得 Iterator 接口实例时,需要指定集合元素类型 E,并且 E 要与 Collection 接口对象的元素类型一致。例如,下面代码段第 1 行 HashSet 集合的元素类型是 Student,第 3 行迭代器接口的泛型类型也需要指定为 Student。

```
1    Set<Student>set=new HashSet<>();           //创建集合对象
2    set.add(new Student());                    //向集合增加元素
3    Iterator<Student>it=set.iterator();        //获得集合迭代器
```

 14.2 Set 接口

Set 接口

Set 集合如同一个"木桶",可以把对象"丢进"该木桶,该集合不能有相同元素,如果增加的新元素与集合中的元素相同,增加失败。Set 接口是 Collection 接口的子接口,它的子类包括 HashSet、TreeSet 和 SortedSet 等。

14.2.1 HashSet 类

HashSet 类实现了 Set 接口,该集合按照哈希算法存取集合中的对象,HashSet 集合是无序的,具有很好的存取和查找性能。

程序案例 14-1 演示了 HashSet 集合的简单应用,运行结果如图 14-3 所示,显示输出内容与增加的顺序不一致,说明 HashSet 是无序增加的。程序第 5 行创建指定参数类型为 String 的 HashSet 实例,表示该 Set 集合存储 String 对象;第 6~9 行向集合增加 4 个字符串,第 10 行增加的字符串与第 7 行相同,因此第 10 行的字符串"一丝不苟"并不会增加到 Set 集合中;第 11 行通过 iterator()方法获得 Set 的迭代器实例;第 12 行 while 语句遍历 Set

集合；第16行调用clear()方法删除集合的所有元素；第17行输出的集合元素个数为0。

```
Problems @ Javadoc  Console ×
<terminated> Demo1401 [Java Application] C:\Program Files\Java\jdk-
不负韶华
精益求精
笃行不怠
一丝不苟
清除之前集合元素个数: 4
清除之后集合元素个数: 0
```

图 14-3　程序案例 14-1 运行结果

【**程序案例 14-1**】　HashSet 类。

```
1   package chapter14;
2   import java.util.*;
3   public class Demo1401 {
4       public static void main(String[] args) {
5           Set<String> set=new HashSet<>();           //集合元素为 String 类型
6           set.add("精益求精");                         //增加元素
7           set.add("一丝不苟");
8           set.add("笃行不怠");
9           set.add("不负韶华");
10          set.add("一丝不苟");                         //增加相同字符串
11          Iterator<String> it=set.iterator();         //获得迭代器实例
12          while(it.hasNext()) {                       //遍历集合
13              System.out.println(it.next());
14          }
15          System.out.println("清除之前集合元素个数:"+set.size());
                                                        //输出集合元素个数
16          set.clear();                                //删除集合所有元素
17          System.out.println("清除之后集合元素个数:"+set.size());
                                                        //输出集合元素个数
18      }
19  }
```

不能向 Set 集合增加相同元素，程序案例 14-1 第 10 行增加集合中已有字符串失败。Java 语言如何判断集合中已存在新增元素？

下面代码段，第3、4行向集合 Set 增加了内容相同的 Person 对象，运行结果出现了两个"猪八戒"（见图 14-4），说明增加成功。

```
1   Set<Person> set=new HashSet<>();
2   set.add(new Person("孙悟空",22));
3   set.add(new Person("猪八戒",19));
4   set.add(new Person("猪八戒",19));
5   Iterator<Person> it=set.iterator();        //获得迭代器
6   while(it.hasNext()) {                      //遍历集合
7       System.out.println(it.next());
8   }
```

为什么能成功增加？与 Java 语言判断两个对象是否相同的机制有关。Java 语言用 Object 的 hashCode()和 equals()方法判断两个对象是否相同。对于 HashSet 集合，add()

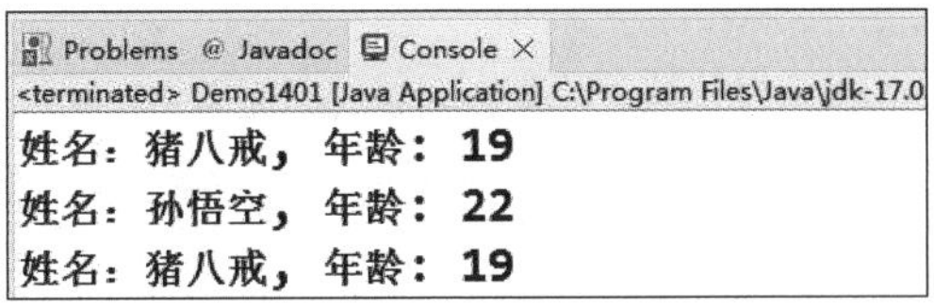

图 14-4 上面代码段运行结果

方法向集合增加对象前调用 hashCode()方法获得对象哈希码来确定对象保存的位置,默认情况下对象的哈希码为对象的引用;equals()方法默认情况下判断两个对象的引用是否相等。当使用 add()方法向集合加入元素时,首先测试新元素的哈希码是否与集合中已有元素的哈希码相同,如果不同,调用 equal()方法测试新元素是否与集合中的某个元素相同,如果不同增加成功,否则增加不成功。

为解决上述问题,定义 Person 类覆写 hashCode()和 equals()方法。

程序案例 14-2 演示了 HashSet 保存不同对象。定义 Person 类覆写 hashCode()和 equals()方法。第 10、15 行,由 Eclipse 自动生成 hashCode()方法和 equals()方法;第 22 行创建 HashSet 集合 group,并指定元素类型 Person 对象;第 24~33 行创建 Person 对象并加入 group 集合;第 34 行向 group 集合增加 zbj2,与第 25 行 zbj 对象的 name 和 age 一样,不能把 zbj2 加入集合 group;第 37 行使用 foreach 语句遍历集合 group;第 41 行使用迭代器遍历集合 group。程序运行结果如图 14-5 所示。

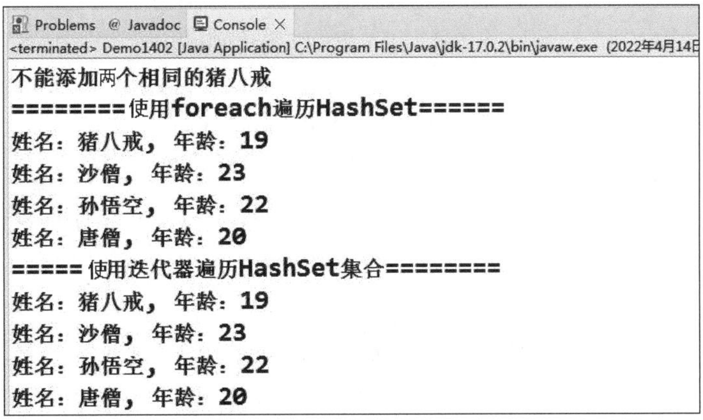

图 14-5 程序案例 14-2 运行结果

【程序案例 14-2】 HashSet 保存不同对象。

```
1    package chapter14;
2    import java.util.*;
3    class Person{
4        //省略数据成员 name 和 age
5        //省略构造方法
6        //省略 setter 和 getter 方法
7        //省略覆写 toString()方法
8        //覆写 hashCode()方法,在 HashSet 算法中利用对象哈希码确定对象的存储位置
9        @Override
```

```java
10      public int hashCode() {                         //Eclipse 自动生成
11          //省略方法体
12      }
13      //覆写 equals()方法,保证 HashSet 集合中元素内容不重复
14      @Override
15      public boolean equals(Object obj) {             //Eclipse 自动生成
16          //省略方法体
17      }
18  }
19  public class Demo1402 {
20      public static void main(String[] args) {
21          //创建 HashSet 对象,指定泛型类型 Person,表示该集合中存储 Person 对象
22          Set<Person> group=new HashSet<>();
23          //创建 Person 对象
24          Person swk=new Person("孙悟空",22);
25          Person zbj=new Person("猪八戒",19);
26          Person ts=new Person("唐僧",20);
27          Person ss=new Person("沙僧",23);
28          //第二个猪八戒与第一个一样,不能加入 HashSet 集合
29          Person zbj2=new Person("猪八戒",19);
30          group.add(swk);
31          group.add(ts);
32          group.add(zbj);
33          group.add(ss);
34          if(!group.add(zbj2))                        //与第 25 行的 zbj 是同一个人,添加失败
35              System.out.println("不能添加两个相同的猪八戒");
36          System.out.println("===使用 foreach 遍历 HashSet====");
37          for(Person per:group)
38              System.out.println(per);
39          System.out.println("==使用迭代器遍历 HashSet 集合====");
40          Iterator<Person> iterator=group.iterator(); //取得集合的迭代器
41          while(iterator.hasNext()) {                 //使用迭代器遍历集合
42              Person current=iterator.next();
43              System.out.println(current);
44          }
45      }
46  }
```

hashCode()方法取得哈希码是每个对象的唯一编码,相当于唯一的身份证号;equals()方法判断两个对象的内容是否相同,相当于比较两个身份证的信息(如姓名、性别等)是否一样,如图 14-6 所示。如果两人的身份证号一样(哈希码),则这两个人是同一个人,否则比较两个人的姓名和性别等信息(即采用 equals()方法比较)。

对 HashSet 集合的操作除了增加元素、遍历集合等基本操作外,还有如 remove()方法删除集合中的元素、toArray()方法把集合转换成对象数组等常用操作。

图 14-6 比较两人方式

下面代码段,第 6 行删除元素,第 7 行把集合转换成数组。

```
1   Set<Person> group=new HashSet<>();
2   group.add(new Person("孙悟空",22));
3   group.add(new Person("猪八戒",19));
4   group.add(new Person("唐僧",20));
5   group.add(new Person("沙僧",23));
6   group.remove(new Person("猪八戒",19));      //删除元素
7   Object[] list=group.toArray();              //把集合转换为数组
8   for(Object obj:list) {
9       System.out.println(obj);
10  }
```

HashSet 按照哈希码把对象加入集合,因此集合中的元素是无序的。如果要实现加入的元素对象有序,使用 SortedSet 接口的 TreeSet 类。

14.2.2 TreeSet 类

有序是提高查找效率的基础,排序是软件系统的一个重要基础功能。例如,按照学生年龄从大到小输出学生信息,按照 GDP 从高到低输出国家信息等。HashSet 集合是无序的,Java 语言提供了对 Set 集合进行排序的子接口 SortedSet,TreeSet 类是 SortedSet 接口的子类,TreeSet 类实现了按照指定的比较规则使添加到集合中的对象有序。

【语法格式 14-4】 TreeSet 类的定义。

```
public class TreeSet<E> extends AbstractSet<E> implements SortedSet<E>,
Cloneable,Serializable{}
```

TreeSet 类实现 SortedSet 接口,并继承 AbstractSet 抽象类。

【语法格式 14-5】 AbstractSet 抽象类的定义。

```
public abstract class AbstractSet<E> extends AbstractCollection<E> implements
Set<E>{}
```

TreeSet 集合中的元素有序存放,向 TreeSet 集合加入对象时,该对象的类必须制定比较规则,否则出现编译错误。相当于人之间的比较,先要制定比较规则,如可以按照姓名比较,也可以按照年龄比较。

第 12 章学习了比较接口 Comparable 指定两个对象的比较规则。实现 TreeSet 集合中的对象有序存放,对象的类要实现该接口。

程序案例 14-3 演示了 TreeSet 集合的应用。第 4 行定义 Person 类实现 Comparable 接口,按照 age 从大到小降序对 TreeSet 集合中的 Person 对象排序;第 34 行 group.contains(new Person("孙悟空",21))方法判断集合 group 中是否包含孙悟空对象,第 23 行向集合增加了 name=孙悟空、age=21 的 Person 对象,通过 Person 类的 equals()方法返回 true。程序运行结果如图 14-7 所示。运行结果显示按照年龄从大到小排序输出集合元素。

【程序案例 14-3】 Comparable 接口实现 TreeSet 排序。

```
1   package chapter14;
2   import java.util.*;
3   //实现自然排序接口 Comparable,指定泛型 Person,表示比较对象是 Person 对象
```

```java
4   class Person implements Comparable<Person> {
5       //省略数据成员 name 和 age
6       //省略构造方法
7       //省略 setter 和 getter 方法
8       //省略覆写 toString()方法、hashCode()方法和 equals()方法
9       @Override
10      public int compareTo(Person arg0) {     //覆写接口 Comparable 比较方法
11          Person per = (Person) arg0;
12          //年龄从大到小降序排序
13          if (this.age < per.age)     //当前 age 比 TreeSet 中的 age 小,保存在左子树
14              return 1;
15          else if (this.age > per.age)    //当前 age 比 TreeSet 中的 age 大,保存
                                            //在右子树
16              return -1;
17          return 0;
18      }
19  }
20  public class Demo1403 {
21      public static void main(String[] args) {
22          Set<Person> group = new TreeSet<>();    //创建 TreeSet 对象
23          group.add(new Person("孙悟空", 21));
24          group.add(new Person("唐僧", 20));
25          group.add(new Person("猪八戒", 19));
26          group.add(new Person("沙僧", 23));
27          Iterator<Person> iterator = group.iterator();       //获得迭代器
28          System.out.println("======使用迭代器遍历 TreeSet===========");
29          while (iterator.hasNext()) {
30              Person current = iterator.next();
                                //把迭代器指向的当前元素赋给 current
31              System.out.println(current);
32          }
33          //判断 TreeSet 集合中是否有姓名孙悟空、年龄 21 岁的人
34          System.out.println(group.contains(new Person("孙悟空", 21)));
35      }
36  }
```

```
======使用迭代器遍历TreeSet===========
姓名:   沙僧      年龄: 23
姓名:   孙悟空    年龄: 21
姓名:   唐僧      年龄: 20
姓名:   猪八戒    年龄: 19
true
```

图 14-7 程序案例 14-3 运行结果

刨根究底是必备的科学探索之道,鲁班刨根究底发明了锯子。上面程序验证了 TreeSet 集合实现了对 Set 集合的排序,TreeSet 集合如何实现排序呢？TreeSet 集合底层是红黑树(自平衡二叉查找树)。如果一个类没有实现 Comparable 接口就将对象存入 TreeSet 集合,TreeSet 集合无序。

如果定义类时没有实现比较接口 Comparable，但后来要用 TreeSet 集合保存该类对象。针对这种情况，Java 语言提供了补救措施，创建 TreeSet 对象时可以指定一个自定义比较器，该比较器实现 Comparator 接口。TreeSet 集合将按照 Comparator 中的 compare()方法排序。

程序案例 14-4 演示了使用 Comparator 接口实现 TreeSet 集合排序。自定义类 Person 没有实现 Comparable 接口。第 10 行自定义比较器 PersonComparator 实现定制比较接口 Comparator；第 26 行创建自定义比较器对象；第 27 行创建 TreeSet 对象时指定比较器，向 TreeSet 集合加入对象时，调用该比较器进行排序。程序运行结果如图 14-8 所示。

```
======使用迭代器遍历TreeSet============
姓名：  沙僧       年龄：23
姓名：  孙悟空     年龄：21
姓名：  唐僧       年龄：20
姓名：  猪八戒     年龄：19
```

图 14-8　程序案例 14-4 运行结果

【**程序案例 14-4**】　Comparator 接口实现 TreeSet 集合排序。

```
1   package chapter14;
2   import java.util.*;
3   class Person {                              //Person类，没有实现 Comparable 接口
4       //省略数据成员 name 和 age
5       //省略构造方法
6       //省略 setter 和 getter 方法
7       //省略覆写 toString()方法、hashCode()方法和 equals()方法
8   }
9   //自定义比较器，对 Person 对象之间的年龄进行比较，实现从大到小排序
10  class PersonComparator implements Comparator<Person> {
11      @Override
12      public int compare(Person arg0, Person arg1) {
13          //省略对参数的判断
14          Person per1 = arg0;
15          Person per2 = arg1;
16          if (per1.getAge() < per2.getAge())
                                        //左边对象的年龄小，放在二叉树的右子树
17              return  1;
18          else if (per1.getAge() > per2.getAge())
                                        //左边对象的年龄大，放在二叉树的左子树
19              return -1;
20          return 0;
21      }
22  }
23  public class Demo1404 {
24      public static void main(String[] args) {
25          //比较规则是自定义的 Comparator 接口的子类对象
26          PersonComparator myCom = new PersonComparator();   //自定义比较器对象
27          Set<Person> group = new TreeSet<>(myCom);
                                        //创建 TreeSet 对象同时指定比较器
```

```
28        group.add(new Person("孙悟空", 21));
29        group.add(new Person("唐僧", 20));
30        group.add(new Person("猪八戒", 19));
31        group.add(new Person("沙僧", 23));
32        Iterator<Person> iterator = group.iterator();    //获得迭代器
33        System.out.println("======使用迭代器遍历TreeSet===========");
34        while (iterator.hasNext()) {
35            Person current = iterator.next();
                                        //把迭代器指向的当前元素赋给current
36            System.out.println(current);
37        }
38    }
```

Java语言的包装类和String类实现了自然排序接口Comparable,向TreeSet集合加入这些对象时将自动排序。例如下面代码段,TreeSet集合保存Double对象,输出结果从小到大排序。

```
1    Set<Double> list=new TreeSet<>();
2    list.add(2.5);
3    list.add(6.8);
4    list.add(1.7);
5    for(Double d:list)
6        System.out.println(d);
```

为了达到Set集合中的元素不重复的目的,自定义类要覆写hashCode()和equals()方法。为了使TreeSet集合中的元素有序,第一种方式,定义类时实现Comparable接口自然排序;第二种方式,自定义比较器实现Comparator接口,创建TreeSet对象时指定比较器对象实现定制排序。

14.3 List 接 口

HashSet<E>集合按照哈希算法存放元素,它的优点是查找效率高,缺点是不能保存相同对象,也不能获得指定位置的元素。

List<E>接口是Collections<E>接口的子接口,主要特征是加入集合的对象以线性方式存储,即按照对象加入集合的顺序存放,并允许存放相同对象。该接口有ArrayList、LinkedList和Vector等子类。

List接口除了继承Collection接口的方法外,还扩展了很多新方法。

(1) public void add(int index, E element),在指定位置增加元素。

(2) public boolean addAll(int index, Collection<? extends E>c),在指定位置增加一组元素。

(3) E get(int index),返回指定位置的元素。

(4) public int indexOf(Object o),返回指定元素的位置。

(5) public int lastIndexOf(Object o),从后向前查找指定元素的位置。

(6) public ListIterator<E> listIterator(),获得ListIterator接口的实例。

(7) public E remove(int index),删除指定位置的元素。

(8) public List<E> subList(int fromIndex,int toIndex)，获得子集。
(9) public E set(int index,E element)，修改指定位置的元素。
利用 List 接口扩充的方法，能实现在指定位置增加元素、返回指定位置元素、替换指定位置的元素等灵活操作。

14.3.1 ArrayList 类

ArrayList<E>类实现了 List<E>接口，采用顺序存储结构，加入的对象按照先后顺序保存，提供快速的基于索引的访问元素机制，较好支持对尾部元素的增加和删除操作。

下面代码段，首先创建 ArrayList 对象，然后使用 add()方法增加元素、set()方法修改指定位置的元素、get 方法获得指定位置的元素、remove 删除指定位置的元素。与数组下标索引一样，ArrayList 的位置索引从 0 开始。

```
1   List<String>  list=new ArrayList<>();      //ArrayList 集合保存 String 对象
2   list.add("孙悟空");                          //向集合增加元素
3   list.add("猪八戒");
4   list.add("沙僧");
5   list.add("唐僧");
6   list.set(1, "净坛使者");                     //修改 index=1 位置的元素
7   String name=list.get(2);                    //获得 index=2 位置的元素
8   list.remove(2);                             //删除 index=2 位置的元素
9   for(String str:list)                        //foreach 语句遍历 list
10      System.out.println(str);
```

程序案例 14-5 演示了 ArrayList 类的主要常用方法。第 11 行创建 ArrayList 对象；第 12 行 add()方法增加元素；第 16 行 get()方法获得指定位置的元素；第 17 行 set()方法修改指定位置的元素；第 20 行使用 Iterator 迭代器遍历集合；第 25 行在遍历过程中删除某元素；第 28 行使用 foreach 遍历集合，这种方式不能修改集合。程序运行结果如图 14-9 所示，ArrayList 集合按照加入次序保存元素。

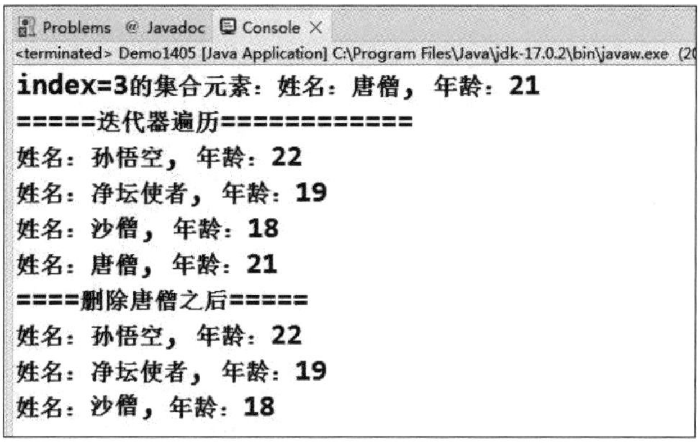

图 14-9　程序案例 14-5 运行结果

【程序案例 14-5】　ArrayList 类。

```
1   package chapter14;
2   import java.util.*;
```

```
3   class Person {
4       //省略数据成员 name 和 age
5       //省略构造方法
6       //省略 setter 和 getter 方法
7       //省略覆写 toString()方法、hashCode()方法和 equals()方法
8   }
9   public abstract class Demo1405 {
10      public static void main(String[] args) {
11          List<Person> west = new ArrayList<>();          //创建 ArrayList 对象
12          west.add(new Person("孙悟空", 22));              //集合增加元素
13          west.add(new Person("猪八戒", 19));
14          west.add(new Person("沙僧", 18));
15          west.add(new Person("唐僧", 21));
16          System.out.println("index=3时的集合元素:" + west.get(3));
                                                            //获得指定位置元素
17          west.set(1, new Person("净坛使者", 19));         //修改指定位置元素
18          Iterator<Person> iterator = west.iterator();    //取得集合迭代器
19          System.out.println("=====迭代器遍历===========");
20          while (iterator.hasNext()) {
21              Person current = iterator.next();
22              System.out.println(current);
23              Person ts = new Person("唐僧", 21);
24              if (current.equals(ts))                     //删除唐僧,需要覆写 equals()方法
25                  iterator.remove();
26          }
27          System.out.println("====删除唐僧之后=====");
28          for (Person per : west) {
29              System.out.println(per);
30          }
31      }
32  }
```

Iterator 迭代器的 hasNext()方法判断集合是否存在下一个元素,next()方法取出下一个元素。Iterator 迭代器遍历集合过程如图 14-10 所示。

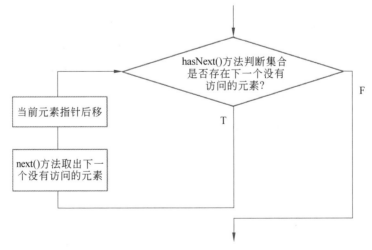

图 14-10 Iterator 接口遍历集合过程

Iterator 接口遍历集合之后,其元素指针位置在集合尾部。如果再次遍历集合,需要重新取得迭代器实例,使 Iterator 的元素指针位于集合头部。

下面代码段,第 7 行获得迭代器实例,第 8 行遍历集合,第 10 行第二次用原有迭代器遍历集合失败。

```
1    List<String>  list=new ArrayList<>();
2    list.add("沈括");
3    list.add("郦道元");
4    list.add("徐光启");
5    list.add("束星北");
6    list.set(1, "善长");
7    Iterator<String> it=list.iterator();//获得迭代器实例
8    while(it.hasNext())
9        System.out.println(it.next());
10   while(it.hasNext())                  //第二次遍历集合失败,需要重新获得迭代器
11       System.out.println(it.next());
```

Iterator 接口只能从前向后遍历集合,如果需要从后向前遍历集合并且在遍历过程中实现增加、删除以及替换操作,应使用 ListIterator<E>接口。

14.3.2 ListIterator 接口

Iterator<E>接口的子接口 ListIterator<E>不仅能进行从前向后遍历,而且还能进行从后向前遍历,同时在遍历集合过程中能操作集合,如增加、删除、修改元素等。

ListIterator<E>接口在 Iterator<E>接口的基础上增加了很多方法,ListIterator 接口的常用方法如下。

(1) public void add(E o),向集合增加一个元素。

(2) public boolean hasPrevious(),从后向前遍历时,测试是否存在前一个元素。

(3) public int nextIndex(),返回下一个元素的索引号。

(4) public E previous(),从后向前遍历时,获得前一个元素。

(5) public void remove(),删除当前元素。

(6) public int previousIndex(),从后向前遍历时,返回前一个元素的索引号。

(7) public void set(E o),修改当前元素。

图 14-2 集合框架显示 List 和 Set 接口的子类能获得 Iterator 接口的实例,但是,仅 List 接口的子类能获得 ListIterator 接口的实例,即 ListIterator 接口仅能遍历 List 集合,不能遍历 Set 集合。

程序案例 14-6 演示了 ListIterator 接口的应用。第 11 行获得 ArrayList 集合的迭代器,参数 list.size()表示迭代器的元素指针在文件尾;第 13 行 hasPrevious()方法测试是否存在一个没有访问的前向元素,方法 previous()获得前向元素;第 13 行循环语句结束后,迭代器指针在集合头部,第 16 行从集合头部开始遍历集合。程序运行结果如图 14-11 所示。

【程序案例 14-6】 ListIterator 接口。

```
1    package chapter14;
2    import java.util.*;
```

```
3   public class Demo1406 {
4       public static void main(String[] args) {
5           List<String> list = new ArrayList<>();
6           list.add("沈括");
7           list.add("郦道元");
8           list.add("徐光启");
9           list.add("束星北");
10          list.set(1, "善长");
11          ListIterator<String> it = list.listIterator(list.size());
                                                       //获得列表迭代器,位置指针在文件尾
12          System.out.println("===从后向前遍历===");
13          while (it.hasPrevious())                   //从后向前遍历
14              System.out.println(it.previous());
15          System.out.println("===从前向后遍历===");
16          while (it.hasNext())                       //从前向后遍历
17              System.out.println(it.next());
18      }
19  }
```

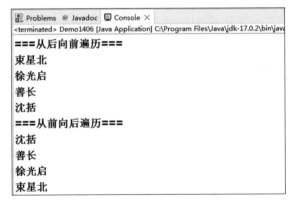

图 14-11 程序案例 14-6 运行结果

ListIterator 接口遍历 List 集合时,ListIterator 接口存在一个指针指向 List 集合的某个位置,然后从某个位置向前或者向后遍历,因此利用 ListIterator 迭代器之前需要知道这个指针的位置(见图 14-12)。

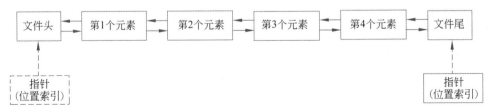

图 14-12 ListIterator 遍历集合示意图

程序案例 14-6 第 11 行使迭代器的位置指针位于文件尾;第 13 行循环语句结束后,位置指针在文件头；第 16 行从文件头向后遍历集合。

14.3.3 LinkedList 类

LinkedList<E>类是 List<E>类的另一个常用子类，该类采用链式存储结构，LinkedList<E>类在 List<E>类的基础上进行扩展，提供其他方法支持堆栈、队列和双向队列操作。

LinkedList 操作链表的主要方法如下。

（1）public void addFirst(E o)，在链表开头增加元素。
（2）public void addLast(E o)，在链表结尾增加元素。
（3）public E removeFirst()，删除链表的第一个元素。
（4）public E removeLast()，删除链表的最后一个元素。

程序案例 14-7 演示了 LinkedList 类常用方法。第 11 行创建 LinkedList 的实例对象，第 14 行在链表头部增加元素，第 15 行在第 2 个位置增加元素，第 16 行删除第 1 个位置的元素，第 17 行 peek()方法获得表头元素，第 18 行 poll()方法获得表头元素同时删除该元素，第 19 行获得最后一个元素。程序运行结果如图 14-13 所示。

```
Problems  @ Javadoc  Console ×
<terminated> Demo1407 [Java Application] C:\Program Files\Java\jdk-1
==迭代器从前向后遍历==
姓名：唐僧，年龄：21
姓名：猪八戒，年龄：19
==for语句从后向前遍历==
姓名：猪八戒，年龄：19
姓名：唐僧，年龄：21
```

图 14-13　程序案例 14-7 运行结果

【程序案例 14-7】　LinkedList 类。

```
1   package chapter14;
2   import java.util.*;
3   class Person {
4       //省略数据成员 name 和 age
5       //省略构造方法、setter 和 getter 方法，以及覆写 toString()方法、hashCode()方法
        //和 equals()方法
6   }
7   public class Demo1407 {
8       public static void main(String[] args) {
9           //这种方式不能使用 LinkedList 扩展方法，建议使用下面的方式
10          //List<Person> list=new LinkedList<>();
11          LinkedList<Person> list = new LinkedList<>();
                                                            //创建 LinkedList 实例对象
12          list.add(new Person("孙悟空", 22));              //依次增加元素
13          list.add(new Person("猪八戒", 19));
14          list.addFirst(new Person("沙僧", 18));
15          list.add(2, new Person("唐僧", 21));
16          list.remove(1);                                 //删除 index=1 的元素
17          Person perHead1 = list.peek();                  //获得表头元素，不删除该元素
```

```
18      Person perHead2 = list.poll();           //获得表头元素,同时删除该元素
19      Person per = list.getLast();             //获得最后一个元素
20      Iterator it = list.listIterator();       //获得迭代器实例
21      System.out.println("==迭代器从前向后遍历==");
22      while (it.hasNext())                     //迭代器遍历
23          System.out.println(it.next());
24      System.out.println("==for 语句从后向前遍历==");
25      for (int i = list.size() - 1; i >= 0; i--)   //for 语句从后向前遍历
26          System.out.println(list.get(i));
27  }
28 }
```

ArrayList 类采用顺序存储结构,LinkedList 类采用链式存储结构。此外,Java 语言还提供对队列和栈的支持,Queue 接口实现队列的先进先出操作,Stack 类实现栈的先进后出操作。

14.3.4 Queue 接口

LinkedList 类的定义如下,该类实现了 List<E>接口,也实现了 Deque<E>接口,Deque<E>接口是 Queue<E>接口的子接口。

```
public class LinkedList<E>    extends AbstractSequentialList<E> implements List
<E>, Deque<E>, Cloneable, java.io.Serializable
```

Queue<E>接口定义队列的先进先出操作,该接口的主要方法如下。

(1) public void add(),向队列尾部增加元素。

(2) public E element(),返回队列头部元素,但不删除该元素。

(3) public boolean offer(E o),将元素加入队列尾部,当使用有容量限制的队列时,该方法比 add()方法效率更高。

(4) public E peek(),返回队列头部元素,但不删除该元素。

(5) public E peekLast(),返回队列尾部元素,但不删除该元素。

(6) public E poll(),返回队列头部元素,同时删除该元素。

Queue 接口的实现类是 LinkedList,因此利用 LinkedList 能完成队列操作。

程序案例 14-8 演示了 Queue 接口的主要操作。第 6 行 add()方法在队尾增加元素,第 10 行 element()方法获得队首元素,第 11 行 peekLast()获得队尾元素,第 14 行 poll()方法出队操作。程序运行结果如图 14-14 所示。

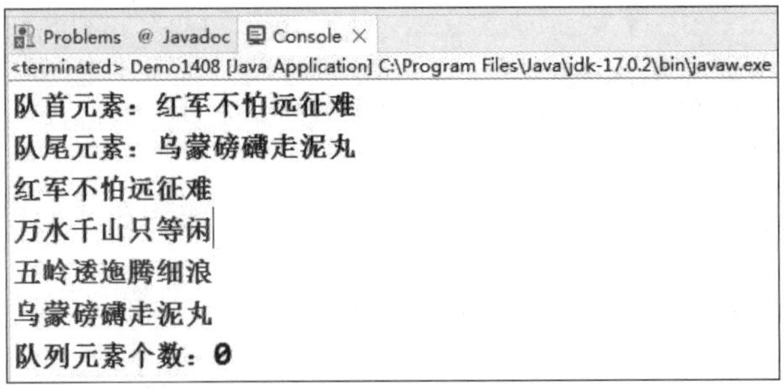

图 14-14 程序案例 14-8 运行结果

【程序案例 14-8】 Queue 接口。

```
1   package chapter14;
2   import java.util.*;
3   public class Demo1408 {
4       public static void main(String[] args) {
5           LinkedList<String> queue=new LinkedList<>();
6           queue.add("红军不怕远征难");                              //队尾增加元素
7           queue.add("万水千山只等闲");
8           queue.add("五岭逶迤腾细浪");
9           queue.add("乌蒙磅礴走泥丸");
10          System.out.println("队首元素:"+queue.element());         //获得队首元素
11          System.out.println("队尾元素:"+queue.peekLast());        //获得队尾元素
12          Iterator<String> it=queue.iterator();
13          while(it.hasNext()) {
14              String str=queue.poll();          //出队,获得队列头部元素,并删除该元素
15              System.out.println(str);
16          }
17          System.out.println("队列元素个数:"+queue.size());
18      }
19  }
```

14.3.5 Stack 类

Queue 类表示先进先出的队列,而 Stack ＜E＞类表示后进先出(LIFO)的堆栈,该类是 Vector＜E＞类的子类,它提供入栈 push()、出栈 pop()、取栈顶 peek()、判断栈空 empty() 等方法。

(1) lic boolean isEmpty(),测试堆栈是否为空。

(2) public E peek(),获得堆栈顶部元素,但不删除。

(3) public E pop(),出栈,返回栈顶元素,并删除它。

(4) public void push(Element e),入栈,元素压入堆栈顶部。

程序案例 14-9 演示了堆栈 Stack 类的主要方法。程序第 5 行创建 Stack 对象,第 6～9 行 push()方法使字符串入栈,第 11 行 pop()方法使元素出栈并删除栈顶元素,所有元素出栈后,第 12 行 size()方法返回堆栈的元素个数为 0。程序运行结果如图 14-15 所示。

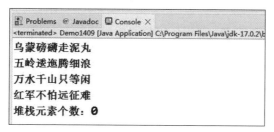

图 14-15 程序案例 14-9 运行结果

【程序案例 14-9】 Stack 类。

```
1   package chapter14;
2   import java.util.*;
```

```
3    public class Demo1409 {
4        public static void main(String[] args) {
5            Stack<String> stack=new Stack<>();
6            stack.push("红军不怕远征难");           //入栈
7            stack.push("万水千山只等闲");           //入栈
8            stack.push("五岭逶迤腾细浪");           //入栈
9            stack.push("乌蒙磅礴走泥丸");           //入栈
10           while(!stack.isEmpty())
11               System.out.println(stack.pop());   //出栈
12           System.out.println("堆栈元素个数:"+stack.size());
13       }
14   }
```

数组、链表、栈和队列是数据结构的重要内容,有着广泛的实际应用,Java 语言有相应的 API 支持这些结构,请读者务必掌握这些知识。

14.4 Map 接口

14.4.1 Map 简介

Set 和 List 集合中的每个元素都是一个单值对象,这种特征的集合不能满足某些实际应用,如图 14-16 所示的文学作品与作者的对应关系,该文件内容分两部分,等号左边是键,等号右边是值,例如,劝学= 颜真卿,劝学表示键,颜真卿表示值。Set 和 List 集合存储这样的信息很不方便,Java 语言设计了 Map<K,V>接口处理包含键和值的偶对元素的情况。

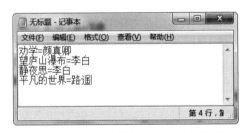

图 14-16　文学作品与作者的对应关系

Map 是一种键对象和值对象具有映射关系的集合,它的每个元素包含一对键对象和值对象,向 Map 集合加入元素时,必须提供一对键对象和值对象。Map 集合 key 和 value 之间的模型如图 14-17 所示,key 和 value 可以是基本类型,也可以是引用类型。key 和 value 之间存在单向一对一关系,即通过 key 总能找到唯一的、确定的 value。Map 集合提供了取出所有 key-value 关系的方法,也提供了单独取出所有 key 或者 value 组成的集合。

【语法格式 14-6】　Map 接口的定义。

```
public interface Map<K,V>{}
```

Map<K,V>与 List<E>是不同的类体系(见图 14-18)。Map<K,V>是泛型接口,K 表示键类型(key),V 表示值类型(value),向 Map 集合加入元素时,必须同时指定 K 和 V。Map 接口提供了如下方法。

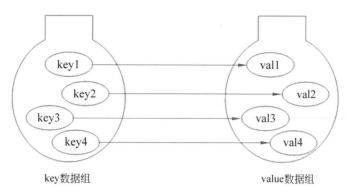

图 14-17 Map 集合 key-value 关系

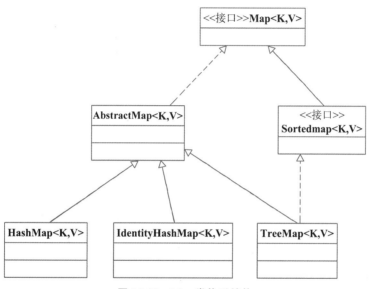

图 14-18 Map 类体系结构

(1) public V put(K key,V value),向集合中加入键-值对元素。
(2) public V remove(Object key),根据 key 删除一个键-值对元素。
(3) public void putAll(Map t),把 Map 集合 t 的所有元素加入当前集合。
(4) public void clear(),清空集合。
(5) public V get (Object key),根据 key 取得 value。
(6) public boolean containsKey(Object key),测试集合中是否存在 key。
(7) public boolean containsValue(Object value),测试集合中是否存在 value。
(8) public int size(),返回集合的元素个数。
(9) public boolean isEmpty(),测试集合是否为空。
(10) public Set<K> keySet(),取得所有的 key,返回 Set 集合。
(11) public Collection<V> values(),返回 value 元素组成的集合。
(12) public Set<Map.Entry<K,V>> entrySet(),将 Map 对象转换为 Set 集合。

14.4.2 Map.Entry 接口

Map.Entry<K,V>是 Map 的内部接口,用来保存键-值对。

【语法格式 14-7】 Map.Entry 接口的定义。

```
public static interface Map.Entry<K,V>{}
```

因为 Map.Entry 是一个内部接口(内部接口都是静态的),因此可以使用"外部类.内部类"的形式直接引用。该接口的主要方法如下。

(1) public K getKey(),取出键-值对的 key。
(2) public V getValue(),取出键-值对的 value。
(3) public V setValue(V value),修改键-值对的 value,返回旧 value。

14.4.3 HashMap 类

HashMap 是 Map 的子类,通过计算键对象的哈希码(hasCode())保存键对象,该集合没有排序,key 值不能重复(通过 key 对象的 equals()方法测试是否存在重复),若 key 值存在重复,则最后一次增加的对象将覆盖原来的对象。

程序案例 14-10 演示了 HashMap 集合的基本应用。第 6 行创建 HashMap 对象,key 和 value 都是 String 类型;第 7~11 行 put()方法向 Map 集合增加键-值对元素,第 11 行的 key 与第 10 行的 key 相同,第 11 行覆盖第 10 行的键-值对;第 12 行使用 keySet()方法返回 Map 集合所有 key,构成新的集合 keys;第 14 行遍历 keys 集合时用 get(key)方法取得与 key 对应的 value。程序运行结果如图 14-19 所示。

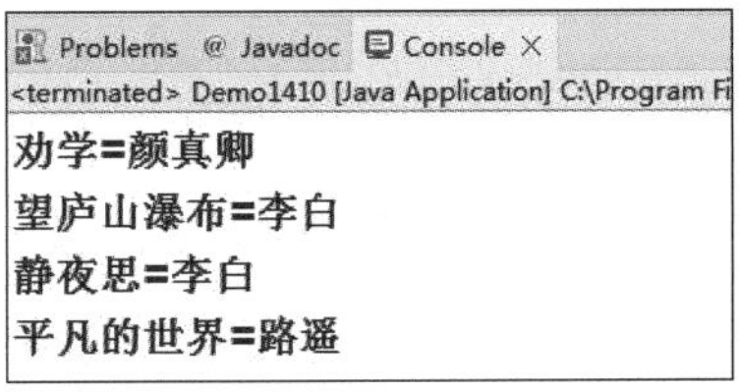

图 14-19 程序案例 14-10 运行结果

【程序案例 14-10】 HashMap 集合。

```
1   package chapter14;
2   import java.util.*;
3   public class Demo1410 {
4       public static void main(String[] args) {
5           //创建 HashMap 对象,Key 和 value 都是 String 类型
6           Map<String,String> map=new HashMap<String,String>();
7           map.put("静夜思", "李白");              //增加键-值对
8           map.put("望庐山瀑布", "李白");          //增加键-值对
9           map.put("平凡的世界", "路遥");          //增加键-值对
10          map.put("劝学", "xyz");                //增加键-值对
11          map.put("劝学", "颜真卿");             //该键-值对的 key 与上面的 key 相同,覆盖上面
12          Set<String> keys=map.keySet();         //返回 Map 集合所有 key,构成新的集合
13          for(String key:keys)                   //遍历 key 的集合
14              System.out.println(key+"="+map.get(key));   //根据 key 取得 value
15      }
16  }
```

该程序运行后的 Map 集合如图 14-20 所示。程序第 12 行 map.keySet()方法返回的 key 集合({静夜思,望庐山瀑布,平凡的世界,劝学}),第 14 行的 map.get(key)分别取得与

key 对应的 value，例如 map.get("静夜思")返回李白。

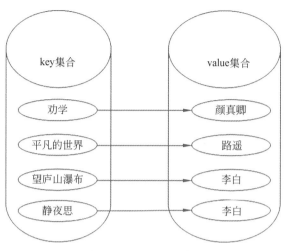

图 14-20　Map 集合

对 Map 集合进行操作时，经常需要分别取得 key 和 value 的集合信息，也需要取得键-值对的条目信息。

下面代码段分别取得 key 集合、value 集合和键-值对信息。第 8 行 keySet()方法返回所有 key 组成的集合，第 9 行 map.values()方法返回所有 value 组成的集合，第 10 行 map.entrySet()方法返回所有条目（键-值对）组成的集合，第 11 行输出条目（键-值）对集合，第 14 行输出 key 集合，第 17 行输出 value 集合。

```
1    //创建 HashMap 对象，key 和 value 都是 String 类型
2    Map<String, String> map = new HashMap<String, String>();
3    map.put("静夜思", "李白");                          //增加键-值对
4    map.put("望庐山瀑布", "李白");                      //增加键-值对
5    map.put("平凡的世界", "路遥");                      //增加键-值对
6    map.put("劝学", "xyz");                            //增加键-值对
7    map.put("劝学", "颜真卿");         //该键-值对的 key 与上面的 key 相同，覆盖上面
8    Set<String> keys = map.keySet();                  //所有 key 组成 Set 集合
9    Collection<String> values=map.values();           //所有 value 组成 Collection 集合
10   Set<Map.Entry<String, String>> set=map.entrySet();    //返回条目信息
11   for(Map.Entry<String, String> en:set)
12       System.out.print(en+"\t");                    //输出所有条目
13   System.out.println();
14   for(String key:keys)                              //输出所有 key
15       System.out.print(key+"\t");
16   System.out.println();
17   for(String value:values)                          //输出所有 value
18       System.out.print(value+"\t");
```

实际应用往往非常复杂，存在各种需求。优秀的软件分析员不仅能获取用户的表面需求，更要挖掘用户的潜在需求。

关于 Map 集合，除了基本操作（如增加、遍历），查找也比较常见。例如查找 key 或者 value，需要使用 containsKey()方法和 containsValue()方法。containsKey()方法在 key 集合中查找指定的 key，containsValue()方法在 value 集合中查找指定的 value。

下面代码段,第 7 行 map.containsKey("平凡的世界")方法测试 Map 的 key 集合是否存在平凡的世界,第 8 行 map.containsValue("刘慈欣")方法测试 Map 的 value 集合是否存在刘慈欣。

```
1  //创建 HashMap 对象,key 和 value 都是 String 类型
2  Map<String, String> map = new HashMap<String, String>();
3  map.put("静夜思","李白");                        //增加键-值对
4  map.put("望庐山瀑布","李白");
5  map.put("平凡的世界","路遥");
6  map.put("劝学","颜真卿");
7  boolean flag1=map.containsKey("平凡的世界");
8  boolean flag2=map.containsValue("刘慈欣");
9  System.out.println(flag1+"   "+flag2);
```

表 14-2 列出了身份证号与人之间的对应关系,可以使用 HashMap 集合保存这种对应关系,然后输出它们。key 是身份证号,value 是 Person 对象。

表 14-2 身份证号与人之间的对应关系

序号	身份证号	人	
		姓名	年龄
1	430001	孙悟空	21
2	430002	猪八戒	28
3	430003	沙僧	17
4	430004	唐僧	18

程序案例 14-11 演示了 HashMap 集合的应用。第 3 行定义 Person 类,第 11 行 Map 集合的第一个类型参数 String 保存身份证号,第二个类型参数 Person 保存与身份证号对应的 Person 对象。程序运行结果如图 14-21 所示。

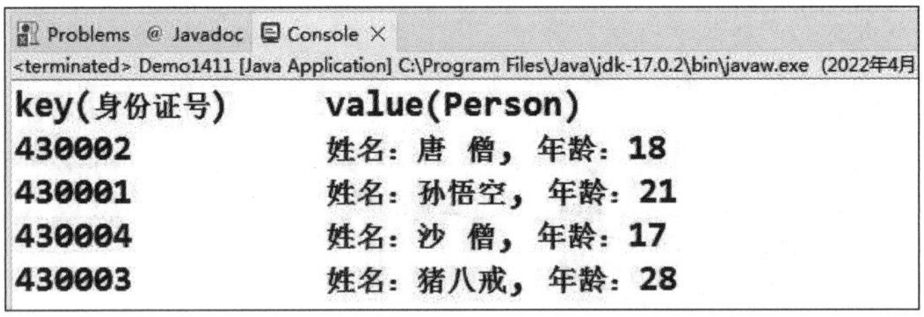

```
key(身份证号)      value(Person)
430002            姓名:唐 僧,年龄:18
430001            姓名:孙悟空,年龄:21
430004            姓名:沙 僧,年龄:17
430003            姓名:猪八戒,年龄:28
```

图 14-21 程序案例 14-11 运行结果

【程序案例 14-11】 HashMap 集合的应用。

```
1  package chapter14;
2  import java.util.*;
3  class Person {
4      //省略数据成员 name 和 age
5      //省略构造方法、setter 和 getter 方法
6      //省略覆写 toString()方法、hashCode()方法和 equals()方法
7  }
```

```
 8    public class Demo1411 {
 9        public static void main(String[] args) {
10            //建立 HashMap 对象,key:身份证号 String 类型,value:Person 类型
11            Map<String, Person> list = new HashMap<>();
12            Person swk = new Person("孙悟空", 21);
13            Person ts = new Person("唐 僧", 18);
14            Person zbj = new Person("猪八戒", 28);
15            Person ss = new Person("沙 僧", 17);
16            list.put("430001", swk);
17            list.put("430002", ts);
18            list.put("430003", zbj);
19            list.put("430004", ss);
20            System.out.println("key(身份证号)\tvalue(Person)");
21            Set<String> idSet = list.keySet();      //取得 key 集合
22            for (String id : idSet)                 //foreach 遍历 idSet
23                //get(key)方法取得与 key 对应的 value
24                System.out.println(id + " \t\t" + list.get(id));
25        }
26    }
```

向 HashMap 集合增加一个条目时,所有的 key 不能相同,与 HashSet 集合一样,Java 语言通过 equals()和 hashCode()方法判断新增条目的 key 是否与 HashMap 集合中的某个 key 相同。如果 key 不是基本类型,也不是 String 类型,自定义类需要覆写 hashCode()和 equals()方法。

14.4.4 TreeMap 类

HashMap 比较适合插入、删除和定位元素,其缺点是不能对元素排序存放。TreeSet 实现了 Set 排序;TreeMap 实现按 key 对条目进行排序。

TreeMap 是 SortedMap 接口的子类,处理 SortedMap 和处理 SortedSet 一样,TreeMap 的 key 类型通过实现 Comparable 接口实现自然排序;或者自定义类实现 Comparator 接口实现定制排序。SortedMap 接口的常用方法如下。

(1) public K firstKey(),返回按 key 有序的 Map 集合的第一个(最低)key。

(2) public K lastKey(),返回按 key 有序的 Map 集合的最后一个(最高)key。

(3) public SortedMap tailMap(K fromKey),返回 SortedMap 中 key 在 fromKey 之后的所有条目。

下面程序段输出结果如图 14-22 所示,显示了 Map 条目按 key 从小到大有序输出。第 2 行创建 TreeMap 对象,key 是 Integer 类型,该包装类实现了 Comparable 接口,TreeMap 完成自然排序;第 9 行 map.firstKey()方法取得第一个元素,第 10 行 map.lastKey()方法取得最后一个元素;第 16 行 map.tailMap(3)方法返回 key=3 之后的所有条目。

```
1  //key 是 Integer 类型,该类实现了 Comparable 接口,TreeMap 完成自然排序
2  SortedMap<Integer,Integer> map=new TreeMap<>();
3  SortedMap<Integer,Integer> map2;                    //保存 TreeMap 的部分条目
4  map.put(5, 15);
5  map.put(2, 12);
6  map.put(4, 14);
```

```
7    map.put(3, 13);
8    map.put(1, 11);
9    System.out.println("第一个 key:"+map.firstKey());    //取得第一个元素
10   System.out.println("最后一个 key:"+map.lastKey());  //取得最后一个元素
11   Iterator<Integer> it=map.keySet().iterator();       //取得 key 的集合 Set
12   while(it.hasNext()) {                               //遍历 Map 集合
13       Integer key=it.next();
14       System.out.println(key+"→"+map.get(key));
15   }
16   map2=map.tailMap(3);                                //返回 key=3 之后的所有条目
17   System.out.println("key=3 的之后条目:"+map2.toString());
```

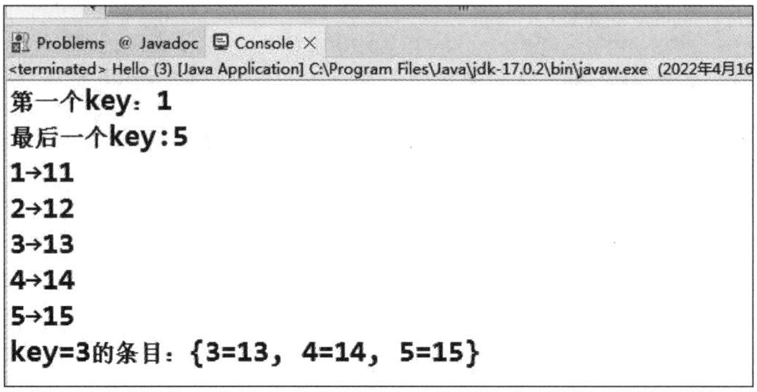

图 14-22 代码段的运行结果

前面 TreeMap 的 key 是包装类或者 String 类，它们都实现了 Comparable 接口，TreeMap 按照 key 进行自然排序。如果 key 是自定义类型，那么该类需要实现 Comparable 接口。

程序案例 14-12 演示了自定义类实现 Comparable 接口 TreeMap 自然排序。一个人只能拥有一辆汽车，一辆汽车可能属于多个人，利用 TreeMap 保存人与车之间的映射关系，并按照人的年龄从小到大排序。表 14-3 列出了人与汽车的对应关系。

表 14-3 人与汽车的对应关系

序 号	人		汽 车
	姓 名	年 龄	
1	孙悟空	21	长城汽车
2	猪八戒	28	奇瑞汽车
3	沙僧	17	奇瑞汽车
4	唐僧	18	红旗轿车

程序第 3 行自定义类 Person 作为 key，要按照年龄从小到大排序，需要实现 Comparable 接口制定比较规则。第 40 行 agent.entrySet()方法返回 Map 所有条目组成的 Set 集合。程序运行结果如图 14-23 所示，结果显示已经按照年龄从小到大排序。

```
 Problems  @ Javadoc  Console
<terminated> Demo1412 [Java Application] C:\Program Files\Java\jdk-17.0.2\bin\javaw.exe (2022年4月16日 上午1:49:24 – 上
========输出Map中的所有人（key)=========
        姓名：沙僧，年龄：17
        姓名：唐僧，年龄：18
        姓名：孙悟空，年龄：21
        姓名：猪八戒，年龄：28
========输出Map中的所有汽车（value)=========
        汽车品牌：奇瑞汽车
        汽车品牌：红旗轿车
        汽车品牌：长城汽车
        汽车品牌：奇瑞汽车
========输出Map中的所有key-value=========
        姓名：沙僧，年龄：17=        汽车品牌：奇瑞汽车
        姓名：唐僧，年龄：18=        汽车品牌：红旗轿车
        姓名：孙悟空，年龄：21=      汽车品牌：长城汽车
        姓名：猪八戒，年龄：28=      汽车品牌：奇瑞汽车
```

图 14-23　程序案例 14-12 运行结果

【程序案例 14-12】 TreeMap 处理人与汽车的关系。

```
1   package chapter14;
2   import java.util.*;
3   class Person implements  Comparable<Person> {
                                    //TreeMap 的 Person 需要实现比较接口
4       //省略数据成员 name 和 age
5       //省略构造方法,setter 和 getter 方法,覆写的 toString()、hashCode()和 equals()
        //方法
6       //覆写 Comparable 接口方法,按照年龄从小到大排序
7       @Override
8       public int compareTo(Person other) {
9           if (this.age > other.age)
10              return 1;
11          else if (this.age < other.age)
12              return -1;
13          return 0;
14      }
15  }
16  class Car {
17      //省略数据成员品牌 brand
18      //省略构造方法,setter 和 getter 方法,覆写的 toString()、hashCode()和 equals()
        //方法
19  }
20  public class Demo1412 {
21      public static void main(String[] args) {
22          //建立 TreeMap,key 为 Person 类型,value 为 Car 类型
23          Map<Person, Car> agent = new TreeMap<>();
24          agent.put(new Person("孙悟空", 21), new Car("长城汽车"));
25          agent.put(new Person("唐僧", 18), new Car("红旗轿车"));
```

```
26      agent.put(new Person("猪八戒", 28), new Car("奇瑞汽车"));
27      agent.put(new Person("沙僧", 17), new Car("奇瑞汽车"));
28      System.out.println("========输出 Map 中的所有人(key)========");
29      //(1)keySet()方法取得 key 集合
30      Set<Person> allPerson = agent.keySet();
31      for (Person per : allPerson)          //输出所有人员信息
32          System.out.println(per);
33      System.out.println ("========输出 Map 中的所有汽车(value)=======
                             ==");
34      //(2)values()方法取得 value 集合
35      Collection<Car> allCar = agent.values();
36      for (Car car : allCar)                //输出所有汽车信息
37          System.out.println(car);
38      System.out.println ("========输出 Map 中的所有 key-value=======
                             ==");
39      //(3)entrySet()方法取得 key-value 集合
40      Set<Map.Entry<Person, Car>> all = agent.entrySet();
41      for (Map.Entry<Person, Car> temp : all)
42          System.out.println(temp);
43  }
44 }
```

前面介绍的 HashMap 和 TreeMap 集合中的 key 不能重复,但 value 值可以重复。Map 的子类 IdentityHashMap 使 key 也能重复,有兴趣的读者可以参考有关书籍。

14.4.5 输出 Map 接口

Map 接口保存键-值对,前面案例分别获得 key 和 value 的集合,然后使用 Iterator 迭代器分别遍历输出,这种操作比较烦琐。追求简洁是人类进步的动力。Map 接口的 key-value 是 Map.Entry 类型,实例化 Iterator 时指定它的类型参数为 Map.Entry,即可采用 Iterator 迭代器整体输出。

Map.Entry 是 Map 的内部接口,主要方法如 K getKey()获取条目的 key,V getValue()获取条目的 value,V setValue(V value)修改条目的 value。

程序案例 14-13 演示了输出 Map 接口。第 12 行 Map 的 entrySet()方法返回 Map 接口的键-值对象集合,Set 集合的元素为 Map.Entry;第 14 行实例化 Iterator 对象,指定它的泛型类型 Map.Entry;第 16 行取得 Iterator 的一个 Map.Entry 对象;第 18 行的 getKey()方法取得 Map.Entry 的 key,getValue()方法取得 Map.Entry 的 value。程序运行结果如图 14-24 所示。

```
Problems  @ Javadoc  Console ×
<terminated> Demo1413 [Java Application] C:\Program Files\Java\jdk-17.0.2\bin\ja
作品: 劝学           作者:颜真卿
作品: 望庐山瀑布      作者:李白
作品: 静夜思         作者:李白
作品: 平凡的世界      作者:路遥
```

图 14-24　程序案例 14-13 运行结果

【程序案例 14-13】 输出 Map 接口。

```
1   package chapter14;
2   import java.util.*;
3   public class Demo1413 {
4       public static void main(String[] args) {
5           //创建 HashMap 对象,Key 和 value 都是 String 类型
6           Map<String, String> map = new HashMap<String, String>();
7           map.put("静夜思", "李白");                            //增加键-值对
8           map.put("望庐山瀑布", "李白");                         //增加键-值对
9           map.put("平凡的世界", "路遥");                         //增加键-值对
10          map.put("劝学", "颜真卿");                             //增加键-值对
11          //获得 Map 接口的 Set 对象,泛型类型 Map.Entry,
12          Set<Map.Entry<String, String>> allEntry = map.entrySet();
13          //实例化 Iterator 对象,泛型类型 Map.Entry
14          Iterator<Map.Entry<String, String>> it = allEntry.iterator();
15          while (it.hasNext()) {                                //遍历
16              Map.Entry<String, String> entry = it.next();    //获得一个条目
17              //分别处理 key 和 value
18              System.out.println ("作品:" + entry.getKey() + " \t 作者:" +
                                     entry.getValue());
19          }
20      }
21  }
```

14.5 属性类 Properties

14.5.1 Properties 类简介

Map 接口只能在内存中处理键-值对,Java 语言提供的 Properties 类能持久化键-值对。Properties 类处理属性文件,属性文件的内容格式是 key＝value,也可以是 XML 文件。

Properties 类的常用方法如下。

（1）public Properties(),构造属性对象。

（2）public Properties(Properties defaults),构造指定属性内容的属性对象。

（3）public Object setProperty(String key，String value),设置 key 和 value。

（4）public String getProperty(String key),根据 key 取得 value,如果没有 key 则返回 null。

（5）public String getProperty(String key,String defaultValue),根据 key 取得 value,如果没有 key 则返回 defaultValue。

（6）public void list (PrintStream out),输出属性到 PrintStream 流。

（7）public void store(Writer writer,String comment)throws IOException,把属性文件输出到字符输出流,同时声明属性的注释。

（8）public void load(Reader reader)throws IOException,从字符输入流提取属性。

（9）public void storeToXML（OutputStream os，String comment）throws IOException,以 XML 文件格式存储属性数据。

（10）public void loadFromXML（InputStream in）throws IOException,

InvalidPropertiesFormatException，从 XML 文件中提取属性。

Properties 类提供的方法能设置和取得属性、保存属性到文件、读取属性文件内容等。

14.5.2 Properties 类应用

表 14-4 显示文学作品与作者的对应关系，作品是 key，作者是 value，使用 Properties 类完成设置和保存功能。

表 14-4 文学作品与作者的对应关系

序 号	作 品	作 者
1	劝学	颜真卿
2	望庐山瀑布	李白
3	静夜思	李白
4	平凡的世界	路遥

1. 设置和取得属性信息

程序案例 14-14 第 5 行创建 Properties 对象，第 6～9 行使用 setProperty()方法设置属性，第 10～13 行使用 getProperty()方法根据 key 取得 value。程序运行结果如图 14-25 所示。

图 14-25 程序案例 14-14 运行结果

【程序案例 14-14】 设置和取得属性信息。

```
1   package chapter14;
2   import java.util.*;
3   public class Demo1414 {
4       public static void main(String[]args) {
5           Properties pro = new Properties();      //创建 Properties 对象
6           pro.setProperty("劝学","颜真卿");        //设置属性
7           pro.setProperty("望庐山瀑布","李白");
8           pro.setProperty("静夜思","李白");
9           pro.setProperty("平凡的世界","路遥");
10          System.out.println(" 劝学 作者：\t" + pro.getProperty("劝学") );
                                                    //输出劝学的作者
11          System.out.println ("望庐山瀑布 作者：\t" + pro.getProperty("望庐山瀑布") );
12          System.out.println("    静夜思 作者：\t" + pro.getProperty("静夜思") );
13          System.out.println("平凡的世界 作者：\t" + pro.getProperty("平凡的世界") );
14      }
15  }
```

2. 处理属性文件

setProperty()和getProperty()方法分别设置和取得属性信息,还能使用Properties类的store()方法存储属性,使用load()方法恢复存储在属性文件中的属性。

程序案例14-15演示了把属性保存在文件,从属性文件加载属性。第6行创建文件对象,第13行proOut.store(new FileWriter(file),"文学作品")把属性信息proOut输出到字符输出流,注释信息是"文学作品",第14行proIn.load(new FileReader(file))把字符输入流加载到属性对象proIn,第15行取得属性对象proIn的所有key。程序运行结果如图14-26所示。

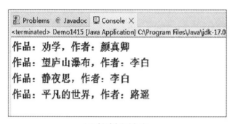 

(a) 控制台输出　　　　　　　　　　　　(b) 属性文件

图 14-26　程序案例 14-15 运行结果

【程序案例 14-15】 把属性保存在文件,从属性文件加载属性。

```
1   package chapter14;
2   import java.io.*;
3   import java.util.*;
4   public class Demo1415 {
5       public static void main(String[] args) throws Exception {
6           File file = new File("D:\\qzy\\temp.txt");        //创建文件对象
7           Properties proOut = new Properties();              //创建输出属性对象
8           Properties proIn=new Properties();                 //创建输入属性对象
9           proOut.setProperty("劝学", "颜真卿");              //设置属性
10          proOut.setProperty("望庐山瀑布", "李白");
11          proOut.setProperty("静夜思", "李白");
12          proOut.setProperty("平凡的世界", "路遥");
13          proOut.store(new FileWriter(file),"文学作品");    //保存属性信息到文件
14          proIn.load(new FileReader(file));                  //从属性文件读取属性对象到 proIn
15          Set<Object> keys = proIn.keySet();                 //实例化 Set 对象为 key 值集合
16          Iterator<Object> iter = keys.iterator();           //取得 Set 的迭代器
17          Object obj = null;
18          while (iter.hasNext()) {
19              obj = iter.next();
20              System.out.println ("作品:" + obj + ",作者:" + proIn.getProperty
                            ((String) obj));
21          }
22      }
23  }
```

Properties类能把属性信息保存为属性文件(文本文件),从属性文件加载属性信息,还能用storeToXML()方法把属性信息保存为XML文件,也能用loadFromXML()方法从XML文件加载属性信息。关于XML文件格式请参阅相关书籍。

下面代码段第 8 行 proOut.storeToXML(new FileOutputStream(file),"XML information")把属性对象 proOut 保存为 XML 文件,第 9 行 proIn.loadFromXML(new FileInputStream(file))从 XML 文件中加载属性内容到属性文件 proIn。temp.txt 文件内容如图 14-27 所示。

```
1   File file = new File("D:\\qzy\\temp.txt");          //实例化文件对象
2   Properties proOut = new Properties();               //创建属性对象
3   Properties proIn=new Properties();                  //从属性文件读取属性对象
4   proOut.setProperty("劝学", "颜真卿");                //设置属性
5   proOut.setProperty("望庐山瀑布", "李白");
6   proOut.setProperty("静夜思", "李白");
7   proOut.setProperty("平凡的世界", "路遥");
8   proOut.storeToXML(new FileOutputStream(file),"XML information");
                                                        //保存为 XML 文件
9   proIn.loadFromXML(new FileInputStream(file));       //从 XML 文件加载属性
```

图 14-27　temp.txt 文件内容

14.6　集合工具类 Collections

集合工具类

针对集合的应用开发,Java 语言提供了操作集合的工具类 Collections,它是 Object 类的子类,构造方法已经私有化,不能创建该类的实例。它提供了很多静态方法,能对 List、Set 和 Map 集合进行增减、排序、查找等操作。

Collections 类的常用方法如下。

(1) public static final <T> List<T> emptyList(),返回空的 List 集合。

(2) public static final <K,V> Map<K,V> emptyMap(),返回空的 Map 集合。

(3) public static final <T> Set<T> emptySet(),返回空的 Set 集合。

(4) public static <T> boolean addAll (Collection<? super T>c,T…a),向集合添加元素。

(5) public static<T>boolean replaceAll(List<T> list,T oldVal,T newVal),用新的内容替换集合的指定内容。

(6) public static < T extends Object & Comparable<? Super T>> T max (Collection<? extends T> coll),找到按比较器排序的集合中的最大内容。

（7）public static<T extends Object & Comparable<? Super T>>T min(Collection<? extends T> coll)，找到按比较器排序的集合中的最小内容。

（8）public static void reverse(List<?> list)，反转集合。

（9）public static<T> int binarySearch(List<? Extends Comparable<? superT>> list,T key)，二分查找集合中的指定内容。

（10）public static<T extends Comparable<? Super T>>void sort(List<T> list)，根据 Comparable 接口的比较规则对集合排序。

（11）public static void swap(List<?> list,int I,int j)，交换指定位置的元素。

程序案例 14-16 利用集合工具类 Collections 的方法对 ArrayList 集合进行增加、排序、查找、反转等操作。第 3 行定义 Person 类实现了 Comparable 接口，第 7 行 compareTo()方法指定按学生 age 进行比较，第 26 行 addAll()方法把多个 Person 对象加入 list 集合，第 29 行 Collections.max(list)方法返回 list 集合中的最大对象（按第 7 行的方法比较），第 30 行 Collections.min(list)方法返回 list 集合中的最小对象，第 33 行 Collections.sort(list)对集合 list 进行排序（按第 7 行定义的规则），第 36 行 Collections.replaceAll(list，swk，new Person("菩提老祖",555))方法用菩提老祖替换 swk，第 37 行 Collections.reverse(list)使集合 list 的元素位置反转，第 41 行 Collections.binarySearch(list，ts)按二分查找算法在 list 集合中查找 ts 对象（查找前需要先排序）。程序运行结果如图 14-28 所示。

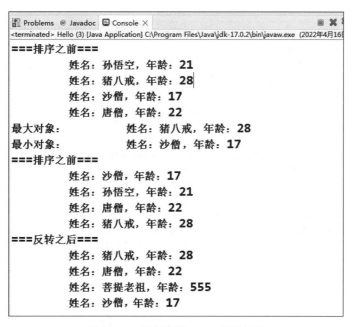

图 14-28　程序案例 14-16 运行结果

【程序案例 14-16】　集合工具类 Collections。

```
1    import java.io.*;
2    import java.util.*;
3    class Person implements Comparable<Person> {
4        //省略数据成员 name 和 age
```

```java
5      //省略构造方法,setter 和 getter 方法,覆写 toString()、hashCode()和 equals()
       //方法
6      @Override
7      public int compareTo(Person other) {        //覆写方法,按照年龄从小到大排序
8          if (this.age > other.age)
9              return 1;
10         else if (this.age < other.age)
11             return -1;
12         return 0;
13     }
14 }
15 public class Hello {
16     public static void show(List<?> list) {     //输出 list 集合
17         for(Object obj:list)
18             System.out.println(obj);
19     }
20     public static void main(String[] args) throws IOException {
21         List<Person> list=new ArrayList<>();    //创建 ArrayList 对象
22         Person swk=new  Person("孙悟空",21);
23         Person zbj=new  Person("猪八戒",28);
24         Person shs=new  Person("沙僧",17);
25         Person ts=new   Person("唐僧",22);
26         Collections.addAll(list,swk,zbj,shs,ts);
                                                    //把多个 Person 对象加入 list 集合
27         System.out.println("===排序之前===");
28         show(list);                              //排序之前
29         Person max=Collections.max(list);        //按比较规则返回最大内容
30         Person min=Collections.min(list);        //按比较规则返回最小内容
31         System.out.println("最大对象:"+max);
32         System.out.println("最小对象:"+min);
33         Collections.sort(list);                  //排序
34         System.out.println("===排序之前===");
35         show(list);                              //输出
36         Collections.replaceAll(list, swk, new Person("菩提老祖",555));
37         Collections.reverse(list);               //反转集合 list
38         System.out.println("===反转之后===");
39         show(list);                              //输出
40         Collections.sort(list);                  //重新排序
41         int flag=Collections.binarySearch(list, ts);
                                                    //在 list 集合中按二分查找算法查找 ts 对象
42     }
43 }
```

◆ 14.7 小　　结

本章主要知识点如下。

（1）Collection 是集合类的最大单值的父接口,该接口的两个常用子接口是 List 和 Set。

（2）List 接口允许集合保存重复元素,Set 接口不允许集合保存重复元素。

（3）List 接口常用的子类包括 LinkedList 和 ArrayList,LinkedList 采用链式存储结

构，ArrayList 采用顺序存储结构。

（4）Set 接口包括 HashSet 和 TreeSet 两个常用的子类：HashSet 采用散列方式存放，集合的元素没有顺序；TreeSet 采用红黑树存放，集合的元素有顺序，采用 Comparable 接口指定排序规则。

（5）通常采用 Iterator 接口遍历集合。

（6）Queue 接口支持队列操作，Stack 类支持堆栈操作。

（7）Map 接口存放 key-value，每个 key-value 是一个 Map.Entry 对象。它的常用类包括 HashMap、TreeMap 和 IdentityHashMap：HashMap 存放的 key 没有顺序；TreeMap 按照 key 的顺序进行排序，利用 Comparable 指定 key 对象的排序规则；IdentityHashMap 的 key 值可以重复。

（8）属性类 Properties 在配置文件中比较常用，该文件可以是普通文本文件，也可以是 XML 文件，使用 Properties 类的 store()方法能把属性信息保存在文件中，使用 load()方法可以加载属性文件。

14.8 习　　题

14.8.1 填空题

1. 在(　　)包中提供了处理集合的接口和类。

2. Object 类的(　　)方法取得对象的唯一编码。

3. TreeSet 类对元素进行排序，该元素对象必须实现(　　)接口。

4. (　　)类封装链表存储结构，可以实现链表的操作。

5. (　　)类封装了后进先出（LIFO）的堆栈操作。

6. HashMap 的(　　)方法向集合增加键-值对，(　　)方法根据 key 取得 value 值。

7. 持久化键-值对，需要采用 Properties 类，该类的(　　)方法设置键-值对，该类的(　　)方法把键-值对保存在文件中。

8. 阅读程序填空，使程序能正常运行。

```
import java.util.HashMap;
import java.util.Map;
public class Demo {
    public static void main(String[] args) {
        Map<Integer,String> map=null;
        map=new _____
        _____                              //在 Map 集合中加入元素(1, "环保")
        System.out.println("输出集合元素");
        System.out.println(_____);         //输出 key 为 1 的 value 值
    }
}
```

9. Map 接口的(　　)方法返回 key 集合。

10. 阅读程序补全空白处，使程序能正常运行。

```
public class Demo{
```

```
    public static void main(String [] args) {
        ArrayList<String> west=new ArrayList<>();
        west.add("孙悟空");
        west.add("猪八戒");
        west.add("沙僧");
        west.add("唐僧");
        Iterator<String> iterator=(_____);
        while(iterator.hasNext())
            System.out.println(iterator.next());
    }
}
```

14.8.2 选择题

1. 对集合元素进行排序使用(　　)类。

　　A. HashSet　　　　B. TreeSet　　　　C. LinkList　　　　D. ListIterator

2. 实现集合遍历输出的接口是(　　)。

　　A. Iterator 和 ListIterator　　　　B. foreach 和 Iterator

　　C. while　　　　　　　　　　　　D. for

3. Java 语言采用(　　)接口处理键-值对的集合。

　　A. Sor　　　　B. Set　　　　C. Map　　　　D. Iterator

14.8.3 简答题

1. 简述 Java 语言提供集合的作用。

2. 简述 Set、List 和 Map 的特征。

3. 简述属性类 Properties 的作用。

4. 简述 Java 集合中 Collection 与 Collections 的区别。

14.8.4 编程题

1. 某单位对职工基本信息进行管理,包括按照工资排序、根据姓名查找职工、删除职工信息等。要求如下：①定义职工类 Employee,数据成员包括职工号、姓名、性别、工资。②定义工具类 EmpUtil 管理职工信息,方法 public static void add(Employee[] empList, SortedList<Employee> list)把职工对象数组 empList 增加到集合 list;方法 public static void add(Employee[] empList, TreeSet<Employee> set)把职工对象数组 empList 增加到集合 set;方法 public static void printList(List<Employee> list)输出集合 list 所有元素;方法 public static void printList(Set<Employee> set)输出集合 set 所有元素;方法 public static double getTotalSalary(List<Employee> list)计算职工集合 list 的所有人员工资之和。③定义测试类测试 EmpUtil 所有方法。测试数据如表 14-5 所示。

表 14-5 职工信息

职 工 号	姓　　名	性　　别	工　　资
3523001	孙悟空	男	6890.00
3523002	猪八戒	男	8900.00
3523003	嫦娥	女	7800.00

2. 科技企业信息如表 14-6 所示,每个企业只能属于一个国家,每个国家有若干企业,每个企业的编号不同,编程实现简单企业管理,要求如下：①定义企业 Enterprise 类。②定义企业管理工具类 ClassUtil,使用 Map 保存国家与企业的对应信息、计算某个国家所有企业的总市值、输出某个国家的所有企业信息、对某个国家的企业市值按从高到低排序。

表 14-6　科技企业信息

国家	企业				
	编号	企业名	总部位置	主要产品	市值(万亿人民币)
中国	1001	"梦想"公司	深圳	通信	1.3
	1002	"无际"公司	深圳	无人机	0.26
	1003	"未来"公司	杭州	云计算	1.6
日本	2001	"田边"公司	东京	机械	1.5
	2002	"井下"公司	大阪	精密仪器	0.9
	2003	"树上"公司	东京	汽车	1.3

第15章 JDBC 编程

数据管理是软件系统的主要功能之一，数据库系统是信息时代数据管理技术的主要手段。Java 提供的 JDBC(Java DataBase Connectivity)负责连接数据库，存储、查找和更新数据等数据管理功能。什么是 JDBC？Java 程序如何连接数据库？Java 程序如何通过 SQL 语句查询、操纵数据库？为了提高操作数据库的效率，Java 语言做了哪些改进？本章将为读者一一解答这些问题。

本章内容
(1) JDBC 简介。
(2) 连接数据库。
(3) 查询数据库。
(4) 操纵数据库。
(5) 预编译接口 PreparedStatement。

◆ 15.1 JDBC 简介

15.1.1 JDBC 概述

JDBC 是 Sun 公司制定的 Java 程序连接和操纵数据库的一组应用接口标准(Java API)，不同数据库系统(如 MySQL、SQL Server 和 Oracle 等)实现 JDBC 定义的接口并封装成驱动文件。使用 JDBC，Java 程序能便捷地连接 MySQL、SQL Server 和 Oracle 等各种不同的数据库系统，并向已连接的数据库系统发送标准的 SQL 命令，完成查询、删除、插入和更新等操作。简单地说，JDBC 为开发者提供了通过统一代码操纵不同类型数据库的机制。

JDBC 仅制定标准，具体实现由数据库系统厂商完成。不同数据库系统的 JDBC 驱动程序不同，Java 程序连接某个数据库系统时需指定 JDBC 驱动程序，例如，连接 MySQL 数据库系统的一种 JDBC 包是 mysql-connector-java-5.1.25.zip，而连接 Oracle 数据库系统的一种 JDBC 包是 ojdbc6_g.jar。如果需要改变应用程序连接的数据库系统，仅修改程序中的 JDBC 驱动包，其他代码不做任何改动就能适应这种改变。JDBC 编程体现了 Java 语言的平台无关思想。图 15-1 为使用 JDBC 访问数据库系统的结构。

目前，各数据库系统均支持数据库语言 SQL-92 标准，但是各数据库厂商在实

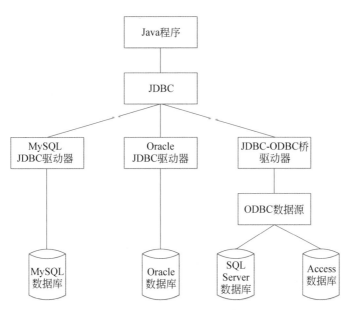

图 15-1　JDBC 访问数据库系统的结构

现该标准时进行了不同程度的扩展和改进,因此在实际开发中应根据需要选择适当的 JDBC 驱动程序。不同类型的 JDBC 驱动程序的特性和应用环境有所区别,目前有 4 种比较常见的 JDBC 驱动程序(见图 15-2)。

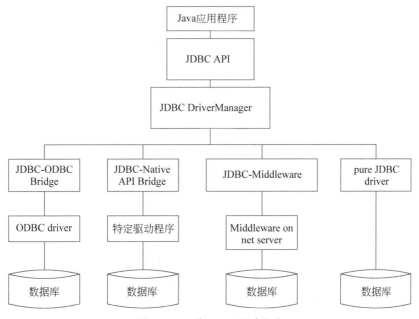

图 15-2　4 种 JDBC 驱动程序

(1) JDBC-ODBC 桥驱动。它是 Sun 公司提供的标准 JDBC 驱动程序,特点是必须在计算机上安装 ODBC 驱动程序,然后通过 JDBC-ODBC 桥把 JDBC API 转换为 ODBC API(见图 15-3)。使用该驱动程序前需要在客户端安装 ODBC 驱动程序,并且需要经过转换,因此性能较差。这是种古老的 JDBC 编程方式,不建议使用。

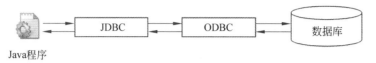

图 15-3　JDBC-ODBC 桥

(2) JDBC-Native 本地驱动程序。这种驱动程序也必须在本地计算机安装特定的驱动程序,把 Java 的 JDBC API 通过 JDBC-Native Bridge 转换为本地的 API 对数据库进行操作。

(3) JDBC 网络驱动程序。这种驱动程序不需要在本地计算机上安装任何软件,仅仅在服务器端的数据库系统安装中间件即可完成数据库的各种操作。该方式是 Intranet 的一种数据库编程解决方案。

(4) 纯 JDBC 驱动程序。这种 JDBC 不需要在本地计算机和服务器端安装任何软件,所有连接和存取操作直接由 JDBC 驱动程序完成(见图 15-4),这种方式最灵活,深受用户喜爱,在实际开发中比较常见。

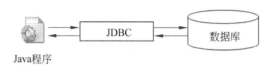

图 15-4　纯 JDBC 驱动程序

15.1.2　JDBC 编程步骤

使用 JDBC 编写数据库应用程序时,按照以下步骤进行。

(1) 引入 java.sql 包的所有类及接口。该包中包含了所有支持标准 SQL 操作的类和接口。如连接数据库系统接口 Connection、预处理接口 PreparedStatement、查询结果集 ResultSet 以及执行 SQL 语句类 Statement 等。

(2) 加载相应数据库的 JDBC 驱动程序。不同数据库系统的 JDBC 驱动程序不同,可根据 Java 程序需要连接的数据库系统加载相应的驱动程序。

(3) 定义 JDBC 连接的数据库对象。连接数据库时要指明连接数据库系统的名称、登录名和密码。

(4) 连接数据库。Java 程序向数据库系统发送连接指令,并取得连接对象。

(5) 使用 SQL 语句操纵数据库。通过语句对象向数据库服务器发送 SQL 命令,数据库服务器执行 SQL 命令,并向 Java 程序返回执行结果。

(6) 关闭 Java 程序与数据库的连接。完成数据库操作后,关闭 Java 程序与数据库的连接,释放连接占用的端口等资源。

15.1.3　JDBC 主要类和接口

JDBC 为 Java 程序连接和操纵数据库提供了标准的类和接口(Java API),它们保存在 java.sql 包中。利用这些 API,Java 程序能连接数据库、执行 SQL 语句、返回查询结果集及访问数据库元数据(MetaData)等。JDBC API 的主要类和接口如下。

（1）java.sql.Connection 接口，建立与特定数据库系统的连接，一个连接就是一个会话，建立连接后可以执行 SQL 语句。

（2）java.sql.CallableStatement 接口，执行 SQL 存储过程。

（3）java.sql.DriverManager 类，管理 JDBC 驱动程序。

（4）java.sql.Date 类，该类是 java.util.Date 的子类，用于表示与 SQL DATE 相同的日期类。

（5）java.sql.DatabaseMetaData 接口，访问数据库的元信息。

（6）java.sql.Driver 接口，定义数据库驱动程序接口。

（7）java.sql.DataTruncation 类，在 JDBC 遇到数据截断的异常时，报告一个警告（读数据时）或产生一个异常（写数据时）。

（8）java.sql.DriverPropertyInfo 类，通过 DriverPropertyInfo 与 Driver 进行交流，可以使用 getDriverPropertyInfo() 方法获取驱动程序信息。

（9）java.sql.PreparedStatement 接口，该接口是 Statement 接口的子接口，创建可编译的 SQL 语句对象，该对象一次编译多次运行，提高 SQL 语句的执行效率。

（10）java.sql.ResultSet 接口，用于创建表示 SQL 语句检索结果的结果集，用户通过结果集访问数据库。

（11）java.sql.Statement 接口，Statement 对象执行静态 SQL 语句，并获得语句执行后返回的结果。

（12）java.sql.SQLException 类，描述访问数据库时产生的异常信息。

（13）java.sql.SQLWarning 类，它是 SQLException 类的子类，描述访问数据库时产生的警告信息。

（14）java.sql.Types 类，定义了 SQL 类型常量，例如，常量 INTEGER 与 Java 的基本类型 int 对应，SMALLINT 常量与 Java 的基本类型 short 对应。

15.2 连接数据库

15.2.1 MySQL 简介

MySQL 简介

MySQL 是关系数据库管理系统，由瑞典 MySQL AB 公司开发，2008 年被 Sun 公司收购，2009 年 Sun 公司又被 Oracle 公司收购，目前 MySQL 是 Oracle 公司其中的一个数据库产品。

MySQL 采用关系数据库 SQL 访问数据库，由于其体积小、速度快、总体拥有成本低，并且开放源码，因此一般中小型网站都选择它作为网站数据库。本书采用 MySQL 作为演示数据库系统。

基于 MySQL 开发数据库应用程序，首先下载针对 MySQL 数据库的 JDBC 驱动程序，然后配置 CLASSPATH。在搜索引擎输入关键字"MySQL 的 JDBC 驱动程序"，下载与 MySQL 版本对应的 JDBC 驱动 jar 包。如果集成开发工具是 Eclipse，需要配置运行环境（见图 15-5），在 CLASSPATH 的 add JARs 中加入下载的驱动程序即可。

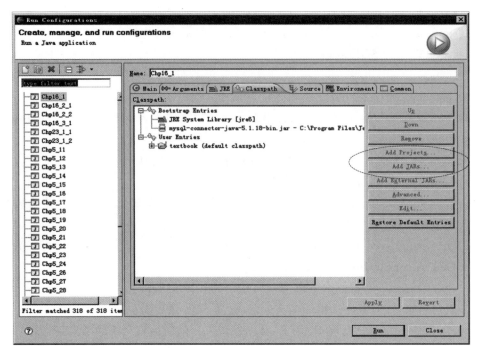

图 15-5　配置 JDBC 运行环境

本节主要介绍 JDBC 操作数据库,关于 MySQL 数据库系统的有关内容请参阅 MySQL 书籍或网站。

15.2.2　连接 MySQL 服务器

访问数据库服务器前,Java 应用程序需建立与数据库系统之间的连接,停止访问后关闭连接。

Java 应用程序连接数据库分为 3 步,加载 JDBC 驱动程序、连接数据库系统和关闭连接。

1. 加载 JDBC 驱动程序

基于 JDBC 的数据库编程,首先加载 JDBC 驱动程序,加载数据库驱动程序就是创建数据库驱动程序对象。

【语法格式 15-1】　加载数据库驱动程序。

```
Class.forName(数据库驱动程序);
```

不同数据库系统的 JDBC 驱动程序不同,例如,MySQL 的 JDBC 驱动程序是 org.gjt. mm.mysql.Driver,加载驱动程序方法为 Class.forName("org.gjt.mm.mysql.Driver"); Oracle 的 JDBC 驱动程序是 oracle.jdbc.driver.OracleDriver,加载驱动程序方法为 Class. forName("oracle.jdbc.driver.OracleDriver")。

2. 连接数据库系统

加载数据库驱动程序后,DriverMaganger 类连接数据库,该类有如下常用方法。

(1) public static Connection getConnection(String url) throws SQLException,通过数

据库服务器的 url 连接数据库系统,连接成功则返回连接对象。

（2）public static Connection getConnection(String url,String user,String password) throws SQLException,通过 url 连接数据库时需要指定登录数据库系统的用户名和密码,连接成功则返回连接对象。

参数 url 表示数据库系统的地址,user 表示用户名,password 表示密码。

【语法格式 15-2】 MySQL 数据库的链接地址。

```
jdbc:mysql://IP 地址:端口号/数据库系统名
```

DriverMaganger 的 getConnection()方法取得 Connection 对象,Connection 是 JDBC 编程承上启下的一个接口,它的常用方法如下。

（1）public Statement createStatement() throws SQLException,创建 Statement 语句对象。

（2）public void commit() throws SQLException,提交事务。

（3）public void close() throws SQLException,关闭连接。

（4）public DatabaseMetaData getMetaData() throws SQLException,获得数据库的元数据对象。

（5）public boolean getAutoCommit() throws SQLException,获得数据库自动提交事务状态。

（6）public PreparedStatement prepareStatement（String sql）throws SQLException,创建 SQL 的 PreparedStatement 对象,该对象是预编译语句,提高执行 SQL 的效率。

（7）public CallableStatement prepareCall（String sql）throws SQLException,创建 SQL 的 CallableStatement 对象,该对象调用数据库的存储过程。

（8）public void rollback() throws SQLException,回滚事务。

（9）public void rollback(Savepoint savepoint) throws SQLException,回滚到指定保存点的事务。

（10）public void setAutoCommit(boolean autocommit) throws SQLException,设置事务提交方式。

（11）public Savepoint setSavepoint()throws SQLException,设置事务的恢复点。

程序案例 15-1 演示了连接 MySQL 数据库。本机上创建 MySQL 数据库 jsu,用户名为 root,密码为 jsu12345,并且已启动 MySQL 数据库服务器。

程序第 5、6 行定义 public static Connection getMyConnection（String driverName,String uri, String userName, String password）方法获得与数据库系统的连接对象,第一个参数 driverName 是数据库系统驱动程序,第二个参数 uri 是数据库系统地址,第三个参数 userName 是登录数据库系统的用户名,第四个参数 password 是密码；第 7 行 Class.forName(driverName)加载数据库驱动程序；第 8 行调用 DriverManager.getConnection (uri, userName, password)方法连接数据库,并返回数据库连接对象。

程序第 11 行自定义方法 getMyConnection(String driverName,String uri)也是获得与数据库服务器的连接对象,第一个参数 driverName 是数据库系统驱动程序,第二个参数 uri 是连接数据库的字符串,包括地址、用户名与密码。

连接数据库

程序第 5、11 行两个重载方法连接数据库系统；第 24 行采用第一种方式，需要传入驱动程序名、uri、用户名和密码；第 25 行采用第二种方式，需要传入驱动程序名和 uri。

程序第 20 行数据库链接地址（String DBURL＝"jdbc:mysql://localhost:3306/jsu"）的含义如图 15-6 所示。jdbc 是协议，mysql 是驱动程序名，localhost 是主机名（表示本地主机），安装 MySQL 数据库系统时配置端口号 3306，连接的数据库是 jsu。

协议	驱动程序名	分隔符	主机名	端口号	分隔符	数据库名
jdbc:	mysql:	//	localhost:	3306	/	jsu

图 15-6　数据库链接地址的意义

程序第 30 行关闭连接，释放该会话占用的资源。程序运行结果如图 15-7 所示。

```
-------连接成功！输出连接的数据库元数据：----------
数据库名：MySQL
数据库版本号：5.7.20-log
数据库驱动程序名：MySQL Connector Java
```

图 15-7　程序案例 15-1 运行结果

【程序案例 15-1】 连接 MySQL 数据库。

```
1   package chapter15;
2   import java.sql.*;
3   public class Demo1501 {
4       //通过数据库驱动程序、地址、用户名和密码连接数据库系统
5       public static Connection getMyConnection(String driverName, String uri,
6                       String userName, String password)    throws Exception {
7           Class.forName(driverName);          //加载 JDBC-MySQL 数据库驱动程序
8           return DriverManager.getConnection(uri, userName, password);
                                                //连接数据库系统
9       }
10      //通过数据库驱动程序、地址连接数据库系统
11      public static Connection getMyConnection(String driverName,String uri)
                throws Exception {
12          Class.forName(driverName);          //加载 JDBC-MySQL 数据库驱动程序
13          return DriverManager.getConnection(uri);    //连接数据库系统
14      }
15      public static void main(String[] args) throws Exception {
16          String driverName = "com.mysql.jdbc.Driver";   //MySQL 驱动程序
17          Connection conn;
18          //连接 MySQL 数据库的字符串
19          //包括协议、驱动程序名、分隔符、主机名、端口号、数据库名
20          //String uri1 = "jdbc: mysql://localhost:3306/jsu?useSSL=true";
21          String userName = "root";
22          String password = "jsu12345";
23          String uri2= "jdbc:mysql://localhost:3306/jsu?user=root&password=
                    jsu12345&useSSL=true";
```

```
24        //conn = Demo1501.getMyConnection (driverName, uri1, userName,
                                              password);
25        conn=Demo1501.getMyConnection(driverName, uri2);
26        System.out.println ("-------连接成功!输出连接的数据库元数据:-----
                   ------");
27        System.out.println ("数据库名:" + conn.getMetaData().
                   getDatabaseProductName());        //数据库名
28        System.out.println ("数据库版本号:" + conn.getMetaData().
                   getDatabaseProductVersion());     //数据库版本号
29        System.out.println ("数据库驱动程序名:" + conn.getMetaData().
                   getDriverName());                 //驱动程序名
30        conn.close();                              //关闭连接
31    }
32 }
```

Java 应用程序连接数据库,需要告诉 Java 应用程序关于数据库系统的信息,包括数据库系统的 uri(localhost:3306)、数据库名(jsu)、登录数据库系统的用户名(root)以及密码(jsu12345)。

15.3 查询数据库

查询数据库

15.3.1 数据库操作环境

连接数据库后,Java 应用程序能与数据库系统交流信息。Statement 接口封装了操作数据库的方法,其主要功能是向数据库服务器发送 SQL 语句,数据库服务器执行 SQL 语句并向应用程序返回结果。

Statement 接口的主要方法如下。

(1) public void addBatch(String sql) throws SQLException,增加一个待执行的 SQL 语句。

(2) public void close() throws SQLException,关闭 Statement 对象。

(3) public boolean execute(String sql) throws SQLException,执行 SQL 语句。

(4) int[] executeBatch() throws SQLException,批量执行 SQL 语句。

(5) int executeUpdate(String sql) throws SQLException,执行更新数据库的 SQL 语句,如 INSERT、UPDATE、DELETE 等,返回更新记录数。

(6) ResultSet executeQuery(String sql) throws SQLException,执行查询数据库的 SQL 语句 SELECT,返回结果集对象。

为了详细介绍 JDBC 编程的插入、修改、删除和查询等操作,在 jsu 数据库中建立 student 表,结构如表 15-1 所示,记录如表 15-2 所示。

表 15-1 student 表的结构

序号	字 段 名	字段类型	长 度	是否为空	说 明
1	id	VARCHAR	10	否	学号
2	name	VARCHAR	20	否	姓名

续表

序号	字 段 名	字段类型	长 度	是否为空	说 明
3	sex	VARCHAR	1	否	性别
4	age	INT		否	年龄
5	english	DECIMAL		否	英语成绩
6	math	DECIMAL		否	数学成绩
7	phone	VARCHAR	11	是	电话号码

表 15-2 student 表的记录

id	name	sex	age	english	math	phone
jsu001	孙悟空	男	20	88	95	13574400001
jsu002	猪八戒	男	19	81	82	13574400002
jsu003	白骨精	女	17	93	81	13574400003
jsu004	牛魔王	男	25	55	48	13574400004
jsu005	金角大王	男	20	46	52	13574400005
jsu006	嫦娥	女	19	66	78	13574400006
jsu007	菩提	男	20	99	98	13574400007

15.3.2 ResultSet 接口

使用 JDBC 查询数据库时，ResultSet 接口接收查询结果集，该接口也提供了操作结果集的方法。其主要方法如下。

（1）int getInt(int columnIndex) throws SQLException，按列编号取得指定列的整数类型的内容。

（2）int getInt(String columnLabel) throws SQLException，按列名取得指定列的整数类型的内容。

（3）float getFloat(int columnIndex) throws SQLException，按列编号取得指定列的浮点数类型的内容。

（4）float getFloat(String columnLabel) throws SQLException，按列名取得指定列的浮点数类型的内容。

（5）String getString(int columnIndex) throws SQLException，按列编号取得指定列的字符串类型的内容。

（6）String getString(String columnLabel) throws SQLException，按列名取得指定列的字符串类型的内容。

（7）boolean next() throws SQLException，记录游标移动到下一行。

15.3.3 查询案例

使用 JDBC 查询数据库的过程如图 15-8 所示。

(1) 调用驱动程序管理器的 getConnection()方法连接数据库系统,返回连接对象 conn。
(2) 声明 SQL 语句。
(3) 调用连接对象 conn 的 createStatement()方法创建 Statement 语句对象 stmt。
(4) 调用语句对象 stmt 的 executeQuery()方法向数据库系统发送 SQL 语句,数据库系统执行 SQL 语句并返回结果集 ResultSet 对象 rs。
(5) Java 应用程序处理结果集 rs。
(6) 关闭建立的对象,如关闭连接对象 conn、语句对象 stmt 和结果集对象 rs。

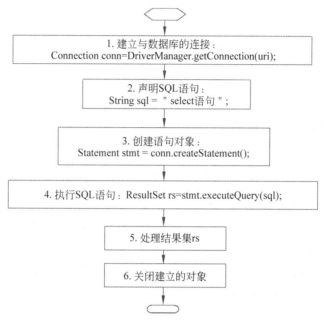

图 15-8　JDBC 查询数据库的过程

程序案例 15-2 演示了查询 student 表的编程步骤。第 11 行通过 Demo1501 案例的 getMyConnection()方法与数据库系统建立连接;第 13 行声明查询的 SQL 语句,该语句查询学生的姓名、性别和平均成绩;第 15 行建立 SQL 语句对象;第 18 行调用语句对象的 executeQuery(sql)方法向数据库系统发送 SQL 语句,数据库系统执行该 SQL 语句后向应用程序返回查询结果集 rs 对象;第 23 行遍历结果集;第 30~32 行关闭各种对象。

程序运行结果如图 15-9 所示。

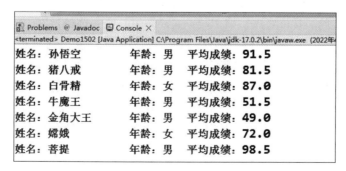

图 15-9　程序案例 15-2 运行结果

【程序案例 15-2】 查询 student 表。

```
1   package chapter15;
2   import java.sql.*;
3   public class Demo1502 {
4       public static void main(String[] args) throws Exception {
5           String driverName = "com.mysql.jdbc.Driver";          //MySQL 驱动程序
6           String uri = "jdbc:mysql://localhost:3306/jsu?user=root&password=
                         jsu12345&useSSL=true";
7           Connection conn;                                      //连接对象
8           Statement stmt;                                       //语句对象
9           ResultSet rs;                                         //结果集
10          //1. 建立与数据库系统的连接
11          conn = Demo1501.getMyConnection(driverName, uri);
12          //2. 声明 SQL 语句
13          String sql = "select  name,sex, (english+math)/2 from student ";
                                                                  //输出平均成绩
14          //3. 创建 SQL 语句对象
15          stmt = conn.createStatement();
16          //4. 执行 SQL 查询语句
17          //4.1 executeQuery()方法,返回查询结果集
18          rs = stmt.executeQuery(sql);
19          //4.2 execute()方法
20          //boolean flag=stmt.execute(sql);
21          //rs=stmt.getResultSet();
22          //5. 访问结果集
23          while (rs.next()) {
24              System.out.print("姓名:" + rs.getString(1) + " ");   //结果集第 1 列
25              System.out.print("\t性别:" + rs.getString(sex));     //结果集列名 sex
26              System.out.print("\t平均成绩:" + rs.getFloat(3));     //结果集第 3 列
27              System.out.println();
28          }
29          //6. 关闭对象
30          rs.close();                                           //6.1 关闭结果集
31          stmt.close();                                         //6.2 关闭语句对象
32          conn.close();                                         //6.3 关闭连接
33      }
34  }
```

程序第 18 行数据库服务器向 Java 应用程序返回查询结果集 rs;第 23 行 rs.next()方法取得结果集的下一行的游标(类似指针),如果返回 null,表示游标已经在结果集的尾部,访问结束;第 24 行 rs.getString(1)取得结果集的第 1 列,并返回 String 类型(结果集的第 1 列是姓名,与第 13 行的 select 对应);第 25 行 rs.getString(sex)取得结果集的第 2 列,并返回 String 类型(结果集第 2 列是性别);第 26 行 rs.getFloat(3)取得结果集的第 3 列,并返回 float 类型(结果集第 3 列是平均成绩)。遍历 ResultSet 结果集过程如图 15-10 所示。

例如第一次循环游标指向第一条记录,rs.getString(1)是孙悟空,rs.getString(sex)是男,rs.getFloat(3)是 91.5;第二次循环游标指向第二条记录,rs.getString(1)是猪八戒,rs.getString(sex)是男,rs.getFloat(3)是 81.5。第八次循环游标指向 null,表示已经到结果集尾部,结束遍历。

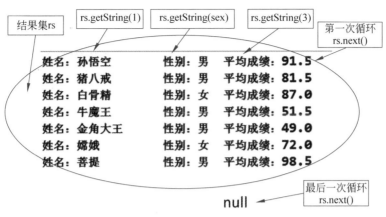

图 15-10　遍历 ResultSet 结果集的过程

15.4　操纵数据库

Statement 接口不仅能执行 select 查询语句，而且它提供的 executeUpdate(String sql) 方法还能执行更新数据库的 SQL 语句，如 INSERT、UPDATE、DELETE 等，并返回更新记录数。

15.4.1　插入记录

程序案例 15-3 向 student 表插入 4 条记录。第 9 行定义的静态方法 insertData(**String id, String name, char sex, int age**) 有 4 个参数，第 30～32 行调用该方法向 student 插入 3 条记录。

为了正确执行 SQL 语句，程序第 30 行将解析成 "INSERT INTO　student(id, name, sex, age) VALUES('jsu009', '太上老君', '男', 28)"，所以第 13 行需要采用拼凑方式构造 SQL 语句，拼凑原则是如果去掉所有双引号及变量代换后 SQL 字符串与标准 SQL 语句一致。例如，去掉字符串 "INSERT INTO student(id, name, sex, age) VALUES('"+id+"', '"+name+"', '"+sex+"', "+age+")" 的所有双引号，然后变量代换（第 13 行 id 为'jsu009'、name 为'太上老君'、sex 为'男'、age 为 28），则 SQL 语句为 "INSERT INTO　student(id, name, sex, age) VALUES('jsu009', '太上老君', '男', 28)"。图 15-11 显示了 SQL 字符串与 SQL 语句的转换关系。

图 15-11　SQL 字符串与 SQL 语句的转换关系

程序第 14 行调用语句对象的 executeUpdate(sql) 方法向数据库系统发送更新语句，并返回更新的记录数。

程序运行结果如图 15-12 所示。

```
Problems  @ Javadoc  Console ×
<terminated> Demo1503 [Java Application] C:\Program
插入记录数：1
插入记录数：1
插入记录数：1
插入记录数：1
```

图 15-12　程序案例 15-3 运行结果

【程序案例 15-3】　插入记录。

```java
 1  package chapter15;
 2  import java.sql.*;
 3  public class Demo1503 {
 4      private static String driverName = "com.mysql.jdbc.Driver";
                                                                //MySQL 驱动程序
 5      private static String uri = "jdbc:mysql://localhost:3306/jsu?user=
                             root&password=jsu12345&useSSL=true";
 6      private static Connection conn;
 7      private static Statement stmt;                          //声明 Statement 对象
 8      private static ResultSet rs;                            //声明结果集
 9      public static void insertData (String id,String name,char sex,int age)
                             throws Exception {
10          conn=Demo1501.getMyConnection(driverName,uri);   //1.连接数据库
11          stmt=conn.createStatement();                      //2.创建语句对象
12          //3.拼凑 SQL 字符串
13          String sql="INSERT INTO student(id,name,sex,age) VALUES('"+id+"',
                      '"+name+"','"+sex+"',"+age+")";
14          int count=stmt.executeUpdate(sql);                //4.执行更新语句
15          System.out.println("插入记录数:"+count);
16          stmt.close();                                     //5.关闭对象
17          conn.close();
18      }
19      //参数是 SQL 语句,执行该语句
20      public static void insertData(String sql) throws Exception {
21          conn=Demo1501.getMyConnection(driverName,uri);   //1.连接数据库
22          stmt=conn.createStatement();                      //2.创建语句对象
23          //3.参数已经声明了 SQL 语句
24          int count=stmt.executeUpdate(sql);                //4.执行更新语句
25          System.out.println("插入记录数:"+count);
26          stmt.close();                                     //5.关闭对象
27          conn.close();
28      }
29      public static void main(String[] args) throws Exception {
30          Demo1503.insertData("jsu009","太上老君",'男',28);  //调用方法插入记录
31          Demo1503.insertData("jsu010","东海龙王",'男',32);  //调用方法插入记录
32          Demo1503.insertData("jsu011","蜘蛛精",'女',26);    //调用方法插入记录
33          String sql="INSERT INTO  student(id,name,sex,age) VALUES('jsu2001',
                      '红孩儿','女',8)";
```

```
34            Demo1503.insertData(sql);
35        }
36  }
```

更新数据库一般包括 5 步。

(1) 获得连接数据库对象 conn(第 10 行)。
(2) 连接对象创建语句对象(第 11 行)。
(3) 拼凑 SQL 字符串(第 13、33 行)。
(4) 执行语句对象的 executeUpdate(sql)方法(第 14、24 行)。
(5) 关闭对象。

15.4.2 修改记录

修改数据的 SQL 语句是 UPDATE,编程过程与插入数据一样。程序案例 15-4 演示了修改 student 表的记录。程序第 14 行采用拼凑方式声明了 UPDATE 的 SQL 语句,其他内容与程序案例 15-3 插入记录一样,也分为 5 步编程。程序运行结果如图 15-13 所示。

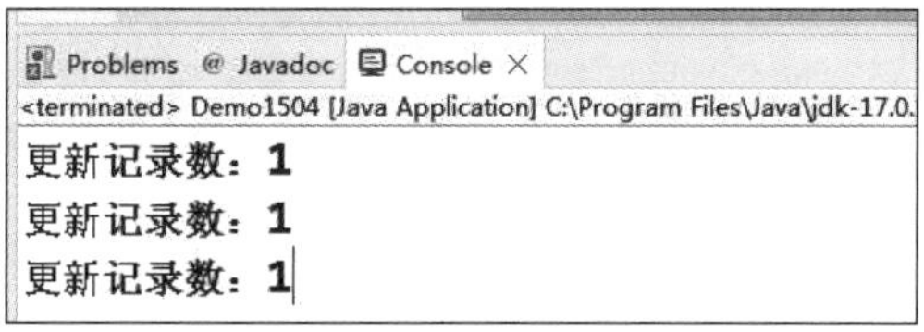

图 15-13 程序案例 15-4 运行结果

【程序案例 15-4】 修改记录。

```
1   package chapter15;
2   import java.sql.*;
3   public class Demo1504 {
4       private static String driverName = "com.mysql.jdbc.Driver";
                                                                    //MySQL 驱动程序
5       private static String uri = "jdbc:mysql://localhost:3306/jsu?user=
                                     root&password=jsu12345&useSSL=true";
6       private static Connection conn;
7       private static Statement stmt;                             //声明 Statement 对象
8       private static ResultSet rs;                               //声明结果集
9       //修改学号为 id 的电话号码
10      public static void updateData(String newPhone,String idWhere) throws
            Exception {
11          conn=Demo1501.getMyConnection(driverName,uri); //1.连接数据库
12          stmt=conn.createStatement();                           //2.创建语句对象
13          //3.拼凑 SQL 字符串
14          String sql="update student SET phone='"+newPhone+"'where id='"+
                    idWhere+"'";
15          int count=stmt.executeUpdate(sql);                     //4.执行更新语句
16          System.out.println("更新记录数:"+count);
17          stmt.close();                                          //5.关闭对象
18          conn.close();
19      }
```

```
20      //参数是SQL语句,执行该语句
21      public static void updateData(String sql) throws Exception {
22          conn=Demo1501.getMyConnection(driverName,uri);  //1.连接数据库
23          stmt=conn.createStatement();                     //2.创建语句对象
24          //3.参数已经声明了SQL语句
25          int count=stmt.executeUpdate(sql);               //4.执行更新语句
26          System.out.println("更新记录数:"+count);
27          stmt.close();                                    //5.关闭对象
28          conn.close();
29      }
30      public static void main(String[] args) throws Exception {
31          Demo1504.updateData("13574423456","jsu001");     //调用方法更新记录
32          Demo1504.updateData("13574465432","jsu002");     //调用方法更新记录
33          String sql="update   student SET phone='13574499999' where id=
                    'jsu003'";
34          Demo1504.updateData(sql);                        //调用方法更新记录
35      }
36  }
```

15.4.3 删除记录

删除数据的SQL语句是DELETE,编程过程与插入、修改数据一样。程序案例15-5演示了删除student表的某些记录。程序第14行采用拼凑方式声明了DELETE的SQL语句,其他内容与程序案例15-4一样,也分为5步编程。程序运行结果如图15-14所示。

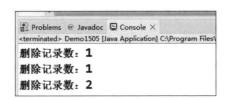

图15-14 程序案例15-5运行结果

【程序案例15-5】 删除记录。

```
1   package chapter15;
2   import java.sql.*;
3   public class Demo1505 {
4       private static String driverName = "com.mysql.jdbc.Driver";
                                                    //MySQL驱动程序
5       private static String uri = "jdbc:mysql://localhost:3306/jsu?user=
                            root&password=jsu12345&useSSL=true";
6       private static Connection conn;
7       private static Statement stmt;              //声明Statement对象
8       private static ResultSet rs;                //声明结果集
9       //根据学号删除学生记录
10      public static void deleteData(String idWhere) throws Exception {
11          conn=Demo1501.getMyConnection(driverName,uri);  //1.连接数据库
12          stmt=conn.createStatement();                     //2.创建语句对象
13          //3.拼凑SQL字符串
14          String sql="DELETE   FROM student where   id='"+idWhere+"'";
```

```
15         int count=stmt.executeUpdate(sql);            //4.执行更新语句
16         System.out.println("删除记录数:"+count);
17         stmt.close();                                  //5.关闭对象
18         conn.close();
19     }
20     //参数是 SQL 语句,执行该语句
21     public static void updateData(String sql) throws Exception {
22         conn=Demo1501.getMyConnection(driverName,uri); //1.连接数据库
23         stmt=conn.createStatement();                   //2.创建语句对象
24         //3.参数已经声明了 SQL 语句
25         int count=stmt.executeUpdate(sql);             //4.执行更新语句
26         System.out.println("删除记录数:"+count);
27         stmt.close();                                  //5.关闭对象
28         conn.close();
29     }
30     public static void main(String[] args) throws Exception {
31         Demo1505.deleteData("jsu010");                 //调用方法删除记录
32         Demo1505.deleteData("jsu011");                 //调用方法删除记录
33         String sql="DELETE from student where name='太上老君'";
34         Demo1505.updateData(sql);                      //调用方法删除记录
35     }
36 }
```

15.5 PreparedStatement 接口

15.5.1 PreparedStatement 接口的优点

Prepared-
Statement
接口

不断改进优化软件系统,提高软件系统响应速度,提升用户体验是软件设计者终身追求的目标。Statement 接口提供操作数据库的各种方法,但效率较低。Java 应用程序通过 Statement 接口的 executeQuery()方法向数据库服务器发送 SQL 语句,如 SELECT * FROM student,数据库服务器的 SQL 解释器把该语句编译成底层内部指令,然后数据库服务器执行该指令完成查询任务。如果有 1000 个客户端通过 Statement 接口不停地向数据库服务器发送 SQL 请求,数据库服务器不停编译它们,增加了数据库服务器的负担,降低了应用程序的响应速度。

PreparedStatement 接口是 Statement 接口的子接口,称为预处理语句对象,与 Statement 接口相比,PreparedStatement 接口有如下 3 个优点。

(1) PreparedStatement 接口具有更好的性能。它降低了数据库服务器的负担,提高了应用程序的响应速度。Java 应用程序通过 PreparedStatement 接口向数据库服务器发送 SQL 语句前,先对 SQL 语句进行预编译处理,生成该数据库的内部指令,并将该指令封装在 PreparedStatement 对象中。该对象调用 executeQuery()、execute()和 executeUpdate()等方法向数据库服务器发送已编译的 SQL 内部指令。数据库服务器不需要编译这些 SQL 语句,而是直接执行已编译好的内部指令,这种方式显然减轻了数据库服务器的负担,提高了应用程序的响应速度。图 15-15 为 PreparedStatement 接口与 Statement 接口的执行方式。

(2) PreparedStatement 接口编程更简单。Statement 接口编写动态 SQL 语句时(程序

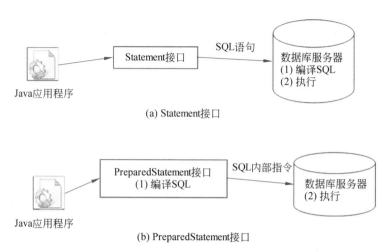

图 15-15　PreparedStatement 接口与 Statement 接口的执行方式

案例 15-5 第 14 行)需要拼凑 SQL 语句,该方式使很多初学者惊慌失措,一头雾水。而 PreparedStatement 接口无须拼凑就能编写动态 SQL 语句,编程更简单。

（3）PreparedStatement 接口的安全性更高。PreparedStatement 接口能防止 SQL 注入攻击。SQL 注入是将 Web 页面的原 URL、表单域或数据包输入的参数,修改拼凑成 SQL 语句,传递给 Web 服务器,进而传递给数据库服务器以执行数据库命令。例如,Web 应用程序的开发人员对用户所输入的数据或 cookie 等内容不进行过滤或验证(即存在注入点)直接传输给数据库,就可能导致拼接的 SQL 被执行,获取对数据库的信息以及控制权,发生 SQL 注入攻击。为了防止 SQL 注入攻击,程序员在书写 SQL 语句时,禁止将变量直接写入 SQL 语句(程序案例 15-5 第 14 行"DELETE　FROM student where　id＝'"＋idWhere＋"'",直接将变量 idWhere 写在 SQL 语句中),采用传值方式传递输入变量,从而抑制 SQL 注入攻击。

PreparedStatement 接口的执行性能、安全性和编程便捷性都优于 Statement 接口,在实际开发中一般使用 PreparedStatement 接口,较少使用 Statement 接口。PreparedStatement 接口的常用方法如下。

（1）int executeUpdate() throws SQLException,执行预编译的 SQL 更新语句,返回更新记录数。

（2）ResultSet executeQuery() throws SQLException,执行预编译的查询语句,返回查询结果集。

（3）void setInt(int　parameterIndex, int x) throws SQLException,把编号为 parameterIndex 列的内容设置为整数 x。

（4）void setFloat(int　parameterIndex, float x) throws SQLException,把编号为 parameterIndex 列的内容设置为浮点数 x。

（5）void setString(int parameterIndex, String x) throws SQLException,把编号为 parameterIndex 列的内容设置为字符串 x。

15.5.2　PreparedStatement 接口的应用案例

PreparedStatement 接口支持占位符,占位符机制能为 SQL 语句指定若干参数,为编写灵活 SQL 语句提供可能。占位符(?)的作用是代替参数输入，编译之后将用具体值代替该占位符。

程序案例 15-6 演示了 SQL 语句中占位符的作用。占位符实现了参数化 SQL 语句。第 12 行"SELECT name,sex,age FROM student WHERE name=?"指定一个占位符(?)，第 14 行 pstmt.setString(1,"孙悟空")表示第一个占位符的实参为字符串"孙悟空"，第 12 行的 SQL 语句编译成"SELECT name,sex,age FROM student WHERE name='孙悟空'"，第 15 行将用具体参数值替换占位符的真实 SQL 语句发送到数据库服务器。

【程序案例 15-6】 SQL 语句中使用占位符。

```java
package chapter15;
import java.sql.*;
public class Demo150X {
    public static void main(String[] args) throws Exception{
        String driverName = "com.mysql.jdbc.Driver";
                                                    //MySQL 驱动程序
        String uri = "jdbc:mysql://localhost:3306/jsu?user=root&password=
                      jsu12345&useSSL=true";
        Connection conn;                            //连接对象
        PreparedStatement pstmt;                    //PreparedStatement 对象
        ResultSet rs;                               //结果集
        conn=Demo1501.getMyConnection(driverName, uri);
                                                    //1.建立与数据库系统的连接
        //2.声明有占位符的 SQL 语句
        String sql="SELECT name,sex,age FROM student WHERE name=?";
                                                    //根据姓名查询 name
        pstmt=conn.prepareStatement(sql);    //3.SQL 语句为参数,获取预处理语句对象
        pstmt.setString(1, "孙悟空");        //4.设置 SQL 语句中的占位符参数
        rs=pstmt.executeQuery();             //5.向数据库服务器发送查询指令,返回结果集
        int colCount = rs.getMetaData().getColumnCount();   //取得列总数
        while (rs.next()) {                         //输出结果集所有记录
            for (int i = 1; i <= colCount; i++)
                System.out.print(rs.getString(i) + "\t");
            System.out.println();                   //换行
        }
        pstmt.close();                              //6.关闭建立的对象
        conn.close();
    }
}
```

占位符机制能为 SQL 语句指定若干参数，实现参数化 SQL 语句，极大提高了 SQL 语句的灵活性。为广大数据库编程人员提供了无限想象空间。基于 PreparedStatement 接口的编程步骤如图 15-16 所示。

程序案例 15-7 以表 15-2 的 student 表为数据源，演示了 PreparedStatement 接口的应用。通过占位符机制完成查询、插入、更新和删除等常规操作。

程序第 3 行定义类 DAO，该类声明了 JDBC 编程的驱动程序、连接对象、预处理语句对象、集合对象和连接信息 5 个要素为数据成员(第 6～10 行)；第 18 行定义方法 showResult()输出结果集。

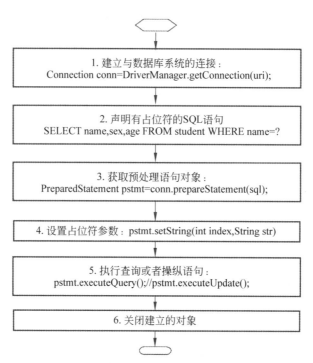

图 15-16 基于 PreparedStatement 接口的编程步骤

程序第 27 行 showStudent()方法显示 student 表的所有记录；第 35 行 public void query_1(String sql,String str)方法根据一个条件查询学生信息，第一个参数是带一个占位符的 SQL 语句，第二个参数为占位符实参；第 42 行 query_2(String sql，String str1，String str2)有两个占位符的查询语句；第 50 行 update_1(String sql，String str)有一个占位符的更新语句(更新语句包括 INSERT、UPDATE、DELETE)；第 56 行 update_2(String sql，String str1，String str2)有两个占位符的更新语句。

程序第 76 行 String sql1 = "select * from student where name=?"的 SQL 语句有一个占位符"?"；第 77 行"dao.query_1(sql1，"孙悟空");"调用一个占位符的查询方法；第 80 和 81 行、第 85 和 86 行、第 90 和 91 行、第 95 和 96 行等都是占位符机制的应用。

【程序案例 15-7】 PreparedStatement 接口的案例。

```
1   package chapter15;
2   import java.sql.*;
3   class DAO {
4       //成员变量,JDBC 编程 5 个要素
5       //驱动程序、连接对象、预处理语句对象、集合对象和连接信息
6       private String driverName;                              //驱动程序
7       private Connection conn = null;                         //连接对象
8       private PreparedStatement pstmt = null;                 //预处理语句对象
9       private ResultSet rs = null;                            //集合对象
10      private String uri;                                     //连接信息
11      public DAO(String driverName, String uri) throws Exception {
12          this.driverName = driverName;
13          this.uri = uri;
```

```
14              Class.forName(driverName);                       //加载驱动程序
15              this.conn = DriverManager.getConnection(uri);    //与数据库建立连接
16          }
17          //输出结果集
18          private void showResult(ResultSet rs) throws SQLException {
19              int colCount = rs.getMetaData().getColumnCount(); //取得列总数
20              while (rs.next()) {                              //输出结果集所有记录
21                  for (int i = 1; i <= colCount; i++)
22                      System.out.print(rs.getString(i) + "\t");
23                  System.out.println();                        //换行
24              }
25          }
26          //输出 student 表所有记录
27          public void showStudent() throws SQLException {
28              System.out.println("===显示学生表====");
29              String sql = "SELECT * FROM student";
30              this.pstmt = this.conn.prepareStatement(sql);
31              rs = this.pstmt.executeQuery();
32              this.showResult(rs);
33          }
34          //任务 1:根据一个条件查询学生信息
35          public void query_1(String sql, String str) throws SQLException {
36              this.pstmt = this.conn.prepareStatement(sql);
37              this.pstmt.setString(1, str);                    //设置占位符参数值
38              rs = this.pstmt.executeQuery();
39              this.showResult(rs);
40          }
41          //任务 2:根据两个条件查询学生信息
42          public void query_2(String sql, String str1, String str2) throws
                  SQLException {
43              this.pstmt = this.conn.prepareStatement(sql);
44              this.pstmt.setString(1, str1);                   //设置占位符参数值
45              this.pstmt.setString(2, str2);
46              rs = this.pstmt.executeQuery();
47              this.showResult(rs);
48          }
49          //任务 3:一个参数的更新
50          public void update_1(String sql, String str) throws SQLException {
51              this.pstmt = this.conn.prepareStatement(sql);
52              this.pstmt.setString(1, str);                    //设置占位符参数值
53              this.pstmt.executeUpdate();                      //执行操纵语句
54          }
55          //任务 4:两个参数的更新
56          public void update_2(String sql, String str1, String str2) throws
                  SQLException {
57              this.pstmt = this.conn.prepareStatement(sql);
58              this.pstmt.setString(1,str1);                    //设置占位符参数值
59              this.pstmt.setString(2, str2);
60              this.pstmt.executeUpdate();                      //执行操纵语句
61          }
62          //关闭对象
63          public void closeAll() throws SQLException {
64              if (rs != null)         rs.close();
```

```
65          if (pstmt != null)     pstmt.close();
66          if (conn != null)      conn.close();
67      }
68  }
69  public class Demo1507{
70      public static void main(String[] args) throws Exception {
71          String driverName = "com.mysql.jdbc.Driver";        //数据库驱动
72          String uri = "jdbc:mysql://localhost:3306/jsu?user=root&password=
                    jsu12345&useSSL=true";
73          DAO dao = new DAO(driverName, uri);                 //加载驱动,建立连接
74          //任务 1:一个条件查询学生信息
75          System.out.println("==任务 1 根据 name 查询学生====");
76          String sql1 = "select * from student where name=?";
77          dao.query_1(sql1, "孙悟空");
78          //任务 2:两个条件查询学生信息
79          System.out.println("===任务 2 查询 math 在某个区间的学生====");
80          String sql2 = "select name,sex,math from student where ?<math and
                    math<?";
81          dao.query_2(sql2, "60", "90");
82          //任务 3:一个参数的更新
83          System.out.println("===任务 5 删除记录====");
84          //删除平均成绩小于某个分数的学生记录
85          String sql5 = "delete from student where (english+math)<?";
86          dao.update_1(sql5, "60");                //删除平均成绩小于 60 分的学生记录
87          dao.showStudent();                       //显示表,验证删除结果
88          System.out.println("===任务 3 插入记录====");
89          //任务 4:两个参数的更新
90          String sql3 = "insert into student(id,name) values(?,?)";
                                                     //需要两个占位符
91          dao.update_2(sql3, "jsu8888", "玉皇大帝");  //插入记录
92          dao.showStudent();                       //显示表,验证插入结果
93          //任务 5:两个参数的更新
94          System.out.println("===任务 4 修改记录====");
95          String sql4 = "update student set english=?,phone=? where name='孙悟空'";
96          dao.update_2(sql4, "89.9", "000000000");
97          dao.showStudent();                       //显示表,验证修改结果
98          dao.closeAll();                          //关闭所有对象
99      }
100 }
```

◆ 15.6 小 结

本章主要知识点如下。

(1) JDBC 提供了一套与平台无关的数据库操作接口,支持 Java 的数据库厂商实现了这些接口,它们提供的数据库产品就可以使用 JDBC 编程。

(2) JDBC 编程分为 6 步:①引入 java.sql 包的所有类及接口;②加载驱动程序,驱动程序由各个数据库厂商提供;③连接数据库,需要启动数据库服务器,并提供数据库的名称、用户名和密码;④通过连接对象实例化 Statement 语句对象或者 PreparedStatement 语句对象;⑤利用语句对象完成对数据库的查询、插入、更新和删除操作;⑥关闭数据库连接

对象,释放资源。

（3）使用语句对象操纵数据库,需要把 SQL 字符串转换为 SQL 语句,构造 SQL 字符串需要注意不同数据类型的表示方法。

（4）查询结果集 ResultSet 是查询结果的集合,利用 next()方法移动记录指针,getXXXX()方法取得对应字段的信息。

（5）PreparedStatement 接口采用预编译方式,它的执行性能高于 Statement 接口。该接口支持参数化 SQL 语句,提高了 SQL 语句的灵活性,并能防止 SQL 注入攻击。

15.7 习　　题

15.7.1 填空题

1. 利用(　　)接口将 SQL 命令传送给数据库服务器,并将 SQL 命令的执行结果返回。

2. 利用 JDBC 访问数据库时,利用 ResultSet 对象的(　　)方法可以取得结果集当前行的第 1 列数据。

15.7.2 选择题

1. 利用 JDBC 查询数据库时,(　　)接口接收查询结果集。

　　A. ResultSet　　　　B. HashSet　　　　C. Map　　　　D. TreeSet

2. MySQL 是(　　)数据库。

　　A. 网状　　　　B. 层次　　　　C. 关系　　　　D. 混合

3. 如果要限制某个查询语句返回的最多记录数,可以通过调用 Statement 接口的(　　)来实现。

　　A. setFetchSize　　　　　　　　B. setMaxFieldSize

　　C. setMaxRows　　　　　　　　D. setQueryTimeout

15.7.3 简答题

1. 简述 JDBC 的作用。

2. 简述 JDBC 编程的步骤。

3. 简述数据库链接地址中每个成分的意义。

4. 与 Statement 接口比较,PreparedStatement 接口有哪些优点?

15.7.4 编程题

1. 国内部分著名红色旅游景点如表 15-3 所示,完成如下任务:①使用 MySQL 数据库系统保存该表;②查询景区级别为 5A 的所有景点;③插入景点"古田会议纪念馆"。

表 15-3　红色旅游景点

景点名	位　　置	景区级别	简　　述
西柏坡纪念馆	石家庄市平山县西柏坡镇	5A	解放战争时期中央工委、中共中央和解放军总部的所在地,国家一级博物馆
井冈山革命遗址	江西省吉安井冈山市	5A	1927 年 10 月,秋收起义失败后,毛泽东率领部队挺进井冈山,在井冈山创立了全国第一个农村革命根据地

续表

景点名	位 置	景区级别	简 述
延安革命纪念地	陕西省延安市王家坪	5A	中国工农红军万里长征胜利到达的终点,也是1935年10月—1948年8月毛泽东居住地和中共中央所在地

2. 学生信息如表15-2所示,编程完成如下任务:①定义Student类。②在MySQL建立学生信息表student并存储学生信息。③定义工具类MyUtil,该类中定义方法public static int fromSQLToSet(String sql,Set＜Student＞ set)实现从MySQL数据库提取所有学生信息并保存在set集合,返回集合元素个数;定义方法public static int fromSetToSQL(Set＜Student＞ set)实现把set集合中的Student信息转存到MySQL数据库系统,返回转存的元素个数;方法public static void show(String sql)显示MySQL数据库系统中student表的信息。

3. 测试Statement和PreparedStatement处理insert语句时的性能差异,测试数据至少5000条记录。

第 16 章 注 解

JDK 1.5 之后，增加注解（Annotation）技术提供对 Java 程序中元数据的支持。注解使得程序员在不改变原有代码的情况下，为程序元素（如类、方法）嵌入一些补充信息。Annotation 还可以替代编写配置文件，极大方便系统的开发与维护，在某种程度上，Annotation 变更了传统的软件系统开发模式。

本章内容
（1）注解的作用。
（2）3 种标准注解。
（3）自定义注解。
（4）4 种元注解。

◆ 16.1 注解简介

满足用户需求是优秀软件不懈努力的目标。JDK 1.5 增加了很多新特性来减轻编程人员的负担，丰富软件开发技术，如泛型、foreach 循环、自动装箱拆箱、枚举、可变参数等，其中一个重要新特性是注解。这些特性有助于软件开发者编写更加清晰、简洁、安全的程序。

注解也称注释，为程序中的元数据提供支持，如通过注解为类、属性和方法增加额外信息，增强程序安全性，减轻编程人员的负担，使程序更加简洁。

注解是一种特殊接口，接口前增加注解符号@，该接口就是注解。注解可以继承，也可以自定义，能在注解中定义属性，但语法格式与普通的类和接口存在区别。

注解保存在 java.lang.annotation 包中，标准注解、元注解和自定义注解都默认实现该接口。

标准注解包括@Override、@Deprecated 和@SuppressWarnings 3 个。元注解包括@Target、@Retention、@Documented 和@Inherited 4 个。

◆ 16.2 3 种标准注解

标准注解@Override、@Deprecated 和@SuppressWarnings 是 Annotation 接口的子类，保存在系统自动导入的 java.lang 包中。

16.2.1 @Override

@Override 注解只能修饰方法,表示该方法覆写超类中的方法,如果没有覆写超类中的方法,编译器发出错误提示。该注解只能修饰方法,不能修饰类和属性。

下面代码段第 6 行 toString()方法前使用@Override 注解,表示 toString()方法覆写了父类 Object 的该方法。第 11 行@Override 修饰方法 shwo(),表示该方法覆写父类 Person 的 shwo()方法,但编译器给出错误提示 The method shwo() of type Student must override or implement a supertype method,表示该方法并没有覆写父类的方法。对比发现,父类定义 show()方法,子类定义 shwo()方法,方法名拼写不一致。

```
1   class Person{
2       private String name;
3       private int age;
4       void show() {}
5       @Override
6       public String toString() {
7           return "Person [name=" + name + ", age=" + age + "]";
8       }
9   }
10  class Student extends Person{
11      @Override
12      void shwo() {}                //该方法需要覆写父类方法,否则不能通过编译
13  }
```

@Override 注解提醒程序员,该方法是覆写方法,方法签名应该与超类方法签名保持一致。

16.2.2 @SuppressWarnings

注解@SuppressWarnings 的作用是压制警告,关闭不当的编译器警告信息,该注解能修饰类、方法、属性和具体语句。

【语法格式 16-1】 @SuppressWarnings。

@SuppressWarnings({ "压制关键字 1","压制关键字 2",……, "压制关键字 n"})

根据不同情况选择需要压制关键字,压制关键字主要包括如下内容。

(1) deprecation,使用了不赞成使用的类或方法时的警告。

(2) unchecked,使用了未检查的转换时的警告。

(3) fallthrough,switch 程序块直接通往下种情况而没有使用 break 时的警告。

(4) serail,当在可序列化的类上缺少 serialVersionUID 时的警告。

(5) finall,任何 finally 子句不能正常完成时的警告。

(6) rawtypes,泛型操作中没有指定泛型类型时的警告。

(7) unused,程序中存在没有使用的属性、方法和变量时的警告。

(8) all,压制所有编译器提示的警告。

下面程序段,第 1 行@SuppressWarnings 注解方法 show(),表示压制编译方法时的警告信息,参数 rawtypes 表示使用泛型时没有指定泛型类型,参数 unused 表示 show()方法

中定义的变量 arr 和 map 没有使用。

```
1   @SuppressWarnings({ "rawtypes", "unused" })
2   public void show() {
3       ArrayList arr=new ArrayList();              //没有指定泛型类型
4       Map map=new HashMap();                       //没有使用 map
5   }
```

如果使用以下代码定义 show()方法,程序第 2、3 行指定了泛型类型,第 4 行向集合 arr 增加元素,第 5 行向 map 集合增加键-值对,编译器不会给出没有指定泛型和变量未使用的警告。

```
1   public void show() {
2       ArrayList<String> arr=new ArrayList<>();        //指定泛型类型
3       Map<String,String> map=new HashMap<>();
4       arr.add("111");                                  //使用 arr
5       map.put("111", "222");                           //使用 map
6   }
```

@SuppressWarnings 注解能修饰类、方法、属性和具体语句。修饰类表示压制类体中出现的警告信息。

程序案例 16-1 演示了 @SuppressWarnings 注解。第 1 行 @SuppressWarnings 修饰类,表示压制类体中出现的 rawtypes 和 unused 的警告信息,第 3 行压制编译器给出的成员属性的警告信息,第 5 行压制编译器给出的 show()方法的警告信息,第 7 行压制编译器给出的第 8 行语句的警告信息。

【程序案例 16-1】 @SuppressWarnings 注解。

```
1   @SuppressWarnings({ "rawtypes", "unused" })           //压制类编译警告信息
2   public class Demo1601 {
3       //@SuppressWarnings({ "rawtypes", "unused" })      //压制属性编译警告信息
4       private ArrayList   arr=new ArrayList();
5       //@SuppressWarnings({ "rawtypes", "unused" })      //压制方法编译警告信息
6       public void show() {
7           //@SuppressWarnings({ "rawtypes", "unused" })  //压制语句编译警告信息
8           ArrayList  arr=new ArrayList();
9           Map   map=new HashMap();
10      }
11  }
```

编译器给出的警告信息不是程序出现了语法错误,程序也能正常运行,但是这些警告信息提醒程序员可能需要优化程序,或者存在一些不符合常规的情况。优秀的程序员应该重视这些警告信息,而不是采用@SuppressWarnings 压制它们。

出现问题并不可怕,重要的是分析产生问题的原因,并找到解决办法。

16.2.3 @Deprecated

@Deprecated 注解的作用是不建议使用。它能修饰类、方法和成员属性。修饰类表示不建议使用类中声明的成员属性和方法;修饰方法表示不建议使用该方法;修饰成员属性表示不建议使用该成员属性。

例如,java.util.Date 的定义如下,第 3 行 getYear()方法和第 7 行 setYear()方法用

@Deprecated 修饰。图 16-1 调用这两个方法给出了删除线,表示调用了废弃的方法。

```
1   public class Date implements java.io.Serializable, Cloneable, Comparable<
        Date>{
2       @Deprecated
3       public int getYear() {
4           return normalize().getYear() - 1900;
5       }
6       @Deprecated
7       public void setYear(int year) {
8           getCalendarDate().setNormalizedYear(year + 1900);
9       }
10      //省略其他内容
11  }
```

虽然 Java 给出了废弃的警告信息,并不表明这些程序元素不能使用,@Deprecated 修饰的程序元素仍然能使用。图 16-2 第 2 行@Deprecated 修饰了 Person 类(Person 类增加删除线);第 4 行@Deprecated 修饰成员属性 name;第 6 行@Deprecated 修饰成员方法 show();第 13～15 行创建该类对象、调用该类成员方法和成员属性都给出删除线,表明不建议使用它们,但程序仍然能正常运行。

```
Date date=new Date();
date.setYear(1900);
date.getYear();
```

图 16-1 调用废弃方法

```
1   package chapter16;
2   @Deprecated//修饰类
3   class Person{
4       //@Deprecated //修饰属性成员
5       public  String name;
6       //@Deprecated  //修饰成员方法
7       void show() {
8           this.name="xx";
9       }
10  }
11  public class Demo1602 {
12      public static void main(String[] args) {
13          Person per=new Person();
14          per.show();
15          per.name="孙悟空";
16      }
17  }
```

图 16-2 @Deprecated 作用

@Deprecated 作用类似告诉别人这是一台十年前的手机,能正常使用,功能齐全,但可能影响用户体验,买一台新手机比较好。

16.3 自定义注解

16.2 节介绍的 3 种标准注解由 Java 语言提供,编程人员可直接使用。Java 语言支持自定义注解满足个性化编程需要。

1. 自定义 Annotation 格式

自定义 Annotation 格式如下。

【语法格式 16-2】 自定义 Annotation。

```
[public] @interface 注解名{
    数据类型  变量名();
}
```

自定义 Annotation 的关键字是@interface，注解只能包含成员属性，并且成员属性名后跟一对圆括号。

类似自定义类默认继承 Object 类一样，自定义 Annotation 默认继承 java.lang.annotation.Annotation 接口。

下面代码段自定义注解@MyFirstAnnotation，该注解修饰自定义类 Base。

```
1  @interface MyFirstAnnotation{
2  }
3  @MyFirstAnnotation
4  class Base{
5  }
```

自定义 Annotation 是为了解决个性化问题，上面定义的 MyFirstAnnotation 没有任何内容，不能完成注解任务。

2. 设置 Annotation 内容

使用标准注解时，能向标准注解如 @ SuppressWarnings 传递参数。例如 @SuppressWarnings("rawtypes")，向@SuppressWarnings 传入字符串 rawtypes。

自定义 Annotation 可以包含成员属性，使用注解时能向成员属性传入具体值。下面程序段自定义注解@MyFirstAnnotation，第 2 行自定义注解的成员属性 value，第 4 行使用该注解修饰类 Base，同时传入参数值"中国"。

```
1  @interface MyFirstAnnotation{
2      String value();                    //设置注解的成员属性,接收传入的内容
3  }
4  @MyFirstAnnotation("中国")              //向自定义注解传入值
5  class Base{
6  }
```

自定义注解能声明多个成员属性，使用时根据成员属性个数传入具体值。下面代码段，自定义注解@ MyFirstAnnotation 声明了两个成员属性 value 和 key，第 5 行@MyFirstAnnotation(value="中国",key="天宫")，向该注解的两个成员属性分别传入具体值。

```
1  @interface MyFirstAnnotation{
2      String value();
3      String key();
4  }
5  @MyFirstAnnotation(value="中国",key="天宫")
6  class Base{
7  }
```

设置注解内容的语法格式如下。

【语法格式 16-3】 设置注解内容。

```
@注解名(成员属性名 1=值 1,成员属性名 1=值 2,……, 成员属性名 n=值 n)
```

当然，如果成员属性是数组，使用该注解时要传入数组。下面程序段，自定义注解@MyFirstAnnotation的成员属性value是字符串数组，第5行使用该注解时向value传入字符串数组(value={"中国","天宫","祝融"})。

```
1    @interface MyFirstAnnotation{
2        String []value();                    //成员属性是数组
3        String key();
4    }
5    @MyFirstAnnotation(value={"中国","天宫","祝融"},key="光荣")
6    class Base{
7    }
```

3. 默认值

自定义类的成员属性可以赋初始值，类似地，能为自定义注解的成员属性设置默认值，如果使用该注解时没有传入其他值，默认值就是该成员属性的值。

【语法格式16-4】 设置成员属性的默认值。

```
@interface 自定义注解名{
    数据类型   成员属性名()   default 默认值;
}
```

下面代码段，第2行声明成员属性value并设置了默认值，第3行成员属性key没有默认值，第5行使用该注解时，仅仅为key传入值。

```
1    @interface MyFirstAnnotation{
2        String value() default "中国";        //设置默认值
3        String key();
4    }
5    @MyFirstAnnotation(key="天宫")            //为没有默认值的成员属性传入值
6    class Base{
7    }
```

使用注解时，如果没有为设置了默认值的成员属性传入值，注解使用默认值。必须要为没有默认值的成员属性传入具体值。

16.4 4种元注解

16.2节和16.3节介绍了3种标准注解和自定义注解，注解作为特殊接口，Java语言提供了其他注解修饰注解。修饰注解的注解称为元注解，元注解包括@Target、@Retention、@Documented和@Inherited 4种。

16.4.1 @Target

元注解@Target指定注解使用的位置，例如，注解@Override只能修饰方法，@SuppressWarnings注解能修饰类、方法、成员属性和具体语句。下面代码段是注解@Override的定义，第1行元注解@Target的参数ElementType.METHOD，指定注解@Override只能修饰方法，不能修饰其他程序元素。

```
1   @Target(ElementType.METHOD)                    //注解@Override只能修饰方法
2   @Retention(RetentionPolicy.SOURCE)
3   public @interface Override {
4   }
```

元注解@Target 中存在一个 ElementType 枚举类型的成员属性,该成员属性指定注解的使用位置。ElementType 枚举类型的值如下。

(1) ANNOTATION_TYPE,只能用于注解声明。

(2) CONSTRUCTOR,只能用于构造方法声明。

(3) FIELD,只能用于成员属性声明。

(4) LOCAL_VARIABLE,只能用于局部变量声明。

(5) METHOD,只能用于方法声明。

(6) PACKAGE,只能用于包声明。

(7) PARAMETER,只能用于参数声明。

(8) TYPE,只能用于类、接口、枚举类型。

下面代码段,第 1 行元注解 @ Target (ElementType. TYPE) 修饰自定义注解@MyFirstAnnotation,表示注解@ MyFirstAnnotation 只能定义类或者接口;第 7 行注解@MyFirstAnnotation 修饰类 Base 通过编译;第 11 行@ MyFirstAnnotation 修饰方法 show(),提示编译错误(The annotation @MyFirstAnnotation is disallowed for this location)。

```
1   @Target(ElementType.TYPE)                //注解@MyFirstAnnotation只能修饰类、接口
2   @Retention(RetentionPolicy.SOURCE)
3   @interface MyFirstAnnotation{
4       String value() default "中国";
5       String key() default "天宫";
6   }
7   @MyFirstAnnotation
8   class Base{
9   }
10  class Sub{
11      @MyFirstAnnotation                   //编译错误,该注解不能用于方法
12      public void show() {}
13  }
```

元注解@Target 的定义如下,第 5 行成员属性 value 是 ElementType 数组,表示该成员属性能接收多个 ElementType 值。元注解@Target 能指定注解出现在多个位置。

```
1   @Documented
2   @Retention(RetentionPolicy.RUNTIME)
3   @Target(ElementType.ANNOTATION_TYPE)
4   public @interface Target {
5       ElementType[] value();
6   }
```

下面代码段,第 2 行增加了元注解@ Target({ElementType. TYPE,ElementType. METHOD,ElementType.FIELD}),表示自定义注解@ MyFirstAnnotation 能用于类、接口、方法和成员属性。第 8 行该注解用于类,第 10 行该注解用于成员属性,第 12 行该注解用于方法。

```java
1   //注解@MyFirstAnnotation 能用于类和接口、方法、成员属性
2   @Target({ElementType.TYPE,ElementType.METHOD,ElementType.FIELD})
3   @Retention(RetentionPolicy.SOURCE)
4   @interface MyFirstAnnotation{
5       String value() default "中国";
6       String key() default "天宫";
7   }
8   @MyFirstAnnotation                              //注解修饰类
9   class Base{
10      @MyFirstAnnotation                          //注解修饰成员属性
11      private String name;
12      @MyFirstAnnotation                          //注解修饰方法
13      public void show() {}
14  }
```

16.4.2 @Retention

普通类和接口经过编译后生成扩展名为.class 的字节码文件。注解作为特殊接口,编译器会编译它们,它与普通类和接口存在区别,Java 语言支持为注解指定保存级别,例如,仅仅保存在程序源文件、保存在字节码文件(.class)或者能加载到 JVM 等情况。

元注解@Retention 的作用是为注解指定保存级别,参数值是枚举类型 RetentionPolicy,该成员指定保存注解的3个级别。

(1) SOURCE,表示仅把 Annotation 保存在程序源文件(＊.java),编译后不会保存在字节码文件(＊.class)。

(2) CLASS,表示注解保存在程序源文件(＊.java)和字节码文件(＊.class),程序运行时不会被加载到 JVM。如果没有为注解指定级别,默认为此级别。

(3) RUNTIME,表示注解保存在程序源文件(＊.java)和字节码文件(＊.class),程序运行时也会加载到 JVM。

下面代码段是@Override 注解的定义,使用元注解@Retention(RetentionPolicy.SOURCE),参数 RetentionPolicy.SOURCE 表示该注解仅仅保存在程序源文件。

```
@Target(ElementType.METHOD)
@Retention(RetentionPolicy.SOURCE)
public @interface Override {
}
```

下面代码段是@Deprecated 注解的定义,使用元注解@Retention(RetentionPolicy.RUNTIME),参数 RetentionPolicy.RUNTIME 表示该注解保存在源文件、字节码文件,并且也会加载到 JVM。

```
@Documented
@Retention(RetentionPolicy.RUNTIME)
@Target(value={CONSTRUCTOR, FIELD, LOCAL_VARIABLE, METHOD, PACKAGE, MODULE,
PARAMETER, TYPE})
public @interface Deprecated {
}
```

下面代码段自定义注解@ MyFirstAnnotation,第 1 行指定该注解保存级别

RetentionPolicy.RUNTIME，表示在执行程序时该注解起作用。

```
1    @Retention(RetentionPolicy.RUNTIME)
2    @interface MyFirstAnnotation{
3        String value()   default "中国";
4        String key()   default "天宫";
5    }
6    @MyFirstAnnotation()
7    class Base{
8    }
```

使用@Retention(RetentionPolicy.RUNTIME)是一种比较常见的修饰自定义注解的方式。

16.4.3 @Documented

元注解@Documented 的作用是该注解能被 javadoc 工具提取成文档，通过该方式能为类或者方法增加说明，便于开发者了解类或者方法的作用。

下面代码段，第 1 行元注解@Documented 表示注解@MyDocumentAnnotation 能被 javadoc 工具提取成文档。

```
1    @Documented
2    @interface MyDocumentAnnotation{
3        public String value() default "中国";
4        public String key() default   "天宫";
5    }
6    @MyDocumentAnnotation(value="火星",key="祝融")
7    class MyBean{
8        @MyDocumentAnnotation(value="火星",key="祝融")
9        public void show() {    }
10   }
```

16.4.4 @Inherited

类之间存在继承关系，注解作为特殊接口，同样也能被继承。元注解@Inherited 允许子类继承父类的注解。如果需要子类继承父类的注解，需要用@Inherited 修饰父类的注解。

下面代码段，第 1 行@Inherited 表示自定义注解@MyInheritedAnnotation 能被子类继承，第 9 行定义子类 Sub 继承父类 Base，隐含了第 8 行注解@MyInheritedAnnotation 修饰子类 Sub。

```
1    @Inherited                          //表示注解@MyInheritedAnnotation 能被子类继承
2    @interface MyInheritedAnnotation{
3        public String value();
4    }
5    @MyInheritedAnnotation("天宫")
6    class Base{
7    }
```

```
8   //@MyInheritedAnnotation("天宫")
9   class Sub extends Base{
10  }
```

元注解@Inherited 是指修饰父类的注解能被子类继承,表示子类与父类具有同样的注解,而不是该注解本身作为父类被子类继承。如下面代码段,第 2 行定义注解@MyInheritedAnnotation,第 5 行定义注解@MySubAnnotation 继承注解@MyInheritedAnnotation 将出现编译错误。

```
1   @Inherited                        //表示注解 MyInheritedAnnotation 能被子类继承
2   @interface MyInheritedAnnotation{
3       public String value();
4   }
5   @interface MySubAnnotation extends MyInheritedAnnotation{
6   }
```

16.5 小 结

本章主要知识点如下。

(1) 注解是一种特殊接口,符号@定义的接口是注解。注解为程序元素(如类、属性和方法)增加额外信息,增强程序安全性,减轻编程人员负担,使程序更加简洁。

(2) Java 语言提供了@Override、@Deprecated 和@SuppressWarnings 3 种标准注解。

(3) Java 语言支持自定义注解,自定义注解默认继承 java.lang.annotation.Annotation 接口。

(4) 4 种元注解@Target、@Retention、@Documented 和@Inherited 修饰注解。

16.6 习 题

16.6.1 填空题

1. 注解是一种特殊接口,接口前增加注解符号(　　),该接口就是注解。
2. 标准注解是(　　)接口的子类,保存在系统自动导入的 java.lang 包。

16.6.2 选择题

1. (　　)不是标准注解。
   A. @Override   B. @Deprecated
   C. @Documented   D. @SuppressWarnings
2. @Override 注解可以用于修饰(　　)。
   A. 方法   B. 类   C. 属性   D. 以上都可以
3. @SuppressWarnings 注解可以用于修饰(　　)。
   A. 方法   B. 类   C. 属性   D. 以上都可以

16.6.3 简答题

1. 什么是注解?
2. 3 种标准注解的作用分别是什么?

3. 元注解有哪几种？它们的作用是什么？

16.6.4　编程题

编写 Java 程序，要求如下。

（1）创建 Apple.java 类，属性有 appleColor，appleName，provider。

（2）创建 3 个自定义属性注解@FruitColor，@FruitName，@FruitProvider。

（3）分别为 Apple 的 3 个属性设置属性注解。

（4）提取 Apple 类的注解信息。

第17章 图形用户界面

用户界面(User Interface,UI)是计算机使用者(用户)与计算机系统交互的接口,它对用户体验有较大影响。

Java 语言如何构造生动、便捷和友好的图形用户界面?Java 语言如何使界面响应用户需求?如何使用 Java 语言设计菜单、表格、文件对话框、导航树和下拉框等图形用户界面元素?本章将为读者一一解答这些问题。

本章内容

(1) Java 语言的 GUI 特征。

(2) AWT 与 Swing。

(3) 容器、组件、布局管理器。

(4) JLabel、JButton、JTextField 等常用组件。

(5) 布局管理器 FlowLayout、BorderLayout 和 GridLayout。

(6) 常用容器 JFrame、JPanel、JSplitPane 和 JTabbedPane。

(7) 事件响应原理与处理模型。

(8) 窗体事件、动作事件、键盘事件和鼠标事件。

(9) JRadioButton、JCheckBox、JComboBox、JList 和 JMenu 等组件。

17.1 概　　述

17.1.1 图形用户界面简介

用户界面有两种形式:①字符用户界面(Charateral User Interface,CUI),特点是用户通过一系列命令与系统交互,缺点是需要用户记忆众多命令,增加了用户负担。字符用户界面已经逐步被淘汰,少数特殊软件系统使用这种方式,例如,Linux Shell 命令行字符用户界面,命令提示符下使用 javac 命令编译 Java 源程序;②图形用户界面(Graphical User Interface,GUI),用户利用鼠标、窗口、按钮等图形方式与计算机系统交互,其优点是用户界面友好、减轻用户认知负担。图形用户界面是用户与计算机系统交互的主流方式。例如,Windows 操作系统、金山 WPS 文字处理软件、360 浏览器等都是图形用户界面的软件系统。与字符用户界面相比,图形用户界面借助菜单、按钮等标准界面元素和鼠标进行操作,帮助用户方便地向计算机系统发出指令,系统运行结果同样以图形方式显示给用户,使应用程序画面生动、操作简便,减轻用户需要记忆字符界面各种命令的负担,深受广大用户的喜爱。目前图形用户界面几乎是所有应用软件的既定标准。

开发图形用户界面的主要原则:①减少用户的认知负担;②保持界面的一致性;③满足不同目标用户的创意需求;④用户界面的友好性;⑤图标识别的平衡性;⑥图标功能的一致性;⑦建立界面与用户的互动交流。

不同软件系统的图形用户界面元素不同。例如,图 17-1 显示的金山 WPS 的窗口,包括窗体、标题栏、菜单栏、工具栏、状态栏、编辑区和滚动条等界面元素,用户通过鼠标等设备进行操作。

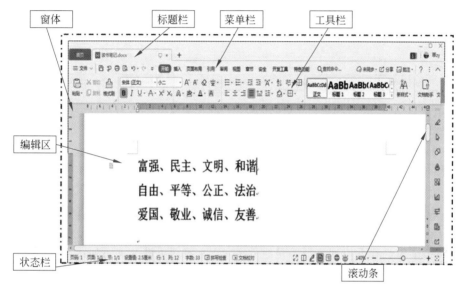

图 17-1　金山 WPS 的窗口

图形用户界面编程有 3 个特征:①图形用户界面对象及其框架(见图形用户界面对象之间的包含关系,图 17-1 中,所有图形元素如标题栏、菜单栏等包含在窗体中,菜单栏包含若干菜单,菜单栏是一个对象,每个菜单也是对象);②图形用户界面对象的布局(见图形用户界面对象之间的位置关系,例如,标题栏在最上面,菜单栏在标题栏的下面,状态栏在窗体的最下方);③图形用户界面对象的事件响应(见图形用户界面对象的动作,例如,单击"开始"菜单后弹出下拉子菜单,单击滚动条下方空白处显示内容向后滚动)。

为提高开发图形用户界面的效率和质量,Java 语言提供了抽象窗口工具包(Abstract Windowing ToolKit,AWT)和 Swing 包两个图形用户界面工具包。程序员能便捷地使用两个包的类库,生成各种标准图形用户界面元素并处各种事件。

17.1.2　AWT

1996 年,Sun 公司发布了 JDK 1.0,AWT 是 JDK 1.0 的重要组成部分,它提供基本的 GUI 类库,Sun 公司希望该类库能在所有平台上运行,这套基本类库被称为抽象窗口工具包。AWT 的所有工具类都保存在 java.awt 包中,该包提供了图形用户界面的主要工具类,这些类又称组件。它为 Java 应用程序提供基本的图形用户界面元素。

AWT 不生产图形用户界面组件,它把处理图形用户界面组件的功能委托给目标平台(如 Windows、Solaris 等)的基本 GUI 工具,即使用 AWT 在应用程序窗口放置一个按钮,由底层(目标平台)的对等体按钮处理 Java 应用程序的按钮。例如,Java 应用程序运行在 Windows 平台,Java 调用 Windows 的 GUI 函数库处理该按钮,因此 AWT 是重要级组件。

java.awt 包提供的图形用户界面元素包括容器(Container)、布局管理器(LayoutManager)和控制组件(Component)3 种。AWT 包的类结构如图 17-2 所示。

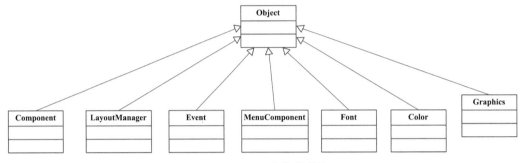

图 17-2 AWT 包的类结构

1. 容器

容器是容纳其他界面成分和元素的组件,一个容器可以容纳多个组件,并且容器也能作为组件放进另一个容器中。例如,窗口(Frame)是容器,面板(Panel)也是容器,在窗体容器中能放置按钮、文本框、下拉列表框、菜单等控制组件。在图 17-1 中,整个窗口是容器,状态栏也是容器,菜单栏和下拉列表框等是组件。AWT 容器组件的关系如图 17-3 所示。

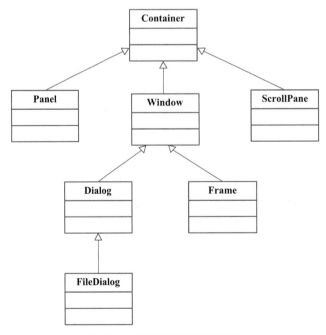

图 17-3 AWT 容器组件的关系

2. 布局管理器

容器中放置若干控制组件,布局管理器决定控制组件在容器中的位置,如果改变了容器大小,需要调整布局管理器适应这种改变。AWT 布局管理器组件的关系如图 17-4 所示。

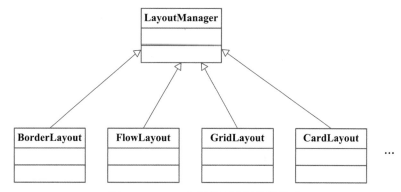

图 17-4　AWT 布局管理器组件的关系

3. 控制组件

容器用来容纳其他组件,布局管理器决定组件在容器中的位置,而控制组件是图形用户界面的最小单位,它不能包含其他组件,例如,文本框、单选按钮、下拉列表框、菜单等都属于控制组件。控制组件都是 Component 和 MenuComponent 的子类,它们的类结构如图 17-5 所示。

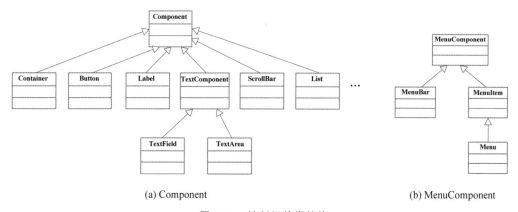

图 17-5　控制组件类结构

4. 其他类

图形用户界面除了上面介绍的组件外,还需要其他工具类来装饰美化界面,例如,设置文本框文字的字体、字形、颜色等。这些成分不响应用户的动作,也没有交互功能。

17.1.3　Swing

AWT 基于对等体实现 GUI,这种方式编写的图形用户界面不美观,功能有限,可移植性差。因为不同平台(如 Windows 和 Solaris)的菜单、滚动条和文本框等界面成分存在细微差别,因此对等体方式难以做到给用户一致的操作体验。针对这个问题,JDK 2.0 创建了新的图形用户界面库 Swing,Java 实现的 Swing 是轻量级组件(AWT 是重量级组件)。Swing 不是基于对等体的 GUI,使用 Swing 能更轻松构建图形用户界面,并且保持不同平台上的一致性。

与 AWT 相比,Swing 有 4 个特点:①轻量级组件;②外观一致;③采用 MVC 架构;④性能更稳定。

Swing 类保存在 javax.swing 包中,所有组件均继承 JComponent,其结构如图 17-6 所示。

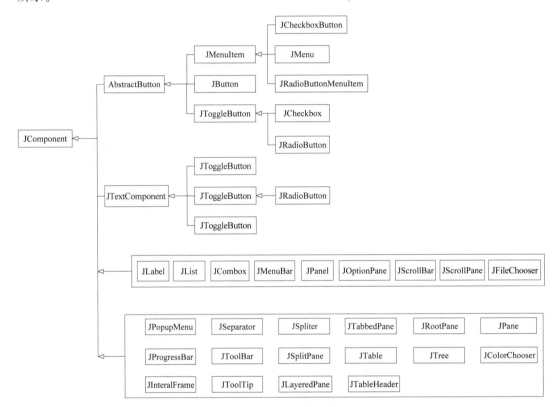

图 17-6　Swing 类结构

Swing 组件比 AWT 组件前面多一个字母 J,例如,AWT 的按钮组件为 Button,而 Swing 的按钮组件为 JButton。本书后面如果组件前面有字母 J,则代表它是 Swing 组件。

虽然 Swing 重新定义了很多组件,但它不能完全代替 AWT,例如,Swing 仍然采用 AWT 的事件处理模型和布局管理器。目前仍然可以使用 AWT 的各种组件,但一般情况下不建议这样做。

AWT 与 Swing 的主要区别。

(1) Swing 相对于 AWT 具有更多优势,例如,Swing 具有更丰富、更方便的图形用户界面元素,更少依赖底层平台,基于不同平台能为用户提供一致性操作体验。

(2) Swing 的运行效率低于 AWT,随着计算资源的进步,这种差别不会对用户体验产生太多负面影响。

17.2　JFrame 容器

窗体容器 JFrame 是图形用户界面的底层容器,该容器能放置其他容器和控制组件,但不能被其他容器包含,即没有其他任何容器能放置 JFrame。该容器支持通用窗口的基本功能,如最小化窗口、移动窗口、重新设定窗口大小等。

JFrame 是 JComponent 的子类,常用操作方法如下。

(1) public JFrame() throws HeadlessException,创建窗体对象。

(2) public JFrame(String title) throws HeadlessEcception,创建有标题的窗体对象。

(3) public void setVisible(Boolean b),显示或隐藏窗体。

(4) public Component add(Component comp),向窗体增加组件。

(5) public void setLayout(LayoutManager mgr),设置布局管理器。

(6) public Container getContentPane(),返回窗体的容器对象。

(7) public void setSize(int width,int height),设置窗体大小。

(8) public void setSize(Dimension d),通过 Dimension 设置窗体大小。

(9) public void setBackground(Color c),设置窗体背景颜色。

(10) public void setLocation(int x,int y),设置窗体的显示位置。

(11) public void pack(),自动调整窗体大小。

程序案例 17-1 演示了 JFrame 容器的基本使用方法,运行结果如图 17-7 所示。该界面需要 4 个组件,底层容器是 JFrame 对象,摆放了两个按钮(按钮 A、按钮 B),按钮后面是一个单行文本框。根据界面需要,程序第 6～9 行声明了所需组件,包括一个 JFrame 对象 frame,两个 JButton 对象 btnA 和 btnB,一个单行文本框 JTextField 对象 txt;第 13～16 行创建该界面需要的 4 个组件;第 18、19 行设置容器 frame 的大小和位置;第 21 行设置该容器的布局管理器,确定控制组件在容器中的位置;第 23～25 行调用 frame 的 add()方法向容器增加两个按钮和一个单行文本框组件;第 27 行设置容器可见性;第 28 行设置关闭该窗体时的退出程序。

第一个 GUI 程序

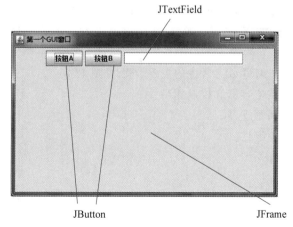

图 17-7　程序案例 17-1 运行结果

【程序案例 17-1】 JFrame 容器的基本使用方法。

```java
1   package chapter17;
2   import java.awt.FlowLayout;
3   import javax.swing.*;
4   public class Demo1701 {
5       //成员变量,容器组件
6       private JFrame frame;                    //一个窗口,底层容器
7       private JButton btnA;                    //按钮,控制组件
8       private JButton btnB;                    //按钮,控制组件
9       private JTextField txt;                  //文本框,控制组件
10      //初始化界面方法
11      public Demo1701() {
12          //准备工作
13          frame = new JFrame("第一个 GUI 窗口");   //建立容器
14          btnA = new JButton("按钮 A");            //创建按钮
15          btnB = new JButton("按钮 B");            //创建按钮
16          txt = new JTextField(20);                //创建长度为 20 个字符的文本框
17          //1. 准备容器
18          frame.setSize(500, 300);            //设置窗体大小,宽度 500 像素,高度 300 像素
19          frame.setLocation(700, 300);        //设置窗体位置,X 轴 700 像素,Y 轴 300 像素
20          //2. 设置容器布局方式
21          frame.setLayout(new FlowLayout());  //设置流式布局管理器
22          //3. 向容器加入组件
23          frame.add(btnA);                    //向底层容器 frame 增加按钮 A
24          frame.add(btnB);                    //向底层容器 frame 增加按钮 B
25          frame.add(txt);                     //增加文本框
26          //4. 底层容器可见
27          frame.setVisible(true);             //可见
28          frame.setDefaultCloseOperation(JFrame.EXIT_ON_CLOSE);
                                                //关闭窗体时的退出程序
29      }
30      public static void main(String[] args) {
31          new Demo1701();
32      }
33  }
```

程序第 19 行 frame.setLocation(700,300)设置窗体左上角的位置,窗体左上角坐标的 X 轴 700 像素、Y 轴 300 像素。屏幕左上角的坐标为(0,0)。

程序案例 17-1 包含了编写 GUI 程序的主要步骤(见图 17-8)。

(1) 根据界面需要准备容器和控制组件。

(2) 设置容器的布局管理器。

(3) 向容器加入控制组件。

(4) 显示容器。

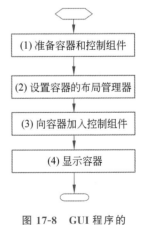

图 17-8 GUI 程序的主要步骤

17.3 基本组件

创建容器后能在容器中摆放各种控制组件。下面介绍标签组件 JLabel、按钮组件 JButton 和单行文本框组件 JTextField 3 种常用控制组件。

17.3.1 JLabel

JLabel 是静态控制组件,也称标签,能显示一行静态文本,一般用于信息说明,不接收用户输入。它的部分常用成员如下。

(1) public static final int LEFT,标签文本左对齐。

(2) public static final int CENTER,标签文本居中对齐。

(3) public static final int RIGHT,标签文本右对齐。

(4) public JLabel() throws HeadlessException,创建标签对象。

(5) public JLabel(String text) throws HeadlessException,创建标签并指定文本内容。

(6) public JLabel(String text,int alignment) throws HeadlessException,创建标签并指定文本内容以及对齐方式。

(7) public JLabel(String text,Icon icon,int horizontalAlignment),创建包含指定文本、图像和对齐方式的标签。

(8) public String getText(),取得标签文本。

(9) public void setText(String text),设置标签文本。

(10) public void setAlignment(int alignment),设置标签文本对齐方式。

(11) public void setIcon(Icon icon),设置标签图像。

程序案例 17-2 演示了 JLabel 组件的使用方法,图 17-9 是该程序的运行结果。根据 GUI 编程步骤(见图 17-8),第一步,第 10~19 行准备容器和控制组件;第二步,第 21 行设置容器的布局管理器;第三步,第 23、24 行向容器加入控制组件;第四步,第 26 行显示容器。

图 17-9 程序案例 17-2 运行结果

程序第 15 行 setText()方法设置标签文本;第 16 行 setFont()方法设置标签文本字体;第 17 行 setOpaque()方法设置标签不透明显示,如果不设置则默认为透明状态;第 18 行 setForeground()方法设置标签前景颜色;第 19 行 setBackground()方法设置标签背景颜色。

因篇幅限制,关于 Font 和 Color 类的详细内容请参阅有关书籍。

【程序案例 17-2】 JLabel 组件的使用。

```java
1   package chapter17;
2   import java.awt.*;
3   import javax.swing.*;
4   public class Demo1702 {
5       private JFrame frame;
6       private JLabel jLabel;
7       private JButton jButton;
8       public Demo1702() {
9           //1.准备容器和控制组件
10          frame = new JFrame("标签案例");
11          jLabel = new JLabel();
12          jButton = new JButton("我是按钮");
13          frame.setSize(500, 300);
14          frame.setLocation(400, 300);
15          jLabel.setText("幸福都是奋斗出来的!");            //设置标签文本
16          jLabel.setFont(new Font("华文行楷", Font.BOLD, 30));  //设置标签文本字体
17          jLabel.setOpaque(true);                         //设置标签不透明显示
18          jLabel.setForeground(Color.BLACK);              //设置标签前景颜色
19          jLabel.setBackground(Color.YELLOW);             //设置标签背景颜色
20          //2.设置容器的布局管理器
21          frame.setLayout(new FlowLayout());              //流式布局
22          //3.向容器加入控制组件
23          frame.add(jButton);                             //向容器添加按钮
24          frame.add(jLabel);                              //向容器添加标签
25          //4.显示容器
26          frame.setVisible(true);
27          frame.setDefaultCloseOperation(JFrame.EXIT_ON_CLOSE);
28      }
29      public static void main(String[] args) {
30          new Demo1702();
31      }
32  }
```

17.3.2　JButton

输入用户名、密码,单击"确定"按钮登录软件系统是最令用户难以忘怀的一件事情,常常因为需要登录的系统众多,用户名和密码经常张冠李戴。单击按钮完成任务是 GUI 软件系统比较常见的一种姿势。

按钮 JButton 是控制组件,保存在 javax.swing 包中,该组件的常用方法如下。

(1) public JButton() throws HeadlessException,创建 JButton 对象。

(2) public JButton(String text) throws HeadlessException,创建带有标签信息的 JButton 对象。

(3) public JButton(Icon icon),创建带图片的 JButton 对象。

(4) public JButton(String label,Icon icon),创建带图片和文本的 JButton 对象。

(5) public String getText(),取得 JButton 的文本。

(6) public void setText(String text),设置 JButton 的文本。

(7) public void setMnemonic(int mnemonic),设置按钮的快捷键。

程序案例 17-3 演示了 JButton 组件的使用方法，运行结果如图 17-10 所示。分 4 步完成 GUI 设计。第 15 行 jButton.setText("我是按钮！")设置按钮的文本，第 16 行 jButton.setFont(new Font("华文行楷", Font.BOLD, 30))设置按钮文本的字体，第 17 行 jButton.setOpaque(true)设置按钮不透明显示，第 18 行 jButton.setForeground(Color.BLACK)设置按钮前景颜色为黑色，第 19 行 jButton.setBackground(Color.YELLOW)设置按钮背景颜色为黄色。

图 17-10 程序案例 17-3 运行结果

【程序案例 17-3】 JButton 组件的使用。

```
1   package chapter17;
2   import java.awt.*;
3   import javax.swing.*;
4   public class Demo1703 {
5       private JFrame frame;
6       JTextField jText;
7       private JButton jButton;
8       public Demo1703() {
9           //1.准备容器和控制组件
10          frame = new JFrame("按钮案例");
11          jText=new JTextField("按钮演示程序");
12          jButton = new JButton();                          //创建没有文字的按钮
13          frame.setSize(500, 300);
14          frame.setLocation(400, 300);
15          jButton.setText("我是按钮！");
16          jButton.setFont(new Font("华文行楷", Font.BOLD, 30));
                                                              //设置按钮文本的字体
17          jButton.setOpaque(true);                          //设置按钮不透明显示
18          jButton.setForeground(Color.BLACK);               //设置按钮前景颜色
19          jButton.setBackground(Color.YELLOW);              //设置按钮背景颜色
20          //2.设置容器的布局管理器
21          frame.setLayout(new FlowLayout());                //流式布局
22          //3.向容器加入控制组件
23          frame.add(jButton);                               //向容器添加按钮
24          frame.add(jText);                                 //向容器添加文本框
25          //4.显示容器
26          frame.setVisible(true);
27          frame.setDefaultCloseOperation(JFrame.EXIT_ON_CLOSE);
28      }
29      public static void main(String[] args) {
30          new Demo1703();
```

```
31        }
32    }
```

17.3.3　JTextField

　　文本框是 GUI 软件系统常用的一种控制组件，GUI 软件系统常使用该组件完成输入输出，例如，登录界面输入用户名和密码。Swing 提供了 JTextField、JPasswordField 和 JTextArea 3 种文本输入输出组件，JTextField 只能实现单行文本的输入输出，JPasswordField 把输出的文字信息设置为其他显示字符（密码输入框采用这种形式），JTextArea 实现多行文本的输入输出。它们都是 JTextComponent 类的子类，JTextComponent 类的部分常用方法如下。

　　(1) public int getSelectionStart()，返回文本框选定内容的开始位置。

　　(2) public String getSelectedText()，返回文本框选定的内容。

　　(3) public String getText()，返回文本框的所有内容。

　　(4) public int getSelectionEnd()，返回文本框选定内容的结束位置。

　　(5) public void selectAll()，选择文本框的所有内容。

　　(6) public void setText(String text)，设置文本框的内容。

　　(7) public void select(int selectionStart, int selectionend)，选定指定开始位置和结束位置之间的内容。

　　(8) public void setEditable(Boolean b)，设置文本框是否可编辑。

　　本书仅介绍 JTextField 组件，其他文本框组件与之类似。JTextField 组件除了从 JTextComponent 类继承方法外，还定义了其他方法。

　　JTextField 组件的常用方法如下。

　　(1) public JTextField()，创建 JTextField 对象。

　　(2) public JTextField(int n)，创建列宽为 n 且没有内容的 JTextField 对象。

　　(3) public JTextField(String str, int n)，创建列宽为 n、内容为 str 的 JTextField 对象。

　　(4) public JTextField(String s)，创建包含字符串 s 的 JTextField 对象。

　　(5) public int getColumns()，获取 JTextField 对象的列数。

　　(6) public void setColumns(int Columns)，设置 JTextField 对象的列数。

　　(7) public void addActionListener(ActionListener e)，添加动作事件监听器。

　　(8) public void setFont(Font f)，设置字体。

　　(9) public void setHorizontalAlignment(int alig)，设置文本的水平对齐方式（LEFT、CENTER、RIGHT）。

　　程序案例 17-4 演示了 JTextField 组件的使用方法，运行结果如图 17-11 所示。该界面需要一个窗体 JFrame、一个单行文本框 JTextField 和一个按钮共 3 个组件。第 11 行 new JTextField("锲而不舍!")创建一个具有文本信息的 JTextField 对象 jText，第 15 行 jText.setEditable(true)设置该文本框内容能被编辑，第 16 行 jText.setFont(new Font("华文行楷", Font.BOLD, 30))设置文本框的字体，第 17 行 jText.setForeground(Color.RED)设置文本框的前景颜色，即字体颜色。

图 17-11　程序案例 17-4 运行结果

【程序案例 17-4】 JTextField 组件的使用。

```
1   package chapter17;
2   import java.awt.*;
3   import javax.swing.*;
4   public class Demo1704 {
5       private JFrame frame;
6       JTextField jText;
7       private JButton jButton;
8       public Demo1704() {
9           //1.准备容器和控制组件
10          frame = new JFrame("单行文本框案例");
11          jText=new JTextField("锲而不舍!");
12          jButton = new JButton("我是按钮!");//创建按钮
13          frame.setSize(500, 300);
14          frame.setLocation(400, 300);
15          jText.setEditable(true);                    //内容可编辑
16          jText.setFont(new Font("华文行楷", Font.BOLD, 30));
                                                        //设置文本框的字体
17          jText.setForeground(Color.RED);             //单行文本框的前景颜色
18          //2.设置容器的布局管理器
19          frame.setLayout(new FlowLayout());          //流式布局
20          //3.向容器加入控制组件
21          frame.add(jText);                           //向容器添加单行文本框
22          frame.add(jButton);                         //向容器添加按钮
23          //4.显示容器
24          frame.setVisible(true);
25          frame.setDefaultCloseOperation(JFrame.EXIT_ON_CLOSE);
26      }
27      public static void main(String[] args) {
28          new Demo1704();
29      }
30  }
```

前面程序的第二步（如程序案例 17-4 第 19 行）都使用 frame.setLayout（new FlowLayout（））设置窗体 frame 的布局类型为流式布局，这种布局的特点是按照组件加入容器的顺序依次摆放。

Java 语言还提供了其他布局管理器控制组件摆放的位置，使图形用户界面更加美观合理。

17.4 布局管理器

园林设计公司规划设计公园里的假山、水池、草坪、银杏树、桂花树、鹅卵石小道、雕塑等位置、大小和形状，施工队根据设计图纸和要求组织施工建设，这样的公园生机勃勃、赏心悦目，游人流连忘返。

设计 GUI 与建造公园类似。GUI 组件众多，构成复杂，设计生动友好的界面需要考虑组件大小、位置、颜色及用户操作习惯等因素。

Java 提供的布局管理器能将组件摆放在容器中合适的位置，Java 的布局管理器组件保存在 java.awt 包中，有 FlowLayout、BorderLayout、GridLayout、CardLayout 和 GridBagLayout 5 种，本节介绍前面 3 种常用的布局管理器。

17.4.1 FlowLayout

流式布局管理器 FlowLayout 按照组件加入容器的先后顺序从左向右、从上向下依次摆放。FlowLayout 主要成员如下。

（1）public static final int CENTER，居中对齐。
（2）public static final int LEADING，与容器的开始端对齐。
（3）public static final int LEFT，左对齐。
（4）public static final int RIGHT，右对齐。
（5）public static final int TRAILING，与容器的结束端对齐。
（6）public FlowLayout()，构造 FlowLayout 对象，默认居中对齐、水平和垂直间距是 5 像素。
（7）public FlowLayout(int align)，构造 FlowLayout 对象并指定对齐方式。

程序案例 17-5 设计如下 GUI(见图 17-12)，该界面包括一个 JLabel、一个 JTextField 和一个 JButton 共 3 个控制组件，它们依次摆放在窗体中间。第 7 行实例化流式布局管理器对象，居中对齐，水平间距 20 像素，垂直间距 5 像素；第 17~19 行向窗体顺序加入标签、单行文本框和按钮等控制组件，它们依次摆放在窗体中。

图 17-12　程序案例 17-5 运行结果

【程序案例 17-5】　FlowLayout 组件。

```
1    package chapter17;
2    import java.awt.*;
3    import javax.swing.*;
4    public class Demo1705 {
```

```
5       //1.准备容器和控制组件
6       private JFrame frame = new JFrame("流式布局");   //实例化窗体容器对象
7       private FlowLayout fly = new FlowLayout(FlowLayout.CENTER, 20, 5);
                                                         //实例化流式布局管理器对象
8       private JLabel jLabel = new JLabel("自力更生");  //实例化一个标签对象
9       private JTextField JTextField = new JTextField("全力以赴,孜孜不倦");
                                                         //实例化单行文本框
10      private JButton jButton=new JButton("确定");
11      public Demo1705() {
12          frame.setSize(600, 200);                     //设置窗体的大小
13          frame.setLocation(300, 300);                 //设置窗体的位置
14          //2.设置容器的布局管理器
15          frame.setLayout(fly);                        //设置窗体的布局类型
16          //3.向容器加入控制组件
17          frame.add(jLabel);
18          frame.add(JTextField);
19          frame.add(jButton);
20          //4.显示容器
21          frame.setVisible(true);
22          frame.setDefaultCloseOperation(JFrame.EXIT_ON_CLOSE);
23      }
24      public static void main(String[] args) {
25          new Demo1705();
26      }
27  }
```

流式布局管理器 FlowLayout 使用简单,不足之处是不能按照需求摆放组件位置,缺少灵活性。

17.4.2 BorderLayout

边框布局管理器 BorderLayout 把容器空间划分为东、南、西、北和中 5 个区域(见图 17-13),5 个区域用 5 个常量 EAST、SOUTH、WEST、NORTH 和 CENTER 表示,向容器加入组件时需指定组件的摆放位置。

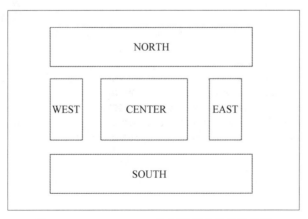

图 17-13 BorderLayout 的区域常量表示的位置

BorderLayout 组件的部分常用成员如下。

(1) public static final String EAST,组件放置在容器东部。
(2) public static final String SOUTH,组件放置在容器南部。
(3) public static final String WEST,组件放置在容器西部。
(4) public static final String NORTH,组件放置在容器北部。
(5) public static final String CENTER,组件放置在容器中部。
(6) public BorderLayout(),创建没有间距的边框布局管理器对象。

(7) public BorderLayout(int hgap,int vgap),创建指定水平间距 hgap 和垂直间距 vgap 的边框布局管理器对象。

程序案例 17-6 演示了边框布局管理器摆放组件的效果(见图 17-14)。第 8 行创建边框布局管理器对象,组件之间的水平和垂直间距都是 10 像素;第 20～24 行分别向容器 frame 的北部、南部、东部、西部和中部添加控制组件。

图 17-14　程序案例 17-6 运行结果

【程序案例 17-6】　BorderLayout 组件。

```
1   package chapter17;
2   import java.awt.BorderLayout;
3   import java.awt.FlowLayout;
4   import javax.swing.*;
5   public class Demo1706 {
6       //1.准备容器和控制组件
7       private JFrame frame=new JFrame("边框布局案例");      //窗体,底层容器
8       private BorderLayout bly=new BorderLayout(10,10);    //边框布局管理器
9       private JLabel lbl=new JLabel("北方");                //标签,NORTH 位置
10      private JTextField txt=new JTextField("南方");        //单行文本框,SOUTH 位置
11      private JButton btnA=new JButton("东方");             //按钮,EAST 位置
12      private JButton btnB=new JButton("西方");             //按钮,WEST
13      private JTextArea txtArea=new JTextArea("中间位置");   //文本区,CENTER 位置
14      public Demo1706() {
15          frame.setSize(300, 200);                          //设置窗体大小
16          frame.setLocation(400, 200);                      //设置窗体位置
17          //2.设置容器的布局管理器
18          frame.setLayout(bly);                             //设置边框布局
19          //3.向容器加入控制组件
20          frame.add(lbl,BorderLayout.NORTH);                //标签加入北部
21          frame.add(txt,BorderLayout.SOUTH);                //单行文本框加入南部
22          frame.add(btnA,BorderLayout.EAST);                //按钮加入东部
23          frame.add(btnB,BorderLayout.WEST);                //按钮加入西部
24          frame.add(txtArea, BorderLayout.CENTER);          //文本区加入中部
25          //4.显示容器
26          frame.setVisible(true);
27          frame.setDefaultCloseOperation(JFrame.EXIT_ON_CLOSE);
28      }
29      public static void main(String[] args) {
30          new Demo1706();
31      }
32  }
```

BorderLayout 把容器空间划分成 5 个区域,程序员根据界面需要把组件摆放在指定位置,增加了摆放组件的灵活性。有些界面的组件布局具有行列特征,这种情况要使用网格布局管理器 GridLayout。

17.4.3 GridLayout

网格布局管理器 GridLayout 把容器空间划分成行和列的网格区域,每个组件按添加的顺序从左向右、从上到下放置在网格中,使用该布局管理器前需要设置行数和列数,图 17-15 显示该布局管理器设置的 3 行 2 列的布局。

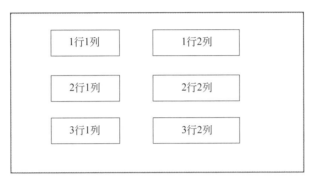

图 17-15　3 行 2 列的布局

GridLayout 组件的常用方法如下。
(1) public GridLayout(int rows,int cols),创建指定行和列的 GridLayout 对象。
(2) public GridLayout(int rows, int cols int hgap,int vgap),创建指定行和列、水平和垂直间距的 GridLayout 对象。

程序案例 17-7 演示了 GridLayout 组件的使用方法。该界面(见图 17-16)包含 3 行 2 列,程序第 8 行 new GridLayout(3,2,10,10)创建了 3 行 2 列的网格布局管理器对象,并指定行列之间的水平间距和垂直间距都是 10 像素;第 19 行 frame.setLayout(gly)设置窗体采用网格布局。

图 17-16　程序案例 17-7 运行结果

【程序案例 17-7】　GridLayout 组件。

```
1   package chapter17;
2   import java.awt.*;
3   import javax.swing.*;
4   public class Demo1707 {
5       //1. 准备容器和控制组件
6       private JFrame frame = new JFrame("网格布局案例");
```

```
7            //3行2列的布局方式,组件水平间隙10像素,垂直间隙10像素
8            private GridLayout gly = new GridLayout(3, 2, 10, 10);
                                                                   //网格局管理器对象
9            private JLabel lblName = new JLabel("姓    名:");
10           private JLabel lblAge = new JLabel("年    龄:");
11           private JLabel lblSex = new JLabel("性    别:");
12           private JTextField txtName = new JTextField("孙悟空");
13           private JTextField txtAge = new JTextField(" 21 ");
14           private JTextField txtSex = new JTextField(" 男 ");
15           public Demo1707() {
16               frame.setSize(400, 150);
17               frame.setLocation(400, 200);
18               //2. 设置容器的布局管理器
19               frame.setLayout(gly);                              //设置窗体采用网格布局
20               //3. 向容器加入控制组件
21               frame.add(lblName);
22               frame.add(txtName);
23               frame.add(lblAge);
24               frame.add(txtAge);
25               frame.add(lblSex);
26               frame.add(txtSex);
27               //4. 显示容器
28               frame.setVisible(true);
29               frame.setDefaultCloseOperation(JFrame.EXIT_ON_CLOSE);
30           }
31           public static void main(String[] args) {
32               new Demo1707();
33           }
34       }
```

前面学习的 FlowLayout、BorderLayout 和 GridLayout 只能在系统预设位置摆放组件，这些方式仅仅满足部分 GUI 的需要，在个性化 GUI 方面稍显不足。

Java 语言提供了自由布局摆放组件，该布局方式能在任意位置摆放组件。

17.4.4 绝对定位

有些软件系统的 GUI 异常复杂，Java 提供的布局管理器不能很好满足用户需求，针对这种情况，Java 语言提供了自由布局，自由布局使用绝对定位方式摆放组件。这种方式能把组件摆放在用户需要的任意位置，深度满足用户需求。

Component 类的 setBounds() 方法定位组件在容器中的绝对位置。该方法定义如下：

```
public void setBounds(int x, int y, int width, int height)
```

参数 x、y 设置组件在容器中的坐标，width 和 height 设置组件的宽度和高度（单位为像素）。例如，jButton.setBounds(45,100,80,20) 方法表示该按钮在容器中的坐标(45,100)，宽度 80 像素，高度 20 像素（见图 17-17）。

程序案例 17-8 通过绝对定位设计简单的系统登录窗口（见图 17-18）。使用流式布局、网格布局或者其他标准布局设计该窗口存在一定的难度，绝对定位是相对简单的方式。第 15 行 frame.setResizable(false) 方法使用户不能改变窗体大小，第 17 行 frame.setLayout(null) 表示该窗体没有采用任何布局管理器，第 21、23、25、27、29 和 31 行通过 setBounds()

方法设置每个组件在容器中的绝对位置。

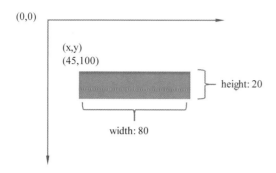

图 17-17　setBounds()方法参数的意义（单位为像素）

图 17-18　程序案例 17-8 运行结果

【程序案例 17-8】　组件的绝对定位。

```
1   package chapter17;
2   import javax.swing.*;
3   public class Demo1708{
4       //1.准备容器和控制组件
5       private JFrame frame=new JFrame("空布局,绝对定位案例");
6       private JLabel lblUser=new JLabel("用户名:");              //用户名标签
7       private JLabel lblPassword=new JLabel("密  码:");          //密码标签
8       private JTextField txtUser=new JTextField(20);            //用户名文本框
9       private JTextField txtPassword=new JTextField(20);        //密码文本框
10      private JButton btnOk=new JButton("确定");                //确定按钮
11      private JButton btnCancel=new JButton("取消");            //取消按钮
12      public Demo1708(){
13          frame.setSize(320, 180);   //设置窗体大小,宽度为 320 像素,高度为 180 像素
14          frame.setLocation(400, 200);                          //设置窗体位置
15          frame.setResizable(false);                            //不能改变窗体大小
16          //2.设置容器的布局管理器
17          frame.setLayout(null);                                //设置空布局
18          //3.向容器加入控制组件
19          //绝对定位,需要严格计算组件之间的位置关系
20          //              横轴 x 纵轴 y 宽度 高度
21          lblUser.setBounds(50, 20,  100, 20);                  //设置组件位置和大小
22          frame.add(lblUser);                                   //加入组件
23          txtUser.setBounds(130, 20, 100, 20);                  //设置组件位置和大小
24          frame.add(txtUser);                                   //加入组件
25          lblPassword.setBounds(50, 60, 100, 20);               //设置组件位置和大小
26          frame.add(lblPassword);                               //加入组件
27          txtPassword.setBounds(130, 60, 100, 20);              //设置组件位置和大小
28          frame.add(txtPassword);                               //加入组件
29          btnOk.setBounds(80, 90, 80, 20);
30          frame.add(btnOk);
31          btnCancel.setBounds(180, 90, 80, 20);
32          frame.add(btnCancel);
33          //4.显示容器
34          frame.setVisible(true);
35          frame.setDefaultCloseOperation(JFrame.EXIT_ON_CLOSE);
36      }
```

```
37        public static void main(String[] args) {
38            new Demo1708();
39        }
40    }
```

setBounds()方法能把组件摆放在容器的任意位置,全方位满足用户需要。其缺点也显而易见,需要程序员精确计算每个组件的位置和大小,如果GUI组件多且摆放复杂,则会给程序员增加较大负担。

其他容器

◆ 17.5 其他容器

绝对定位方式能在JFrame的任意位置摆放组件,设计满足用户需要的GUI。该方式的缺点是计算组件位置和大小比较复杂。

有些GUI显示比较复杂,通过认真分析,能找出其中的规律。例如,图17-19中的用户登录界面,该界面分3个区域,北部是带背景图片的标签,中部采用网格布局摆放登录信息,南部采用流式布局摆放3个按钮。

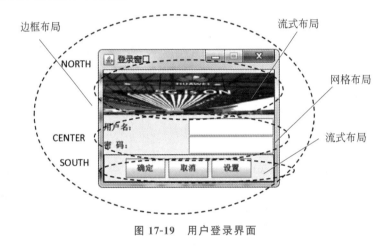

图 17-19 用户登录界面

针对每个区域需要摆放多个组件的情况,Java语言提供了JPanel、JSplitPane和JTabbedPane等内嵌式容器。内嵌式容器具有以下特点。

(1) 每个内嵌式容器能使用不同的布局类型。

(2) 所有控制组件能摆放在内嵌式容器中。

(3) 内嵌式容器作为组件能摆放在底层容器中。

(4) 内嵌式容器作为组件能摆放在内嵌式容器中。例如,能把内嵌式容器JPanel作为组件摆放在底层容器JFrame里面,也能把内嵌式容器JPanel摆放在另一个内嵌式容器JPanel里,但是不能把底层容器JFrame摆放在内嵌式容器JPanel中。

17.5.1 JPanel

面板JPanel是一种无边框的内嵌式容器,不能移动、放大、缩小或关闭,作为容器组件能被加入JFrame等其他容器,也能把一个JPanel加入另一个JPanel,能为JPanel设置布局管理器。

JPanel容器的常用方法如下。

(1) public JPanel(),创建JPanel对象,默认为流式布局。

(2) public JPanel(LayoutManager Layout),创建指定布局管理器的JPanel对象。

程序案例17-9创建图17-20所示的登录界面。第29行设置底层容器JFrame为边框布局,把窗口划分为东、南、西、北、中等5个区域;第30行北部面板使用流式布局,第31行中部面板使用网格布局,第32行南部面板使用流式布局;第35行北部面板加入底层容器frame的北部,第36行中部面板加入frame的中部,第37行南部面板加入frame的南部,完成了内嵌式容器加入底层容器的任务;第40、41行,标签组件加入北部面板容器;第43~46行,用户名标签、用户名文本框、密码标签、密码文本框组件加入中部面板容器;第48~50行,确定按钮、取消按钮和设置按钮组件加入南部面板容器。该程序完成了设计内嵌式容器的任务。

图17-20 程序案例17-9运行结果

【程序案例17-9】 JPanel容器。

```
1   package chapter17;
2   import java.awt.*;
3   import javax.swing.*;
4   import javax.swing.border.*;
5   public class Demo1709 {
6       //1. 准备底层容器、内嵌式容器和控制组件
7       private JFrame frame = new JFrame("登录窗口");      //底层容器
8       private JPanel panNorth = new JPanel();              //北部面板
9       private JLabel lblNorth = new JLabel();              //北部标签
10      private Icon icon = new ImageIcon("D:\\qzy\\back42.jpg");
                                                             //北部标签图像
11      //中部内容
12      private JPanel panCenter = new JPanel();             //中部面板
13      private JLabel lblUser = new JLabel("用户名:");
14      private JTextField txtUser = new JTextField(12);
15      private JLabel lblPassword = new JLabel("密  码:");
16      private JTextField txtPassword = new JTextField(12);
17      //南部内容
18      private JPanel panSouth = new JPanel();              //南部面板
19      Border border = new LineBorder(Color.BLUE);          //南部面板边线
20      private JButton btnOk = new JButton("确定");
21      private JButton btnCancel = new JButton("取消");
22      private JButton btnSet = new JButton("设置");
23      public Demo1709() {
24          panSouth.setBorder(border);                      //设置南部JPanel的边线
25          frame.setSize(270, 200);
26          frame.setLocation(500, 200);
27          frame.setResizable(false);
28          //2. 设置底层容器和内嵌式容器布局类型
29          frame.setLayout(new BorderLayout());             //底层容器用边框布局
30          panNorth.setLayout(new FlowLayout());            //北部面板用流式布局
```

```
31      panCenter.setLayout(new GridLayout(2, 2));      //中部面板用网格布局
32      panSouth.setLayout(new FlowLayout());           //南部面板用流式布局
33      //3.向底层容器加入内嵌式容器和控制组件
34      //向底层容器 frame 加入 3 个内嵌式容器 JPanel
35      frame.add(panNorth, BorderLayout.NORTH);
36      frame.add(panCenter, BorderLayout.CENTER);
37      frame.add(panSouth, BorderLayout.SOUTH);
38      //4.向内嵌式容器加入控制组件
39      //北部
40      lblNorth.setIcon(icon);                         //设置北部标签背景图像
41      panNorth.add(lblNorth);                         //北部面板加入标签
42      //中部
43      panCenter.add(lblUser);
44      panCenter.add(txtUser);
45      panCenter.add(lblPassword);
46      panCenter.add(txtPassword);
47      //南部
48      panSouth.add(btnOk);
49      panSouth.add(btnCancel);
50      panSouth.add(btnSet);
51      //5.显示底层容器
52      frame.setVisible(true);
53      frame.setDefaultCloseOperation(JFrame.EXIT_ON_CLOSE);
54  }
55  public static void main(String[] args) {
56      new Demo1709();
57  }
58 }
```

使用内嵌式容器设计 GUI 一般分为 5 步(见图 17-21),这 5 步没有明显的前后关系,熟练掌握 GUI 设计技术后,灵活运用这 5 步包含的内容解决实际问题。

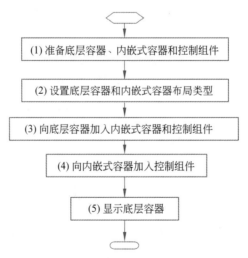

图 17-21 使用内嵌式容器设计 GUI 的步骤

(1) 准备底层容器、内嵌式容器和控制组件。建立生动的 GUI,首先分析 GUI 元素,然后创建它们。

（2）设置底层容器和内嵌式容器布局类型。Java 语言支持每个容器能设置所需要的布局管理器。

（3）向底层容器加入内嵌式容器和控制组件。该步骤搭建 GUI 整体框架。

（4）向内嵌式容器加入控制组件。该步骤设计 GUI 细节。

（5）显示底层容器。

设计 GUI 时，需要考虑底层容器与内嵌式容器之间、多个内嵌式容器之间的关系，图 17-22 显示了底层容器、内嵌式容器和控制组件之间的关系。底层容器上能摆放控制组件和内嵌式容器，内嵌式容器也能摆放控制组件和其他内嵌式容器。

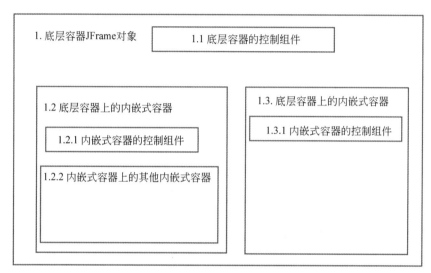

图 17-22　容器和控制组件之间的关系

17.5.2　JSplitPane

软件系统常常把 GUI 水平分割成上下两个区域，或者垂直分割成左右两个区域，每个区域完成不同任务。Java 语言提供的分割面板 JSplitPane，通过水平分割或者垂直分割方式，将窗口分割成两个区域，每个区域只能摆放一个组件，如果在某个区域摆放内嵌式容器 JPanel，那么该区域能实现摆放多个组件的目标。

JSplitPane 容器的主要成员如下。

（1）public static final int HORIZONTAL_SPLIT，水平分割容器。

（2）public static final int VERTICAL_APLIT，垂直分割容器。

（3）public JSplitPane(int newOrientation)，创建对象 JSplitPane 并指明分割方式。

（4）public JSplitPane(int newOrientation,boolean newContinuousLayout,Component newLeftComponent,Component newRightComponent)，创建对象 JSplitPane，指明分割方式、分割条改变是否重绘图像、左端组件、右端组件。

（5）public void setDividerLocation(double proportionalLocation)，按百分比设置分割条的位置。

（6）public void setOneTouchExpandable(boolean newValue)，设置是否提供快速展开

或折叠功能。

(7) public void setDividerSize(int newSize)，设置分割条大小。

程序案例 17-10 创建 GUI 如图 17-23 所示。分割面板 JSplitPane 把容器垂直分割，左边有一个内嵌式容器 JPanel，摆放按钮和单行文本框组件，右边有一个内嵌式容器 JPanel，摆放一个文本区组件。

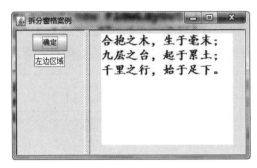

图 17-23　程序案例 17-10 运行结果

程序第 8 行 new JSplitPane(JSplitPane.HORIZONTAL_SPLIT)创建垂直分割面板容器对象 sPane，第 23 行 frame.add(sPane)把分割面板容器加入底层容器 frame，第 24 行 sPane.setRightComponent(panRight)设置 sPane 右边是一个 JPanel 容器，第 25 行 sPane.setLeftComponent(panLeft)设置 sPane 左边是一个 JPanel 容器。

【程序案例 17-10】　JSplitPane 容器。

```java
1   package chapter17;
2   import java.awt.FlowLayout;
3   import java.awt.Font;
4   import javax.swing.*;
5   public class Demo1710 {
6       //1.准备容器和控制组件
7       private JFrame frame = new JFrame("拆分窗格案例");
8       private JSplitPane sPane = new JSplitPane(JSplitPane.HORIZONTAL_SPLIT);
                                                                //垂直分割容器
9       private JPanel panRight = new JPanel();                 //右边 JPanel 容器
10      private JPanel panLeft = new JPanel();                  //左边 JPanel 容器
11      private JTextArea txtArea = new JTextArea("合抱之木,生于毫末", 10, 20);
12      private JButton btn = new JButton("确定");
13      private JTextField txt = new JTextField("左边区域");
14      public Demo1710() {
15          txtArea.setLineWrap(true);                          //设置文本区自动换行
16          txtArea.setFont(new Font("楷体", Font.BOLD, 20));   //设置字体
17          frame.setSize(400, 300);
18          frame.setLocation(500, 300);
19          //2.设置内嵌式容器布局管理器
20          panRight.setLayout(new FlowLayout());
21          panLeft.setLayout(new FlowLayout());
22          //3.向底层容器加入内嵌式容器
23          frame.add(sPane);                                   //分割面板容器加入底层容器 JFrame
24          sPane.setRightComponent(panRight);                  //分割容器右边是 JPanel 容器
25          sPane.setLeftComponent(panLeft);                    //分割容器左边是 JPanel 容器
```

```
26            //4.向内嵌式容器加入控制组件
27            panRight.add(txtArea);              //文本区加入右边 JPanel 容器
28            panLeft.add(btn);                   //按钮加入左边 JPanel 容器
29            panLeft.add(txt);                   //单行文本框加入左边 JPanel 容器
30            //5.显示底层容器
31            frame.setVisible(true);
32            frame.setDefaultCloseOperation(JFrame.EXIT_ON_CLOSE);
33        }
34        public static void main(String[] args) {
35            new Demo1710();
36        }
37    }
```

17.5.3 JTabbedPane

应用软件系统常常需要在一个窗口中摆放多类组件,每类组件的内容不同。图 17-24 是金山 WPS 文字处理的字体窗口。该窗口有两个选项卡:一个是"字体";另一个是"字符间距",用户能轻易切换两个选项卡。

图 17-24 WPS 文字处理的字体窗口

Java 语言提供了选项卡容器 JTabbedPane,特点是一个容器有多个选项卡,每个选项卡能摆放多个组件,用户能轻易切换选项卡。

JTabbedPane 容器的常用成员如下。

(1) public static final int TOP,选项卡在容器顶部。

（2）public static final int BOTTOM，选项卡在容器底部。

（3）public static final int LEFT，选项卡在容器左边。

（4）public static final int RIGHT，选项卡在容器右边。

（5）public JTabbedPane(int tabPlacement)，创建 JTabbedPane 对象，并指定选项卡位置。

（6）public void addTab(String title,Icon icon,Component component,String tip)，向选项卡容器添加一个带有标题、图标、提示信息的选项卡。

（7）public void addTab(String title,Component component)，向选项卡容器添加一个带有标题和组件的选项卡。

程序案例 17-11 创建了如图 17-25 所示的 GUI。该界面使用选项卡容器 JTabbedPane，有两个选项卡：一个是"字体"；另一个是"字符间距"。每个选项卡摆放一个内嵌式容器 JPanel，控制组件加入 JPanel。

程序第 7 行 frame.getContentPane()获得 frame 的内部容器，第 18 行 cont.add(tabPane)选项卡容器对象 tabPane 加入 JFrame 的内部容器；第 8 行 new JTabbedPane(JTabbedPane.TOP)创建把选项卡摆在容器顶部的选项卡容器对象；第 19 行 tabPane.addTab ("字体"，panA)向选项卡容器对象 tabPane 加入一个选项卡，选项卡名为"宋体"，该选项卡中有一个 JPanel 容器组件 panA，第 20 行完成了相同任务。

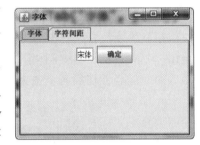

图 17-25　程序案例 17-11 运行结果

【程序案例 17-11】　JTabbedPane 容器。

```
1    package chapter17;
2    import java.awt.*;
3    import javax.swing.*;
4    public class Demo1711 {
5        //1. 准备容器和控制组件
6        private JFrame frame = new JFrame("字体");
7        private Container cont = frame.getContentPane();    //获得 frame 的内部容器
8        private JTabbedPane tabPane = new JTabbedPane(JTabbedPane.TOP);
                                                    //选项卡容器,选项卡在顶部
9        private JPanel panA = new JPanel();        //选项卡 A 的 JPanel 容器
10       private JPanel panB = new JPanel();        //选项卡 B 的 JPanel 容器
11       public Demo1711() {
12           frame.setSize(300, 300);
13           frame.setLocation(450, 200);
14           //2. 设置内嵌式容器布局管理器
15           //不需要设置 JFrame 的布局管理器
16           //panA,panB 默认流式布局管理
17           //3. 内嵌式容器加入底层容器
18           cont.add(tabPane);                     //选项卡容器对象加入窗体的内部容器
19           tabPane.addTab("字体", panA);          //选项卡"字体",组件是 panA
20           tabPane.addTab("字符间距", panB);      //选项卡"字符间距",组件是 panB
21           //4.向内嵌式容器加入控制组件
```

```
22          panA.add(new JTextField("宋体"));
23          panA.add(new JButton("确定"));
24          panB.add(new JTextField("文字缩放 100%"));
25          //5.显示底层容器
26          frame.setVisible(true);
27          frame.setDefaultCloseOperation(JFrame.EXIT_ON_CLOSE);
28      }
29      public static void main(String[] args) {
30          new Demo1711();
31      }
32  }
```

探寻规律是认识客观世界的重要方式。创建有选项卡容器的 GUI 比较复杂,关键步骤分为 5 步(见图 17-26)。

(1) 分析 GUI,准备 JFrame、JTabbedPane、内嵌式容器和控制组件。

(2) JTabbedPane 对象加入 Container。

(3) 内嵌式容器加入 JTabbedPane。

(4) 向内嵌式容器加入控制组件。

(5) 显示底层容器。

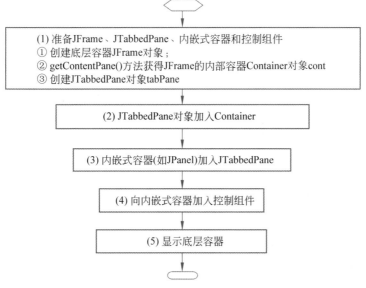

图 17-26 创建有选项卡的 GUI 的编程步骤

17.6 事件处理

17.6.1 基本概念

"好看的皮囊千篇一律,有趣的灵魂万里挑一"。17.1 节~17.5 节介绍通过容器、组件、布局管理器设计 GUI,仅完成了 GUI 软件系统的物理外观,还不能为用户提供软件服务。软件还没有灵魂。下面程序员在物理外观基础上定义界面元素的响应事件,完成 GUI 软件系统的交互功能。例如,用户登录界面中,单击按钮 JButton 执行验证用户名与密码的任务。

Java 语言提供的事件处理机制使 GUI 能按用户操作完成特定任务,下面介绍事件处理的相关概念。

1. 事件

在 GUI 系统中,事件(Event)是用户在界面上的一个操作。例如,单击按钮 JButton、向 JTextField 输入文字和关闭窗口等都是事件,用事件对象表示事件,事件对象有对应的事件类,不同的事件类描述不同类型的用户动作。例如,单击 JButton 产生动作事件,动作事件对象对应 ActionEvent 类;向 JTextField 输入文字产生键盘事件,键盘事件对象对应 KeyEvent 类;关闭 JFrame 产生窗口事件,窗口事件对象对应 WindowEvent 类。

所有事件保存在 java.awt.event 包中,其类结构如图 17-27 所示。

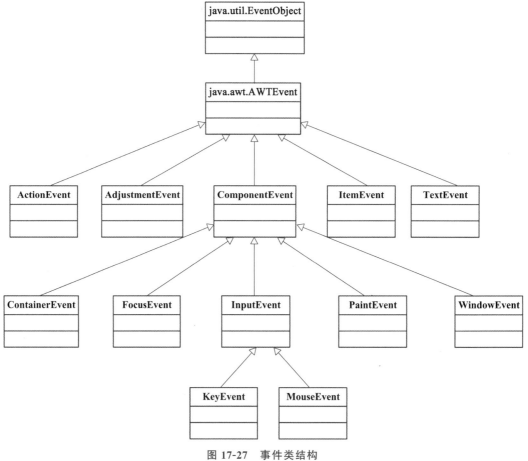

图 17-27 事件类结构

事件祖先类 EventObject 定义了事件处理的通用方法。

(1) public EventObject(Object source),创建事件对象。

(2) public Object getSource(),返回产生事件的事件源。

(3) public String toString(),返回事件信息。

getSource()方法能获得产生事件的事件源,根据不同事件源程序做出不同处理。

2. 事件源

事件源是指产生事件对象的组件,例如,单击 JButton 对象产生 ActionEvent 事件对象,具体的 JButton 对象就是事件源;按键盘的 X 键产生 KeyEvent 事件对象,键盘是事件源;关闭 JFrame 产生 WindowEvent 事件对象,窗口就是事件源。

3. 事件监听者

事件监听者是对事件源进行监听的对象。当在事件源上发生事件时,事件监听者能够监听并捕获所发生的事件,然后调用相应接口中的方法对发生的事件做出相应处理。事件监听者是实现 java.util.EventListener 接口的实体类,定义了多个事件处理方法。例如,监听 WindowEvent 事件的监听者是实现 WindowListener 接口的实体类,WindowListener 接口定义了多个方法,根据关闭窗口、最小化窗口的事件调用相应的处理方法。

4. 事件处理方法

每个事件都有对应的事件监听者,事件监听者捕获相应事件后,监听者自动调用接口中的方法处理该事件。

不同事件使用不同的监听器监听,产生事件后,监听器捕获对应事件,然后调用监听器所包含的事件处理方法(监听器子类的实例方法)处理事件。表 17-1 显示了常用事件、监听器接口和事件处理方法之间的关系。

表 17-1 事件、监听器接口和事件处理方法之间的关系

序号	事件	监听器接口	事件处理方法	触发事件时机
1	ActionEvent	ActionListener	actionPerformed (ActionEvent e)	单击按钮、文本框、菜单
2	AdjustmentEvent	AdjustmentListener	adjustmentValueChanged (AdjustmentEvent e)	滑块位置发生改变
3	ContainerEvent	ContainerListener	componentAdded (ContainerEvent e)	向容器添加组件
			componentRemoved (ContainerEvent e)	从容器删除组件
4	FocusEvent	FocusListener	focusGained (FocusEvent e)	组件得到焦点
			focusLost (FocusEvent e)	组件失去焦点
5	ComponentEvent	ComponentListener	componentHidden (ComponentEvent e)	组件被隐藏
			componentMoved (ComponentEvent e)	组件位置发生改变
			componentResized (ComponentEvent e)	组件大小发生改变
			componentShown (ComponentEvent e)	组件被显示

续表

序号	事件	监听器接口	事件处理方法	触发事件时机
6	KeyEvent	KeyListener	keyPressed(KeyEvent e)	按下某个键
			keyReleased(KeyEvent e)	松开某个键
			keyTyped(KeyEvent e)	单击某个键
7	MouseEvent	MouseListener	mouseClicked(MouseEvent e)	在某个组件上单击鼠标
			mouseEntered(MouseEvent e)	鼠标进入某个组件
			mouseExited(MouseEvent e)	鼠标离开某个组件
			mousePressed(MouseEvent e)	在某个组件上按下鼠标键
			mouseReleased(MouseEvent e)	在某个组件上松开鼠标键
8	MouseMotionEvent	MouseMotionListener	mouseDragged(MouseEvent e)	在某个组件上移动鼠标,且按下鼠标键
			mouseMoved(MouseEvent e)	在某个组件上移动鼠标,但没有按下鼠标键
9	TextEvent	TextListener	textValueChanged(TextEvent e)	文本组件里的文本发生改变
10	ItemEvent	ItemListener	itemStateChanged(ItemEvent e)	某项被选中或取消选中
11	WindowEvent	WindowListener	windowActivated(WindowEvent e)	窗口被激活
			windowClosed(WindowEvent e)	窗口调用dispose即将关闭
			windowDeactivated(WindowEvent e)	窗口失去激活
			windowDeiconified(WindowEvent e)	窗口被恢复
			windowIconified(WindowEvent e)	窗口最小化
			windowOpened(WindowEvent e)	窗口首次被打开

17.6.2 事件处理机制

　　Java语言采用委托模型处理事件。事件委托处理模型由产生事件的事件源、封装事件相关信息的事件对象和事件监听者三方组成。事件处理模型如图17-28所示。

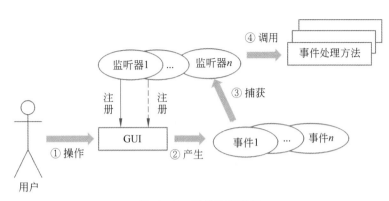

图 17-28　事件处理模型

例如，当用户单击按钮（事件源）后，触发动作事件（ActionEvent），Java 语言把这个事件对象传递给监听器，由监听器调用相关的事件处理方法进行处理。为了使事件监听者能接收到事件对象信息，事件监听者事先向事件源进行注册（Register）。

GUI 事件处理编程步骤如图 17-29 所示。

（1）构造 GUI 物理外观。
（2）根据需要捕获的事件对象实现对应的监听器接口。
（3）创建监听器对象。
（4）在 GUI 组件中注册监听器对象。

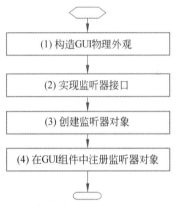

图 17-29　GUI 事件处理编程步骤

事件委托处理模型类似教师上课，教师是事件源，学生是事件处理器（事件监听器中的方法），班长是事件监听器。班长通过照片认识所有教师（事件监听器在事件源注册），班长站在教室门口观察，如果语文老师（事件源）来了，班长（事件监听器）通知学生拿出语文课本，准备上语文课（事件监听器的方法，相当于完成一个任务）。

了解 Java 事件处理机制后，下面介绍几个常用事件，完成 GUI 的功能设计。

17.6.3　窗体事件

执行关闭、最小化、激活、恢复窗体 JFrame 等操作时，会产生窗体事件 WindowEvent，与之对应的监听器是 WindowListener。WindowListener 接口的方法如表 17-2 所示。

窗体事件

表 17-2　WindowListener 接口的方法

序　号	方　法　名	触发事件时机
1	windowActivated(WindowEvent e)	窗口被激活
2	windowClosed(WindowEvent e)	窗口调用 dispose 即将关闭
3	windowDeactivated(WindowEvent e)	窗口失去激活
4	windowDeiconified(WindowEvent e)	窗口被恢复
5	windowIconified(WindowEvent e)	窗口最小化
6	windowOpened(WindowEvent e)	窗口首次被打开

程序案例 17-12 创建了如图 17-30 所示的 GUI,演示了窗体事件处理过程。按照图形用户界面事件处理编程步骤(见图 17-29):①第 11~15 行构造 GUI 物理外观;②第 22 行实现窗体事件监听器接口(WindowEvent 对应的接口 WindowListener),当激活该窗体时,执行第 24 行 windowActivated(WindowEvent arg0)方法中的代码;③第 17 行创建监听器对象;④第 19 行在事件源(窗体)中注册监听器对象。

程序第 22 行 private class MyWindowListener implements WindowListener 实现监听器接口的实体类为私有类,因为该实体类不会被其他类使用。

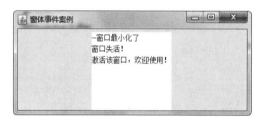

图 17-30　程序案例 17-12 运行结果

【程序案例 17-12】　窗体事件。

```
1   package chapter17;
2   import java.awt.*;
3   import java.awt.event.*;
4   import javax.swing.*;
5   public class Demo1712 {
6       private JFrame frame=new JFrame("窗体事件案例");
7       private JTextArea txt=new JTextArea(20,10);
8       private StringBuffer hint=new StringBuffer();        //提示信息
9       public Demo1712(){
10          //1.构造 GUI 物理外观
11          frame.setLayout(new FlowLayout());
12          frame.add(txt);
13          frame.setSize(400,200);
14          frame.setLocation(500, 300);
15          frame.setVisible(true);
16          //3.创建监听器对象
17          MyWindowListener myWindowListener=new MyWindowListener();
18          //4.在事件源中注册监听器对象
19          frame.addWindowListener(myWindowListener);
20      }
21      //2.实现 WindowListener 监听器接口
22      private class MyWindowListener implements WindowListener{
23          @Override
24          public void windowActivated(WindowEvent arg0) {    //激活窗口执行该方法
25              hint.append("\n 激活该窗口,欢迎使用!");
26              txt.setText(hint.toString());
27          }
28          @Override
29          public void windowClosed(WindowEvent arg0) {         }
30          @Override
31          public void windowClosing(WindowEvent arg0) {
32              JOptionPane.showMessageDialog(null, "退出系统");
33              System.exit(0);
```

```
34        }
35        @Override
36        public void windowDeactivated(WindowEvent arg0) {
37            hint.append("\n窗口失活!");
38        }
39        @Override
40        public void windowDeiconified(WindowEvent arg0) {        }
41        @Override
42        public void windowIconified(WindowEvent arg0) {
43            hint.append("--窗口最小化了");
44        }
45        @Override
46        public void windowOpened(WindowEvent arg0) {        }
47    }
48    public static void main(String[] args) {
49        new Demo1712();
50    }
51 }
```

GUI 事件编程需弄清楚 4 个问题。

(1) 事件源,程序案例 17-12 的事件源是 JFrame 对象。

(2) 事件源的事件,程序案例 17-12 事件源 JFrame 的事件是 WindowEvent。

(3) 事件对应的监听器,程序案例 17-12 WindowEvent 事件对应监听器 WindowListener。

(4) 监听器方法完成具体任务,程序员要知道触发监听器方法的时机,程序案例 17-12 第 24 行 void windowActivated(WindowEvent arg0),触发 JVM 执行该方法的时机是激活该窗口; 第 42 行 void windowIconified(WindowEvent arg0),触发 JVM 执行该方法的时机是该窗口最小化。如果不响应某个触发时机,该方法体为空,如程序第 40 行 void windowDeiconified (WindowEvent arg0)方法体为空,表示当恢复该窗口时什么也不做。

17.6.4 动作事件

动作事件

17.6.3 节介绍了窗体事件及处理,如果窗体中有按钮,用户单击按钮时会产生动作事件,ActionEvent 对象处理动作事件。产生动作事件的事件源包括按钮、文本框、菜单、列表框等。与动作事件对应的监听器是 ActionListener,该接口只有一个方法(见表 17-3)。

表 17-3 ActionListener 接口的方法

方 法 名	触发事件时机
actionPerformed(ActionEvent e)	单击按钮、文本框、菜单

程序案例 17-13 创建了如图 17-31 所示的 GUI,颜色按钮改变文本框字体颜色。第 13 ~20 行构造 GUI 物理外观,完成 GUI 事件处理编程的第一步;第 22~28 行 btnRed. addActionListener(new ActionListener() {…});在事件源红色按钮上完成了余下 3 步,首先通过匿名内部类实现监听器 ActionListener 接口,其次创建了匿名内部类对象,最后向该按钮注册了该监听器对象。使用匿名内部类是事件处理的常用手段,这种方式代码简洁、逻辑清晰、容易阅读。

图 17-31　程序案例 17-13 运行结果

【程序案例 17-13】　动作事件(匿名内部类方式)。

```java
1   package chapter17;
2   import java.awt.*;
3   import java.awt.event.*;
4   import javax.swing.*;
5   public class Demo1713 {
6       private JFrame frame = new JFrame("动作事件案例-改变字体颜色");
7       private JButton btnRed = new JButton("红色");
8       private JButton btnBlue = new JButton("蓝色");
9       private JButton btnYellow = new JButton("黄色");
10      private JTextField txt = new JTextField("保护环境,人人有责");
11      public Demo1713() {
12          //1. 构造 GUI 物理外观
13          frame.setSize(700, 300);
14          frame.setLocation(500, 300);
15          frame.setLayout(new FlowLayout());
16          frame.add(btnBlue);
17          frame.add(btnRed);
18          frame.add(btnYellow);
19          txt.setFont(new Font("隶书", Font.BOLD, 50));  //设置字体属性,50 号字体
20          frame.add(txt);
21          //2~4. 匿名内部类实现监听器接口,创建匿名内部类对象,并在事件源中注册监听
            //器对象
22          btnRed.addActionListener(new ActionListener() {
23              //事件源是红色按钮,把前景设置成红色
24              @Override
25              public void actionPerformed(ActionEvent arg0) {
26                  txt.setForeground(Color.RED);
27              }
28          });
29          //2~4. 匿名内部类实现监听器接口,创建匿名内部类对象,并在事件源中注册监听
            //器对象
30          btnBlue.addActionListener(new ActionListener() {
31              //事件源是蓝色按钮,把前景设置成蓝色
32              @Override
33              public void actionPerformed(ActionEvent e) {
34                  txt.setForeground(Color.BLUE);
35              }
36          });
```

```
37          //2~4.匿名内部类实现监听器接口,创建匿名内部类对象,并在事件源中注册监听
            //器对象
38          btnYellow.addActionListener(new ActionListener() {
39              //事件源是黄色按钮,把前景设置成黄色,背景设置成灰色
40              @Override
41              public void actionPerformed(ActionEvent e) {
42                  txt.setBackground(Color.darkGray);
43                  txt.setForeground(Color.YELLOW);
44              }
45          });
46          frame.setVisible(true);
47          frame.setDefaultCloseOperation(JFrame.EXIT_ON_CLOSE);
48      }
49      public static void main(String[] args) {
50          new Demo1713();
51      }
52  }
```

程序案例17-13使用匿名内部类实现事件处理,当然也能采用实体内部类实现事件处理。

程序案例17-14改变了程序案例17-13的实现方式,使用实体内部类实现监听器接口。第12行 private class MyActionListener implements ActionListener 私有实体内部类实现 ActionListener 接口;第16行 if(arg0.getSource()==btnRed)(ActionEvent 事件类的 getSource()方法返回事件源对象),判断如果事件源是红色按钮 btnRed,修改文本框的字体颜色为红色;第18行判断事件源是否蓝色按钮;第20行判断事件源是否黄色按钮。第38行创建监听器对象。第40~42行在3个事件源中分别注册监听器对象。

【程序案例17-14】 动作事件(实体内部类方式)。

```
1   package chapter17;
2   import java.awt.*;
3   import java.awt.event.*;
4   import javax.swing.*;
5   public class Demo1714 {
6       private JFrame frame=new JFrame("改变字体颜色");
7       private JButton btnRed=new JButton("红色");
8       private JButton btnBlue=new JButton("蓝色");
9       private JButton btnYellow=new JButton("黄色");
10      private JTextField txt=new JTextField("保护环境,人人有责");
11      //2.定义内部类,实现ActionListener接口
12      private class MyActionListener implements ActionListener{
13          //单击按钮时,对按钮进行判断,不同按钮设置不同颜色
14          @Override
15          public void actionPerformed(ActionEvent arg0) {
16              if(arg0.getSource()==btnRed)              //事件源是红色按钮
17                  txt.setForeground(Color.RED);
18              else if(arg0.getSource()==btnBlue)        //事件源是蓝色按钮
19                  txt.setForeground(Color.BLUE);
20              else if(arg0.getSource()==btnYellow) {    //事件源是黄色按钮
21                  txt.setBackground(Color.darkGray);    //设置文本框的背景颜色
22                  txt.setForeground(Color.YELLOW);      //设置文本框的前景颜色
```

```
23              }
24          }
25      }
26      public void init(){
27          //1.构造GUI物理外观
28          frame.setSize(700, 300);
29          frame.setLocation(500, 300);
30          frame.setLayout(new FlowLayout());
31          frame.add(btnBlue);
32          frame.add(btnRed);
33          frame.add(btnYellow);
34          //设置文本框的字体属性,50号字体
35          txt.setFont(new Font("隶书",Font.BOLD,50));
36          frame.add(txt);
37          //3.创建ActionListener监听器对象
38          MyActionListener listener=new MyActionListener();
39          //4.在事件源中注册监听器对象
40          btnRed.addActionListener(listener);
41          btnBlue.addActionListener(listener);
42          btnYellow.addActionListener(listener);
43          frame.setVisible(true);
44          frame.setDefaultCloseOperation(JFrame.EXIT_ON_CLOSE);
45      }
46      public static void main(String[] args) {
47          new Demo1714();
48      }
49  }
```

事件处理有两种方式：①使用匿名内部类,该方式合并了事件源、监听器和注册,程序简洁、容易阅读,不容易扩展；②使用实体内部类,该方式分开了事件源、监听器和注册,程序比较烦琐,但容易扩展。建议使用匿名内部类方式。

键盘事件

17.6.5 键盘事件

键盘是计算机系统主要输入设备之一,用户使用键盘会产生KeyEvent事件,处理该事件的监听器是KeyListener接口。KeyListener接口的方法如表17-4所示。

表17-4 KeyListener接口的方法

序号	方法名	触发事件时机
1	void keyTyped(KeyEvent e)	单击某个键(按下并松开)
2	void keyPressed(KeyEvent e)	按下某个键
3	void keyReleased(KeyEvent e)	松开某个键

如果要取得键盘输入的内容,需要通过KeyEvent事件的方法,表17-5列出了

KeyEvent 事件的方法。

表 17-5 KeyEvent 事件的方法

序号	方法名	描述
1	public char getKeyChar()	返回输入的字符,只针对 keyTyped 有意义
2	public int getKeyCode()	返回输入字符的键码
3	public static String getKeyText(int keycode)	返回按键的信息,如 HOME、F1 或 A 等

程序案例 17-15 创建了如图 17-32 所示的 GUI,只能向文本框输入数字,如果输入其他符号,程序将清空文本框并给出提示信息。

图 17-32 程序案例 17-15 运行结果

程序第 30 行定义私有实体内部类实现 KeyListener 接口;第 35 行 e.getKeyChar()取得按下某个键时键盘输入的字符,判断该字符是否为数字并进行相应处理;第 18、19 行创建监听器对象,同时在事件源注册。

【程序案例 17-15】 键盘事件。

```
1   package chapter17;
2   import java.awt.*;
3   import java.awt.event.*;
4   import javax.swing.*;
5   class SerialNumber{
6       private JFrame frame=new JFrame("键盘事件案例");
7       private JTextField txt1=new JTextField(4);
8       private JTextField txt2=new JTextField(4);
9       public SerialNumber() {                             //构造方法
10          //1. 构造 GUI 物理外观
11          frame.setLayout(new FlowLayout());              //流式布局
12          frame.setSize(300, 300);
13          frame.setLocation(450,200);
14          frame.add(txt1);
15          frame.add(txt2);
16          frame.add(new JLabel("只能输入数字,不能输入其他符号!"));
17          //3、4.创建监听器对象,并在事件源中注册
18          txt1.addKeyListener(new MyKeyListener());       //文本框注册键盘监听器
19          txt2.addKeyListener(new MyKeyListener());       //文本框注册键盘监听器
20          //采用匿名内部类创建监听器 WindowListener 对象
21          frame.addWindowListener(new WindowAdapter(){
                                                            //利用适配器完成关闭操作
22              public void windowClosing(WindowEvent e) {
```

```
23              JOptionPane.showMessageDialog(null,"系统被关闭","警告信息!",2);
24              System.exit(1);
25          }
26      });
27      frame.setVisible(true);
28  }
29  //2.实体内部类实现键盘监听器接口
30  private class MyKeyListener implements KeyListener{
31      public void keyPressed(KeyEvent e) {          //键盘按下
32          System.out.print(e.getKeyChar());
33      }
34      public void keyReleased(KeyEvent e) {         //键盘松开
35          if(e.getKeyChar()>=58||e.getKeyChar()<=47){   //如果非数字
36              JOptionPane.showMessageDialog(null,"请输入数字","警告信息!",2);
37              if(e.getSource()==txt1)               //判断事件源
38                  txt1.setText("");
39              else if(e.getSource()==txt2)          //判断事件源
40                  txt2.setText("");
41          }
42      }
43      public void keyTyped(KeyEvent e) {    }       //输入某个键,不需要处理
44  }
45  }
46  public class Demo1715{
47      public static void main(String[] args) {
48          new SerialNumber();
49      }
50  }
```

17.6.6 鼠标事件

鼠标事件

鼠标是 GUI 软件系统最重要的输入设备,仅使用鼠标就能轻易完成浏览网页、看新闻、打开文件等常用操作。鼠标操作时会产生 MouseEvent 事件,处理 MouseEvent 事件的监听器是 MouseListener 接口。表 17-6 列出了 MouseListener 接口的方法,表 17-7 列出了 MouseEvent 事件的成员。

表 17-6 MouseListener 接口的方法

序号	方法名	说明
1	void mouseClicked(MouseEvent e)	鼠标单击时调用(按下并松开)
2	void mousePressed(MouseEvent e)	鼠标按下时调用
3	void mouseReleased(MouseEvent e)	鼠标松开时调用
4	void mouseEntered(MouseEvent e)	鼠标进入组件时调用
5	void mouseExited(MouseEvent e)	鼠标离开组件时调用

表 17-7 MouseEvent 事件的成员

序号	方法及常量	类型	描述
1	public static final int BUTTON1	常量	鼠标左键
2	public static final int BUTTON2	常量	鼠标滚动键
3	public static final int BUTTON3	常量	鼠标右键
4	public int getButton()	普通方法	以数字形式返回按下的鼠标键
5	public int getClickCount()	普通方法	返回鼠标的单击次数
6	public int getY()	普通方法	返回鼠标的 y 坐标
7	public int getX()	普通方法	返回鼠标的 x 坐标
8	public static String getMouseModifiersText(int modifiers)	普通方法	以字符串形式返回鼠标按键信息

程序案例 17-16 创建了如图 17-33 所示的 GUI，鼠标移动到"红色字体"或者"蓝色字体"标签上，改变字体颜色。窗口中单击鼠标，文本区显示鼠标的横坐标、纵坐标和按下的鼠标键。

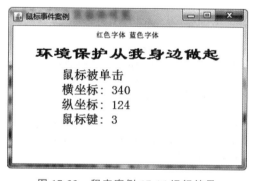

图 17-33 程序案例 17-16 运行结果

程序第 36 行使用私有内部类实现 MouseListener 监听器接口，单击鼠标触发第 37 行 void mouseClicked()方法，第 39 行 arg0.getX()方法和 arg0.getY()方法获得鼠标位置的横坐标和纵坐标，鼠标进入标签范围时触发第 43 行 void mouseEntered()方法，第 46、48 行判断事件源并执行相应操作。

程序第 26 行 frame.addMouseListener(new MyMouseListener())在窗体中注册鼠标监听器对象，能捕获鼠标事件（MouseEvent）；第 27 行 frame.addWindowListener(new WindowAdapter(){})在窗体注册了窗体事件适配器的匿名内部类，能捕获窗体事件（WindowEvent）。

一个组件可能是多个事件的事件源，每个事件的监听器对象都需要在该事件源中注册。程序案例 17-16 第 26、27 行在 frame 组件中注册了两个监听器对象。

【程序案例 17-16】 鼠标事件。

```
1    package chapter17;
2    import java.awt.*;
3    import java.awt.event.*;
```

```java
4   import javax.swing.*;
5   class MyColor {
6       private JFrame frame=new JFrame("鼠标事件案例");
7       private JLabel lblRed=new JLabel("红色字体");
8       private JLabel lblBlue=new JLabel("蓝色字体");
9       private JLabel info=new JLabel("环境保护从我身边做起");
10      private  JTextArea txtMouseLocation=new JTextArea(5,20);
11      public MyColor() {
12          //1.构造GUI物理外观
13          frame.setLayout(new FlowLayout());
14          frame.setSize(400, 300);
15          frame.setLocation(450,200);
16          frame.add(lblRed);
17          frame.add(lblBlue);
18          frame.add(info);
19          frame.add(txtMouseLocation);
20          txtMouseLocation.setLineWrap(true);
21          txtMouseLocation.setFont(new Font("宋体",Font.BOLD,20));
22          //3、4.在事件源中注册监听器对象
23          lblRed.addMouseListener(new MyMouseListener());
                                                            //在标签中注册鼠标监听器
24          lblBlue.addMouseListener(new MyMouseListener());
                                                            //在标签中注册鼠标监听器
25          //在窗体中注册两个监听器对象
26          frame.addMouseListener(new MyMouseListener());
                                                            //在窗体中注册鼠标监听器
27          frame.addWindowListener(new WindowAdapter(){
                                                            //利用适配器完成关闭操作
28              public void windowClosing(WindowEvent e) {
29                  JOptionPane.showMessageDialog(null,"系统被关闭","警告信息!",2);
30                  System.exit(1);
31              }
32          });
33          this.frame.setVisible(true);                    //设置窗体可见
34      }
35      //2.实现鼠标事件监听器接口
36      private class MyMouseListener implements MouseListener{
37          public void mouseClicked(MouseEvent arg0) {   //单击鼠标事件
38              StringBuffer location=new StringBuffer("鼠标被单击");
39              location.append ("\n 横坐标："+arg0.getX()+"\n 纵坐标："+arg0.getY());
40              location.append("\n 鼠标键："+arg0.getButton());
41              txtMouseLocation.setText(location.toString());
42          }
43          public void mouseEntered(MouseEvent e) {      //当鼠标进入组件后事件
44              Font font=new Font("隶书",Font.BOLD,30);
45              info.setFont(font);
46              if(e.getSource()==lblRed){                //判断事件源是否红色标签
47                  info.setForeground(Color.RED);
48              }else if(e.getSource()==lblBlue){         //判断事件源是否蓝色标签
49                  info.setForeground(Color.BLUE);
50              }
51          }
```

```
52       public void mouseExited(MouseEvent arg0) {    }    //鼠标离开触发
53       public void mousePressed(MouseEvent arg0) {   }    //鼠标按下触发
54       public void mouseReleased(MouseEvent arg0) {  }    //鼠标松开触发
55    }
56 }
57 public class Demo1716{
58    public static void main(String[] args) {
59       new MyColor();
60    }
61 }
```

17.6.7 适配器

1. 适配器概念

17.6.3 节～17.6.6 节介绍了 GUI 事件处理编程方法，监听者实现监听器接口时需覆写接口的所有方法，例如，程序案例 17-12 监听窗体事件 WindowEvent 实现 WindowListener 接口，需要覆写该接口的 6 个抽象方法，但在实际编程时可能仅仅需要覆写 windowClosing (WindowEvent arg0)方法，不覆写其他 5 个方法，根据实体类实现接口时要覆写所有方法的规则，不需要覆写的 5 个方法也必须出现在实体类中，但 5 个方法的方法体为空。程序显得臃肿、烦琐，增加了编程人员和阅读者的负担。

Java 语言提供的适配器解决了这个问题。适配器是实体类与接口之间定义的用于过度的抽象类，该抽象类已经覆写接口的所有抽象方法，但这些方法体没有任何语句。如果一个监听器接口只有一个抽象方法，Java 语言不提供该接口的适配器，如 ActionListener 和 ItemListener 接口只有一个方法，Java 语言没有为它们提供适配器。

下面代码段定义接口 BaseInterface,该接口包含 3 个抽象方法。第 9 行定义适配器类 BaseInterfaceAdapter 类实现接口 BaseInterface,它是抽象类，覆写接口 BaseInterface 的所有抽象方法，但方法体为空；第 18 行定义实体类 Sub 继承适配器类 BaseInterfaceAdapter, 仅仅覆写需要的 display()方法。

```
1  //接口有 3 个抽象方法
2  interface BaseInterface{
3     void show();
4     void display();
5     void study();
6  }
7  //适配器类
8  //抽象子类实现接口,覆写所有方法,方法体为空
9  abstract class BaseInterfaceAdapter   implements MyInterface{
10    @Override
11    public void show() {    }                //空方法体
12    @Override
13    public void display() {    }             //空方法体
14    @Override
15    public void study() {    }               //空方法体
16 }
17 //实体类
18 class Sub extends BaseInterfaceAdapter {
```

```
19      @Override
20      public void display() {
21          System.out.println("我是实体类的display方法");
22      }
23  }
```

如果不采用用于过度的适配器类 BaseInterfaceAdapter，实体类 Sub 直接实现 BaseInterface 接口，代码如下。实体类 Sub 存在多余代码（第 10、16 行）。

```
1   //接口有3个抽象方法
2   interface BaseInterface{
3       void show();
4       void display();
5       void study();
6   }
7   //实体类
8   class Sub implements BaseInterface{
9       @Override
10      public void show() {    }              //空方法体
11      @Override
12      public void display() {
13          System.out.println("我是实体类的display方法");
14      }
15      @Override
16      public void study() {    }              //空方法体
17  }
```

2. 适配器处理事件

为了减轻编程人员的负担，使事件处理程序更加简洁，如果监听器接口多余一个抽象方法，Java 语言为该监听器接口提供了适配器类，适配器命名为"事件名＋Adapter"。表 17-8 为监听器与适配器的对应关系。例如，窗体事件监听器 WindowListener 的适配器是 WindowAdapter。适配器能够简化事件处理，使程序结构更加清晰。

表 17-8 监听器与适配器的对应关系

序 号	监 听 器	适 配 器
1	ContainerListener	ContainerAdapter
2	ComponentListener	ComponentAdapter
3	FocusListener	FocusAdapter
4	KeyListener	KeyAdapter
5	MouseListener	MouseAdapter
6	MouseMotionListener	MouseMotionAdapter
7	WindowListener WindowStateListener WindowFocusListener	WindowAdapter

下面代码段是适配器 WindowAdapter 的定义。WindowAdapter 是抽象类，实现了 WindowListener、WindowStateListener 和 WindowFocusListener 3 个接口，覆写了所有抽

象方法，这些方法的方法体为空。实体类继承 WindowAdapter 抽象类时，根据需要覆写所需方法。

```
public abstract class WindowAdapter implements WindowListener, WindowStateListener,
WindowFocusListener {
protected WindowAdapter() {}                              //构造方法
public void windowOpened(WindowEvent e) {}                //空方法体
public void windowClosing(WindowEvent e) {}               //空方法体
public void windowClosed(WindowEvent e) {}                //空方法体
public void windowIconified(WindowEvent e) {}             //空方法体
public void windowDeiconified(WindowEvent e) {}           //空方法体
public void windowActivated(WindowEvent e) {}             //空方法体
public void windowDeactivated(WindowEvent e) {}           //空方法体
public void windowStateChanged(WindowEvent e) {}          //空方法体
public void windowGainedFocus(WindowEvent e) {}           //空方法体
public void windowLostFocus(WindowEvent e) {}             //空方法体
}
```

程序案例 17-17 定义私有实体类处理窗体事件，当关闭窗口时弹出提示对话框。第 12 行定义私有实体类继承窗体事件监听器的适配器 WindowAdapter，仅仅覆写其中的一个方法。

【程序案例 17-17】 私有实体类处理窗体事件（适配器方式）。

```
1   package chapter17;
2   import java.awt.event.*;
3   import javax.swing.*;
4   class MyWindow {
5       private JFrame frame = new JFrame("私有实体类处理窗体事件案例");
6       public MyWindow() {
7           frame.setSize(400, 300);
8           frame.setLocation(300, 300);
9           frame.addWindowListener(new MyWindowAdapter());   //注册监听器
10          frame.setVisible(true);
11      }
12      private class MyWindowAdapter extends WindowAdapter {
                                                    //私有实体类继承适配器类
13          public void windowClosing(WindowEvent arg0) {
14              JOptionPane.showMessageDialog(null, "马上关闭系统", "警告信息!", 2);
15              System.exit(1);
16          }
17      }
18  }
19  public class Demo1717 {
20      public static void main(String[] args) {
21          new MyWindow();
22      }
23  }
```

程序案例 17-17 第 12 行定义的私有实体监听器类在程序中仅仅使用一次，这种情况采用匿名内部类更加合适，程序代码显得更简洁，这也是常用方式。

程序案例 17-18 第 9 行匿名内部类继承窗体事件监听器的适配器类。这种方式的优点是事件处理、注册和事件源合并在一起，程序更加简洁。令阅读者赏心悦目，体验到程序的优美流畅。

【程序案例17-18】 匿名内部类处理窗体事件(适配器方式)。

```
1   package chapter17;
2   import java.awt.event.*;
3   import javax.swing.*;
4   class MyWindow {
5       private JFrame frame = new JFrame("匿名内部类处理窗体事件案例");
6       public MyWindow() {
7           frame.setSize(400, 300);
8           frame.setLocation(300, 300);
9           frame.addWindowListener(new WindowAdapter() {
                                                        //匿名内部类继承适配器类
10              public void windowClosing(WindowEvent arg0) {
11                  JOptionPane.showMessageDialog(null, "马上关闭系统", "警告信息!", 2);
12                  System.exit(1);
13              }
14          });
15          frame.setVisible(true);
16      }
17  }
18  public class Demo1718 {
19      public static void main(String[] args) {
20          new MyWindow();
21      }
22  }
```

◆ 17.7 其他常用组件

"人靠衣装马靠鞍,狗配铃铛跑得欢"。一个人的着装一定程度上反映一个人的个性、爱好、文化品位和审美情趣。一个人要根据职业、自身条件、环境选择合适的着装。

GUI就是软件系统的"着装",设计优美、友好、人性化的界面是软件系统的重要任务。Java语言提供的组件众多,一一介绍是件庞大的工作。除了本章前几节介绍的标签JLabel、文本框JTextField、文本区JTextArea、按钮JButton等外,本书再介绍几个比较常用的组件,如单选按钮JRadioButton、复选框JCheckBox、下拉列表框JComboBox、列表框JList、菜单、表格JTable、文件对话框JFileChoose和树JTree等,以这些组件为学习基础,达到举一反三的目的。

17.7.1 JRadioButton

单选按钮JRadioButton是比较常见的组件,如使用它选择性别。操作特点是在同类的一组组件中,用户只能选择其中一个。

JRadioButton组件的常用方法如下。

(1) public JRadioButton(String text),创建指定标签的单选按钮对象,默认为不选定。

(2) public JRadioButton(String text,boolean selected),创建指定标签和是否选定的单选按钮。

(3) public boolean isSelected(),返回选定状态。
(4) public void setSelected(boolean b),设置选定状态。
(5) public void setText(String text),设置标签文本。
(6) pubic void setIcon(Icon defaultIcon),设置标签上的图片。

发生在单选按钮 JRadioButton 上的事件是 ItemEvent,对应监听器接口为 ItemListener。ItemEvent 事件主要成员如下。

(1) public static final int SELECTED,被选中。
(2) public static final int DESELECTED,未被选中。
(3) public Object getItem(),返回受事件影响的单选按钮对象。
(4) public int getStateChange(),返回选定状态(选择或取消)。

ItemListener 接口只有一个方法。

public void itemStateChanged(ItemEvent e),用户取消或选定选项时调用。

程序案例 17-19 创建了如图 17-34 所示的 GUI。该界面有 3 个单选按钮 JRadioButton,最下面用标签 JLabel 显示回答情况。第 12 行 new ButtonGroup()创建按钮组,第 21~23 行 3 个单选按钮对象被加入按钮组(按钮组中只能选中一个单选按钮),第 29、35、41 行使用匿名内部类实现监听器接口。

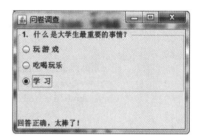

图 17-34 程序案例 17-19 运行结果

【程序案例 17-19】 单选按钮 JRadioButton。

```
1   package chapter17;
2   import java.awt.*;
3   import java.awt.event.*;
4   import javax.swing.*;
5   class Questionnaire {
6       private JFrame frame = new JFrame("问卷调查");
7       private Container cont = null;                        //声明一个容器
8       private JRadioButton jrbA = new JRadioButton("玩 游 戏");
                                                              //实例化单选按钮
9       private JRadioButton jrbB = new JRadioButton("吃喝玩乐");
                                                              //实例化单选按钮
10      private JRadioButton jrbC = new JRadioButton("学  习");
                                                              //实例化单选按钮
11      private JLabel lb = new JLabel("");                   //标签给出答案提示信息
12      private ButtonGroup group = new ButtonGroup();  //创建按钮组
13      private JPanel pan = new JPanel();
14      public Questionnaire() {
15          frame.setSize(600, 300);
16          frame.setLocation(450, 200);
17          cont = frame.getContentPane();                    //得到窗体容器
18          cont.setLayout(new BorderLayout());
19          pan.setBorder (BorderFactory.createTitledBorder("1.什么是大学生最重
                要的事情?"));
20          pan.setLayout(new GridLayout(3, 1));              //面板容器采用网格,3行1列
21          group.add(jrbA);                                  //单选按钮加入按钮组
```

```
22        group.add(jrbB);                                    //单选按钮加入按钮组
23        group.add(jrbC);                                    //单选按钮加入按钮组
24        pan.add(jrbA);
25        pan.add(jrbB);
26        pan.add(jrbC);
27        cont.add(lb, BorderLayout.SOUTH);                   //答案标签加入南部
28        cont.add(pan, BorderLayout.NORTH);                  //面板容器加入北部
29        jrbA.addItemListener(new ItemListener() {  //匿名内部类实现监听器接口
30            @Override
31            public void itemStateChanged(ItemEvent e) {
32                lb.setText("回答错误,继续努力!");
33            }
34        });
35        jrbB.addItemListener(new ItemListener() {  //匿名内部类实现监听器接口
36            @Override
37            public void itemStateChanged(ItemEvent e) {
38                lb.setText("回答错误,继续努力!");
39            }
40        });
41        jrbC.addItemListener(new ItemListener() {  //匿名内部类实现监听器接口
42            @Override
43            public void itemStateChanged(ItemEvent e) {
44                lb.setText("回答正确,太棒了!");
45            }
46        });
47        this.frame.setVisible(true);
48        this.frame.addWindowListener(new WindowAdapter() {   //匿名内部类
49            public void windowClosing(WindowEvent e) {
50                JOptionPane.showMessageDialog (null,"马上关闭系统","警告信
                                息!", 2);
51                System.exit(1);                              //关闭系统
52            }
53        });
54    }
55 }
56 public class Demo1719 {
57     public static void main(String[] args) {
58         new Questionnaire();
59     }
60 }
```

17.7.2 JCheckBox

JRadioButton 实现按钮组中只能选择其中一个按钮的功能。复选框 JCheckBox 允许选择多个选项,JCheckBox 的事件处理与 JRadioButton 一样,响应事件是 ItemEvent,监听器接口是 ItemListener。

JCheckBox 组件的部分常用方法如下。

(1) public JCheckBox(String text),创建指定标签文本对象,默认为不选定。

(2) public JCheckBox(String text,boolean selected),创建指定标签文本和选择状态的对象。

程序案例 17-20 创建了如图 17-35 所示的 GUI。该界面有 4 个复选框 JCheckBox，如果选择"玩游戏"，下面标签显示红色提示信息。

程序第 7～10 行创建指定标签文本的 4 个复选框对象，第 21～24 行把 4 个复选框加入面板容器，第 41 行使用私有内部类实现监听器接口 ItemListener，第 29～32 行在 4 个复选框中注册监听器对象。

图 17-35　程序案例 17-20 运行结果

【**程序案例 17-20**】　复选框 JCheckBox。

```
1    package chapter17;
2    import java.awt.*;
3    import java.awt.event.*;
4    import javax.swing.*;
5    class Questionnaire2 {
6        private JFrame frame = new JFrame("复选框案例");
7        private JCheckBox jcb1 = new JCheckBox("玩 游 戏");        //创建复选框对象
8        private JCheckBox jcb2 = new JCheckBox("学习专业知识技能");   //创建复选框对象
9        private JCheckBox jcb3 = new JCheckBox("锻炼身体");         //创建复选框对象
10       private JCheckBox jcb4 = new JCheckBox("博览群书");         //创建复选框对象
11       private JLabel lb = new JLabel("大学生的重要事情:");
12       private JLabel lbHint = new JLabel("");                    //提示信息
13       private Container cont;                                    //窗体容器
14       private JPanel pan = new JPanel();
15       public Questionnaire2() {
16           frame.setSize(300, 200);
17           frame.setLocation(450, 200);
18           cont = frame.getContentPane();                         //获得窗体容器
19           cont.setLayout(new BorderLayout());                    //设置窗体容器的布局管理器
20           pan.setLayout(new GridLayout(4, 1));                   //设置面板容器的布局管理器，
                                                                    //4 行 1 列
21           pan.add(jcb1);                                         //复选框加入面板容器
22           pan.add(jcb2);                                         //复选框加入面板容器
23           pan.add(jcb3);                                         //复选框加入面板容器
24           pan.add(jcb4);                                         //复选框加入面板容器
25           cont.add(pan, BorderLayout.WEST);                      //窗体容器西边放面板容器
26           lb.setSize(20, 20);
27           cont.add(lb, BorderLayout.NORTH);                      //问题标签摆在北部
28           cont.add(lbHint, BorderLayout.SOUTH);                  //提示信息标签摆在南部
29           jcb1.addItemListener(new MyItemListener());
                                                                    //在复选框中注册监听器对象
30           jcb2.addItemListener(new MyItemListener());
                                                                    //在复选框中注册监听器对象
31           jcb3.addItemListener(new MyItemListener());
                                                                    //在复选框中注册监听器对象
32           jcb4.addItemListener(new MyItemListener());
                                                                    //在复选框中注册监听器对象
33           frame.addWindowListener(new WindowAdapter() {
34               public void windowClosing(WindowEvent e) {
35                   JOptionPane.showMessageDialog (null, "马上关闭系统", "警告信
                         息!", 2);
36                   System.exit(1);                                //关闭系统
```

```java
37                  }
38              });
39          this.frame.setVisible(true);
40      }
41      private class MyItemListener implements ItemListener {
                                                                    //内部类实现按钮监听器
42          public void itemStateChanged(ItemEvent e) {
43              if (e.getSource() == jcb1) {            //如果选择第 1 个复选框
44                  if (jcb1.isSelected()) {
45                      lbHint.setText("你确定颓废?");
46                      lbHint.setForeground(Color.RED);
47                  }else {
48                      lbHint.setForeground(Color.BLUE);
49                  }
50              }
51              if (e.getSource() == jcb2) {            //如果选择第 2 个复选框
52                  if (jcb2.isSelected()) {
53                      lbHint.setText(jcb2.getText());
54                      lbHint.setForeground(Color.BLUE);
55                  }
56              }
57              if (e.getSource() == jcb3) {            //如果选择第 3 个复选框
58                  if (jcb3.isSelected())
59                      lbHint.setText(jcb3.getText());
60                      lbHint.setForeground(Color.BLUE);
61              }
62              if (e.getSource() == jcb4) {            //如果选择第 4 个复选框
63                  if (jcb4.isSelected())
64                      lbHint.setText(jcb4.getText());
65                      lbHint.setForeground(Color.BLUE);
66              }
67          }
68      }
69  }
70  public class Demo1720 {
71      public static void main(String[] args) {
72          new Questionnaire2();
73      }
74  }
```

17.7.3 JComboBox

JComboBox 组件被称为下拉列表框，用户从下拉列表框选项中选择需要的内容，减少用户输入和记忆的负担，同时提高数据的准确性。图 17-36 中的"中文字体"选项是一个下拉列表框，用户点击"三角形"按钮弹出所有选项，然后从选项列表选择需要的内容，用户也能直接输入选项。

JComboBox 组件的部分常用方法如下。

（1）public JComboBox(Object[] items)，用对象数组构造 JComboBox 对象。

（2）public JComboBox(Vector<?>items)，用 Vector 构造 JComboBox 对象。

（3）public JComboBox(ComboBoxModel aModel)，用 ComboBoxModel 构造 JComboBox

图 17-36 下拉列表框

对象。

（4）public void addItem(Object anObject)，增加列表项。

（5）public Object getItemAt(int index)，返回索引处的列表项。

（6）public public Object getSelectedItem()，返回选中的列表项。

（7）public int getItemCount()，返回列表项数。

（8）public ComboBoxEditor getEditor()，返回 JConboBox 的内容编辑器。

（9）public void setEditable(boolean aFlag)，设置是否可编辑。

（10）public void setMaximumRowCount(int count)，设置最大行数。

（11）public void setSelectedIndex(int anIndex)，设置默认选项的索引号。

JComboBox 的事件和事件监听接口与 JRadioButton、JCheckBox 一样，分别是 ItemEvent 和 ItemListener。如果用户直接输入列表项，产生动作事件 ActionEvent，这时需要事件监听器 ActionListener。

程序案例 17-21 创建了如图 17-36 所示的 GUI，需要一个标签 JLabel、一个下拉列表框 JComboBox 和一个文本区 JTextArea。单击 JComboBox 的中文字体时，改变右边文本区的字体。

程序第 9 行声明 JComboBox 对象 jcb；第 17 行字符串数组作为参数创建下拉列表框对象；第 18 行 jcb.setEditable(true) 设置下拉列表框可编辑；第 22 行使用匿名内部类实现 ItemListener 接口，完成下拉列表框选择内容改变文本区字体的任务；第 25 行 e.getItem() 获得下拉列表框选项。

【程序案例 17-21】 JComboBox。

```
1   package chapter17;
2   import java.awt.*;
3   import java.awt.event.*;
4   import javax.swing.*;
5   class SelectedFont {
6       private JFrame frame = new JFrame("字体设置");
7       private Container cont;
8       private JLabel lb = new JLabel("中文字体");
9       private JComboBox<String> jcb = null;              //下拉列表框
10      private JTextArea txtArea = new JTextArea("保护蓝天碧水");
11      public SelectedFont() {
12          frame.setSize(400, 300);
13          frame.setLocation(300, 300);
14          cont = frame.getContentPane();
```

```java
15          cont.setLayout(new FlowLayout());
16          String myFont[] = { "宋体", "隶书", "华文行楷" };    //字符串数组,保存字体信息
17          jcb = new JComboBox<>(myFont);                      //创建下拉列表框对象
18          jcb.setEditable(true);                              //设置下拉列表框可编辑
19          cont.add(lb);
20          cont.add(jcb);
21          cont.add(txtArea);
22          jcb.addItemListener(new ItemListener() {
                                                                //匿名内部类实现 ItemListener 接口
23              public void itemStateChanged(ItemEvent e) {    //选项改变时触发
24                  if (e.getStateChange() == ItemEvent.SELECTED) {
25                      String strFont = (String) e.getItem();  //得到字体信息
26                      Font font = new Font(strFont, Font.BOLD, 20);
27                      txtArea.setFont(font);                  //设置文本区字体
28                  }
29              }
30          });
31          frame.addWindowListener(new WindowAdapter() {
32              public void windowClosing(WindowEvent e) {
33                  JOptionPane.showMessageDialog (null, "马上关闭系统", "警告信
                                                                息!", 1);
34                  System.exit(0);                             //关闭系统
35              }
36          });
37          this.frame.setVisible(true);
38      }
39  }
40  public class Demo1721 {
41      public static void main(String[] args) {
42          new SelectedFont();
43      }
44  }
```

17.7.4 JList

下拉列表框 JComboBox 一次只能选择列表中的一个选项,实际应用中可能需要在列表中选择多项内容,列表框 JList 支持一次选择多个选项。

JList 组件的常用方法如下。

(1) public JList(Object[] listData),根据对象数组创建 JList 对象。

(2) public JList(Vector<?>listData),根据 Vector 创建 JList 对象。

(3) public JList(ListModel dataModel),根据 ListModel 创建 JList 对象。

(4) public Object[] getSelectedValues(),返回已选择的所有选项。

(5) public int getSelectedIndex(),返回已选择选项的索引号。

(6) public int[] getSelectedIndices(),返回已选择的所有选项的索引。

(7) public void setSelectionModel(int selectionMode),设置选择模式(多选或单选)。

JList 组件产生 ListSelectionEvent 事件,该事件对应监听器接口 ListSelectionListener。ListSelectionEvent 事件的主要方法如下。

(1) public int getFirstIndex(),返回第一个选项的索引号。

(2) public int getLastIndex(),返回最后一个选项的索引号。

监听器接口 ListSelectionListener 仅有一个方法。

void valueChanged(ListSelectionEvent e),当值发生改变时调用。

程序案例 17-22 创建了如图 17-37 所示的 GUI,书籍目录采用 JList,选择的多本书籍自动加入下面的文本区,右边的"清空"按钮删除文本区的所有内容。第 12 行声明 JList 对象,第 25 行以书籍列表为参数创建 JList 对象,第 32 行 jList.setBorder() 方法设置 JList 的边框,第 33 行使用匿名内部类实现接口 ListSelectionListener,当改变 JList 选项时触发第 34 行的方法,第 35 行 jList.getSelectedValues() 获得 JList 的所有已选项。

图 17-37 程序案例 17-22 运行结果

【**程序案例 17-22**】 列表框 JList。

```
1   package chapter17;
2   import java.awt.*;
3   import java.awt.event.*;
4   import java.util.*;
5   import javax.swing.*;
6   import javax.swing.event.*;
7   class SelectFontType {
8       private JFrame frame = new JFrame("JList案例");
9       private Container cont;
10      private JLabel lb = new JLabel("书籍目录");
11      private JTextArea txtArea = new JTextArea(6, 5);
12      private JList<String> jList = null;          //声明列表框对象
13      private JPanel panEast = new JPanel(new FlowLayout());
14      private JButton btn = new JButton("清 空");
15      public SelectFontType() {
16          frame.setSize(300, 300);
17          frame.setLocation(450, 200);
18          cont = frame.getContentPane();
19          cont.setLayout(new BorderLayout());
20          Vector<String> list = new Vector<String>();
21          list.add("道  德 经");                    //向 list 加入对象
22          list.add("山 海 经");                     //向 list 加入对象
23          list.add("论   语");                      //向 list 加入对象
24          list.add("唐 诗");                        //向 list 加入对象
25          jList = new JList<>(list);               //以 list 表为参数创建 JList 对象
26          cont.add(lb, BorderLayout.NORTH);
27          cont.add(jList, BorderLayout.CENTER);
28          cont.add(txtArea, BorderLayout.SOUTH);
29          cont.add(panEast.add(btn), BorderLayout.EAST);
30          cont.add(panEast, BorderLayout.EAST);
31          panEast.add(btn);
32          jList.setBorder(BorderFactory.createLineBorder(Color.RED));
                                                     //设置 JList 的边框
33          jList.addListSelectionListener(new ListSelectionListener() {
                                                     //匿名内部类实现接口
```

```java
34      public void valueChanged(ListSelectionEvent e) {        //选项改变触发
35          Object[] obj = jList.getSelectedValues();           //获得所有已选项
36          StringBuffer sb = new StringBuffer();
37          for (Object o : obj) {
38              sb.append((String) o + "\n");
39          }
40          txtArea.setText(sb.toString());
41      }
42  });
43  btn.addActionListener(new ActionListener() {    //清空按钮
44      @Override
45      public void actionPerformed(ActionEvent e) {
46          txtArea.setText("");
47      }
48  });
49  this.frame.addWindowListener(new WindowAdapter() {
50      public void windowClosing(WindowEvent e) {
51          JOptionPane.showMessageDialog(null, "马上关闭系统", "警告信
                                          息!", 2);
52          System.exit(1);                         //关闭系统
53      }
54  });
55  this.frame.setVisible(true);
56  }
57 }
58 public class Demo1722 {
59     public static void main(String[] args) {
60         new SelectFontType();
61     }
62 }
```

菜单

17.7.5 菜单

菜单是 GUI 非常重要的组件，它容易实现程序功能模块化。Java 语言提供了一般式菜单、弹出式菜单、快捷菜单及复选框菜单。一般式菜单外观结构如图 17-38 所示。

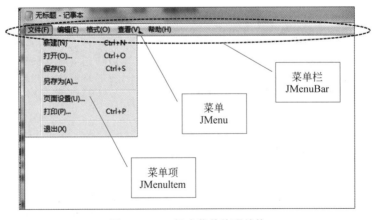

图 17-38 一般式菜单外观结构

一般式菜单包括菜单栏 JMenuBar,用来摆放菜单 JMenu,图 17-38 中虚线框为菜单栏;菜单 JMenu 摆放菜单项 JMenuItem,图 17-38 中"文件"和"编辑"等是菜单 JMenu 对象;菜单项 JMenuItem 封装菜单的基本操作,图 17-38 中"新建"和"打开"等是菜单项。

JMenuBar 组件的主要方法如下。

(1) public JMenuBar(),创建 JMenuBar 对象。

(2) public JMenu add(JMenu c),将指定的 JMenu 添加到 JMenuBar 中。

(3) public JMenu getJMenu(int index),返回指定位置的 JMenu 对象。

(4) public int getJMenuCount(),返回菜单栏上的 JMenu 数目。

JMenu 组件主要方法如下。

(1) public JMenu(String text),创建 JMenu 对象并设置名称。

(2) public JMenuItem add(JMenuItem menuItem),增加新的菜单项。

(3) public void addSeparator(),加入分隔线。

JMenuItem 组件的主要方法如下。

(1) public JMenuItem(Icon icon),创建带有图标的 JMenuItem 对象。

(2) public JMenuItem(String text),创建 JMenuItem 对象同时指定名称。

(3) public JMenuItem(String text,Icon icon),创建指定名称和图标的 JMenuItem 对象。

图 17-39 显示了一般式菜单类结构,JMenuItem 类是 AbstractButton 类的子类,因此 JMenuItem 组件可看作特殊按钮,它的监听事件为 ActionEvent,对应监听器为 ActionLinstener。

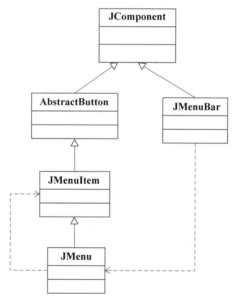

图 17-39 一般式菜单类结构

程序案例 17-23 创建了如图 17-40 所示的 GUI。主菜单包括"文件"和"编辑","文件"主菜单包括"新建""打开""关闭""保存"子菜单,其中"关闭"后面是分割线;"编辑"主菜单包括"复制"和"粘贴"子菜单,完成简单的复制、粘贴功能。

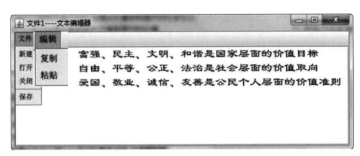

图 17-40　程序案例 17-23 运行结果

【程序案例 17-23】　制作菜单。

```
1   package chapter17;
2   import java.awt.Font;
3   import java.awt.event.*;
4   import javax.swing.*;
5   class MyMenu {
6       //1. 准备菜单对象
7       private JFrame frame = new JFrame("文件 1----文本编辑器");
8       private JMenuBar bar = new JMenuBar();                          //菜单栏
9       private JMenu menuFile = new JMenu("文件");                     //菜单
10      private JMenu menuEdit = new JMenu("编辑");                     //菜单
11      //菜单项
12      private JMenuItem menuItemNew = new JMenuItem("新建");
13      private JMenuItem menuItemOpen = new JMenuItem("打开");
14      private JMenuItem menuItemClose = new JMenuItem("关闭");
15      private JMenuItem menuItemStore = new JMenuItem("保存");
16      private JMenuItem menuItemCopy = new JMenuItem("复制");
17      private JMenuItem menuItemPaste = new JMenuItem("粘贴");
18      private JTextArea text = new JTextArea();                       //文本区
19      private String copyInfo;                                        //复制的信息
20      public MyMenu() {
21          frame.setSize(600, 300);
22          frame.setLocation(450, 200);
23          //在面板中加入带滚动条的文本框
24          text.setFont(new Font("隶书", Font.PLAIN, 20));
25          frame.getContentPane().add(new JScrollPane(text));
26          //2. 菜单栏 JMenuBar 加入窗体 JFrame
27          frame.setJMenuBar(bar);
28          //3. 菜单 JMenu 加入菜单栏 JMenuBar
29          bar.add(menuFile);
30          bar.add(menuEdit);
31          //4. 菜单项 JMenuItem 加入菜单 JMenu
32          //4.1 向"文件"菜单加入菜单项
33          menuFile.add(menuItemNew);                    //菜单项加入菜单
34          menuFile.add(menuItemOpen);                   //菜单项加入菜单
35          menuFile.add(menuItemClose);                  //菜单项加入菜单
36          menuFile.addSeparator();                      //加入分隔线
37          menuFile.add(menuItemStore);                  //菜单项加入菜单
38          //4.2 向"编辑"菜单加入菜单项
```

```java
39        menuEdit.add(menuItemCopy);                              //菜单项加入菜单
40        menuEdit.add(menuItemPaste);                             //菜单项加入菜单
41        //5. 在菜单项 JMenuItem 中注册监听器 ActionListener 对象
42        MyMenuListener listener = new MyMenuListener();
43        menuItemNew.addActionListener(listener);
44        menuItemOpen.addActionListener(listener);
45        menuItemClose.addActionListener(listener);
46        menuItemStore.addActionListener(listener);
47        menuItemCopy.addActionListener(listener);
48        menuItemPaste.addActionListener(listener);
49        this.frame.addWindowListener(new WindowAdapter() {
50            public void windowClosing(WindowEvent e) {
51                JOptionPane.showMessageDialog (null, "马上关闭系统", "警告信
                                                息!", 2);
52                System.exit(1);                                  //关闭系统
53            }
54        });
55
56        this.frame.setVisible(true);
57    }
58    //内部类实现 ActionListener 监听器接口
59    private class MyMenuListener implements ActionListener {    //实现监听器
60        public void actionPerformed(ActionEvent e) {             //执行菜单项动作事件
61            if (e.getSource() == menuItemNew)                    //选择新建菜单
62                text.setText("开始新建一个文件");
63            else if (e.getSource() == menuItemOpen)              //选择打开菜单
64                text.setText("开始打开一个文件");
65            else if (e.getSource() == menuItemClose)             //选择关闭菜单
66                text.setText("开始关闭一个文件");
67            else if (e.getSource() == menuItemStore)             //选择保存菜单
68                text.setText("开始保存一个文件");
69            else if (e.getSource() == menuItemCopy) {            //选择复制菜单
70                System.out.println("开始复制");
71                copyInfo = text.getSelectedText();               //复制选择的信息
72                System.out.println("复制的信息:" + copyInfo);
73            } else if (e.getSource() == menuItemPaste) {  //选择粘贴菜单
74                System.out.println("粘贴的信息:" + copyInfo);
75                text.append(copyInfo);
76            }
77        }
78    }
79 }
80 public class Demo1723 {
81     public static void main(String[] args) {
82         new MyMenu();
83     }
84 }
```

制作菜单有 5 个关键步骤(见图 17-41)。

(1) 准备菜单对象。第 8~17 行,创建菜单栏 JMenuBar 对象、菜单 JMenu 对象和菜单项 JMenuItem 对象。

(2) 菜单栏 JMenuBar 加入窗体 JFrame。第 27 行 frame.setJMenuBar(bar)把菜单栏

bar 加入 frame。

（3）菜单 JMenu 加入菜单栏 JMenuBar。第 29 行 bar.add(menuFile)把菜单 menuFile 加入菜单栏 bar，第 30 行 bar.add(menuEdit)把菜单 menuEdit 加入菜单栏 bar。

（4）菜单项 JMenuItem 加入菜单 JMenu。第 33～40 行把 6 个菜单项分别加入菜单 menuFile 和 menuEdit。

（5）在菜单项 JMenuItem 中注册监听器 ActionListener 对象。第 59 行定义私有内部类实现 ActionListener 监听器接口，第 43～48 在 6 个菜单项中注册监听器对象。

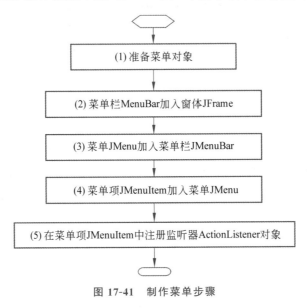

图 17-41　制作菜单步骤

17.7.6　JTable

表格是呈现数据的常见形式，学生成绩、单位人员信息、股票信息等都适合采用表格展示。Java 语言提供的 JTable 表格组件主要作用是以二维表格形式呈现数据，并且允许用户编辑数据。

JTable 组件的主要方法如下。

（1）public JTable()，创建默认 JTable 对象。

（2）JTable(int numRows,int numColumns)：使用 DefaultTableModel 创建指定行数和列数的 JTable 对象。

（3）JTable(Object[][] rowData,Object[] columnNames)：创建以二维数组作为表格初始值，并指定列名的 JTable 对象。

（4）public int getColumnCount()，返回 JTable 列数。

（5）public int getRowCount()，返回 JTable 行数。

（6）public Object getValueAt(int row,int column)，获得指定行列位置的单元格的值。

（7）public void setRowHeight(int rowHeight)，设置 JTable 行高。

（8）public void setValueAt(Object aValue,int row,int column)，设置指定行列位置的单元格的值为 aValue。

(9) public JTableHeader getTableHeader(),获得 JTable 标题。

(10) public void repaint(),刷新 JTabel 对象。

JTable 组件产生焦点事件 FocusEvent,对应监听器接口 FocusListener。监听器接口 FocusListener 有两个方法:

(1) public void focusLost(FocusEvent arg0),组件失去焦点时触发。

(2) public void focusGained(FocusEvent arg0),组件获得焦点时触发。

程序案例 17-24 创建了如图 17-42 所示 GUI,采用 BorderLayout 布局,北部滚动条面板 JScrollPane 摆放一个表格;中部 JPanel 摆放一个 JTextField;南部 JPanel 摆放一个 JButton。

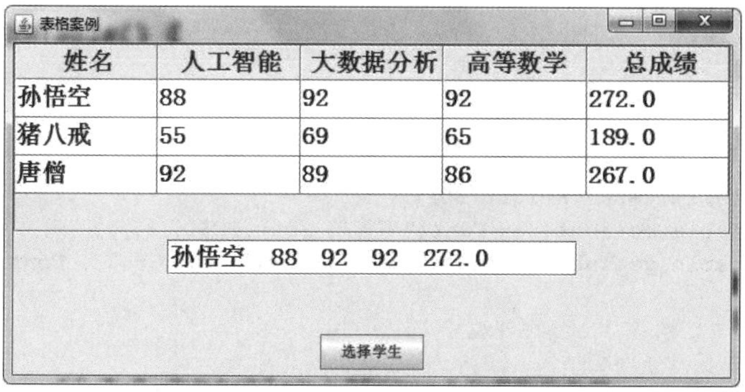

图 17-42　程序案例 17-24 运行结果

程序第 6 行 class WinTable extends JFrame implements ActionListener,FocusListener,自定义类继承 JFrame,同时实现两个监听器接口 ActionListener、FocusListener,表示当前对象 this 就是监听者;第 9、13 行准备表格数据和表头;第 14 行根据表格数据(二维数组)和表头(一维字符串数组)创建 JTabel 对象 table;第 16 行用 table 作为参数创建滚动条面板;第 27~29 行准备表格行高、内容字体和表头字体;第 32 行设置滚动条面板的大小;第 41 行 button.addActionListener(this)在按钮中注册 ActionListener 监听器对象 this(第 6 行,当前类实现了 ActionListener 接口);同理,第 43 行 table.addFocusListener(this)在表格中注册 FocusListener 监听器对象 this;第 87 行覆写了 FocusListener 的 public void focusGained(FocusEvent arg0)方法,表格获得焦点时执行该方法,例如,单击表格单元格将获得焦点。

【程序案例 17-24】　表格 JTable。

```
1   package chapter17;
2   import javax.swing.*;
3   import java.awt.*;
4   import java.awt.event.*;
5   //表格窗体继承 JFrame,同时实现 ActionListener、FocusListener 两个监听器接口
6   class WinTable extends JFrame implements ActionListener, FocusListener {
7       //1. 准备组件
8       //表格数据
9       private Object data[][] = {{ "孙悟空", "88", "92", "92", "0" },
10                                 { "猪八戒", "55", "69", "65", "0" },
```

```java
11                                       { "唐僧", "92", "89", "86", "0" } };
12     //表头
13     private Object title[] = { "姓名", "人工智能", "大数据分析", "高等数学", "总
                                    成绩" };
14     private JTable table = new JTable(data, title);       //根据表格数据和表头
                                                              创建表格
15     private Container con = this.getContentPane();        //获得窗体内容窗格
16     private JScrollPane jspNorth = new JScrollPane(table);   //北部滚动条面板
17     private JPanel panSouth = new JPanel(new FlowLayout());  //南部面板
18     private JPanel panCenter = new JPanel(new FlowLayout()); //中部面板
19     private JTextField txtInfo = new JTextField(30);         //保存学生信息
20     private JButton button = new JButton("选择学生");
21     WinTable() {
22         //1. 准备组件
23         this.setTitle("表格案例");
24         this.setSize(500, 300);
25         this.setLocation(300, 200);
26         //2. 准备表格
27         table.setRowHeight(30);                              //表格行高
28         table.setFont(new Font("宋体", Font.BOLD, 20));       //表格内容字体
29         table.getTableHeader().setFont(new Font("宋体", Font.BOLD, 20));
                                                                //表头字体
30         //3. 构造 GUI 物理外观
31         //滚动条面板加入 JFrame 内容窗格的北部
32         jspNorth.setPreferredSize(new Dimension(200, 150));
                                                  //滚动条面板的大小
33         con.add(jspNorth, BorderLayout.NORTH);   //有表格的滚动面板摆放在北部
34         txtInfo.setFont(new Font("宋体", Font.BOLD, 20));
35         panCenter.add(txtInfo);
36         con.add(panCenter, BorderLayout.CENTER);
                                                  //显示学生信息的文本框摆放在中部
37         panSouth.add(button);
38         con.add(panSouth, BorderLayout.SOUTH);   //选择学生按钮摆放在南部
39         //5. 在表格中注册监听器对象
40         //在事件源按钮中注册监听器对象,捕获单击按钮 ActionEvent 事件
41         button.addActionListener(this);   //实现 ActionListener 接口,this 表示
                                              //当前对象
42         //在事件源表格中注册监听器对象,捕获表格 FocusEvent 事件
43         table.addFocusListener(this);
44         this.setVisible(true);
45         this.setDefaultCloseOperation(JFrame.EXIT_ON_CLOSE);
46     }
47     //计算表格中学生总成绩
48     private void calculateAvg() {
49         for (int i = 0; i < table.getRowCount(); i++) {       //行
50             double sum = 0;
51             boolean flag = true;
52             for (int j = 1; j <= table.getColumnCount() - 2; j++) {
                                                  //某行的第 1~3 列保存成绩
53                 try {
54                     //table.getValueAt(i,j)取得第 i 行、第 j 列的值
55                     sum = sum + Double.parseDouble(table.getValueAt(i, j).
                                                  toString());
```

```
56                } catch (Exception ee) {
57                    flag = false;
58                    table.repaint();
59                }
60                if (flag == true) {
61                    table.setValueAt(sum + "", i, table.getColumnCount() - 1);
62                    table.repaint();
63                }
64            }
65        }
66    }
67    //取得当前行的学生信息
68    private String getInfo() {
69        StringBuffer sb = new StringBuffer();
70        int row = -2;
71        if (table.getSelectedRow() == -1)
72            row = 0;
73        else
74            row = table.getSelectedRow();
75        for (int i = 0; i < table.getColumnCount(); i++)
76            sb.append((String) table.getValueAt(row, i) + "   ");
77        return sb.toString();
78    }
79
80    //4. 实现 ActionListener 接口的方法
81    public void actionPerformed(ActionEvent e) {
82        this.calculateAvg();
83        this.txtInfo.setText(this.getInfo());
84    }
85    //4. 实现 FocusListener 接口的方法
86    @Override
87    public void focusGained(FocusEvent arg0) {           //获得焦点时计算总分
88        this.calculateAvg();
89        this.txtInfo.setText(this.getInfo());
90    }
91    @Override
92    public void focusLost(FocusEvent arg0) {
93    }
94 }
95 public class Demo1724 {
96    public static void main(String args[]) {
97        WinTable Win = new WinTable();
98    }
99 }
```

JTabel 组件编程比较复杂,一般分为 5 步。

(1) 准备组件。

(2) 准备表格,如数据、表头、行高、列宽等。

(3) 构造 GUI 物理外观。

(4) 实现监听器接口的方法。

(5) 在表格中注册监听器对象。

JTable 是最复杂的组件之一,深入学习请参考有关书籍,本书仅介绍基本知识。

文件对话框

17.7.7　JFileChooser

文件对话框 JFileChooser 保存在 javax.swing 包中,该组件不能加入其他容器中,一般用于"打开"或者"保存"文件。

JFileChooser 组件的部分主要成员如下。

(1) publi c static int APPROVE_OPTION,选择打开按钮。

(2) publi c static int JFileChooser.CANCEL_OPTION,选择取消按钮。

(3) public JFileChooser(),创建 JFileChooser 对象,默认为用户文件夹。

(4) public JFileChooser(String currentDiretory),创建指定目录的 JFileChooser 对象。

(5) public void setCurrentDiretory(File dir),设置默认打开的文件夹。

(6) public void setSelectedFile(File file),设置打开时默认选择的文件。

(7) public void setFileFilter(FileFilter filter),设置文件过滤器 filter。

(8) public int showSaveDialog(Component parent),弹出保存对话框。

(9) public int showOpenDialog(Component parent),弹出打开对话框。

(10) public File getSelectedFile(),返回用户选择的文件。

程序案例 17-25 创建了如图 17-43 所示的 GUI。"打开"按钮弹出打开文件对话框,在文本区显示打开文件的内容;"保存"按钮弹出保存文件对话框,保存文本区的内容;"清除"按钮清除文本区的内容。

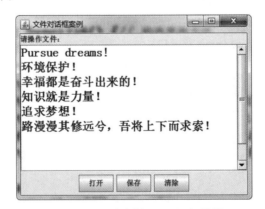

图 17-43　程序案例 17-25 运行结果

程序案例 17-25 第 32 行 jfc.showOpenDialog(frame)弹出"打开"文件对话框(见图 17-44),返回两个常量,JFileChooser.APPROVE_OPTION 表示单击"打开"按钮,JFileChooser.CANCEL_OPTION 表示单击"取消"按钮;第 34 行 jfc.getSelectedFile()返回在"打开"文件对话框中选择的文件;第 49 行 jfc.showSaveDialog(frame)弹出"保存"文件对话框(见图 17-45)。

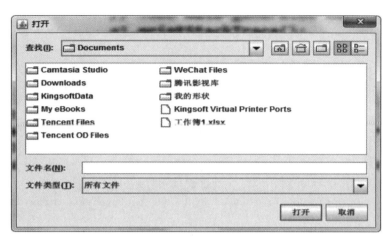

图 17-44 "打开"文件对话框

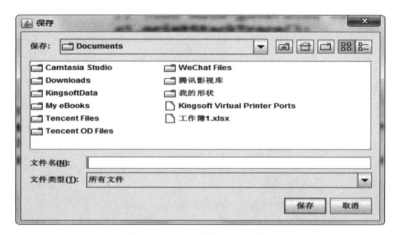

图 17-45 "保存"文件对话框

【程序案例 17-25】 文件对话框 JFileChooser。

```
1   package chapter17;
2   import java.awt.*;
3   import java.awt.event.*;
4   import java.io.*;
5   import javax.swing.*;
6   public class Demo1725 {
7       //准备组件
8       private JFrame frame = new JFrame("文件对话框案例");
9       private JLabel lblNorth = new JLabel("请操作文件:");
10      private JTextArea txt = new JTextArea(10, 20);
11      private JPanel panSouth = new JPanel(new FlowLayout());
                                                            //南部一个面板,流式布局
12      private JButton btnOpen = new JButton("打开");
13      private JButton btnSave = new JButton("保存");
14      private JButton btnClear = new JButton("清除");
15      public Demo1725() {
```

```java
16          //准备窗体
17          frame.setSize(400, 300);
18          frame.setLocation(500, 200);
19          frame.setLayout(new BorderLayout());
20          frame.add(lblNorth, BorderLayout.NORTH);
21          txt.setFont(new Font("宋体",Font.BOLD,20));
22          frame.add(new JScrollPane(txt), BorderLayout.CENTER);
23          panSouth.add(btnOpen);
24          panSouth.add(btnSave);
25          panSouth.add(btnClear);
26          frame.add(panSouth, BorderLayout.SOUTH);
27          //在"打开"按钮中注册监听器对象,采用匿名内部类
28          btnOpen.addActionListener(new ActionListener() throws Exception{
29              @Override
30              public void actionPerformed(ActionEvent arg0) {
                                                             //文件内容读取到文本区
31                  JFileChooser jfc = new JFileChooser();  //创建文件对话框对象
32                  int value = jfc.showOpenDialog(frame);  //显示"打开"文件对话框
33                  if (value == JFileChooser.APPROVE_OPTION) {  //单击"打开"按钮
34                      File fileName = jfc.getSelectedFile() ;  //获得选择的文件
35                      FileReader fread = new FileReader(fileName);
                                                             //输入流,读取文件
36                      char ch[] = new char[1024];
37                      int hasData = 0;
38                      while ((hasData = fread.read(ch)) >= 0) {
39                      txt.append(new String(ch, 0, hasData));
40                      fread.close();
41                  }
42              }
43          });
44          //在"保存"按钮中注册监听器对象,采用匿名内部类
45          btnSave.addActionListener(new ActionListener()   throws Exception{
46              @Override
47              public void actionPerformed(ActionEvent e) {    //保存文本区的内容
48                  JFileChooser jfc = new JFileChooser();    //创建文件对话框对象
49                  int value = jfc.showSaveDialog(frame);//显示"保存"文件对话框
50                  if (value == JFileChooser.APPROVE_OPTION) {  //单击"保存"按钮
51                      File fileName = jfc.getSelectedFile() ;   //获得选择的文件
52                      //创建字符输出流,保存文本区的内容
53                      FileWriter writer;
54                      writer = new FileWriter(fileName);
55                      //将文本区的信息写入文件
56                      writer.write(txt.getText());
57                      writer.close();
58                  }
59              }
60          });
61          //在"清除"按钮中注册监听器对象,采用匿名内部类
62          btnClear.addActionListener(new ActionListener() {
63              @Override
64              public void actionPerformed(ActionEvent e) {
65                  txt.setText("");
```

```
66                  }
67              });
68              frame.setVisible(true);
69              frame.setDefaultCloseOperation(JFrame.EXIT_ON_CLOSE);
70      }
71      public static void main(String[] args) {
72          new Demo1725();
73      }
74  }
```

17.7.8 树

客观世界的一些事物具有层次关系,例如,学校人员结构(见图17-46),包括教师、学生、管理、后勤和临时 5 类人员。用树显示层次结构,用户容易了解节点之间的关系,信息清晰明了。

树

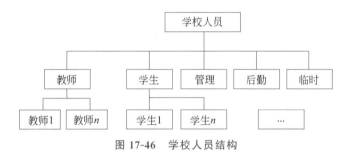

图 17-46 学校人员结构

Java 语言提供了操作树的类和接口,主要包括 JTree 类、TreeModel 接口和 DefaultMutableTreeNode 类。

1. JTree 类

JTree 类的作用是创建树目录,将分层数据集显示为层次结构。该类的主要方法如下。

(1) public JTree(TreeModel newModel),使用指定数据模型 TreeModel 创建 JTree 对象,默认显示根节点。

(2) public JTree(TreeNode root),使用 root 作为根创建 JTree 对象,默认显示根节点(TreeNode 表示树节点,DefaultMutableTreeNode 是 TreeNode 的实现类)。

(3) public void setEditable(boolean flag),设置树的编辑状态。

(4) public Object getLastSelectedPathComponent(),返回选中的节点。

(5) public int getRowCount(),返回树的节点数。

(6) public TreeModel getModel(),返回树的模型。

(7) public TreePath getSelectionPath(),返回选择的路径。

2. TreeModel 接口

TreeModel 接口提供获得树的信息的方法,该接口的主要方法如下。

(1) public Object getRoot(),返回树的根。

(2) public Object getChild(Object parent, int index),返回节点中索引号 index 的孩子。

(3) public boolean isLeaf(Object node),判断节点是否为叶子。

DefaultTreeModel 是 TreeModel 接口的唯一子类,该类中增加了两个方法。

(1) public void insertNodeInto(MutableTreeNode newChild,MutableTreeNode parent,int index),向树中插入节点,并通知JTree重绘树。

(2) public void removeNodeFromParent(MutableTreeNode node),从树中删除节点,并通知JTree重绘树。

3. DefaultMutableTreeNode 类

MutableTreeNode 接口定义针对树节点的操作,用该接口创建的对象能成为树上的节点。DefaultMutableTreeNode 是 MutableTreeNode 接口的实现类,主要方法如下。

(1) public DefaultMutableTreeNode(),创建默认的 DefaultMutableTreeNode 对象。

(2) public DefaultMutableTreeNode(Object userObject),创建没有父节点和子节点,但允许有子节点的树节点,并使用指定的用户对象对它进行初始化。

(3) public DefaultMutableTreeNode(Object userObject,boolean allowsChildren),创建指定节点名和是否允许增加子节点的 DefaultMutableTreeNode 对象。

(4) public void add(MutableTreeNode newChild),当前节点下增加子节点。

(5) public void insert(MutableTreeNode newChild,int childIndex),将新节点添加到当前节点位于索引 childIndex 处的子节点。

(6) public int getDepth(),获得当前节点的深度。

(7) public TreeNode[] getPath(),返回从根节点到达此节点的路径。

4. 事件

JTree 响应事件为 TreeSelectionEvent,对应监听器接口为 TreeSelectionListener。TreeSelectionListener 接口仅有一个方法。

public void valueChanged(TreeSelectionEvent e),当树的选择值发生更改时触发。

程序案例 17-26 创建了如图 17-47 所示的 GUI,左边使用树显示学校人员信息,单击树的叶节点,右边文本区显示选择节点的内容。

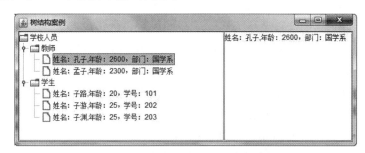

图 17-47　程序案例 17-26 运行结果

程序案例 17-26 第 6、11 和 15 行分别定义抽象父类 Person,以及它的实体子类 Student 和 Teacher。

【程序案例 17-26】　制作树。

```
1    package chapter17.jtree;
2    import java.awt.*;
```

```java
3   import javax.swing.*;
4   import javax.swing.event.*;
5   import javax.swing.tree.DefaultMutableTreeNode;
6   abstract class Person {                           //抽象父类 Person
7       private String name;
8       private int age;
9       //省略其他内容
10  }
11  class Student extends Person {                    //Person 的子类 Student
12      private String id;                            //学号
13      //省略其他内容
14  }
15  class Teacher extends Person {                    //Person 的子类 Teacher
16      private String department;
17      //省略其他内容
18  }
19  public class WinTree extends JFrame implements TreeSelectionListener {
20      //1. 准备树的各级节点
21      private JTree tree;                           //声明树
22      //1.1 准备树的根节点,中间级节点和叶节点
23      private DefaultMutableTreeNode root = new DefaultMutableTreeNode("学校
                人员");        //根节点
24      //1.2 二级节点
25      private DefaultMutableTreeNode nodeTch = new DefaultMutableTreeNode("教
                师");         //二级节点
26      private DefaultMutableTreeNode nodeStd = new DefaultMutableTreeNode("学
                生");         //二级节点
27      //1.3 三级节点
28      //教师节点
29      private DefaultMutableTreeNode nodeKZ
30        = new DefaultMutableTreeNode(new Teacher("孔子", 2600, "国学系"));
                                                      //叶节点
31      private DefaultMutableTreeNode nodeMZ
32        = new DefaultMutableTreeNode(new Teacher("孟子", 2300, "国学系"));
                                                      //叶节点
33      //学生节点
34      private DefaultMutableTreeNode nodeZL
35        = new DefaultMutableTreeNode(new Student("子路", 20, "101")); //叶节点
36      private DefaultMutableTreeNode nodeZY
37        = new DefaultMutableTreeNode(new Student("子游", 25, "202")); //叶节点
38      private DefaultMutableTreeNode nodeZYuan
39        = new DefaultMutableTreeNode(new Student("子渊", 25, "203")); //叶节点
40      private JTextArea txt = new JTextArea(10, 20);         //文本区,显示内容
41      public WinTree() {
42          //2. 准备窗体
43          this.setTitle("制作树案例");
44          this.setSize(new Dimension(600, 300));
45          this.setLocation(new Point(300, 200));
46          this.setLayout(new BorderLayout());       //边框布局
47          this.add(new JScrollPane(txt), BorderLayout.EAST);
48          //3. 创建树,向树加入各级节点
49          //3.1 根节点加入窗体
50          tree = new JTree(root);                   //创建树对象,以 root 为根节点
```

```
51          this.add(new JScrollPane(tree), BorderLayout.CENTER);
                                                           //根节点加入 JFrame 中
52          //3.2 二级节点加入根节点
53          root.add(nodeTch);                             //加入二级节点
54          root.add(nodeStd);                             //加入二级节点
55          //3.3 三级节点(叶子)加入二级节点
56          nodeTch.add(nodeKZ);                           //向教师二级节点加入叶节点
57          nodeTch.add(nodeMZ);                           //向教师二级节点加入叶节点
58          nodeStd.add(nodeZL);                           //向学生二级节点加入叶节点
59          nodeStd.add(nodeZY);
60          nodeStd.add(nodeZYuan);
61          //5.在树中注册监听器对象
62          tree.addTreeSelectionListener(this);
63          this.setVisible(true);
64          this.setDefaultCloseOperation(JFrame.EXIT_ON_CLOSE);
65      }
66      //4.实现监听器 TreeSelectionListener 接口方法
67      @Override
68      public void valueChanged(TreeSelectionEvent e) {
69          DefaultMutableTreeNode node
70        = (DefaultMutableTreeNode) tree.getLastSelectedPathComponent();
                                                           //获得选中的节点
71          if (node.isLeaf()) {                           //如果是叶子
72              Object per = node.getUserObject();
73              txt.setText(per.toString());
74          } else {
75              txt.setText("请选择教师或者学生");
76          }
77      }
78  }
```

制作树主要分为 5 步。

(1) 准备树的各级节点,定义 JTree 对象(第 21 行),构造根节点(第 23 行)、二级节点(第 25、26 行)和叶节点(第 29~39 行)。

(2) 准备窗体。

(3) 创建树,向树加入各级节点。第 50 行创建以 root 为根节点的树 tree,第 53、54 行把二级节点加入根节点 root,第 56~60 行把叶节点加入二级节点。

(4) 实现监听器 TreeSelectionListener 接口(第 19、68 行)。

(5) 在树中注册监听器对象(第 62 行)。

17.8 小　　结

本章主要知识点如下。

(1) AWT 委托本地的 GUI 函数实现 GUI,是重量级组件;Swing 采用 Java 语言自己设计的 GUI 类实现 GUI,是轻量级组件。

(2) GUI 设计分两部分：①外观设计,通过各种组件来实现;②GUI 功能,通过 AWT 的事件处理模型来实现。

（3）GUI的外观设计，JFrame是底层容器，可以向该容器添加其他容器和组件。

（4）每个容器都可以设置不同的布局管理方式。

（5）JLabel是标签组件，主要用来显示信息；JButton是按钮组件，主要用来完成特定功能；JTextField是单行文本组件，主要用来输入输出单行文本信息；JPanel是面板容器；JSplitPane分割面板容器可以把一个容器分割为两部分；JTabbedPane选项卡面板容器可以在一个窗口中设置多个内容的容器。

（6）AWT采用委托事件处理模型，事件、事件源、事件监听器是3个密切相关的概念。不同组件产生的事件可能不同，每个事件存在对应的事件监听器。

（7）适配器是抽象类，它实现了监听器的所有方法，但这些方法是空方法体。适配器简化GUI事件处理。

（8）在一个按钮组中，只有一个单选按钮JRadioButton能被选中，但可以有多个复选框JCheckBox被选中，JComboBox和JList是列表框。

（9）JMenuBar组件是菜单栏，用来摆放菜单JMenu；JMenu是菜单组件，用来摆放菜单项JMentItem；菜单项JMenuItem用来实现菜单的具体功能。

（10）JTable制作表格。

（11）Java语言提供制作树的类和接口，包括JTree类、TreeModel接口和DefaultMutableTreeNode类。

17.9 习　　题

17.9.1　填空题

1. Java语言提供了（　　）包和（　　）包等两个图形用户界面工具包，方便编程人员开发图形用户界面。

2. java.awt包提供的图形用户界面的各种元素和成分分为4种，分别是（　　）、（　　）、（　　）和（　　）。

3. 实现GUI组件的绝对定位，需要使用Component类提供的（　　）方法来定位一个组件在容器中的绝对位置。

4. （　　）类是流式布局管理器，它是java.lang.Object的直接子类，该布局管理器按照组件加入容器的先后顺序从左到右排列。

5. 每个事件对应一个事件监听器接口，监听器接口KeyListener相对应的适配器是（　　）。

6. 对于单选按钮JRadioButton，使用（　　）接口进行事件的监听，该组件对应的事件是（　　）。

7. 捕获鼠标事件MouseEvent的监听器是（　　）。

17.9.2　选择题

1. 下面（　　）是控制组件。

　　A. FlowLayout　　　B. Frame　　　　C. JButton　　　　D. Font

2. Java系统中，当用户使用键盘时会产生KeyEvent事件，处理该事件的监听器是（　　）接口。

A. WindowsListener　　　　　　　B. MouseListener

C. KeyListener　　　　　　　　　D. ActionListener

3. 在 JTextArea 的文本区引发 TextEvent 事件的操作是(　　)。

A. 改变文本区中文本的内容　　　B. 在文本区内单击

C. 在文本区内双击　　　　　　　D. 鼠标在文本区内移动

4. 单击 JTree 的 TreeNode 将触发(　　)事件。

A. ActionEvent　　　　　　　　　B. TreeSelectionEvent

C. AncestorEvent　　　　　　　　D. TreeModelEvent

5. JPanel 和 JFrame 默认布局分别是(　　)。

A. BorderLayout 和 FlowLayout　　B. CardLayout 和 BorderLayout

C. FlowLayout 和 BorderLayout　　D. FlowLayout 和 FlowLayout

17.9.3　简答题

1. 简述开发 GUI 的原则。

2. 简述容器、布局管理器和控制组件的作用。

3. 简述 AWT 和 Swing 实现 GUI 的原理。

4. 简述 GUI 外观设计步骤。

5. 简述 Java 的事件处理模型。

6. 简述 GUI 编程步骤。

7. 简述制作菜单的步骤。

17.9.4　编程题

1. 设计一个简单的图形用户界面计算器完成四则运算。

2. 设计一个简单的文本编辑器,完成打开文本文件、保存文本文件、复制操作、粘贴操作,设置字体颜色和大小。

第 18 章 反 射

类的程序元素包括类名、数据成员、构造方法、成员方法四要素。在程序运行过程中，Java 语言是否有能力获取程序元素？不通过 new 是否能调用构造方法？不通过对象是否能调用成员方法？是否只能通过 setter 和 getter 方法操作数据成员？本章将为读者一一解答这些问题。

本章内容
（1）概述。
（2）Class 类。
（3）获取类结构。
（4）调用方法。
（5）操作数据成员。

◆ 18.1 概 述

程序设计语言编写计算机程序。它的发展经历了机器语言、汇编语言、高级语言和非过程化语言 4 个阶段。Java、C、C++ 和 Python 等都是高级语言，SQL 是非过程化语言。

根据性质把程序设计语言分为静态语言和动态语言。静态语言的特征是在编译时确定变量的数据类型，并进行类型匹配检查，在程序运行过程中不能改变程序结构和变量的值，如 C/C++、Java、C♯ 等是静态语言。动态语言的特征是在运行时确定变量的数据类型，也能改变变量类型，在程序运行过程中能改变程序结构和变量的值，如 Python、Perl、Ruby 等是动态语言。

虽然 Java 不是动态语言，但是 Java 语言提供实现动态运行的反射机制。

反射指在 Java 程序运行过程中，对于任意一个类，都能探知该类的所有数据成员和成员方法；对于任意一个对象，都能调用它的任意一个成员方法和访问它的数据成员。这种动态获取信息及动态调用对象成员的功能称为 Java 反射机制。反射给程序设计带来很大的灵活性，很多应用基于反射，如运行时的类型检查、动态调用、代理的实现等。

Java 反射机制有如下功能。
（1）判断对象所属的类。
（2）构造类的对象。

(3) 获取类的完整结构,包括父类、所有父接口、数据成员、构造方法、成员方法。

(4) 调用对象的方法。

为了实现反射机制,在 Java 程序运行时,系统一直对所有对象进行类型识别,JVM 通常使用运行时类型信息选择相应的执行方法,保存这些类型信息的类是 Class,JVM 为每种类型信息管理一个唯一的 Class 对象。

反射是开发系统软件必不可少的利器。

◆ 18.2 Class 类

前面使用了很多类和接口,如自定义类 Person 和 Student 等,系统提供的标准类 Object 和 FileInputStream 等,系统提供的接口 Serializable 和 ActionListener 等。Java 语言的设计理念"一切皆对象"。类和接口本身是存在于客观世界的事物,它们也是对象。

Java 语言用 Class(类型名)定义类和接口本身的数据类型,所有类的对象都是 Class 类的实例。例如,下面代码段类 Person 是 Class 类型,接口 IBase 也是 Class 类型,第 6 行创建的 swk 对象是 Class 的实例,第 7 行创建的 sub 对象也是 Class 的实例。

```
1    class Person{}                          //定义类
2    interface IBase{}                       //定义接口
3    class Sub implements   IBase{}          //实现接口
4    class Demo{
5       void show() {
6           Person swk=new Person();
7           IBase sub=new Sub();
8       }
9    }
```

使用 Class 能获取类的完整结构,包括数据成员、构造方法、成员方法,以及该类的直接父类和接口。

Class 类的常用方法如下。

(1) public static Class<?> forName(String className) throws ClassNotFoundException,通过指定类获得该类的实例化 Class 对象。

(2) public Constructor[] getDeclaredConstructors() throws Security Exception,获取类中的所有构造方法(包括私有)。

(3) public Field[] getDeclaredFields() throws Security Exception,获取本类定义的全部属性(不包括继承)。

(4) public Field[] getFields() throws SecurityException,获取本类定义以及继承而来的全部属性。

(5) public Method[] getMethods() throws Security Exception,获取类中定义的全部方法(包括继承)。

(6) public Method getMethod(String name, Class<?>… parameterTypes),获取指定方法名和参数列表的方法对象。

(7) public Class[] getInterfaces(),获取类实现的全部接口。

(8) public String getName(),获取该 Class 对象所表示的实体(类、接口、数组类、基本

类型或 void)名称。

(9) public Package getPackage(),获取类所在包名。

(10) public Class getSuperclass(),获取类的直接父类名。

(11) public Class<?>getComponentType(),获取数组类型的 Class。

(12) public boolean isArray(),测试该 Class 是否为数组。

(13) public Object newInstance()throws instantiation Exception,IllegalAccessException,根据 Class 定义的类实例化对象。

(14) public Annotation[] getAnnotations(),获取所有注解。

Class 类没有定义构造方法,获取 Class 对象有 3 种途径:①通过 Class.forName()方法;②通过"类名.class";③通过"对象.getClass()"方法。

程序案例 18-1 演示了 Class 类的作用。程序第 5 行 Class<?> c1 的泛型类型是通配符"?",表示 Class 的类型是任何类;第 8～10 行分别通过 3 种不同方式获取 Person 类的 Class 对象。程序运行结果如图 18-1 所示。

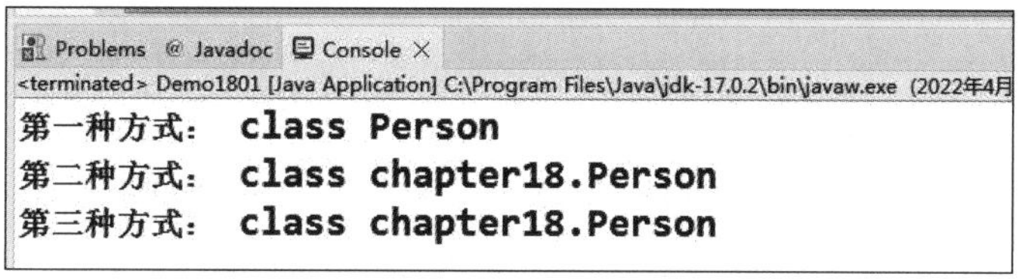

图 18-1　程序案例 18-1 运行结果

【程序案例 18-1】　Class 类。

```
1   package chapter18;
2   class Person{ }                                    //定义 Person 类
3   public class Demo1801 {
4       public static void main(String[] args) throws ClassNotFoundException {
5           Class<?> c1=null;
6           Class<?> c2=null;
7           Class<?> c3=null;
8           c1=Class.forName("Person");                //第一种获取 Class 对象的方式
9           c2=Person.class;                           //第二种获取 Class 对象的方式
10          c3=new Person().getClass();                //第三种获取 Class 对象的方式
11          System.out.println("第一种方式: "+c1);
12          System.out.println("第二种方式: "+c2);
13          System.out.println("第三种方式: "+c3);
14      }
15  }
```

Java 语言的所有类的对象都是 java.lang.Class 类的实例,根类 Object 的 getClass()方法获取该对象的 Class 的实例;Class.forName()方法的参数是字符串"包·类名",使用该方法获得 Class 对象,因为该方法的参数是字符串,使程序具有更高的灵活性。

◇ 18.3　获取类结构

在程序运行过程中分析程序元素是动态语言的基本能力。Java 程序的基本单位是类,分析类是 Java 具有动态语言的一个特征。java.lang 的子包 java.lang.reflect 保存分析类结构的 3 个类 Constructor、Field 和 Method,这 3 个类称为反射器类。Field 类表示数据成员,Constructor 类表示构造方法,Method 类表示成员方法(非构造方法)。

利用 Class 以及反射器的 3 个类能获取类(接口)的完整结构,包括直接父类(直接父接口)、数据成员、构造方法和成员方法。

程序案例 18-2 是后面案例的基础。第 3 行定义接口 Behavior,该接口有一个方法 study();第 6 行定义抽象父类 Person,数据成员为 name 和 age,该类定义了两个构造方法、setter 和 getter 方法、功能方法 say()、覆写 toString()方法;第 38 行定义子类 Student 继承父类 Person 实现接口 Behavior 和 Serializable,该类定义了私有成员方法 show()、功能方法 display()和 reading(String bookName)。

【程序案例 18-2】 案例类。

```
1   package chapter18;
2   import java.io.Serializable;
3   interface Behavior {                          //接口
4       void study(String msg);
5   }
6   abstract class Person {                       //抽象父类
7       private String name;                      //数据成员
8       private int age;                          //数据成员
9       public Person() {
10          System.out.println("Person 的空构造方法");
11      }
12      public Person(String name, int age) {     //初始化 name 和 age 的构造方法
13          this.name = name;
14          this.age = age;
15      }
16      //setter 和 getter 方法
17      public String getName() {
18          return name;
19      }
20      public void setName(String name) {
21          this.name = name;
22      }
23      public int getAge() {
24          return age;
25      }
26      public void setAge(int age) {
27          this.age = age;
28      }
29      protected void say() {                    //功能方法
30          System.out.print("我是" + this.name + ",年龄:" + this.age);
31      }
32      @Override
33      public String toString() {
34          return "姓名:" + name + ",年龄:" + age ;
35      }
36  }
37  //子类 Student 继承父类 Person 实现 Behavior 和 Serializable 接口
38  class Student extends Person implements Behavior, Serializable {
39      private String id;                        //学号
```

```java
40      private double score;                           //学习成绩
41    public static final String SCHOOL_NAME="岳麓书院";
42      public Student() {
43      }
44      public Student(String name,int age) {
45          super(name,age);                            //调用父类构造方法
46      }
47      protected Student(String name, int age, String id, double score) {
48          super(name, age);
49          this.id = id;
50          this.score = score;
51      }
52      public String getId() {
53          return id;
54      }
55      public void setId(String id) {
56          this.id = id;
57      }
58      public double getScore() {
59          return score;
60      }
61      public void setScore(double score) {
62          this.score = score;
63      }
64      @Override
65      public void study(String msg) {                 //覆写接口方法
66          this.say();
67          System.out.println("正在学习:"+msg);
68      }
69      public void physicalExercise() {
70          this.say();
71          System.out.println("正在体育锻炼!");
72      }
73      private final void show() {
74          System.out.println("私有方法 show");
75      }
76      public void display() {
77          System.out.println("Student 的 display()方法");
78      }
79      public void reading(String bookName) {
80          System.out.println(this.getName()+"正在阅读:"+bookName);
81      }
82      @Override
83      public String toString() {
84          return super.toString()+",学号:" + id + ", 成绩=" + score;
85      }
86  }
```

18.3.1 获取父类

Java 支持单继承，一个类只能继承一个父类，获取当前类的直接父类使用 Class 的 getSuperClass()方法。该方法定义如下：

```
public native Class<? super T> getSuperclass()
```

下面代码段第 4 行获取程序案例 18-2 Student 类的直接父类,运行结果如图 18-2 所示。

```
1   public class Demo1800 {
2       public static void main(String[] args) throws ClassNotFoundException {
3           Class<?>  aClass=Class.forName("chapter18.Student");
4           Class<?> aSuper=aClass.getSuperclass();        //获取 aClass 对象的父类
5           System.out.println(aSuper);
6       }
7   }
```

```
chapter18.Student的父类: class chapter18.Person
```

图 18-2 代码段运行结果

18.3.2 获取接口

Java 规定一个类能实现多个接口,类之间是单继承,类与接口之间是多重继承,即一个类能同时实现多个接口。获取一个类实现的全部接口使用 Class 的 getInterface()方法,该方法返回一个 Class 对象数组。该方法定义如下:

```
public Class<?>[] getInterfaces()
```

程序案例 18-3 演示获取 Student 类实现的接口。程序案例 18-2 第 38 行定义 Student 类,实现了 Behavior 和 Serializable 两个接口。程序案例 18-3 第 5 行获取 Student 类实现的所有接口。程序运行结果如图 18-3 所示。

```
获得chapter18.Student类实现的接口:
interface chapter18.Behavior
interface java.io.Serializable
```

图 18-3 程序案例 18-3 运行结果

【程序案例 18-3】 获取 Student 类实现的接口。

```
1   package chapter18;
2   public class Demo1803 {
3       public static void main(String[] args) throws ClassNotFoundException {
4           Class<?> aClass = Class.forName("chapter18.Student");
5           Class<?>[] intList = aClass.getInterfaces();        //获取所有实现接口
6           System.out.println("获取 chapter18.Student 类实现的接口:");
7           for (Class<?> c : intList)
8               System.out.println(c);
9       }
10  }
```

18.3.3 获取构造方法

Class 类的 getDeclaredConstructors()方法获取类中声明的构造方法，getConstructors()方法获取类的 public 构造方法。一个类能定义若干构造方法，这两个方法返回 Constructor 数组。getDeclaredConstructors()方法定义如下：

```
public Constructor<?>[] getDeclaredConstructors() throws SecurityException{}
```

Constructor 类的部分常用成员方法如下。

(1) public int getModifiers()，获取构造方法的修饰符。
(2) public String getName()，获取构造方法名。
(3) public Class<?>[] getParameterTypes()，获取构造方法所有参数类型。
(4) public T newInstance(Object … initargs)，调用指定参数的构造方法。

程序案例 18-4 演示获取 Student 类的所有构造方法。程序案例 18-2 第 42~51 行定义 Student 类的 3 个构造方法。程序案例 18-4 第 7 行 aClass. aClass.getDeclaredConstructors()获取 Student 类声明的所有构造方法，第 10 行 conList[i].getModifiers()获取构造方法的访问控制权限，第 11 行 conList[i].getName()获取构造方法名，第 12 行 Modifier.toString (modifier)把构造方法控制符代码转换成控制名(1 表示 public，2 表示 private，4 表示 protected)，第 14 行 conList[i].getParameterTypes()获取构造方法的参数类型。程序运行结果如图 18-4 所示。

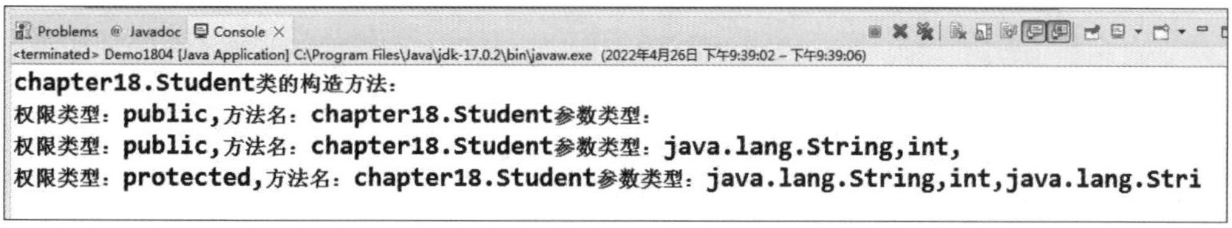

图 18-4 程序案例 18-4 运行结果

【程序案例 18-4】 获取 Student 类的所有构造方法。

```
1   package chapter18;
2   import java.lang.reflect.Constructor;
3   import java.lang.reflect.Modifier;
4   public class Demo1804 {
5       public static void main(String[] args) throws ClassNotFoundException {
6           Class<?> aClass = Class.forName("chapter18.Student");
7           Constructor<?>[] conList = aClass. aClass.getDeclaredConstructors();
                                                                //获取构造方法
8           System.out.println("chapter18.Student 类的构造方法:");
9           for (int i = 0; i < conList.length; i++) {          //输出构造方法信息
10              int modifier = conList[i].getModifiers();       //获取访问控制权限
11              String name = conList[i].getName();             //获取构造方法名
12              System.out.print ("权限类型:" + Modifier.toString(modifier) + ",
                    方法名:" + name);
13              //获取构造方法的参数类型,返回数组
14              Class<?> para[] = conList[i].getParameterTypes();
```

```
15              System.out.print("参数类型:");
16              for (int j = 0; j < para.length; j++)
17                  System.out.print(para[j].getName() + ",");
18              System.out.println();
19          }
20      }
21  }
```

18.3.4 获取成员方法

Class 类的 getMethods()方法获取本类及从父类继承的所有成员方法,getDeclaredMethods()方法仅获取本类定义的所有成员方法。getDeclaredMethods()方法定义如下：

`public Method[] getDeclaredMethods() throws SecurityException`

该方法返回 Method 对象数组。Method 类定义了获取某个方法具体信息的成员方法，图 18-5 显示成员方法的组成。修饰符是 public(也可能是 public final 组合)，返回值类型 void，方法名 study，仅有一个参数 String。

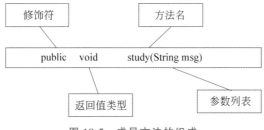

图 18-5　成员方法的组成

Method 类的常用方法如下。

(1) public int getModifiers()，获取方法的修饰符。

(2) public String getName()，获取方法名。

(3) public Class<?>[] getParameterTypes()，获取方法的全部参数类型。

(4) public Class<?> getReturnTypes()，获取方法的返回值类型。

(5) Class<?>[] getExceptionTypes()，获取方法的全部抛出异常。

程序案例 18-5 演示获取 Student 类的所有成员方法。程序案例 18-2 第 52～85 行定义 Student 类的成员方法。程序案例 18-5 第 6 行 aClass.getDeclaredMethods()获取 Student 类体中定义的成员方法(不包括继承)，第 7 行 aClass.getMethods()获取类体和继承而来的所有成员方法，第 10 行获取方法修饰符，第 11 行获取方法名，第 12 行获取方法返回值类型，第 13 行获取方法参数列表。程序运行结果如图 18-6 所示。

【程序案例 18-5】　获取 Student 类的所有成员方法。

```
1   package chapter18;
2   import java.lang.reflect.*;
3   public class Demo1805 {
4       public static void main(String[] args) throws ClassNotFoundException {
```

```java
5       Class<?> aClass = Class.forName("chapter18.Student");
6       Method[] mthList = aClass.getDeclaredMethods();
                                                            //获取类中定义的成员方法
7       //Method[] mthList = aClass.getMethods();
                                                            //获取所有成员方法(包括继承)
8       System.out.println("chapter18.Student类的成员方法:");
9       for (int i = 0; i < mthList.length; i++) {          //遍历成员方法
10          int modifier = mthList[i].getModifiers();       //获取方法修饰符
11          String name = mthList[i].getName();             //获取方法名
12          Class<?> returnType=mthList[i].getReturnType();
                                                            //获取方法返回值类型
13          Class<?> para[] = mthList[i].getParameterTypes();
                                                            //方法参数列表
14          System.out.print("修饰符:" + Modifier.toString(modifier));
15          System.out.print(",返回值类型:" + returnType);
16          System.out.print(",方法名:" + name);
17          System.out.print(",参数类型:");
18          for (int j = 0; j < para.length; j++)
19              System.out.print(para[j].getName() + ",");
20          System.out.println();
21      }
22  }
23 }
```

```
chapter18.Student类的成员方法:
修饰符: public,返回值类型: void,方法名: setId,参数类型: java.lang.String,
修饰符: public,返回值类型: double,方法名: getScore,参数类型:
修饰符: public,返回值类型: void,方法名: setScore,参数类型: double,
修饰符: public,返回值类型: void,方法名: physicalExercise,参数类型:
修饰符: private final,返回值类型: void,方法名: show,参数类型:
修饰符: public,返回值类型: class java.lang.String,方法名: toString,参数类型:
修饰符: public,返回值类型: class java.lang.String,方法名: getId,参数类型:
修饰符: public,返回值类型: void,方法名: display,参数类型:
修饰符: public,返回值类型: void,方法名: study,参数类型: java.lang.String,
修饰符: public,返回值类型: void,方法名: reading,参数类型: java.lang.String,
```

图 18-6 程序案例 18-5 运行结果

18.3.5 获取数据成员

Class 类的 getFields() 方法获取本类及从父类或接口继承的所有数据成员，getDeclaredFields()方法获取本类的所有数据成员。使用 Field 类提供的方法能获取数据成员的具体信息，图 18-7 为数据成员的组成。

Field 类的常用方法如下。

（1）public int getModifiers()，获取数据成员的修饰符。

（2）public String getName()，获取数据成员名。

（3）public boolean isAccessible()，判断数据成员是否可被外部访问。

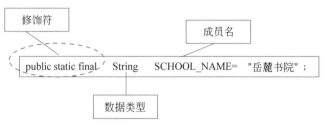

图 18-7 数据成员的组成

(4) public void setAccessible(boolean flag) throws SecurityException,设置数据成员访问权限。

(5) public String toString(),获取 Field 对象信息。

程序案例 18-6 演示获取 Student 类的数据成员。程序案例 18-2 第 41 行 Student 类定义了公共数据成员 SCHOOL_NAME,第 39、40 行定义了私有数据成员 id 和 age。程序案例 18-6 第 6 行 aClass.getDeclaredFields() 获取 Student 类的所有数据成员,第 10 行 fieldList[i].getModifiers() 获取数据成员的修饰符,第 11 行 fieldList[i].getName() 获取成员名,第 12 行 fieldList[i].getType() 获取成员类型。程序运行结果如图 18-8 所示。

```
chapter18.Student类的数据成员：
修饰符：private,成员类型：class java.lang.String,数据成员名：id
修饰符：public static final,成员类型：class java.lang.String,数据成员名：SCHOOL_NAME
修饰符：private,成员类型：double,数据成员名：score
```

图 18-8 程序案例 18-6 运行结果

【程序案例 18-6】 获取 Student 类的数据成员。

```
1   package chapter18;
2   import java.lang.reflect.*;
3   public class Demo1806 {
4       public static void main(String[] args) throws ClassNotFoundException {
5           Class<?> aClass = Class.forName("chapter18.Student");
6           Field[] fieldList = aClass.getDeclaredFields();
                                                            //获取类中定义的数据成员
7           //Field[] fieldList = aClass.getFields();
                                                            //获取类及继承的所有数据成员
8           System.out.println("chapter18.Student 类的数据成员:");
9           for (int i = 0; i < fieldList.length; i++) {    //遍历数据成员
10              int modifier = fieldList[i].getModifiers();  //获取修饰符
11              String name = fieldList[i].getName();        //获取成员名
12              Class<?> type=fieldList[i].getType();        //获取成员类型
13              System.out.print("修饰符:" + Modifier.toString(modifier));
14              System.out.print(",成员类型:" + type);
15              System.out.print(",数据成员名:" + name);
16              System.out.println();                        //换行
17          }
18      }
19  }
```

18.4 调用方法

Class 类提供的成员方法能获取类的父类(接口)、构造方法、成员方法和数据成员,并能获取这些成员的详细信息。这些信息为程序员分析类提供了基础,仅仅获取这些信息远远不能满足动态程序的要求。Java 反射机制还能对构造方法、成员方法和数据成员进行各种操作,例如,不通过 new 也能够调用构造方法,不通过对象调用成员方法和访问数据成员。

18.4.1 调用构造方法

Constructor 类提供的调用类的构造方法的格式如下:

```
public T newInstance(Object … initargs)
```

该方法声明了 Object 类型的不定长形参列表,表示参数可以有 0 个,也可以有多个。该方法调用 Class 类对象的非私有构造方法,创建实体类的对象。

程序案例 18-7 演示通过反射创建对象实例。第 8 行 c.getDeclaredConstructors() 获取程序案例 18-2 Student 类定义的所有构造方法,第 11 行(Student) conList[0].newInstance()调用程序案例 18-2 第 42 行的构造方法创建 Student 对象,第 15 行(Student) conList[2].newInstance("孙悟空", 22, "1001", 88)调用程序案例 18-2 第 47 行的构造方法创建 Student 对象(调用关系见图 18-9)。

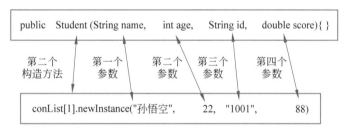

图 18-9　调用指定构造方法实例化对象

【程序案例 18-7】　通过反射创建对象实例。

```
1    package chapter18;
2    import java.lang.reflect.Constructor;
3    public class Demo1807 {
4        public static void main(String[] args) throws Exception {
5            Class<?> c = Class.forName("chapter18.Student");
6            @SuppressWarnings("unchecked")              //压制非检查警告
7            //获取 Student 的构造方法,
8            Constructor<Student>[] conList = (Constructor<Student>[]) c.
                                        getDeclaredConstructors();
9            Student swk, zbj;
10           //调用程序案例 18-2 第 42 行的构造方法
11           zjb = (Student) conList[0].newInstance();//调用空构造方法
12           zbj.setName("猪八戒");
13           zbj.setAge(28);
```

```
14          //调用程序案例 18-2 第 47 行的构造方法
15          swk = (Student) conList[2].newInstance("孙悟空", 22, "1001", 88);
16      }
17  }
```

反射程序常常使用无参构造方法(程序第 11 行)创建对象,所以开发反射程序一定要保留无参构造方法。

18.4.2 调用成员方法

执行成员方法需要 3 个参数:成员方法所属对象、成员方法名和方法实参。例如,下面代码段第 2 行调用 Student 对象 swk 的 reading 方法,传入实参"道德经"。

```
1   Student swk=new Student("孙悟空",22,"1001",88);
2   swk.reading("道德经");
```

Java 语言神通广大,使用反射也能执行公共成员方法。java.lang.reflect 子包的 Method 类获取成员方法的组成元素,使用 invoke()方法调用公共成员方法。Method 类的成员方法 invoke()定义如下:

```
public Object invoke(Object obj, Object… args)
```

该方法的第一个参数 Object 指明该成员方法的所属对象,第二个不定长参数表示向该成员方法传入的实参。Class 类的 getMethod()方法获取方法对象,具备执行成员的 3 个参数。

程序案例 18-8 演示使用反射调用成员方法。程序案例 18-2 第 76 行定义公共成员方法 display(),第 79 行定义公共成员方法 reading(String bookName)。程序案例 18-8 第 10 行通过反射利用 Student 类的第二个构造方法(程序案例 18-2 第 42 行)实例化 Student 对象 swk;第 11 行 c.getMethod("display")获取成员方法对象 method;第 12 行调用无参成员方法 display();第 14 行 c.getMethod("reading", String.class)获取只有一个 String 参数的成员方法 reading();第 15 行 method2.invoke(swk, "道德经")调用 swk 对象的成员方法 reading()(程序案例 18-2 第 79 行),传入实参"道德经"。程序运行结果如图 18-10 所示。

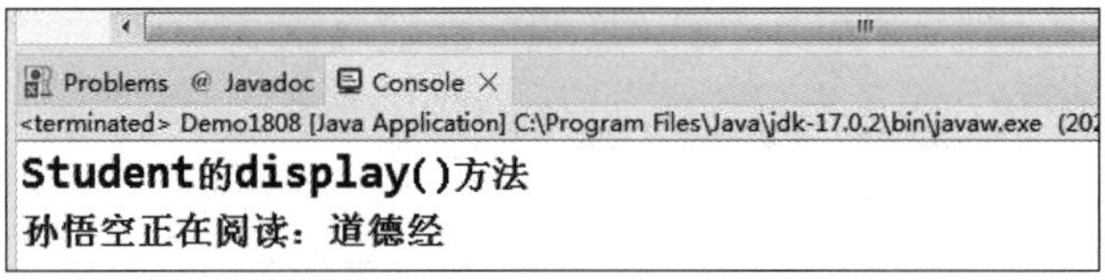

图 18-10 程序案例 18-8 运行结果

【**程序案例 18-8**】 使用反射调用成员方法。

```
1   package chapter18;
2   import java.lang.reflect.*;
3   public class Demo1808 {
4       public static void main(String[] args) throws Exception {
5           Class<?> c = Class.forName("chapter18.Student");
6           //获取构造方法列表
```

```
7         Constructor<Student>[] conList = (Constructor<Student>[]) c.
                                            getDeclaredConstructors();
8         Student zbj;
9         //使用反射,通过第三个构造方法实例化 Student 对象 swk
10        swk = (Student) conList[2].newInstance("孙悟空", 22, "1001", 88);
11        Method method=c.getMethod("display");   //获取 display()的成员方法对象
12        method.invoke(swk);                      //调用无参 display()方法
13        //获取成员方法 reading()
14        Method method2=c.getMethod("reading", String.class);
15        method2.invoke(swk, "道德经");           //反射调用有参成员方法
16    }
17 }
```

程序第 15 行具备执行成员方法的 3 个要素,如图 18-11 所示。

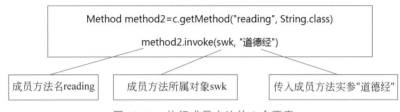

图 18-11　执行成员方法的 3 个要素

18.4.3　调用 setter 和 getter 方法

Java 语言使用 private 封装数据成员,只能在类体中访问它们,类体外不可见。一般通过 setter 和 getter 方法设置获取私有数据成员。反射机制处理这两类方法的方式与普通成员方法一样,但是它们在软件开发(如 JavaBean)中使用非常频繁,下面给出使用反射处理这两类方法的通用形式。

程序案例 18-9 演示了通过反射调用 setter 和 getter 方法。程序案例 18-2 第 17~28 行定义 Person 类的 setter 和 getter 方法。程序案例 18-9 第 22、26 行分别定义了通用的使用反射调用 Person 类的 setter 和 getter 方法。

【程序案例 18-9】　通过反射调用 setter 和 getter 方法。

```
1  package chapter18;
2  import java.lang.reflect.Method;
3  public class Demo1809 {
4      public static void main(String[] args) throws Exception {
5          Class<?> aClass = null;
6          String thisClass = "chapter18.Student";
7          Object obj = null;
8          aClass = Class.forName(thisClass);
9          obj = aClass.newInstance();
10         setter(obj, "name", "孙悟空", String.class);   //反射机制设置 name 成员
11         setter(obj, "age", 22, Integer.class);        //反射机制设置 name 成员
12         getter(obj, "name");                          //反射机制获取 name 成员
13         getter(obj, "age");                           //反射机制获取 age 成员
14         //采用常用方法
15         Student swk = new Student();
```

```
16            swk.setName("孙悟空");
17            swk.setAge(22);
18            System.out.println("\n使用对象方式,姓名: " + swk.getName() + ",年龄:
              " +
                swk.getAge());
19        }
20        //第一个参数为操作对象,第二个参数为操作的数据成员名
21        //第三个参数为set的值,第四个参数为参数类型
22        public static void setter (Object obj, String att, Object value, Class<?>
                          type) throws Exception {
23            Method method = obj.getClass().getMethod("set" + initStr(att),
                  type);
24            method.invoke(obj, value);                    //调用方法
25        }
26        public static void getter(Object obj, String att) throws Exception {
27            //获取方法对象
28            Method method = obj.getClass().getMethod("get" + initStr(att));
29            System.out.println(method.invoke(obj)); //调用方法
30        }
31        /*
32         * 根据Java语言的命名规则,数据成员的第一个单词小写,其他单词的首字母大写
33         * 所以把set和get后面单词的首字母大写,如setName和getName
34         */
35        public static String initStr(String old) {
36            String str = old.substring(0, 1).toUpperCase() + old.substring(1);
                                                      //把单词的首字母大写
37            return str;
38        }
39    }
```

程序第22行setter()方法有4个参数,它们的含义如图18-12所示。

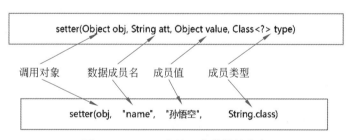

图18-12 setter方法4个参数的含义

程序第26行getter()方法有两个参数,它们的含义如图18-13所示。

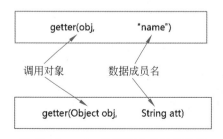

图18-13 getter方法两个参数的含义

18.5 访问数据成员

java.lang.reflect 包的 Constructor 类操作构造方法、Method 类操作成员方法,该子包的 Field 类访问数据成员。一般情况下数据成员的访问控制权限是 private,利用反射能访问私有数据成员。

设置数据成员的值需要 3 个要素:①成员所属对象;②数据成员对象;③数据成员的值。Field 类提供的 set()方法设置数据成员的值。

获取数据成员的值需要两个要素:①成员所属对象;②数据成员对象。Field 类提供的 get()方法获取数据成员的值。

Field 类的 set()和 get()方法定义如下。

(1) public void set(Object obj, Object value),设置指定对象 obj 的数据成员的值 value。

(2) public Object get(Object obj),获取指定对象 obj 的数据成员的值。

程序案例 18-10 演示了使用反射访问数据成员。第 14 行 aClass.getDeclaredField("id")获取数据成员 id 对象,第 16 行 idField.setAccessible(true)设置外部可访问数据成员对象 idField,第 18 行 idField.set(swk, "1001")把 Student 对象 swk 的 id 设置为 1001,第 20 行 idField.get(swk)获取 swk 对象的数据成员对象 id 的值。

【程序案例 18-10】 使用反射访问数据成员。

```
1   package chapter18;
2   import java.lang.reflect.*;
3   public class Demo1810 {
4       public static void main(String[] args) throws Exception {
5           Class<?> aClass = null;
6           String thisClass = "chapter18.Student";
7           aClass = Class.forName(thisClass);
8           Constructor<Student>[] conList = (Constructor<Student>[]) aClass.
                                        getDeclaredConstructors();
9           Student swk;
10          //调用程序案例 18-2 第 44 行,Student 的第二个构造方法
11          swk = (Student) conList[1].newInstance("孙悟空", 28);
12          Field idField=null;                          //数据成员 id 对象
13          Field scoreField=null;                       //数据成员 score 对象
14          idField=aClass.getDeclaredField("id");   //获取数据成员 id 对象
15          scoreField=aClass.getDeclaredField("score");
                                                         //获取数据成员 score 对象
16          idField.setAccessible(true);             //设置外部成员访问权限
17          scoreField.setAccessible(true);
18          idField.set(swk, "1001");                //设置数据成员 id 的值
19          scoreField.set(swk, 95);                 //设置数据成员对象 score 的值
20          System.out.println("学号:"+idField.get(swk));
                                                         //获取数据成员对象 id 的值
21          System.out.println("姓名:"+scoreField.get(swk));
                                                         //获取数据成员对象 score 的值
```

```
22          System.out.println(swk);
23      }
24 }
```

虽然反射扩大了数据成员的访问权限,能设置获取私有数据成员,但在软件开发中若非特别需要,一般情况下建议使用 setter 和 getter 方法操作数据成员。

18.6 小　　结

本章主要知识点如下。

（1）反射使 Java 具有动态语言的特征。

（2）Class 类是实现反射的源头,任何一个类的对象都是 Class 类的实例。

（3）一般采用 Class.forName()方法获取 Class 类的对象,通过 Class 类的 newInstance()方法实例化对象,该方法调用了类的无参构造方法。

（4）一个类的组成包括数据成员、成员方法和构造方法,使用 getFields()方法获取所有数据成员,getMethods()方法获取所有成员方法,getConstructors()方法获取所有构造方法。Field、Method 和 Constructor 3 个类分别提供了操作数据成员、成员方法和构造方法的能力。

（5）反射能调用成员方法,设置获取数据成员的值。

18.7 习　　题

18.7.1 填空题

1. Java 语言不是动态语言,但采用(　　)机制来实现程序的动态运行。

2. Java 语言所有类本身的对象都是(　　)类的实例。

3. 一般通过 Class 类的(　　)方法实例化一个 Class 对象。

4. Java 语言提供反射功能的包是 java.lang.reflect,该包的(　　)类表示构造方法,(　　)类表示数据成员,(　　)类表示成员方法。

5. 根据提示补全程序空白处。

```
Student std=new Student();
String classInfo=_____    //获取对象完整的类路径
System.out.println("std 对象的类路径信息:"+classInfo);
```

18.7.2 选择题

1. (　　)不是动态语言。

　　A. C 和 C++　　　　B. Perl　　　　　C. Ruby　　　　　D. Java

2. 运行以下程序,最有可能抛出(　　)异常对象。

```
public class Demo3{
    public static void main(String[] args) {
        try {
            Class.forName("Student");
```

```
    } catch (Exception e) {
      e.printStackTrace();
    }
  }
}
```

A. IllegalAccessException   B. ArrayIndexOutOfBoundsException
C. ClassNotFoundException   D. ArithmeticException

18.7.3 简答题

1. 简述动态语言特征。

2. Java 语言的反射机制主要有哪些功能？

18.7.4 编程题

定义长方形类(私有数据成员为长、宽,定义 setter 和 getter 方法、功能方法计算面积和周长),使用反射机制完成如下任务。

(1) 创建一个长方形对象。

(2) 修改长方形对象的长为 30,宽为 50。

(3) 调用功能方法计算面积和周长。

(4) 输出该类的所有父类。

第19章 多线程

计算机运行速度快,提供的计算资源存在冗余。是否存在一个软件系统同时运行多段代码提高计算资源的利用率? 如果一个软件系统同时运行多段代码,如何处理共享资源保证运行结果正确? 本章将为读者一一解答这些问题。

本章内容

(1) 进程与线程的关系。
(2) 线程的生命周期。
(3) 实现多线程的两种方式。
(4) 线程常用方法。
(5) 同步与死锁。
(6) 生产者与消费者案例。

19.1 概述

19.1.1 进程与线程

计算机程序是一组计算机能识别和执行的指令。进程是程序的一次动态执行过程,每个进程都有自己独立的内存空间。一个应用程序可以同时启动多个进程,例如,IE 浏览器程序,每打开一个 IE 浏览器窗口就启动了一个新进程。图 19-1 显示了 Windows 任务管理器的一种状态,启动了 4 个 IE 浏览器窗口,即启动了 4 个进程。

进程有 3 个主要特征。

(1) 独立性。进程是系统中独立存在的实体,它拥有自己独立的资源,每个进程都拥有自己私有的地址空间。没有进程允许,一个用户进程不可以直接访问其他进程的地址空间。

(2) 动态性。程序是静态的指令集合,而进程是一个正在系统中活动的指令集合。进程中加入了时间概念,进程具有自己的生命周期和各种不同的状态,这些概念是程序不具备的。

(3) 并发性。多个进程可以在单个处理器上并发执行,多个进程之间不会互相影响。

多进程操作系统能运行多个进程,每个进程都能循环获得所需的 CPU 时间

多线程概述

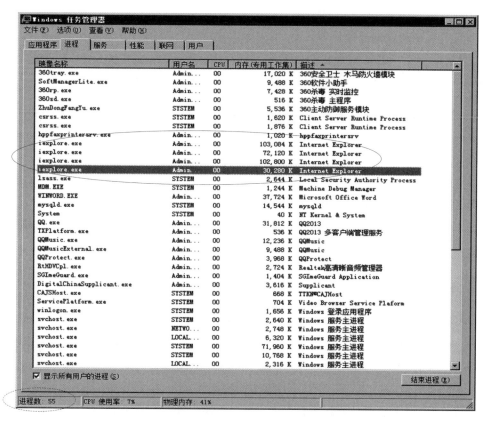

图 19-1　Windows 任务管理器

片,使得所有程序看起来都像在"同时"运行。例如,Windows 操作系统是多进程操作系统,它能同时运行 QQ 即时通信程序、IE 浏览器程序、WPS 文字处理程序和 360 杀毒程序等若干程序。图 19-1 显示当前 Windows 操作系统运行了包括 360 安全卫士、360 软件小助手等进程。

线程被称为轻量级进程(Lightweight Process,LWP),它是程序执行流的最小单元。

线程有 4 个主要特点。

(1) 轻型实体。线程中的实体只拥有必不可少的、能保证独立运行的资源。线程实体包括程序、数据和线程控制块(Thread Control Block,TCB)。

(2) 独立调度和分派的基本单位。多线程操作系统中,线程是能独立运行的基本单位,因而也是独立调度和分派的基本单位。由于线程很"轻",线程的切换非常迅速且开销小(在同一进程中)。

(3) 可并发执行。一个进程中的多个线程能并发执行。

(4) 共享进程资源。同一进程中的各线程共享该进程所拥有的资源。

一个进程能由多个线程组成,即一个进程中能同时运行多个不同的线程,每个线程完成不同任务。一个进程内的若干线程同时运行时,称为线程的并发运行。例如,Web 服务器中,多个线程并发运行,每个线程响应来自不同客户的请求;当启动文字处理软件 WPS 时就启动了一个进程,该进程中有多个线程同时运行,如 WPS 的拼写检查功能和首字母自动大写功能等都是 WPS 进程中的线程。

线程与进程是局部与整体的关系,每个进程都由操作系统为其分配独立的内存地址空间,而同一进程中的所有线程在同一地址空间工作,这些线程共享同一内存空间和系统资源,图 19-2 显示进程与线程的关系。

Java 语言支持多线程编程,其优势体现在以下 3 方面。

(1) 进程间不能共享内存,但是线程之间能共享内存。

(2) 系统创建进程需要为该进程重新分配系统资源,但创建线程的代价较小,使用多线程实现多任务并发比多进程的效率高。

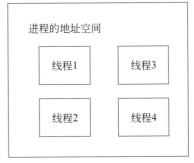

图 19-2 进程与线程的关系

(3) Java 语言内置多线程编程功能,而不是单纯地作为底层操作系统的调度方式,从而简化了多线程编程。

19.1.2 线程生命周期

多线程机制是 Java 语言的重要特征,多线程技术能使系统同时运行多个执行体,减少程序的响应时间,提高计算机资源使用率。正确使用多线程技术能提高整个应用系统的性能。

每个 Java 程序都有一个默认的主线程。当程序启动时,首先自动执行 main()方法,并成为程序的主线程。实现多线程需要在主线程中创建新的线程对象。Java 语言使用 Thread 类及其子类的对象来表示线程。新建的线程在它的一个完整生命周期中通常要经历新建、就绪、运行、阻塞和死亡 5 种状态。它们之间的转换关系和转换条件如图 19-3 所示。

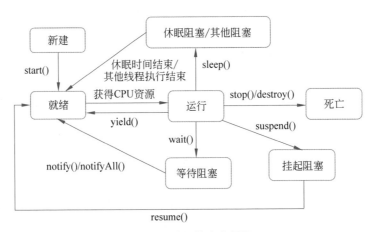

图 19-3 线程的生命周期

1. 新建状态

使用线程类的构造方法创建线程对象,则该线程就处于新建状态,表示系统已经为该线程对象分配了内存空间。处于新建态的线程可通过调用 start() 方法使它进入就绪状态。

2. 就绪状态

处于就绪状态的线程已经具备了运行条件,它进入线程队列,等待系统为它分配 CPU 资源,一旦获得 CPU 资源,该线程就进入运行状态。

3. 运行状态

进入运行状态的线程执行自己 run() 方法中的代码。若出现下列情况,将终止执行 run() 方法:①调用当前线程的 stop() 方法或 destroy() 方法使线程进入死亡状态;②调用当前线程的 wait() 方法进入阻塞状态,能由其他线程调用 notify() 或 notifyAll() 方法唤醒该线程,使之再次进入就绪状态;③调用当前线程的 sleep() 方法使线程处于阻塞状态,睡眠指定毫秒后重新进入就绪状态;④调用 suspend() 方法挂起当前线程,之后其他线程调用当前线程的 resume() 方法,使其进入就绪状态;⑤调用 yield() 方法放弃执行线程,使之进入就绪状态;⑥线程要求 I/O 操作时,进入阻塞状态;⑦若分配给当前线程的 CPU 时间片用完,当前线程进入就绪状态。

4. 阻塞状态

一个正在执行的线程如果执行 suspend()、join()、sleep() 方法,或等待 I/O 设备的使用权,该线程将让出 CPU 的控制权并暂时中止执行,进入阻塞状态。阻塞时它不能进入就绪队列,当阻塞的原因被消除时,线程重新进入就绪状态,进入线程队列排队等待 CPU 资源,以便从终止处继续运行。

5. 死亡状态

如果一个线程完成它的全部工作或者线程被提前强制性终止,则该线程处于死亡状态。

◆ 19.2 多线程实现方式

Java 通过继承 Thread 类或实现 Runnable 接口两种方式实现多线程。

19.2.1 继承 Thread 类

Thread 类管理线程,如启动线程、取得线程名、强制运行线程、终止线程运行、线程休眠等。

Thread 类

管理线程的 Thread 类的常用方法如下。

(1) public Thread(Runnable target),使用 Runnable 接口子类对象实例化 Thread 对象。

(2) public Thread(Runnable target,String name),使用 Runnable 接口子类对象实例化 Thread 对象,并指定线程名。

(3) public Thread(String name),实例化 Thread 对象,并指定线程名。

(4) public static Thread currentThread(),返回正在执行的线程。

(5) public final String getName(),返回线程名。

(6) public final int getPriority(),返回线程的优先级。

(7) public final boolean isAlive(),如果线程正在运行返回 true,否则返回 false。

(8) public final void join() throws InterruptedException,强制运行线程。

(9) public void run(),执行线程代码。

(10) public final void setName(String name),设置线程名。

(11) public final void setPriority(int newPriority),设置线程优先级。

(12) public static void sleep (long millis) throws InterruptedException,使线程休眠 millis 毫秒。

(13) public void start(),线程进入就绪状态。

(14) public static void yield(),暂停正在执行的线程,允许其他线程执行。

(15) public final void setDaemon(boolean on),设置线程在后台运行。

Thread 类保存在 java.lang 包中,run()方法是线程需要完成的任务,它的子类需要覆写该方法。一个类继承了 Thread 类,该类就称为多线程实现类。

使用师徒从古井取水作为多线程编程案例。取经路上,师徒 4 人路过一座寺庙,庙中有一口老井,唐僧要徒弟们从老井取水解渴。假设井水数量是 num,每次取水间隔 2s,直到取完井水。

程序案例 19-1 通过继承 Thread 类实现多线程取水任务,运行结果如图 19-4 所示。第 2 行定义 Well 类继承 Thread 类,覆写 run()方法实现不同人员的取水任务。为了观察效果,第 12 行调用 sleep()方法使当前线程休眠 2s。第 21、22 行创建两个线程对象;第 23、24 行调用 start()方法启动两个线程,获得 CPU 资源后,这两个线程开始运行。

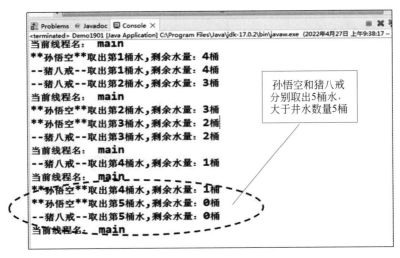

图 19-4 程序案例 19-1 运行结果

【程序案例 19-1】 通过继承 Thread 类实现多线程取水任务。

```
1   package chapter19;
2   class Well extends Thread {                     //定义水井类,继承 Thread 类
3       private int num;                            //井水数量
4       public Well(int num, String name) {
5           super(name);                            //线程名
6           this.num = num;
7       }
8       public void run() {                         //覆写 Thread 类方法,实现取水任务
```

```
9            for (int i = 1; i <= num; i++) {
10               System.out.println (this.getName() + "取出第" + i + "桶水" + ",剩
                                       余水量:" + (num - i) + "桶");
11               try {
12                   Thread.sleep(2000);           //线程休眠 2s
13               } catch (InterruptedException e) {
14               }
15           }
16       }
17   }
18   public class Demo1901 {
19       public static void main(String[] args) {
20           int num = 5;
21           Well oldWellZbj = new Well(num, "--猪八戒-- ");   //创建线程对象
22           Well oldWellSwk = new Well(num, "**孙悟空** ");   //创建线程对象
23           oldWellZbj.start();          //获得 CPU 权限后调用 Well 类的 run()方法
24           oldWellSwk.start();          //获得 CPU 权限后调用 Well 类的 run()方法
25           for (int i = 1; i <= num; i++) {
26               System.out.println ("当前线程名:" + Thread.currentThread().
                                       getName());
27               try {
28                   Thread.sleep(2000); //当前线程休眠 2s
29               } catch (InterruptedException e) {   }
30           }
31       }
32   }
```

程序第 20 行设置井水数量为 5 桶。运行结果显示,孙悟空和猪八戒分别取出 5 桶水,出现总共取出 10 桶水的不合理情况,出现这种不合理情况的原因是水井不是两人的共享资源。第 21、22 行分别创建了两个古井,第 23、24 行 start()方法启动线程后,swk 和 zbj 分别执行第 8 行的 run()方法,因此出现了 swk 和 zbj 分别取出 5 桶水的不正常情况。后面将逐步解决该问题。

使用 Thread 类实现多线程编程分 3 步:①继承 Thread 类,覆写 run()方法,完成线程任务;②创建 Thread 子类对象;③调用 Thread 子类对象的 start()方法启动线程。

19.2.2 实现 Runnable 接口

除了继承 Thread 类实现多线程之外,还能通过实现 Runnable 接口实现多线程,该接口只有一个 run()方法。这是常见的多线程编程方式。

Runnable 接口

Runnable 接口相对于继承 Thread 类有 3 个优点:①适合多个相同程序代码的线程处理同一资源;②避免由于 Java 语言的单继承带来的局限性;③run()方法的代码能被多个线程共享,代码独立于数据,增强了程序的健壮性。

【语法格式 19-1】 Runnable 接口。

```
public interface Runnable{
    public void run();
}
```

程序案例 19-2 通过 Runnable 接口实现多线程取水任务。第 3 行定义 Well 类实现

Runnable 接口,覆写 run()方法;第 10 行判断井水数量,如果井水数量大于 0,继续取水,否则退出取水任务;第 17 行当一个人(某个线程)取水后暂停 2s,然后另一个人(某个线程)继续取水;第 25 行创建有 5 桶水的古井;第 27、28 行用该古井做参数创建两个线程 swk 和 zbj;第 30、31 行调用 start()方法启动线程。程序运行结果如图 19-5 所示。

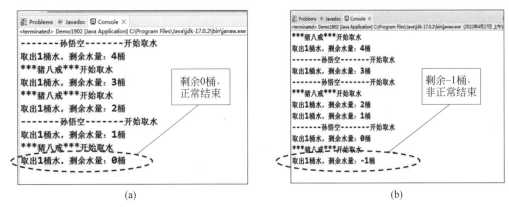

图 19-5　程序案例 19-2 运行结果

【**程序案例 19-2**】　通过 Runnable 接口实现多线程取水任务。

```
1   package chapter19;
2   //1.定义水井类,实现 Runnable 接口,覆写 run()方法
3   class Well implements Runnable{
4       private int num;                                    //井水数量
5       public Well(int num) {
6           this.num=num;
7       }
8       public void run() {            //覆写 Runnable 接口的 run()方法,实现取水任务
9           while(true) {
10              if(num>0) {                                 //判断是否还有井水
11                  System.out.print (Thread.currentThread().getName()+"开始取
                        水\n");
12                  System.out.println("取出 1 桶水"+",剩余水量:"+(--num)+"桶");
13              }else {
14                  break;
15              }
16              try {
17                  Thread.sleep(2000);                     //线程休眠 2s
18              } catch (InterruptedException e) {      }
19          }
20      }
21  }
22  public class Demo1902 {
23      public static void main(String[] args) {
24          //2.创建 Runnable 子类对象
25          Well oldWell=new Well(5);                       //5 桶水的水井
26          //3.以 Runnable 子类对象为参数,创建 Thread 对象
27          Thread swk=new Thread(oldWell,"-------孙悟空-------");    //孙悟空
28          Thread zbj=new Thread(oldWell,"***猪八戒***");              //猪八戒
29          //4.调用 Thread 对象的 start()方法启动线程
```

```
30        swk.start();
31        zbj.start();
32    }
33 }
```

观察运行结果,图 19-5(a)的剩余水量 0 桶,取水数量正常;图 19-5(b)的剩余水量 －1 桶,取水数量不正常。出现这种不合理的情况原因是,虽然第 27、28 行的 swk 和 zbj 两个线程共享古井 oldWell,即共享 Well 类第 8 行 run()方法的代码,但是 swk 和 zbj 两个线程偶尔交叉执行 run()方法中的代码(即没有同步,关于同步 19.4 节介绍)。

使用 Runnable 接口实现多线程分为 4 步,如图 19-6 所示。

(1) 子类实现 Runnable 接口,覆写 run()方法。

(2) 创建 Runnable 接口子类对象。

(3) 以 Runnable 接口子类对象为参数创建 Thread 对象。

(4) 调用 start()方法启动线程。

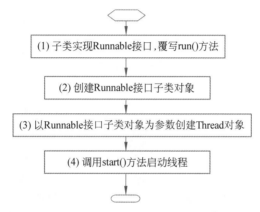

图 19-6　Runnable 接口实现多线程步骤

程序案例 19-2 第 3 行定义 Well 实现了 Runnable 接口,第 25 行创建了 Well 对象,第 27、28 行定义以 oldWell 对象为参数创建 swk 和 zbj 两个线程对象,第 30、31 行调用 start() 方法启动线程。

◆ 19.3　线程常用方法

Thread 类提供了管理线程的方法,如设置线程名、判断线程状态、线程强制运行、线程休眠和中断线程等。

19.3.1　基本方法

程序案例 19-3 演示了设置线程名、线程休眠和判断线程状态等 Thread 类基本方法,运行结果如图 19-7 所示。第 2 行定义 MyThread 类实现 Runnable 接口;第 6 行 Thread.currentThread().getName()获得当前运行线程名;第 14 行 th1.setName("线程 A")设置线程 th1 的名称;第 18 行测试线程 th1 是否处于运行状态;第 19 行使当前线程(main 线程)休眠 2s；第 20 行的运行结果表明，main 是主线程。

```
Problems  @ Javadoc  Console ×
<terminated> Demo1903 [Java Application] C:\Program Files\Java\jdk-17.0
当前运行的线程名：线程A
线程A状态：true
当前运行的线程名：线程A
当前运行的线程名：线程B
当前运行的线程名：线程B
==当前运行线程==：main
```

图 19-7　程序案例 19-3 运行结果

【程序案例 19-3】 Thread 类基本方法。

```
1   package chapter19;
2   class MyThread implements Runnable {         //实现 Runnable 接口
3       public void run() {                      //覆写 run()方法
4           for (int i = 0; i < 2; i++)
5               //取得线程名并输出
6               System.out.println ("当前运行线程名:" + Thread.currentThread().
                                getName());
7       }
8   }
9   public class Demo1903 {
10      public static void main(String[] args) throws InterruptedException {
11          MyThread mt = new MyThread();        //实例化 Runnable 子类对象
12          Thread th1 = new Thread(mt);         //实例化 Thread 对象
13          Thread th2 = new Thread(mt, "线程 B");  //实例化 Thread 对象,并初始化线程名
14          th1.setName("线程 A");                //设置线程 th1 的名称
15          th1.start();                         //启动线程
16          th2.start();                         //启动线程
17          //判断线程状态
18          System.out.println(th1.getName() + "状态:" +th1.isAlive());
19          Thread.sleep(2000);
20          System.out.println ("==当前运行线程==:" + Thread.currentThread().
                                getName());
21      }
22  }
```

Java 程序每次运行时需要启动两个线程：一个是 main 线程（第 20 行显示主线程）；另一个是垃圾收集线程。执行用户所创建的线程顺序与 start()方法的顺序没有关系，哪个线程占有 CPU 等运行资源，哪个线程就可以运行。

19.3.2　强制执行

Java 多个线程并发运行时，join()方法强制运行某个线程。

程序案例 19-4 演示强制运行线程 join()方法和停止线程 stop()方法，运行结果如图 19-8 所示。程序第 18 行强制运行线程 th（该线程运行结束后，其他线程继续运行），第 23 行停止运行当前线程。

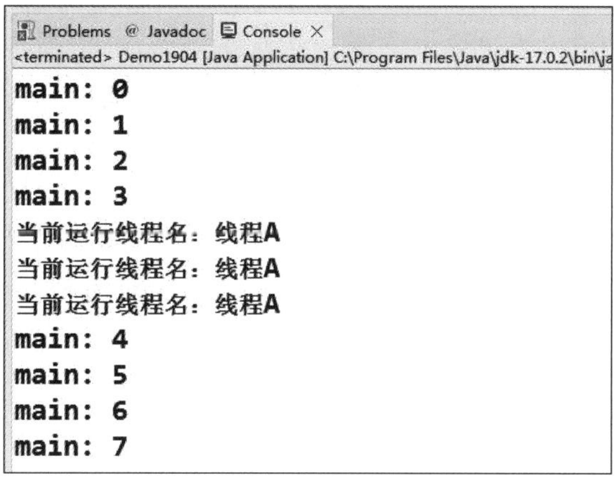

图 19-8　程序案例 19-4 运行结果

【**程序案例 19-4**】　join()和 stop()方法。

```
1   package chapter19;
2   class MyThread implements Runnable {           //实现 Runnable 接口
3       public void run() {                         //覆写 run()方法
4           for (int i = 0; i <= 2; i++) {
5               System.out.println ("当前运行线程名:" + Thread.currentThread().
                            getName());
6           }
7       }
8   }
9   public class Demo1904 {
10      public static void main(String[] args) {
11          MyThread mt = new MyThread();
12          Thread th = new Thread(mt, "线程 A");    //实例化线程
13          th.start();                             //启动线程
14          for (int i = 0; i <= 10; i++) {
15              System.out.println("main: " + i);
16              if (i == 3) {                       //在 i=3 的情况下,强制运行线程
17                  try {
18                      th.join();                  //强制运行线程
19                  } catch (InterruptedException e) {
20                      e.printStackTrace();
21                  }
22              if (i == 7) {
23                  Thread.currentThread().stop();  //一般不建议使用该方法
24              }
25          }
26      }
27  }
```

运行结果显示,首先运行主线程(第 14 行 i 从 0 循环到 10),当 i=3 时,强制运行线程 th(第 18 行),线程 th 运行结束后 main 线程继续运行;当 i=7 时,停止运行 main 线程。

19.3.3 线程礼让

在线程调度过程中,join()方法强制运行线程,yield()方法将一个线程的执行权暂时让给其他线程。

程序案例 19-5 演示了线程礼让方法 yield(),运行结果如图 19-9 所示。该程序有 3 个线程(程序第 18、19 行启动了两个线程 t1、t2,以及主线程 main)。

```
1 运行线程: th1
2 线程: main
3 线程: main
4 线程: main
5 运行线程: th1
6 运行线程: th1
7 线程礼让: 运行线程: th2
8 运行线程: th2
9 运行线程: th2
10 线程礼让: 运行线程: th1
11 运行线程: th1
12 运行线程: th2
13 运行线程: th2
```

图 19-9　程序案例 19-5 运行结果

【程序案例 19-5】　线程礼让。

```java
1   package chapter19;
2   class MyThread implements Runnable{              //实现 Runnable 接口
3       public void run(){
4           for(int i=0;i<=4;i++){
5               System.out.println("运行线程:"+Thread.currentThread().getName());
6               if(i==2){
7                   System.out.print("线程礼让:");
8                   Thread.currentThread().yield();   //当前线程礼让
9               }
10          }
11      }
12  }
13  public class Demo1905 {
14      public static void main(String[] args) {
15          MyThread mt=new MyThread();
16          Thread th1=new Thread(mt,"A");            //实例化线程
17          Thread th2=new Thread(mt,"B");            //实例化线程
18          th1.start();                              //启动线程
19          th2.start();                              //启动线程
20          for(int i=0;i<3;i++)
21              System.out.println("线程:"+Thread.currentThread().getName());
22      }
23  }
```

程序运行结果显示,当某个线程运行到 i=2 时,暂停本线程的运行,礼让其他线程运行。运行结果第 1 行表示执行线程 th1,运行结果第 2~4 行表示执行线程 main,运行结果第 5、6 行表示执行线程 th1,这时 i=2,执行程序第 8 行礼让方法,运行结果第 7 行显示执行线程 th2。运行结果第 8、9 行显示执行线程 th2,这时 i=2,线程 th2 礼让(暂停执行),运行结果第 11 行显示执行了线程 th1。

19.4 线程同步

线程同步

Java 语言支持多线程并发功能,提高了计算机的处理能力。在各线程之间不存在共享资源的情况下,多个线程的执行顺序可以是随机的,但是当两个以上的线程共享同一资源时,需要协调线程之间的执行次序,否则会出现异常情况。例如,师徒从古井取水,孙悟空和猪八戒在同一水井取水,水井是共享资源,需要协调孙悟空和猪八戒两个线程的取水次序,保证两个人取水总量等于井水数量。

19.4.1 同步概念

程序案例 19-2 Well 类实现 Runnable 接口,覆写 run()方法,创建两个线程 swk 和 zbj 从同一水井 oldWell 取水。两个线程在执行相同代码 run()方法时,可能出现交叉运行情况。图 19-10 是程序案例 19-2 run()方法代码。时刻 A1,线程 swk 执行 run()方法的取水代码(①处),假如这时 num=1;时刻 B1(swk 还没有执行后面的代码),线程 zbj 执行取水代码(①处),这时 num 仍然为 1,表示还有水可取;时刻 A2,swk 执行②处代码,修改 num 为 0;时刻 B2,zbj 执行②处代码,由于 num 已经为 0,zbj 修改 num 为 -1。

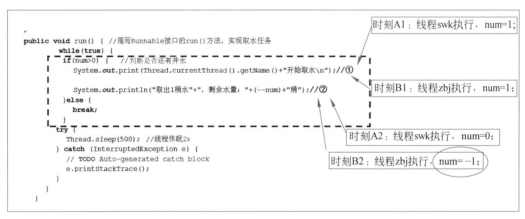

图 19-10 师徒取水交叉运行 run()代码

在多线程编程中,多个线程共享同一资源(如对象、数据成员或代码块),为保证一些敏感数据不允许被多个线程同时访问(交叉),此时需要使用同步访问技术,保证共享资源在任何时刻最多有一个线程访问,保证数据的完整性。

在师徒取水案例中,采用同步技术,在任何时刻保证只允许一个线程访问 run()方法的代码,避免多个线程交叉访问就能解决取水异常问题。

同步指在某个时间段内只能有一个线程对共享资源进行操作,其他线程只有等到此线程对该资源的控制完成之后才能对共享资源进行操作(见图19-11)。

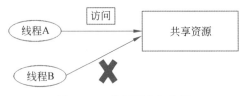

图 19-11　线程同步示意图

Java 语言提供 3 种实现线程同步的措施。
(1) 同步代码块。某时刻只有一个线程访问被同步的代码块。
(2) 同步方法。某时刻只有一个线程访问被同步的方法。
(3) 同步锁。通过对需要同步的程序段加锁和释放锁的方式实现同步。

19.4.2　同步代码块

同步代码块指以代码作为共享资源,保证某个时间段只能有一个线程访问它。使用同步代码块需要指定一个需要同步的对象,一般将当前对象(this)设置为同步对象。

【语法格式 19-2】　同步代码块。

```
synchronized (object){
    //需要同步的代码块;
}
```

synchronized 是同步关键字,object 是同步监视器。线程开始执行同步代码块之前,必须先获得对同步监视器的锁定。同步监视器的目的是阻止多个线程对同一共享资源进行并发访问。通常推荐使用可能被并发访问的共享资源充当同步监视器。对于取水程序,使用当前对象 this 作为同步监视器,线程执行完同步代码块之后,该线程释放对该同步监视器的锁定,其他线程能获得该同步监视器并执行该共享代码块。

程序案例 19-6 演示了使用同步代码块实现师徒取水,运行结果如图 19-12 所示。第 10 行 synchronized (this)设置了同步代码块,同步监视器 this 表示当某个线程拥有 this 控制权之后,该线程执行同步的所有代码。这种方式保证某个时间段共享资源(同步代码块)只

图 19-12　程序案例 19-6 运行结果

能被一个线程执行。

【程序案例 19-6】 使用同步代码实现师徒取水。

```
1   package chapter19;
2   //1. 定义水井类,实现 Runnable 接口
3   class Well implements Runnable {
4       private int num;                            //井水数量
5       public Well(int num) {
6           this.num = num;
7       }
8       public void run() {                         //覆写 Runnable 接口的 run()方法,实现取水任务
9           while (true) {
10              synchronized (this) {               //同步代码块,监视器对象 this
11                  if (num > 0) {                  //判断是否还有井水
12                      System.out.print (Thread.currentThread().getName() + "开
                            始取水\n");
13                      System.out.println ("取出 1 桶水" + ",剩余水量:" + (--num)
                            + "桶");
14                  } else {
15                      break;
16                  }
17                  try {
18                      Thread.sleep(2000);         //线程休眠 2s
19                  } catch (InterruptedException e) {
20                  }
21              }
22          }
23      }
24  }
25  public class Demo1906 {
26      public static void main(String[] args) {
27          //2. 利用 Runnable 子类对象作为参数创建 Thread 对象
28          Well oldWell = new Well(5);             //5 桶水的水井
29          Thread swk = new Thread(oldWell, "-------孙悟空-------");
30          Thread zbj = new Thread(oldWell, "***猪八戒***");
31          //3. 调用 Thread 对象的 start()方法启动线程
32          swk.start();
33          zbj.start();
34      }
35  }
```

运行结果显示(运行 10 次以上),师徒取水正常,不会出现不可思议的剩余水量等于 −1 的情况。

19.4.3 同步方法

使用 synchronized 关键字来修饰的方法称为同步方法,无须显示指定同步方法的同步监视器,同步方法的同步监视器是 this,即对象本身。

【语法格式 19-3】 同步方法。

```
[方法修饰符] synchronized 返回值类型 方法名(形参列表) {
```

```
    //方法体
}
```

程序案例 19-7 演示了使用同步方法实现师徒取水,运行结果如图 19-13 所示。第 4 行定义水井类 Well;第 9 行同步方法 fetchWater(int number)表示某线程从水井取出 number 数量的水;第 24 行定义 WellThread 类继承 Thread 类;第 25 行声明 oldWell 对象为线程共享水井;第 38 行覆写 Thread 类的 run()方法,该方法调用对象的同步方法 fetchWater()实现从 oldWell 中取水;第 46~49 行创建 4 个线程对象;第 55~58 强制运行 4 个线程。

```
---孙悟空---取走水量：0,剩余水量：10
===唐   僧===取走水量：7,剩余水量：3
###沙   僧###取走水量：1,剩余水量：2
***猪八戒***取走水量：1,剩余水量：1
剩余水量：1
```

图 19-13　程序案例 19-7 运行结果

【程序案例 19-7】　使用同步方法实现师徒取水。

```
1   package chapter19;
2   import java.util.Random;
3   //1.定义水井类
4   class Well {
5       private int waterTotal;                    //井水总量
6       public Well(int water) {
7           this.waterTotal = water;
8       }
9       public synchronized void fetchWater(int number) {
                                                   //同步方法,从水井取走 number 数量的水
10          if (number > this.waterTotal) {        //如果取水数量大于剩余水量
11              System.out.println(
12                  "剩余水量:" + this.waterTotal + ",不能供应:"
13                  + number + Thread.currentThread().getName() + "没有水喝!!");
14          } else {
15              System.out.print (Thread.currentThread().getName()+"取走水量"
                    + number);
16              this.waterTotal = this.waterTotal - number;
17              System.out.println(",剩余水量:" + this.waterTotal);
18          }
19      }
20      public int getTotal() {                    //取得当前井水剩余总量
21          return this.waterTotal;
22      }
23  }
24  class WellThread extends Thread {
25      private Well oldWell;                      //水井
26      private int number;                        //取水量
27      public WellThread(String name, Well oldWell, int number) {
```

```
28          super(name);
29          this.oldWell = oldWell;
30          this.number = number;
31      }
32      public void setNumber(int number) {
33          this.number = number;
34      }
35      public int getTotal() {                       //取得当前水井剩余水量
36          return this.oldWell.getTotal();
37      }
38      public void run() {                           //覆写 run()方法
39          this.oldWell.fetchWater(number);          //调用 oldWell 对象的同步方法
40      }
41  }
42  public class Demo1907 {
43      public static void main(String[] args) {
44          int water = 10;                           //10 桶水
45          Well oldWell = new Well(water);
46          WellThread swk = new WellThread ("--孙悟空--", oldWell, new Random().
                                           nextInt(5));   //孙悟空
47          WellThread zbj = new WellThread ("**猪八戒**", oldWell, new Random().
                                           nextInt(3));   //猪八戒
48          WellThread ts = new WellThread ("==唐　僧==", oldWell, new Random().
                                           nextInt(8));   //唐僧
49          WellThread shs = new WellThread ("##沙僧##", oldWell, new Random().
                                           nextInt(8));   //沙僧
50          swk.start();
51          zbj.start();
52          ts.start();
53          shs.start();
54          try {                                     //主线程等待所有子线程完成
55              swk.join();
56              zbj.join();
57              ts.join();
58              shs.join();
59          } catch (InterruptedException e) {
60              e.printStackTrace();
61          }
62          //执行主线程
63          System.out.println("剩余水量:" + oldWell.getTotal());
64      }
65  }
```

19.4.4 同步锁

同步锁 ReentrantLock 是一个可重入的互斥锁,又称独占锁,能完全替代 synchronized 关键字,同步锁实现代码段的同步。JDK 5.0 早期版本中,锁的性能好于 synchronized,JDK 6.0 开始,JDK 对 synchronized 做了大量的优化,两者性能差距不明显。

【语法格式 19-4】 同步锁。

```
1   //1. 定义锁对象
2   private final ReentrantLock lock = new ReentrantLock();
```

```
3     ...
4     //定义需要保证线程同步的方法
5     [访问权限控制符]    返回值类型    方法名(参数列表){
6         //代码
7         lock.lock();                              //2. 加锁
8         try{
9             //需要保证线程安全的代码
10        }finally{
11            lock.unlock();                        //3.释放锁
12    }
```

同步锁实现代码段同步分为3步：①定义锁对象(private final ReentrantLock lock = new ReentrantLock(););②对需要同步的代码段加锁(lock.lock(););③释放锁(lock.unlock();)。

程序案例19-8演示了使用同步锁实现师徒取水。第4行定义锁对象lock，第10行调用同步锁的lock()方法开始同步锁，同步锁结束后，第24行调用同步锁的unlock()方法释放锁。

【**程序案例19-8**】 使用同步锁实现师徒取水。

```
1     //定义水井类
2     class Well {
3         private int waterTotal;                              //井水总量
4         private final ReentrantLock lock = new ReentrantLock();   //1. 定义锁对象
5         public Well(int water) {
6             this.waterTotal = water;
7         }
8         public void fetchWater(int number) {
9             //2. 加锁
10            lock.lock();
11            try {
12                //开始需要同步的代码
13                if (number > this.waterTotal) {              //如果取水数量大于剩余水量
14                    System.out.println(
15                        "剩余水量:" + this.waterTotal + ",不能供应:"
16                        + number + Thread.currentThread().getName() + "没有
                          水喝!!");
17                } else {
18                    System.out.print(Thread.currentThread().getName() + "取走水
                      量:" + number);
19                    this.waterTotal = this.waterTotal - number;
20                    System.out.println(",剩余水量:" + this.waterTotal);
21                }
22                //介绍同步代码
23            } finally {
24                lock.unlock();                               //3. 释放锁
25            }
26        }
27        public int getTotal() {                              //取得当前井水剩余总量
28            return this.waterTotal;
29        }
30    }
```

19.5 死　　锁

事物存在正反两方面。线程同步解决共享资源时的数据完整性问题,但是同步也能带来死锁问题。死锁指两个线程都在等待对方释放所需要的资源,从而造成程序停滞。如图 19-14 所示,师傅 A 拿着酱油但需要醋才能炒菜,师傅 B 拿着醋但需要酱油才能炒菜,两个师傅互相等待对方释放炒菜的佐料,因此两个师傅都不能继续炒菜。

图 19-14　炒菜死锁情况

程序案例 19-9 演示了炒菜死锁问题,运行结果如图 19-15 所示。结果显示师傅 A 和师傅 B 两个线程都在等待对方释放资源,因此出现同时停滞不前的情况。第 59 行 t1.setFlag(true)表示线程 thA 就绪后从第 27 行的同步代码块开始执行,线程 thA 获得同步监视对象 ma 执行同步代码块,执行到第 35 行需要获得同步监视对象 mb(由线程 thB 控制)才能执行第 36 行。程序第 60 行 t2.setFlag(false)表示线程 thB 就绪后从程序第 40 行的同步代码块开始执行,线程 thB 获得同步监视对象 mb 执行同步代码块,执行到第 48 行需要获得同步监视对象 ma(由线程 thA 控制)后才能执行第 49 行。

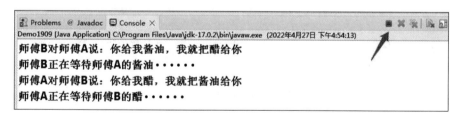

图 19-15　程序案例 19-9 运行结果

【程序案例 19-9】　炒菜死锁问题。

```
1   package chapter19;
2   class MasterA {                                    //定义师傅 A
3       public void say() {
4           System.out.println("师傅 A 对师傅 B 说:你给我醋,我就把酱油给你");
5       }
6       public void get() {
7           System.out.println("师傅 A 得到醋了");
8       }
9   }
10  class MasterB {                                    //定义师傅 B
11      public void say() {
```

```java
12              System.out.println("师傅B对师傅A说:你给我酱油,我就把醋给你");
13          }
14          public void get() {
15              System.out.println("师傅B得到酱油了");
16          }
17  }
18  class ThreadDeadLock implements Runnable {
19      private static MasterA ma = new MasterA();         //实例化static型对象
20      private static MasterB mb = new MasterB();         //实例化static型对象
21      private boolean flag = false;                      //声明标志位,判断哪个先说话
22      public void setFlag(boolean flag) {
23          this.flag = flag;
24      }
25      public void run() {                                //覆写run()方法
26          if (flag) {
27              synchronized (ma) {                        //同步师傅A
28                  ma.say();
29                  System.out.println("师傅A正在等待师傅B的醋……");
30                  try {
31                      Thread.sleep(500);
32                  } catch (InterruptedException e) {
33                      e.printStackTrace();
34                  }
35                  synchronized (mb) {
36                      ma.get();
37                  }
38              }
39          } else {
40              synchronized (mb) {                        //同步师傅B
41                  mb.say();
42                  System.out.println("师傅B正在等待师傅A的酱油……");
43                  try {
44                      Thread.sleep(500);
45                  } catch (InterruptedException e) {
46                      e.printStackTrace();
47                  }
48                  synchronized (ma) {
49                      mb.get();
50                  }
51              }
52          }
53      }
54  }
55  public class Demo1909 {
56      public static void main(String args[]) {
57          ThreadDeadLock t1 = new ThreadDeadLock();      //师傅A
58          ThreadDeadLock t2 = new ThreadDeadLock();      //师傅B
59          t1.setFlag(true);
60          t2.setFlag(false);
61          Thread thA = new Thread(t1);
```

```
62        Thread thB = new Thread(t2);
63        thA.start();
64        thB.start();
65    }
66 }
```

19.6 生产者与消费者问题

生产者与消费者问题

生产者与消费者问题是线程同步的经典问题。生产者生产若干产品放在篮筐里面,并通知消费者消费,如果篮筐装满,停止生产,生产者等待消费者消费。如果篮筐有产品,消费者从篮筐中取出产品消费,并通知生产者可以生产;如果篮筐为空,消费者等待生产者生产。

生产者与消费者问题需要协调线程之间的通信。Object 是根类,除了前面介绍的 toString()、equals()、hasCode() 等方法外,Object 类提供的 wait()、notify() 和 notifyAll() 3 个方法由同步监视器对象调用。

(1) public final void wait() throws InterruptedException,当前线程等待,直到其他线程调用该对象同步监视器的 notify() 方法或 notifyAll() 方法唤醒该线程。

(2) public final void notify(),唤醒在此同步监视器上等待的单个线程。如果所有线程都在此同步监视器上等待,则会选择唤醒其中一个线程。选择是任意性的,只有当前线程放弃对该同步监视器的锁定后(使用 wait() 方法),才能执行被唤醒的线程。

(3) public final void notifyAll(),唤醒在此同步监视器上等待的所有线程。只有当前线程放弃对该同步监视器的锁定后,才能执行被唤醒的线程。

程序案例 19-10~19-13 演示了生产者与消费者问题。程序案例 19-10 的第 3 行定义篮筐类 Basket,其中的 list 是共享资源,max_size 是篮筐的最大容量;第 10 行 set() 方法表示生产者生产产品后放置在篮筐中;第 13 行表示篮筐已经装满;第 15 行拥有同步监视器 list 对象的线程等待;第 20~23 表示获得唤醒(notifyAll())通知,生产产品并加入篮筐中,然后调用 notifyAll() 方法通知所有消费者等待线程;第 27 行 get() 方法表示消费者消费产品;第 30 行表示篮筐为空,第 32 行调用 wait() 方法等待生产者唤醒;第 38~42 行表示篮筐不为空,消费者消费一个产品,并通知所有生产者等待线程。

【程序案例 19-10】 装产品的篮筐。

```
1  import java.util.ArrayList;
2  //装产品的篮筐,共享资源
3  public class Basket {
4      private ArrayList<String> list = new ArrayList<String>();      //篮筐
5      public int max_size;                                            //篮筐最大容量
6      public Basket(int max_size) {
7          this.max_size = max_size;
8      }
9      //生产一个产品
10     public void set(String name) {
11         //同步代码块,同步监视器对象 list,表示某个时刻,list 只能被一个线程占用
12         synchronized (list) {
```

```
13          while (list.size() == this.max_size) {       //如果篮筐已满
14              try {
15                  list.wait();                          //生产阻塞
16              } catch (InterruptedException e) {
17                  e.printStackTrace();
18              }
19          }
20          System.out.print ("\n" + Thread.currentThread().getName() + " 生
                产产品:" + name);
21          list.add(name);                               //向篮筐增加产品
22          System.out.println("篮筐所有产品:" + list.toString());
23          list.notifyAll();                             //通知消费者等待线程
24      }
25  }
26  //消费一个产品
27  public void get() {
28      //同步代码块,同步监视器对象list,表示某个时刻,list只能被一个线程占用
29      synchronized (list) {
30          while (list.size() == 0) {                    //空篮筐,没有产品
31              try {
32                  list.wait();                          //消费阻塞
33              } catch (InterruptedException e) {
34                  //TODO Auto-generated catch block
35                  e.printStackTrace();
36              }
37          }
38          System.out.print ("\n" + Thread.currentThread().getName() + " 开
                始消费,");
39          String goods = list.get(list.size() - 1);     //从篮筐中取出一个产品
40          list.remove(list.size() - 1);
41          System.out.print("\n 消费产品:" + goods);
42          list.notifyAll();                             //通知生产者等待线程
43      }
44  }
45 }
```

生产者类 Producer 实现 Runnable 接口,run()方法中把生产的产品通过 set()方法放入篮筐,输入 over 结束生产。

【程序案例 19-11】 生产者 Producer。

```
1  package chapter19.ProCom;
2  import javax.swing.JOptionPane;
3  //生产者类 Producer 实现 Runnable 接口
4  public class Producer  implements Runnable {
5      private Basket basket;                             //篮筐
6      public Producer(Basket basket) {
7          this.basket = basket;
8      }
9      //实现 run()方法
```

```
10      public void run() {
11          try {
12              Thread.sleep(2000);
13          } catch (InterruptedException e) {
14              e.printStackTrace();
15          }
16          while (true) {                                          //不停生产产品
17              String name = JOptionPane.showInputDialog("请输入产品(输入 over
                        结束生产)");
18              if ("over".equalsIgnoreCase(name))
19                  Thread.currentThread().stop();          //输入 over 结束生产
20              this.basket.set(name);                      //把生产的产品放入篮筐
21          }
22      }
23  }
```

消费者类 Consumer 实现 Runnable 接口,run()方法中调用 get()方法从篮筐消费产品。

【程序案例 19-12】 消费者 Consumer。

```
1   package chapter19.ProCom;
2   //消费者类 Consumer 实现 Runnable 接口
3   public class Consumer implements Runnable {
4       private Basket basket;                              //共享篮筐
5       public Consumer(Basket basket) {
6           this.basket = basket;
7       }
8       public void run() {
9           while (true) {
10              try {
11                  Thread.sleep(2000);                     //消费延迟时间
12              } catch (InterruptedException e) {
13                  e.printStackTrace();
14              }
15              this.basket.get();                          //从篮筐消费一个产品
16          }
17      }
18  }
```

测试类第 4 行创建篮筐可以放 5 个产品;第 5、6 行创建两个生产者共享篮筐,两个生产者向篮筐放置生产的产品;第 7、8 行创建两个消费者共享篮筐,两个消费者从篮筐中消费产品。

【程序案例 19-13】 测试类。

```
1   package chapter19.ProCom;
2   public class Demo1910 {
3       public static void main(String[] args) {
4           Basket basket = new Basket(5);                  //篮筐可以放 5 个产品
5           Producer p1 = new Producer(basket);
```

```
6        Producer p2 = new Producer(basket);
7        Consumer c1 = new Consumer(basket);
8        Consumer c2 = new Consumer(basket);
9        new Thread(p1, "---生产者 A--").start();        //启动生产者线程
10       new Thread(p2, "---生产者 B--").start();        //启动生产者线程
11       new Thread(c1, "===消费者 X==").start();        //启动消费者线程
12       new Thread(c2, "===消费者 Y==").start();        //启动消费者线程
13    }
14 }
```

生产者与消费者问题是多线程的经典问题,协调多线程之间的通信与同步,请读者认真理解该程序的运行过程,以便灵活应用。

19.7 小　　结

本章主要知识点如下。

(1) 进程是运行中的程序,线程是进程中的一个执行流程,一个进程由多个线程组成。Java 语言支持多线程编程,多线程提高了系统资源的利用率。

(2) Java 语言通过继承 Thread 类实现多线程,也能通过实现 Runnable 接口实现多线程。

(3) 多线程的执行代码是 run( )方法,继承 Thread 类则必须覆写该方法,实现 Runnable 接口则必须实现 run( )方法。

(4) 线程的生命周期指线程都有创建、就绪、运行、阻塞和死亡 5 种状态。

(5) 当多个线程操作同一共享资源时,通过 synchronized 关键字或者同步锁实现资源同步。同步包括同步方法和同步代码块。同步可能引起死锁问题。

(6) 生产者与消费者问题是多线程同步的经典案例。

19.8 习　　题

19.8.1 填空题

1. 线程运行时将执行(　　　)方法中的代码。

2. Java 语言通过继承(　　　)类和实现(　　　)接口来创建多线程。

3. (　　　)方法使线程处于睡眠状态;(　　　)方法将目前正在执行的线程暂停;(　　　)方法取得当前线程名称。

4. Java 语言采用(　　　)同步和(　　　)同步解决死锁问题。

5. 补充程序空白处,使程序能够正常运行。

```
class MyThread implements Runnable{
    _____{                              //覆写 run()方法
        for(int i=0;i<3;i++)
            System.out.println("当前运行的线程名:"
                              +Thread.currentThread().getName());
```

```
        }
    }
public class Blank_2{
    public static void main(String[] args) {
        MyThread mt=new MyThread();
        Thread th=new Thread(mt,"一个线程");
        _____                              //启动线程
        for(int i=0;i<5;i++){
            System.out.println("main: "+i);
            if(i>2)                                    //在 i>2 的情况下,强制运行线程
                try {
                    _____                  //强制运行线程
                } catch (InterruptedException e) {
                    e.printStackTrace();
                }
        }
    }
}
```

19.8.2 选择题

1. 当多个线程对象操作同一资源时,使用(　　)关键字进行资源同步。
　　A. transient　　　B. synchronized　　C. public　　　D. static
2. 终止线程使用(　　)方法。
　　A. sleep()　　　　B. yield()　　　　　C. wait()　　　D. destroy()
3. Java 语言提供(　　)线程自动回收动态分配的内存。
　　A. 异步　　　　　B. 消费者　　　　　C. 守护　　　　D. 垃圾收集
4. (　　)方法是实现 Runnable 接口所需的。
　　A. wait()　　　　B. run()　　　　　　C. stop()　　　D. update()
5. 线程在生命周期中要经历 5 种状态。如果线程当前是新建状态,则它可到达的下一个状态是(　　)。
　　A. 运行状态　　　B. 阻塞状态　　　　C. 就绪状态　　D. 终止状态
6. 关于线程同步的描述正确的是(　　)。
　　A. 通过线程同步,保证在某个时刻只有一个线程访问同步的内容
　　B. 通过线程同步,实现了线程安全
　　C. Java 语言提供了 3 种线程同步机制:同步方法、同步代码块和同步锁
　　D. 同步锁的效率要远远低于 synchronized 关键字的效率

19.8.3 简答题

1. 简述线程的生命周期。
2. 什么是线程同步?并举例说明。
3. 什么叫死锁?造成死锁的原因有哪些?
4. 简述程序、线程与进程的区别。
5. 线程之间通信的方法有哪几个?分别起什么作用?

19.8.4 编程题

1. 设计一个超市货架程序,该货架可以放 5 件商品。若有空位则可以放商品,若有商

品则可以销售。

2. 编写程序实现如下功能：一个线程进行如下运算 $1*2+2*3+3*4+\cdots+1999*2000$，而另一个线程则每隔一段时间读取前一个线程的运算结果。

3. 设计两个线程，对初始值为 100 的 s 进行操作，其中一个线程每次增加 5，另一个线程每次减少 3。当 s 大于或等于 300 时停止，输出每个线程执行的次数。

第 20 章 网络编程

互联网是信息社会的基础设施。网络实现了计算机、智能手机、无人飞机等智能设备的资源共享和信息传递。Java 语言是否支持访问网络共享资源？Java 语言如何实现不同智能设备之间的通信？本章将为读者一一解答这些问题。

本章内容

（1）InetAddress 类。

（2）URLConnection 类。

（3）TCP 编程。

（4）UDP 编程。

20.1 网络编程基础

网络编程概念

根据 statista 的数据 2025 年全球物联网设备数量将达到 386 亿台，绝大部分连入计算机网络。计算机网络是当今世界最复杂的系统之一。

20.1.1 InetAddress 类

InetAddress 类

互联网上的每个网络和每台主机都拥有唯一的 IP 地址。IP 地址使用 32 位（IPv4）或者 128 位（IPv6）位无符号数字，它是传输层协议 TCP 和 UDP 的基础。

封装了主机域名和 IP 地址的类 InetAddress 保存在 java.net 包中。InetAddress 类的两个子类 Inet4Address、Inet6Address 分别代表 IPv4（Internet Protocol version 4）地址和 IPv6（Internet Protocol version 6）地址。网络编程中有许多类（如 ServerSocket、Socket、DatagramSocket 等）需要利用 InetAddress 类。

InetAddress 类没有提供构造方法，使用两个静态方法获取 InetAddress 实例。

（1）public static InetAddress getByName(String host)，根据主机名获取对应的 InetAddress 对象。

（2）public static InetAddress getByAddress(byte[] addr)，根据 IP 地址获取 InetAddress 对象。

InetAddress 类的部分常用成员方法如下。

（1）public String getCanonicalHostName()，获取此 IP 地址的完全限定域名。

（2）public String getHostAddress()，获取此 IP 地址的字符串。

(3) public String getHostName()，获取此 IP 地址的主机名。

(4) public static InetAddress getLocalHost()，返回本地主机的 InetAdress 对象。

(5) public boolean isReachable(int timeout)，测试是否可以达到该地址。

程序案例 20-1 演示了 InetAddress 类的主要方法，运行结果如图 20-1 所示。程序第 7~15 行获取本地计算机的完全限定域名、IP 地址、主机名及是否能够访问；第 17~26 行获取指定域名 www.jsu.edu.cn 的完全限定域名、IP 地址、主机名及是否能够访问。

```
========本地主机信息===========
获取此 IP 地址的完全限定域名：    PC-20190623YPWC
返回 IP 地址字符串（以文本表现形式）：    192.168.1.102
获取此 IP 地址的主机名：    PC-20190623YPWC
返回的字符串具有以下形式:主机名/字面值 IP 地址    PC-20190623YPWC/192.168.1.102
测试是否可以达到该地址：    true

========指定域名的主机信息===========
获取此 IP 地址的完全限定域名：    jykxyjy.jsu.edu.cn
返回 IP 地址字符串（以文本表现形式）：    210.43.64.5
获取此 IP 地址的主机名：    www.jsu.edu.cn
返回的字符串具有以下形式:主机名/字面值 IP 地址    www.jsu.edu.cn/210.43.64.5
测试是否可以达到该地址：    true
```

图 20-1 程序案例 20-1 运行结果

【程序案例 20-1】 InetAddress 类。

```
1   package chapter20;
2   import java.io.IOException;
3   import java.net.*;
4   public class Demo2001 {
5       public static void main(String[] args) throws Exception{
6           //1. 获取本机地址信息
7           InetAddress localIp = InetAddress.getLocalHost();
                                                                //本地主机的 IP 地址
8           System.out.println("========本地主机信息===========");
9           System.out.println("获取此 IP 地址的完全限定域名： "
10                  + localIp.getCanonicalHostName());
11          System.out.println("返回 IP 地址字符串(以文本表现形式):"+
                        localIp.getHostAddress());
12          System.out.println("获取此 IP 地址的主机名： "   + localIp.
                        getHostName());
13          System.out.println("返回的字符串具有以下形式:主机名/字面值 IP 地址  "
14                  + localIp.toString());
15          System.out.println("测试是否可以达到该地址：   "+ localIp.
                        isReachable(5000));
16          //2.获取指定域名的 IP 地址信息
17          InetAddress jsuIp=InetAddress.getByName("www.jsu.edu.cn");
18          System.out.println ("\n========指定域名的主机信息==========
                        ==");
19          System.out.println("获取此 IP 地址的完全限定域名：   "
```

```
20                    + jsuIp.getCanonicalHostName());
21         System.out.println("返回 IP 地址字符串(以文本表现形式):    "
22                    + jsuIp.getHostAddress());
23         System.out.println("获取此 IP 地址的主机名:    " + jsuIp.
                       getHostName());
24         System.out.println("返回的字符串具有以下形式:主机名/字面值 IP 地址   "
25                    + jsuIp.toString());
26         System.out.println("测试是否可以达到该地址:    "+ jsuIp.
                       isReachable(5000));
27     }
28 }
```

20.1.2　URL 类

URL 类

计算机网络是个巨大的资源库,保存了视频、文档、图片、测试数据集、科学数据及网页等,准确且高效地获取这些资源是网络编程的重要目标。统一资源定位符(Uniform Resource Locator,URL)表示计算机网络资源位置,这些资源是文件或网页。

URL 表示网络上的唯一资源,URL 由协议、主机名、端口号和资源组成,格式如下:

【语法格式 20-1】　URL 格式。

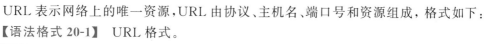

```
protocol://hostname[:port] / path / [:parameters][?query]#fragment
```

(1) protocol,指定使用的传输协议。主要有以下协议:①通过 HTTP 访问资源,格式为 HTTP://,它是 WWW 中应用最广的协议;②本地计算机上的 file 资源,格式为 file:///;③通过 FTP 访问资源,格式为 FTP://;④通过安全的 HTTPS 访问资源,格式为 HTTPS://。

(2) hostname,指定主机名。指存放资源服务器的域名系统(Domain Name System,DNS)主机名或 IP 地址。

(3) port,指定端口号。可选项,省略时使用默认端口,各种传输协议都有默认端口号,如 HTTP 的默认端口为 80,FTP 的默认端口为 21。

(4) path,资源路径。由 0 或多个"/"隔开的字符串组成,一般用来表示主机上的一个目录或文件地址。

例如,http://www.jsu.edu.cn:8080/default.html 的组成见表 20-1。

表 20-1　URL 组成

序　号	成　　分	说　　明
1	http	传输协议
2	jsu.edu.cn	主机名或主机地址
3	8080	端口号
4	default.html	文件名

URL 类可以访问网络上的一个网页信息或者本地计算机上的文件信息。该类的常用方法如下。

（1）public int getPort()，获取端口，若未设置端口号，返回-1。
（2）public String getProtocol()，获取协议，若未设置协议，返回 null。
（3）public String getHost()，获取主机名，若未设置主机名，返回 null。
（4）public String getFile()，获取文件名。若未设置文件名，返回 null。
（5）public final InputStream openStream() throws java.io.IOException，获取输入流，若获取失败，抛出一个 java.io.Exception 异常。

程序案例 20-2 演示了 URL 访问远程主机的网页内容。第 11～17 行获得 URL 结构信息；第 22 行获取 URL 的输入流对象 InputStream，然后从该输入流读取数据。程序运行结果如图 20-2(部分信息)。

```
协议protocol=     http
主机host =        www.jsu.edu.cn
端口port=         80
文件filename=     /index.htm
锚ref=  null
查询信息query=    null
路径path=         /index.htm
?<!DOCTYPE html>
<html>

    <head>
        <meta charset="utf-8" />
        <meta name="viewport" content="width=device-width,initial-scale=1">
        <meta name="format-detection" content="telephone=no, email=no">
        <meta content="width=device-width, initial-scale=1.0, minimum-scale=1.0,
        <meta http-equiv="X-UA-Compatible" content="IE=Edge,chrome=1">
        <link rel="stylesheet" href="css/reset.css" />
        <link rel="stylesheet" href="css/style1.css" />
```

图 20-2　程序案例 20-2 运行结果

【**程序案例 20-2**】　URL 访问远程主机的网页内容。

```
1   package chapter20;
2   import java.io.*;
3   import java.net.*;
4   class URLInfo {
5       private URL url = null;                                      //URL 成员
6       public URLInfo(String urlName) throws MalformedURLException {
7           url = new URL(urlName);                                  //创建 URL 对象
8       }
9       //获得 URL 结构信息
10      public void showURLProperty() {
11          System.out.println("协议 proto2col=\t" + url.getProtocol());
12          System.out.println("主机 host =\t" + url.getHost());
13          System.out.println("端口 port=\t" + url.getPort());
14          System.out.println("文件 filename=\t" + url.getFile());
15          System.out.println("锚 ref=\t" + url.getRef());
16          System.out.println("查询信息 query=\t" + url.getQuery());
17          System.out.println("路径 path=\t" + url.getPath());
18      }
19      //获得 URL 资源内容
20      public void showURLInfo() throws IOException {
```

```
21          //InputStream is=url.openConnection().getInputStream();
                                                        //获得输入流
22          InputStream is = url.openStream();          //上面方法简写形式
23          byte bbuf[] = new byte[1024];
24          int len = 0;
25          while ((len = is.read(bbuf)) > 0) {
26              System.out.println(new String(bbuf, 0, len, "UTF-8"));
                                                        //指定字符集
27          }
28          is.close();
29      }
30  }
31  public class Demo2002 {
32      public static void main(String[] args) throws Exception {
33          URLInfo myURL = new URLInfo("http://www.jsu.edu.cn:80/index.htm");
34          //URLInfo myURL=new URLInfo("http://www.sina.com:80");
35          myURL.showURLProperty();                    //获得 URL 属性
36          myURL.showURLInfo();                        //获得 URL 内容
37      }
38  }
```

20.1.3 URLConnection 类

URL 提供访问远程主机资源的能力，URLConnection 类提供访问远程主机资源的属性信息，如资源大小、资源类型等。

URLConnection 类

URLConnection 类的常用方法如下。

（1） public int getContentLength()，返回该 URL 引用的资源内容长度，如果内容长度未知，返回-1。

（2） public String getContentType()，返回该 URL 引用的资源内容类型，如果类型未知，则返回 null。

（3） public inputStream getInputStream() throws SQLException，返回该链接的输入流。

程序案例 20-3 演示了 URLConnection 类访问远程主机网页属性和内容，运行结果如图 20-3 所示。第 7 行 getFile(String aURL)方法获得 URL 文件的内容；第 10 行获得 URLConnection 对象；第 12 行 urlConn.setRequestProperty()设置字符集的请求属性；第 14 行用字符缓冲器装饰获得的输入流；第 18 行从输入流读取一行；第 26 行 showProperty (String aURL)方法获得 URLConnection 的资源属性；第 29 行获得资源内容大小；第 30 行获得资源内容的类型；第 31 行获得资源文件的头部信息，资源文件头部信息是 key-value 集合，用 Map 封装。

【程序案例 20-3】 URLConnection 类访问远程主机网页属性和内容。

```
1   package chapter20;
2   import java.io.*;
3   import java.net.*;
4   import java.util.*;
```

```java
5   public class Demo2003 {
6       //访问URLConnection资源
7       public static void getFile(String aURL) throws Exception {
8           //1.建立URL对象,利用URL获得URLConnection对象
9           URL url = new URL(aURL);
10          URLConnection urlConn = url.openConnection();
11          //2.设置URLConnection类的参数和普通请求属性
12          urlConn.setRequestProperty("Charset", "UTF-8");
                                                                    //设置字符集的请求属性
13          //3.获得远程资源的输入流InputStream
14          BufferedReader br = new BufferedReader(
15                  new InputStreamReader(urlConn.getInputStream()));
16          String line;
17          //4.访问远程资源的头字段,或通过输入流读取远程资源的数据
18          while ((line = br.readLine()) != null) {
19              System.out.println (new String(line.getBytes(), 0, line.length
                    (), "UTF-8"));
20          }
21          //5.关闭流
22          br.close();
23      }
24
25      //获得URLConnection的资源属性
26      public static void showProperty(String aURL) throws Exception {
27          URL url = new URL(aURL);                        //指定URL地址
28          URLConnection urlCon = url.openConnection();
                                                            //实例化URLConnection对象
29          System.out.println("内容大小:" +urlCon.getContentLength());
                                                            //取得资源内容大小
30          System.out.println("内容类型:" + urlCon.getContentType());
                                                            //取得资源内容的类型
31          Map<String, List<String>> map =urlCon.getHeaderFields();
                                                            //取得资源文件的头部信息
32          Set<String> keys = map.keySet();                //取得key值集合
33          Iterator<String> iter = keys.iterator();        //实例化一个迭代器
34          while (iter.hasNext()) {                        //迭代器
35              System.out.print("关键字:" + iter.next());   //取得关键字
36              System.out.println(",对应值:" + map.get(iter.next()));
                                                            //取得关键字对应的value
37          }
38      }
39      public static void main(String[] args) throws Exception {
40          String aURL = "http://www.jsu.edu.cn:80//index.htm";    //吉首大学
41          showProperty(aURL);
42          getFile(aURL);
43      }
44  }
```

图 20-3　程序案例 20-3 运行结果

 20.2　TCP 编程

TCP 编程

20.2.1　Socket 通信机制

Java 语言使用套接字（Socket）完成 TCP 程序的开发。Socket 是当前最常用的网络通信应用程序接口之一，它采用 TCP，提供面向连接的服务，实现客户/服务器之间双向、可靠、点对点的通信连接。java.net 包的 Socket 类建立客户端对象，ServerSocket 类建立服务器端对象。

Socket 通信分为 3 步（见图 20-4）。

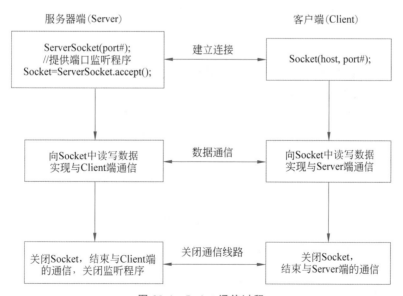

图 20-4　Socket 通信过程

(1) 建立 S 连接。通信开始前由通信双方确认身份,然后在客户端和服务器端建立一条虚拟连接线路。

(2) 数据通信。利用已建立的虚拟线路传送信息和接收信息。

(3) 关闭通信线路。通信结束后关闭虚拟连接并释放资源。

20.2.2 ServerSocket 类与 Socket 类

java.net 包的 ServerSocket 类与 Socket 类用于 TCP 程序开发。ServerSocket 类开发服务器端程序,接收客户端的请求;Socket 类开发客户端程序,读取服务器端发送的信息,也能向服务器端发送信息。图 20-5 为 TCP 编程模型。

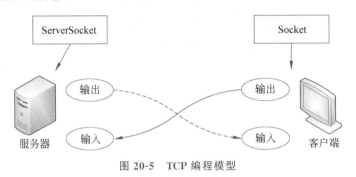

图 20-5 TCP 编程模型

ServerSocket 类的常用方法如下。

(1) public ServerSocket(int port) throws IOException,创建 ServerSocket 实例,并指定监听器端口。

(2) public Socket accept() throws IOException,等待客户端连接(连接前一直阻塞)。

(3) public void close() throws IOException,关闭 ServerSocket。

(4) public InetAddress getInetAddress(),返回服务器 InetAddress 对象。

(5) public boolean isClosed(),返回 ServerSocket 的关闭状态。

Socket 类的常用方法如下。

(1) public Socket(String host,int port) throws UnknownHostExeception,IOException,创建 Socket 对象,同时指定连接服务器主机名及端口号。

(2) public void close()throws IOException,关闭 Socket。

(3) public InputStream getInputStream() throws IOException,返回输入流,程序通过该输入流从 Socket 中取出数据。

(4) public OutputStream getOutputStream() throws IOException,返回输出流,程序通过该输出流向 Socket 输入数据。

(5) public boolean isClosed(),判断套接字是否被关闭。

20.2.3 TCP 编程案例

程序案例 20-4 演示了基于 ServerSocket 类和 Socket 类实现 TCP 编程案例,运行结果如图 20-6 所示。服务器端保存若干古诗,当客户端向服务器端发送古诗名后,服务器端向客户端返回古诗内容。例如,客户端向服务器端发送"春晓",服务器向客户端返回"春眠不觉晓,处处闻啼鸟。夜来风雨声,花落知多少。"

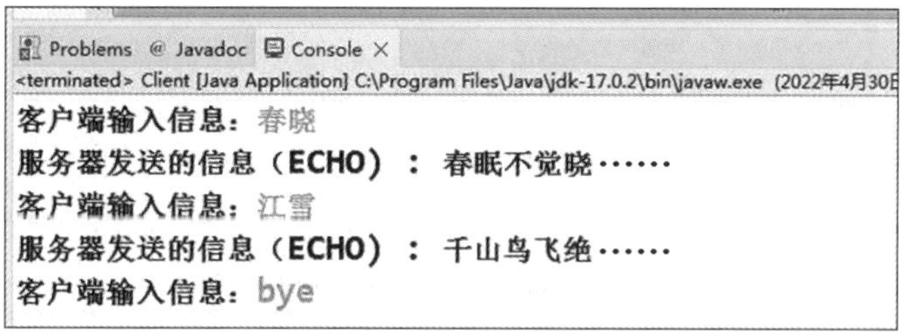

图 20-6　TCP 程序案例 20-4 运行结果

该程序分为两部分：第一个为服务器端程序(TCPServer)；第二个为客户端程序(TCPClient)。

【程序案例 20-4】　服务器端程序(TCPServer)。

```
1   package chapter20.tcp04;
2   import java.net.*;
3   import java.util.*;
4   import java.io.*;
5   //TCP 案例:服务器端
6   public class Server {
7       public static void serverInfo() throws Exception {
8           //===准备工作========
9           Map<String, String> poem = new HashMap<>();     //古诗保存在 Map 集合中
10          poem.put("春晓", "春眠不觉晓……");
11          poem.put("登鹳雀楼", "白日依山尽……");
12          poem.put("江雪", "千山鸟飞绝……");
13          ServerSocket server = null;      //服务器端套接字对象
14          Socket client = null;             //客户端套接字对象
15          BufferedReader br = null;         //缓冲字符输入流,用于从客户端接收信息
16          PrintStream out = null;           //打印输出流,用户向客户端发送信息
17          boolean flag = true;              //定义标记位,判断是否退出服务器端的监听
18          //1.创建服务器套接字对象
19          server = new ServerSocket(8000);  //服务器套接字的端口号为 8000
20          while (flag) {                    //无限制接受客户端的连接请求
21              System.out.println("服务器正在运行,等待客户端连接……");
22              //2.获得客户端套接字连接对象
23              client = server.accept();     //等待连接,程序进入阻塞状态
24              //3.获得客户端的输出流和输入流
25              //3.1 获得客户端输出流
26              out = new PrintStream(client.getOutputStream());
                                              //实例化客户端的输出流
27              //3.2 获得客户端的输入流
28              br = new BufferedReader (new InputStreamReader(client.
                                getInputStream()));
29              boolean flagInfo = true;      //标志位,表示可以不断接收并回应信息
30              while (flagInfo) {
31                  //4.从客户端输入流接收数据,向客户端输出流发送数据
32                  //4.1 从客户端输入流接收数据
33                  String info = br.readLine();   //接收客户端发送的信息
34                  //如果客户端没有发送信息或者 over
```

```
35                if (info == null || "".equals(info) || "over".
                      equalsIgnoreCase(info)) {
36                    flag = false;              //退出循环
37                    break;
38                } else {
39                    //4.2 向客户端输出流发送数据
40                    String msg = poem.get(info);
41                    //服务器端向客户端发送回应信息
42                    out.println("服务器端发送的信息(ECHO) : " + msg);
43                }
44            }
45            client.close();              //5. 关闭客户端连接
46        }
47        server.close();                  //5. 关闭服务器端连接
48    }
49
50    public static void main(String args[]) throws Exception {
51        serverInfo();
52    }
53 }
```

程序执行到第23行处于阻塞状态,等待客户端的连接。

TCP程序服务器端编程为5步(见图20-7)。

(1)创建服务器套接字对象,程序第19行server = new ServerSocket(8000),指定服务器通信端口号为8000。

(2)获得客户端套接字连接对象,第23行client = server.accept()通过调用server的accept()方法获得客户端套接字连接对象,服务器端程序进入阻塞状态,等待客户端的连接。

(3)获得客户端的输出流和输入流,输出流用于向端口输出信息(第26行),输入流用于从端口读取客户端传输的信息(第28行)。

(4)从客户端输入流接收数据(程序第33行),向客户端输出流发送数据(第42行)。

(5)关闭流和连接(程序第45、47行)。

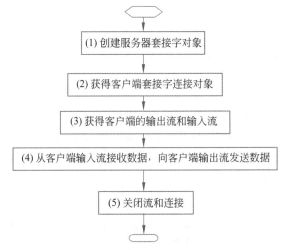

图20-7　TCP程序服务器端编程步骤

服务器端程序运行后,运行客户端程序。服务器端在 8000 号端口等待客户端连接,客户端程序也要指定相应的主机名和端口号。

【程序案例 20-4】 客户端程序(TCPClient)。

```java
1   package chapter20.tcp04;
2   import java.net.*;
3   import java.io.*;
4   public class Client {
5       public static void clientInfo() throws Exception {
6           //=========准备工作======
7           Socket client = null;                   //声明 Socket 对象,表示客户端
8           //1. 创建客户端套接字对象
9           client = new Socket("localhost", 8000);
                                                    //实例化客户端,与服务器端口号对应
10          BufferedReader br = null;               //缓冲字符输入流,接收端口数据
11          PrintStream out = null;                 //打印输出流,向端口发送数据
12          BufferedReader input = null;            //缓冲字符输入流,用于接收输入的数据
13          //实例化接收的输入流
14          input = new BufferedReader(new InputStreamReader(System.in));
15          //2. 实例化输入流和输出流
16          //2.1 实例化输入流
17          br = new BufferedReader(new InputStreamReader(client.getInputStream()));
18          //2.2 实例化输出流
19          out = new PrintStream(client.getOutputStream());
20          boolean flag = true;                    //定义标志位,表示可以不停发送信息
21          while (flag) {                          //可以无限制接收和发送信息
22              System.out.print("客户端输入信息:");
23              //3. 从输入流接收数据,向输出流发送数据
24              String info = input.readLine();     //接收输入的信息
25              //3.1 向输出流发送数据
26              out.println(info);                  //把接收的信息输出到客户端的端口
27              if ("bye".equalsIgnoreCase(info)) {   //如果输入 bye,则退出
28                  flag = false;
29              } else {
30                  //3.2 从输入流接收数据
31                  String echo = br.readLine();
                                                    //从端口读取数据,接收从服务器返回的信息
32                  System.out.println(echo);       //输出服务器回应的信息
33              }
34          }
35          //4. 关闭流和连接
36          br.close();                             //关闭输入流
37          input.close();                          //关闭输入流
38          out.close();                            //关闭输出流
39          client.close();                         //关闭客户端连接
40      }
41      public static void main(String args[]) throws Exception {   //所有异常抛出
42          clientInfo();
43      }
44  }
```

客户端输入"春晓",服务器端返回"春眠不觉晓……",客户端输入 bye,结束这次连接。TCP 程序客户端编程分为 4 步(见图 20-8)。

(1) 创建客户端套接字对象,第 9 行 client = new Socket("localhost",8000)指定服务器为本地主机、服务器端口号为 8000 的套接字对象。

(2) 实例化输入流和输出流,第 17 行获得套接字输入流,第 19 行获得套接字输出流。

(3) 从输入流接收数据(第 31 行),向输出流发送数据(第 26 行)。

(4) 关闭流和连接(第 36~39 行)。

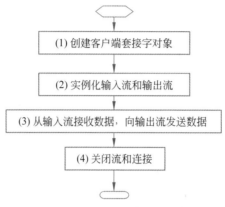

图 20-8　TCP 程序客户端编程步骤

 20.3　UDP 编程

20.3.1　UDP 通信机制

套接字编程采用 TCP,通信前双方需要建立可靠连接,该方式浪费了系统资源,降低了系统性能。

UDP 通信时服务器与客户端不需要建立可靠连接,数据以独立的包为单位发送。其缺点是数据报可能丢失、延误,UDP 是不可靠通信;优点是速度快、占用资源少,常常应用在实时交互、准确性不高、传输速度较快的场合。目前聊天软件、视频会议等广泛使用 UDP 通信。

UDP 通信时服务器端和客户端的通信过程如图 20-9 所示。服务端程序有一个线程不停监听客户端发来的数据报,等待客户请求。服务器通过客户端发来的数据报得到客户端的地址和端口。

20.3.2　DatagramPacket 类与 DatagramSocket 类

java.net 包的 DatagramPacket 类与 DatagramSocket 类支持 UDP 通信。DatagramSocket 类本身只是码头,不维护状态,不能产生 I/O 流,它的唯一作用是接收和发送数据报。Java 语言使用 DatagramPacket 类来代表数据报,DatagramSocket 类接收和发送的数据都是通过 DatagramPacket 对象完成的。

DatagramSocket 类的常用方法如下。

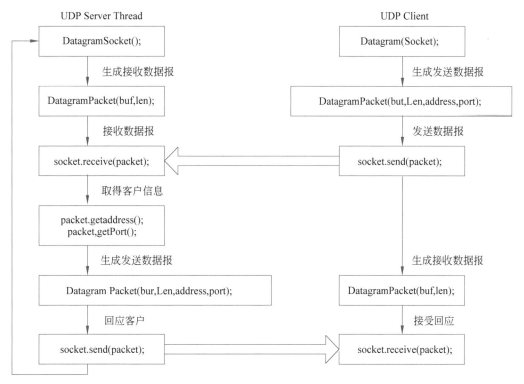

图 20-9　UDP 通信过程

（1）public DatagramSocket(int port) throws SocketException，创建 DatagramSocket 对象，并指定监听器端口。

（2）public void receive(DatagramPacket p) throws IOException，接收数据报。

（3）public void send(DatagramPacket p) throws IOException，发送数据报。

DatagramPacket 类将数据打包，创建的对象称为数据报，该类的常用方法如下。

（1）public DatagramPacket(byte[] buf,int length)，实例化 DatagramPacket 对象时指定接收数据的长度。

（2）public DatagramPacket(byte buf[], int length, InetAddress address, int port)，实例化 DatagramPacket 对象时指定发送的数据、数据长度、目标地址及端口号。

（3）public byte[] getData()，返回接收的数据。

（4）public int getLength()，返回将要发送或接收的数据的长度。

20.3.3　UDP 编程案例

程序案例 20-5 演示了基于 DatagramPacket 类和 DatagramSocket 类实现 UDP 编程。服务器端保存若干古诗，客户端向服务器端发送古诗名后，服务器端向客户端返回古诗内容。例如，客户端向服务器端发送"春晓"，服务器端向客户端返回"春眠不觉晓，处处闻啼鸟。夜来风雨声，花落知多少。"

该程序分为两部分：第一个为服务器端程序（UDPServer）；第二个为客户端程序（UDPClient）。

【程序案例 20-5】 服务器端程序（UPDServer）。

```java
1   package chapter20.udp05;
2   import java.net.*;
3   import java.util.*;
4   public class UdpServer {
5       //服务器准备工作
6       public static final int PORT = 4005;              //准备端口
7       //定义每个数据报的大小
8       private static final int DATA_LEN = 4096;
9       //定义接收网络数据的字节数组
10      byte[] inBuff = new byte[DATA_LEN];
11      //以指定字节数组创建准备接收数据的 DatagramPacket 对象
12       private DatagramPacket inPacket = new DatagramPacket(inBuff, inBuff.
                                                       length);
13      //定义用于发送的 DatagramPacket 对象
14      private DatagramPacket outPacket;
15      private DatagramSocket socket;            //准备服务器向客户端发送的数据报套接字
16      Map<String, String> poem = new HashMap<>();
                                                   //Map 集合保存向客户端发送的诗歌信息
17      public void init() throws Exception {
18          //初始化 Map 集合
19          poem.put("春晓", "春眠不觉晓……");
20          poem.put("登鹳雀楼", "白日依山尽……");
21          poem.put("江雪", "千山鸟飞绝……");
22          //1. 创建接收-发送 DatagramPacket 对象的 DatagramSocket 对象
23          socket = new DatagramSocket(PORT);
24          //循环接收、发送数据
25          while (true) {
26              //2. 调用 DatagramSocket 对象 socket 的 receive()方法将读到的数据放
                //入 inPacket 对象封装的数组
27              socket.receive(inPacket);
28              //将接收的内容转换成字符串
29              String msg = new String(inBuff, 0, inPacket.getLength());
30              if (msg.equalsIgnoreCase("over")) {    //如果客户端输入的是 over
31                  break;                              //退出循环,结束程序
32              }
33              Set<String> poemName = poem.keySet();  //取得诗歌名
34              Iterator it = poemName.iterator();
35              boolean flag = false;                   //标记输入的是否为诗歌名
36              while (it.hasNext()) {                  //遍历诗歌名集合
37                  if (msg.equalsIgnoreCase((String) it.next())) {
                                                        //客户端输入诗歌名
38                      flag = true;
39                      break;
40                  }
41              }
42              byte[] sendData;                        //发送数据
43              if (!flag) {                            //客户端输入的不是诗歌名
44                  sendData = "请输入诗歌名:".getBytes();
45              } else {
46                  sendData = poem.get(msg).getBytes();
                                            //从 poem 集合中获得与诗歌名对应的诗歌
```

```
47              }
48              //3.建立发送到客户端的 DatagramPacket 对象
49              //发送的字节数组 数组长度 发送目标
50              outPacket = new DatagramPacket(sendData, sendData.length,
                        inPacket.getSocketAddress());
51              //4.调用 DatagramSocket 对象的 send()方法发送数据报 DatagramPacket
                    对象
52              socket.send(outPacket);
53          }
54          //5.关闭连接
55          socket.close();
56      }
57      public static void main(String[] args) throws Exception {
58          System.out.println("启动服务器……");
59          new UdpServer().init();
60      }
61  }
```

UDP 程序服务器端编程分为 5 步(见图 20-10)。

(1) 创建接收-发送 DatagramPacket 对象的 DatagramSocket 对象(第 23 行)。

(2) 调用 DatagramSocket 对象 socket 的 receive()方法将读到的数据放入 inPacket 对象封装的数组(第 27 行)。

(3) 建立发送到客户端的 DatagramPacket 对象(第 50 行)。

(4) 调用 DatagramSocket 对象的 send()方法发送数据报 DatagramPacket 对象(第 52 行)。

(5) 关闭流和连接(第 55 行)。

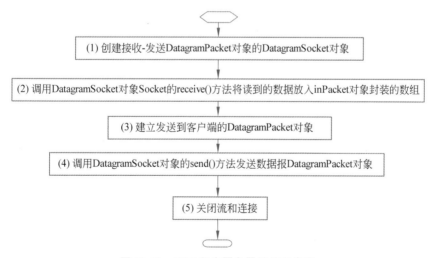

图 20-10 UDP 程序服务器端编程步骤

【程序案例 20-5】 客户端程序(UPDClient)。

```
1   package chapter20.udp05;
2   import java.net.*;
3   import java.util.*;
4   class UDPClient {
```

```java
5      //定义发送数据报的目的地
6      public static final int DEST_PORT = 3005;
7      public static final String DEST_IP = "localhost";           //数据报目的地址
8      //定义每个数据报的大小
9      private static final int DATA_SIZE = 4096;
10     //定义接收网络数据的字节数组
11     private byte[] inBuff = new byte[DATA_SIZE];
12     //以指定字节数据创建准备接收数据的DatagrampPacket对象
13     private DatagramPacket inPacket = null;
14     //定义用于发送的DatagramPacket对象
15     private DatagramPacket outPacket = null;
16     //定义客户端发送-接收DatagramPacket对象的DatagramSocket对象
17     DatagramSocket socket = null;
18     public void init() throws Exception {
19         //1. 创建接收-发送DatagramPacket对象的DatagramSocket对象
20         socket = new DatagramSocket();
21         //2. 创建用于发送、接收的DatagramPacket对象
22         //2.1 创建发送DatagramPacket用的outPacket
23         outPacket = new DatagramPacket(new byte[0], 0, InetAddress.
                    getByName(DEST_IP), DEST_PORT);
24         //2.2 创建接收DatagramPacket用的inPacket
25         inPacket = new DatagramPacket(inBuff, inBuff.length);
26         System.out.println("客户端,请输入诗歌名:");
27         //创建输入流
28         Scanner scan = new Scanner(System.in);
29         while (scan.hasNextLine()) {            //输入诗歌名
30             String msg = scan.nextLine();
31             byte[] buff = msg.getBytes();       //将输入的字符串转换为字节数组
32             //3. 使用DatagramSocket的send()方法发送DatagramPacket对象
               //outPacket
33             //3.1 设置发送用的DatagramPacket里的字节数组
34             outPacket.setData(buff);
35             //3.2 发送数据报
36             socket.send(outPacket);
37             //4. 使用DatagramSocket的receive()方法从socket接收数据
38             //从sockt中读取到的数据放在inPacket做封装的字节数组中
39             socket.receive(inPacket);
40             System.out.println(new String(inBuff, 0, inPacket.getLength()));
41             if (msg.equalsIgnoreCase("over"))
42                 break;
43         }
44         //5. 关闭流和连接
45         scan.close();
46         socket.close();
47     }
48     public static void main(String[] args) throws Exception {
49         new UDPClient().init();
50     }
51 }
```

UDP程序客户端编程分为5步(见图20-11)。

(1) 创建接收-发送DatagramPacket对象的DatagramSocket对象(第20行)。

(2) 创建用于发送、接收的DatagramPacket对象(第23、25行)。

(3) 使用 DatagramSocket 的 send() 方法发送 DatagramPacket 对象 outPacket(第 36 行)。

(4) 使用 DatagramSocket 的 receive() 方法从 socket 接收数据(第 39 行)。

(5) 关闭流和连接(第 45、46 行)。

图 20-11　UDP 程序客户端编程步骤

20.4　小　　结

本章主要知识点如下。

(1) URL 类能定位网络资源,配合 I/O 流读取资源的内容。URLConnection 类能访问远程主机资源的属性信息。

(2) InetAddress 类封装了 IP 地址,该类能取得连接主机的 IP 地址以及计算机名等结构信息。

(3) TCP 是面向连接的通信协议,ServerSocket 类和 Socket 类完成 TCP 通信程序的开发。

(4) UDP 是用户数据报协议,DatagramPacket 类和 DatagramSocket 类完成 UDP 通信程序的开发。

20.5　习　　题

20.5.1　填空题

1. Java 语言的(　　)包提供了 3 种网络程序开发模式,分别是(　　)、(　　)和(　　)式。

2. java.net 包中提供的(　　)类与(　　)类用于 TCP 程序开发。

3. UDP 通信需要使用 java.net 包中的(　　)类与(　　)类。

4. (　　)是统一资源定位符的简称,表示 Internet/Intranet 上的资源位置,这些资源可以是一个文件或者一个网页。

5. URL 和 Socket 通信是一种（　　）的流式套接字通信，采用的协议是（　　）。UDP 通信是一种（　　）的数据报通信，采用的是用户数据报协议。

20.5.2　选择题

1. 使用（　　）类可以访问远程主机网页以及本机文件内容。
   A. URL   B. URLConnection
   C. DatagramPacket   D. File

2. TCP/IP 系统中的端口号是一个（　　）位的数字，它的范围是 0~65 535。
   A. 8   B. 16   C. 32   D. 64

3. Java 语言提供的（　　）类来进行有关 Internet 地址的操作。
   A. Socket   B. ServerSocket   C. DatagramSocket   D. InetAddress

4. InetAddress 类中（　　）方法可实现正向名称解析。
   A. isReachable()   B. getHostAddress()
   C. getHostName()   D. getByName()

20.5.3　简答题

1. 简述 URL 各成分的含义。
2. 简述 UDP 通信过程。
3. 利用 URL 类和 URLConnection 类访问网上资源有何异同？
4. 简述 Socket 实现 TCP 和 UDP 编程的方法。

20.5.4　编程题

在服务器端的 MySQL 数据库系统中存储学生信息（学号、姓名、性别、年龄），客户端连接到该数据库系统后，从客户端输入学生学号能返回学生信息。要求分别使用 TCP 和 UDP 编程实现。